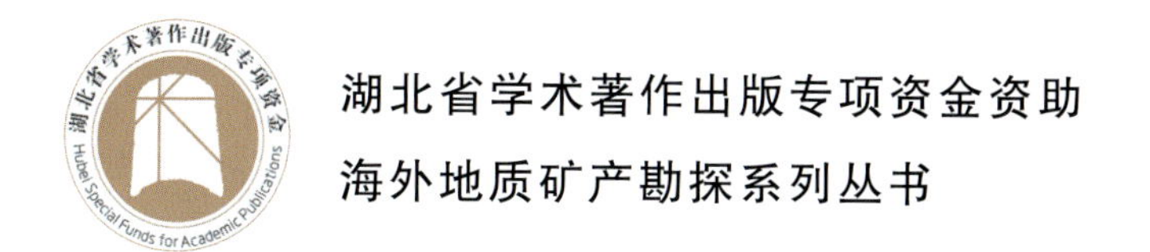

湖北省学术著作出版专项资金资助

海外地质矿产勘探系列丛书



# 吉黑东部—锡霍特地区构造演化与成矿作用

JI HEI DONGBU—XIHUOTE DIQU GOUZAO YANHUA YU CHENGKUANG ZUOYONG

梁一鸿　任云生　王可勇　编著

## 内容摘要

该书是在中国地质调查局“锡霍特成矿带内生矿产成矿模式和成矿系列境内外对比研究”和“锡霍特—那丹哈达—咸北成矿带成矿条件对比和成矿规律研究”两个科研项目的成果报告基础上完成的，主要论述了吉林省和黑龙江省东部以及与之接壤的俄罗斯滨海边疆区重要矿产的成矿背景、矿床类型、成矿条件和成矿规律。书中对涉及本区的若干重大地质和矿产问题，如松嫩盆地基底的构造属性、西拉木伦河断裂带在本区的延续、延边构造带的性质、敦密断裂带左行走滑时期和距离、斑岩钼矿等主要矿床形成的构造环境做出了较详尽的论述和合理解释。

**图书在版编目(CIP)数据**

吉黑东部—锡霍特地区构造演化与成矿作用/梁一鸿等编著. —武汉：中国地质大学出版社，2020.2
(海外地质矿产勘探系列丛书)
ISBN 978-7-5625-4741-9

Ⅰ.①吉…
Ⅱ.①梁…
Ⅲ.①成矿规律-研究-吉林 ②成矿规律-研究-黑龙江省
Ⅳ.①P612

中国版本图书馆 CIP 数据核字(2020)第 020022 号

| 吉黑东部—锡霍特地区构造演化与成矿作用 | | 梁一鸿　任云生　王可勇　编著 |
|---|---|---|
| 责任编辑：韦有福 | 选题策划：毕克成　张晓红　王凤林 | 责任校对：李应争 |
| 出版发行：中国地质大学出版社(武汉市洪山区鲁磨路 388 号) | | 邮编：430074 |
| 电　　话：(027)67883511 | 传　　真：(027)67883580 | E-mail：cbb@cug.edu.cn |
| 经　　销：全国新华书店 | | http://cugp.cug.edu.cn |
| 开本：880 毫米×1 230 毫米　1/16 | | 字数：610 千字　印张：19.25 |
| 版次：2020 年 2 月第 1 版 | | 印次：2020 年 2 月第 1 次印刷 |
| 印刷：湖北新华印务有限公司 | | |
| ISBN 978-7-5625-4741-9 | | 定价：258.00 元 |

如有印装质量问题请与印刷厂联系调换

# 前　言

该书涉及我国吉林省东部和黑龙江省东部，俄罗斯的滨海边疆区以及哈巴罗夫斯克边疆区南部，朝鲜半岛北部，日本海西岸，如下图所示。

研究区示意图

全书共十一章。第一章至第三章为构造背景，主要阐述敦密-阿尔昌断裂南东盘构造格局（第一章）、敦密-阿尔昌断裂北西盘构造格局（第二章）和敦密-阿尔昌断裂两盘构造带的对比关系（第三章）。其余8章，是在矿床类型划分（第四章）和成矿区（带）划分（第五章）的基础上，按照Ⅲ级成矿带的顺序分别介绍（第六章至第十章）“佳木斯-兴凯成矿带”“张广才岭-西兴凯成矿带”“松嫩-延边成矿带”“西北太平洋成矿带（内带）”“西北太平洋成矿带（外带）”等各个Ⅲ级成矿带地质特征、矿床类型、成矿条件和成矿规律，最后进行了总结和讨论（第十一章）。

研究区涉及松嫩盆地、佳木斯-兴凯地块和西北太平洋中、新生代增生造山带以及一条几乎贯穿全区的北东走向的断裂构造——敦密-阿尔昌断裂。

松嫩中—新生代断陷盆地的基底是一个近南北向的海西期—印支期造山带。这个造山带在敦密-阿尔昌断裂北西盘只出露于吉林省中部，形成吉中弧形构造。吉中弧形构造总体走向南北，向西突出，再向南，被敦密-阿尔昌断裂错断到了延边地区。也就是说，松嫩盆地的基底就是延边海西期—印支期造山带向北的延续，在这里称之为松嫩-延边海西期—印支期造山带。这个造山带再向南延伸入朝鲜境内，是咸北造山带；向北过黑龙江入俄罗斯境内，与诺拉-苏霍金斯克晚古生代造山带相接。后者的大部分被俄罗斯远东地区的阿穆尔-结雅盆地的中、新生代盖层所覆盖。事实上，阿穆尔-结雅盆地也是松嫩盆地在俄罗斯境内的延续。

在海西期—印支期造山带以东，是一条早古生代增生造山带：在我国境内（敦密-阿尔昌断裂北西盘）是张广才岭构造带；在俄罗斯境内（敦密-阿尔昌断裂南东盘）是西兴凯构造带。大约在500Ma时，牡丹江-斯帕斯克洋向佳木斯-兴凯地块俯冲，使得黑龙江群蛇绿混杂岩发生蓝片岩相低温-高压变质作用。同时，麻山群则发生堇青石麻粒岩相的高温-低压变质作用。考虑两者的构造位置和时空关系，它们应该构成了较为典型的双变质带。

再向东，是佳木斯-兴凯地块。这里的“兴凯地块”与通常所说的“兴凯地块”涵盖的范围略不同。通常的兴凯地块包括马特维耶夫、纳西莫夫、卡巴尔金、斯帕斯克、谢尔盖耶夫、沃兹涅先等构造单元。这里的兴凯地块只包括马特维耶夫、纳西莫夫和卡巴尔金3个构造单元，并且与佳木斯地块对应的只是马特维耶夫地块和纳西莫夫地块，卡巴尔金构造带是形成于新元古代末至早寒武世的裂谷，使原为一体的马特维耶夫-纳西莫夫地块分开。斯帕斯克、谢尔盖耶夫、沃兹涅先3个构造单元则组成了与张广才岭构造带相对应的西兴凯构造带。

佳木斯-兴凯地块以东是西北太平洋中、新生代增生造山带。那里发育了中侏罗世至早白垩世末期不同性质的构造单元。在敦密-阿尔昌断裂北西盘是那丹哈达-比金构造带，它是中侏罗世至早白垩世的增生杂岩；在敦密-阿尔昌断裂南东盘与之对应的是萨玛尔金构造带和塔乌欣构造带的中侏罗世及早白垩世蛇绿混杂岩。此外，还发育茹拉夫列夫-阿穆尔构造带（大陆坡沉积）和科玛岛弧带。它们均是古太平洋板块（库拉板块）向北西西向俯冲所致。

在晚白垩世和古近纪，沿着日本海西岸形成一个火山-深成岩带，叠加在前述中侏罗世和早白垩世构造单元之上，是古太平洋板块转向北北西向俯冲的结果。此时，原来的俯冲带成为转换带，北东向和北北东向断层均成为走滑断层。敦密-阿尔昌断裂大型左行走滑就是当时发生的，这次左行走滑使得前述构造带和地块位移达300km左右。

研究区在俄罗斯境内矿产资源丰富，以锡矿为主。滨海边疆区有116处小型以上规模的矿床，其中锡矿和锡可以作为副产品的矿床占70处，是统计矿床总数的60%。俄罗斯95%的锡矿产于远东地区，滨海边疆区在其中起着重要作用。钨矿也是滨海边疆区主要金属矿床之一。尽管在滨海边疆区的116个矿床中，钨矿所占比例不大。但是在10处大型矿床中，钨矿就占有2处。此外，滨海边疆区的达利涅戈尔斯克地区还发育有1处超大型的硼矿，在沃兹涅先斯科地区发育2处超大型萤石矿。

与之相比，在我国的黑龙江省和吉林省东部地区，除最近在吉林省延边朝鲜族自治州的珲春地区发现了大型的杨金沟白钨矿外，同类型矿产很少，锡矿和硼矿几乎没有，或无工业价值。但是在张广才岭的伊春-延寿成矿带，具有与沃兹涅先斯科地区萤石矿相同的成矿条件。

编著者

2019年1月20日

# 目　录

# 第一章　敦密-阿尔昌断裂南东盘构造格局

敦密-阿尔昌断裂带北东向斜切研究区中部。其南东盘包括如下构造单元：西北太平洋增生造山带、兴凯地块、西兴凯构造带、延边构造带和龙岗-冠帽峰地块（表1-1）。

表1-1　敦密-阿尔昌断裂南东盘构造单元

| Ⅰ级构造带 | 构造性质 | Ⅱ级构造带 | 物质组成 | 构造性质 | 时代 |
| --- | --- | --- | --- | --- | --- |
| 西北太平洋构造带 | 增生造山带 | 萨玛尔金构造带 | 蛇绿混杂岩 | 海沟 | 中侏罗世 |
| | | 茹拉夫列夫-阿穆尔构造带 | 陆源碎屑岩 | 大陆坡沉积 | 早白垩世 |
| | | 塔乌欣构造带 | 浊积岩、蛇绿混杂岩 | 海沟 | 晚侏罗世—早白垩世 |
| | | 科玛构造带 | 拉斑玄武岩、钙碱性火山岩 | 岛弧 | 早白垩世晚期 |
| | | 东滨海火山构造带 | 火山岩 | 岛弧火山 | 晚白垩世 |
| 兴凯地块 | 被动大陆边缘 | 马特维耶夫地块 | 孔兹岩系 | 片麻岩穹隆 | 前寒武纪 |
| | | 纳西莫夫地块 | 孔兹岩系 | 片麻岩穹隆 | 前寒武纪 |
| | | 卡巴尔金构造带 | 砂页岩、火山岩、铁锰矿 | 裂谷 | 文德期—寒武纪 |
| 西兴凯构造带 | 增生造山带 | 斯帕斯克构造带 | 浊积岩、蛇绿混杂岩 | 增生楔 | 早古生代 |
| | | 谢尔盖耶夫构造带 | 片岩和片麻岩 | 洋壳＋陆缘沉积岩 | 文德期? |
| | | 沃兹涅先构造带 | 碳酸盐岩夹砂、板岩 | 裂谷 | 寒武纪 |
| 延边构造带 | 造山带 | 老爷岭-格罗杰科构造带 | 火山岩和火山碎屑岩 | 火山-岩浆弧 | 晚古生代 |
| | | 汪清-咸北构造带 | 海相-陆相沉积岩、火山岩 | 弧前盆地 | 晚古生代 |
| | | 清津-青龙村构造带 | 蛇绿混杂岩 | 海沟前弧 | 晚古生代 |
| | | 古洞河构造带 | 陆源碎屑岩 | 被动陆缘 | 晚古生代 |
| 龙岗-冠帽峰构造带 | 古陆块 | 龙岗地块 | 变质杂岩 | 卵形构造 | 中太古代 |
| | | 冠帽峰构造带 | 变质杂岩 | 线形构造 | 新太古代 |

## 第一节　西北太平洋构造带

古太平洋起始于199Ma左右，相当于现代太平洋中部近赤道位置的洋内三叉裂谷（图1-1），产生了南部的菲尼克斯板块、北东部的法拉隆板块和北西的库拉板块（Hilde et al，1977）。

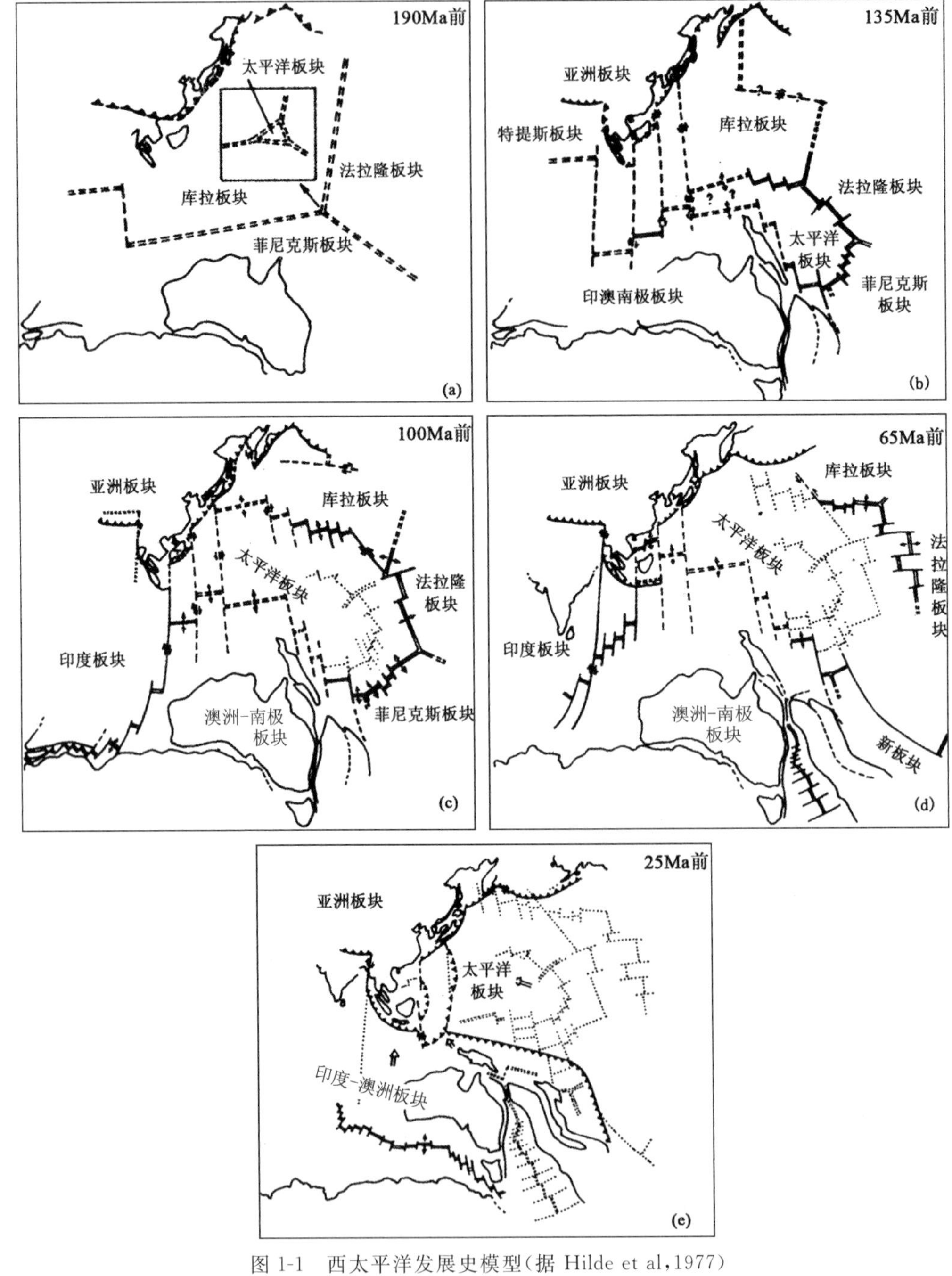


图1-1　西太平洋发展史模型（据Hilde et al，1977）

实线是根据磁条带资料；点线表示早期的磁条带（据资料而得）；虚线表示推测的（无资料）

研究区见证了库拉板块沿北西西方向向欧亚大陆俯冲和增生的过程。这个过程大致结束于100Ma左右的早白垩世末期，形成了萨玛尔金蛇绿混杂岩带（中侏罗世）和塔乌欣蛇绿混杂岩带（晚侏罗世和早白垩世)两个俯冲带的遗迹。大致自晚白垩世开始,板块的俯冲方向转为北北西向,在太平洋中留下了皇帝海岭。此时,先前的俯冲带变为转换带,亚洲大陆东部北北东向和北东向大规模左行走滑断层就是这个时期启动的。这个时期也在滨海边疆区东侧、日本海西岸,形成了一条很有名的火山-深成岩带(图1-2)。

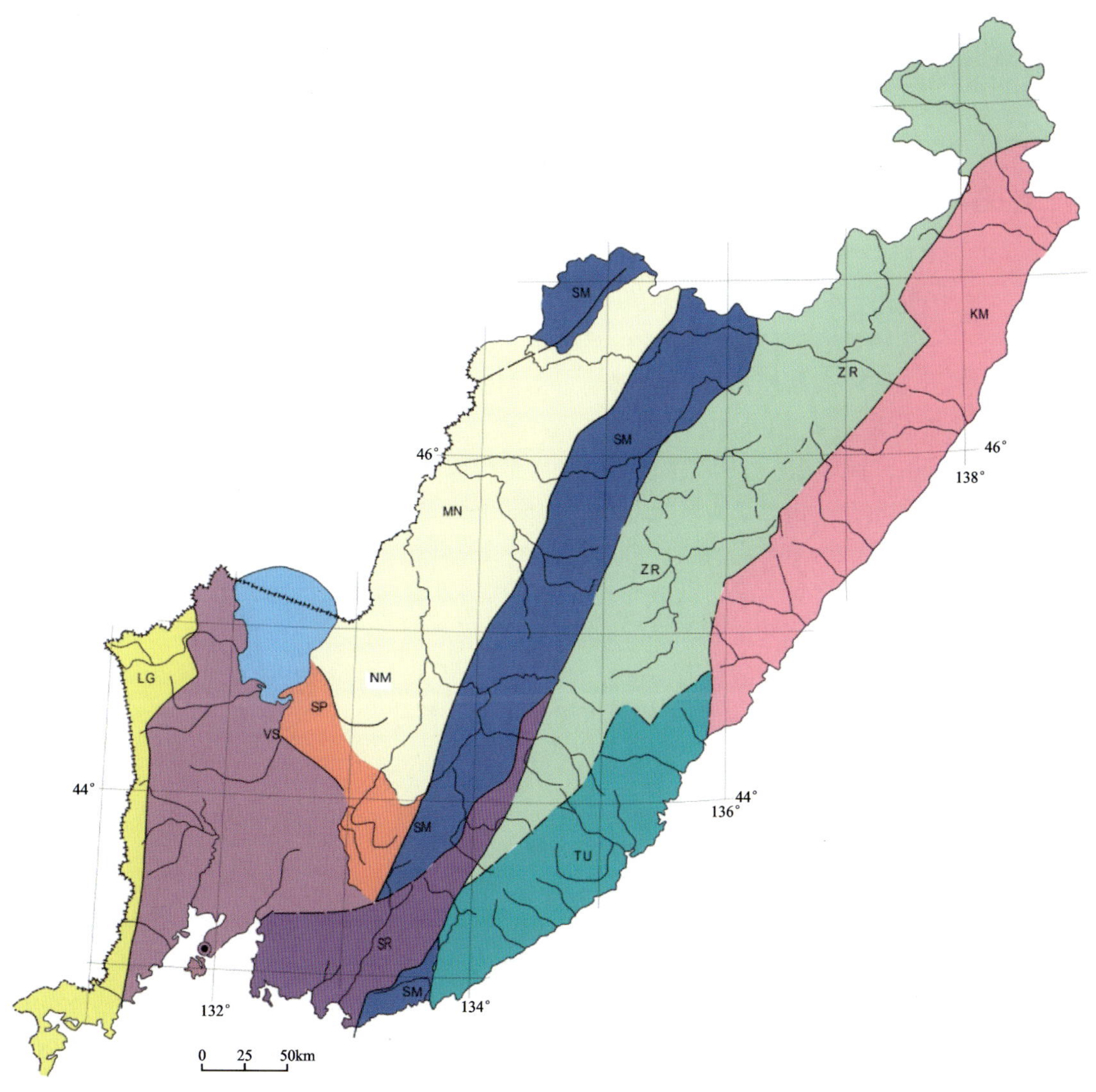


图1-2　敦密-阿尔昌断裂南东盘俄罗斯滨海边疆区构造单元划分(据汉丘克等,1995)
MN.马特维耶夫;NM.纳西莫夫;KB.卡巴尔金;SP.斯帕斯克;VS.沃兹涅先;SR.谢尔盖耶夫;LG.老爷岭-格罗杰科;SM.萨马尔金;TU.塔乌欣;ZR.茹拉夫列夫-阿穆尔;KM.科玛

## 一、萨马尔金构造带

萨马尔金构造带沿着兴凯地块东部边界延伸,南部被谢尔盖耶夫构造带的地质体覆盖。构造带的西北部边界是阿尔谢尼耶夫断层,东南部是锡霍特-阿林中央断裂——大型左行平移断层。萨马尔金构造带的组成由浊流沉积和混杂-滑塌堆积交替而成。浊流沉积和混杂-滑塌堆积呈渐变过渡关系。在浊流沉积物和滑塌堆积中存在中侏罗世和早白垩世初期的放射虫。

外来岩块和基质的接触面紧密,岩性差异明显,有粉砂岩基质被挤入岩块下部裂缝中或沉积到岩块上面。大型的岩块通常处在滑塌堆积下部，而硅质岩常常分布在浊流沉积岩中。外来岩块包括：①完整蛇绿岩套的一部分；②玄武岩和覆盖其上的晚二叠世硅质岩；③中—晚三叠世硅质岩；④早侏罗世的硅质-泥质沉积物；⑤晚二叠世和三叠纪—侏罗纪砂岩、晚侏罗世苦橄岩和玄武岩（被谢尔盖耶夫地块覆盖的部分）；⑥绿帘角闪岩相的变质岩；⑦由变泥质岩和变富钛基性岩构成的绿片岩和蓝片岩。

上述外来岩块的分布存在一定的有序性，表现在不同的构造岩层上存在或者缺少某个时代的岩块。整体上地质体是几个层状构造单位的群，厚度从800m到几千米。在早白垩世晚期被挤压成轴向北北东的褶皱系。

## 二、塔乌欣构造带

塔乌欣构造带也是蛇绿混杂岩带，由浊流沉积（基质）和其中的洋壳玄武岩岩块、古生代和早中生代（下二叠统和下—中三叠统）沉积岩岩块构成的混杂堆积。构造带的西北部边界是中锡霍特-阿林断层和富尔马诺夫断层（左行平移断层）。它的南部和东南部隐藏在日本海之下；构造带的东北部与茹拉夫列夫-阿穆尔构造带相邻。

塔乌欣构造带由3个提塘期—早白垩世增生杂岩带组成：西部构造带由扩张型玄武岩构成，被晚侏罗世硅质岩覆盖；中部构造带由尼奥科姆统浊积岩构成，夹有二叠纪和侏罗纪硅质岩、三叠纪灰岩和古盖约特（海底平顶山）玄武岩；东南部构造带由夹泥盆纪—二叠纪岩块、二叠纪和三叠纪硅质岩碎片，以及二叠纪、晚三叠世和早白垩世大陆边缘陆源碎屑岩的构造推覆体及提塘期沉积岩构成。

上述地层相互叠置，构成了厚度约13 000m的构造地层序列。在早白垩世晚期，该构造地层序列被挤压形成北北东走向的褶皱系，褶皱轴面向南东方向缓倾。因此有人认为，塔乌欣构造带是与日本本州岛北部和北海道西南部早白垩世火山弧相伴的古俯冲带的一部分。

## 三、茹拉夫列夫-阿穆尔构造带

它由总厚度大于10 000m的早白垩世沉积岩构成。西部边界是萨马尔金构造带的中侏罗世增生杂岩。多数人认为，茹拉夫列夫-阿穆尔构造带的贝里阿斯-凡兰吟期（早白垩世）沉积岩覆盖了古洋壳上的晚侏罗世沉积，理由有：①据有关资料显示，沿着茹拉夫列夫-阿穆尔构造带的边界，在塔乌欣构造带的晚侏罗世海底玄武岩、硅质岩中有贝里阿斯—凡兰吟期（早白垩世）地层；②在茹拉夫列夫-阿穆尔构造带的贝里阿斯—凡兰吟期沉积层发育的位置发现了晚侏罗世的硅质岩和玄武岩。

地层剖面清楚地分为贝里阿斯—凡兰吟期和格杰罗夫—阿里必斯期两部分。在贝里阿斯—凡兰吟阶部分，粉砂岩层较多，外来灰岩岩块非常少；在凡兰吟期沉积层有高钛苦橄岩夹层和板内玄武岩夹层。格杰罗夫—阿里必斯阶的特点在于砂岩成分较多，存在大量的、两种或三种成分的复理石建造。

在晚阿里必斯期，这些岩层被挤压成北东走向的褶皱，褶皱轴面总体向南东方向缓倾。

## 四、科玛岛弧带

科玛岛弧带由阿普特—阿尔布期岛弧岩系构成，被东锡霍特-阿林火山岩带的上阿里必斯阶火山沉积岩层覆盖。

在科玛岛弧带发育火山岩的分布链中，火山链的西部是火山沉积岩。火山岩中包括熔岩、角砾熔岩、玄武岩、安山玄武岩、安山岩质的凝灰岩和水下凝灰岩。沉积岩层的特点是细砂岩、粉砂岩、泥质板岩构成复理石建造。在沉积岩中已确定有阿帕达-阿里巴期双壳动物纲。在剖面下部的复理石建造中，有中粒砂岩和凝灰砂岩的夹层。该层中的砂岩主要是长石砂岩，而厚夹层中的中粒砂岩则是杂砂岩。

该套地层被挤压形成向北西方向倒转的褶皱，这些褶皱通常与向南东方向缓倾斜的同褶皱期逆掩断层伴生。

根据岩石化学资料，在科玛构造带中的火山岩中发育外洋岛弧典型的拉斑玄武岩和钙碱性岩系。古岛弧的科玛部分可能形成于大陆边缘附近。

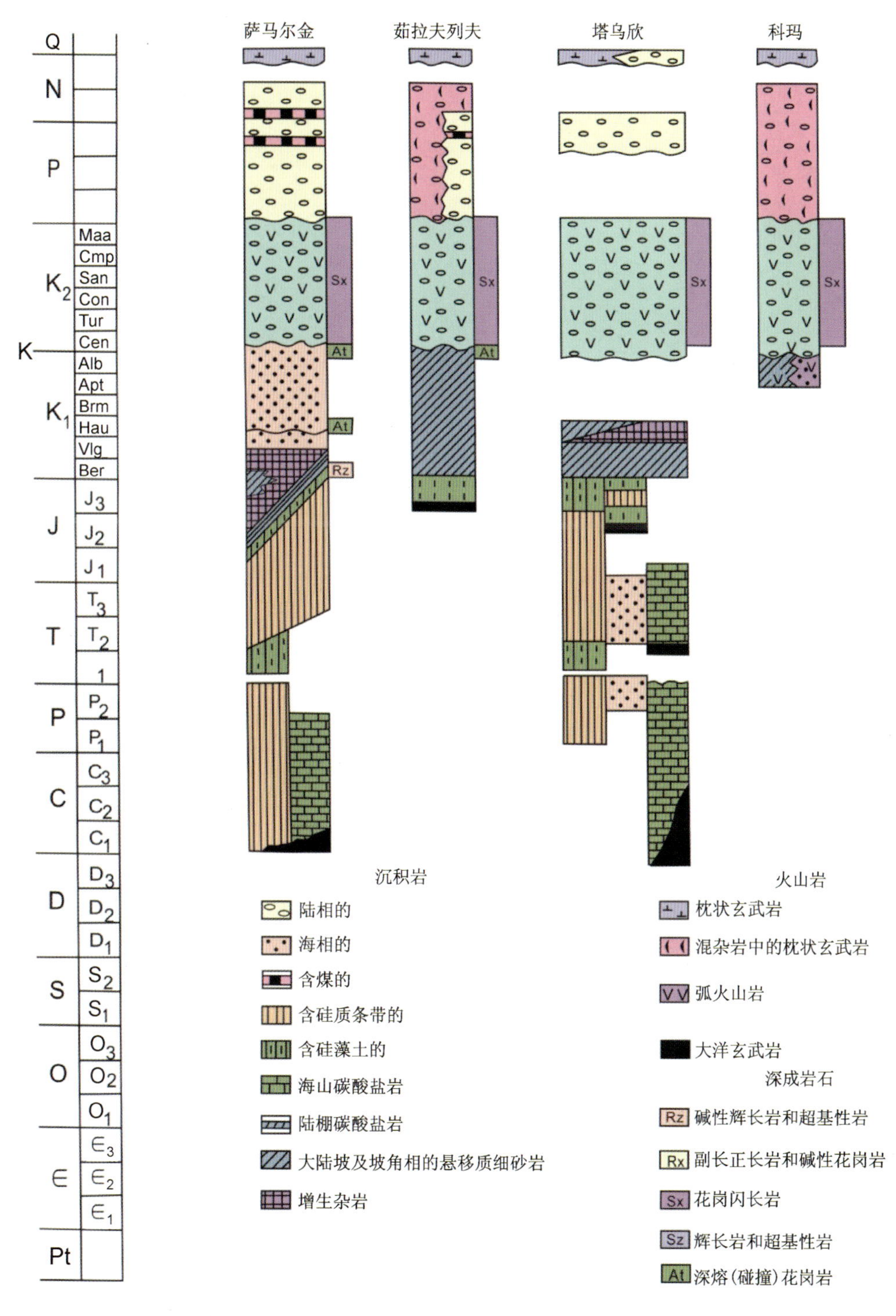


图 1-3　俄罗斯滨海边疆区西北太平洋构造带地层柱状图(据汉丘克等，1995)

## 五、东锡霍特-阿林火山-深成岩带

东锡霍特-阿林火山-深成岩带构造环境属于活动大陆边缘火成岩。这个火山-深成岩带形成于赛诺曼—马斯特里赫特阶，沿着日本海和鞑靼海峡分布(图 1-4)。

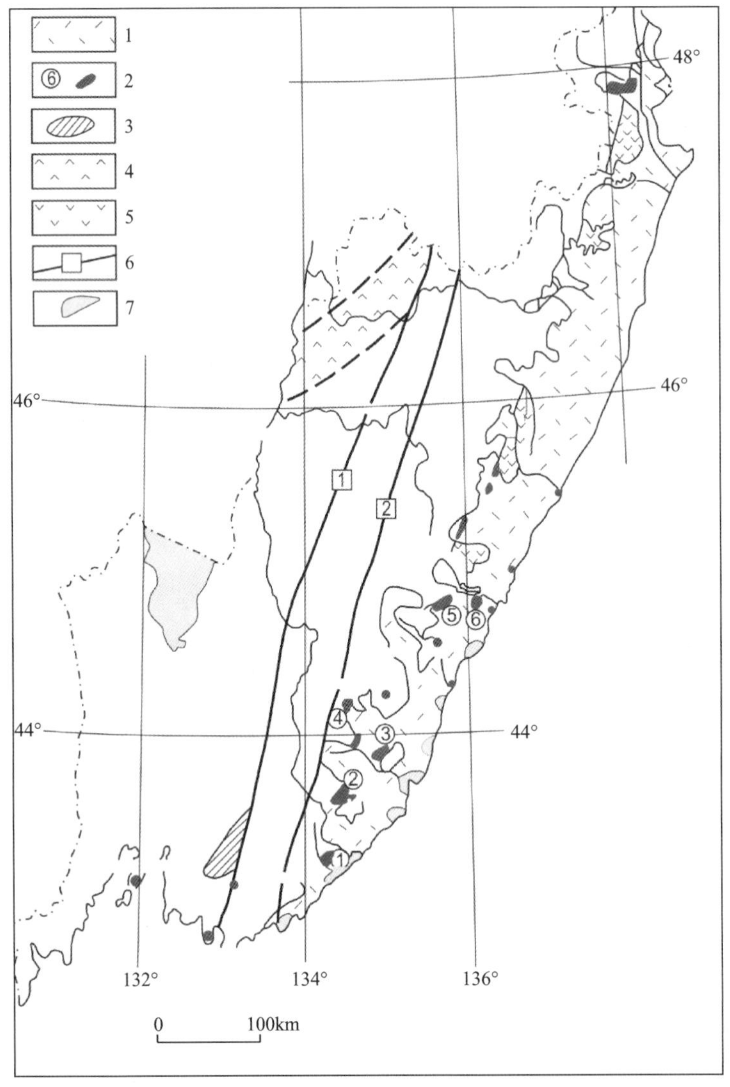


图 1-4　东锡霍特-阿林火山-深成岩带地质略图(据 V. K. Popov et al，2006)

1. 东锡霍特阿林火山-深成岩带；2. 赛诺曼期火山岩发育的主要地区和原图作者研究过的区域(①黑河流域；②西纳钦火山构造；③阿瓦库莫夫卡河左岸卡斯塔夫诺夫火山建造；④西纳钦建造的乌格洛夫火山构造；⑤达利涅戈尔斯克火山构造；⑥普拉斯图火山构造)；3. 阿尔布—赛诺曼期发育转换型大陆边缘火山岩的区域；4. 阿尔昌湾；5. 发育阿普特-阿尔布火山期莫涅罗诺-萨马尔金火山岩的科玛岛弧；6. 主要断层(1阿尔谢尼耶夫断裂；2中央锡霍特断裂)；7. 沿岸侵入岩

在初始阶段，岩浆作用的特点是喷出赛诺曼期的西纳钦组火山岩。火山岩由安山岩及相同成分的凝灰岩、凝灰角砾岩组成，厚度达 400m。火山岩呈斑状或无斑隐晶质结构，斑晶由斜长石、中长石构成或由角闪石-斜长石、辉石-斜长石、辉石-磁铁矿-斜长石矿物共生，辉石主要是单斜辉石。基质呈微晶结构。岩石属富铝钙碱性系列，$K_2O/Na_2O$ 小于 1。西纳钦组的稀土元素总量特别高，球粒陨石稀土配分曲线呈中等程度右倾，几乎没有铕异常(图 1-5)。

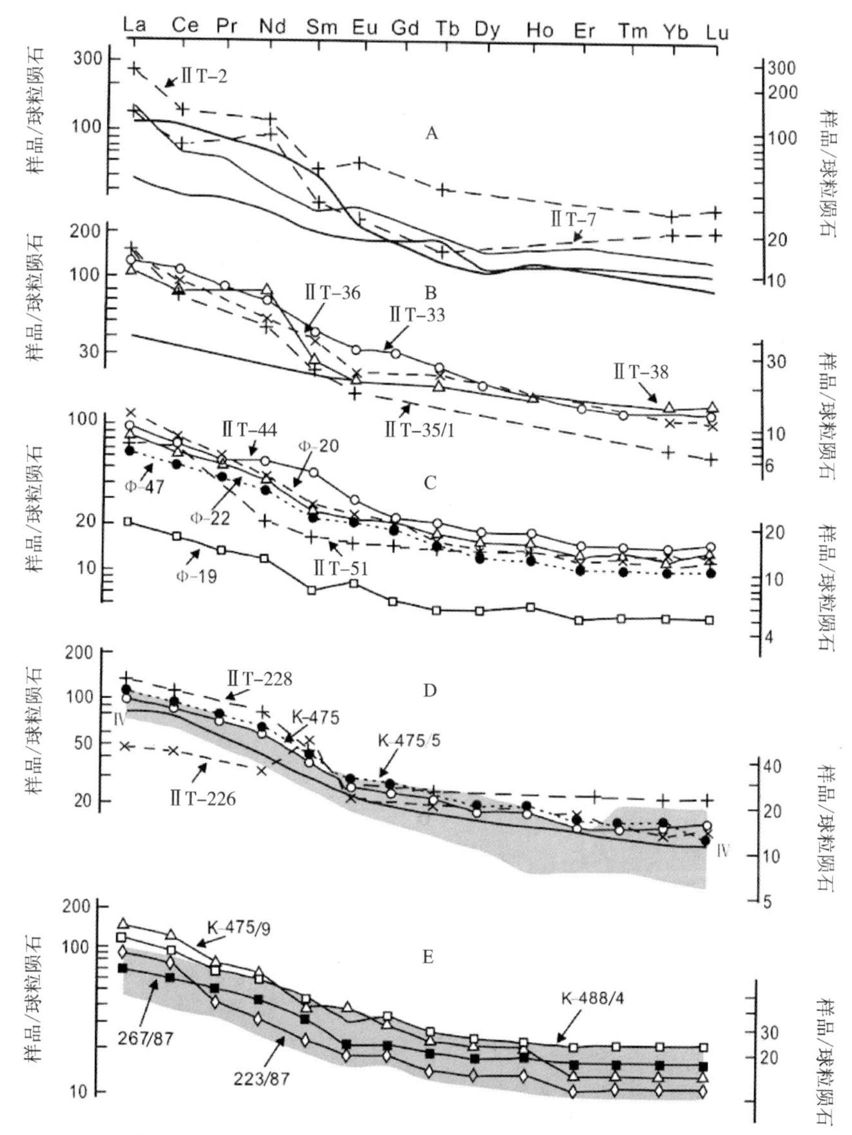


图 1-5　赛诺曼期火山岩球粒陨石标准化曲线图(据 V. K. Popov et al,2006)

A. 黑河流域火山岩；B. 西纳钦火山岩；C. 卡斯塔夫努瓦组火山岩；D、E. 达利涅戈尔斯克、普拉斯图和乌格洛夫地区火山岩，其中阴影区(D. 滨海边疆区巴尔基扎煤田阿里普赛诺曼期火山岩；E. 科玛岛弧玄武岩)；典型地质体(Ⅰ. 奥莫隆安山岩；Ⅱ. 岛弧安山岩；Ⅲ. 安季火山带北区玄武岩；Ⅳ. 安季火山带南区安山玄武岩；Ⅴ. 高阶安山玄武岩)；K-475. 样品编号

西纳钦组火山岩具有活动大陆边缘或岛弧火山岩的特点：在 Th-Hf/3-Ta 图上，它们投影于岛弧火山岩区，并与勘察加的大多尔巴钦玄武岩相似，说明西纳钦组火山岩属于安第斯型大陆边缘处形成的钙碱性系列火山岩(西马聂克等，2003)(图 1-6)。

在 90～85Ma 的山唐尼亚阶，沿着火山-深成岩带中心线喷出了大量的属于滨海岩系的高原凝灰熔岩。

萨马尔金组火山岩由玄武岩、安山岩和英安岩组成，属钙碱性系列火山岩。MORB 标准化稀土配分模式与大陆边缘型岩浆岩相符(图 1-7)。在判别图上分布于活动大陆边缘和岛弧区(图 1-8)。

东锡霍特-阿林火山-深成岩带的侵入岩沿日本海沿岸分布，是次火山型花岗岩建造，分东部侵入体和西部侵入体。东部侵入体分布在日本海沿岸地区(Ⅰ)，构成巨大的、几十千米的多相岩体，由等粒的闪长岩-花岗闪长岩-花岗岩组成(图 1-9a)，为磁铁矿型花岗岩。西部侵入体分布在达利涅戈尔斯克地区(Ⅱ)和克拉斯诺列切海丘(Ⅲ)，两者均由钛铁矿花岗斑岩组成(图 1-9b)。

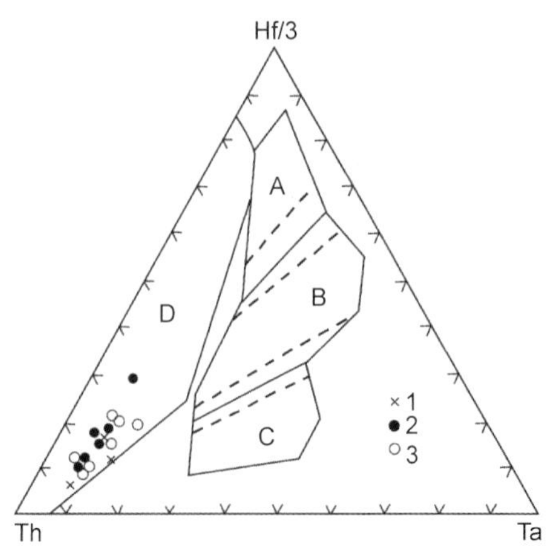


图 1-6　赛诺曼期火山岩 Th－Hf/3－Ta 图解(据 V. K. Popov et al,2006)

1. 西纳钦火山构造的玄武岩;2. 阿瓦库莫夫卡河左岸和达利涅戈尔斯克火山构造玄武岩;3. 卡斯塔夫诺娃建造;

A. MORB;B. MORB 和板内玄武岩;C. 碱性板内玄武岩;D. 岛弧和活动大陆边缘玄武岩

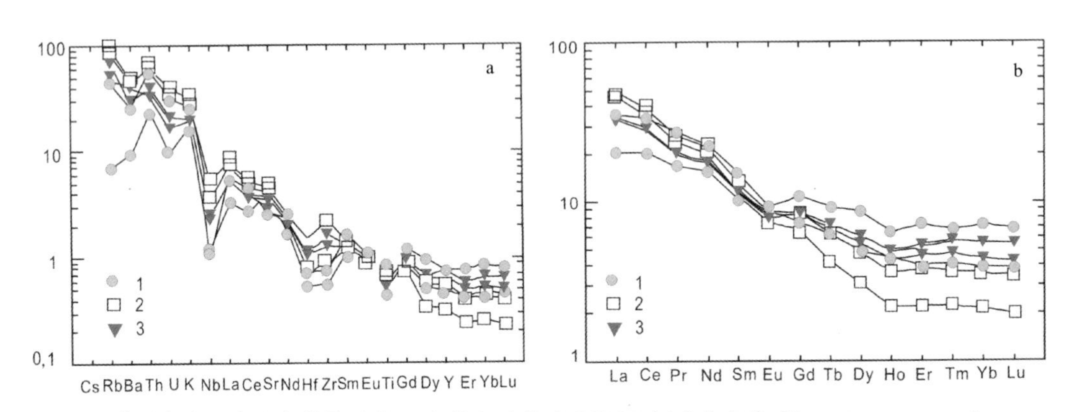


图 1-7　萨马尔金组安山岩微量元素(a)和稀土元素(b)MORB 标准化曲线(据 V. K. Popov et al,2006)

1. 杰尔涅伊火山构造;2. 阿穆尔河下游博里宾火山构造;3. 索洛挫夫火山构造

花岗岩在达利涅戈尔斯克地区所占面积不大,部分侵入岩(达利涅戈尔斯克岩体和巴尔基岩体)只是在钻孔中发现。侵入岩分布地区结构清晰:它们中最大的位于火山构造中心,构成侵入岩-穹顶海丘-阿拉拉特花岗侵入岩(60Ma);规模更小的侵入岩位于其边缘,包括 27 岩体(62～50Ma),达利涅戈尔斯克岩体(64～59Ma),巴尔基扎岩体(58～53Ma),尼古拉耶夫斯基岩体(辉长岩-闪长岩为 83Ma;花岗岩为 60Ma)和利多夫岩体(69Ma)。侵入岩常常等距分布,深度小于 3km。

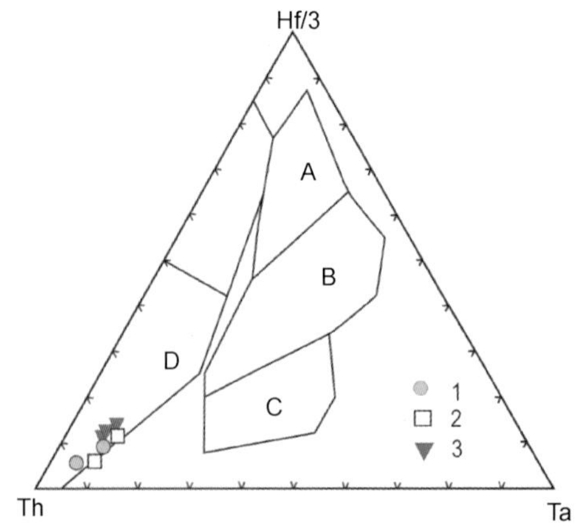


图 1-8　萨马尔金组安山岩 Th－Hf/3－Ta 图解(据 V. K. Popov et al,2006)

1. 杰尔涅伊火山构造;2. 阿穆尔河下游博里宾火山构造;3. 索洛挫夫火山构造

A. MORB;B. MORB 和板内玄武岩;C. 碱性板内玄武岩;D. 岛弧和活动大陆边缘玄武岩

克拉斯诺列切海丘侵入岩(Ⅲ)位于锡霍特山脉中轴线部分。二长闪长岩-花岗岩岩体位于火山构造的中心，位于拉普申、索尔涅奇、维特维斯特、热勒等地的侵入岩，由小型的二长闪长岩、闪长岩、花岗岩岩株和岩脉组成(图 1-9b)。它们形成于晚白垩世初期(87～84Ma)和古近纪(64～59Ma)。侵入岩一般都位于火山弧花岗岩区域。

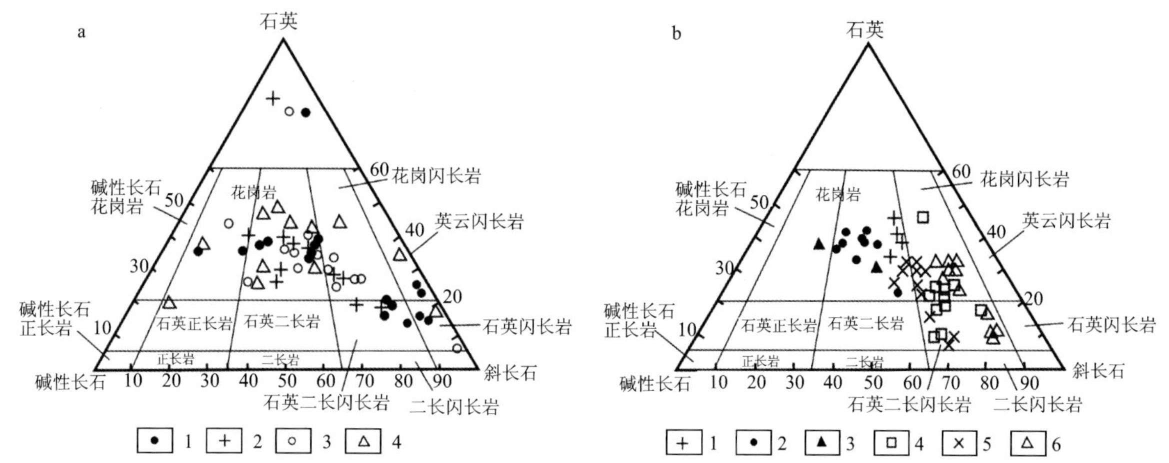


图 1-9　东锡霍特-阿林火山-深成岩带花岗岩矿物成分图解(据 V. K. Popov et al,2006)

a. 东部侵入岩(1. 奥普利奇尼；2. 弗拉基米尔；3. 奥利金；4. 瓦连金诺夫)；b. 西部侵入岩[达利涅戈尔斯克岩体(1. 石英二长岩；2. 花岗岩；3. 花岗斑岩)；克拉斯诺列切海丘岩体(4. 拉普申；5. 热勒；6. 索尔涅奇)]

# 第二节　兴凯地块

兴凯地块主要由前寒武纪和早古生代的变质岩组成，分为 3 个单元：马特维耶夫地块、纳西莫夫地块和卡巴尔金构造带。

地块的北西部边界是北东走向的阿尔昌断裂。它是左行走滑的敦密断裂在俄罗斯境内的延续，东部是北北东走向的阿尔谢尼耶夫断裂。它是兴凯地块与古太平洋构造域——西北太平洋中-新生代增生造山带的分界；南部是走向东西并逐渐转为北西向的斯帕斯克断裂，构成马特维耶夫-纳西莫夫地块的南部和西南部边界(图 1-2)。

强调一点，这里所说的“兴凯地块”与俄罗斯地质文献中的以及我们通常所认知的“兴凯地块”的范围并不完全相同：俄罗斯地质文献中的“兴凯地块”除了包括上述的 3 个构造单元的“马特维耶夫地块、纳西莫夫地块和卡巴尔金构造带”之外，还包括下一节要叙述的西兴凯构造带(包括斯帕斯克构造带、谢尔盖耶夫构造带和沃兹涅先构造带)。也就是说，我们把俄罗斯地质文献中所定义的“兴凯地块”分为两部分，即“兴凯地块”和“西兴凯构造带”。

之所以如此划分，是由于构成两者的地质体在形成时期、物质组成和构造属性等方面完全不同，而且如此划分也刚好与敦密-阿尔昌断裂北西盘的黑龙江省东部佳木斯地块及张广才岭构造带分别对应。

## 一、马特维耶夫地块

马特维耶夫地块由前寒武纪角闪岩相、局部麻粒岩相变质的结晶岩构成。

下部是鲁任组，主要由含石墨粗晶的大理岩组成，厚约 1 000m，常被总厚度达 50m 的黑云片麻岩、黑云片岩、二云片岩、电气石石墨片岩和透辉石片岩的薄层所分开。在片麻岩中局部形成石墨的工业矿体。

中部是马特维耶夫组，厚约 3 000m，可以分为上、中、下 3 段。下段主要由黑云片岩、夕线黑云片岩组成；中段是石墨片岩、黑云片岩、夕线黑云片岩、堇青石石榴子石夕线石片岩和片麻岩，其中夹磁铁石英岩和大理岩；上段则由眼球状混合片麻岩、混合岩组成。总厚度达 3 000m，分为两个中压变质相：石榴子石-堇青石相和正长石-黑云母-夕线石相。马特维耶夫组与上覆的屠格涅夫组的岩石组成相似，而以富铝和富镁片岩、片麻岩和石英岩广泛发育相区别。

上部是屠格涅夫组，厚约 4 300m，分为上下两段：下段厚 2 300m，由黑云片岩、黑云角闪片岩和含少量的角闪岩、透辉石大理岩夹层的片麻岩组成；上段厚近 2 000m，由强烈混合岩化的黑云片岩和含少量黄铁矿的硅灰石黑云片麻岩、石榴子石黑云片麻岩组成。

屠格涅夫组与下伏和上覆岩层之间的关系尚不清楚。

## 二、纳西莫夫地块

纳西莫夫地块也是由前寒武纪结晶岩构成。下部是纳西莫夫组，上部是塔基亚诺夫组。

纳西莫夫组由黑云片麻岩、角闪黑云片麻岩和大量片岩组成，夹少量的夕线石黑云片岩和其他结晶片麻岩或片岩，总厚约 3 500m。这些片麻岩和片岩的组成分布与马特维耶夫地块的屠格涅夫组类似，并常被混合岩化。在纳西莫夫组中曾获得 Rb-Sr 等时年龄为 1 517Ma。

塔基亚诺夫组分布于纳西莫夫组之上，由黑云片岩、黑云透辉石片岩、透辉石片岩、方柱石透辉石片岩、透辉角闪石墨白云母片岩和少量片麻岩组成，厚约 2 500m。上述岩性常呈互层出现或（在某些地段）分为 3 段：下段厚约 1 050m，由黑云片岩组成；中段厚 150～250m，以石墨白云母片岩为主；上段厚约 1 200m，由透辉石片岩或含透辉石片岩组成。

与我国学者早期对麻山群和兴东群年代的认识一样，俄罗斯学者也曾经将前述的鲁任组和马特维耶夫组作为太古宙变质岩，将纳西莫夫组、屠格涅夫组和塔基亚诺夫组作为古元古代变质岩。但是汉丘克(2004)指出："认为兴凯地块和布列亚地块的深变质岩属太古宙或古元古代的看法毫无地质根据。不久前，对佳木斯地块变质锆石离子探针研究表明，麻粒岩变质作用年龄为寒武纪（502±8Ma 和 498±11Ma）。所有研究者都认为佳木斯地块的麻粒岩与兴凯地块麻粒岩相似"。因此，将上述变质地层也暂定为中元古代和新元古代，并分别与麻山群和兴东群对比。

## 三、卡巴尔金裂谷带

马特维耶夫地块和纳西莫夫地块是两个穹隆构造，被东西走向的卡巴尔金裂谷带隔开。该裂谷带宽 10～25km，走向东西，发育新元古代和早古生代地层。其中，新元古代地层包括斯帕斯克组、米特罗法诺夫组、雷索戈尔组、卡巴尔金组和斯莫利宁组；早古生代地层为含矿组。

斯帕斯克组下部为黑云石英长石片岩，上部为黑云片岩、白云母片岩和二云片岩，厚约 1 000m。在卡巴尔金构造带，该组覆于屠格涅夫组之上，上部由含石英岩薄层的二云片岩和白云母片岩组成，底部由黑云夕线片岩组成，厚约 700m。

米特罗法诺夫组与斯帕斯克组渐变过渡。在斯帕斯克构造带内，该组可分为 3 段：下段厚约 550m，由石墨片岩、含石墨石英岩和云母片岩组成；中段厚约 1 300m，由石英绢云片岩、白云母片岩和绢云赤铁矿片岩构成；上段厚 200～250m，主要由石墨片岩组成。在卡巴尔金构造带中该组厚 600～700m，以石墨片岩、白云母石墨片岩，以及绢云片岩、绢云绿泥片岩、角闪石岩为主夹灰岩透镜体。

雷索戈尔组产状与米特罗法诺夫组一致，主要由夹角闪黑云片岩、绢云片岩和石墨片岩薄层的大理岩化灰岩组成，厚约 600m。

卡巴尔金组发育在卡巴尔金构造带，由千枚岩和少量砂岩组成，厚度大于1 000m。该组也发育在斯帕斯克构造带内，下部由石英绢云千枚岩、黑云绿泥千枚岩互层组成，上部由钙质砂岩和千枚岩组成。

斯莫利宁组由白云岩、硅质白云岩化灰岩、灰岩组成，含泥灰岩和硅质页岩夹层，厚约500m，沉积相沿走向变化迅速。

含矿组整合产于斯莫利宁组之上，以云母石英片岩、绿泥绢云片岩、碳质片岩、铁英岩、锰矿层、灰岩、白云石化灰岩为主。分3部分：底部是泥质页岩和钙质页岩；中部是碧玉铁质岩、铁锰矿、锰矿、磷灰石硅质岩矿和不含矿的石英岩；上部由泥质页岩夹白云岩和灰岩构成(10～300m)。乌苏里斯克铁矿床群的铁矿石和铁锰矿石就属于含矿组中部地层。第3次远东联合区域地层会议确定斯莫利宁组属于上里菲阶，而其上的含矿组属于下寒武统。

# 第三节　西兴凯构造带

西兴凯构造带是原兴凯地块的组成部分，位于其西部，因此称西兴凯构造带，由斯帕斯克构造带、谢尔盖耶夫构造带和沃兹涅先构造带组成(图1-2)。

## 一、斯帕斯克构造带

斯帕斯克构造带位于马特维耶夫-纳西莫夫构造带的南部和西部，并且以斯帕斯克断裂作为与后者边界。它的另一侧边界是发育有狭长的蛇绿混杂岩的德米特利耶夫断裂。该蛇绿混杂岩带由下寒武统硅质岩-陆源碎屑岩-碳酸盐岩为基质，并形成线状褶皱。其构造线方向由东西向、北西向转变为南北向，围绕纳西莫夫穹隆分布。

斯帕斯克构造带由3套地层组成：①砂页岩层；②普罗霍罗夫卡层；③德米特里耶夫组、麦尔库舍夫组和麦德维任组。在德米特里耶夫组中发育寒武纪蛇绿岩套的块体。3套地层之间为构造接触。根据采集的最早的托莫特纪古杯海绵门化石判断，砂页岩层位于剖面最底部。然而这里采集到的化石只是存在于泥质基质中的含燧石条带的灰岩中，泥质基质具有混杂堆积岩基质的特点。

砂页岩层仅局限于斯帕斯克构造带中，大部分由砂岩组成，少量是具有韵律层的砂岩夹有粉砂岩、千枚状板岩、灰岩、硅质黏土岩，厚度大于800m。米什基娜和奥库涅娃在灰岩中发现海绵、海藻、管状体等。按奥库涅娃的意见，这些化石说明该层可能属于阿尔丹超阶。稍晚，别利亚耶夫在相同的灰岩中发现更老的生物类型，并指出其完整的海绵组合与西伯利亚地台克尼亚金层位(托姆莫特阶)相似。

普罗霍罗夫层也只发育于斯帕斯克构造带，主要为灰岩，在其中部夹有硅质页岩和硅质黏土质页岩、白云岩(0～100m)，总厚度约3 175m。在灰岩中发现海绵，相当于阿尔丹阶的中上部。

德米特里耶夫组主要由灰岩组成，其中部发育泥质页岩和泥灰质页岩、泥灰岩和粉砂岩，厚度约1 700m。未见该组底部。其上发育麦尔库舍夫组。灰岩中发现大量的生物化石，如三叶虫、藻类、海绵、腕足类等。有学者认为，德米特里耶夫组中的海绵可与列恩超阶(鲍托姆阶)的海绵组合对比。

麦尔库舍夫组发育在德米特里耶夫组之上，主要是砾岩。大量砾石属于德米特里耶夫组的灰岩(90%)，少量是钙质硅质页岩、超碱性岩和碱性岩浆岩。在麦尔库舍夫组中没有发现动物化石，但认为它与早—中寒武世麦德维任组相似。

麦德维任组不整合于德米特里耶夫组之上，由钙质砾岩、细砾岩、砂岩组成(700m)。沿沉积相走向和倾向，粗碎屑岩快速变为细碎屑岩。对于该组与麦德维任组的相互关系尚未取得一致意见，但它们具有相同的相。

蛇绿岩套在空间上与德米特里耶夫岩组伴生。属于蛇绿岩套的组成部分包括碱性火山岩、带泥灰岩夹层的火山岩、滑石菱镁矿岩、变辉长岩、辉长辉绿岩、磷灰石斜方辉石橄榄岩。

此外，在斯帕斯克构造带的南部还发育志留纪砾岩层，它们填充在等距分布的列基赫夫凹陷和达乌必诃凹陷中，组成构造带的一部分。早—中志留世岩层沿北西方向延伸，受逆掩断层限制，形成向南西倒转的褶皱。

根据滑塌堆积、浊流沉积、蛇绿岩岩块的存在以及逆冲推覆构造和倒转褶皱，汉丘克(2004,2006)将斯帕斯克构造带作为前泥盆纪增生楔的一部分。

## 二、谢尔盖耶夫构造带

谢尔盖耶夫构造带位于滨海边疆区南部，西兴凯构造带的东南部，斯帕斯克构造带与沃兹涅先构造带之间。它的南侧已经仰冲至侏罗纪增生楔，即萨马尔金构造带之上。

谢尔盖耶夫构造带主要发育一套变质岩层，厚 4 000～5 000m。以前将该套变质岩视为侵入杂岩，称为谢尔盖耶夫辉长岩类。1984 年，奥列伊尼科维把该岩层划分出来，代表岩性是角闪岩、角闪片麻岩、角闪黑云片麻岩、阳起石片岩、混合岩和少量大理岩。逆冲到萨马尔金构造带之上的部分主要由黑云片岩、黑云角闪片岩、石英岩和磁铁石英岩组成。

谢尔盖耶夫构造带获得的变质岩和花岗岩锆石的 U－Pb 年龄如下：辉长片麻岩 528±3Ma；角闪片麻岩 504±2.6Ma；塔乌欣花岗岩 493±12Ma。塔乌欣花岗岩锆石核部年龄 1 742±5Ma，白云母 Ar－Ar年龄为 492±2Ma。

## 三、沃兹涅先斯科构造带

沃兹涅先斯科构造带位于西兴凯构造带的西南部。它大部分隐藏在盖层岩套之下。它西侧的南北走向的边界恰好是一条逆掩断层——西滨海断裂，把什马科夫-格罗杰科沃花岗岩带与位于西部的老爷岭-格罗杰科晚古生代构造带分隔开。

沃兹涅先斯科构造带主要由两套地层组成：①以纳瑟罗夫层(厚度小于 1 000m)为代表；②以新亚罗斯拉夫组(厚度达 900m)和沃尔库申组(厚度 450～850m)为代表。

纳瑟罗夫层(厚度小于 1000m)由杂色砂岩、石英绢云赤铁矿片岩以及含细粒石英岩、粉砂岩夹层的绢云片岩所组成。利普金(1968)将沃兹涅先构造带的所有沉积岩都归于新元古界。稍晚，由于古杯海绵的发现，在第 3 次远东联合区域地层会议上只将纳瑟罗夫层和卢扎诺夫层归于新元古界。巴赫萨诺夫(1981)以分析韵律层资料为基础，利用所获得的古生物学资料证实纳瑟罗夫层是基底岩系，具有清楚的海进韵律层，厚度约 3 000m。

新亚罗斯拉夫组(厚 750m)的下部(150m)由白云岩和少量绢云片岩组成；上部由单一的半石墨页岩、半石墨绢云页岩组成。据海绵化石，确定其沉积不晚于列恩超阶的下部，最大可能是阿尔丹超阶。

沃尔库申组(450～850m)以夹有半石墨页岩和硅质页岩薄层的灰岩为主，与上覆和下伏地层渐变过渡。按别列耶娃对海绵化石的研究，认为该组早于列恩超阶。

地层形成北北西—近南北走向的倒转褶皱构造，并有同方向的走向断层伴生。那些走向断层早期为逆断层或逆掩断层，晚期成为左行平移断层。

### 四、早古生代侵入岩

晚寒武世的沃兹涅先岩体只发育在沃兹涅先构造带内。这些岩体侵入于晚寒武世地层并使该套地层发生变质，而其本身又被志留纪—泥盆纪侵入的岩脉或岩墙群穿切。

沃兹涅先花岗岩沿着北西向的断裂侵入，在外接触带发生电气石化、弱硅化和萤石化。花岗岩侵入体可划分出斑状中粒黑云母花岗岩和斑状中粒白岗质花岗岩。后者，所有黑云母几乎都被白云母代替，并常见电气石与白云母共生。云英岩化和钠长石化是该花岗岩的特点，它们富含氟、硼、锂，属锂-氟型花岗岩。萤石、锌和锡矿床，钨、铅和稀有金属矿化均显示出与该花岗岩有关。根据有关资料，该花岗岩的绝对年龄在480～390Ma（K－Ar法）和500～455Ma之间。

志留纪—泥盆纪侵入岩（什马科夫侵入岩和格罗杰科夫侵入岩）广泛分布在西兴凯构造带上，沿着它的边部形成几乎连续的岩基链。主要为两种岩相：第一种为基性岩和碱性岩系列；第二种为花岗岩类。早期相的岩石是与沃兹涅先构造带中成分和结构都相同的辉长岩、闪长岩和二长闪长岩的侵入体，局部可见基性岩与中性岩呈无规律地相互过渡的现象。

闪长岩具有一般常见的矿物成分。辉长闪长岩与闪长岩的主要区别是存在基性斜长石、辉石（透辉石、普通辉石）以及大量的普通角闪石。正长岩由钾长石、斜长石、辉石、普通角闪石组成，在少数岩石中还有黑云母和石英。辉长岩分布较少，按其中暗色矿物的存在和含量确定有角闪辉长岩和辉石辉长岩，也见有石英辉长岩。

第二岩相（晚期岩相）成分主要是各种花岗岩类（花岗岩、花岗闪长岩和石英二长岩），属花岗岩基（什马科夫花岗岩、格罗杰科夫花岗岩、里亚扎诺夫花岗岩等）建造，并且构成岩基的主要侵入岩体。岩基内部可分为不同形状和规模的细粒和斑状花岗岩。格罗杰科夫花岗岩体的结构是不均匀的。它的西半部由黑云碱长花岗岩组成，东半部以富微斜长石的变种为主。在西兴凯构造带东部分布的花岗岩与格罗杰科夫岩基具有许多共性。在什马科夫和格罗杰科夫岩体中存在许多元古宙结晶片岩的捕虏体。花岗岩属于粗粒黑云母花岗岩。

里亚扎诺夫（哈桑）岩基主要由花岗闪长岩、石英闪长岩和少量的闪长岩、花岗岩组成。花岗岩见于受剥蚀最强烈的中、深部，闪长岩主要出露于上部。在岩石中几乎处处能看到碎裂现象，局部地方发生片麻岩化；在斑状石英闪长岩中常见异离体，即石英闪长岩析出极小的富有暗色矿物的物体。未形成大量富集的铁、锌和铅的矽卡岩矿化，与志留纪—泥盆纪侵入岩有关。

在西滨海带内，花岗岩侵入到塔姆金组（志留系）和科尔顿金组（下志留统）。已查明沉积之上的下二叠统多瑙河组为年龄的上限。志留纪—泥盆纪侵入岩的K－Ar年龄为404～316Ma。

## 第四节 延边构造带

延边构造带是晚古生代—早中生代的南北向造山带，主要由4部分组成：老爷岭-格罗杰科火山弧、汪清-咸北弧前盆地、清津-青龙村混杂岩带、古洞河被动大陆边缘和龙岗-冠帽峰地块。这个构造带主体是晚古生代兴凯地块西部活动大陆边缘，构成完整的弧-沟-盆体系。清津-青龙村混杂岩带是造山带的缝合线，它的南西侧是龙岗-冠帽峰地块的被动大陆边缘。俯冲作用开始于海西晚期（二叠纪火山弧），碰撞造山作用的峰期在晚三叠世（变质作用和造山期花岗岩年龄）。

## 一、老爷岭-格罗杰科火山弧

老爷岭-格罗杰科火山弧位于俄罗斯滨海边疆区的西南部以及吉林省珲春市五道沟—黑龙江省绥芬河市一线，沿着兴凯湖、哈桑湖的中俄边境两侧分布。

### 1. 早古生代地质体

早古生代地质体发育在俄罗斯境内，由志留系卡尔顿金组组成。卡尔顿金组发育在滨海西部一直到俄罗斯与中国边界，形成一条宽仅 1～6km 的不连续条带（西滨海带）。该组的底部不清楚，顶板岩层沿着冲刷面被下二叠统列舍尼柯夫组覆盖。

卡尔顿金组是一套沉积岩和火山-沉积岩，可视厚度大于 200m。其成分是粉砂岩、黏土质页岩、杂砂岩、砾岩、基性和中基性熔岩、凝灰岩、酸性凝灰岩和硅质岩，含笔石目和腕足类动物化石。

卡尔顿金组发育区包括 3 个透镜状区域，大致按南北或略偏北西方向延伸。最大的一个区域位于南部小镇波格拉尼奇，呈透镜状，长约 30km，宽 5～8km。限制该区域的断裂构造是演变成左行平移断层的逆掩断层。岩层被挤压形成近南北向褶皱，褶皱轴面向西陡倾（汉丘克等，2006）。

### 2. 二叠纪弧火山岩

俄罗斯境内代表弧火山岩的是中性火山岩、酸性火山岩和弧凝灰岩。其中，以中酸性火山岩和火山碎屑岩为主的符拉迪沃斯托克组和巴拉巴什组总厚度达 4.2km，为陆相火山岩。

符拉迪沃斯托克组分布在穆拉维耶夫-阿穆尔河半岛上的巴拉巴什带、马里诺夫带和穆拉维耶夫-多脑河带中。分为两部分：下部厚达 1 000m，由安山岩、凝灰岩、凝灰角砾岩、层凝灰岩、砂岩和粉砂岩组成；上部厚 110～850m，组成的岩石主要是凝灰岩、凝灰角砾岩、流纹岩、砂岩和粉砂岩。该组沉积碎屑岩中含有晚二叠世的植物化石组合。

在阿穆尔湾海岸西部的巴拉巴什构造带，符拉迪沃斯托克组厚 400～600m。下部由凝灰质砂岩和粉砂岩、酸性凝灰岩、安山岩组成，上部为酸性凝灰岩。该层以含晚二叠世植物化石为特征。在阿尔杰莫夫、乌苏里河盆地中，阿尔谢耶夫组厚达 2 400m，由安山岩、中性和酸性凝灰岩、凝灰质角砾岩、含晚二叠世植物化石和动物化石的凝灰质砂岩组成。

长大砬子组分布于谢尔盖耶夫和穆拉维耶夫-多脑河等盆地内，厚 170～1 300m，整合于符拉迪沃斯托克组之上，由粉砂岩、泥岩、灰岩、安山岩、英安岩、凝灰岩、中酸性层凝灰岩、砾岩、细砾岩、含各种各样植物化石和动物化石的砂岩所组成。凰尔季昌河盆地的长大砬子组厚达 600m，不整合于更老的岩层之上，由灰岩、粉砂岩、砾岩、细砾岩、中性的凝灰岩和层凝灰岩构成。上述岩石含有动物化石（珊瑚、苔藓动物、腕足类）和植物化石。沿走向灰岩常被钙质砂岩、细砾岩、砾岩、凝灰岩所替代，有时它与硅质岩、泥质岩和流纹岩互层。

巴拉巴什组的年代与长大砬子组相当，它分布于西滨海西部，主要分布在巴拉巴什亚带和科米撒罗夫带中，整合于符拉迪沃斯托克组之上。在巴拉巴什亚带中，该组厚 900～1 200m。下部是砂岩、钙质细砾岩、砾岩、灰岩；中部是灰岩、中性凝灰岩、安山岩；上部是流纹岩、凝灰岩、酸性凝灰角砾岩和灰岩。它的年代是根据灰岩中有孔虫类和植物化石确定的，沿走向灰岩被凝灰质砂岩、熔岩和凝灰岩替代。

在兴凯湖西部与我国接壤处的科米撒罗夫带，巴拉巴什组厚约 2 000m，主要是流纹岩、安山岩、中性或酸性凝灰岩、凝灰质粉砂岩、砂岩和灰岩。底部由钙质粉砂岩和砂岩、灰岩、安山岩及其凝灰岩构成。由灰岩中的有孔虫类组合及凝灰岩中的植物化石确定该组属于上二叠统。

在我国境内，沿着绥芬河至珲春一线，前人在 1∶20 万区域地质调查中自北向南定义了几个二叠纪火山地层或火山沉积地层，包括双桥子组、杨岗组、柯岛组和庙岭组。

双桥子组是在1∶20万穆棱镇公社幅区域地质调查中定义的，发育在黑龙江省东宁县绥阳镇北双桥子一带，由变质中酸性熔岩和火山碎屑岩、中性火山岩、千枚岩、千枚状板岩组成，产植物化石。黑龙江省岩石地层（黑龙江省地质矿产局，1997）将时代定于晚石炭世至早二叠世。但是在对下伏地层的黄松群阎王殿组碎屑锆石定年过程中，确定了最年轻的单颗粒锆石的280±4Ma的表面年龄，说明该组地层不会早于早二叠世。

杨岗组发育于虎林县杨岗镇和密山市城山，在1∶20万鸡东县幅中也有发育。岩性主要为酸性、中酸性火山岩夹碎屑沉积岩，产植物化石，被定义为上二叠统。但是从野外及地质图上看，与1∶20万穆棱镇公社幅中的双桥子组是相当的。

在1∶20万老黑山公社幅中，与之相当的是上、下柯岛组。显然，这里的柯岛组与开山屯附近建立的上、下柯岛组（滩前组和山谷旗组）是截然不同的。这里的下柯岛组是黑色凝灰质板岩、砂岩（下部）和结晶灰岩、灰黑色凝灰质砂板岩互层（上部）；上柯岛组是黑色凝灰质板岩与变安山岩互层（下部）和杂色片理化凝灰砂岩、粉砂岩夹灰岩透镜体（上部）。

而在1∶20万珲春县幅中，这套火山地层被定义为庙岭组。显然，这里的庙岭组与庙岭采石场附近标准剖面的庙岭组也是完全不同的。这里定义的庙岭组以片理化安山质角砾凝灰岩和片理化安山岩为主，下部夹凝灰质砂板岩和大理岩透镜体。

苏养正等（1996）将上述绥芬河—珲春一带的二叠纪火山岩、火山碎屑岩夹碎屑岩和大理岩地层厘定为红叶桥组，包括双桥子组、红叶桥火山岩和满河火山岩等，分布于北部的鸡东县、东宁县到最南部的珲春市。在东宁县老黑山亮子川的正层型剖面由下部板岩、粉砂岩、凝灰质粉砂岩夹安山岩和英安-安山质熔岩，上部安山岩、英安凝灰熔岩、角砾凝灰熔岩、凝灰岩夹凝灰质砾岩、凝灰质砂岩、板岩和灰岩透镜体组成，厚1 700m，含*Yabeina*。向北到东宁县绥阳镇双桥子，为凝灰岩夹凝灰熔岩和安山玢岩、凝灰质砂岩和千枚岩，含植物化石，厚400m。在鸡东县，流纹岩和英安岩、英安凝灰熔岩增加，但厚度减少为600m。向南至珲春地区，为安山岩、英安岩、流纹岩、角砾熔岩夹凝灰岩、砂岩、粉砂岩和偶夹大理岩透镜体，在角砾熔岩、角砾凝灰岩中有花岗岩角砾和岩屑，厚1 300～2 900m。含*Yabeina*、*Verbeekina*、*Monodiexidina*等，腕足*Hustedia*、*Geyerella*、*Dictyoclostus*等和苔藓虫，时代为中二叠世晚期。满河火山岩或关门嘴子火山岩不属于弧火山范畴。

**3. 构造变形**

作为该带中的断裂构造，则以分布于中俄边境附近、在俄罗斯境内的南北向的西滨海断裂为代表，它是早古生代构造带（西兴凯构造带）与晚古生代构造带（老爷岭-格罗杰科构造带）分界断裂。西滨海断裂呈近南北向沿着中俄边境附近俄罗斯一侧展布。它把老爷岭-格罗杰科构造带与西兴凯构造带分开。

在俄罗斯境内，老爷岭-格罗杰科火山弧呈狭长带状沿着国界呈南北向展布，分为边界亚带或波格拉尼奇带、科米萨罗夫带和巴拉巴什带。

边界亚带或波格拉尼奇带是以西滨海断裂为界与科米萨罗夫带和巴拉巴什带分开。该带由早志留世活动型火山岩、硅质岩、陆源碎屑岩，以及基性—中性成分的次火山岩、二叠纪沉积岩和火山岩组成，常见近南北向的倒转褶皱。下志留统被志留纪—泥盆纪花岗岩（格罗杰科花岗岩）侵入，也被晚二叠世多相侵入体所侵入。

科米萨罗夫带由厚达4.2km的晚二叠世安山岩-英安岩-流纹岩建造（符拉迪沃斯托克组和巴拉巴什组）组成，形成短轴褶皱。少数产于志留纪—泥盆纪花岗岩之上的列舍尼科夫组的砂岩和砾岩，被晚二叠世花岗岩类侵入。

巴拉巴什带的大部分被拉兹多里宁中生代盆地所掩盖，只是在南部才发现晚古生代褶皱组合。它是由二叠纪沉积岩和流纹岩-安山岩建造所组成。这套建造一般厚度达4km（列舍尼科夫组、符拉迪沃斯托克组和巴拉巴什组），且已发生北西—近南北向线性褶皱，并被晚二叠世花岗岩类侵入。

晚三叠世—早白垩世陆源沉积（主要是陆相沉积）不整合于晚古生代褶皱或更老的地质体之上。它构成继承性的晚海西期拉兹多里宁盆地，并被古近纪—新近纪地层覆盖。

在我国境内，与边界亚带或波格拉尼奇带相邻的是由五道沟群组成的南北向的紧闭线性褶皱。同时伴随南北向的大断裂——小西南岔断裂。与俄罗斯境内的西滨海断裂一样，近南北向的小西南岔断裂早期为逆断层，但晚期具有明显的走滑断裂性质。

在我国境内黑龙江省东宁县杨木车间至东宁，广泛发育黄松群的阎王殿组和杨木组。阎王殿组是一套千枚岩或碳质千枚岩，而杨木组则主要是一套含石榴子石的二云片岩和变粒岩。《黑龙江省区域地质志》(黑龙江省地质矿产局，1993)和《黑龙江省岩石地层》(黑龙江省地质矿产局，1997)均将之作为新元古代地层，并认为两者是整合接触关系。

我们对两组岩石碎屑锆石进行了 LA－ICP－MS 锆石 U－Pb 定年，结果如下。

杨木组样品为黑云石英片岩(坐标：E130°40′4.8"，N44°08′4.9″)：风化面黑褐色，新鲜面黑灰色，鳞片粒状变晶结构，片状构造。主要由黑云母、石英和长石组成，含极少量白云母。粒径 0.1～0.2mm。

阎王殿组样品为石英片岩(坐标：E130°59′14.4″，N44°34′25.6″)：风化面黄褐色，新鲜面灰黑色。鳞片粒状变晶结构，片状构造。主要由石英组成，含少量暗色矿物。

定年结果表明，两者最年轻单颗粒锆石的表面年龄分别是 280±4Ma 和 285±8Ma(图 1-10)。而加权平均值分别是 281.8±2.4Ma 和 310.4±6.1Ma，它是早二叠世以后的产物。

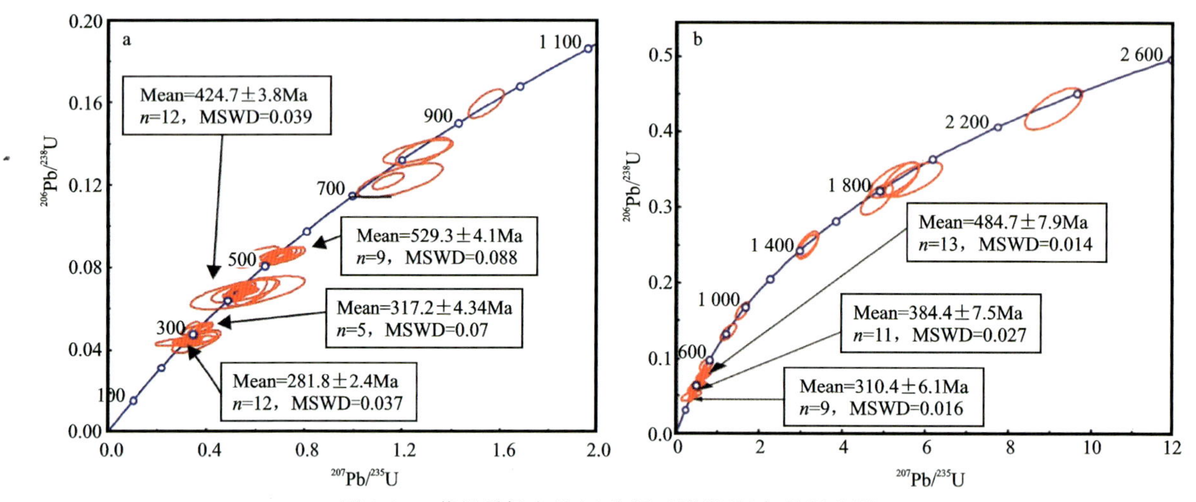

图 1-10　黄松群杨木组(a)和阎王殿组(b)年龄谐和图

同时，野外及室内分析表明，杨木组并不是简单的二云片岩，而是一组强烈糜棱岩化的岩石(图 1-11)。这就合理解释了阎王殿组和杨木组变质程度差异的原因，也说明两者之间只是构造关系，同时说明杨木组是韧性剪切带的一部分。

杨木组自 1∶20 万穆棱镇公社幅的双桥子，向南经杨木车间进入老黑山公社幅(在这里曾经被称为青龙村群)，再向南进入珲春市幅(应该相当于五道沟群)，将之作为老爷岭-格罗杰科火山弧的西部构造边界。

图 1-11　石榴二云钠长糜棱片岩(杨木组)

## 二、清津-青龙村混杂岩带

在延边构造带的西部，发育一条北北西—近南北向的混杂岩带——清津-青龙村混杂岩带。它的东部边界大致在开山屯至天桥岭一线；西部边界大致沿着头道镇—青龙村一线展布，与朝鲜境内的清津混杂岩带对应。

### 1. 清津混杂岩带

清津断裂带是划分朝鲜北部的咸北构造带和冠帽峰构造带的分划性断裂。近年来，朝鲜学者更倾向认为清津断裂带是一条缝合带，代表咸北造山带与冠帽峰构造带在海西晚期的构造过程。而清津岩群的基性—超基性岩是蛇绿岩套的组成部分，代表会宁-清津洋的消减过程(图 1-12)。

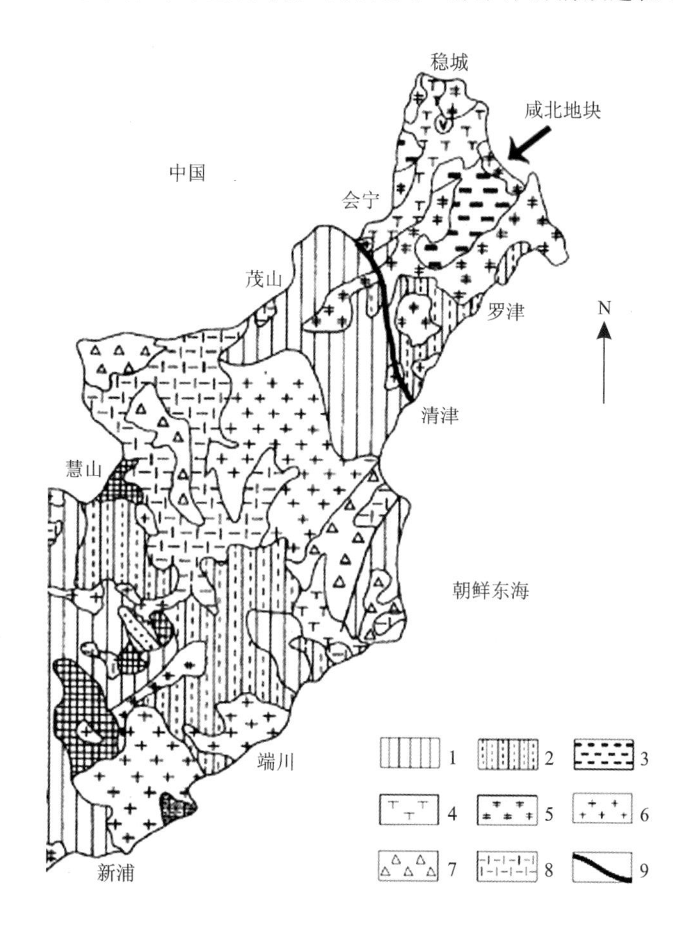


图 1-12　咸北构造带地质略图(据梁道俊,2008)

1. 茂山群；2. 摩天岭群；3. 中二叠世中期—中三叠世，豆满群(285～230Ma)；4. 第三纪(古近纪和新近纪)地层；5. 晚二叠世—三叠纪，豆满江岩群；6. 中侏罗世端川岩群；7. 第三纪火山岩；8. 第四纪火山岩；9. 输城川断裂带

清津构造带沿着咸北构造带西部边缘的清津断裂带分布，是一个北北西向狭长的基性—超基性岩带。代表性的岩体为“Chenmasan 岩体”(6km×0.7km)、“Hwangmandong 岩体”(8km×0.4km)、“Tomakdong 岩体”(4km×0.5km)、“Kyowonli 岩体”(12km×1.5km)等。超基性岩矿物成分主要为橄榄石和辉石，副矿物为磁铁矿、金红石、锆石、菱镁矿和铬铁矿等。岩体经历温石绵化作用、蛇纹石化作用、滑石化作用等几个阶段的变质作用转变为滑石。蛇纹岩化学成分如下：$SiO_2$ 为 40%～43%、MgO 为 32%～38%、FeO 为 2%～5%、($Na_2O+K_2O$)为 0.23%，并以 Ni、Cr、Co、V、Zn 的含量高为特征，其中尤其以温石绵质蛇纹岩的 Ni、Cr 含量最高。混杂岩体基质为豆满群组，并被上二叠统—下三叠统豆满江岩群花岗岩侵入，推断其岩块的形成年代为二叠纪初期(梁道俊,2008)。

与之有关的豆满江岩群的大部分由花岗岩组成。在清津地块内有十几个花岗岩侵入岩体。可分为 3 个岩相：一是闪长岩和花岗闪长岩；二是黑云母花岗岩和二云母花岗岩；三是黑云母花岗岩和花岗斑岩。其中第二个岩相的岩体大面积分布。

闪长岩大部分呈深灰色、灰绿色、灰色，花岗结构，块状和斑状构造。主要矿物成分为斜长石（An 45）、角闪石、石英、黑云母，副矿物为磁铁矿、磷灰石等。花岗岩主要矿物为石英、正长石、斜长石、黑云母和角闪石，副矿物为磁铁矿、磷灰石等。

豆满江岩群花岗岩属于 $Na_2O/K_2O$ 值较高的 Na 质花岗岩，Ni、Co、Mn 的含量相当高。根据上述的岩石化学的特征，可以把豆满江岩群花岗岩看成地幔起源Ⅰ型花岗岩（梁道俊，2008）。花岗岩黑云母 K－Ar 年龄为 280～265Ma。

### 2. 开山屯混杂岩带

清津断裂北延，进入延边朝鲜族自治州龙井县开山屯镇附近。那里发育南北向的镁铁质—超镁铁质岩体。邵济安等（1995）和唐克东等（2007）的研究表明，它们是蛇绿混杂岩的成员（图 1-13）。方辉橄榄岩、辉长岩、辉石岩、玄武岩、苦橄岩、硅质岩成块体产出。此外，还有含晚古生代大化石的碳酸盐岩外来岩块（山秀岭组）。其中，块状玄武岩主要是岛弧玄武岩，但是具有某些洋脊岩的特征。

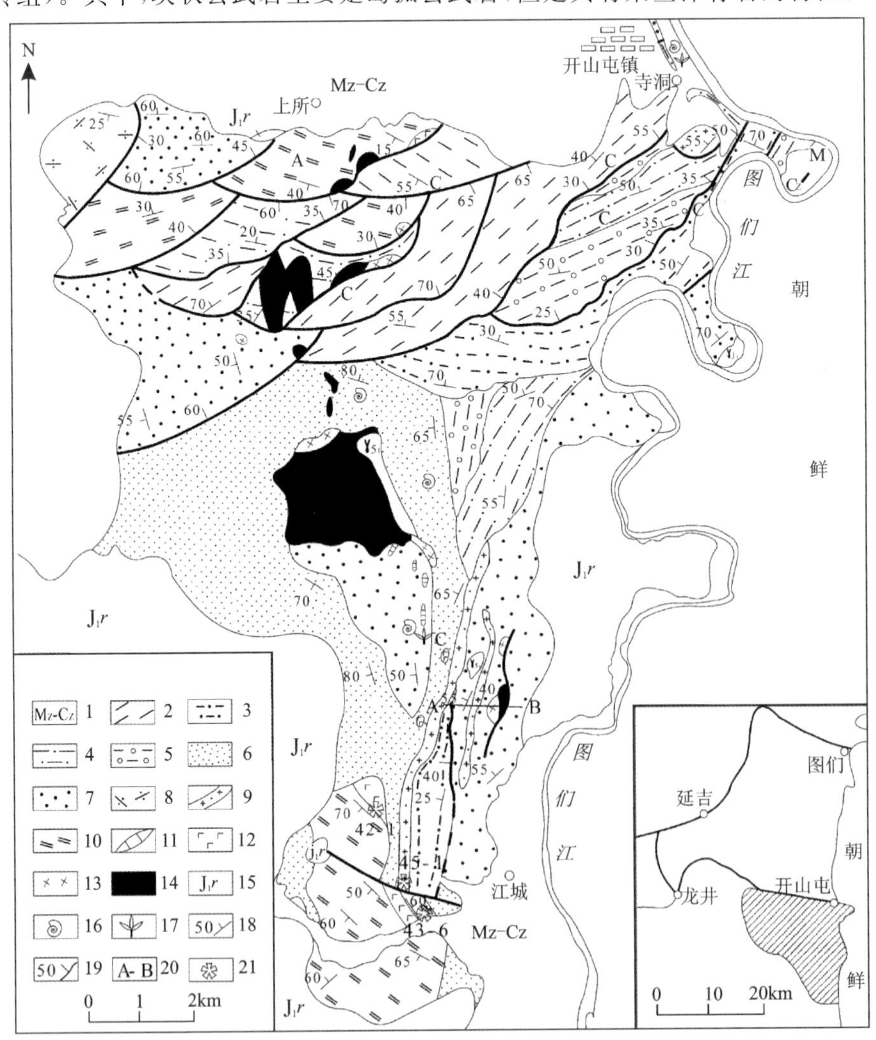


图 1-13　延边开山屯地区地质简图（据唐克东等，2007）

1. 中、新生界—二叠系；2. 以黑色粉砂、泥质岩为主的远端浊积岩；3. 以灰色砂、砾岩为主的近端浊积岩；4. 以杂色粉砂、泥质岩为主的远端浊积岩；5. 以杂色砂、砾岩为主的近端浊积岩；6. 以黑色粉砂、泥质岩为主的沉积混杂岩；7. 以灰色砂、砾岩为主的沉积混杂岩；8. 黑色糜棱岩化硬砂岩层；9. 花岗质砂、砾岩层；10. 硅质岩和硅泥质岩层；11. 生物灰岩层；12. 基性火山岩；13. 辉长岩类；14. 超镁铁质岩；15. 早侏罗世花岗岩类；16. 动物化石产地；17. 植物化石产地；18. 岩层产状；19. 逆掩断层（糜棱岩带）；20. 剖面位置；21. 同位素年龄采样位置

此外，还发育一套以角闪片岩为代表的绿片岩，经研究是由 N－MORB 变质而来的。这两套蛇绿岩的确认是邵济安等(1995)恢复兴凯地体古大陆边缘的主要证据。

同时，邵济安等(1995)通过对延边地区构造沉积地层学的分析，确认了弧前大陆斜坡相深水泥质岩建造、浊积岩建造、滑塌堆积和混杂堆积，辨认了岛弧火山碎屑岩建造和弧背前陆盆地的磨拉石建造，从而恢复了兴凯地块二叠纪的古大陆边缘。再根据滑塌堆积中外来岩块的生物化石，探讨了物源区的生物古地理区及古纬度。通过大陆边缘深成岩和糜棱岩研究确定了碰撞造山的时间(图 1-14)。

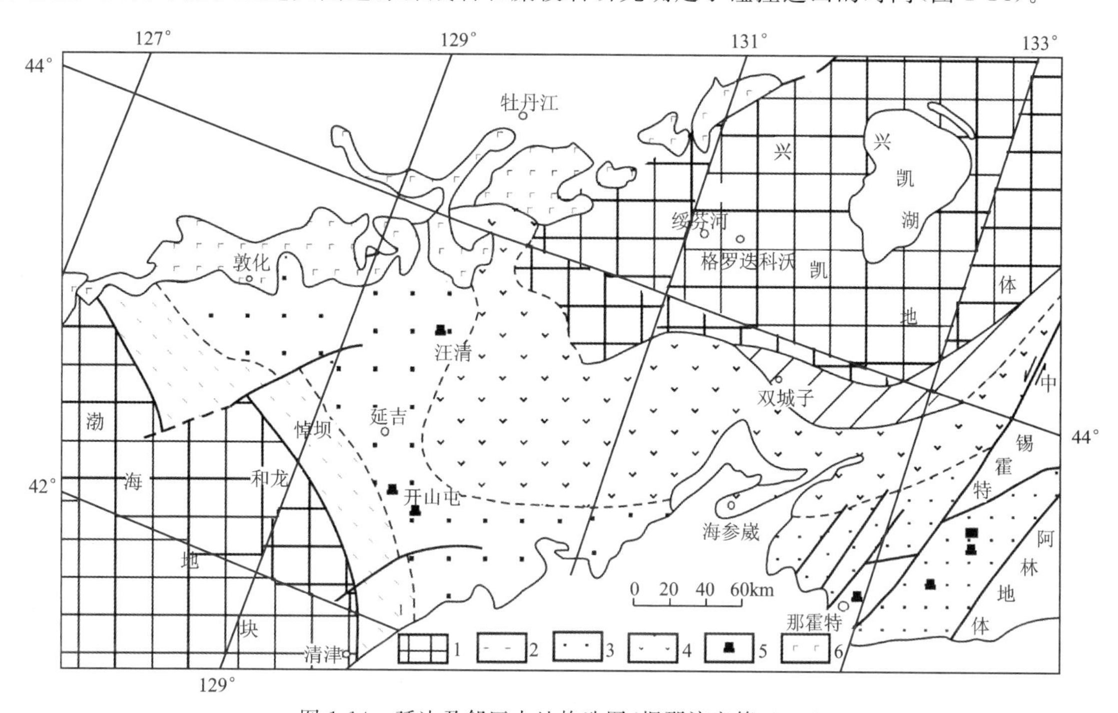


图 1-14　延边及邻区大地构造图(据邵济安等，1995)

1. 基底；2. 缝合带；3. 增生杂岩；4. 火山弧；5. 滑塌堆积；6. 新生代玄武岩

根据文献所述(邵济安等，1995)，这套蛇绿混杂岩转向了北西，与古洞河断裂相接，构成渤海地块和兴凯地块的缝合带。但是事实上，开山屯蛇绿岩的位置已经超出了古洞河断裂以北，并且没有向西偏转的倾向。而如前所述，该地区地层组成南北向褶皱，同时伴随南北向的断裂构造。开山屯的镁铁质-超镁铁质岩也应该是一直向北延伸的。

**3. 青龙村混杂岩带**

在延边朝鲜族自治州和龙市头道镇的章项—青龙村—长仁一带，发育一套地层条带、变质岩片理以及褶皱轴向均呈北北西向展布的变质岩系，主要岩性为黑云母片麻岩、角闪斜长片麻岩、黑云角闪斜长片麻岩、混合岩、含石墨大理岩、石英片岩等。

在《吉林省岩石地层》(吉林省地质矿产局，1997)一书中，将之称为青龙村(岩)群，并将之分为新东村组(以片麻岩为主)和长仁大理岩(以大理岩为主)。

在青龙村(岩)群中，沿着北北西的地层条带方向，发育一系列小型超镁铁质岩，并伴生硫化铜镍矿床和铬铁矿床(图 1-15)。

1)青龙村(岩)群的地质年代

对于青龙村(岩)群，前人做了大量工作。对于其基本岩石组合和地层层序有了明确认识。但是，对于其地层时代以及和区域地层的对比关系等认识不一(表 1-2)。

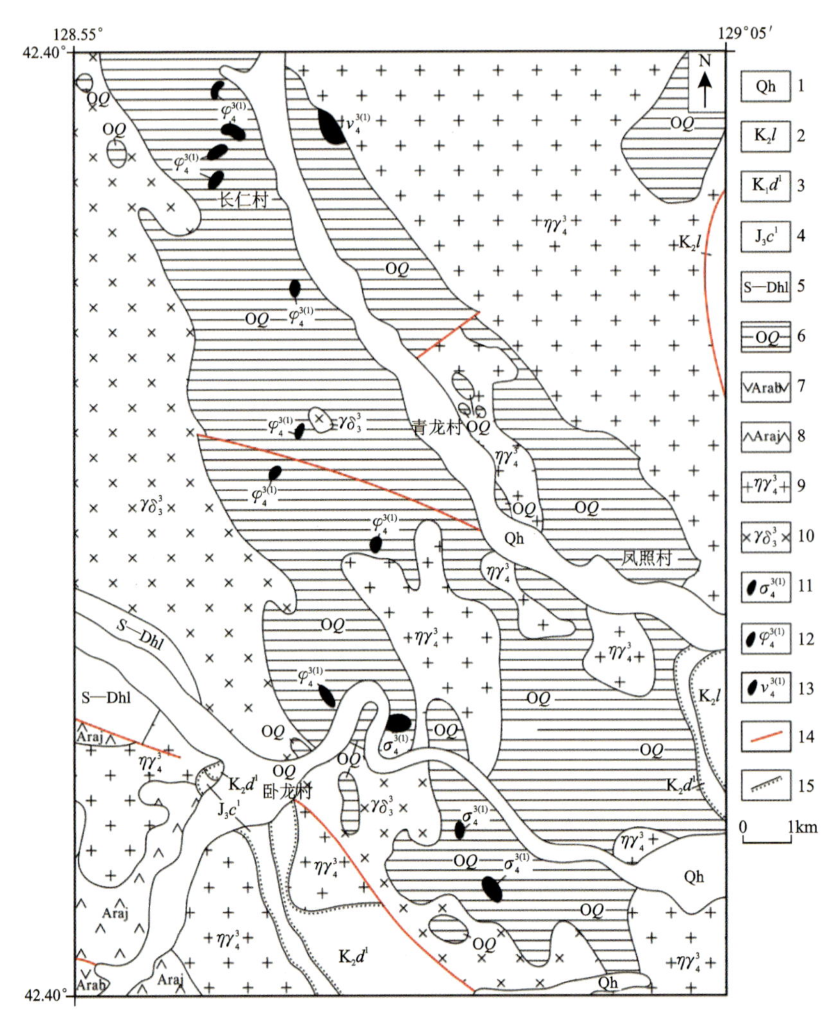


图 1-15　青龙村地区地质简图

（据 1∶5万卧龙湖-古洞河幅、1∶20 万明月镇和延吉市幅区域地质图编制，1973）

1. 第四系；2. 白垩系龙井组；3. 白垩系大砬子组；4. 侏罗系长财组；5. 志留系—泥盆系呼兰群；6. 奥陶系青龙村群；7. 太古宇三道沟组中段；8. 太古宇三道沟组下段；9. 海西期花岗岩；10. 加里东期花岗岩；11. 橄榄岩；12. 辉石岩；13. 辉长岩；14. 断层；15. 不整合界线

**表 1-2　青龙村(岩)群划分沿革表(据李东津等,1997)**

| 木原三状 | 王丹群等 | 延边地质大队 | 金顿镐等 | 金顿镐等 | 吉林地层表编写组 | 刘兴汉 | 权宁吉等 | 吉林区域地质调查所 | 吉林省岩石地层 |
|---|---|---|---|---|---|---|---|---|---|
| 1933 年 | 1960 年 | 1962 年 | 1964 年 | 1973 年 | 1975 年 | 1984 年 | 1988 年 | 1988 年 | 1997 年 |
| 长仁—青龙村 | 青龙村地区 | 和龙 305 矿区 | 天宝山—长仁地区 | 明月镇幅 | 长仁地区 | 长仁地区 | 卧龙湖、古洞河幅 | 长仁—青龙村 | 长仁—青龙村 |
| 前震旦系 | 太古宇青龙组 | 鞍山群青龙组 | 上石炭统山秀岭组 | 二叠系庙岭组 | 泥盆系青龙村群 | 泥盆系青龙村群 | 下古生界青龙村群 | 寒武系—奥陶系黄莺屯组 | 奥陶系青龙村群 |

对青龙村(岩)群的黑云绿泥片岩(原岩为基性火山岩)和黑云斜长片麻岩(原岩为中基性火山岩)进行了 LA－ICP－MS 锆石 U－Pb 定年，结果如下。

黑云绿泥片岩(样品号 NMY21)的 39 个测试点，给出了 221.9±2.4Ma(晚三叠世)的变质年龄和 265.2±5.1Ma(中二叠世晚期)的原岩年龄(图 1-16)。

黑云斜长片麻岩(样品号 NMY81)的 38 个测试点，给出了 250.7±2.3Ma(晚二叠世末期)的原岩年龄(图 1-17)。

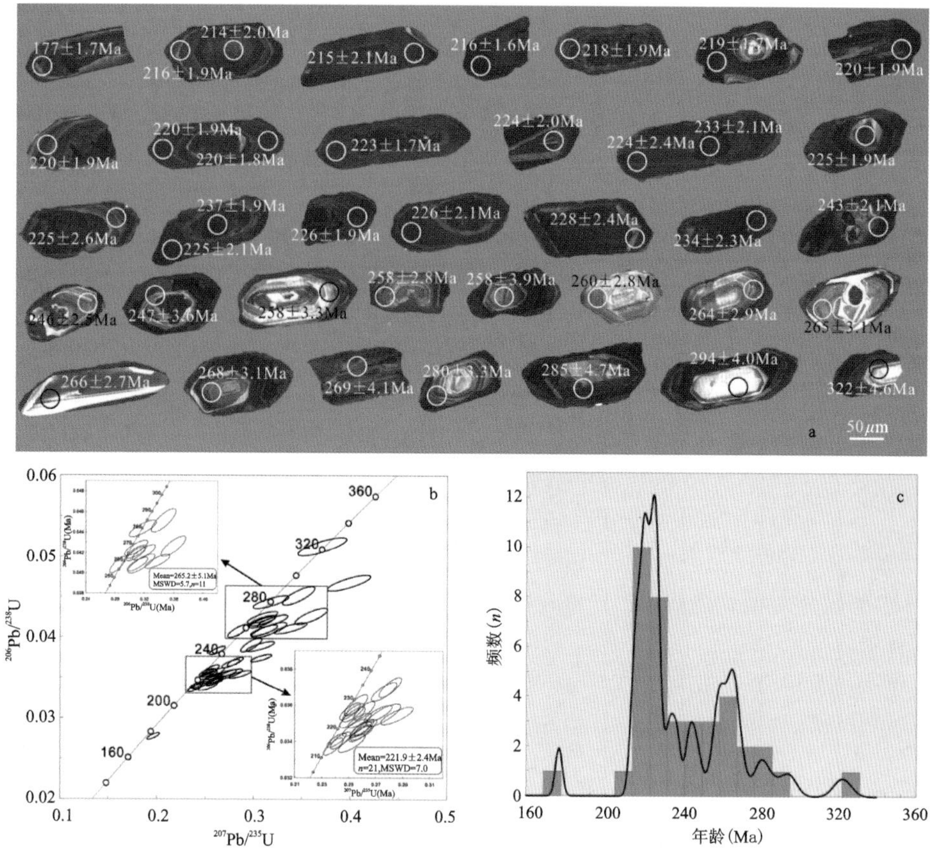


图 1-16　绿泥黑云片岩锆石 CL 图像及锆石 U－Pb 年龄图解

a. 锆石 CL 图像；b. 锆石 U－Pb 年龄谐和图；c. 锆石年龄分布直方图

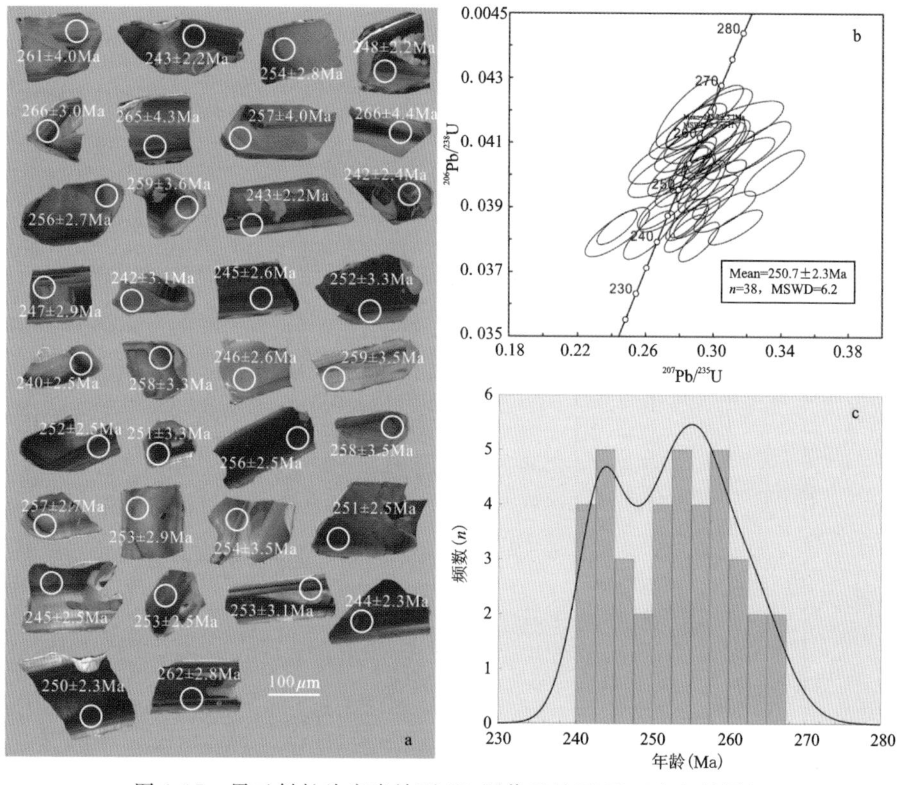


图 1-17　黑云斜长片麻岩锆石 CL 图像及锆石 U－Pb 年龄图解

a. 锆石 CL 图像；b. 锆石 U－Pb 年龄谐和图；c. 锆石年龄分布直方图

因此，青龙村（岩）群应该形成于二叠纪中—晚期，并在晚三叠世经历了变质作用的改造。这个变质作用年龄应该与造山作用的峰期年龄对应。

2）青龙村（岩）群中的超基性岩

研究区的超基性岩主要沿北西向呈带状断续展布于青龙村（岩）群变质地层中。岩体在平面上一般为透镜状、脉状、肾状等，剖面上一般为似板状、透镜状、不规则盆状和漏斗状等。多数岩体规模较小，一般长100～300m，最长1 100m；宽十几米至几十米，最宽600m；厚度一般几十米至百余米；延深100～1 400m不等。出露面积0.002～0.5$km^2$（图1-18）。

主要岩石类型为橄榄辉石岩、含长橄榄辉石岩、辉石岩、橄榄岩、二辉橄榄岩和蛇纹石化橄榄岩等（图1-19）。

岩石组成：$SiO_2$为39.46%～44.97%，$Al_2O_3$为4.26%～9.00%，$Na_2O$为0.511%～1.21%，$K_2O$为0.183%～2.3%，MgO为21.53%～30.18%；$TiO_2$为0.373%～0.744%，CaO为2.73%～8.19%，MnO为0.139%～0.172%，$P_2O_5$为0.059%～0.201%，FeO为7.52%～9.48%。镁铁指数（MF）介于24.58～32.91之间，镁指数（$Mg^\#$）介于78.96～84.79之间，m/f介于3.07～5.48之间，属于铁质超基性岩。

稀土元素总量变化较大：∑REE为34.405～120.054，LREE为27.865～105.690，HREE为6.372～14.364，$(La/Yb)_N$为2.285～8.065，LREE/HREE为3.074～7.358，轻重稀土分异明显。各岩体稀土元素球粒陨石标准化分布型式曲线（图1-20a）形状基本一致，为右倾曲线。δEu为0.820～0.953，表现为弱的Eu负异常。

在微量元素球粒陨石标准化蛛网图中表现出富集K、Rb、Th、Ce、Sm，亏损Ta、Nb、P、Zr、Hf、Ti和Ba（图1-20b）。

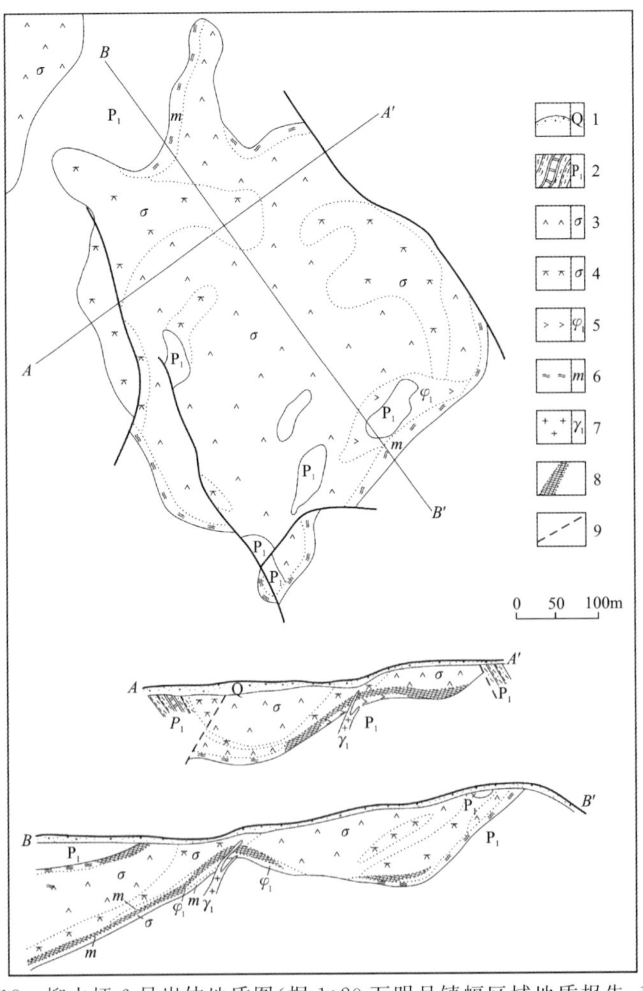


图1-18　柳水坪6号岩体地质图（据1∶20万明月镇幅区域地质报告，1973）

1.第四系；2.青龙村（岩）群片麻岩、片岩夹大理岩；3.二辉橄榄岩；4.含长二辉橄榄岩；5.次闪石化二辉橄榄岩；6.闪长岩质混杂岩；7.花岗细晶岩；8.矿体；9.断层

两类元素均体现出与异常大洋中脊类似的特点。而在微量元素蛛网图上 Ta 和 Nb 的负异常可能与壳源物质的混入有关。

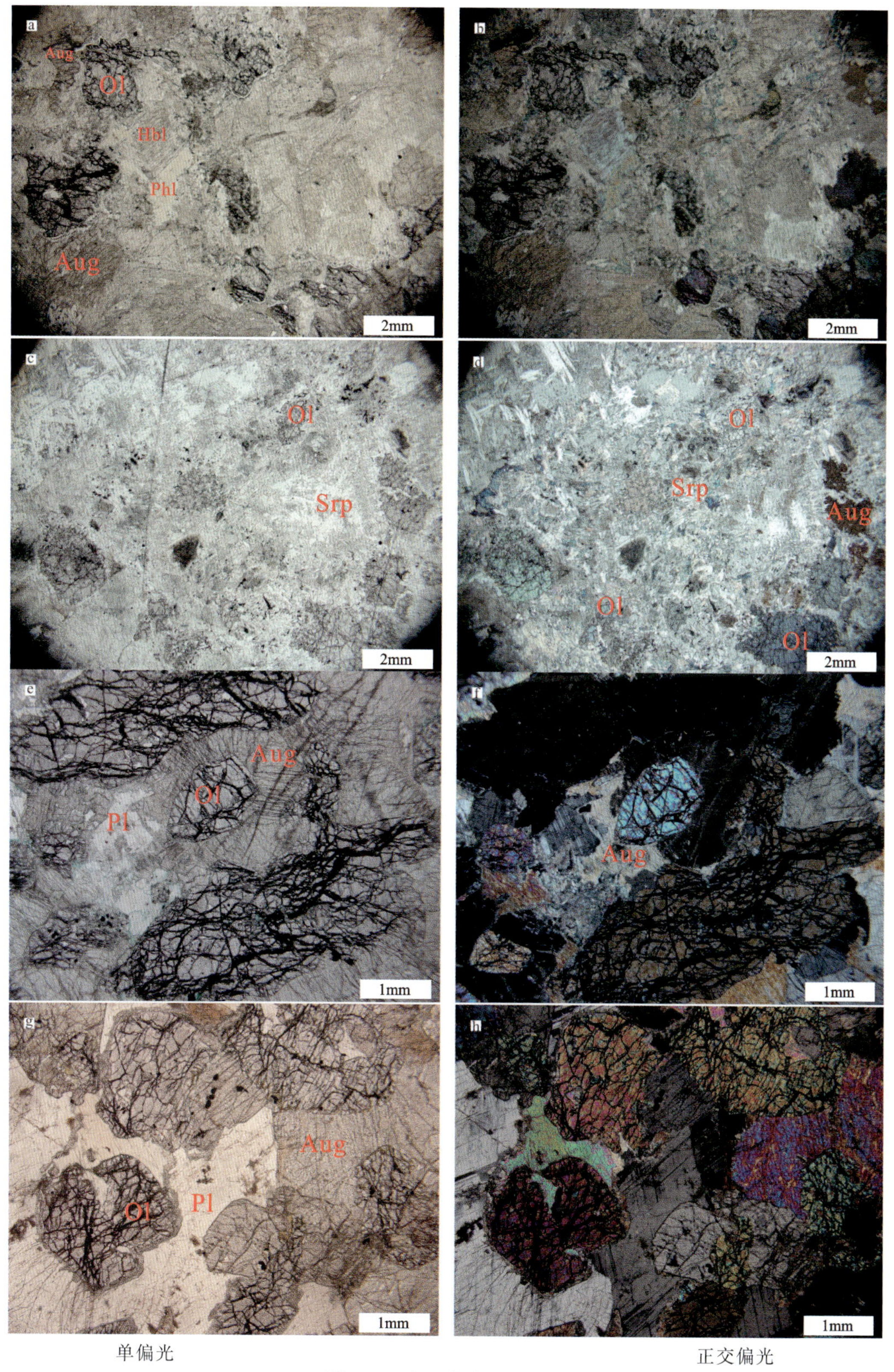


图 1-19　超基性岩显微照片

a、b. 橄榄辉石岩；c、d. 蛇纹石化辉石橄榄岩；e、f. 含长橄榄辉石岩；g、h. 含斜长角闪橄榄辉石岩；Aug. 辉石；Phl. 金云母；Ol. 橄榄石；Hbl. 角闪石；Srp. 蛇纹石；Pl. 斜长石

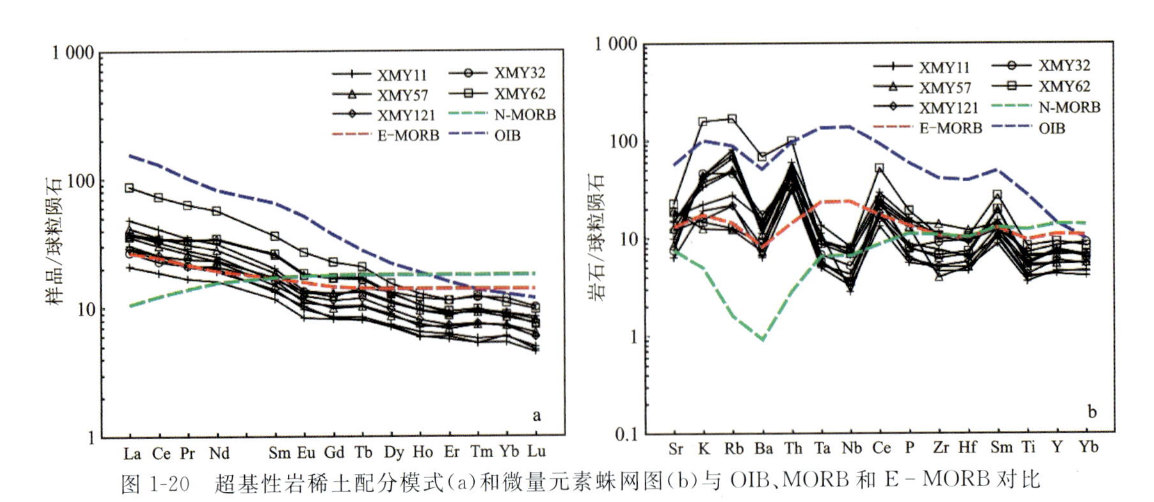


图 1-20　超基性岩稀土配分模式(a)和微量元素蛛网图(b)与 OIB、MORB 和 E－MORB 对比

此外，对超镁铁质岩各种判别图解进行分析也显示其形成于大洋中脊环境(图 1-21)。

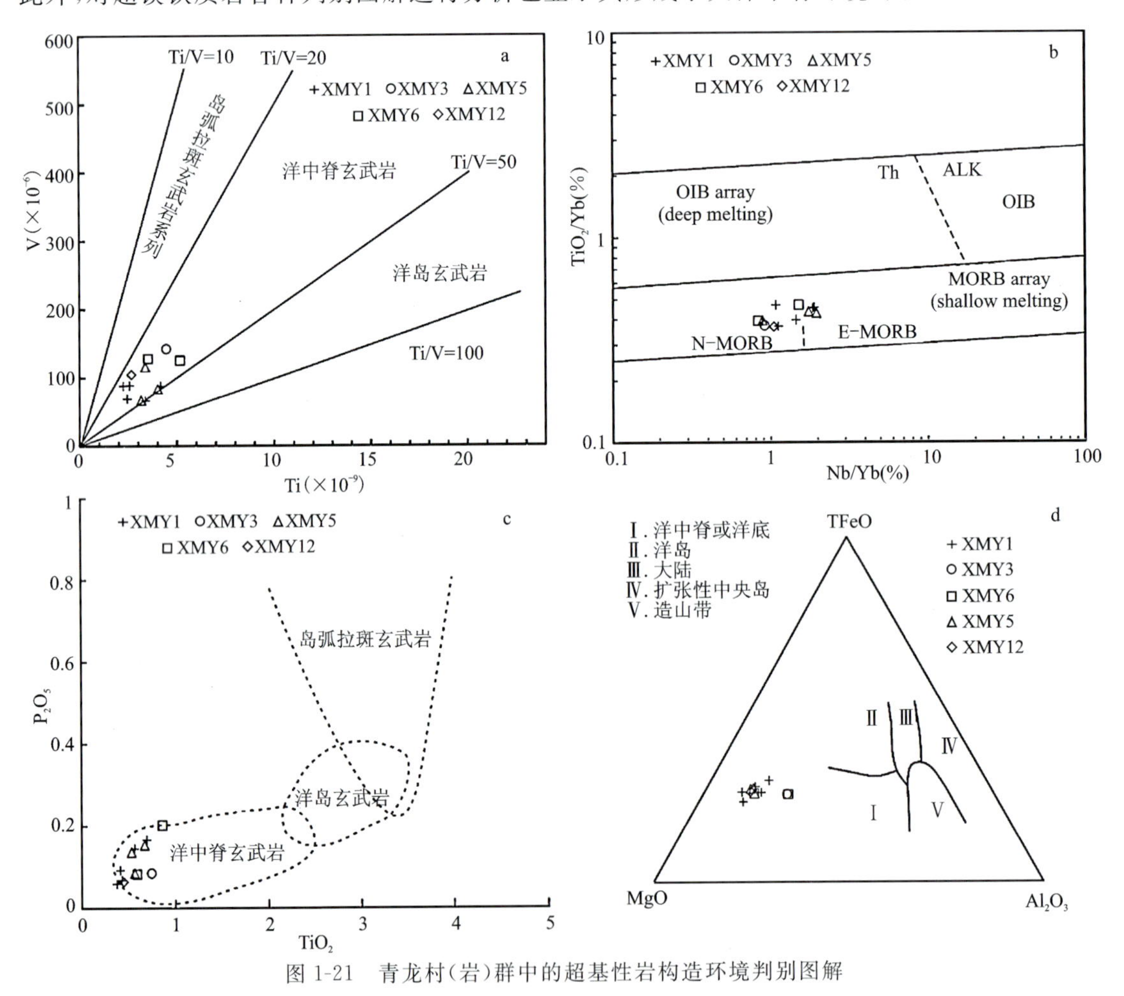


图 1-21　青龙村(岩)群中的超基性岩构造环境判别图解

3)超基性岩的形成时代

测年样品号为 XMY31，岩性为含斜长角闪橄榄辉石岩。共选取了 33 个点进行 LA－ICP－MS 锆石 U－Pb 定年。从 CL 图像(图 1-22a)中可以看出，样品锆石阴极发光图像整体为灰黑色，形状不规则，全部为他形。锆石阴极发光颜色较均一，环带结构不发育，但偶尔可见。锆石粒径为 100～200μm，长宽比在 1～2 之间。

锆石稀土元素总量变化较大，在(344.80～3 697.62)×$10^{-6}$之间，Th/U＝0.55～4.573 3。锆石U－Pb表面年龄主要集中在220～210Ma之间，只有一个点的锆石表面年龄为257±3.7Ma。具有220～210Ma年龄值的锆石的测点几乎均不在一致线上，而是在一致线右侧组成一条不一致线，只有表面年龄值为257±3.7Ma的点在一致线上，说明绝大多数锆石发生了Pb丢失。不一致线与一致线上交点年龄为251±22Ma(MWSD＝0.94，$n$＝33)(图1-22b)，代表了原岩形成可能的最小年龄。锆石表面年龄的加权平均年龄为214.5±3.2Ma，代表Pb丢失热事件年龄。这个年龄与前述青龙村(岩)群变质年龄一致。在其他超美铁质"岩体"曾获得几粒斜锆石，得到300～265Ma的表面年龄。

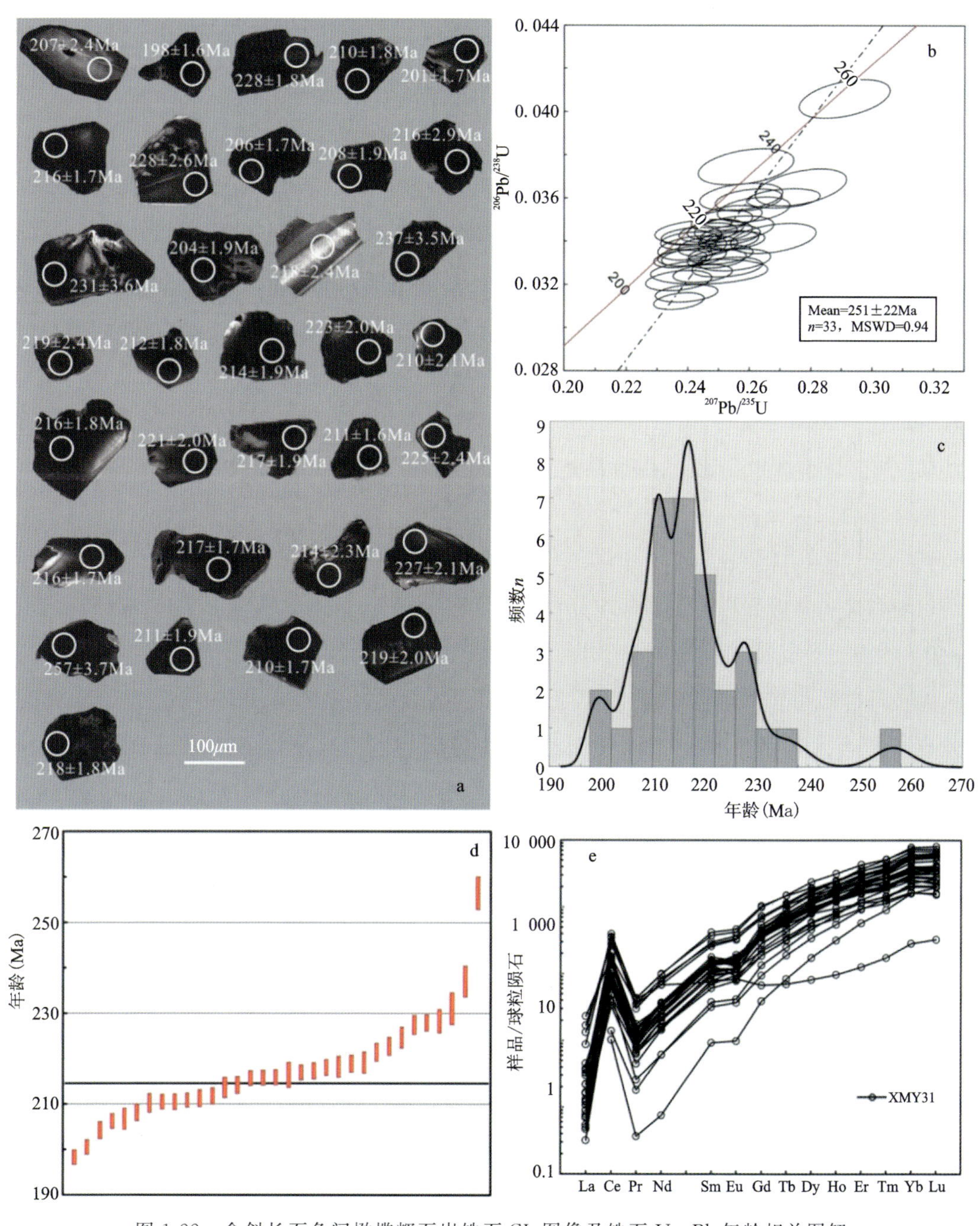


图1-22　含斜长石角闪橄榄辉石岩锆石CL图像及锆石U－Pb年龄相关图解

a.样品锆石CL图像；b.锆石U－Pb年龄谐和图；c.锆石年龄分布直方图；d.锆石加权平均年龄分布图；e.锆石稀土元素球粒陨石标准化分布型式图

总之，青龙村(岩)群中超美铁质岩规模小、无根，具有异常洋中脊岩石化学特点、具有与围岩相同或相近的年代学特点等，均暗示其具有异常大洋中脊残块的特点。

## 三、汪清-咸北弧前盆地

在清津-青龙村混杂岩带与老爷岭-格罗杰科火山弧之间，发育一套晚古生代(二叠纪)的陆源碎屑岩、碳酸盐岩、火山碎屑岩和火山熔岩。在我国的吉林省延边朝鲜族自治州境内，主要发育在汪清县至珲春市一带；在朝鲜境内，发育在咸北山脉。两者隔图们江相连。

### 1. 咸北构造带

咸北构造带亦称咸北地块、豆满江造山带、图们江褶皱带等。其西侧以清津断裂(朝鲜学者多称之为输城川断裂)为界与冠帽峰构造带相邻，东侧和北侧与中国及俄罗斯接壤(图 1-12)。

咸北构造带中主要发育晚古生代至三叠纪地层，称为豆满江群，分为岩基组($C_3$—$P_1$)、鸡笼山组($P_2$)和松上组($P_2$—$T_1$)(以下关于豆满江群的描述引自梁道俊，2008，2012)。

(1)岩基组($C_3$—$P_1$)：主要分布于清津—罗津一带，为陆源碎屑岩和火山碎屑岩建造。岩石组合主要为页岩、板岩、绢云绿泥板岩、黑云母硅质片岩、变质砂岩、角闪岩、硅质灰岩和结晶灰岩透镜体，厚360～950m。灰岩透镜体中含珊瑚、腕足类和海百合化石碎片。岩基组覆盖在古老变质岩之上，与上覆鸡笼山组整合接触。

(2)鸡笼山组($P_2$)：主要分布于清津、会宁和庆源地区，为典型的活动大陆边缘火山-沉积建造。以底部安山玢岩和火山角砾岩与下伏岩基组分界，厚570～1 200m。虽然各地岩性有较大差别，但可大体上分为上、下两段。下段岩性为火山沉积岩和碎屑岩：变质凝灰岩、层凝灰岩、凝灰质砾岩、凝灰质粉砂岩、砂岩、黑云母硅质片岩和灰岩等；上段岩性主要为变质程度较高的基性—中性玢岩、斑岩和凝灰岩，有的地方有灰岩透镜体和凝灰质砂岩。下段产蜓类、海百合类、腕足类等丰富的动物化石(金炳成，2012)。

鸡笼山组与上覆松山组和下伏岩基组均整合接触，其中庆源地区发育得最典型。庆源郡安原里地区鸡笼山组在岩性特征基础上可分为上、中、下 3 个段(图 1-23)。

### 2. 汪清构造带

在延边朝鲜族自治州汪清县城至珲春市东部的二道沟一带，发育一套二叠纪地层。在不同时期和不同地质调查任务中，人们曾给这套地层以不同名称，包括庙岭组、柯岛组、开山屯组、解放村组、满河组、关门嘴子组、寺洞沟组、亮子川组等。往往是不同的地层单位却给予了相同的名称，或者是相同的地层单位却给予了不同名称(表 1-3，图 1-24)。

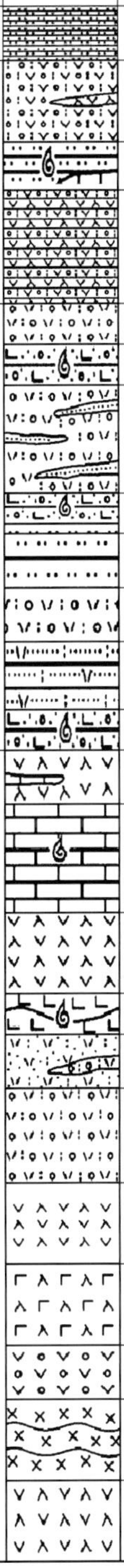

| 岩石地层 | | 柱状图 | 厚度(m) | 岩性特征 | 生物地层 |
|---|---|---|---|---|---|
| 松上组 | | | | | |
| 鸡笼山组 | 上段 | | 20 | 安山岩质、砾质凝灰岩，夹安山玢岩 | *Spiriferella-Neospirifer-Anidanthus* 组合带 *Spiriferella keihavii*，*S. safteri*，*S. ovata*. *S. magna*，*S. ncimongdensis*. *S. cristata*，*Neospirifer ambiensis*，*N. moosakhalensis*，*N. fasciger*，*N. joharcnsis*，*N. niger*，*N. triplicata*，*Anidamthus megensis*，*A. interruptus*，*A. irregulaius*，*A. ussuricns*，*A. bellus*，*Marginifera orientalis*，*M. lopinocnsis* |
| | | | 12 | 灰绿色、灰黑色粉砂岩，夹灰岩透镜体 | |
| | | | 35 | 安山岩质、砾质凝灰岩与安山玢岩互层组成 | |
| | 中段 | | 15 | 凝灰质砾岩 | |
| | | | 10 | 钙质砂岩、砾岩 | |
| | | | 45～60 | 凝灰质砾岩，夹灰色砂岩 | |
| | | | 7 | 钙质砂岩、砾岩 | |
| | | | 20 | 灰黄色粉砂岩 | |
| | | | 15 | 凝灰质砾岩 | |
| | | | 18 | 灰黄色凝灰质砂岩 | |
| | | | 3 | 钙质砂岩、砾岩 | |
| | 下段 | | 28 | 安山玢岩、夹灰岩透镜体 | |
| | | | 33 | 黑灰色层状灰岩 | |
| | | | 55～70 | 安山玢岩 | |
| | | | 3 | 钙质片岩 | *Leptodus-Oldhemina* 组合带 *Leptodus tenus*，*Oldhemina decipiens* var. *reoularis*，*Spirigeredlla macra*，*Schellwienella ruber*，*Punctospirifer chuchuani*，*Lingula* sp.，*Squamularia* sp.，*Spirifer* sp. |
| | | | 25 | 砂质凝灰岩，夹凝灰质砾岩 | |
| | | | 48～65 | 凝灰质砾岩 | |
| | | | 40～45 | 安山玢岩 | |
| | | | 52 | 玄武玢岩 | |
| | | | 30 | 安山质砾岩 | |
| | | | 49 | 变辉绿岩 | |
| | | | 50 | 安山玢岩 | |

图 1-23　庆源郡安原里地区鸡笼山组柱状图(据金炳成，2012)

表 1-3　汪清—珲春地区二叠系划分沿革(据李东津等,1997)

<table>
<tr><th colspan="2">杨启伦<br>(1962)<br>延边</th><th colspan="2">吉林区域地质调查三分队(1965)<br>珲春</th><th colspan="2">吉林区域地质调查二分队<br>(1954—1967)<br>开山屯、满河</th><th colspan="2">吉林地层表编写组(1975)<br>延边</th><th>孙恒元<br>(1985)<br>延边</th><th>吉林区域地质调查所(1988)</th><th colspan="2">吉林省岩石地层(1997)<br>珲春</th></tr>
<tr><td>$P_2$</td><td>开山屯组</td><td rowspan="3">关门嘴子组</td><td rowspan="2">上亚组</td><td colspan="2" rowspan="2">开山屯组</td><td>$P_3$</td><td>开山屯组</td><td>开山屯组</td><td>开山屯组</td><td rowspan="2">$P_{1-2}$</td><td rowspan="2">解放村组</td></tr>
<tr><td rowspan="3">$P_1$</td><td rowspan="2">满河组</td><td rowspan="3">$P_1$</td><td rowspan="2">上柯岛组</td><td>寺洞沟组</td><td>寺洞沟组</td></tr>
<tr><td>下亚组</td><td rowspan="2">柯岛组</td><td>上亚组</td><td>庙岭组</td><td>柯岛组</td><td>$P_1$</td><td>满河组</td></tr>
<tr><td>香仁坪组</td><td colspan="2">解放村组</td><td>下亚组</td><td>下柯岛组</td><td>柯岛组</td><td>庙岭组</td><td>$P_1$</td><td>庙岭组</td></tr>
</table>

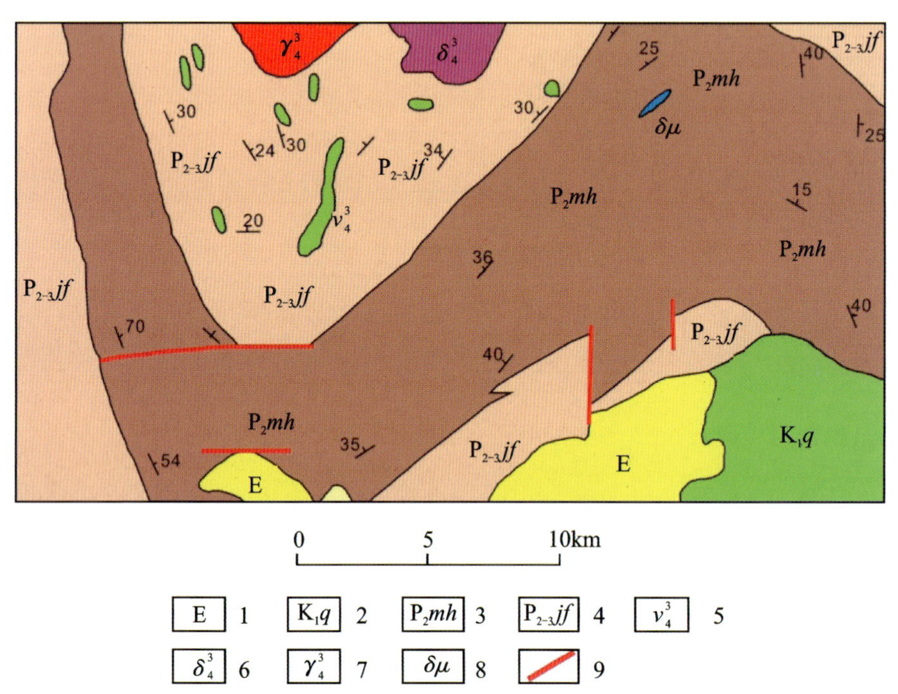


图 1-24　珲春北部地质构造简图(据 1:20 万珲春县幅地质图,1985 修编)

1.第三系珲春组;2.白垩系泉水村组;3.二叠系满河组;4.二叠系解放村组;5.海西期辉长岩;6.海西期闪长岩;7.海西期二长花岗岩;8.闪长岩脉;9.断层

还有一些其他划分方案,例如,在 1:5万金沟岭幅-汪清县福-十里坪幅联测的地质报告中(吉林省地质矿产局,1997),其地层层序自下而上为满河组火山岩、庙岭组、柯岛组和寺洞沟组。

在采用地层划分方案时,除首先考虑地层时代和岩石组合外,还重点考虑了地层形成时所处的构造环境、构造线的方向以及在构造上的连续性。

从大地构造环境的角度看,汪清构造带处于老爷岭-格罗杰科火山弧与青津-青龙村混杂岩带(俯冲带)之间。因此,在开山屯地区建立的柯岛群(包括山谷旗组和滩前组)、寺洞沟组、开山屯组等,不适合于汪清—珲春地区的二叠系。

从构造线的方向来看,晚古生代地层组成的褶皱轴向、轴面片理的走向为南北向,只有接近西部的大陆边缘时,由于边界条件的影响,呈北北西向。图 1-24 是一个在轴向南北的大型平卧褶皱基础上共轴叠加了南北向直立倾伏褶皱，珲春北部出露的是“第二期”褶皱的倾伏端和仰起端，这里的“第二期”褶皱是第一期平卧褶皱的递进变形的结果。

从构造的连续性来看，汪清—珲春地区的二叠系与东侧的五道沟至小西南岔（属于老爷岭-格罗杰科火山弧），以及西侧的开山屯至青龙村（属于青津-开山屯海沟杂岩带）一带明显不连续，并且岩石组合、变质程度等也有明显差异。汪清—珲春一带的二叠系虽然也被花岗岩体截断成两个集中分布的片区，即珲春北部片区和十里坪至西大坡片区，但是期间是断续衔接的。在地质构造上，珲春至汪清县城的二叠系形成一系列轴向南北的背、向形构造或背、向斜构造。

因此，开山屯地区已经处于清津-青龙村混杂岩带中，在那里建立的柯岛群（包括山谷旗组和滩前组）、寺洞沟组、开山屯组等在本次研究中没有采用，而老黑山幅中建立的亮子川组应该更靠近老爷岭-格罗杰科火山弧，并且与汪清—珲春地区的二叠系在构造上也不连续。庙岭组、满河组（相当于关门嘴子组的下部）和解放村组的标准剖面是在汪清—珲春地区建立的，并能够正确反映该地区岩性组合特征和地层层序。

因此，采用《吉林省岩石地层》（吉林省地质矿产局，1997）的地层名称，将汪清—珲春地区的二叠系自下而上分为庙岭组、满河组火山岩和解放村组（表 1-4），但是含义与之略有不同：①解放村组等同于解放村标准剖面、等同于关门嘴子组上亚组及 1985 年版 1:20 万珲春县福地质图的寺洞沟组；②满河组火山岩以关门嘴子组下亚组为标准。

庙岭组（$P_2m$）的标型特征是海相砂岩。下部以灰色、绿灰色长石石英砂岩、杂砂岩、粉砂岩为主夹薄层灰岩透镜体；上部是以砂岩、粉砂岩、板岩为主夹灰岩透镜体。标准剖面厚度为 702.55m。产多种蜓和珊瑚化石，时代为中二叠世。在庙岭组中发育巨厚的孤立碳酸盐岩台地型碳酸盐岩，如庙岭采石场的灰岩层，也是其标型特征之一。

满河组（$P_2mh$）的标型特征是一套杂色中酸性火山碎屑岩和火山熔岩，厚度大于 200m，属于中二叠世。这里的满河组就是 1:20 万珲春、春化幅（1965）中的关门嘴子组下亚组。

解放村组（$P_{2\text{-}3}jf$）的标型特征是巨厚的板岩。海陆交互相—陆相也是其标型之一。总厚度大于 2 000m。属于中—晚二叠世。这里的解放村组就是 1:20 万珲春、春化幅（1965）中的解放村组，也是 1:20万珲春、春化幅（1965）中的关门嘴子组上亚组。

**表 1-4 珲春地区地层划分对比表**

<table>
<tr><th>岩性</th><th colspan="2">1:20 万珲春、春化幅(1965)</th><th colspan="2">1:20 万珲春县幅(1985)</th><th>吉林省岩石地层</th></tr>
<tr><td>堇青石板岩、碳质板岩、变质砂岩</td><td rowspan="2">关门嘴子组</td><td>上亚组</td><td colspan="2">寺洞沟组</td><td>解放村组</td></tr>
<tr><td>安山岩、安山质火山碎屑岩、凝灰质砂岩、灰岩透镜体</td><td>下亚组</td><td colspan="2">庙岭组</td><td>满河组</td></tr>
<tr><td>粉砂质板岩、粉砂岩夹大理岩薄层</td><td colspan="2" rowspan="2">解放村组</td><td rowspan="2">柯岛组</td><td>柯岛组上段</td><td rowspan="2">庙岭组</td></tr>
<tr><td>细砂岩、粉砂岩、砾岩</td><td>柯岛组下段</td></tr>
</table>

### 3. 汪清构造带与咸北构造带晚古生代地层对比

汪清构造带与咸北构造带隔图们江相望，两者晚古生代地层完全可以对比，只是在局部层的划分归属上略有差异（表 1-5）。

表 1-5　咸北构造带与汪清构造带晚古生代地层对比

| 汪清构造带 | | | | | 咸北构造带 | | | | |
|---|---|---|---|---|---|---|---|---|---|
| 地层 | 时代 | 厚度(m) | 岩性 | 岩相 | 地层 | 时代 | 厚度(m) | 岩性 | 岩相 |
| 解放村组 | $P_{2-3}$ | 2 874.88 | 中粗粒砂岩、中砂岩、细砂岩、粉砂岩、泥质粉砂岩、板岩 | 陆相、海陆交互相 | 松上组 | $P_3^2$ ($P_2$—$T_1$) | 2 680 | 粉砂岩、泥岩、页岩,少量凝灰质砂岩和灰岩 | 陆相、海陆交互相 |
| 满河组 | $P_2$ | >2 000 | 中性火山岩、火山碎屑岩夹砂岩,局部有灰岩透镜体 | 海相 | 鸡笼山组 | $P_3^1$ ($P_2$) | 570～1 200 | 安山岩、安山质火山碎屑岩夹砂岩和灰岩透镜体 | 海相 |
| 庙岭组 | $P_2$ | 702.55 | 砂岩、板岩为主夹灰岩透镜体 | 海相 | 岩基组 | $P_2$ ($C_3$—$P_1$) | 360～950 | 板岩、砂岩、灰岩透镜体 | 海相 |

注:汪清构造带地层年代标注据吉林省岩石地层;咸北构造带据《Geology of Korea》(1988)。括号内据梁道俊 2008 年所编。二叠纪 3 分,表中 $P_2$、$P_3$ 为原著中 $P_1$、$P_2$。

事实上,两者不仅在岩性、岩相上可以对比,在相对应的地层中发育的古生物化石也可以对比。例如在解放村组和松上组中共同发育 *Paracalamites* 和 *Pecopteris* 等属于安哥拉分子的植物化石。双方对具有相同岩石组合的地层(如庙岭组 V 岩基组和解放村组 V 松上组),在地层时代认识上的少许不同是对化石组合认识上的差异或化石发掘程度不同所致。

#### 4. 构造属性和构造变形

汪清-咸北构造带夹持于南北向的老爷岭-格罗杰科火山弧和南北—北北西向的青津-青龙村混杂岩带之间,处于弧前盆地的位置。事实上,其沉积作用和沉积物特点也反映出弧前盆地的沉积特征:以沉积作用为主活动型沉积、沉积物中多有火山物质(如凝灰质砂岩等)、从海相过渡到陆相等。

晚古生代地层也组成一系列近南北向的褶皱构造。但是在接近清津构造带时,由于边界条件的影响,略呈北北西向(图 1-25)。

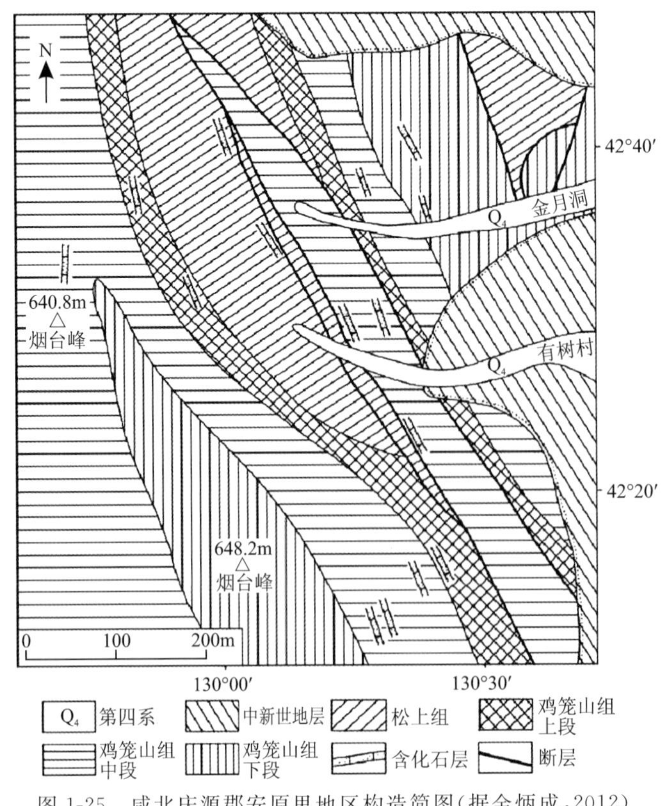


图 1-25　咸北庆源郡安原里地区构造简图(据金炳成,2012)

伴随这些褶皱构造,南北向大型断裂构造发育。由东向西依次是:罗子沟-密江断裂、太平沟-五道沟断裂和石门-和龙断裂。南北向断裂与南北向褶皱伴生:早期(晚海西期和印支期)伴随南北向褶皱,显示明显的逆冲断裂性质;中期,往往表现为走滑兼挤压性质;晚期,部分具有正断层性质。断层控制海西期—印支期岩体的南北向边界,同时也对晚中生代断陷盆地(如罗子沟盆地和延吉盆地)的边界有一定制约作用(图 1-26)。

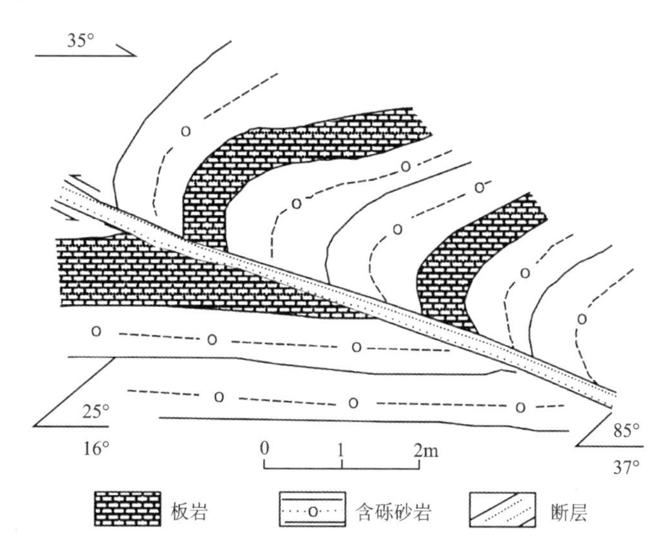


图 1-26 新兴西山南北向逆断层(据吉林省地质矿产局,1997)

## 四、侵入岩

### 1. 岛弧侵入岩

在俄罗斯境内的岛弧深成岩中有石英闪长岩-斜长花岗岩侵入体以及小型辉长岩体。典型的岛弧岩石还有富含铬尖晶石的乌拉尔型纯橄榄岩-单斜辉岩侵入体。

在我国境内的,沿着国境线附近,发育一系列南北向或近南北向的辉长岩和闪长岩体(图 1-27)。曹花花(2010)研究表明:辉长岩的形成时代为早二叠世(282Ma),闪长岩的形成时代为晚二叠世(255Ma)。同时,闪长岩中存在早二叠世(279Ma)的捕获锆石。

辉长岩属于拉斑玄武岩系列,具有较低的稀土元素(REE)丰度,较平坦的 REE 配分形式和较弱的 Eu 正异常,明显亏损高场强元素(Nb、Ta、Ti),显示岛弧玄武岩的地球化学属性;闪长岩属于中钾钙碱性系列,具有明显偏高的 REE 丰度,较弱的 Eu 正异常,以及高场强元素 Nb、Ta、Ti 的强烈亏损,显示活动陆缘岩浆岩的地球化学特征。

付长亮等(2010)在珲春北小西南岔一带(图 1-27),发现一系列高镁闪长岩岩株,为糜棱岩化石英闪长岩、石英闪长岩和细粒石英闪长岩。岩石 $SiO_2$ 含量为 51.85%~51.93%,$Al_2O_3$ 为 16.81%~19.12%,$Na_2O$ 为 2.15%~3.12%,$K_2O$ 为 0.58%~2.00%,$Na_2O>K_2O$,$Na_2O/K_2O$ 值为 1.86~5.12,MgO 为 3.97%~10.38%,$Mg^{\#}$ 值介于 0.45~0.70 之间,属于钠质钙碱性系列高镁闪长岩,形成于消减带之上的地幔楔环境。两个石英闪长岩的 LA-ICP-MS 锆石 U-Pb 年龄为 240±1Ma 和 241±1Ma,时代属中三叠世。

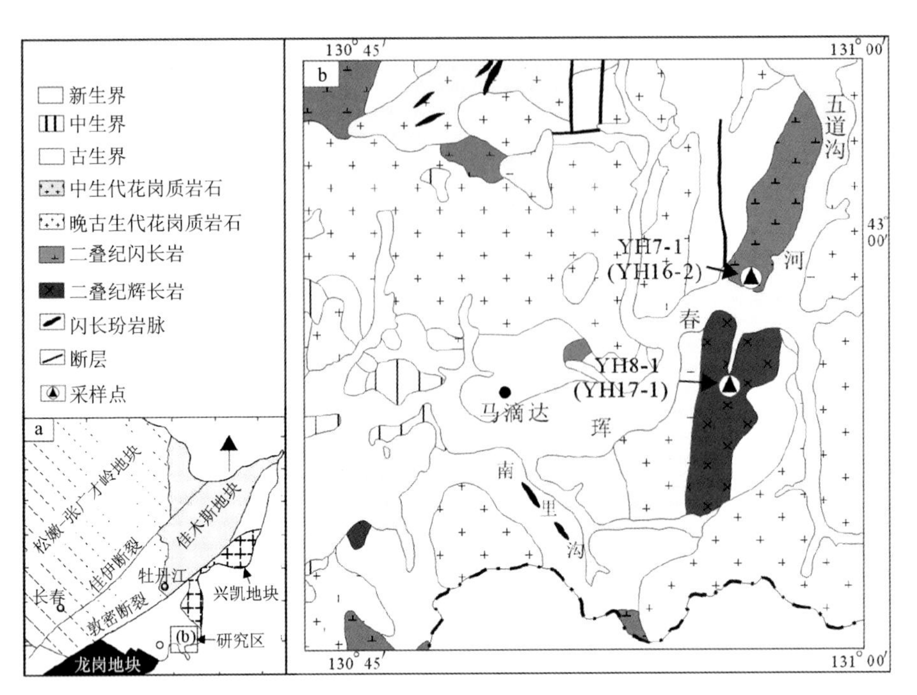


图 1-27　珲春地区的辉长岩和闪长岩分布图(据曹花花,2010)

**2. 造山期侵入岩**

从矿物组合上看,从以斜长石为主到斜长石＋钾长石,最后以钾长石为主;从辉石＋角闪石到以角闪石为主,最后以黑云母为主。

岩石化学类型从钙碱性到中钾钙碱性,并且向高钾钙碱性演化。

在判别花岗岩带形成构造环境的里特曼-戈蒂尼图解中,各岩体均落入造山型花岗岩区。

在 20 世纪 80 年代以前,由于多处见该花岗岩带的岩体侵入二叠纪及更老的地质体,并被中生代地层覆盖或中生代岩体侵入,故将该岩带的花岗闪长岩定义为海西晚期第二阶段的侵入体;将在该岩带中出现的与花岗闪长岩呈侵入关系的二长花岗岩或二长花岗岩-钾长花岗岩定义为海西晚期第三阶段侵入体。也有人依据珲春上中沟二长花岗岩为 197Ma、三道沟雪带山二长花岗岩为 170±78Ma,将其定为印支晚期或印支期侵入体。

赵成弼等(2001)根据该花岗岩带侵入上二叠统并被密江火山-沉积盆地的晚三叠世火山岩覆盖,该火山岩系底部砾岩中常见到下伏的大荒沟花岗闪长岩和花岗岩砾石以及对 28 个同位素地质测年数据的分析认为,该花岗岩带的主要形成时期应该是早印支期。

赵院东等(2009)对东宁地区太平岭岩体锆石 U－Pb 测年结果表明,该岩体形成于 201Ma。结合前人的研究成果以及与张广才岭海西期—印支期花岗岩的年龄比较,对照该区花岗岩岩石学特点及演化趋势认为:东宁-珲春花岗岩带应该形成于海西晚期至印支晚期乃至到燕山早期,代表板块俯冲、碰撞造山和造山后伸展过程(图 1-28)。

在中俄边境附近的黑龙江省东宁县和平林场向南入吉林省珲春市大荒沟,直达中俄朝边境的敬信,发育一条南北走向、宽达 100 余千米的花岗岩带。

据赵成弼等(2001)的研究,该花岗岩带包括闪长岩(包括辉长闪长岩和石英闪长岩)、花岗闪长岩(包括英云闪长岩和斜长花岗岩)、二长花岗岩、钾长花岗岩、晶洞文象(钾长)花岗岩 5 个岩石组合系列。

从岩石组合来看,岩石的演化序列为辉长闪长岩到闪长岩到二长花岗岩再到花岗岩和钾长花岗岩乃至晶洞钾长花岗岩。

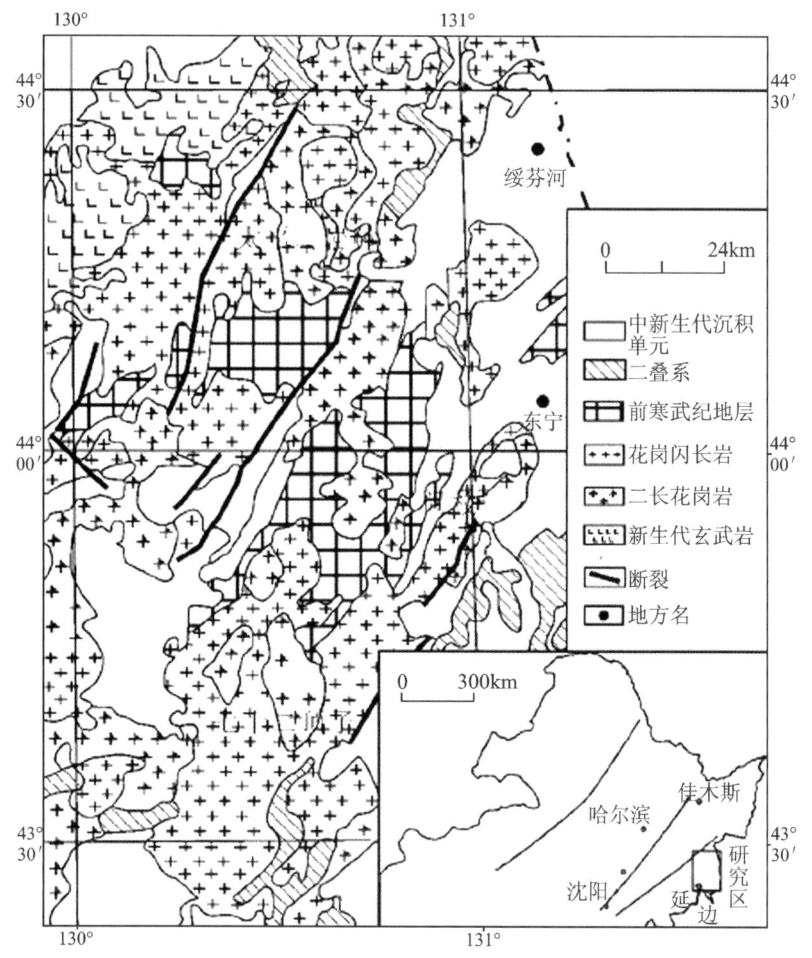


图 1-28　东宁—珲春地区花岗岩分布图(据赵院冬等,2009)

# 第二章　敦密-阿尔昌断裂北西盘构造格局

敦密-阿尔昌断裂带的北西盘主要包括吉林省中部地区和黑龙江省中、东部大部分地区。该断裂带包括如下构造单元：那丹哈达-比金构造带、佳木斯地块、张广才岭构造带、松嫩-吉中构造带和华北板块北缘构造带。

那丹哈达-比金构造带是蛇绿混杂岩带。它是西北太平洋增生造山带的一部分，是俄罗斯境内的萨马尔金构造带沿着敦密断裂左行走滑所致。

佳木斯地块由富铝片岩和片麻岩组成。原岩可能形成于中元古代的被动大陆边缘，在早古生代早期(约500Ma)经历了高温-低压变质作用。

张广才岭构造带是早古生代的增生造山带，在晚古生代成为松嫩-吉中洋东侧活动大陆边缘的一部分。

松嫩-吉中构造带是晚古生代—印支期造山带。该构造带主要由晚古生代地层组成，造山期花岗岩主要形成于晚三叠世，后造山期花岗岩形成于晚三叠世末并延续到早侏罗世(表2-1)。

**表2-1　敦密-阿尔昌断裂北西盘的构造单元**

<table>
<tr><th>Ⅰ级构造带</th><th>构造性质</th><th>Ⅱ级构造带</th><th>构造性质</th><th>物质组成</th><th>时代</th></tr>
<tr><td>西北太平洋构造带</td><td>增生造山带</td><td>那丹哈达-比金构造带</td><td>增生楔</td><td>浊积岩、蛇绿混杂岩</td><td>中侏罗世</td></tr>
<tr><td>佳木斯地块</td><td>被动陆缘</td><td>佳木斯地块</td><td>片麻岩穹隆</td><td>片麻岩</td><td>前寒武纪</td></tr>
<tr><td rowspan="3">张广才岭构造带</td><td rowspan="3">增生造山带</td><td>牡丹江构造带</td><td>增生楔</td><td>蓝片岩</td><td rowspan="3">早古生代</td></tr>
<tr><td>二合营构造带</td><td>陆缘沉积岩+洋壳</td><td>片岩、片麻岩</td></tr>
<tr><td>伊春-延寿构造带</td><td>裂谷</td><td>碳酸盐岩和砂、板岩</td></tr>
<tr><td rowspan="4">松嫩-吉中构造带</td><td rowspan="4">碰撞造山带</td><td>逊克-一面坡-青沟子构造带</td><td>火山弧</td><td>弧火山岩和火山碎屑岩</td><td rowspan="4">晚古生代</td></tr>
<tr><td>大河深-寿山沟构造带</td><td>弧前盆地</td><td>海相-陆相沉积岩，火山岩</td></tr>
<tr><td>红旗岭-小绥河构造带</td><td>俯冲带(缝合线)</td><td>浊积岩、蛇绿混杂岩</td></tr>
<tr><td>磐石-长春构造带</td><td>被动大陆边缘</td><td>滨浅海沉积岩、火山岩</td></tr>
<tr><td>华北板块北缘</td><td>活动大陆边缘</td><td>小四平-海龙构造带</td><td>活动大陆边缘</td><td>陆缘沉积岩、火山岩</td><td>早古生代</td></tr>
</table>

# 第一节　那丹哈达-比金构造带

那丹哈达-比金构造带之那丹哈达构造带位于黑龙江省东北部的完达山脉。西侧以跃进山断裂与佳木斯地块相邻，南侧是北东走向的敦密断裂，东侧和北侧是俄罗斯境内的比金构造带。构造带宽度大于 80km，延长达 350km。

## 一、那丹哈达构造带

那丹哈达构造带分布于黑龙江省东北角的那丹哈达岭。西起宝清大和镇，东至乌苏里江边，南起虎林县东方红镇，北至抚远黑龙江边，为一东西宽约 80km，南北长约 240km，呈北北东向展布的长条形地带（图 2-1）。

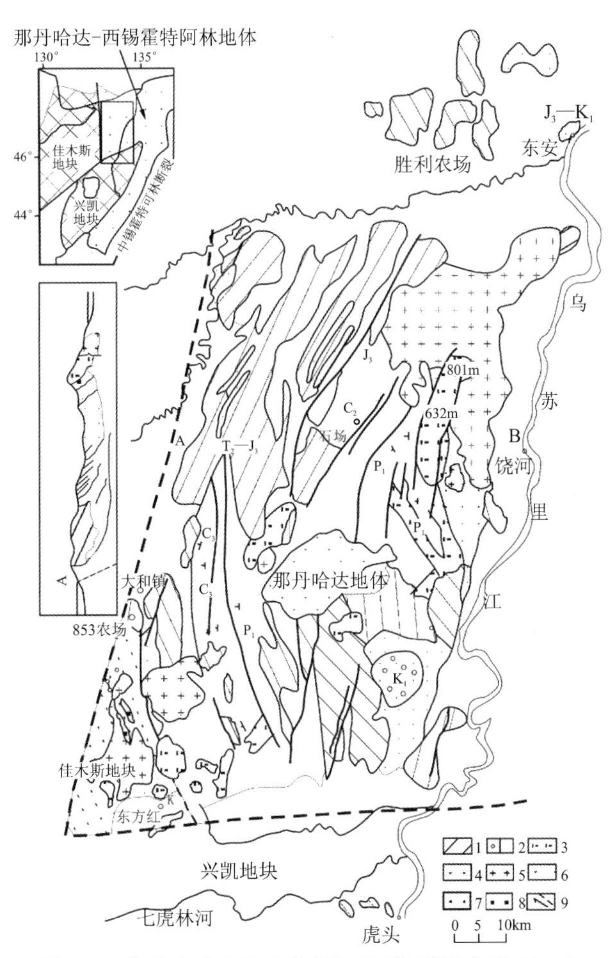


图 2-1　那丹哈达地体构造岩性图（据邵济安等，1990）

1. 硅质岩；2. 砾岩、砂岩；3. 超镁铁质岩—镁铁质岩；4. 片麻岩、片岩；5. 花岗岩；6. 火山岩；7. 混杂堆积中灰岩块体；8. 锰结核；9. 枢纽线（左）和隐伏断裂带（右）

那丹哈达地区广泛发育一套含有中、晚三叠世至早侏罗世放射虫和牙形刺的硅质岩、泥岩和粉砂岩，自下而上分十八垧地组（$T_2s$）、大坝北山组（$T_3b$）、大佳河组（$T_3d$）和大桥岭组（$T_3d$—$J_1d$）（黑龙江省地质矿产局，1993）。此外，还发育石炭纪—二叠纪的基性熔岩和碳酸盐岩、超镁铁质岩、镁铁质岩、枕状玄武岩等。

邵济安等(1990)将该区地层分为两套:一套是中三叠统至上侏罗统底部的硅泥质建造,它们岩性相近,缺乏大化石;另一套是中、上侏罗统至下白垩统以砂岩为主的碎屑岩。后者为原地系统,即为佳木斯地块中生代大陆边缘的一套沉积地层;前者为外来系统,有从低纬度(<30°N)的深海远洋向高纬度(30°N—60°N)大陆边缘迁移的过程。同属外来岩块属性的还包括石炭纪—二叠纪的基性熔岩和灰岩块体。

该区还发育超镁铁质岩、镁铁质岩、枕状玄武岩,为蛇绿岩套的组成部分(康宝祥等,1990;邵济安等,1990;王友勤等,1997;张青龙等,1989)。在这套岩石与佳木斯地块之间存在一套变质-变形岩系,前人称之为跃进山群,主要由一套强烈变形的云母片岩和相间产出的大理岩与变基性火山岩组成,其中含有大量的基性和超基性岩岩块。

线理构造显示,这套组合与东部的蛇绿岩一样也表现为由西向东逆冲特点。根据杨金钟(1997)的研究,跃进山杂岩中具有高压成因的角闪石,Rb－Sr 等时线年龄为 183Ma。因此,有理由把这套变质-变形岩系作为佳木斯地块东缘构造剥露的俯冲杂岩,它们是在完达山杂岩向佳木斯地块东缘增生期间折返的产物。

在跃进山杂岩带以西的佳木斯地块东缘,向北到布列亚陆块东缘,向南到兴凯地块东缘都普遍存在一套晚古生代被动陆缘沉积,而以东地区普遍存在晚三叠世—早侏罗世的洋壳组合。这一特点清楚地说明,布列亚-佳木斯-兴凯陆块东部此时为大陆边缘环境。同时也说明,在完达山杂岩增生到布列亚-佳木斯-兴凯陆块东缘之前(晚侏罗世前),以敦密断裂为代表的北东向构造并未发生左行走滑运动。

区域上,兴蒙-吉黑地区大致以跃进山断裂为界:以西的广大地区在晚二叠世—早三叠世以陆相磨拉石和中性火山岩及火山碎屑岩为主,普遍缺失中三叠世沉积;晚三叠世—早、中侏罗世,西部地区仍呈总体隆升状态,局部形成陆相火山-沉积岩和含煤碎屑岩建造,普遍缺失晚侏罗世。而在跃进山断裂以东地区,中三叠世—早侏罗世发育有深海硅质岩和与之伴生的超基性岩-基性岩-枕状玄武岩洋壳组合。由此可见,跃进山断裂在早中生代是一条重要的分割陆壳与洋壳的大陆边缘构造带。该带西侧沿佳木斯地块东缘分布的晚三叠世海陆交互相沉积也进一步证明了这一点。

目前的主要地质文献都把同江断裂作为划分佳木斯地块与那丹哈达-比金构造带的分划性断裂。但是,无论是产状还是断裂性质,同江断裂与划分佳木斯地块与那丹哈达-比金构造带的分划性断裂不符,后者的性质如同划分兴凯地块与萨马尔金构造带的阿尔谢尼耶夫断裂。根据麻山群和兴东群的分布以及那丹哈达构造带蛇绿混杂岩的出露范围推测,后者应该沿着那丹哈达-比金构造带西缘呈北北东向展布,跃进山断裂更符合其特点。

## 二、比金构造带

比金构造带是那丹哈达-比金构造带在俄罗斯境内的部分,同样属于侏罗纪增生楔(图 2-2)。俄罗斯学者在该区东北部比金河流域发现广泛发育的硅质岩、陆缘碎屑岩及较少的火山岩。最初将这些岩石定义为阿穆尔岩系,并根据灰岩中存在的有孔虫残骸确定其形成年代为晚古生代(苏联地质学,1969)。

以后的研究表明,这些灰岩是外来岩块,而那些硅质岩常被断裂所截断,岩层常分布于砂质黏土沉积岩层之中。少数情况下,火山岩向硅质岩过渡,并逐渐演变成含硅质的泥质板岩。那些火山岩的年代从三叠纪至中侏罗世,而作为基质的陆缘碎屑岩的年代属于中、晚侏罗世(菲利波夫,1990)。显然,这与我国境内那丹哈达构造带的情况完全一致。

菲利波夫(1990)通过详细的生物地层学研究发现,比金构造带的地层可以划分出 3 种剖面类型:①碳酸岩-硅质岩-陆缘碎屑岩型(下部);②硅质岩-陆缘碎屑岩型(中部);③火山岩-硅质岩-陆缘碎屑岩型(上部)。

第一种剖面类型(乌利特卡河区)位于比金构造带中部和东北部,从希夫卡河右岸延伸,经乌利特卡河、比拉河、左波德霍列诺克和右波德霍列诺克上游流域。该类型的典型特征是三叠纪硅质岩中发育泥灰岩透镜体和细晶灰岩夹层,厚度达150m。

第二种剖面类型(乌苏里江区)分布于区域西部,乌苏里江右岸,兹梅因卡河和比拉河河间地带,主要由硅质岩和陆源沉积岩组成。陆源沉积层中发现少量外来岩块和碎块,其中主要是砂岩以及极少的火山岩。

第三种剖面类型(霍尔河区)分布在南南东、东及南西部,从霍兰河和兹梅因卡河河间地带经过乌利特卡-阿尔昌河河间地带到达霍尔河流域。此类剖面的主要特征就是在陆源碎屑岩中存在火山岩和火山沉积岩以及异地碎屑岩。这些异地碎屑岩主要是石炭纪—二叠纪的灰岩、玄武岩以及二叠纪和三叠纪火山岩。

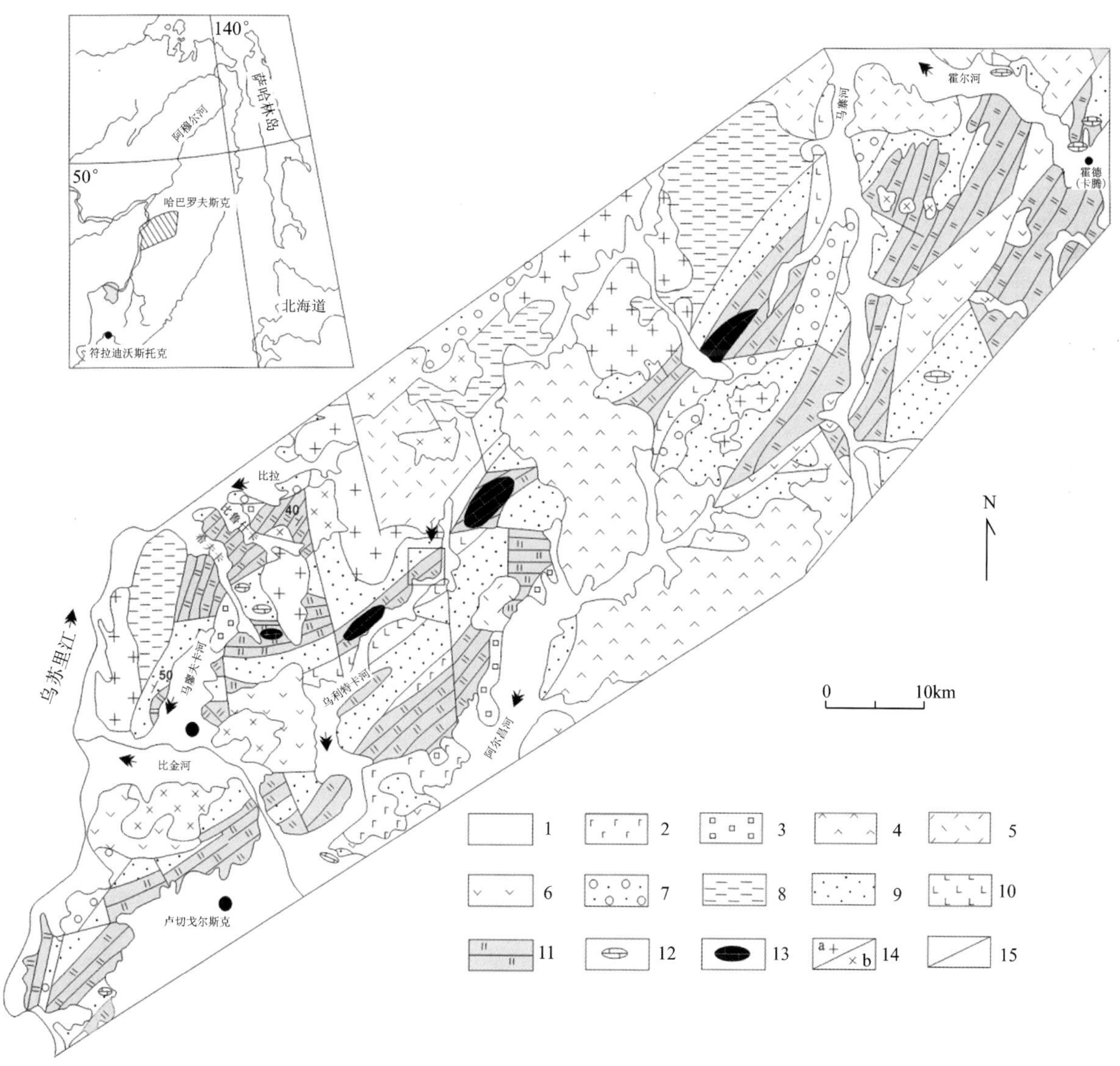


图 2-2 比金河流域地质构造图(据马丁纽克等,1988;菲利波夫,1990)

1~8.增生后的[1.第四纪沉积;2.新近纪玄武岩;3.新生代大陆沉积岩;4.古近纪火山岩;5.晚白垩世火山岩;6.阿尔必阶(中白垩世)火山岩;7.阿普第阶—阿尔必阶陆源浅水沉积岩;8.茹拉夫列夫-阿穆尔构造带北部延伸区域中的贝利阿斯(?)—凡兰吟期浊积岩];9~11.那丹哈达-比金构造带火山沉积建造(9.碎屑岩;10.火成岩;11.含硅质岩);12.晚古生代灰岩岩块;13.晚三叠世灰岩岩块;14a.早白垩世花岗岩;14b.晚白垩世花岗岩;15.断裂带

# 第二节　佳木斯地块

佳木斯地块的主体分布于黑龙江省中部的被依兰-伊通断裂、敦密断裂、牡丹江断裂和同江断裂所围限的范围内。此外，在依兰-伊通断裂以北的罗北地区亦有少许出露。继续向北过黑龙江与俄罗斯境内的“布列亚地块”相接(图 2-3)。

佳木斯地块是一套经历角闪岩相至麻粒岩相区域变质变形作用的岩石组合发育地区，其组成地质体的主体是一套达高角闪岩相至麻粒岩相的富铝片岩、富铝片麻岩、麻粒岩、混合岩和大理岩组合，称为麻山群和兴东群。

姜继圣(1993)的研究表明，麻山群主体是一套相当于孔兹岩系的岩石组合和高级变质的花岗质岩石。

麻山群变质岩石可以划分为 5 个组合：夕线片岩组合、石英片岩-长英片麻岩组合、石墨片(麻)岩组合、含磷组合及黑云变粒岩组合。在地层层序中，它们构成相应的岩性段。根据这些岩石组合在空间上的相互关系，可以确定麻山群的地层层序：夕线片岩段(Ⅰ)，位于孔兹岩系的底部；其上为石英片岩-长英片麻岩段(Ⅱ)，构成夕线片岩和石墨片岩两个岩性段之间的过渡区；石墨片(麻)岩段(Ⅲ)，自下而上在层序上常表现为由以贫钙的长英质石墨片麻岩向富钙的石墨片岩类过渡，并与上覆的含磷岩性段直接渐变；含磷岩性段(Ⅳ)，主要岩石类型为透辉大理岩、含磷灰石的钙硅酸盐岩，部分地段在其上部层位还见有条带状含石墨透辉石石英岩；黑云变粒岩段(Ⅴ)，位于含磷岩性段的上部，以黑云变粒岩为主，夹少量斜长角闪岩及其角闪质岩石的薄层和透镜体(姜继圣，1992)。

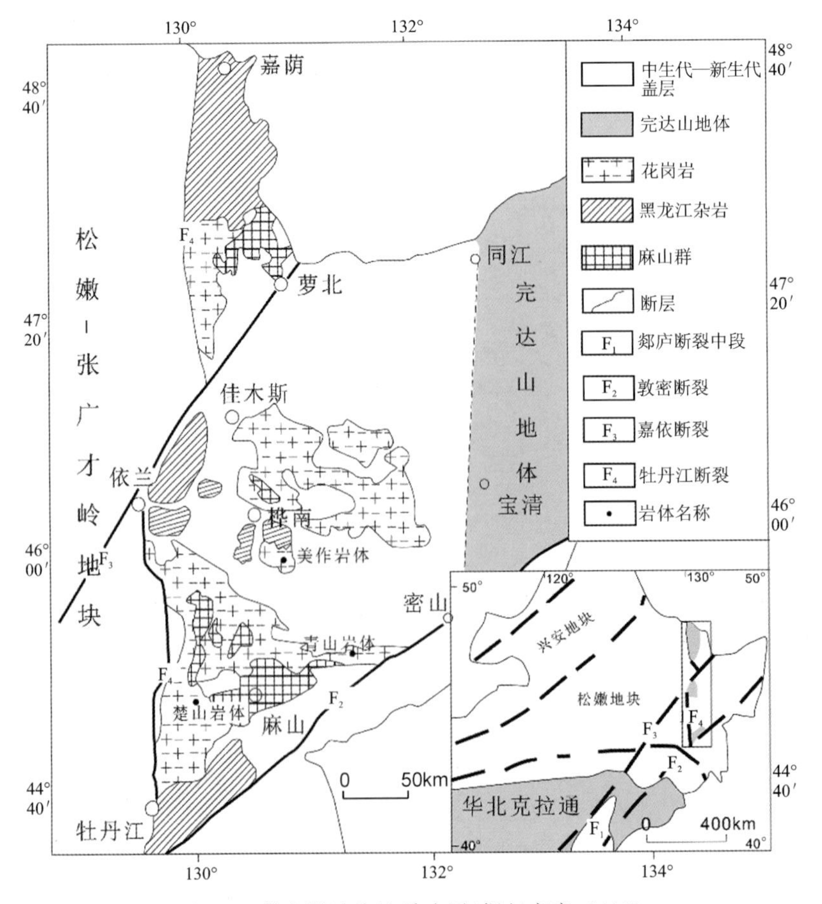


图 2-3　佳木斯地块地质略图(据赵亮亮，2011)

佳木斯地块下部岩石组合为麻粒岩-片麻岩区的第六种岩石组合：夕线石榴黑云片麻岩、黑云片麻岩、紫苏辉石片麻岩及长英质片麻岩互层（图 2-4）。

| 组合 | 变质岩柱 | 岩性 | 原岩柱 | 岩性 | 厚度(m) |
| --- | --- | --- | --- | --- | --- |
| Ⅴ |  | 条带状黑云变粒岩夹少量斜长角闪岩及其他角闪质岩石的薄层和透镜体 |  | 中酸性火山凝灰沉积岩夹中基性火山碎屑沉积岩及中基性岩脉 |  |
| Ⅳ |  | 含石墨磷灰金云透辉大理岩、磷灰透辉石岩、透辉石岩、透辉石石英岩，底部为金云磷灰石墨片麻岩 |  | 含磷泥质灰岩、含磷钙质页岩、钙硅质岩、含磷质泥灰岩 | 64.5 |
| Ⅲ |  | 透辉石石墨片麻岩、透辉含钒钙铝榴石石墨片岩。顶部为含钒钙铝榴石石墨片岩与含石墨橄榄大理岩互层 |  | 碳质页岩、碳质白云质泥质灰岩与碳质页岩、碳质泥质粉砂岩互层 | 64.5 |
|  |  | 含钒钙铝榴石石墨片岩、透辉石石墨片麻岩夹含石墨石榴黑云斜长片麻岩、石榴黑云紫苏麻粒岩、二辉麻粒岩、黑云紫苏麻粒岩 |  | 碳质页岩、碳质泥质粉砂岩夹含碳泥质粉砂岩及钙质泥灰质薄层 | 87.0 |
|  |  | 含石墨橄榄大理岩与钒钙铝榴石石墨片岩互层 |  | 含碳白云质泥质灰岩与碳质页岩互层 | 51.0 |
|  |  | 透辉橄榄大理岩与含钒钙铝榴石石墨片岩互层 |  | 白云质泥质灰岩夹碳质页岩 | 57.0 |
| Ⅱ |  | 含夕线石石墨长英片麻岩、石墨长英片麻岩、石墨片麻岩 |  | 含碳泥质石英砂岩、长石石英砂岩、碳质泥质粉砂岩 | 73.5 |
|  |  | 透辉橄榄大理岩及少量透辉石大理岩夹石墨长英片麻岩 |  | 泥质白云质灰岩夹含碳泥质粉砂岩 | 40.5 |
|  |  | 夕线石石墨石英片岩、长英片麻岩夹石墨片麻岩 |  | 含碳泥质石英砂岩、泥质长石石英砂岩夹碳质、黏土质粉砂岩 | 39.0 |
|  |  | 透辉方柱石岩、石墨石英片岩、石墨长英片麻岩互层夹石墨片麻岩层 |  | 钙质泥灰岩、碳质石英砂岩、长石石英砂岩夹碳质泥质粉砂岩 | 69.0 |
|  |  | 夕线石英片岩、夕线石片麻岩及含石墨长英片麻岩 |  | 泥质石英砂岩、泥质粉砂岩及碳泥质粉砂岩 | 57.0 |
| Ⅰ |  | 含或不含石墨的石榴子夕线片岩，上部为含石墨石榴紫苏麻粒岩、堇青紫苏麻粒岩及紫苏麻粒岩层 |  | 含或不含碳质的高铝黏土岩，上部为含碳泥质粉砂岩及少量中基性脉 | 70.5 |
|  |  | 夕线片岩厚层夹堇青夕线片岩 |  | 高铝黏土岩、部分为铝土矿黏土 | 25.5 |
|  |  | 含或不含石墨的石榴石夕线片岩为主，夹有夕线片岩、石榴夕线石英片岩及石榴石黑云紫苏麻粒岩薄层 |  | 高铝黏土岩夹含碳泥质粉砂岩 | 49.5 |
|  |  | 含或不含石墨的夕线片岩为主，夹石墨夕线片麻岩，同时含部分石榴夕线片岩，堇青片麻岩及紫苏麻粒岩薄层 |  | 含或不含碳质的富铝黏土岩、夹部分含碳质泥质粉砂岩 | 67.5 |
|  |  | 夕线片岩、含黑云母石榴石夕线片岩，含石墨石榴石夕线片岩互层，夹柱晶石堇青片麻岩及紫苏 |  | 以富铝黏土岩为主，夹泥质砂岩、粉砂岩 | 30.0 |

图 2-4 麻山群孔兹岩系变质岩及原岩组合柱状图（据姜继圣等，1992）

姜继圣等（1992）对麻山群下部的原岩进行的细致地研究表明，麻山群底部的变质黏土岩类的原始沉积物形成于潮坪及滨岸潟湖的低能环境；夕线片岩段之上的石英片岩和长英片麻岩类，是障蔽岛外浅水高能带的沉积产物；作为石墨片岩原岩的富钙碳质页岩和碳质粉砂岩是高能带外侧，浪基面以下的沉积物；含磷层位的大理岩、钙硅酸盐岩及透辉石石英岩则是在更深一些的海盆中沉积的以内碎屑为主的含磷碳酸盐岩、钙质泥灰岩及钙硅质沉积物。它们的原始沉积序列反映一个稳定浅海陆棚的海进沉积环境。这一套变质岩系的特征岩石组合、地球化学特征、原岩建造、变质作用以及含矿性等特征均可与世界上的一些典型孔兹岩地区，如印度南部、斯里兰卡、芬兰北部的拉普兰以及苏联的阿尔丹地盾进行对比。因此，麻山群属典型的孔兹岩建造(姜继圣，1990)，应该形成于被动大陆边缘的封闭海湾。

麻山群上部为麻粒岩-片麻岩区的第三种组合：斜长角闪岩、黑云斜长变粒岩和条带状磁铁石英岩组合，形成的大地构造环境为初始裂陷盆地，代表本区早期稳定沉积阶段的结束，继之是兴东群火山-沉积岩组合的出现。

兴东群是一套富铝含石墨的变粒岩夹镁质碳酸盐岩。在区域上按其分布可以分为两部分，即松花江以南靠近麻山群的含硅铁建造变质岩系和松花江以北远离麻山群的富含石墨变质岩系。前者出露于勃利、桦南、双鸭山等地，以厚度大、具有磁铁石英岩以及变质火山岩相对较少为特征；后者主要出露于萝北地区，以厚度较小、变质火山岩较多和富含石墨为特征。兴东群属于高级变质基底杂岩亚相的麻粒岩-片麻岩区的第五种岩石组合——斜长角闪岩、含夕线黑云斜长片麻岩和含透辉石金云母大理岩。原岩自下而上为黏土页岩-碳酸盐岩建造；黏土页岩-火山岩建造；碎屑岩-火山岩建造；碳酸盐岩及铁硅质岩(或碳质页岩)建造；复理石(或复理石夹火山岩)建造系列(姜继圣，1990)。

从麻山群顶部的火山岩所代表的初始克拉通火山盆地到兴东群的火山-沉积岩与正常沉积岩互层，代表了一个稳定大陆边缘弧盆地到陆缘裂谷盆地的演化过程。

Simon A W 等(2001)对佳木斯地块南部的麻山杂岩进行 SHRIMP 锆石 U－Pb 测年，取得一些重要年龄值(表 2-2)。

**表 2-2　麻山杂岩 SHRIMP 锆石 U－Pb 测年数据(据 Simon A W et al，2001)**

| 样品 | 位置 | 岩性 | 年龄(Ma)($^{206}$Pb/$^{238}$U) | 年龄(Ma)($^{206}$Pb/$^{207}$Pb) |
|---|---|---|---|---|
| M1 | 柳毛石墨矿西 | 石榴麻粒岩 | 502±8 | |
| M3 | 柳毛石墨矿西 | 石榴石花岗岩 | 502±10 | |
| M7 | 柳毛石墨矿西 2km | 变闪长岩 | 498±7(无核锆石或边部年龄) | |
| | 柳毛石墨矿西 2km | | 1 460～530(核部年龄) | |
| 96－SAW－012 | 三道沟夕线石矿区 | 夕线石片麻岩 | 496±8 | |
| 97－SAW－042 | 西麻山北东 2km | 夕线石片麻岩 | (1 675±7)～(490±15) | |
| 97－SAW－034 | 西麻山 | 石榴麻粒岩包体 | 500±9 | 1 900±14 |
| 97－SAW－033 | 西麻山 | 石榴子石花岗岩 | 507±12 | 953±18、391±16 |

根据以上数据，Simon A W 等(2001)给出的重要结论之一是“中国东北地区存在500Ma左右的晚泛非期高级变质作用事件”。这一结论已经被国内外学者广泛接受，并被其后的大量研究所证实。

根据柳毛地区变质的片麻状闪长岩中所含的古老锆石的 1 460～530Ma 以及石榴子石麻粒岩包体 1 900±14Ma 的$^{207}$Pb/$^{206}$Pb 年龄，认为麻山群的原岩可能可以追溯到古元古代。Wu 等(2000)曾获得麻山群变质沉积岩和花岗岩的 Nd 同位素模式年龄为 1 800Ma 左右，亦属于古元古代。

# 第三节 张广才岭构造带

张广才岭构造带的主体位于黑龙江省中部，其南端延入吉林省敦化市北部，再向南被敦密断裂所截。东侧以南北向的牡丹江断裂为界与佳木斯地块相接；西侧以逊克-铁力-尚志南北向断裂为界与松嫩-吉中构造带（松嫩盆地和吉中弧形构造）相接；北部过黑龙江延入俄罗斯境内。

张广才岭构造带主要由牡丹江构造带、二合营变质杂岩带、伊春-延寿构造带和张广才岭花岗岩带组成。

## 一、牡丹江构造带

牡丹江构造带以牡丹江断裂为标志，沿着佳木斯地块西缘呈南北向展布，构成佳木斯地块与张广才岭构造带的界线。带内主要分布黑龙江群高压-低温变质岩系。

### 1. 黑龙江杂岩的组成

黑龙江群主要为各种绿泥片岩、白云钠长片岩、绢云石英片岩、蓝闪片岩、蛇纹辉石橄榄岩块、大理岩透镜体及磁铁石英岩和赤铁矿角闪石英片岩（张兴洲，1991）。根据变形后产状，自下而上划分为太平沟组、金满屯组、老沟组、鸡冠山组、山嘴子组和湖南营组（王友勤等，1996）。张海日（1989）将山嘴子组以下称下亚群，湖南营组、新建的周家屯组、向阳村组为上亚群，这与刘静兰（1988，1991）解体黑龙江群相当。

根据黑龙江群中广泛发育的蓝片岩（白景文等，1988；Yan et al，1989；Liou et al，1990；刘静兰，1991）以及黑龙江群中广泛分布的镁铁质-超镁铁质岩块、变质枕状玄武岩、含放射虫硅质岩（张兴洲，1991）和含几丁虫的灰黑色千枚岩（李锦轶等，1999），人们普遍认为黑龙江群是含有解体蛇绿岩岩块的构造混杂岩，并经历了蓝片岩相低温-高压变质作用（曹熹等，1992；张兴洲，1991；张兴洲等，1991；李锦轶等，1999；Liou et al，1990；Wu et al，2007；李旭平等，2010），代表牡丹江洋向佳木斯地块的增生、俯冲和折返过程。

### 2. 黑龙江杂岩的原岩年代以及变质和变形时代

关于黑龙江杂岩的年代，有太多报道（宋彪等，1994；李锦轶等，1999；曹熹等，1992；张兴洲等，1991；唐克东等，1995；Wilde et al，1997，2000，2003；吴福元等，2001；Wu et al，2007；赵亮亮，2011a，2011b），得出不同年龄值，对黑龙江杂岩的原岩、变形和变质作用时期给出不同解释（表 2-3）。

如此众多的年龄数据和各自不同的解释，使得黑龙江杂岩年代以及变质、变形的年代变得扑朔迷离。在分析利用这些数据时考虑区域大地构造演化过程的同时，还应考虑如下因素。

（1）叶慧文等（1994）通过对穆棱县磨刀石和椅子圈地区的蓝片岩研究，确定其经受过三期叠加变质作用：第一期为蓝片岩相变质作用；第二期为蓝闪绿片岩相变质作用；第三期为受断裂构造控制的动力变质作用。第三期形成脉状青铝闪石、钠长石等变质矿物，通过对脉状产出的青铝闪石$^{40}Ar/^{39}Ar$年龄测定，获得年龄为154.7±0.7Ma。

李伟民（2008）获得的多硅白云母的$^{40}Ar/^{39}Ar$年龄与之相近（146.1～144.6Ma），无疑代表最晚期的动力变质作用年龄。而这个年龄值与晚中生代中国东部盆-岭构造形成时期一致，与佳木斯变质核杂岩隆升过程的构造事件对应，应该代表的是黑龙江杂岩的折返年龄。

（2）颉颃强等（2008）对牡丹江地区"黑龙江群"中的斜长角闪片岩 SHRIMP 锆石 U－Pb 定年结果表明：斜长角闪片岩具有 777±18Ma 的结晶年龄，并受到 437±7Ma 的变质作用的改造。李旭平等

(2009)在对桦南地区湖南营组绿片岩进行 LA－ICP－MS 锆石 U－Pb 定年过程中确定了 969～747Ma 的碎屑锆石年龄和 511±10Ma 的变质事件年龄。

(3)在工作中也确认了 453.5±6Ma 和 454.8±2.6Ma 同碰撞期花岗岩年龄。这与颉颃强等(2008)在牡丹江地区发现的同碰撞期钾长花岗岩(461±6Ma)基本一致。因为黑龙江群的高压-低温变质作用只应该与俯冲作用有关，而与碰撞造山作用无关，因此黑龙江群高压变质作用年代应该远远早于(461±6)～(453.5±6)Ma。

(4)在张广才岭群新兴组条带状片麻岩的长英质条带中获得了 462.5±3.6Ma 的超变质年龄；在张广才岭群新兴组原岩为长英质火山岩中获得了 549.7±3.8Ma 原岩年龄和 460.2±2.1Ma 的变质年龄，说明这期变质作用与造山作用同时。

**表 2-3　前人研究的黑龙江群年龄数据**

| 采样区 | 岩石 | 矿物 | 方法 | 年龄(Ma) | 解释 | 资料来源 |
|---|---|---|---|---|---|---|
| 牡丹江 | 青铝闪石片岩 | 青铝闪 | $^{40}Ar/^{39}Ar$ | 154.7±0.7 | 敦密断裂走滑事件 | 叶慧文等，1994 |
| | 钠长白云片岩 | 白云母 | $^{40}Ar/^{39}Ar$ | 175.3±0.9 | 区域动力变质事件 | 李锦铁等，1999 |
| 嘉荫 | 长英质糜棱岩 | 全岩 | Rb－Sr | 181～180 | 后期变质事件 | 曹熹等，1992 |
| | 片岩 | 白云母 | $^{40}Ar/^{39}Ar$ | 184±4 | | |
| 依兰 | 钠长白云片岩 | 白云母 | $^{40}Ar/^{39}Ar$ | 173.6±0.5 | 蓝片岩相变质事件 | Wu et al，2007 |
| | | | | 174.8±0.5 | | |
| 桦南 | 二云片岩 | 白云母 | $^{40}Ar/^{39}Ar$ | 175.3±0.4 | | |
| 牡丹江 | 云母片岩 | 多硅白云母 | $^{40}Ar/^{39}Ar$ | 165±0.8 | 黑龙江杂岩高压变质事件 | Li，2009 |
| 依兰 | | | | 171±0.7 | | |
| 桦南 | 长英质糜棱岩 | 白云母 | $^{40}Ar/^{39}Ar$ | 176.5±1.9 | 构造抬升事件 | 赵亮亮，2011 |
| | | | | 184.5±2.1 | | |
| 牡丹江 | 斜长角闪片岩 | 锆石 | SHRIMP | 777±18 | 原岩结晶年龄 | 颉颃强等，2008 |
| | | | | 437±7 | 变质年龄 | |
| 桦南 | 湖南营组绿片岩 | 锆石 | LA－ICP－MS | 511±10 | 俯冲碰撞事件 | 李旭平等，2009 |
| | | | | 274.7±3.6 | 碰撞造山事件 | |
| | | | | 969～747 | 碎屑锆石 | |
| 萝北 | 含云母绿帘角闪岩 | 锆石 | LA－ICP－MS | 256±1 | 俯冲拼贴碰撞事件 | 李旭平等，2010 |
| 依兰 | 蓝闪石片岩 | 多硅白云母 | $^{40}Ar/^{39}Ar$ | 144.6±0.9 | 晚期构造热事件 | 李伟民，2008 |
| | | | $^{40}Ar/^{39}Ar$ | 146.1±1.3 | | |
| 依兰和牡丹江 | 绿帘蓝闪钠长片岩、长英质片岩 | 碎屑锆石 | SHRIMP | 183(峰值年龄) | 碰撞及仰冲时期 | 周建波等，2009 |
| | | | | 256(峰值年龄) | 主要物源区 | |
| | | | | 470(峰值年龄) | 基底年龄 | |
| 黑龙江嘉荫 | 石榴白云石英片岩 | 锆石 | LA－ICP－MS | 185±1 | 流纹岩锆石结晶年龄 | 孙晨阳等，2018 |
| | | | | 183±1 | | |
| 俄罗斯昆杜尔 | 石榴二云片岩 | 锆石 | | 286～183 | 源区地质体年龄 | |
| | 白云石英片岩 | | | 525～420 | | |

(5)宋彪等(1997)用单颗粒锆石蒸发法获得麻山群黑云斜长片麻岩 527.5±4Ma 变质年龄;Simon A W(1997,1999,2000,2001,2003)利用 SHRIMP 锆石 U-Pb 定年方法确认麻山群麻粒岩相变质作用发生于 500Ma 左右;颉颃强等(2008)也通过 SHRIMP 锆石 U-Pb 定年方法确认了牡丹江地区麻山群遭受了 500Ma 左右的麻粒岩相变质作用。如果将这期高温低压变质作用与黑龙江群高压-低温变质作用统一考虑(双变质带),则黑龙江群的高压-低温变质作用也应该发生于这个时期。

因此,总体倾向认为,黑龙江群高压-低温变质作用是在 500Ma 左右的牡丹江洋向佳木斯地块之下俯冲过程形成的。这个俯冲作用也同时导致了麻山群高温-低压变质作用。而黑龙江群的原岩应该属于新元古代晚期,张广才岭群新兴组长英质火山岩的原岩年龄 549.7±3.8Ma 可能作为其上限。

表 2-3 中的其他年龄值可能与不同时期的构造和岩浆事件有关。事实上,在晚古生代、印支期和早燕山期,该地区均具有强烈的构造事件和岩浆活动。

## 二、二合营变质杂岩带

张广才岭群原称二合营群,是指分布在张广才岭主峰、大罗密—海林县一带呈近南北向展布的一套变质岩系(图 2-5)。

### 1. 张广才岭群的组成

《黑龙江省区域地质志》(黑龙江省地质矿产局,1993)将二合营群更名为张广才岭群,并将原来的磨石山组更名为正沟组,时代归属于新元古代。因此,张广才岭群分为新兴组($Pt_3^2x$)、红光组($Pt_3^2h$)和正沟组($Pt_3^2z$)。但是,3 个组之间并未直接接触,而是被花岗岩所隔断。

新兴组($Pt_3^2x$)主要见于海林县新兴林场,岩性为变质粉砂岩、千枚岩、二云石英片岩、石英岩夹少量大理岩。原岩为砂、泥质沉积岩夹碳酸盐岩。

红光组($Pt_3^2h$)是一套绿色岩系,发育在张广才岭主峰,新兴组的西侧,呈南北向条带状展布。岩性组合为斜长解闪岩、细粒角闪斜长片麻岩、透闪石大理岩、绿帘阳起片岩、黑云片岩和云母片岩、粉砂质板岩、千枚岩夹安山质凝灰岩、流纹凝灰岩和碳质千枚岩薄层。

正沟组($Pt_3^2z$)发育在张广才岭主峰红光组西侧。由片理化流纹岩、石英绢云片岩、石榴堇青千枚板岩、黑色千枚岩组成。局部夹有大理岩。厚度大于 1 312m。

### 2. 张广才岭群的构造性质

在《黑龙江省区域地质志》(黑龙江省地质矿产局,1993)中,将张广才岭群置于新元古界,认为是大陆边缘裂陷槽的产物。

在《东北地区区域地层》(李东津等,1997)中也将之作为新元古代的产物,但认为是在陆壳上发展起来的火山被动陆缘沉积。

李锦轶等(1999)则认为:从新兴组($Pt_3^2x$)到红光组($Pt_3^2h$)再到正沟组($Pt_3^2z$),代表了稳定陆缘到碰撞杂岩再到活动陆缘的组合,并认为红光组中大量发育的斜长角闪岩和斜长角闪片岩可能是古洋壳的残片。

本次也对张广才岭群新兴组和红光组的年代和岩石地球化学进行了初步分析,以确定其形成时期的构造属性。

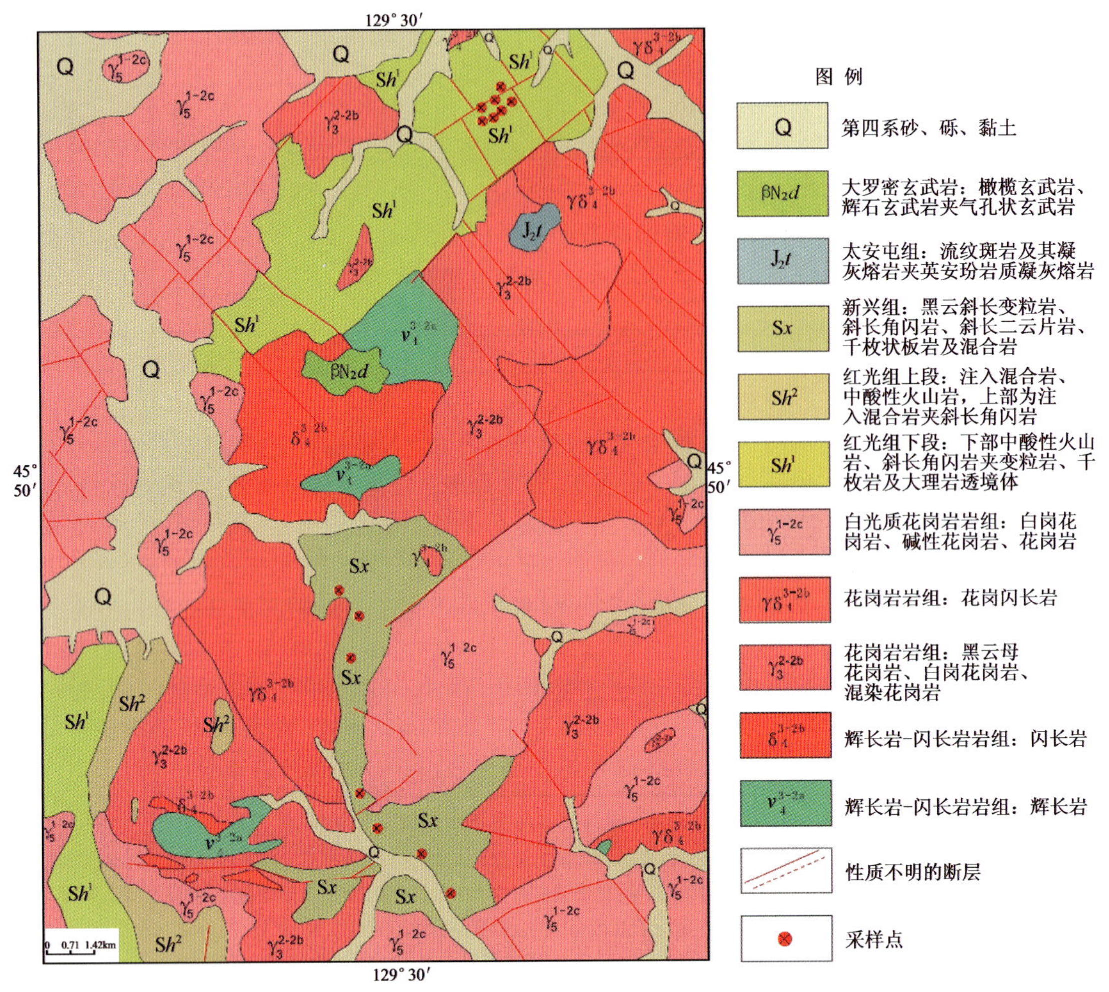


图 2-5　张广才岭地区地质图

1)张广才岭群的原岩建造

通过地球化学方法对张广才岭群红光组和新兴组进行原岩恢复(图 2-6)。

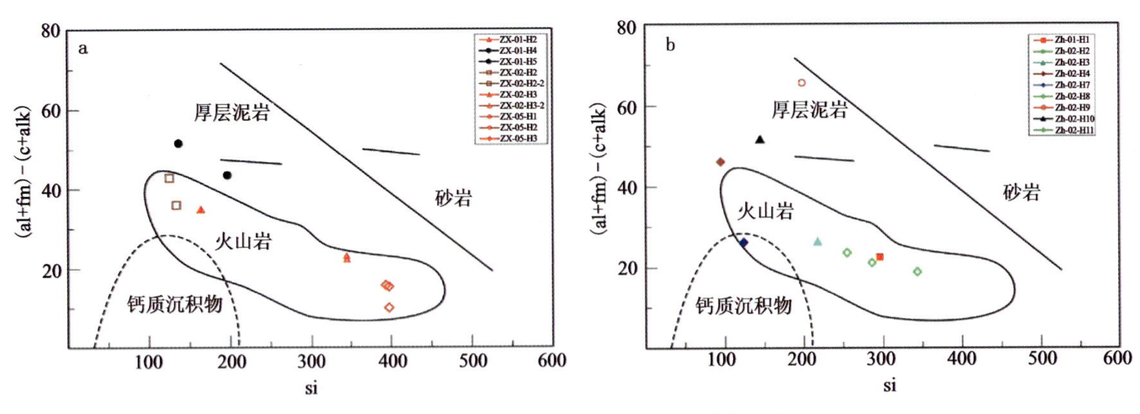


图 2-6　新兴组(a)和红光组(b)原岩恢复图解

新兴组和红光组原岩主要为变质火山岩、泥岩、砂岩和碳酸盐岩。

通过 TAS 图解确定两者所含的火山岩类型：红光组为玄武安山岩、粗面玄武岩、粗面岩和流纹岩；新兴组则是玄武安山岩和流纹岩。期间缺少中性和中酸性组分，具有双峰式火山岩的特点(图 2-7)。

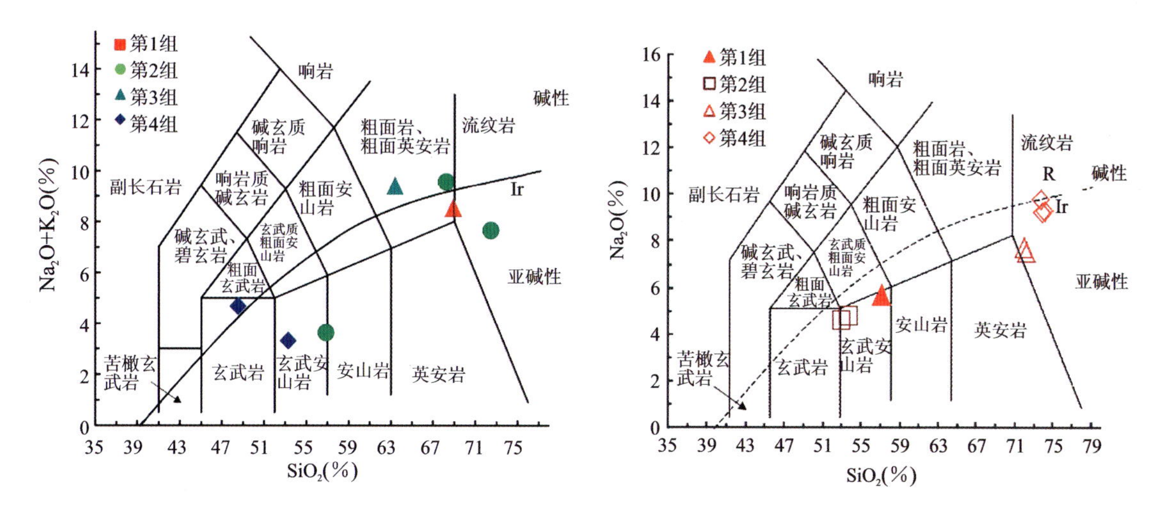


图 2-7　红光组(左)和新兴组(右)火山岩 TAS 图解

2)张广才岭群火山岩化学成分特征及构造属性

从图 2-7 可以看出，在岩石化学系列划分上，新兴组火山岩均为亚碱性系列，而红光组火山岩分别属于亚碱性系列和碱性系列。考虑到两者的酸性端员组分的 $SiO_2$ 含量均大于 68%，采用赖特图解划分岩石系列(图 2-8)。结果表明，红光组火山岩主要属于碱性系列，个别属于钙碱性系列，而新兴组火山岩亦分别属于碱性系列和钙碱性系列。大量碱性火山岩的存在与前述双峰式火山岩组成相吻合。

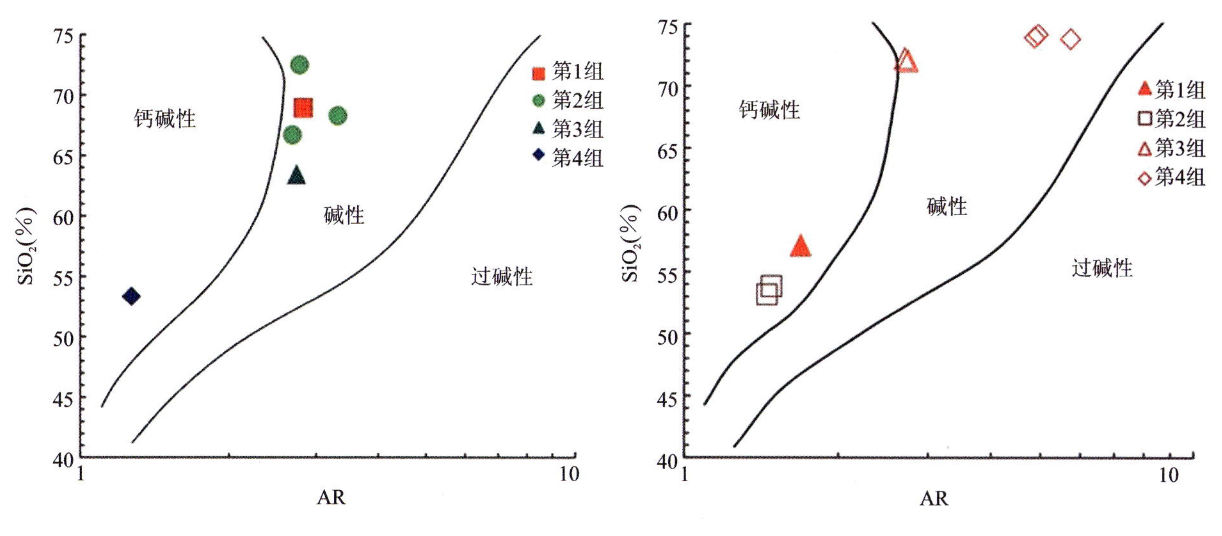


图 2-8　红光组(左)和新兴组(右)火山岩赖特图解

红光组和新兴组具有相似的右倾型球粒陨石标准化稀土配分模式：轻稀土富集，重稀土略亏损，无 Eu 异常或弱的正或负 Eu 异常，符合幔源岩浆稀土演化模式(图 2-9)。

在微量元素蛛网图(图 2-10)上显示 Ti、Ta 和 Nb 等高场强元素的强烈亏损，而 P、Th、La、U、Ce、Hf、Zr、La 等高场强元素和大离子亲石元素 Sr 和 K 则对不同端员的岩石分别显示亏损或富集，也体现了双峰式火山岩不相容元素的特点。而 Ti、Nb 和 Ta 的绝对亏损暗示地壳物质的参与。

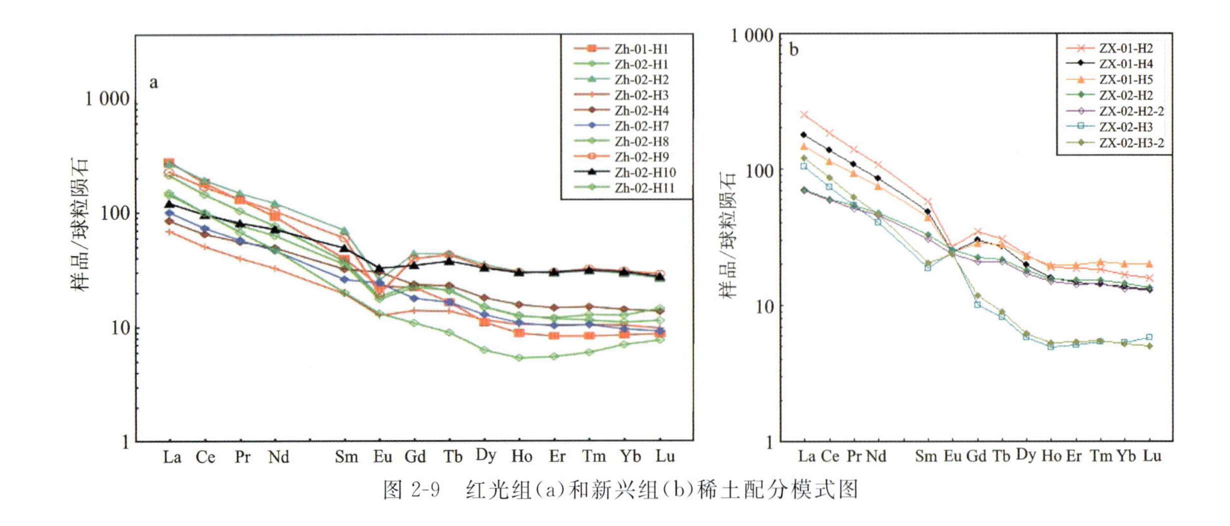


图 2-9　红光组(a)和新兴组(b)稀土配分模式图

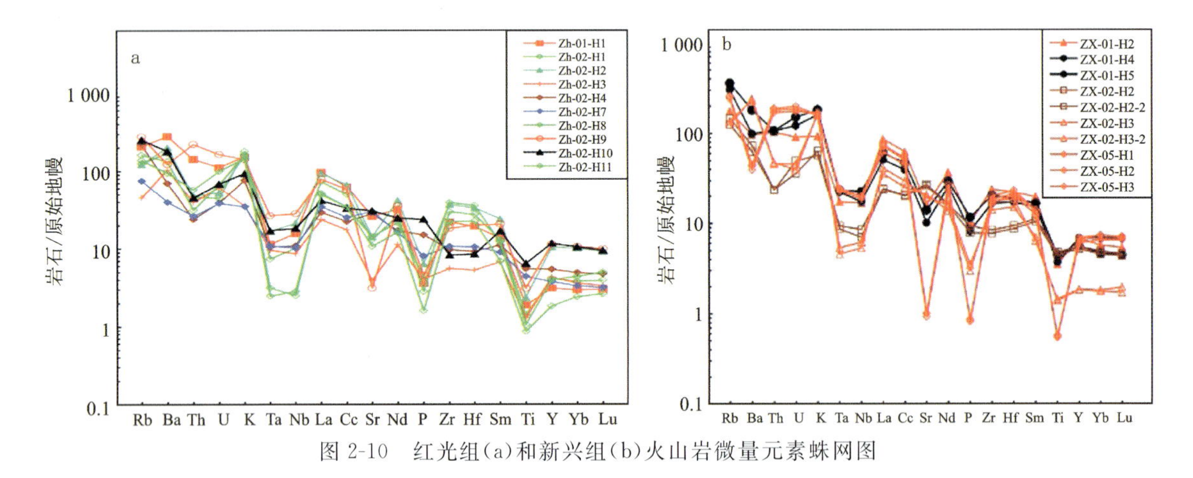


图 2-10　红光组(a)和新兴组(b)火山岩微量元素蛛网图

亚碱性岩石样品在 FAM 图解中投影在拉斑玄武岩系列，并且属于大陆玄武岩(图 2-11)。而酸性端员组分在 $Na_2O-K_2O$ 图解中均落入 A 型花岗岩区，属于 A 型流纹岩(图 2-12)。

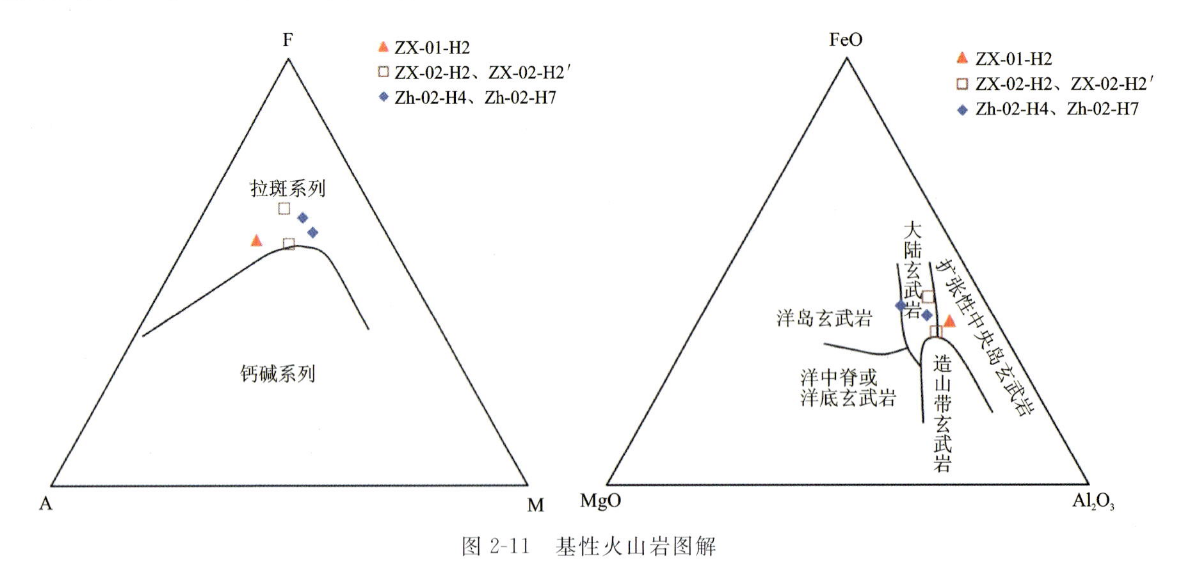


图 2-11　基性火山岩图解

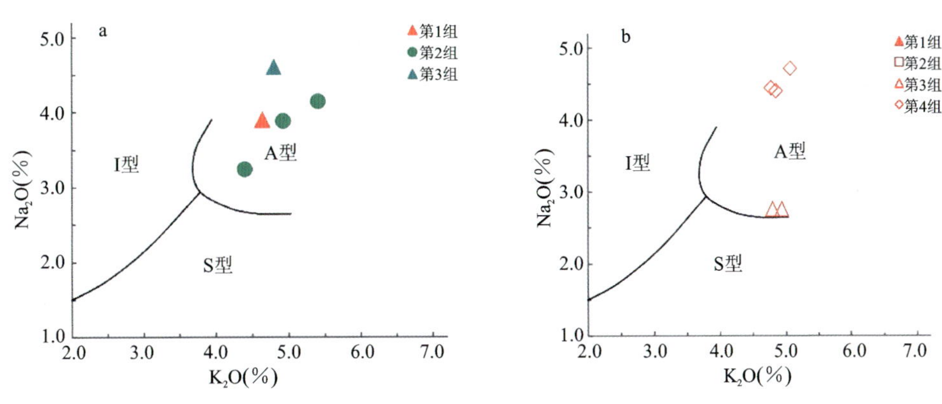


图 2-12 新兴组(a)和红光组(b)火山岩酸性端员 $Na_2O-K_2O$ 图解

### 3. 张广才岭群的原岩时代和变质时代

对张广才岭群新兴组进行了 LA-ICP-MS 锆石 U-Pb 定年。样品 ZX-02-N1 取自新兴组条带状片麻岩的长英质条带(图 2-13)。

图 2-13 ZX-02-N1 样品地质特征

共分析了 19 颗锆石。锆石呈柱状，长 100μm 左右，宽小于 50μm。具有熔体生长产生的振荡环带。Th 含量很低，最低为 $13.78\times10^{-9}$；U 含量很高，为$(1\ 263.16\sim2\ 800.06)\times10^{-9}$；Th/U 值极低，为 0.01～0.1，暗示长英质条带是超变质作用形成的。

在 19 颗锆石中，16 颗锆石具有较均一的表面年龄(467～460Ma)，加权平均年龄为 462.5±3.6Ma(图 2-14)，代表变质作用年龄。

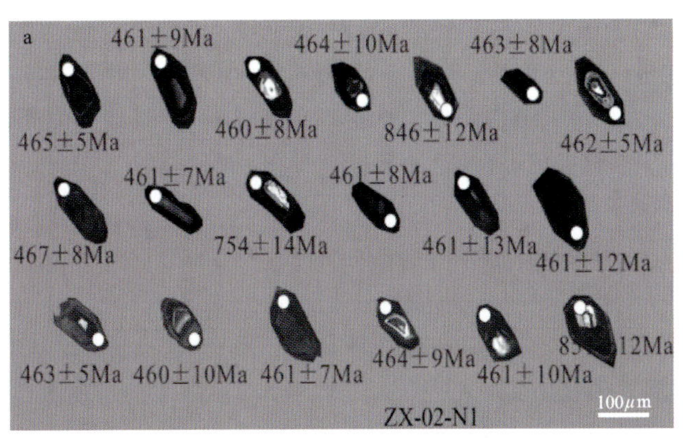

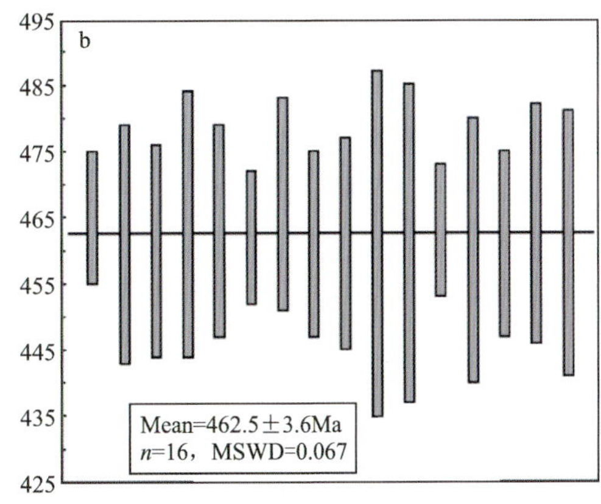


图 2-14 ZX-02-N1 的锆石阴极发光图像(a)和加权平均年龄(b)

样品中有3颗锆石表面年龄分别为846±12Ma、754±14Ma和851±12Ma。相对于前16颗锆石，这3颗锆石Th含量高，分别为98.39×$10^{-9}$、75.07×$10^{-9}$和207.45×$10^{-9}$；U含量低，分别为161.64×$10^{-9}$、485.86×$10^{-9}$和525.76×$10^{-9}$；Th/U值高，分别为0.61、0.15和0.39。事实上，它们是残留的锆石核部年龄。

长英质条带发生强烈的糜棱岩化作用，甚至形成糜棱岩(图2-15)。这与张广才岭构造带早古生代花岗岩(桦皮沟岩体，453.5±6.0Ma；亮子河岩体，454.8±2.6Ma，后述)具有相似的特点，可能同时代表造山期的糜棱岩化作用。

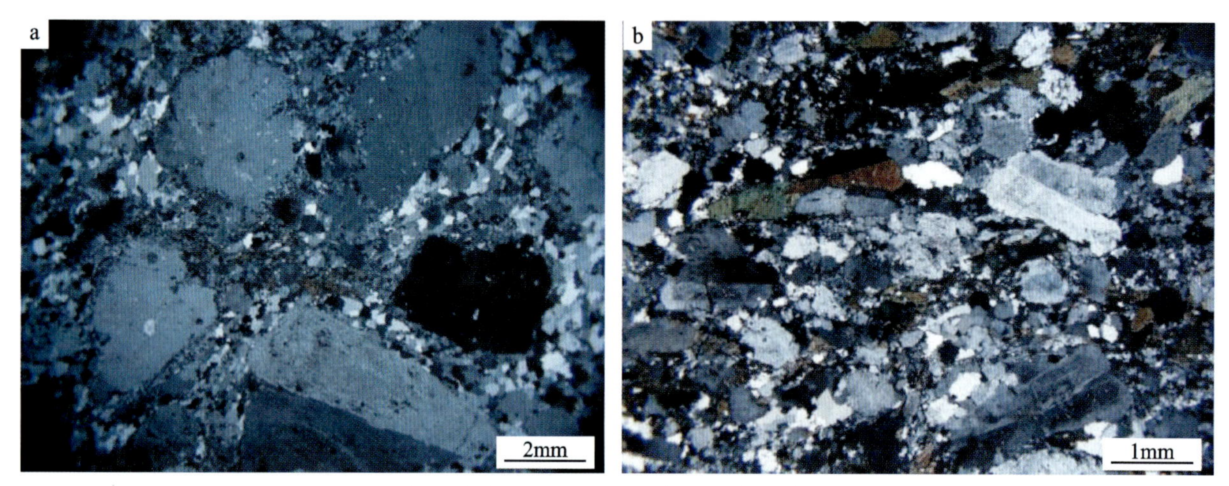

图2-15　长英质条带(a)和基质(b)的糜棱岩化作用

样品ZX-02-N3取自新兴组黑云片麻岩，主要矿物为长石(55%)、石英(35%)、黑云母(7%)。原岩为长英质火山岩(图2-16)。

图2-16　样品ZX-02-N3显微照片

共测试了50颗锆石，锆石总体呈现长柱状，少数为短柱状，个别为粒状。多数锆石具有一个不规则的核和一个宽窄不一的幔部环带(图2-17)。

年龄可分为两组(图2-18)：第一组有19个点，多数为锆石的核部年龄，加权平均值为549.7±3.8Ma；第二组有31个点，多数位于锆石幔部的环带，加权平均年龄为460.2±2.1Ma。第二组年龄与前述长英质条带的锆石年龄值在误差范围内一致。因此认为，这两组年龄分别代表原岩年龄(549.7±3.8Ma)和变质年龄(460.2±2.1Ma)。

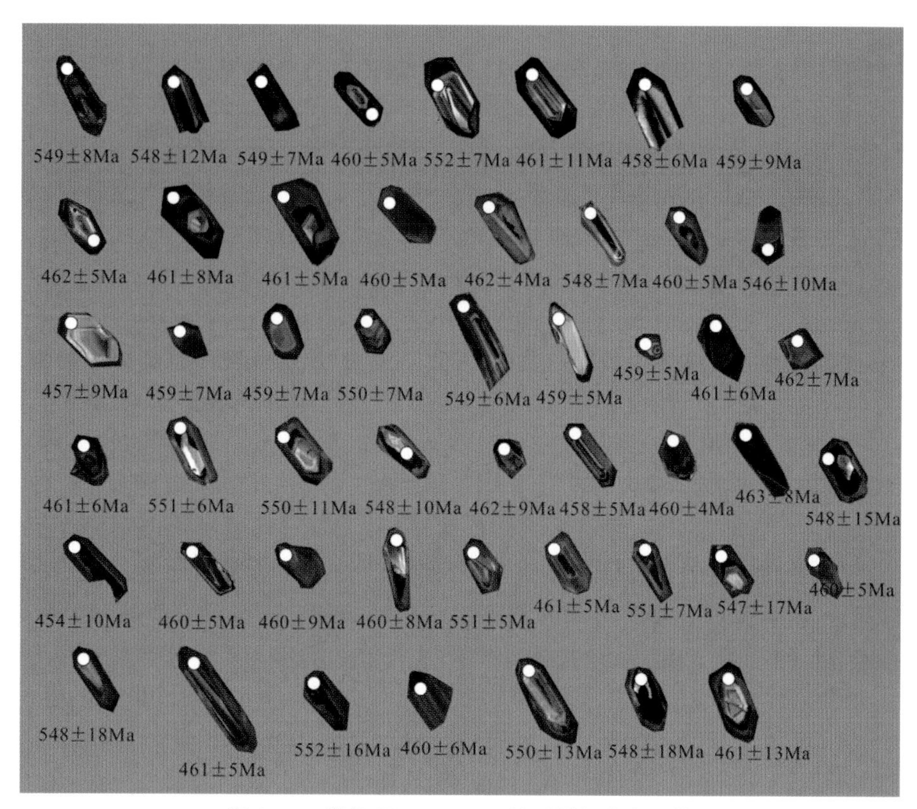


图 2-17 样品 ZX-02-N3 锆石阴极发光图像

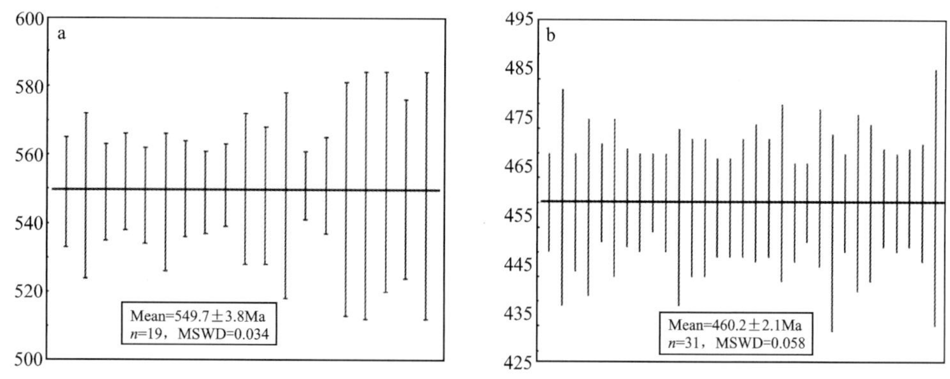


图 2-18 样品 ZX-02-N3 幔部(a)和核部(b)锆石加权平均年龄

因此，张广才岭群新兴组原岩可能形成于新元古代末期(549.7±3.8Ma)；在(462.5±3.6)～(460.2±2.1)Ma期间发生了区域变质变形作用，这与造山期花岗岩年龄一致。

## 三、伊春-延寿构造带

伊春-延寿构造带位于张广才岭构造带的西部。它的西侧南北走向的边界也是张广才岭构造带的西部边界——逊克-铁力-尚志大断裂。

伊春-延寿构造带主要由两套地层组成：东风山群和西林群。两者主要分布在张广才岭构造带的亮子河铁矿、晨明西山、伊春市红林等地。

### 1. 东风山群($Pt_3dn$)

东风山群分布在汤原县和伊春市内，由亮子河组、桦皮沟组和红林组组成。

1)东风山群的组成

亮子河组主要分布在亮子河铁矿、基建以及六一农场，主要由绢云石英片岩、二云石英片岩、碳质片岩、磁铁石英岩和大理岩组成，厚度大于 1 097m。

桦皮沟组分布在伊春市晨鸣镇西山、桦皮沟和大青山一带，南北向分布，由石墨二云片岩、二云石英片岩、电气石石英岩、大理岩组成，厚度大于 750m。

红林组分布于伊春市的红林、新青等地，由变粒岩、混合片麻岩、石英岩组成。

东风山群的 3 个组之间并无直接的接触关系，而是被不同时代的花岗岩隔开，因此各组之间并没有先后关系的含意。事实上，亮子河组和桦皮沟组在岩性组合上有许多相似之处，可能属于同一地层单元(黑龙江省地质矿产局，1993)。

2)东风山群的形成时代

《黑龙江省区域地质志》将东风山群作为古元古代地层，但是并没有叙述确定地层年代的依据。只是提到：“东风山群各组普遍含电气石(硼)这一特征，可以和辽宁省的辽河群(里尔峪组)对比、和吉林省的集安群对比。”辽河群的里尔峪组和集安群的蚂蚁河组都形成于辽-吉古元古裂谷带，都属于裂陷期火山岩组合，含矿性也相同。但是无论是从大地构造位置，还是从岩石组合、变质作用以及含矿性等方面均与东风山群没有可对比性。因此，对东风山群桦皮沟组进行了 LA - ICP - MS 锆石 U - Pb 定年。样品为黑云石英片岩。共测 45 颗锆石(图 2-19)。单颗粒锆石 $^{206}Pb/^{238}U$ 表面年龄最大值为 2 539±23Ma，最小值为 750±12Ma。其余锆石主要分 3 组。

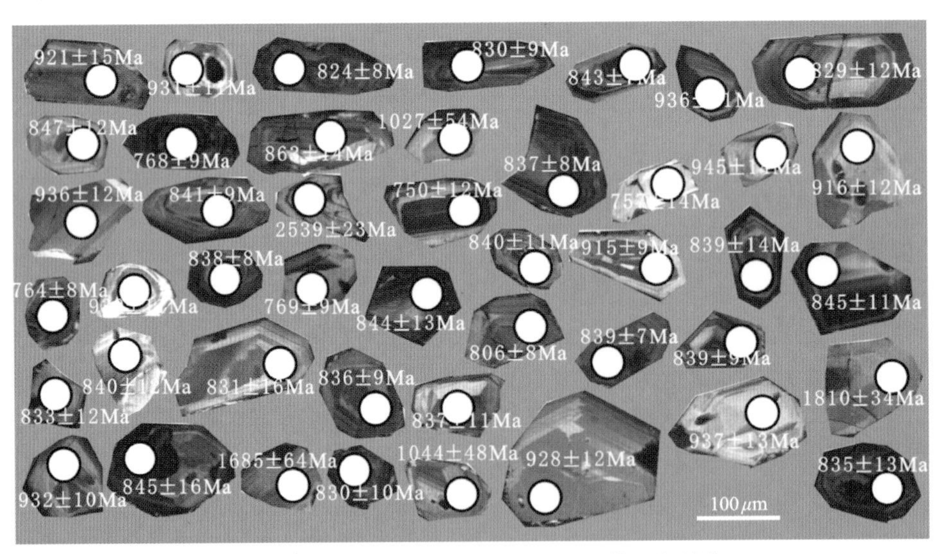


图 2-19　桦皮沟组黑云石英片岩 CL 图像及年龄值

第一组锆石 $^{206}Pb/^{238}U$ 表面年龄加权平均值是 930±63Ma，属于新元古代早期(图 2-20a)。共有 11 颗锆石，几乎占全部锆石颗粒的 1/4。锆石 CL 图像显示灰黑色或黑灰色，个别呈白灰色；多呈粒状；次棱角状或略有磨圆；多数粒径小于 100μm；Th 含量介于(177.51～729.35)×$10^{-6}$之间，U 含量介于(224.03～693.53)×$10^{-6}$之间，Th/U 比值介于 0.35～1.56 之间；岩浆振荡环带不明显或呈扇形环带。

第二组锆石的 $^{206}Pb/^{238}U$ 表面年龄加权平均值是 835±33Ma，属于新元古代中期。共有 24 颗锆石，几乎占全部锆石颗粒的 1/2。锆石 CL 图像上呈灰黑色到黑灰色，个别白灰色；以长柱状为主，个别呈短柱状或粒状；磨圆较差或略有磨圆的次棱角状；长柱状者的长轴多大于 100μm，其余的粒径 50～100μm。Th/U 比值介于 0.32～1.56 之间，极个别为 0.10；锆石环带明显。这是桦皮沟组最主要源区的锆石(图 2-20b)。

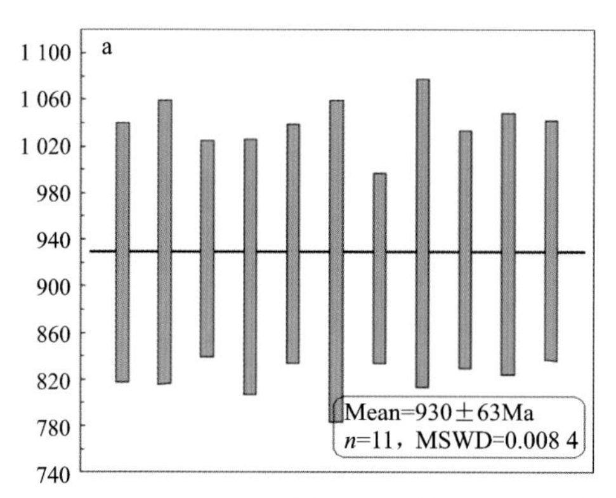


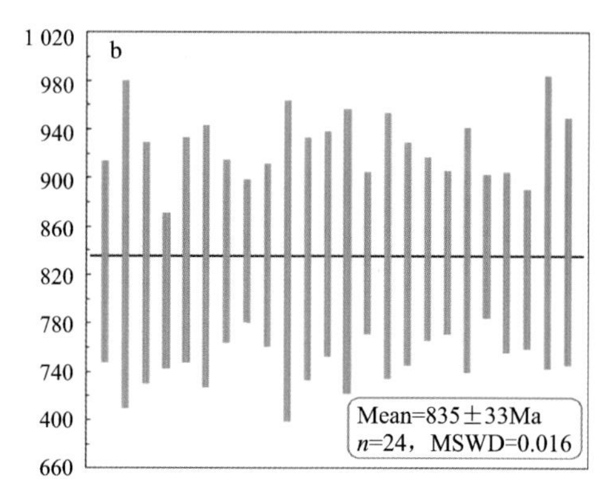


图 2-20　第一组(a)和第二组(b)锆石加权平均年龄

第三组只有 5 颗锆石。这组锆石在 CL 图像上呈灰黑色和白灰色,呈短柱状或粒状,磨圆程度不一,以次棱角状和浑圆状为主;多数粒径较小,在 50μm 左右;Th 含量介于(100.51～1 824.48)$\times10^{-6}$之间,U 含量介于(185.36～1 583.87)$\times10^{-6}$之间,Th/U 比值介于 0.36～1.15 之间;锆石略显环带。锆石的$^{206}$Pb/$^{238}$U 表面年龄加权平均值是 763.6±8.6Ma,并包含最年轻的$^{206}$Pb/$^{238}$U 表面年龄值 750±12Ma,亦属于新元古代中期,较第二组略晚(图2-21)。

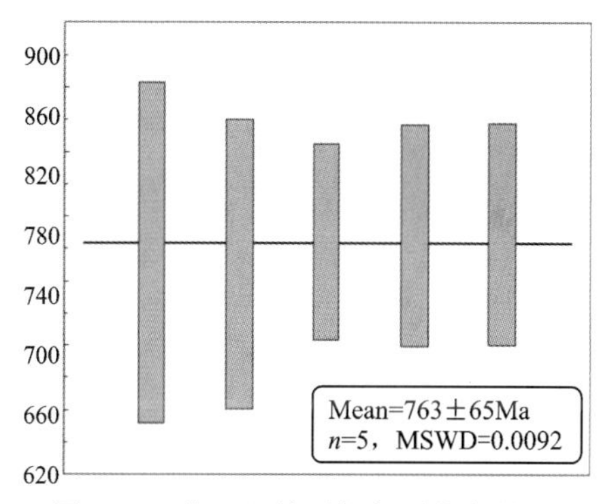


图 2-21　第三组锆石加权平均年龄

根据上述锆石年代以及与后述的具有化石依据的西林群(下寒武统)的空间关系,东风山群桦皮沟组的形成应该不早于新元古代晚期。

**2. 西林群($\in_1$)**

西林群分布在伊春五星镇、晨明镇、小西林和通河、铁力等地区,零星分布于花岗岩海洋中,呈捕虏体状。岩性主要为厚层含沥青灰岩、砂板岩、白云石大理岩、碳质板岩等,厚度大于 2 572m。

1)西林群的组成

西林群可进一步划分为晨明组($\in_1c$)、老道庙沟组($\in_1l$)、铅山组($\in_1q$)、五星镇组($\in_1w$)。各组岩性分层如下:

五星镇组

(4)灰黑色碳质板岩夹灰黑色大理岩

(3)灰黑色大理岩

(2)灰黑色碳质板岩

(1)灰黑色大理岩

铅山组

(8)白色厚层大理岩

(7)黄色中薄层白云石大理岩

(6)黑色千枚状碳质板岩夹粉砂质板岩

(5)灰黄色厚层白云石大理岩

(4)白色细粒中厚层大理岩

(3)深灰色中厚层大理岩

(2)灰白色、灰褐色石英岩

(1)白色大理岩

老道庙沟组

(4)黑色硅质板岩

(3)深灰色粉砂质板岩夹铁质斑点板岩

(2)深灰色薄层状泥质、碳质薄层状条带状结晶灰岩

(1)灰色细晶结晶灰岩

晨明组

(7)灰色—灰紫色厚层状细粒长石石英砂岩、黑色粉砂岩及深灰色薄层燧石条带灰岩

(6)黑色薄层泥质粉砂岩夹薄层粉砂岩

(5)深灰色薄层含泥质隐晶质灰岩

(4)黑色薄层泥质粉砂岩夹灰紫色长石石英砂岩及沥青灰岩、竹叶状灰岩透镜体

(3)深灰色致密块状灰岩及薄层状灰岩

(2)灰色—深灰色厚层隐晶质沥青灰岩

(1)花斑状厚层白云质沥青灰岩

2)西林群的形成时代

黑龙江省冶金局地质队(1977)在五星镇铅锌矿区第9勘探线钻孔(ZK50、ZK59)的五星镇组中发现三叶虫、腕足、软舌螺等动物化石,经原长春地质学院段吉业教授鉴定,属于西伯利亚型早寒武世动物群。但是,五星镇组以下的铅山组和老道庙沟组并未采集到可信的化石。而虽然从宏观上来看,伊春市北部的五营—五星镇一带的西林群的老道庙沟组、铅山组和五星镇组总体是连续的,而伊春市南部晨明镇附近出露的晨明组与前三者并没有直接关系。1956—1959年间,中苏考察队在晨明组地层的白云质沥青质灰岩中发现了疑似 *Chlasellopsis* Reio. 的藻类化石,后经鉴定为藻灰结核(核形石)。这是曾在上震旦统和下寒武统底部都发现的藻类化石,但仍然不能确定晨明组的具体断代。

为此,对晨明组碎屑沉积岩进行锆石 U-Pb 年龄分析。样品采自晨明镇西晨明组层型剖面,岩性为青灰色—灰紫色长石石英砂岩(表2-4)。

**表2-4　晨明组碎屑锆石年龄数据**

| 点号 | Th/U | 年龄(Ma) | | | | | |
|---|---|---|---|---|---|---|---|
| | | $^{207}Pb/^{206}Pb$ | (±1σ×100) | $^{207}Pb/^{235}U$ | (±1σ×100) | $^{206}Pb/^{238}U$ | (±1σ×100) |
| CM12.01 | 0.42 | 481±71 | 0.056 7±0.24 | 551±18 | 0.721 2±2.99 | 565±6 | 0.091 7±0.11 |
| CM12.02 | 0.88 | 716±56 | 0.063 2±0.23 | 782±19 | 1.159 6±4.07 | 800±8 | 0.132 2±0.14 |
| CM12.03 | 0.84 | 1 908±26 | 0.116 8±0.28 | 190 9±20 | 5.556 7±12.92 | 1 898±18 | 0.342 3±0.37 |
| CM12.04 | 0.98 | 700±68 | 0.062 8±0.27 | 784±24 | 1.164 6±5.06 | 810±11 | 0.134±0.19 |
| CM12.05 | 1.41 | 644±70 | 0.061 1±0.26 | 642±20 | 0.882±3.76 | 637±7 | 0.103 8±0.13 |
| CM12.06 | 0.35 | 489±53 | 0.056 9±0.19 | 554±14 | 0.726 4±2.37 | 569±6 | 0.092 3±0.1 |
| CM12.07 | 0.79 | 745±59 | 0.064 1±0.215 | 797±21 | 1.193 2±4.57 | 816±10 | 0.134 9±0.17 |
| CM12.08 | 0.45 | 595±56 | 0.059 8±0.23 | 577±16 | 0.764 8±2.71 | 575±6 | 0.093 3±0.11 |
| CM12.09 | 0.36 | 2 112±28 | 0.131±0.3 | 2 210±26 | 7.811 4±22.15 | 2 298±31 | 0.428 3±0.68 |
| CM12.11 | 0.48 | 831±36 | 0.066 8±0.18 | 899±16 | 1.423±3.79 | 924±10 | 0.154 1±0.18 |

续表 2-4

| 点号 | Th/U | 年龄(Ma) | | | | | |
|---|---|---|---|---|---|---|---|
| | | $^{207}Pb/^{206}Pb$ | (±1σ×100) | $^{207}Pb/^{235}U$ | (±1σ×100) | $^{206}Pb/^{238}U$ | (±1σ×100) |
| CM12.12 | 0.47 | 1 877±24 | 0.114 8±0.25 | 1 915±18 | 5.595 5±11.42 | 1 946±15 | 0.352 4±0.31 |
| CM12.13 | 0.95 | 386±72 | 0.054 4±0.28 | 535±20 | 0.694 4±3.28 | 575±10 | 0.093 2±0.18 |
| CM12.14 | 0.44 | 846±29 | 0.067 3±0.15 | 834±14 | 1.272 5±3.04 | 827±10 | 0.136 9±0.18 |
| CM12.15 | 1.04 | 862±30 | 0.067 8±0.15 | 840±13 | 1.286 7±2.86 | 830±8 | 0.137 4±0.14 |
| CM12.16 | 0.47 | 2 007±26 | 0.123 5±0.29 | 1 970±21 | 5.961 6±14.4 | 1 927±19 | 0.348 4±0.41 |
| CM12.17 | 0.64 | 971±33 | 0.071 5±0.17 | 942±16 | 1.529±3.88 | 922±10 | 0.153 7±0.17 |
| CM12.18 | 0.47 | 619±76 | 0.060 4±0.29 | 578±21 | 0.766 2±3.62 | 565±8 | 0.091 6±0.14 |
| CM12.19 | 1.09 | 1 026±65 | 0.073 4±0.34 | 947±28 | 1.541 6±6.93 | 911±14 | 0.151 7±0.24 |
| CM12.20 | 1.55 | 892±85 | 0.068 8±0.41 | 820±31 | 1.243 3±6.78 | 809±12 | 0.133 8±0.22 |
| CM12.21 | 0.32 | 1 944±33 | 0.119 2±0.34 | 1 968±25 | 5.943±16.89 | 1 968±21 | 0.356 9±0.44 |
| CM12.22 | 1.11 | 984±69 | 0.071 9±0.32 | 944±27 | 1.534 5±6.84 | 915±12 | 0.152 4±0.21 |
| CM12.23 | 0.44 | 787±61 | 0.065 4±0.27 | 807±22 | 1.212 9±4.81 | 807±10 | 0.133 4±0.17 |
| CM12.24 | 0.45 | 938±92 | 0.070 3±0.42 | 710±29 | 1.012 4±5.83 | 640±10 | 0.104 3±0.17 |
| CM12.25 | 0.77 | 851±33 | 0.067 4±0.16 | 912±14 | 1.454 5±3.49 | 919±9 | 0.153 2±0.16 |
| CM12.26 | 0.58 | 944±59 | 0.070 6±0.29 | 860±23 | 1.332 4±5.24 | 818±10 | 0.135 2±0.17 |
| CM12.27 | 0.54 | 580±44 | 0.059 4±0.16 | 629±13 | 0.858 2±2.33 | 629±5 | 0.102 6±0.09 |
| CM12.28 | 1.55 | 1 860±17 | 0.113 7±0.18 | 1 905±13 | 5.53±8.46 | 1 912±12 | 0.345 2±0.25 |
| CM12.29 | 0.58 | 736±105 | 0.063 8±0.31 | 595±21 | 0.796 4±3.75 | 559±6 | 0.090 5±0.1 |
| CM12.30 | 1.03 | 1 037±47 | 0.073 8±0.24 | 961±19 | 1.577 6±4.93 | 919±9 | 0.153 2±0.16 |
| CM12.31 | 0.63 | 886±60 | 0.068 6±0.3 | 907±24 | 1.443 9±5.76 | 920±12 | 0.153 4±0.21 |
| CM12.32 | 2.18 | 1 811±34 | 0.110 7±0.31 | 1 846±24 | 5.158±14.42 | 1 861±19 | 0.334 7±0.39 |
| CM12.33 | 1.39 | 610±51 | 0.060 2±0.2 | 769±18 | 1.132 1±3.74 | 817±9 | 0.135 2±0.16 |
| CM12.34 | 0.19 | 819±35 | 0.066 4±0.17 | 895±14 | 1.414 5±3.35 | 917±7 | 0.153±0.13 |
| CM12.35 | 0.93 | 688±71 | 0.062 4±0.29 | 785±25 | 1.166 6±5.27 | 820±11 | 0.135 6±0.2 |
| CM12.36 | 0.76 | 533±36 | 0.058 1±0.16 | 618±13 | 0.838 8±2.3 | 637±9 | 0.103 8±0.15 |
| CM12.37 | 0.54 | 739±42 | 0.063 9±0.2 | 871±19 | 1.357 5±4.48 | 916±14 | 0.152 8±0.26 |
| CM12.38 | 0.59 | 903±45 | 0.069 1±0.21 | 917±18 | 1.467 6±4.47 | 919±9 | 0.153 2±0.17 |
| CM12.39 | 0.52 | 631±74 | 0.060 8±0.26 | 638±20 | 0.874 1±3.7 | 636±6 | 0.103 6±0.11 |
| CM12.40 | 0.61 | 834±53 | 0.066 9±0.23 | 897±21 | 1.418 1±5.03 | 919±11 | 0.153 1±0.19 |
| CM12.41 | 0.82 | 1 172±74 | 0.079±0.43 | 910±32 | 1.451 1±7.74 | 822±15 | 0.136±0.27 |

续表 2-4

| 点号 | Th/U | 年龄(Ma) | | | | | |
|---|---|---|---|---|---|---|---|
| | | $^{207}$Pb/$^{206}$Pb | (±1σ×100) | $^{207}$Pb/$^{235}$U | (±1σ×100) | $^{206}$Pb/$^{238}$U | (±1σ×100) |
| CM12.42 | 0.67 | 511±69 | 0.057 5±0.27 | 606±22 | 0.816 7±4.02 | 635±13 | 0.103 5±0.23 |
| CM12.43 | 0.83 | 936±39 | 0.070 3±0.21 | 926±17 | 1.49±4.19 | 918±10 | 0.153 1±0.17 |
| CM12.44 | 0.17 | 930±42 | 0.070 1±0.2 | 928±18 | 1.495±4.33 | 919±9 | 0.153 3±0.16 |
| CM12.45 | 1.19 | 588±61 | 0.059 6±0.23 | 624±18 | 0.848 5±3.21 | 632±7 | 0.102 9±0.13 |
| CM12.46 | 0.78 | 946±50 | 0.070 6±0.26 | 929±21 | 1.496 6±5.23 | 918±11 | 0.153±0.2 |
| CM12.47 | 0.53 | 1 000±68 | 0.072 5±0.37 | 866±28 | 1.347±6.42 | 818±14 | 0.135 3±0.24 |
| CM12.48 | 0.29 | 913±44 | 0.069 5±0.21 | 918±18 | 1.469 8±4.42 | 916±9 | 0.152 6±0.17 |
| CM12.49 | 0.89 | 771±61 | 0.064 9±0.24 | 807±21 | 1.214±4.59 | 817±8 | 0.135 1±0.15 |
| CM12.50 | 1.17 | 825±81 | 0.066 6±0.36 | 813±29 | 1.227 4±6.44 | 818±13 | 0.135 3±0.23 |
| CM12.51 | 0.83 | 768±65 | 0.064 8±0.27 | 672±21 | 0.938 3±3.99 | 640±9 | 0.104 3±0.15 |
| CM12.52 | 0.86 | 1 064±59 | 0.074 8±0.31 | 957±25 | 1.566 5±6.33 | 915±12 | 0.152 6±0.21 |
| CM12.54 | 1.11 | 825±56 | 0.066 6±0.24 | 822±21 | 1.247 4±4.55 | 819±9 | 0.135 5±0.16 |
| CM12.55 | 0.87 | 884±58 | 0.068 5±0.25 | 914±23 | 1.459 3±5.52 | 920±11 | 0.153 3±0.19 |

锆石一般呈浅棕色—棕色,少数深棕色,多为半自形柱状,大部分被不同程度地磨圆,少数保留柱状晶形,粒径在 50～100μm。阴极发光下,90%的锆石具有较明显的振荡环带(图 2-22),其中有些锆石环带较宽,与基性岩中的锆石相似,而多数则发育典型的花岗岩类中的细密振荡环带(Rubatto et al,2000)。

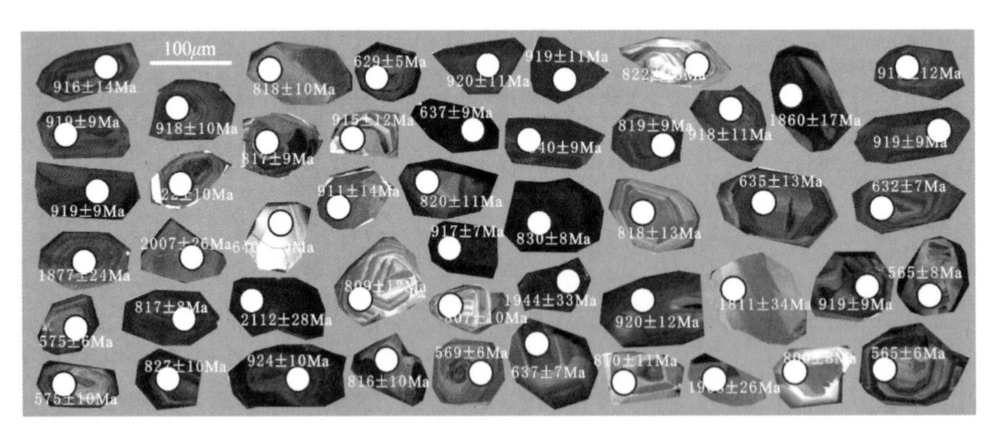

图 2-22　晨明组碎屑锆石 CL 图像

共测试 55 颗锆石,有 1 颗铅丢失较严重的数据,未被计入。在 54 颗锆石中,$^{206}$Pb/$^{238}$U 表面年龄值最大的为2 298±31Ma,最小的为 559±6Ma,主要集中分布于古元古代中期(1 920Ma)、新元古代早期(约 920Ma)、新元古代中期(约 820Ma)、新元古代晚期(约 630Ma)和新元古代晚期(约 570Ma)5 个区间内(图 2-23、图 2-24)。绝大多数锆石年龄谐和度高于 95%,仅有 2 颗锆石表面年龄值较大地偏离谐和线。

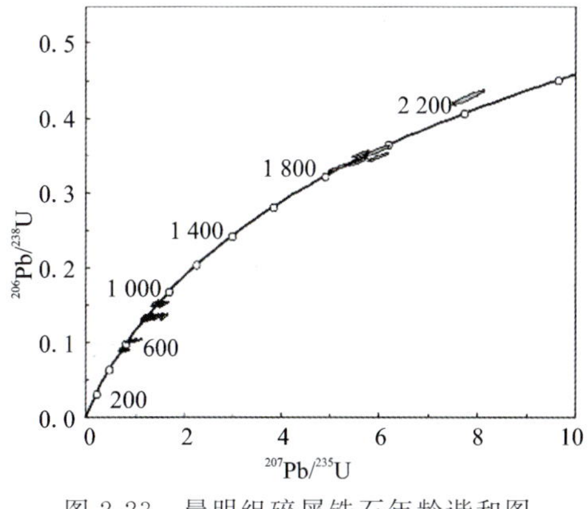


图 2-23　晨明组碎屑锆石年龄谐和图

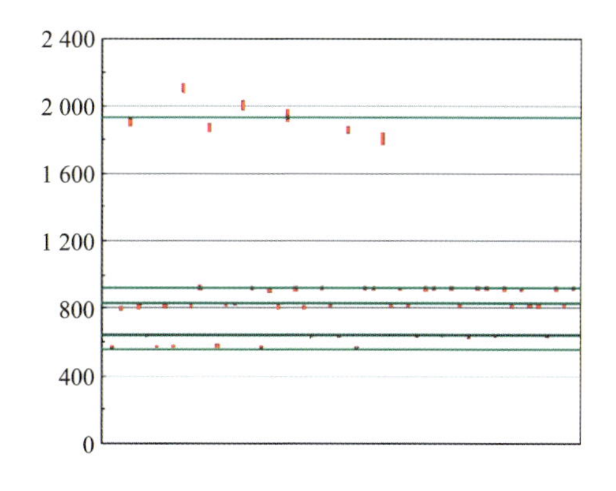


图 2-24　晨明组碎屑锆石年龄分布图

古元古代中期(约 1 920Ma):该期锆石占 54 颗锆石中的 12.9%,有 7 颗。有一粒偏离谐和曲线,剩余 6 颗锆石$^{206}$Pb/$^{238}$U 表面年龄加权平均值为 1 920±87Ma(MSWD=14)(图 2-25a)。偏离的单颗粒锆石$^{206}$Pb/$^{238}$U 表面年龄值为 2 112±28Ma。

新元古代早期(约 920Ma):该期锆石占 54 颗锆石中的 31.5%,有 17 颗。17 颗锆石$^{206}$Pb/$^{238}$U 表面年龄加权平均值为 918.3±4.8Ma(MSWD=0.068)(图 2-25b)。

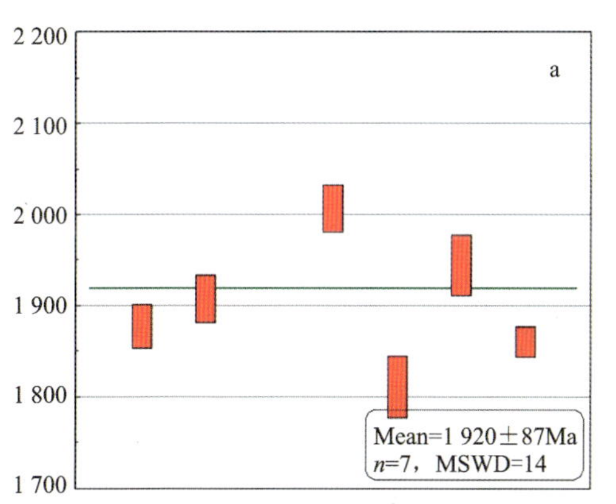


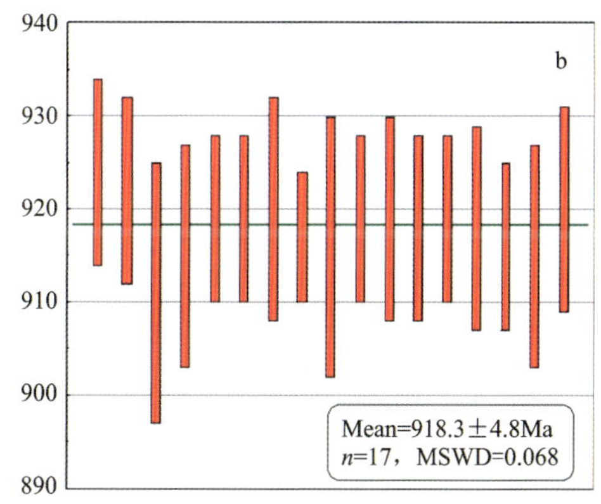


图 2-25　晨明组古元古代中期(a)和新元古代早期(b)碎屑锆石年龄均值图

新元古代中期(约 820Ma):该期锆石占 54 颗锆石中的 29.6%,有 16 颗。16 颗锆石$^{206}$Pb/$^{238}$U 表面年龄加权平均值为 816.5±5.0Ma(MSWD=0.69)(图 2-26a)。

新元古代晚期(约 630Ma):该期锆石占 54 颗锆石中的 14.8%,有 8 颗。8 颗锆石$^{206}$Pb/$^{238}$U 表面年龄加权平均值为 534.4±5.1Ma(MSWD=0.33)(图 2-26b)。

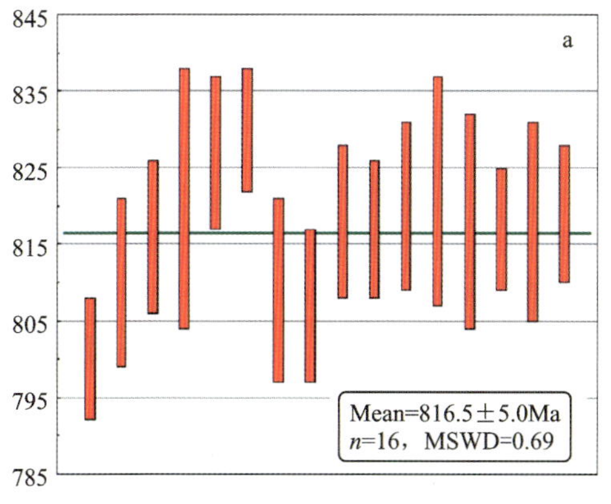


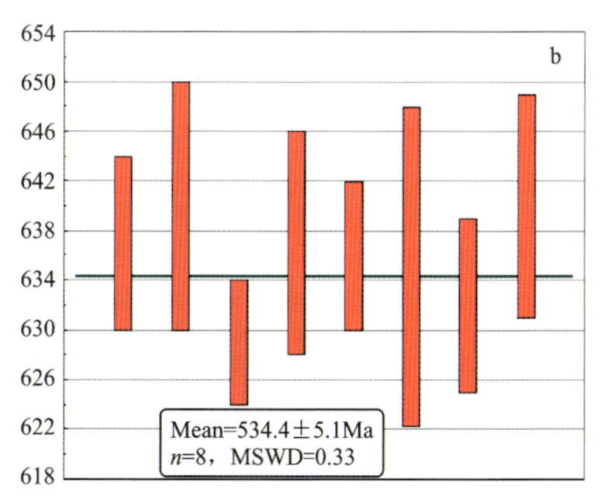


图 2-26　晨明组新元古代中期(a)和新元古代晚期(约 630Ma,b)碎屑锆石年龄均值图

新元古代末期(约570Ma):该期锆石占54颗锆石中的11.1%,有6颗。6颗锆石$^{206}Pb/^{238}U$表面年龄加权平均值为567.4±5.3Ma(MSWD=0.89)(图2-27)。

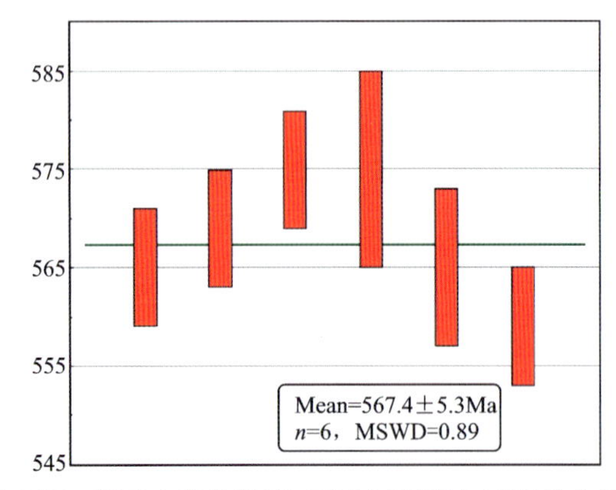


图2-27 新元古代晚期(约570Ma)碎屑锆石年龄均值图

新元古代早—中期,年龄较集中,说明晨明组碎屑物质主要来源于新元古代早—中期岩浆岩物质源区。而559±6Ma这个最年轻的单颗粒锆石表面年龄值,说明西林群底部可能起始于新元古代末期。

**3.构造变形**

在东风山铁矿区的东风山群,形成一系列轴向近南北的同斜紧闭褶皱。在伊春市北部的五营—五星镇一带,西林群组成经过共轴叠加的南北向的大型平卧褶皱(图2-28、图2-29)。

图2-28 五星镇组经过共轴叠加的大型平卧褶皱

图2-29 五星镇组平卧褶皱转折端形态

这个大型平卧褶皱是一个南北走向、向西缓倾的大型逆冲推覆构造的褶皱推覆体(图2-30)。因此,无论是西林群还是东风山群,其构造变形都具有典型造山带构造变形的特征。

图2-30 西林群中的逆冲推覆构造

## 四、张广才岭早古生代花岗岩

张广才岭早古生代花岗岩呈近南北向分布于逊克-铁力-尚志断裂和牡丹江断裂之间的广大地区。分布范围长约500km，宽100～140km，共有大小岩体约64个。与西林群、东风山群和张广才岭群密切伴生。围岩发生角岩化、矽卡岩化、硅化、大理岩化等。

### 1. 岩石学特征

岩石混染、碎裂及似片麻状构造普遍发育。岩体多呈深成相和中深成相，呈岩基状，部分为岩株状。主要岩石类型有混染花岗岩、花岗闪长岩和二长花岗岩。

孙德有(2005)和刘建峰等(2008)取自鸡岭、小西林、朝鲜屯、金林林场、汤汪河等地的花岗岩的年龄为540～450Ma。据刘建峰等(2008)，该期花岗岩存在3类岩石组合：①片麻状花岗闪长岩-二长花岗岩组合；②块状花岗闪长岩-二长花岗岩组合；③碱性花岗岩-碱长花岗岩组合。

笔者对晨明地区早古生代花岗岩进行了岩石学、岩石化学和年代学研究。所研究的岩体为达里岱岩体、桦皮沟岩体和亮子河岩体。该3个岩体前人曾定义为元古宙混合花岗岩或晚古生代花岗岩。但是研究结果表明，3个岩体是早古生代花岗岩，并且前人所定义的混合岩化花岗岩和片麻状花岗岩其实是糜棱岩化作用的产物。因此，应该是同造山期花岗岩。

达里岱岩体位于小亮子河上游的关门山附近，岩体东侧侵入到桦皮沟组。在1∶20万汤原县幅地质测量报告中，将该岩体定为海西期花岗岩(黑龙江省地质矿产局，1972)。本次LA-ICP-MS锆石U-Pb测年结果为454.8±2.6Ma(图2-31)。

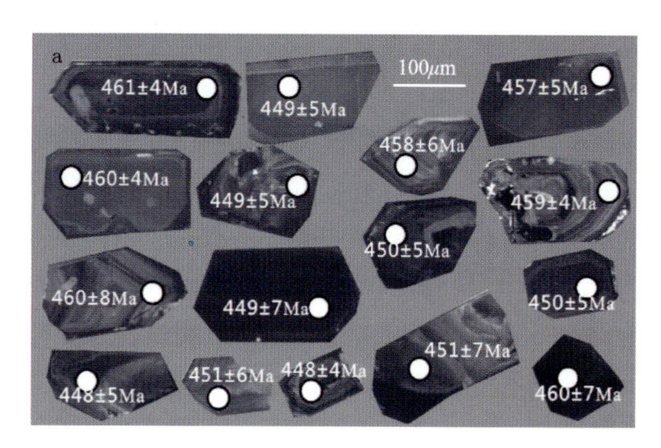

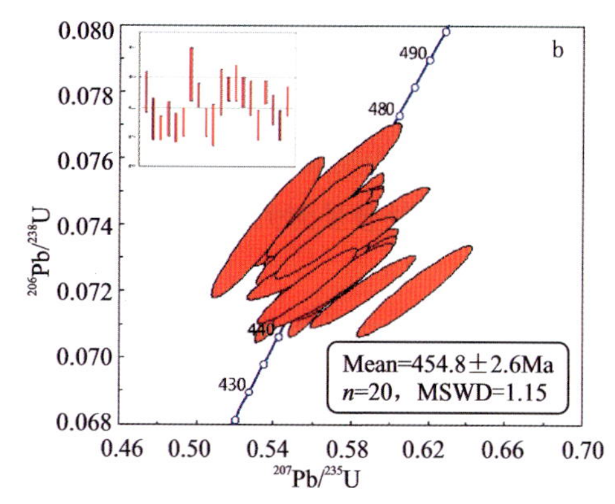


图2-31　达里岱岩体锆石阴极发光图像(a)和年龄谐和图(b)

该岩体呈岩基状，总面积为550km$^2$。岩性主要为糜棱岩化的黑云母花岗岩和黑云母二长花岗岩，其次为花岗闪长岩。样品为糜棱岩化黑云母花岗岩，中粒花岗结构、糜棱状结构，块状构造和片麻状构造。主要矿物为微斜长石(25%)、斜长石(5%)、正长石(5%)、石英(30%)、黑云母(10%)及少量帘石(1%)、长英质基质小于25%。定名为糜棱岩化黑云母花岗岩(图2-32)。

桦皮沟岩体位于晨明镇汤旺河西的桦皮沟一带，岩体西侧与桦皮沟组侵入接触。在1∶20万汤原县幅地质图测量报告中，将其定为元古宙花岗岩(黑龙江省地质矿产局，1972)。本次LA-ICP-MS锆石U-Pb测年结果为453.5±6.0Ma(图2-33)。

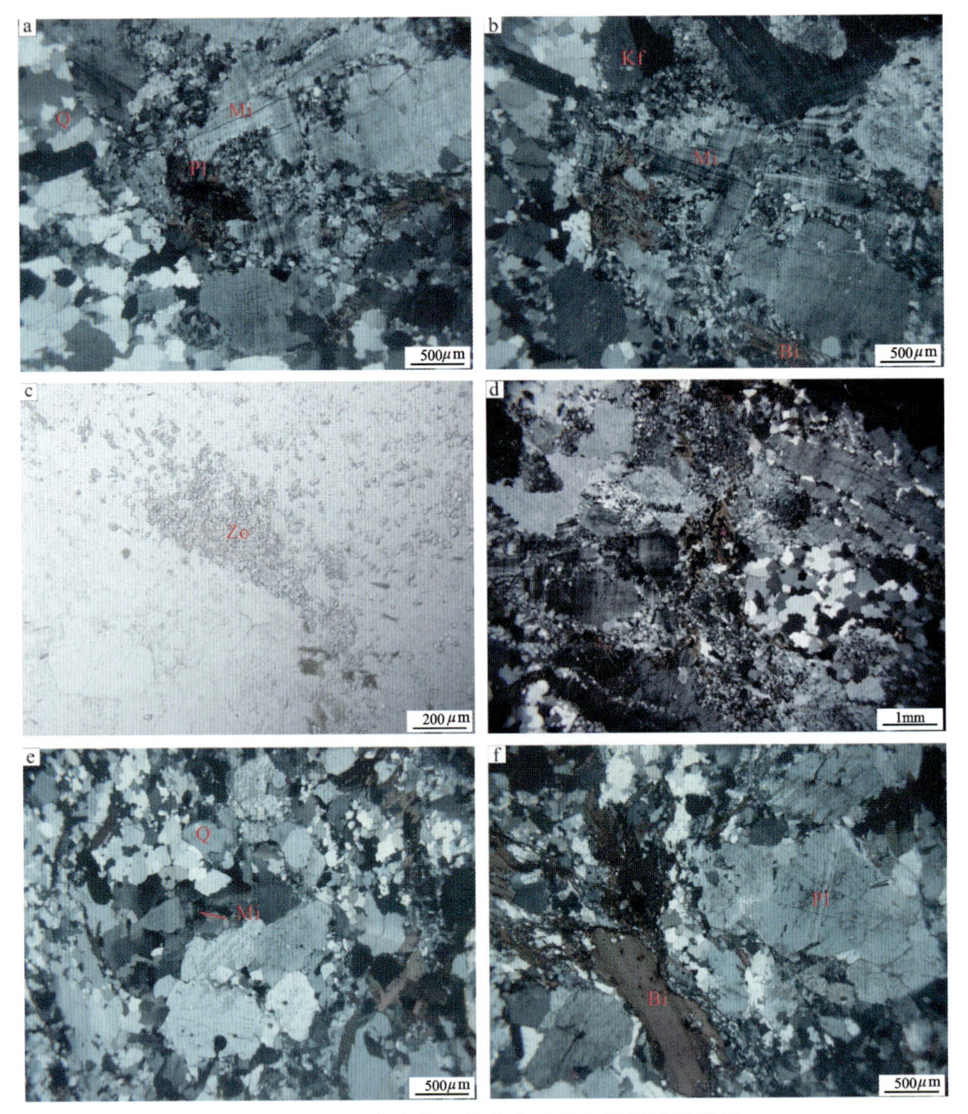


图 2-32　达里岱岩体和桦皮沟岩体花岗岩显微照片

a-d. 达里岱岩体糜棱岩化黑云母花岗岩；e-f. 桦皮沟岩体花岗质糜棱岩；Mi. 微斜长石；Bi. 黑云母；Pl. 斜长石；Q. 石英；Zo. 黝帘石；c 为单偏光，其余为正交偏光

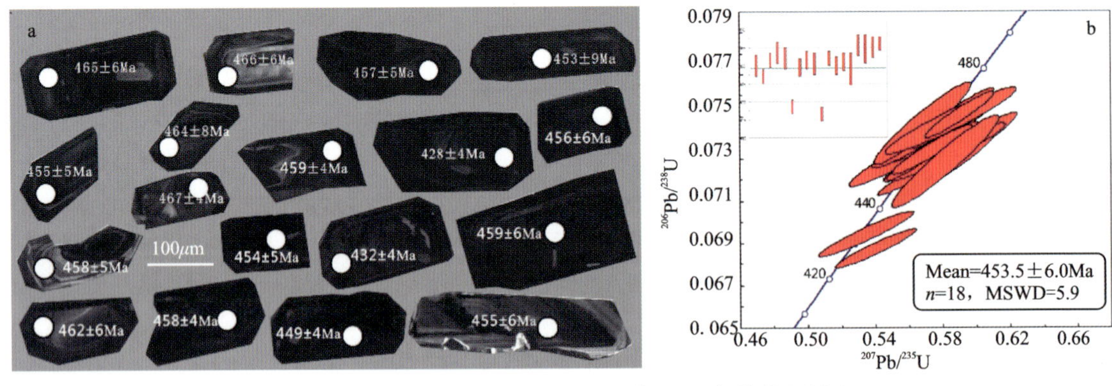


图 2-33　桦皮沟岩体锆石阴极发光图像(a)和年龄谐和图(b)

桦皮沟岩体的岩性在 1∶20 万地质报告中被描述为灰色粗粒眼球状混合片麻岩和含巨斑片麻状混合花岗岩。本次所采样品为前人所描述的含巨斑片麻状混合花岗岩。岩石为灰白色，糜棱结构，片麻状

构造、眼球状构造。主要矿物为微斜长石(5%)、斜长石(10%)、碱性长石(10%)、石英(20%)、黑云母(5%)。长英质基质达 50%，定名为花岗质糜棱岩。

亮子河岩体位于晨明镇东，亮子河铁矿处。岩体西部与亮子河组侵入接触。在 1∶20 万汤原县幅地质测量报告中，将其定为元古宙花岗岩(黑龙江地质局，1972)。本次 LA－ICP－MS 锆石 U－Pb 测年结果为 454.8±2.6Ma。

该岩体呈岩基状，总面积约为 140km²。岩性曾被描述为混合花岗岩。岩石浅灰色，中细粒花岗结构、蠕虫结构、净边结构、糜棱结构，片麻状构造。长石以微斜长石为主，条纹长石、正长石次之。有时，岩石的暗色组分和长英质组分分布不均匀，呈条带状或不规则片麻状。本次所采样品为前人所描述的灰白色混合花岗岩。中细粒花岗结构、糜棱结构，片麻构造。残斑矿物为斜长石(10%)、石英(30%)、黑云母(10%)，长英质基质达 50%，定名为花岗质糜棱岩。

**2. 花岗岩地球化学特征**

1)常量元素地球化学特征

张广才岭构造带晨明地区花岗岩常量元素含量见表 2-5。

早古生代花岗岩分为两组：花岗质糜棱岩组(亮子河岩体和桦皮沟岩体)和糜棱岩化黑云母花岗岩组(达里岱岩体)。

糜棱岩化黑云母花岗岩 $SiO_2$ 为 72.04%～73.68%，$TiO_2$ 为 0.27%～0.31%，$Al_2O_3$ 为 12.42%～13.25%，CaO 为 1.74%～2.17%，$K_2O/Na_2O$ 为 1.32～1.75，属于钾质类型。岩石中 $SiO_2$、$Al_3O_2$ 和 $K_2O$ 含量高，贫 $TiO_2$ 和 $Fe_3O_2$。

岩石中 $SiO_2$ 含量高于中国花岗岩平均含量的 71.63%(黎彤等，1998)。A/NK 和 A/CNK 分别为 1.25～1.39 和 0.90～0.99，属准铝质岩石(图 2-34)。CIPW 标准矿物组合类型为 Q＋An＋Ab＋Or＋C＋Di＋Hy＋Il＋Mt＋Ap，Di 为 82.66～85.82，分异程度很高。样品在 $SiO_2$－$K_2O$ 图解上主要落在高钾钙碱性系列中(图 2-35)。

糜棱岩组主要由花岗质糜棱岩组成。岩石各成分 $SiO_2$ 为 69.02%～72.68%，$TiO_2$ 为 0.3%～0.48%，$Al_2O_3$ 为 14.21%～14.46%，CaO 为 1.53%～2.35%，$K_2O/Na_2O$ 为 0.87～1.47，A/NK 和 A/CNK分别为1.17～1.33 和 0.95～1.14，属准铝质，个别为过铝质(图 2-34)，高钾钙碱性系列(图 2-35)。

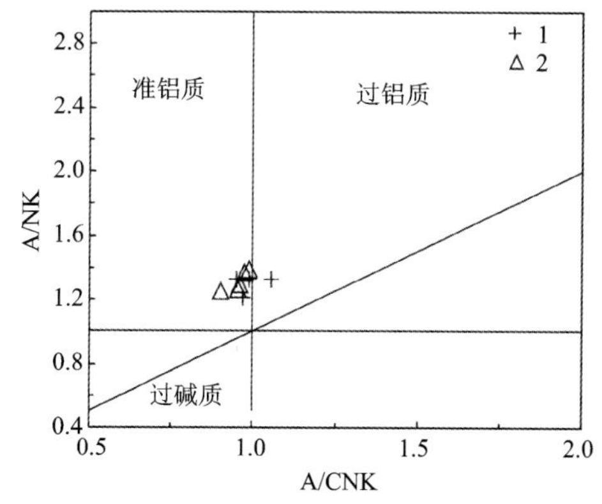


图 2-34 晨明附近早古生代花岗岩 A/NK－A/CNK 图解
1. 花岗质糜棱岩；2. 糜棱岩化黑云母花岗岩

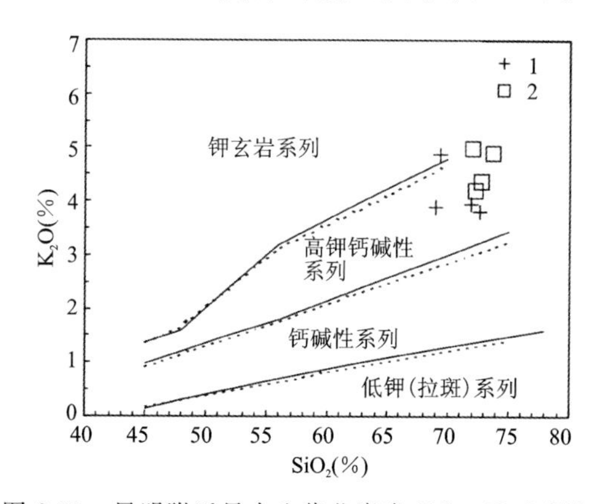


图 2-35 晨明附近早古生代花岗岩 $SiO_2$－$K_2O$ 图解
1. 花岗质糜棱岩；2. 糜棱岩化黑云母花岗岩

在 TAS 分类图和 QAP 花岗岩分类图上(图 2-36)，糜棱岩化黑云母花岗岩组投在了二长花岗岩区，花岗质糜棱岩组投点落在了二长花岗岩区与花岗闪长岩区。

在 ACF 图解和 QAP 图解上，花岗质糜棱岩组和糜棱岩化黑云母花岗岩组都落在了 I 型花岗岩区(图 2-37)。

**表 2-5　晨明附近早古生代花岗岩常量元素含量**

单位：%

| 样品号 | LZH3 | LZH5 | HPG1 | HPG6 | DLD1 | DLD2 | DLD3 | DLD4 | DLD5 |
|---|---|---|---|---|---|---|---|---|---|
| 岩体 | 亮子河岩体 | 亮子河岩体 | 桦皮沟岩体 | 桦皮沟岩体 | 达里岱岩体 | 达里岱岩体 | 达里岱岩体 | 达里岱岩体 | 达里岱岩体 |
| 岩石类型 | 混合花岗岩 | 混合花岗岩 | 混合花岗岩 | 混合花岗岩 | 黑云母花岗岩 | 黑云母花岗岩 | 黑云母花岗岩 | 黑云母花岗岩 | 黑云母花岗岩 |
| $SiO_2$ | 71.96 | 72.68 | 69.38 | 69.02 | 72.70 | 72.04 | 73.68 | 72.80 | 72.30 |
| $Al_2O_3$ | 14.18 | 14.46 | 14.21 | 14.32 | 13.09 | 13.00 | 12.42 | 12.71 | 13.25 |
| $Fe_2O_3$ | 0.85 | 0.54 | 0.96 | 0.47 | 0.72 | 0.95 | 1.00 | 1.08 | 1.12 |
| FeO | 0.72 | 0.93 | 2.48 | 3.26 | 1.60 | 1.65 | 1.45 | 1.60 | 1.60 |
| CaO | 1.58 | 1.53 | 1.98 | 2.35 | 2.13 | 1.90 | 1.74 | 2.17 | 2.15 |
| MgO | 0.55 | 0.48 | 1.05 | 1.08 | 0.70 | 0.84 | 0.74 | 0.79 | 0.80 |
| $K_2O$ | 3.95 | 3.82 | 4.88 | 3.88 | 4.36 | 4.98 | 4.90 | 4.36 | 4.21 |
| $Na_2O$ | 4.55 | 4.10 | 3.32 | 4.01 | 2.95 | 2.84 | 2.75 | 3.31 | 3.01 |
| $TiO_2$ | 0.32 | 0.30 | 0.48 | 0.46 | 0.27 | 0.30 | 0.28 | 0.30 | 0.31 |
| $P_2O_5$ | 0.05 | 0.05 | 0.15 | 0.14 | 0.08 | 0.09 | 0.09 | 0.10 | 0.10 |
| MnO | 0.08 | 0.08 | 0.07 | 0.10 | 0.07 | 0.06 | 0.07 | 0.07 | 0.08 |
| LOI | 0.74 | 0.61 | 0.47 | 0.47 | 0.83 | 0.84 | 0.50 | 0.34 | 0.45 |
| 合计 | 99.53 | 99.58 | 99.44 | 99.55 | 99.50 | 99.50 | 99.62 | 99.64 | 99.38 |
| $Fe_2O_3^T$ | 1.65 | 1.57 | 3.72 | 4.09 | 2.50 | 2.79 | 2.61 | 2.86 | 2.90 |
| $FeO^T$ | 1.48 | 1.41 | 3.35 | 3.68 | 2.25 | 2.51 | 2.35 | 2.57 | 2.61 |
| A/NK | 1.21 | 1.33 | 1.32 | 1.33 | 1.37 | 1.29 | 1.26 | 1.25 | 1.39 |
| A/CNK | 0.97 | 1.06 | 0.99 | 0.95 | 0.97 | 0.96 | 0.96 | 0.90 | 0.99 |
| $K_2O/Na_2O$ | 0.87 | 0.93 | 1.47 | 0.97 | 1.48 | 1.75 | 1.78 | 1.32 | 1.40 |

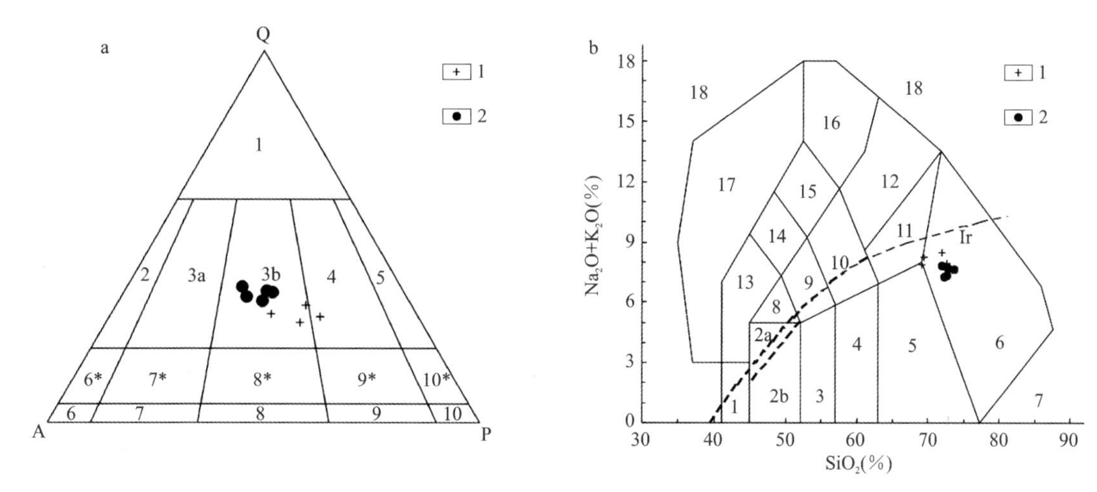


图 2-36　QAP 花岗岩分类图(a)和 TAS 分类图(b)

1. 花岗质糜棱岩;2. 糜棱岩化黑云母花岗岩

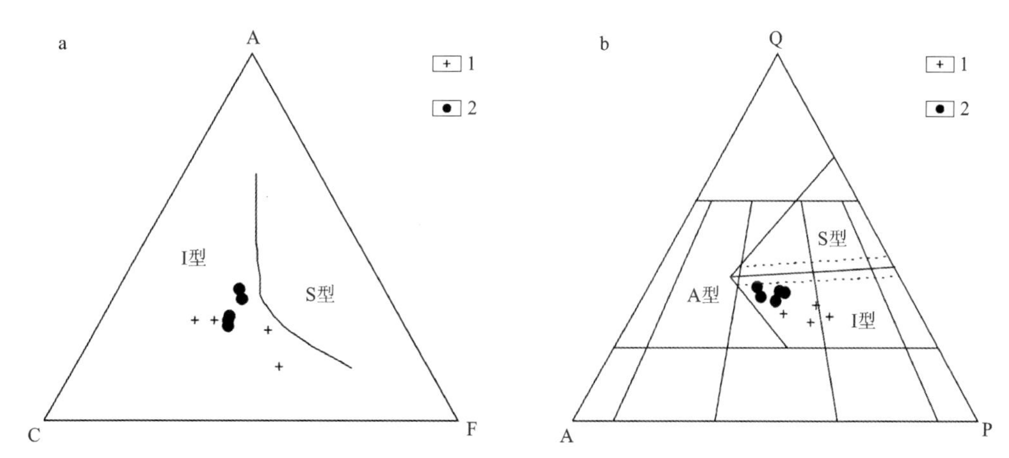


图 2-37　花岗岩成因类型 ACF 图解(a)和 QAP 图解(b)

1. 花岗质糜棱岩;2. 糜棱岩化黑云母花岗岩

2)稀土元素地球化学特征

张广才岭构造带晨明地区花岗岩稀土元素含量见表 2-6。

糜棱岩化黑云母花岗岩稀土元素总量($\sum$REE,不含 Y)为(170.92～242.57)$\times 10^{-6}$,轻重稀土比值较大(LREE/HREE=11.3～14.63),说明轻稀土较重稀土更加富集。稀土元素配分模式(图 2-38a)为向右倾的曲线;弱 Eu 负异常,$\delta$Eu=0.40～0.53;$\delta$Ce=0.96～0.99,异常不明显;$(La/Yb)_N$=12.94～17.72,$(La/Sm)_N$=5.31～6.35,$(Gd/Yb)_N$=1.46～1.61,轻重稀土分馏明显。

花岗质糜棱岩组稀土元素总量($\sum$REE,不含 Y)为(133.97～420.42)$\times 10^{-6}$,轻重稀土比值较大(LREE/HREE=9.51～17.6),说明轻稀土较重稀土更加富集。稀土元素分配模式(图 2-39a)为向右倾的"V"形曲线;Eu 明显负异常,$\delta$Eu=0.26～0.73,$\delta$Ce=0.88～0.97,$(La/Yb)_N$=13.08～31.41,$(La/Sm)_N$=4.11～6.75,$(Gd/Yb)_N$=2.00～2.76,轻重稀土分馏明显。

3)微量元素地球化学特征

张广才岭构造带晨明地区花岗岩微量元素含量见表 2-7。

表 2-6　晨明附近早古生代花岗岩稀土元素含量

单位：$\times 10^{-6}$

| 样品号 | LZH3 | LZH5 | HPG1 | HPG6 | DLD1 | DLD2 | DLD3 | DLD4 | DLD5 |
|---|---|---|---|---|---|---|---|---|---|
| 岩体 | 亮子河岩体 | 亮子河岩体 | 桦皮沟岩体 | 桦皮沟岩体 | 达里岱岩体 | 达里岱岩体 | 达里岱岩体 | 达里岱岩体 | 达里岱岩体 |
| 岩石类型 | 混合花岗岩 | 混合花岗岩 | 混合花岗岩 | 混合花岗岩 | 黑云母花岗岩 | 黑云母花岗岩 | 黑云母花岗岩 | 黑云母花岗岩 | 黑云母花岗岩 |
| La | 51.62 | 36.52 | 95.96 | 80.23 | 43.41 | 41.53 | 48.44 | 60.60 | 45.43 |
| Ce | 82.30 | 59.35 | 173.10 | 150.60 | 81.48 | 76.38 | 89.23 | 111.40 | 82.86 |
| Pr | 8.44 | 5.88 | 20.60 | 16.02 | 8.18 | 7.75 | 8.86 | 10.82 | 8.61 |
| Nd | 29.62 | 20.07 | 74.46 | 56.28 | 28.18 | 26.65 | 29.82 | 36.55 | 30.34 |
| Sm | 5.31 | 3.49 | 15.07 | 10.14 | 4.97 | 4.77 | 4.92 | 6.21 | 5.52 |
| Eu | 0.77 | 0.76 | 1.23 | 0.94 | 0.79 | 0.70 | 0.72 | 0.74 | 0.71 |
| Gd | 3.94 | 2.67 | 13.16 | 7.97 | 4.02 | 3.82 | 3.82 | 4.94 | 4.44 |
| Tb | 0.49 | 0.35 | 1.91 | 1.11 | 0.59 | 0.57 | 0.54 | 0.72 | 0.65 |
| Dy | 2.47 | 1.98 | 10.50 | 6.08 | 3.43 | 3.27 | 3.06 | 4.04 | 3.82 |
| Ho | 0.42 | 0.36 | 1.91 | 1.12 | 0.67 | 0.63 | 0.58 | 0.77 | 0.75 |
| Er | 1.26 | 1.10 | 5.68 | 3.36 | 2.12 | 2.02 | 1.87 | 2.45 | 2.40 |
| Tm | 0.18 | 0.16 | 0.79 | 0.46 | 0.32 | 0.31 | 0.28 | 0.36 | 0.36 |
| Yb | 1.18 | 1.10 | 5.26 | 3.02 | 2.23 | 2.17 | 1.96 | 2.55 | 2.52 |
| Lu | 0.19 | 0.18 | 0.79 | 0.47 | 0.37 | 0.35 | 0.32 | 0.41 | 0.41 |
| $\sum$REE | 188.17 | 133.97 | 420.42 | 337.81 | 180.76 | 170.92 | 194.43 | 242.57 | 188.81 |
| LREE/HREE | 17.60 | 15.96 | 9.51 | 13.31 | 12.15 | 12.00 | 14.63 | 13.94 | 11.30 |
| $\delta$Eu | 0.49 | 0.73 | 0.26 | 0.31 | 0.53 | 0.48 | 0.49 | 0.40 | 0.43 |
| $\delta$Ce | 0.88 | 0.90 | 0.91 | 0.97 | 0.99 | 0.97 | 0.98 | 0.99 | 0.96 |
| $(La/Yb)_N$ | 31.41 | 23.77 | 13.08 | 19.03 | 13.98 | 13.72 | 17.72 | 17.03 | 12.94 |
| $(La/Sm)_N$ | 6.28 | 6.75 | 4.11 | 5.11 | 5.63 | 5.62 | 6.35 | 6.30 | 5.31 |
| $(Cd/Yb)_N$ | 2.76 | 2.00 | 2.07 | 2.18 | 1.49 | 1.46 | 1.61 | 1.60 | 1.46 |

表 2-7 晨明附近早古生代花岗岩微量元素含量

单位：$\times 10^{-6}$

| 样品号 | LZH3 | LZH5 | HPG1 | HPG6 | DLD1 | DLD2 | DLD3 | DLD4 | DLD5 |
|---|---|---|---|---|---|---|---|---|---|
| 岩体 | 亮子河岩体 | 亮子河岩体 | 桦皮沟岩体 | 桦皮沟岩体 | 达里岱岩体 | 达里岱岩体 | 达里岱岩体 | 达里岱岩体 | 达里岱岩体 |
| 岩石类型 | 混合花岗岩 | 混合花岗岩 | 混合花岗岩 | 混合花岗岩 | 黑云母花岗岩 | 黑云母花岗岩 | 黑云母花岗岩 | 黑云母花岗岩 | 黑云母花岗岩 |
| Be | 3.80 | 3.23 | 4.67 | 3.94 | 2.72 | 2.59 | 2.58 | 2.87 | 2.61 |
| Sc | 3.58 | 2.36 | 8.43 | 6.77 | 6.70 | 6.58 | 5.84 | 7.86 | 7.10 |
| Ti | 1 633.00 | 1 389.00 | 1 776.00 | 2 500.00 | 1 750.00 | 1 685.00 | 1 608.00 | 1 875.00 | 1 990.00 |
| V | 12.52 | 8.94 | 16.47 | 19.31 | 23.03 | 22.76 | 21.47 | 25.82 | 26.24 |
| Cr | 4.30 | 2.64 | 8.95 | 6.94 | 4.90 | 5.37 | 6.92 | 5.31 | 5.31 |
| Co | 2.51 | 2.36 | 3.65 | 4.47 | 4.18 | 4.12 | 4.04 | 4.52 | 4.67 |
| Ga | 36.16 | 40.12 | 21.42 | 22.17 | 23.55 | 24.13 | 28.89 | 23.85 | 24.81 |
| Rb | 204.70 | 175.10 | 277.00 | 191.70 | 151.10 | 155.70 | 163.60 | 185.70 | 189.20 |
| Sr | 220.60 | 206.60 | 151.40 | 234.20 | 226.60 | 210.00 | 227.10 | 236.90 | 224.50 |
| Y | 13.95 | 11.66 | 63.18 | 36.06 | 21.32 | 21.40 | 20.59 | 26.90 | 25.40 |
| Zr | 171.00 | 155.90 | 244.40 | 299.90 | 164.40 | 168.90 | 148.90 | 214.90 | 218.50 |
| Nb | 8.49 | 6.72 | 16.73 | 13.96 | 7.38 | 7.13 | 6.69 | 7.89 | 8.36 |
| Cs | 13.22 | 8.31 | 14.90 | 9.49 | 3.01 | 3.05 | 4.49 | 6.39 | 6.75 |
| Ba | 807.00 | 799.00 | 413.90 | 429.00 | 565.90 | 608.80 | 672.70 | 544.60 | 592.80 |
| Hf | 5.07 | 4.57 | 7.11 | 8.35 | 4.65 | 4.62 | 4.15 | 5.71 | 5.79 |
| Ta | 0.88 | 0.72 | 2.18 | 1.07 | 0.83 | 0.77 | 0.72 | 0.83 | 0.86 |
| Th | 24.36 | 17.04 | 38.38 | 40.85 | 22.44 | 18.09 | 20.60 | 22.60 | 22.00 |
| U | 3.39 | 3.11 | 11.29 | 8.02 | 3.38 | 3.11 | 2.95 | 3.65 | 3.69 |

糜棱岩化黑云母花岗岩从微量元素原始地幔蛛网图(图 2-38b)上可以看到,该组岩石富集 Rb、K 等大离子亲石元素和 Th 等高场强元素,相对亏损 U、Ce、Zr、Hf、Y、Yb 等高场强元素,而 Ba、Sr 等亏损较弱,Ta、Nb、P、Ti 等元素显著亏损。P、Ti 亏损说明岩浆经历了磷灰石和榍石分离结晶作用,Ta、Nb 的强烈亏损是地壳来源岩浆的标志。它的微量元素特征与海西期科西嘉造山花岗岩基和额尔古纳地块北缘早古生代后碰撞花岗岩微量元素特征相近(Poli G,1989)。

花岗质糜棱岩在糜棱岩组微量元素原始地幔蛛网图(图 2-39b)上显示富集 Rb 等大离子亲石元素和 Th、La、Nd、Hf 等高场强元素,相对亏损 U、Ta 等高场强元素和 Sm、K 等元素,Ba、Nb、Sr 等元素显著亏损。Sr、Ba 亏损与斜长石、钾长石和黑云母的分离结晶作用或与源区残留有关,这与岩体中富含长石和黑云母斑晶现象一致。

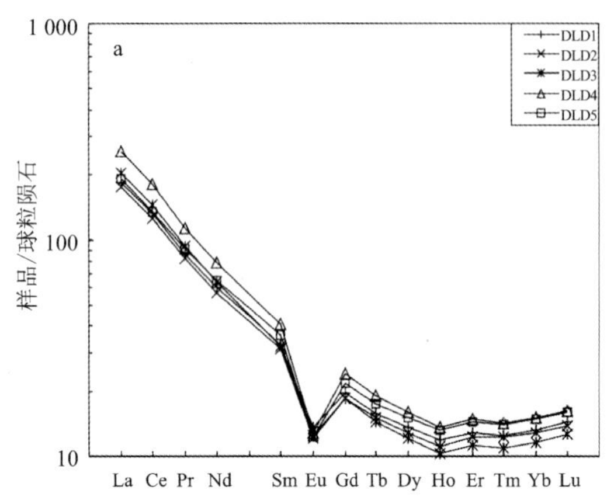


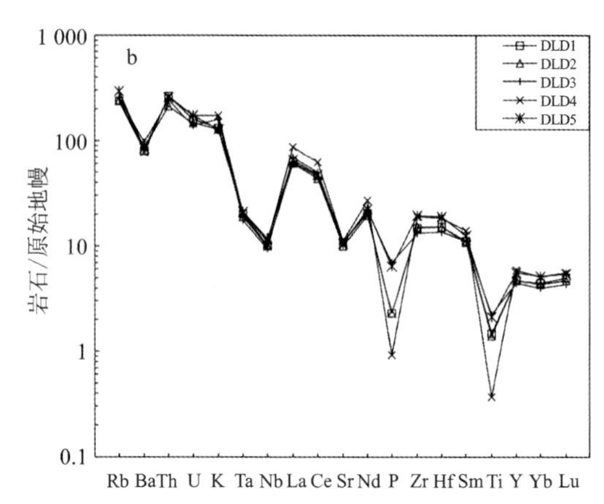


图 2-38　糜棱岩化黑云母花岗岩稀土元素球粒陨石标准化曲线(a)和微量元素原始地幔标准化蛛网图(b)

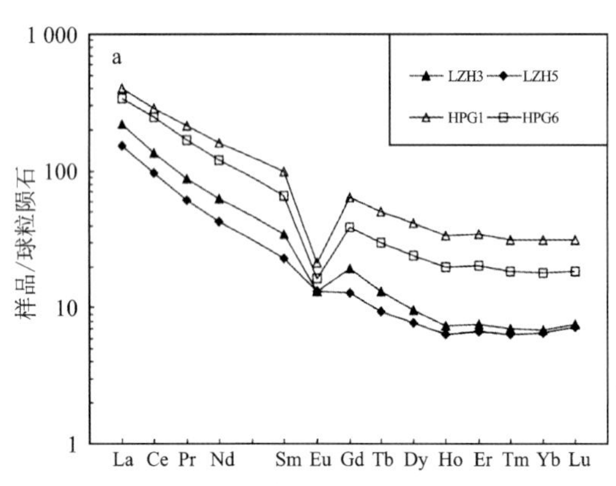


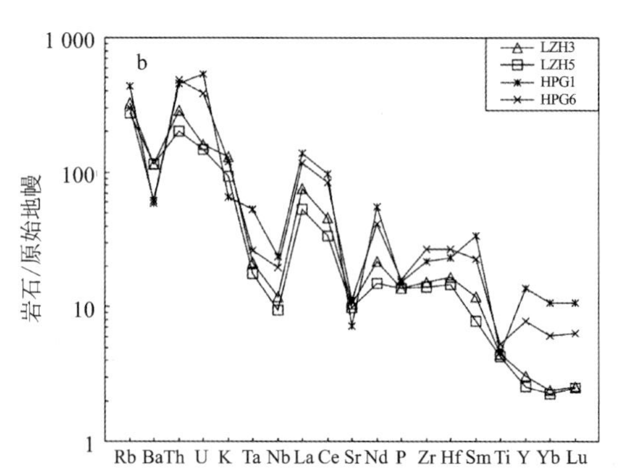


图 2-39　花岗质糜棱岩稀土元素球粒陨石标准化曲线(a)和微量元素原始地幔标准化蛛网图(b)

### 3. 早古生代花岗岩形成的构造环境

花岗质糜棱岩组主要为二长花岗岩和花岗闪长岩;矿物组合为石英+斜长石+黑云母+角闪石+磷灰石+磁铁矿+钛铁矿;斜长石号码(An%)介于 15.53~27.12 之间;A/CNK=0.95~1.06,为偏铝质、个别弱过铝质,高钾钙碱性系列。根据 Barbarin(1999)对花岗岩的分类,它为富钾及钾长石斑状钙-碱性花岗岩类(KCG)。

糜棱岩化黑云母花岗岩组花岗岩类型主要为黑云母二长花岗岩,矿物组合为石英+斜长石+钾长石+黑云母+角闪石+磷灰石+榍石+磁铁矿+钛铁矿,斜长石号码(An%)介于 22.86~31.92 之间,A/CNK=0.90~0.99,A/NK=1.25~1.39,为准铝质、高钾钙碱性系列。根据 Barbarin(1999)对花岗岩的分类,它也为富钾及钾长石斑状钙-碱性花岗岩类(KCG)。

在 QAP 图解(图 2-40a)上,糜棱岩化黑云母花岗岩组投影在碰撞花岗岩区(CCG),花岗质糜棱岩组投影于同碰撞花岗岩区(CCG)和岛弧或大陆边缘弧花岗岩区(IAG)。

在 Rb/10- Hf - 3Ta 图解上,两者均位于碰撞大地构造背景上的花岗岩区(图 2-40b)。

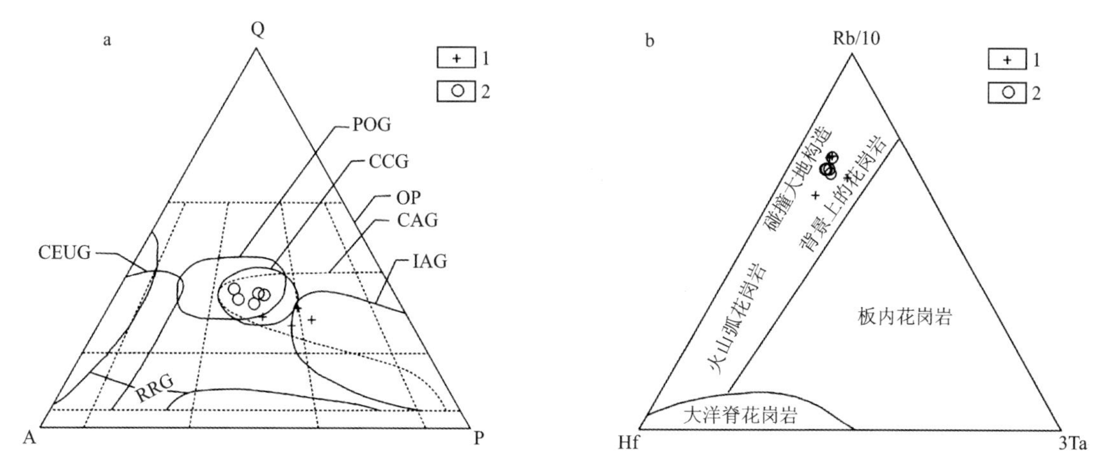


图 2-40　花岗岩形成构造背景 QAP 图解(a)和花岗岩形成构造环境 Rb/10 - Hf - 3Ta 判别图解(b)

RRG. 与裂谷有关的花岗岩;CEUG. 陆内造陆运动隆起花岗岩;IAG. 岛弧花岗岩;CAG. 大陆弧花岗岩;OP. 大洋斜长花岗岩;CCG. 大陆碰撞花岗岩;POG. 造山后花岗岩;1. 花岗质糜棱岩;2. 糜棱岩化黑云母花岗岩

在花岗岩构造环境 Rb - Y+Nb 判别图解(图 2-41)上,两种花岗岩也均投影在碰撞花岗岩区域。

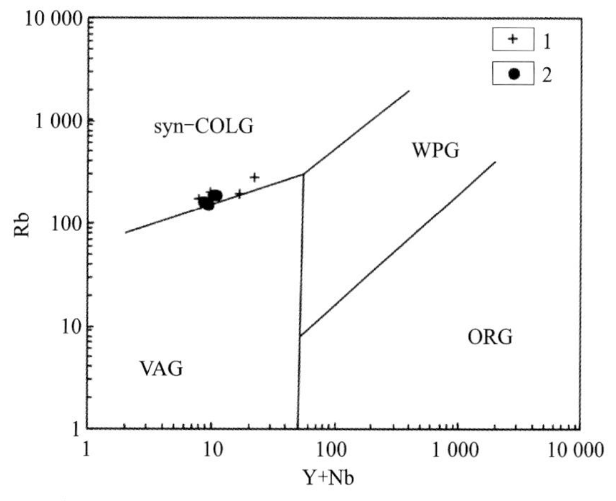


图 2-41　花岗岩构造环境 Rb -(Y+Nb)判别图(据 Pearce et al,1984)

syn - COLG. 同碰撞花岗岩;VAG. 火山弧花岗岩;WPG. 板内花岗岩;ORG. 洋脊花岗岩;1. 糜棱岩;2. 黑云母花岗岩

因此可以认为,形成于 454.8±2.6Ma 和 453.5±6Ma 的达里岱岩体和桦皮沟岩体以及亮子河岩体属于造山期花岗岩,是张广才岭在早古生代晚期造山作用的产物。

## 第四节　松嫩-吉中构造带

松嫩-吉中构造带是晚古生代至早中生代造山带。该造山带的东侧以逊克-铁力-尚志断裂为界与张广才岭早古生代构造带相接,西侧则从大兴安岭北东部的华安,向南西至白城,转至南东,从长春市至吉林省中部的磐石地区,是一个总体走向南北、向西突出的晚古生代被动大陆边缘。这个被动大陆边缘是内蒙古中部海槽在晚古生代早期闭合(造山)之后在其东侧形成的海湾。

该造山带的大部分被松嫩盆地的中—新生代盆地沉积所覆盖,但是南部结构清晰,包括磐石-长春被动大陆边缘、小绥河-红旗岭混杂岩带和以东的活动大陆边缘。活动大陆边缘包括逊克-一面坡-青沟子火山弧和大河深-寿山沟弧前盆地。这个弧前盆地向北延伸，被淹没在松嫩盆地中—新生界盖层之下，仅在滨东地区零星出露。

## 一、逊克-一面坡-青沟子火山弧

### 1. 弧火山岩

逊克-铁力-尚志断裂是张广才岭早古生代构造带与西侧的松嫩-吉中晚古生代构造带的分界。沿着该断裂附近，自黑龙江省北部的德都县向南经铁力至尚志市一面坡，发育一套浅变质的火山岩和砂板岩组合。《黑龙江省区域地质志》(黑龙江省地质矿产局，1993)将其命名为一面坡群(图 2-42)。其中，以火山岩为主的地层命名为额头山组；以砂、板岩为主的一套地层命名为固安屯组，时代确定为新元古代。

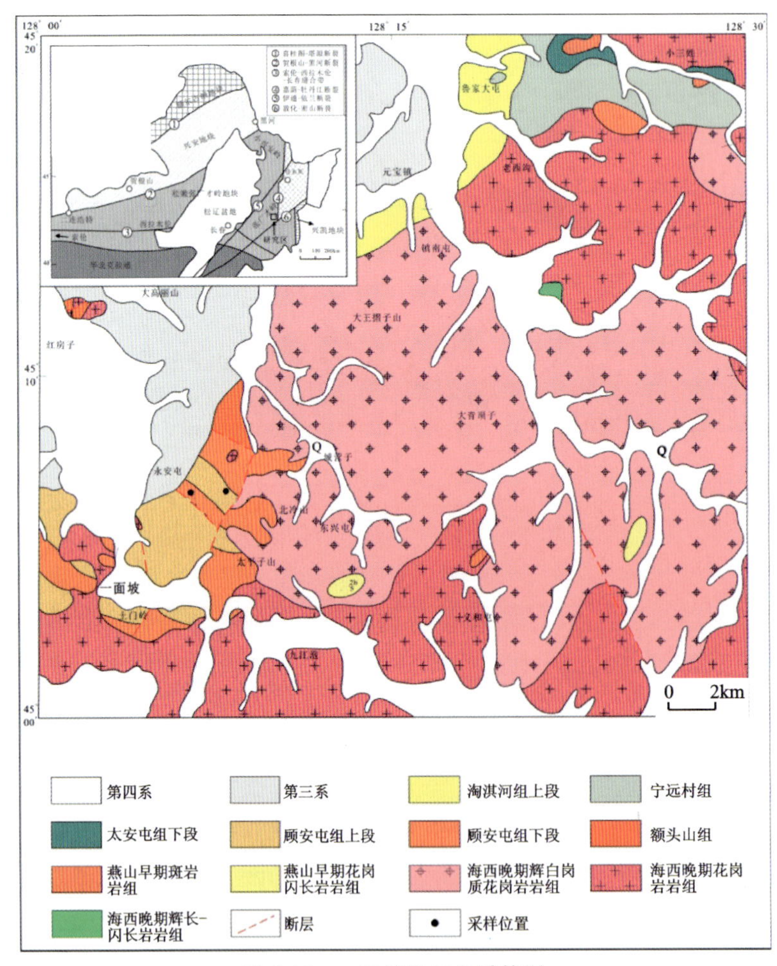


图 2-42 一面坡地区地质简图

1)额头山组火山岩

额头山组主要分布在德都县，北起科洛河南岸，向南经库依河中上游两岸、额头山，一直延续到小边河上游两岸。在尚志市炮守营子屯、永安屯北、锅盔山、五常县的宝龙殿等地均有分布。主要岩性为灰色至灰黑色千枚岩、变粒岩、变质中酸性火山岩和酸性凝灰岩，厚度大于 1 918m，与固安屯组整合接触(黑龙江省地质矿产局，1993)。

郝文丽等(2014)对一面坡地区苇河镇炮守营子村西北山脚处(44°54′54.9″N，128°13′50.8″E)额头山组(原 1:20 万一面坡幅的唐家屯组)底部流纹岩进行 LA-ICP-MS 锆石 U-Pb 定年,获得了 295±2Ma的加权平均年龄,属于早二叠世早期。

2)固安屯组中的火山岩

(1)固安屯组岩性组合。固安屯组主要分布在尚志市一面坡、炮手营子、三合站一带。主要岩性被描述为青灰色碳质板岩、泥质粉砂岩、粉砂泥质岩、泥质板岩和斑点板岩等,厚度大于 2 357m(黑龙江省地质矿产局,1993)(图 2-43)。

图 2-43　固安屯组凝灰质板岩野外露头照片

在一面坡北山公路旁的固安屯组中发现火山岩和火山碎屑岩层,包括熔结凝灰岩、岩屑晶屑凝灰岩、凝灰质斑点板岩和安山玢岩等(图 2-44)。

a. 熔结凝灰岩　b. 凝灰质斑点板岩
c. 岩屑晶屑凝灰岩　d. 安山玢岩

图 2-44　一面坡群固安屯组中的火山碎屑岩和火山熔岩显微照片

(2)固安屯组的形成时代。对固安屯组的熔结凝灰岩和岩屑晶屑凝灰岩进行 LA-ICP-MS 锆石 U-Pb 定年。

①样品 YG－1－B2。岩石为熔结凝灰岩。共测 29 颗锆石。锆石颗粒破碎，疑为火山喷发致裂。粒径多小于 200μm，长宽比为 2～4，呈柱状或短柱状，个别为粒状。最老单颗粒锆石$^{206}Pb/^{238}U$ 表面年龄为 1 629±20Ma，为捕获锆石；最年轻的单颗粒锆石的$^{206}Pb/^{238}U$ 表面年龄为 253±7Ma。锆石年代数据主要集中于两组：309.6±3.8Ma 和 258.0±1.6Ma。几乎全部锆石年龄点均在谐和线上，谐和度较高（图 2-45）。

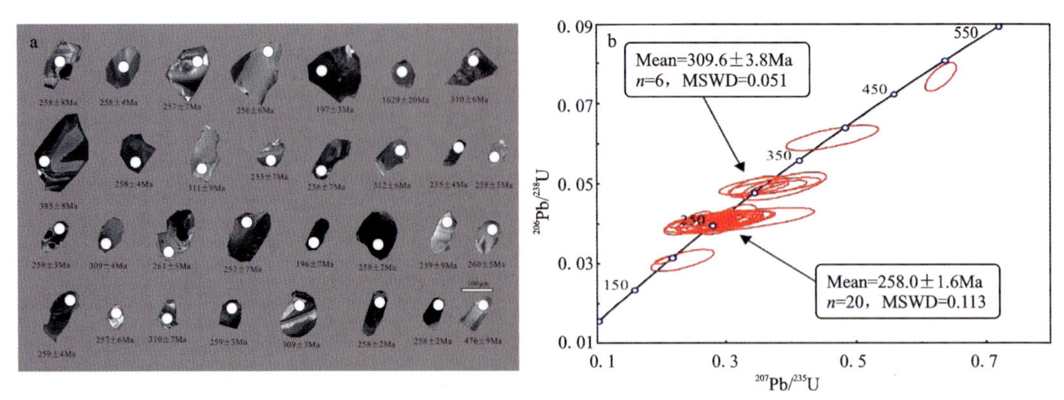


图 2-45　样品 YG－1－B2 锆石 CL 图像(a)和年龄谐和图(b)

第一组有 6 颗锆石。锆石呈不规则粒状，粒径小于 200μm。锆石环带构造不明显，但是具有条带。$^{206}Pb/^{238}U$ 加权平均年龄为 309.6±3.8Ma(MSWD＝0.051)，对应年代为晚石炭世中期，代表该区在晚石炭世中期曾经发生的构造热事件(图 2-46)。

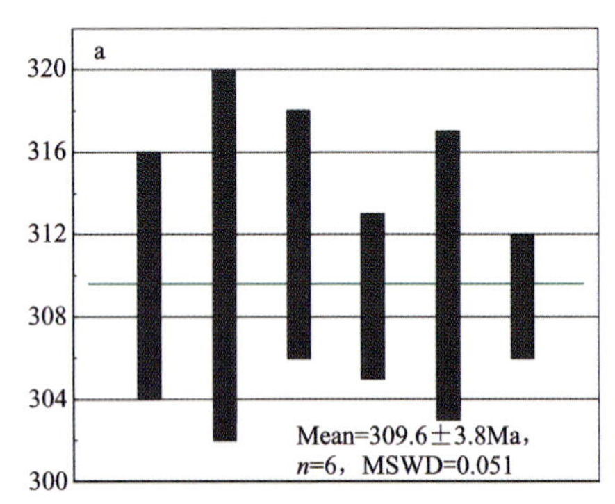


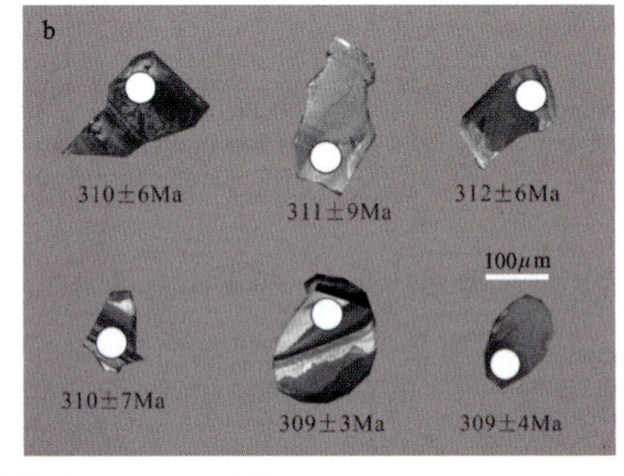


图 2-46　第一组锆石年龄均值图(a)和 CL 图像(b)

第二组有 20 颗锆石。锆石呈不规则的粒状和短柱状，粒径小于 200μm。多数遭到破坏，部分锆石具有清晰的振荡环带或条带，属于岩浆锆石。锆石的$^{206}Pb/^{238}U$ 加权平均年龄为 258.0±1.6Ma(MSWD＝0.113)，为晚二叠世早期(图 2-47)。

因此，该样品代表晚二叠世早期伴随固安屯组沉积的火山作用。

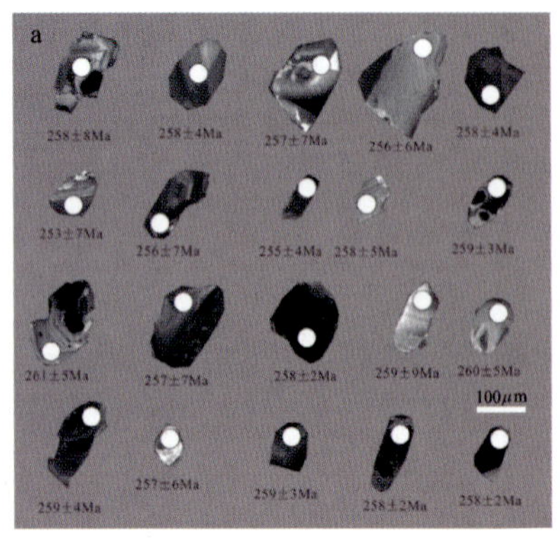


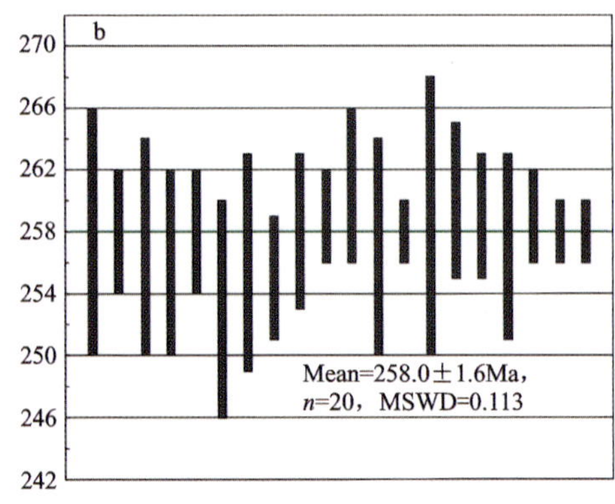


图 2-47　YG－1－B2 样品第二组锆石 CL 图像(a)和年龄均值图(b)

②样品Ⅲ-02-B2 为岩屑晶屑沉凝灰岩。岩石野外具有明显沉积岩的构造特征，但是在显微镜下却发现其主要组成成分是火山碎屑物质，包括岩屑和晶屑。共测试了 75 颗锆石，有 2 颗铅丢失严重，未被计入。锆石为柱状或粒状，粒径小于 200μm(图 2-48)。几乎全部锆石年龄点都在谐和曲线上。其中最老的单颗粒锆石 $^{206}Pb/^{238}U$ 表面年龄为 2 571±20Ma，最年轻的单颗粒锆石 $^{206}Pb/^{238}U$ 表面年龄为 274±12Ma(图 2-48)。该样品中锆石年代数据主要分为 3 组，分述如下。

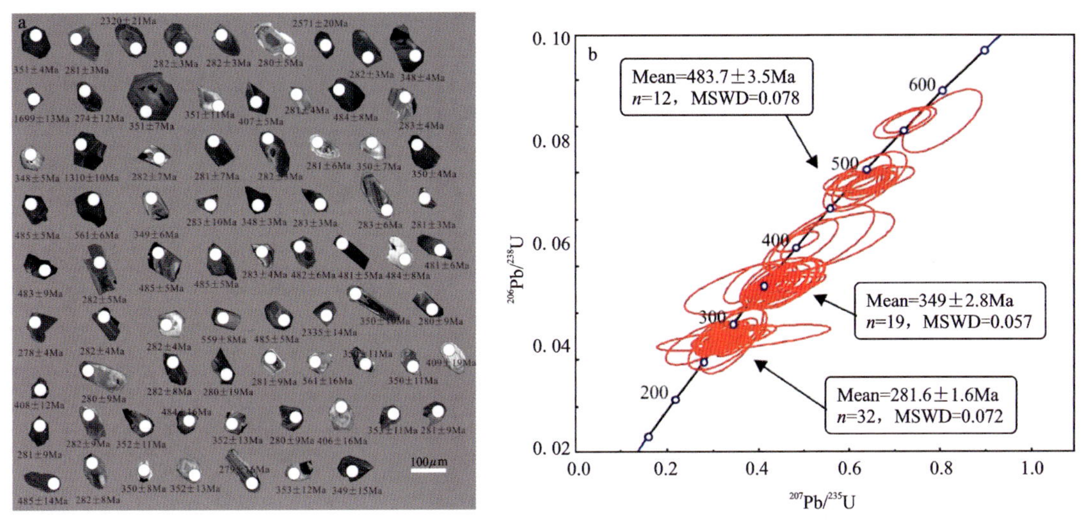

图 2-48　样品Ⅲ-02-B2 锆石 CL 图像(a)和年龄谐和图(b)

第一组：有 12 颗锆石。主要为长柱状或短柱状，个别为粒状，粒径小于 200μm。锆石具有密集的振荡环带，属于岩浆锆石。U-Pb 加权平均年龄为 483.7±3.5Ma(MSWD=0.078)，代表早奥陶世早期的岩浆事件(图 2-49)。

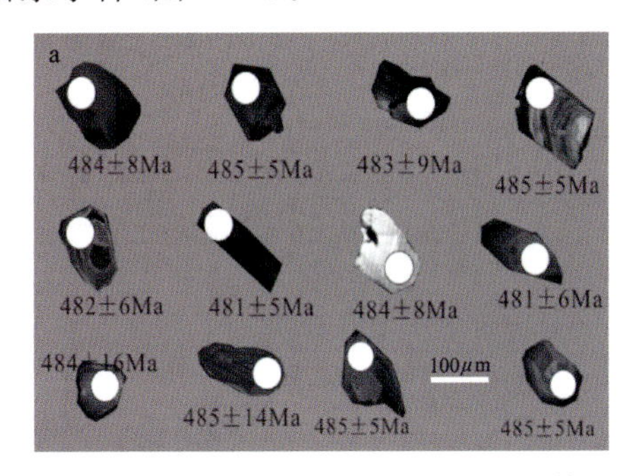

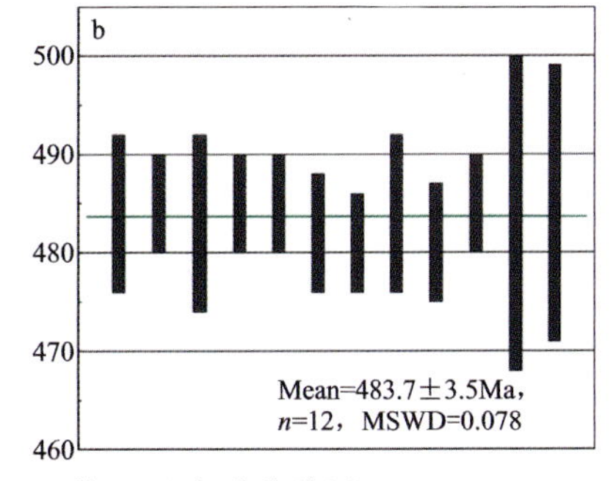

图 2-49　第一组锆石 CL 图像(a)和年龄均值图(b)

第二组：有 19 颗锆石。锆石呈长柱状、短柱状和粒状。部分锆石保持自形的结晶形态和良好的岩浆振荡环带，属于岩浆锆石。锆石 $^{206}Pb/^{238}U$ 加权平均年龄为 349±2.8Ma(MSWD=0.057)，代表早石炭世早期的岩浆事件(图 2-50)。

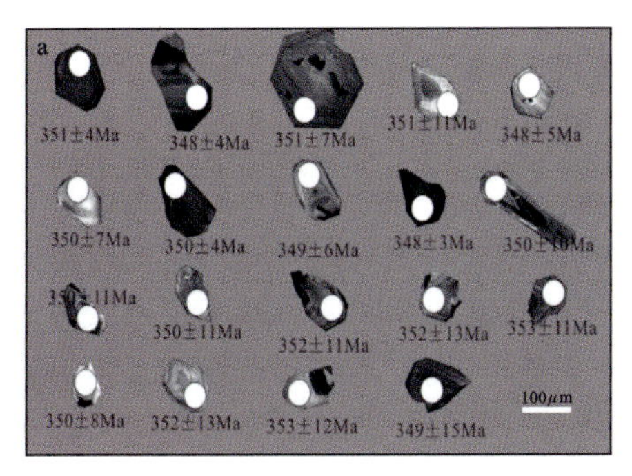

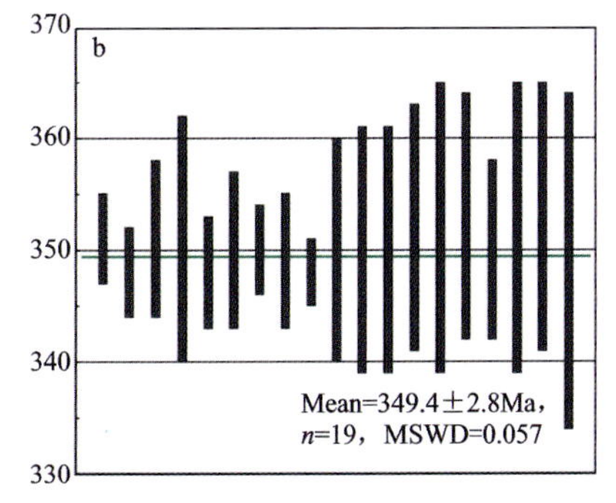

图 2-50　第二组锆石 CL 图像(a)和年龄均值图(b)

第三组：有 32 颗锆石。呈长柱状或短柱状，多数锆石属于晶屑：棱角明显，晶面平直，锆石内部结构清晰，发育密集振荡环带，为岩浆锆石。锆石 $^{206}Pb/^{238}U$ 加权平均年龄为 281.6±1.6Ma（MSWD＝0.072），属于早二叠世早期（图 2-51）。

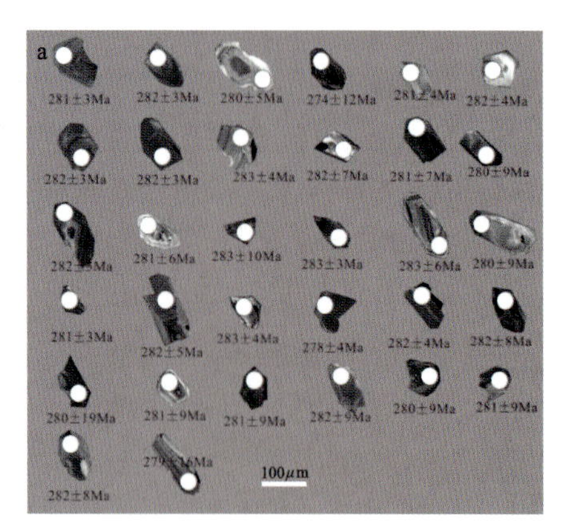

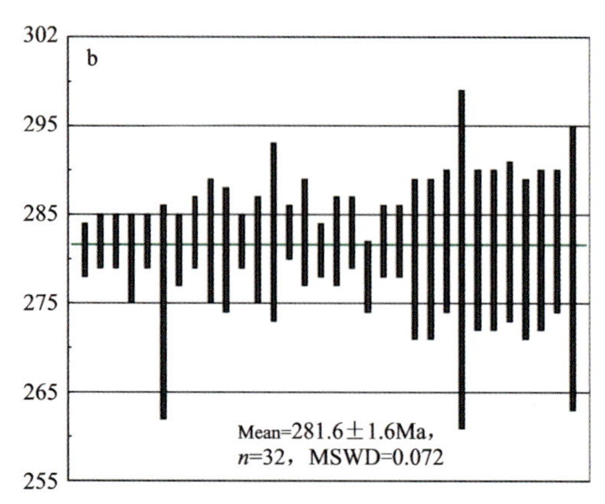


图 2-51　第三组锆石 CL 图像（a）和年龄均值图（b）

考虑到样品Ⅲ－02－B2 的沉凝灰岩的特点以及最年轻的单颗粒锆石 $^{206}Pb/^{238}U$ 表面年龄为 274±12Ma的事实，该样品代表中二叠世。258.0±1.6Ma 和 281.6±1.6Ma 的年龄值，说明一面坡群固安屯组应该形成于中二叠世至晚二叠世早期。

（3）固安屯组形成的构造环境。

①常量元素地球化学特征。固安屯组火山碎屑岩常量元素含量：$SiO_2$ 为 58.24%～68.98%，个别含量达 76.41%和 75.01%；$Al_2O_3$ 为 12.98%～19.78%；$Fe_2O_3$＋FeO 部分可达 11%；MgO 为 0.275%～1.66%；CaO 为 0.18%～2.63%，$Na_2O$ 为 1%～4.56%，$K_2O$ 为 1.67%～4.66%，$Na_2O+K_2O$ 为 4.19%～7.95%，MnO 为 0.034%～0.111%，$TiO_2$ 为 0.184%～1.07%。

在火山岩全碱-硅（TAS）分类图（图 2-52a）中，除了 3 个样品分布在流纹岩区外，其他主要分布在英安岩区，少数定义为安山岩，并且均分布在钙碱性系列火山岩区域。

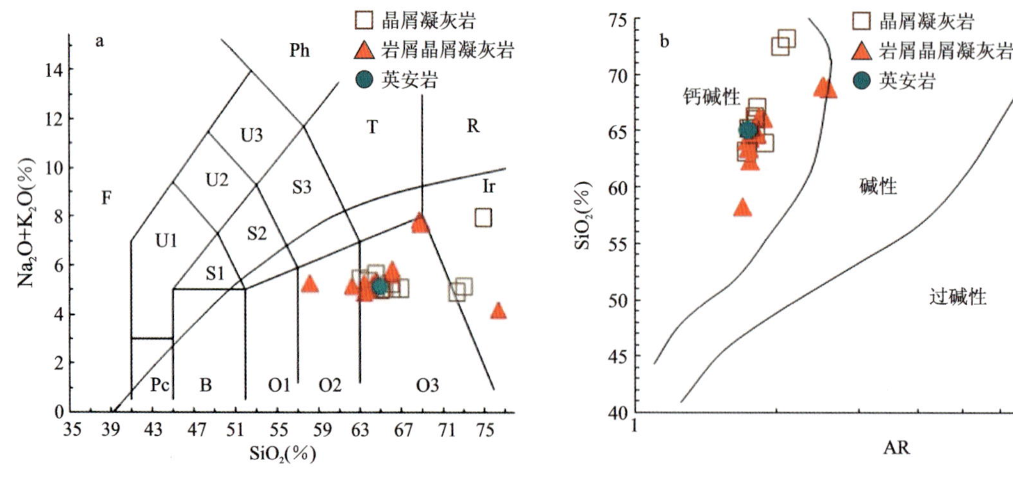


图 2-52　固安屯组火山碎屑岩 TAS 图（a）和碱度率图解（b）

Pc. 苦橄玄武岩；B. 玄武岩；O1. 玄武安山岩；O2. 安山岩；O3. 英安岩；R. 流纹岩；F. 副长石岩；U1. 碱玄岩；U2. 响岩质碱玄岩；U3. 碱玄质响岩；Ph. 响岩；S1. 粗面玄武岩；S2. 玄武质粗面安山岩；S3. 粗面安山岩；T. 粗面岩、粗面英安岩；Ir. 分界线

在 $SiO_2$－AR（碱度率）图（图 2-52b）中，几乎所有的样品都落入钙碱性系列火山岩区；在 FeO/MgO-$SiO_2$ 图解中几乎均投点于钙碱性区（图 2-53a），而在 $K_2O$-$SiO_2$ 图解（图 2-53b）中，个别样品落入钾玄岩区，少数样品落入了钙碱性系列区，多数样品落入了高钾钙碱性系列区。所以一面坡群固安屯组这套岩石属于钙碱性和高钾钙碱性火山碎屑岩。

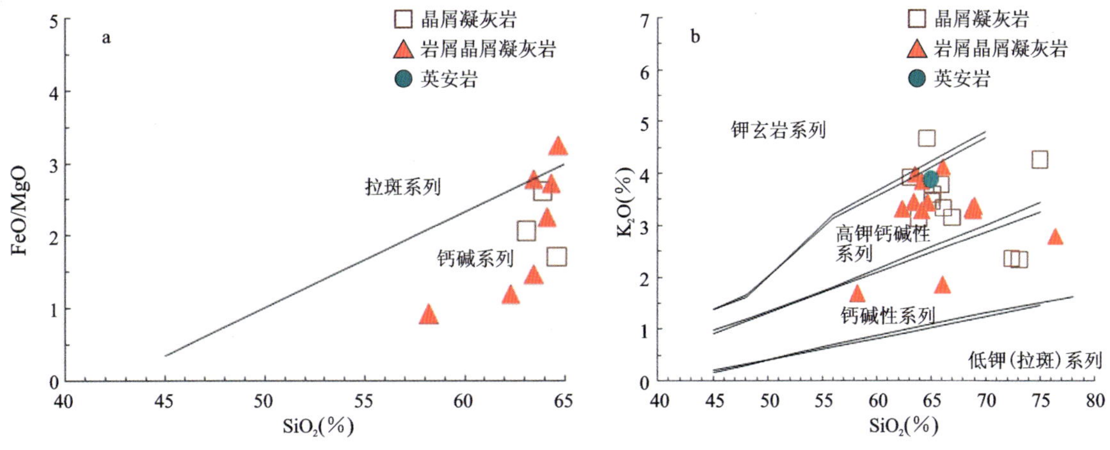

图 2-53　固安屯组火山碎屑岩 FeO/MgO-SiO$_2$ 图(a)和 K$_2$O-SiO$_2$ 图(b)

②稀土和微量元素地球化学特征。固安屯组火山碎屑岩 $\sum$REE=(119.24～344.42)$\times10^{-6}$，LREE=(107.14～311.14)$\times10^{-6}$，HREE=(12.10～27.782)$\times10^{-6}$，LREE/HREE=6.59～13.37，$(La/Yb)_N$=6.09～23.41。右倾斜型稀土配分曲线，$\delta$Eu 值为 0.38～0.82；$\delta$Ce 值为 0.88～1.01。具有安第斯型钙碱性系列火山岩稀土配分模式特点(图 2-54a)。

固安屯组火山碎屑岩微量元素原始地幔标准化蛛网图(图 2-54b)显示其富集大离子亲石元素 Rb、Th、U、K、Hf、Sm 等，亏损 Ti、P、Sr、Ba 等元素。

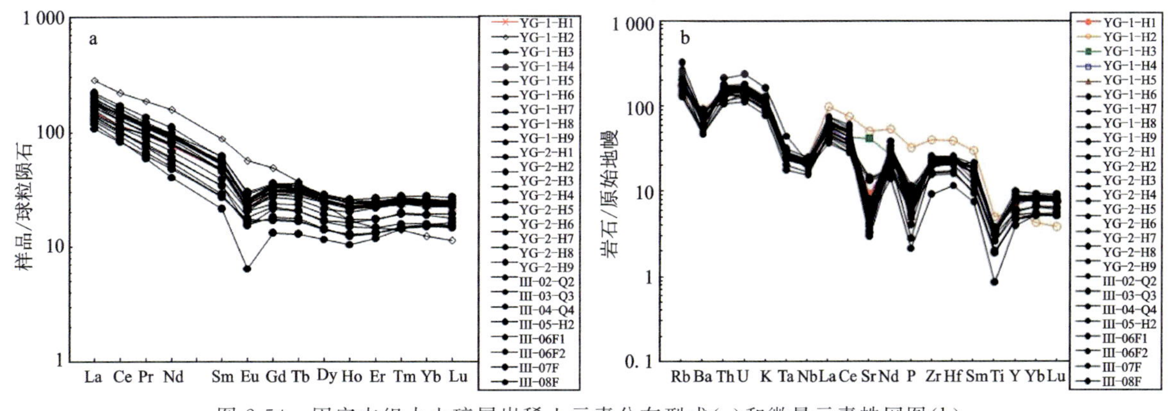

图 2-54　固安屯组火山碎屑岩稀土元素分布型式(a)和微量元素蛛网图(b)

③固安屯组火山碎屑岩形成的构造环境。总结一面坡群固安屯组火山碎屑岩特征是以中酸性火山岩为主；主要为英安岩质火山碎屑岩，个别为安山岩质和流纹岩质火山碎屑岩；主要属于高钾钙碱性系列，个别为钙碱性系列或钾玄岩系列；右倾型稀土配分模式，小的负铕异常；亏损 Ti、P、Sr、Ba 等元素，富集 Rb、Th、U、K、Hf、Sm 等元素。

在 La/Tb-Sc/Ni 判别图上绝大部分投在大陆边缘弧区，个别投在安山弧区(图 2-55)。

因此，东经 128°00′—128°30′的逊克-铁力-一面坡地区在晚古生代处于火山弧环境。这个火山弧自一面坡继续向南，经尔站西至敦化市青沟子乡，终止于敦密断裂。在 1∶20 万敦化市幅(吉林省地质局，1978)中厘定的青沟子组和柯岛组，无论从岩性组合、形成时代、产状、位置以及地层条带的延续性，无疑与固安屯组和额头山组对应。

**2. 侵入岩**

与弧火山作用有关的侵入岩主要分布在佳木斯地块西缘和张广才岭。

吴福元等(2001)用 SHRIMP 方法测试了佳木斯地块西缘(图 2-56)片麻状石英闪长岩、花岗闪长岩和弱片麻状二长花岗岩，获得 270±4Ma(青山岩体)、258±9Ma(石场岩体)、267±2Ma(石场岩体)、256±5Ma(楚山岩体)、254±5Ma(柴河岩体)的锆石 U-Pb 年龄。这些年龄分布于中二叠世早期至晚二叠世中期。

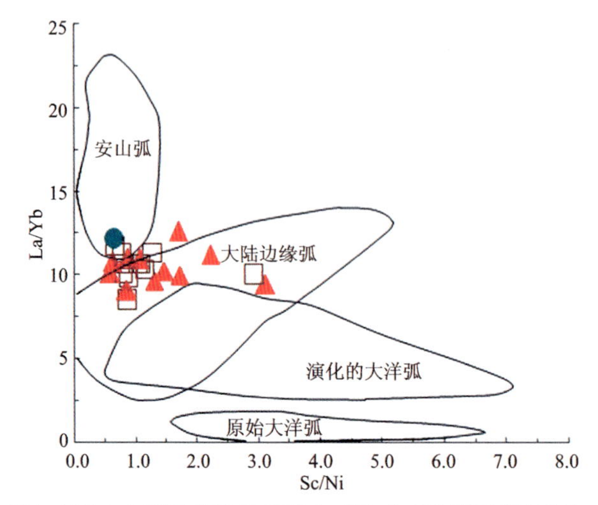


图 2-55　安山屯组火山碎屑岩构造环境 La/Yb-Sc/Ni 判别图(据 Condie,1986)

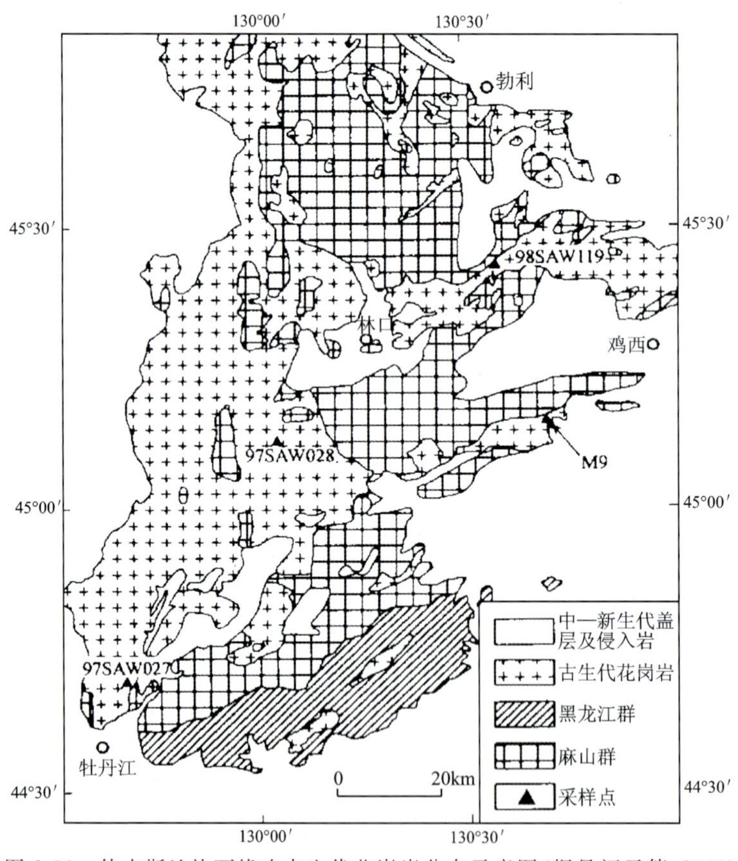


图 2-56　佳木斯地块西缘晚古生代花岗岩分布示意图(据吴福元等,2001)

在吉林省敦化市塔东铁矿区的含矿地质体周围，广泛发育花岗岩侵入体。主要岩性为花岗岩、黑云母花岗岩、花岗闪长岩和二长花岗岩(图 2-57)。

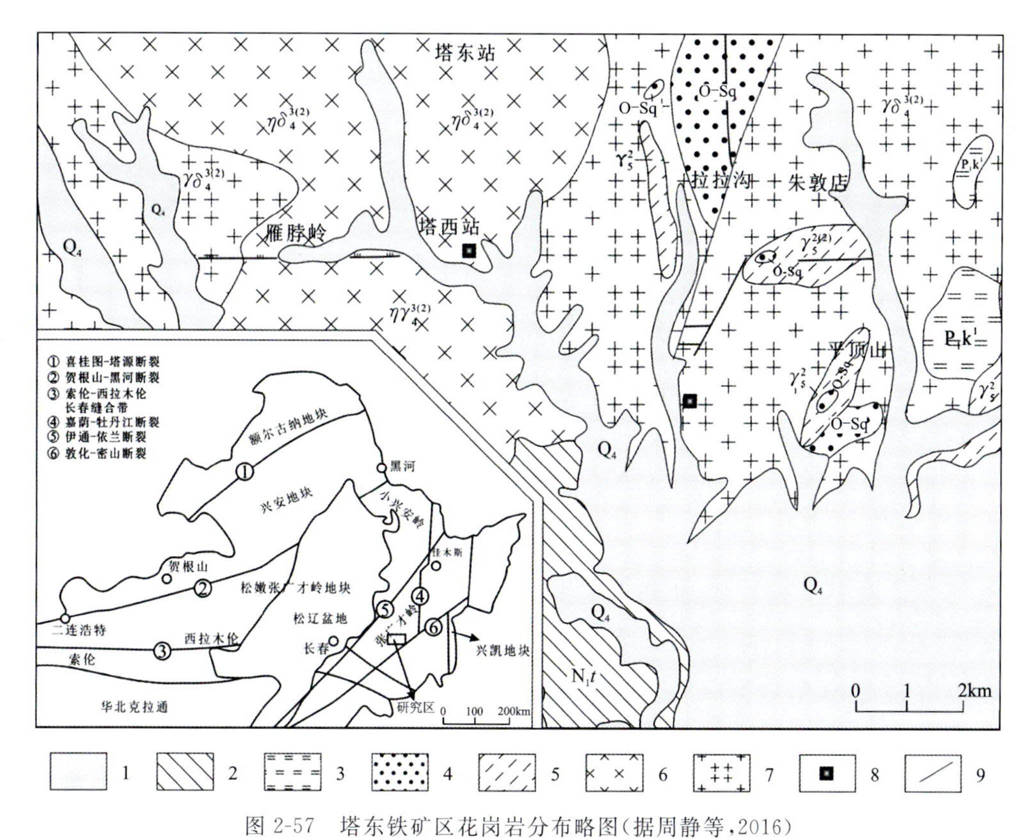


图 2-57 塔东铁矿区花岗岩分布略图(据周静等,2016)

1.第四系;2.古近系和新近系;3.二叠系;4.塔东群;5.闪长岩;6.花岗闪长岩;7.黑云母花岗岩;
8.采样位置;9.断层

对其中具有代表性的雁脖岭岩体(花岗闪长岩)和朱敦店岩体(花岗岩)进行了 LA-ICP-MS 锆石 U-Pb 测年,分别获得了 262.3±3.1Ma 和 244.5±1.9Ma 的结晶年龄(图 2-58)。

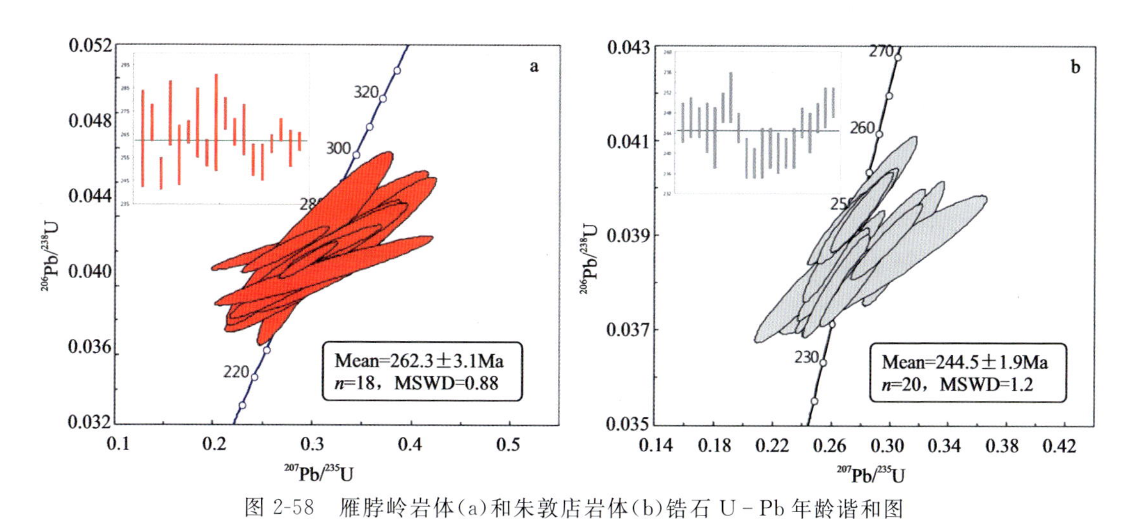


图 2-58 雁脖岭岩体(a)和朱敦店岩体(b)锆石 U-Pb 年龄谐和图

两个岩体属于钙碱性(雁脖岭岩体)和高钾钙碱性(朱敦店岩体)系列。准铝质;轻稀土富集、重稀土亏损的总体右倾型稀土配分曲线(图 2-59),具有 I 型花岗岩的基本特征(图 2-60),形成于板块俯冲作用。

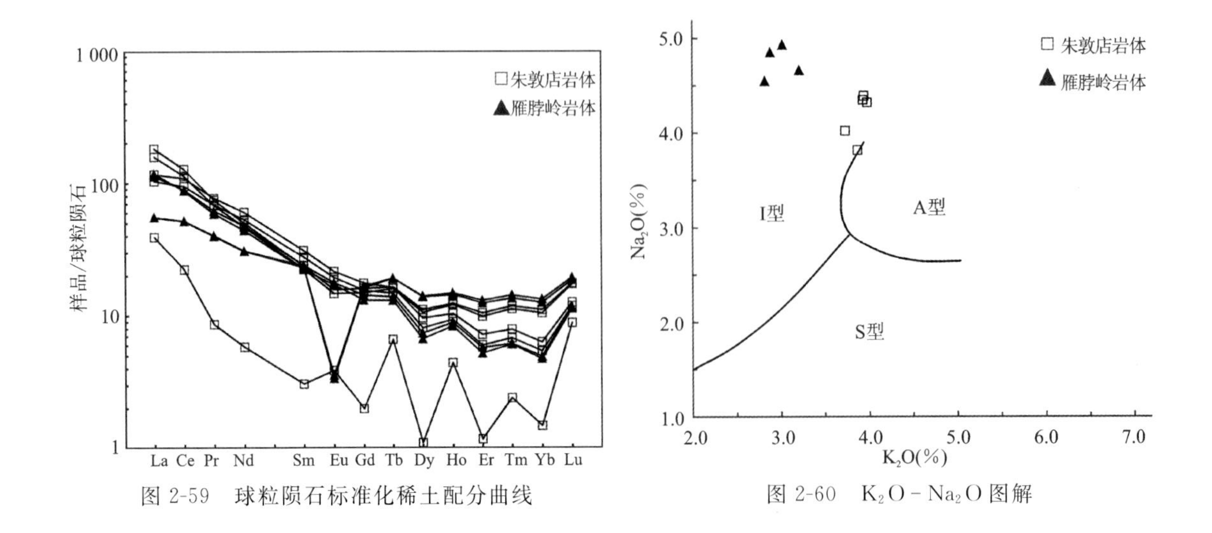


图 2-59　球粒陨石标准化稀土配分曲线　　图 2-60　$K_2O-Na_2O$ 图解

## 二、大河深-寿山沟弧前盆地

在吉林省桦甸市常山镇、横道河子乡至金沙镇，发育一套二叠纪地层，自下而上是寿山沟组、大河深组和双胜屯组。

寿山沟组出露于桦甸市小天平岭、火龙岭、贾家屯一带，地层条带总体呈南北向，向西突出的弧形分布，主要为陆源碎屑岩和(夹)碳酸盐岩，最大厚度 1 269.4m。分上下两部分：下部为砂质板岩、含砾粉砂岩、细砂岩，偶夹灰岩透镜体；上部为灰色千枚状粉砂岩、含石墨绢云板岩、变质细砂岩夹厚层灰岩透镜体。发育珊瑚、蜓、苔藓虫和头足类化石。在寿山沟石灰窑剖面(正层型剖面)，碳酸盐岩连续厚度可达 186.38m，应该形成于孤立碳酸盐岩台地。这与敦密断裂以南庙岭采石场的庙岭组灰岩以及滨东地区的玉泉灰岩十分相似。灰岩中产蜓类 *Parafusulina* cf. ,*Splendens*, *P.* sp. ,*Chusenella* sp. ,*Schwagerina* sp. ,以及腕足类和大量的海百合茎化石，属于中二叠世。

大河深组分布在桦甸市常山乡大河深一带以及暖木条子至大天平岭一带，地层条带亦总体呈南北向、向西突出的弧形分布，主要岩性为流纹质凝灰岩夹安山质凝灰岩、流纹岩、砂岩、板岩和灰岩透镜体，总厚度达 4 000m。产蜓类、珊瑚、腕足类、苔藓虫和植物化石，属于中二叠世。该组与下伏寿山沟组和上覆双胜屯组均为整合接触。

双胜屯组分布在常山乡五里营、大河深、横道河子至双胜屯一带，地层条带自身呈现一个完整的走向南北，向西突出的弧形，主要岩性为板岩、粉砂质板岩夹少量砂岩和灰岩透镜体，与下伏大河深组整合接触，厚度大于 789.43m。双胜屯组是吉林省地质矿产局第二地质调查所(1989)在进行 1∶5万四合屯幅、横道河子幅、榆木桥子幅区域地质调查时建立的，大致相当于 1∶20 万吉林市幅、磐石县幅区域地质调查报告中的暖木条子组。而在 1∶5万贺家屯幅、常山屯幅区域地质测量报告中，则将相当地层归入范家屯组。由于范家屯组属于混杂岩基质，与大河深—寿山沟地区处于不同构造环境(前者属于海沟，后者为弧前盆地)，因此这里暂时采用双胜屯组。

寿山沟组、大河深组和双胜屯组地层共同组成总体走向南北，向西突出的弧形，构成吉中弧形构造的内弧(图 2-61)。

这个弧形构造是二叠纪地层组成的南北向构造带在敦密断裂发生左行走滑时(晚白垩世—古近纪，后述)在敦密断裂和依舒断裂之间因局部边界条件限制产生的。继续向北，该套地层被掩埋在松嫩盆地的中、新生代盖层之下。但是在哈尔滨以东的松嫩盆地东南角，与之相应的地层断续出露，构成玉泉-巴彦构造带的主体。

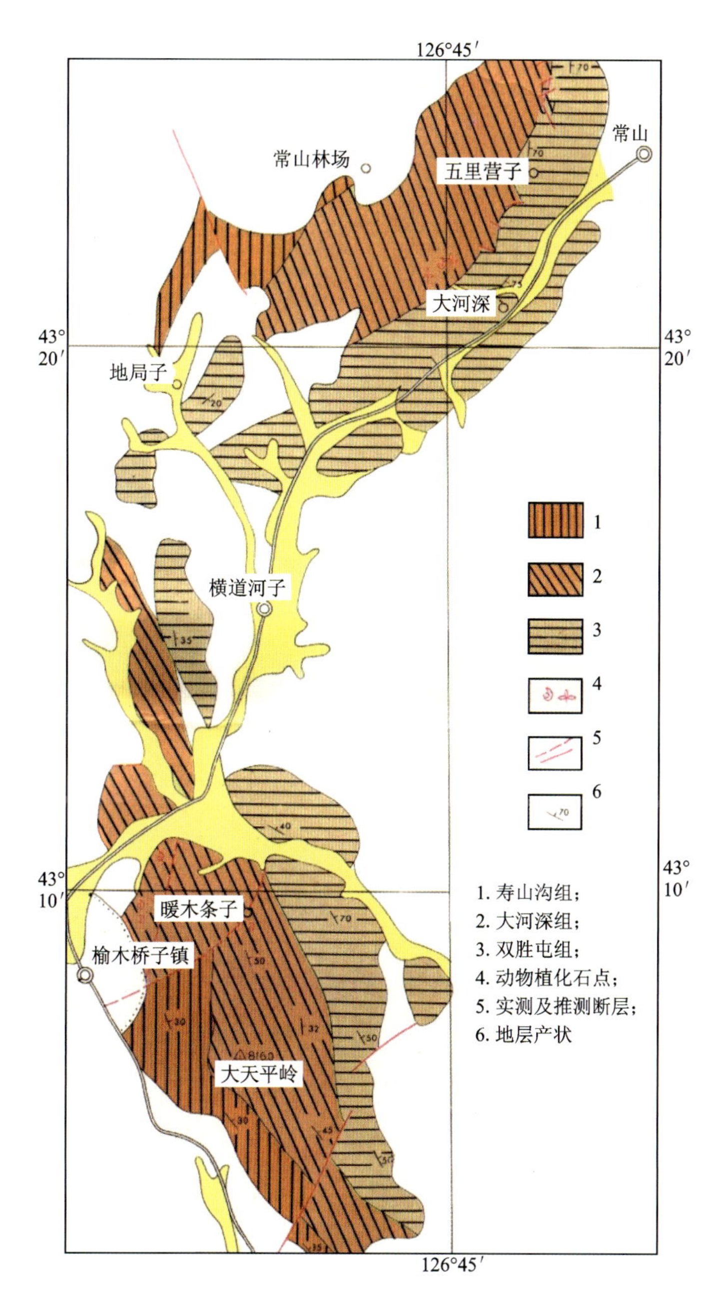


图 2-61　大河深—寿山沟地区二叠纪地层分布图(据吉林省地质矿产局第二地质调查所,1989)

玉泉-巴彦构造带位于哈尔滨以东的玉泉—巴彦县一带,再向东则是逊克-—面坡-青沟子火山弧。玉泉-巴彦构造带是被松花江断裂分割的同一条构造带,松花江以南是玉泉构造带,松花江以北是巴彦构造带。

玉泉-巴彦构造带中发育的玉泉灰岩和土门岭组的砂板岩夹灰岩与寿山沟组在地层时代(古生物化石组合)和岩性组合方面十分相似,并且从地层条带展布方向上也具有一定的延续性。玉泉组和土门岭组全部褶皱、轻微变质并产生区域性轴面片理,褶皱轴向以及轴面片理的走向为南北向。

大河深-寿山沟弧形构造带以及玉泉-巴彦构造带以东是逊克-—面坡-青沟子火山弧。前者的西侧是红旗岭-小绥河混杂岩带,所处的构造位置应为弧前盆地。从寿山沟组到双胜屯组的沉积特征也与弧前盆地的沉积特征一致。而土门岭组本身的沉积序列也同样具有弧前盆地沉积特点。

## 三、红旗岭-小绥河混杂岩带

这个混杂岩带的南段为红旗岭-小绥河混杂岩带，向北没入松嫩盆地。在黑河市南部二站一带出露的超基性岩，是该带在松嫩盆地以北的露头。

红旗岭-小绥河混杂岩带位于大河深-寿山沟弧前盆地西侧，也是一个弧形构造带(图2-62)。它与大河深-寿山沟弧形构造以天岗-五里河断裂和桦甸-双河镇断裂分界；而它的西侧边界大致沿着细林河至烟筒山(南翼)和烟筒山至小绥河以北(北翼)；烟筒山至双河镇一带大致为弧顶的位置。

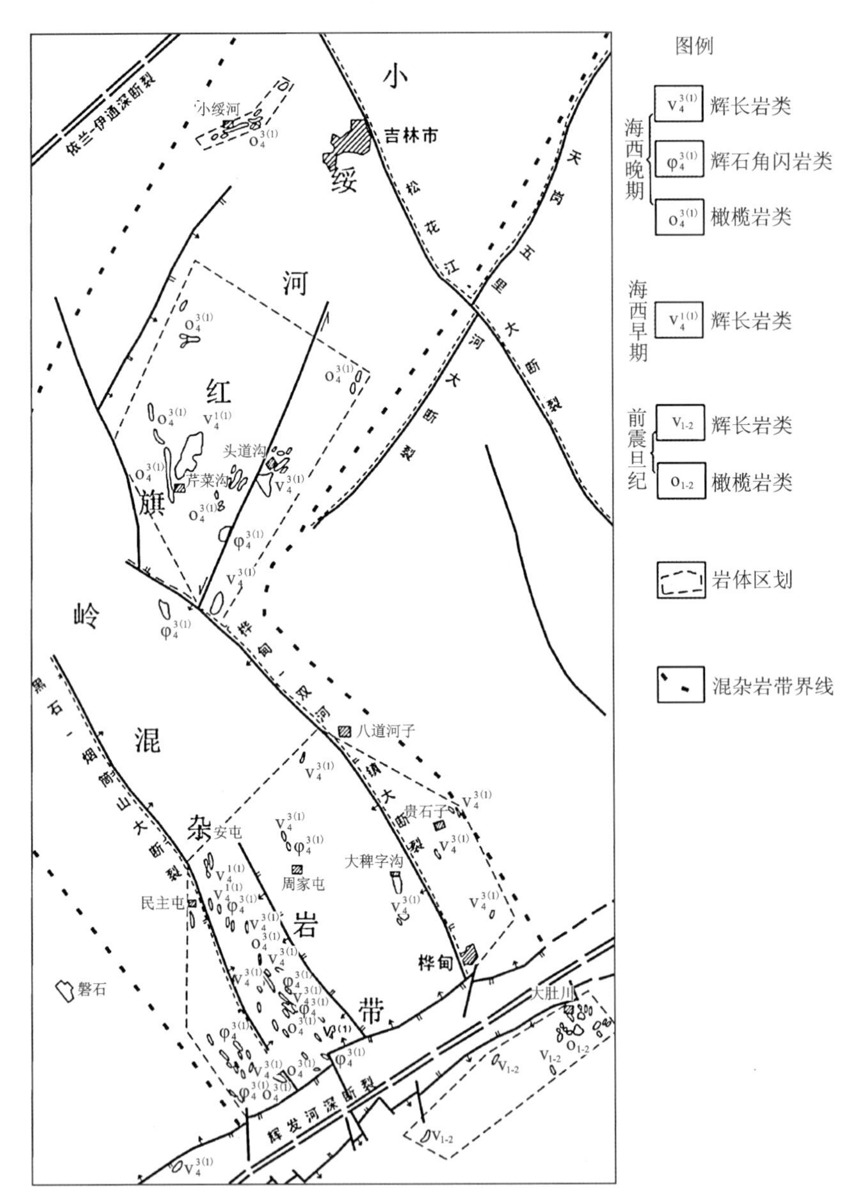


图2-62　红旗岭-小绥河混杂岩带(据吉林省地质局直属专业综合大队，1970修编)

混杂岩带中的外来地质体为洋壳残片，以及作为外来岩块的呼兰群、上志留统张家屯组和二道沟组、下石炭统北通气沟组。混杂岩的另一组成部分是四道砾岩。混杂岩的基质为范家屯组变质砂岩、板岩夹碳酸盐岩。

### 1. 洋壳残片

从红旗岭经头道沟到小绥河，发育一系列基性、超基性杂岩。大致以 N43°20′为界：以北（包括头道沟、小绥河等地），主要为超基性岩（以辉石岩和橄榄辉石岩为主，还有二辉橄榄岩、斜辉橄榄岩、橄榄二辉岩等），并有铬铁矿化；以南（红旗岭、呼兰镇一带）主要为基性岩（以辉长岩为主，橄榄岩、辉石橄榄岩、橄榄辉石岩等是基性岩浆结晶分异作用的结果），并伴生硫化铜镍矿床。

岩体规模小，绝大多数小于 $1km^2$，也有许多小于 $0.1km^2$。自红旗岭至烟筒山一带，岩体长轴主要呈北西向延伸，长轴方向与褶皱轴向以及地层条带方向、走向断层方向和变质岩片理方向一致；自烟筒山至小绥河一带，岩体长轴主要呈北东向延伸，长轴方向也与褶皱轴向以及地层条带方向、走向断层方向和变质岩片理方向一致；在头道沟和烟筒山一带，岩体长轴呈近南北向，亦与地层条带和褶皱轴向一致。因此，岩体的分布和长轴方向，构成一个走向南北、向西突出的弧。这个弧与大河深-寿山沟弧是协调一致的。将这套基性、超基性岩作为洋壳残片主要基于以下事实。

（1）在永吉县头道沟、三道沟至小绥河一带发育的超基性岩，部分伴生铬铁矿化。铬铁矿分为层状铬铁矿和豆荚状铬铁矿，这里的铬铁矿显然属于后者。现代研究普遍认为，豆荚状铬铁矿形成于蛇绿岩套底部的地幔橄榄岩中。

（2）岩石结晶颗粒粗大。据李爱等（2018），红旗岭矿区 1、2、3、7 号岩体的方辉橄榄岩平均粒径达 1.5mm；角闪辉石岩的辉石粒径达 3mm；苏长岩的斜方辉石粒径最大达 5mm（图 2-63）。红旗岭矿区岩体规模通常约为 $0.2km^2$，如此小的岩体，在地壳浅表层次，不可能结晶出如此粗大晶体。

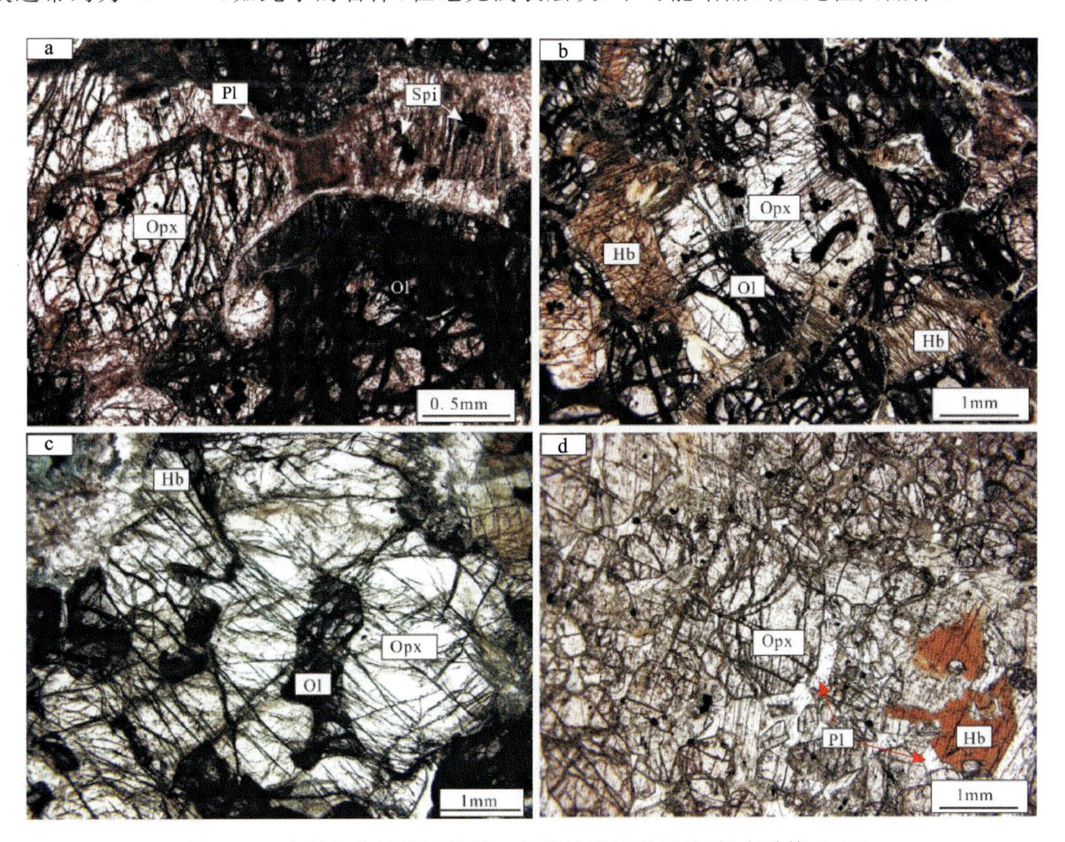


图 2-63　吉林红旗岭地区镁铁—超镁铁岩显微照片（据李爱等，2018）

a、b. 方辉橄榄岩（单偏光）；c. 角闪辉石岩（单偏光）；d. 苏长岩（单偏光）；Ol. 橄榄石；Opx. 斜方辉石；Hb. 角闪石；Spi. 尖晶石；Pl. 长石

（3）岩体规模小，极少数大于 $1km^2$，也有许多小于 $0.1km^2$，并且几乎所有岩体都无根（图 2-64）。

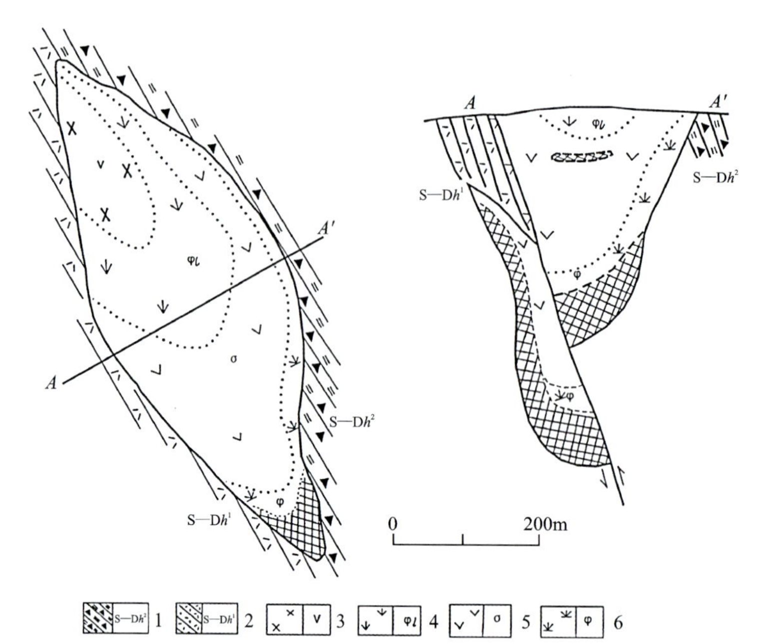

图 2-64　红旗岭 1 号岩体示意图(据吉林省地质局直属专业综合大队,1970)

1. 电气石石英片岩;2. 角闪片岩;3. 辉长岩;4. 二辉岩;5. 橄榄岩;6. 橄辉岩

(4)岩体结晶分异程度高,结晶分异相带清晰,这也是小岩体在地壳浅表层次所不能完成的(图 2-65)。而岩体的边界经常切割岩相带,也暗示岩体结晶、分异和成岩作用发生在异地。

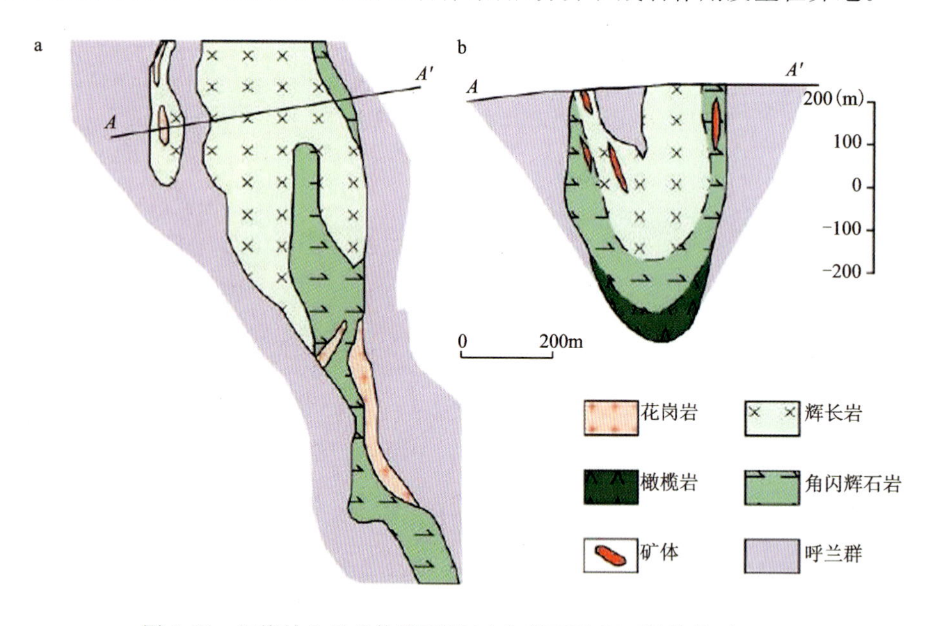

图 2-65　红旗岭 3 号岩体平面图(a)和剖面图(b)(据魏俏巧,2015)

(5)魏俏巧(2015)对红旗岭地区基性、超基性岩的稀土元素和微量元素分析表明,红旗岭地区基性、超基性岩的岩石化学特征具有 E-MORB 的特点(图 2-66)。

因此,这里的基性、超基性岩应该属于洋壳残片。对红旗岭、漂河川、头道沟一带的基性—超基性岩体以及硫化铜镍矿有较多年代学研究(表 2-8)。在表 2-8 的 17 个测试结果中有 10 个年龄值属于晚三叠世(226.97±2.42～208±21Ma),3 个属于中三叠世(240±3～237±16Ma),4 个属于二叠纪(272±3.6～250.07±2.44Ma)。

区域上广泛发育晚三叠世造山期花岗岩(227～203Ma),区域变质作用的峰期年龄也集中于晚三叠世(郗爱华等,2005);晚二叠世杨家沟组从深海相至海陆交互相以及晚二叠世河、湖相沉积的蒋家窑砾岩($P_3jj$)平行不整合于范家屯组之上,说明在晚二叠世中—晚期洋壳已经闭合。因此,那些二叠纪的年龄应该代表洋壳的结晶年龄。

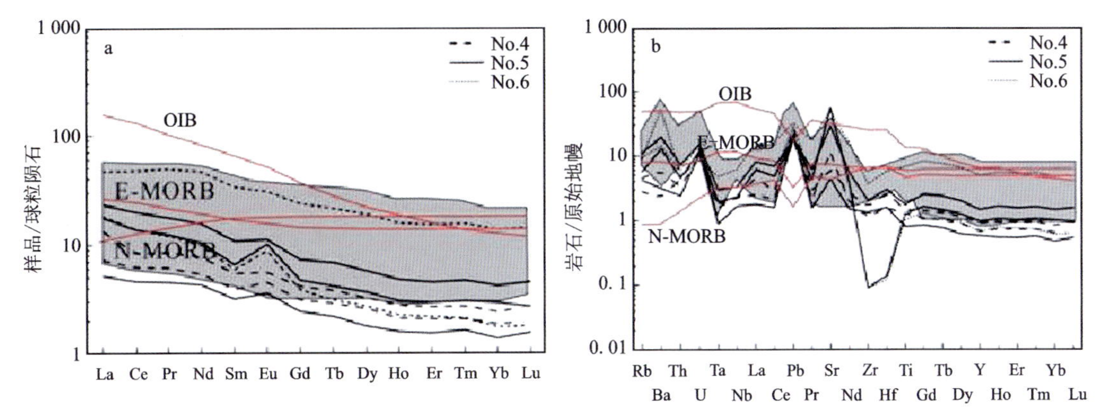


图 2-66　红旗岭地区部分岩体稀土配分模式(a)和微量元素蛛网图(b)(据魏俏巧,2015)
阴影部分为红旗岭1号岩体

向北,红旗岭-小绥河混杂岩带的基性—超基性岩没入松嫩盆地中。在松嫩盆地以北的黑河市南的二站一带再有出露,主要岩性为纯橄榄岩、辉石岩和辉长岩,并伴随铬铁矿化和铜镍矿化。

表 2-8　红旗岭—漂河川一带基性—超基性岩和矿石年龄测试结果

| 岩体 | 岩石 | 矿物 | 方法 | 年龄(Ma) | 资料来源 |
|---|---|---|---|---|---|
| 红旗岭1号岩体 | 辉长岩 | 锆石 | SHRIMP | 216±5 | 张广良等,2005 |
| 红旗岭1号岩体 | 含长角闪橄榄岩 | 黑云母 | $^{40}Ar/^{39}Ar$ | 226.97±2.42 | 郗爱华等,2005 |
| 红旗岭8号岩体 | 含长角闪岩 | 角闪石 | $^{40}Ar/^{39}Ar$ | 250.07±2.44 | 郗爱华等,2005 |
| 红旗岭1号岩体 | 辉长岩 | 锆石 | SHRIMP | 216±5 | Wu et al,2004 |
| 红旗岭1号岩体 | 矿石 | | Re-Os | 237±16 | 郝立波等,2014 |
| 红旗岭1号岩体 | 辉石橄榄岩 | 锆石 | LA-ICP-MS | 220.6±2 | 冯光英等,2011 |
| 红旗岭2号岩体 | 矿石 | | Re-Os | 215±24 | 郝立波等,2014 |
| 红旗岭2号岩体 | 辉长岩 | 锆石 | SHRIMP | 212.5±2.8 | 郝立波等,2012 |
| 红旗岭2号岩体 | 闪长质伟晶岩 | 锆石 | SHRIMP | 212±2.6 | 郝立波等,2012 |
| 红旗岭7号岩体 | 矿石 | | Re-Os | 208±21 | Lu et al,2011 |
| 茶间1号岩体 | 辉长岩 | 锆石 | SHRIMP | 240±3 | 郝立波等,2013 |
| 三道岗1号岩体 | 辉长岩 | 锆石 | LA-ICP-MS | 232.75±0.95 | 汪志刚等,2011 |
| 漂河川4号岩体 | 辉长岩 | 锆石 | SHRIMP | 222±8 | 颉颃强等,2007 |
| 漂河川4号岩体 | 辉长岩 | 锆石 | SHRIMP | 217±3 | Wu et al,2004 |
| 红旗岭5号岩体 | 辉长岩 | 锆石 | SHRIMP | 272±3.6 | 魏俏巧,2015 |
| 红旗岭6号岩体 | 辉长岩 | 锆石 | SHRIMP | 258.8±3.4 | 魏俏巧,2015 |
| 头道沟岩体 | 变质辉绿岩 | 锆石 | LA-ICP-MS | 270±5 | 付俊彧等,2018 |

**2. 外来岩块**

外来岩块包括呼兰群、上志留统张家屯组和二道沟组以及下石炭统北通气沟组和四道砾岩。

呼兰群分布于辉发河断裂以北的黄瓜营屯、红旗岭镇、呼兰镇、郭家店及当石河子一带，主要岩性为电气石二云斜长片麻岩、各类变粒岩、片岩及大理岩。通常将呼兰群由下而上划分为黄莺屯组、小三个顶子组和北岔屯组。对于各组之间的界线以及时代归属的认识略有差异，主体认识以下古生界为主（表 2-9）。

**表 2-9　呼兰群划分、对比与沿革(据池永一等,1997)**

<table>
<tr><th colspan="3">郭鸿俊等(1962)</th><th colspan="3">吉林第二地质调查所(1985)</th><th colspan="3">池永一等(1997)</th></tr>
<tr><td rowspan="3">泥盆系</td><td>北岔屯组</td><td>大理岩夹石英岩段，Thamnopora sp.，Cladopora sp.；片岩及大理岩段</td><td>志留系</td><td>北岔屯组</td><td>上段：以大理岩夹板岩为主，Thamnopora sp.，Cladopora sp.；下段：以大理岩、石英岩、浅粒岩、黑云变粒岩为主</td><td>上志留统</td><td>北岔屯组</td><td>白色大理岩、硅质条带大理岩、硅质结核大理岩夹板岩等，Thamnopora sp.，Cladopora sp.</td></tr>
<tr><td>小三个顶子组</td><td>上部：上大理岩段、上片麻岩及片岩段；下部：下大理岩段、石榴白云片岩段、下片麻岩段</td><td rowspan="2">奥陶系—寒武系</td><td>小三个顶子组</td><td>上段：厚层大理岩、硅质条带大理岩，顶部硅质结核大理岩夹透辉石大理岩、石墨大理岩及变粒岩</td><td rowspan="2">奥陶系—寒武系</td><td>小三个顶子组</td><td>上段：大理岩、石英岩、黑云变粒岩、片岩、浅粒岩等，Ectomaria sp.；下段：厚层大理岩、硅质条带大理岩，顶部硅质结核大理岩夹透辉石大理岩、石墨大理岩及变粒岩</td></tr>
<tr><td>黄莺屯组</td><td>片岩及大理岩段、含电气石二云母片岩段、斜长角闪片岩段</td><td>黄莺屯组</td><td>上段：硅质条带大理岩夹黑云斜长变粒岩、角闪斜长变粒岩；下段：含电气石石榴二云斜长片麻岩</td><td>黄莺屯组</td><td>上段：黑云斜长变粒岩、蓝晶石云母片岩夹变粒岩薄层及大理岩；中段：硅质条带大理岩夹黑云斜长变粒岩、角闪斜长变粒岩；下段：含电气石石榴二云斜长片麻岩</td></tr>
</table>

黄莺屯组各段之间为断层接触。各组总体延展方向与区域构造线方向一致，但那只是构造改造的结果。局部岩性层与构造线方向不一致，特别是在东安屯至东北岔一带，地层走向呈南北向或北北东向，更多的情况是地层产状紊乱（图 2-67）。

郁爱华等（2003）在黄莺屯组变质岩中获得黑云母和白云母的 $^{40}Ar/^{39}Ar$ 年龄分别为 223.6±0.8Ma 和 229.2±4.6Ma，认为属于变质年龄；刘志宏等（2016）也在呼兰群白云石英片岩和石榴白云片岩的白云母中获得 220.23±2.15Ma 和 221.31±2.6Ma 的 $^{40}Ar/^{39}Ar$ 坪年龄。这组年龄与区域上广泛分布的晚三叠世花岗岩年龄总体一致，说明这套早古生代地层是在被卷入到该造山带时发生区域变质作用的。

变质作用和构造变形使得作为外来岩块的呼兰群、洋壳残片和基质的砂岩在片理方向强化一致，造成“夹层”或“互层”的假象。例如大理岩夹变质砂岩、电气石英片岩与角闪片岩互层等。那些基质砂岩（变质砂岩）和洋壳残片（角闪片岩）有时也被划分到呼兰群中。

在大绥河、小绥河至北通气沟，断续发育下石炭统通气沟组（$C_1t$）的黄绿色中粒砂岩、细砂岩。它们角度不整合在志留纪二道沟组灰岩之上。事实上，在这个北东东向长 8km、宽 1km 的狭长范围内，北通气沟组和二道沟组仅出露在几个灰岩采坑中，而周围广泛分布的是作为基质的二叠纪浊积岩。

四道砾岩（$C_2sd$）分布在桦甸市横道河子乡四道及内托村一带。下部岩性主要以钙质砾岩、钙质砂岩、砂屑灰岩为主夹火山岩；上部为杂砂岩和灰岩。其中，钙质砾岩的砾石成分主要为灰岩，其次为燧石；胶结物为钙质、灰岩岩屑和泥砂质；胶结物和砾石中有相近的生物组合，是形成于浅海环境的滑塌堆积。根据古生物组合，确定其形成于晚石炭世（吉林省地质局第二地质调查所，1989）。

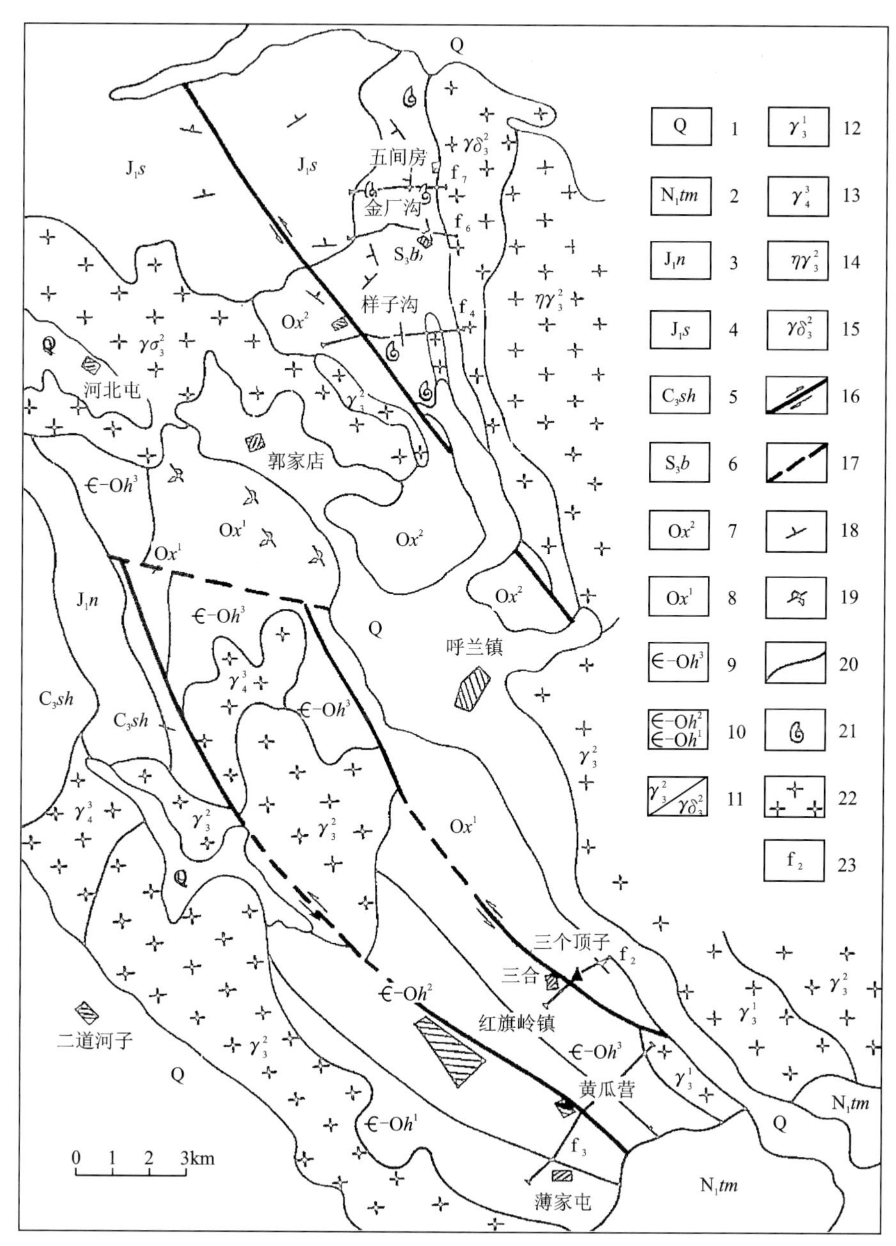


图 2-67 红旗岭—呼兰镇一带呼兰群的分布（据池永一等，1997）

1.第四系；2.土门子组；3.南楼山组；4.四合屯组；5.石嘴子组；6.北岔屯组；7.小三个顶子组上段；8.小三个顶子组下段；9.黄莺屯组上段；10.黄莺屯组中段及下段；11.燕山早期岩浆岩；12.印支期岩浆岩；13.海西晚期岩浆岩；14、15.加里东晚期岩浆岩；16.平移断层；17.推测断层；18.地层产状；19.倒转地层产状；20.地质界线；21.古生物化石；22.花岗岩类；23.剖面编号

四道砾岩与大河深-寿山沟弧前盆地沉积以天岗-五里河断裂相隔，是红旗岭-小绥河混杂岩带的组成部分，是后者中的外来岩块。但是，形成四道砾岩的滑塌堆积过程与“混杂”过程无关，可能发生于陆缘裂陷时期。

### 3. 基质

混杂岩的基质是中二叠统范家屯组($P_2f$)，岩性为砂岩、凝灰质砂岩、砾岩和板岩。鲍马序列发育，浊积岩特征明显。

但是在蛟河口—细林河—烟筒山一线南西侧发育的“范家屯组”，应该属于被动大陆边缘沉积。李东津等(1997)指出，那里的“范家屯组”为潮坪环境，以东则为浊积岩相，形成于海水深度较大的沉积环境。因此，对于蛟河口—细林河—烟筒山一线南西侧发育的“范家屯组”建议另外赋予新的岩石地层名称，以示区别。

在晚海西期—印支期乃至早燕山期的造山作用过程中，小绥河-红旗岭混杂岩带构成松嫩-吉中构造带(造山带)的缝合线。它的东侧是晚古生代的火山弧(逊克-一面坡-青沟子火山弧)和弧前盆地(以大河深-寿山沟弧前盆地为代表)，西侧为磐石-长春-华安被动大陆边缘。

## 四、磐石-长春被动大陆边缘

被动大陆边缘被定义为“没有大陆和大洋底之间相对运动的大陆边缘”。理想的被动大陆边缘是由大陆裂谷的进一步扩张形成的，因此其沉积特征具有下部裂陷相和上部移离相的二元结构特点，其典型代表是大西洋两岸的陆缘区。

自东乱泥沟屯以东，经细林河屯、烟筒砬子屯、驿马屯、经饮马河、烟筒山，至长春一线，发育一套石炭纪—二叠纪滨、浅海相的陆源碎屑岩和碳酸盐岩，自下而上是鹿圈屯组($C_{1-2}l$)，磨盘山组($C_{1-2}m$)和石嘴子组($C_2s$)。

鹿圈屯组($C_{1-2}l$)主要分布在磐石至双阳一带。由碳酸盐岩、粉砂岩、细砂岩、中砂岩组成。以碳酸盐岩-砂岩或碳酸盐岩-砂岩和板岩为基础层序组成若干沉积旋回。标准剖面在磐石市明城镇东南 2km 的鹿圈子。含丰富的珊瑚、腕足、双壳、蜓、苔藓虫、介形虫、牙形刺等化石。剖面厚度达 1 185.8m。

磨盘山组($C_{1-2}m$)分布于磐石市、双阳、四平等地。以中厚层、厚层灰岩为特征，偶夹硅质岩、白云岩及砂岩。富含珊瑚、腕足等化石。与下伏鹿圈屯组以及上覆石嘴子组整合接触。最大厚度达 2 379m。

石嘴子组($C_2s$)主要分布在磐石至双阳一带。由碎屑岩夹薄层灰岩组成若干韵律层。下部：砂岩与页岩互层；中部：灰岩与页岩互层；上部：凝灰质页岩与砂岩互层(李东津等，1997)。与下伏磨盘山组整合接触。标准剖面在磐石市石咀镇圈岭，剖面厚度 578m。在骆驼磊子、窝瓜地、老爷岭、烟筒砬子、东乱泥沟屯一带，沿着鹿圈屯组、磨盘山组和石嘴子组北东侧分布的二叠纪地层(原称“范家屯组”)，具有滨、浅海沉积的特点(李东津等，1997)，也是该被动大陆边缘沉积的组成部分。

鹿圈屯组($C_{1-2}l$)、磨盘山组($C_{1-2}m$)和石嘴子组($C_2s$)以及上述的“范家屯组”总体呈北西向分布，并构成一系列北西向褶皱构造。只在烟筒山一带，局部走向南北，构成吉中弧形构造外弧弧顶。

在饮马河以东、双河镇以西，自北部的头道川至南部的烟筒山的南北长 30km，东西宽 15km 的狭长范围内，发育一套以变质火山岩为主，夹陆源碎屑岩和大理岩的早石炭世地层，主要分布在余富屯、磨盘山一带，被称之为余富屯组($C_1y$)(李东津等，1990，1997)。

在标准剖面(余富屯剖面)，余富屯组厚 309.4m。火山岩主要为细碧岩和石英角斑岩，具有双峰式火山岩的特点。李东津等(1990，1997)在研究吉林省石炭纪岩相古地理时指出：余富屯组是台沟发展时同构造活动期产物。可以把这里的“台沟”理解为陆缘裂谷或陆缘裂陷。因此，余富屯组属于裂陷期产物，与鹿圈屯组及其以上地层构成典型被动大陆边缘沉积的二元结构。

在吉林省中部，敦密断裂北西盘，华北克拉通北缘、华北克拉通北缘断裂(赤峰-开源断裂)，以及其北侧的早古生代地层条带方向、褶皱轴向和轴面片理走向均为东西向，说明至少在早古生代结束之前，此处的古亚洲洋是东西向的。晚古生代地层条带与前者斜交、呈北西向，说明大洋边界方向的改变。这一改变来源于内蒙古中部晚古生代早期的造山作用。

邵济安(1991)通过对晚古生代地层的沉积相和建造、蛇绿岩和蛇绿混杂堆积的分析后指出：中朝板块北侧的洋盆是在晚泥盆世至早石炭世消亡的。在晚泥盆世至早石炭世，中朝板块北缘大部分地区处于隆起剥蚀状态，仅板缘局部地区保留了滨浅海相的陆表海沉积。进一步，将华北克拉通北缘内蒙古地区的晚古生代陆壳演化划分为3个阶段：①法门阶之前的中泥盆世是兴蒙造山带的主造山阶段；②晚泥盆世—早石炭世进入后碰撞阶段；③晚石炭世—早二叠世兴蒙造山带的年轻陆壳在伸展背景下，上叠的新生的裂陷槽构造而非大洋板块控制了同期的沉积作用和岩浆活动(邵济安等，2015；图2-68)。

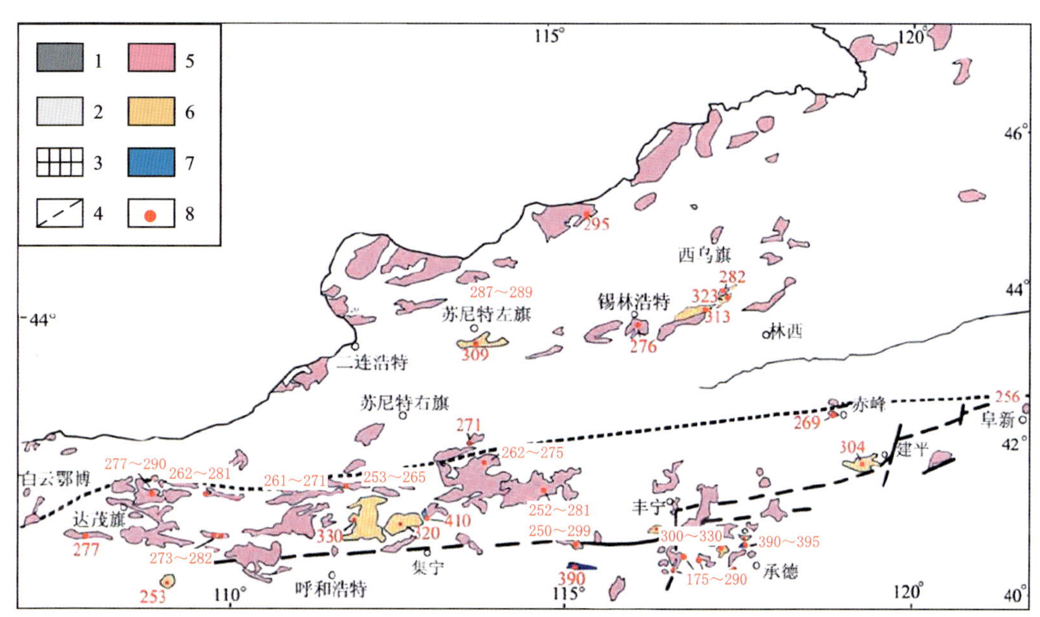


图2-68　内蒙古中北部晚古生代深成岩的时空分布图(据邵济安等，2015)

1.晚古生代—中生代过碱性—碱性长石花岗岩及伴生的双峰式火山岩；2.前寒武纪地块；3.克拉通；4.华北克拉通与兴蒙造山带界线；5.研究区二叠纪深成岩；6.石炭纪深成岩；7.泥盆纪花岗岩；8.年龄采样点及年龄(Ma)

以此看来，磐石—长春地区早石炭世陆缘裂谷(余富屯裂谷)并非是孤立的，它与内蒙古北、中部及大兴安岭地区的晚古生代具有构成三叉裂谷的趋势。那么，内蒙古中、北部地区就具有了拗拉槽的性质，而磐石—长春地区从陆缘裂谷到被动大陆边缘的演化也就更为合理了。

## 五、构造变形

吉林中部地区的晚古生代地层组成一个总体走向南北、向西突出的弧形构造带——吉中弧形构造(图2-69)。

吉中弧形构造是吉林省地质局直属专业综合大队(1970)提出的，是指在1∶20万吉林市幅、磐石县幅中由晚古生代地层(石炭系和二叠系)条带，褶皱轴迹，断裂构造以及基性—超基性岩带组成的总体走向南北，向西突出的弧形构造。该弧形构造几乎占据1∶20万吉林市幅和磐石县幅的全部范围。

弧形构造分为3个带：内带为罗圈沟-大顶子山-寿山沟背斜褶皱断裂带；中间带为万家沟-小丰满-水曲柳川向斜褶皱带；外带为哈达湾-烟筒山-磐石背斜褶皱断裂带(吉林省地质局直属专业综合大队，1970)。内带的罗圈沟-大顶子山-寿山沟背斜褶皱断裂带为佳木斯地块西侧活动大陆边缘——弧前盆地的寿山沟-大河深弧形构造；中间带为红旗岭-小绥河弧形混杂岩带，是造山带的缝合线；外带为被动大陆边缘。

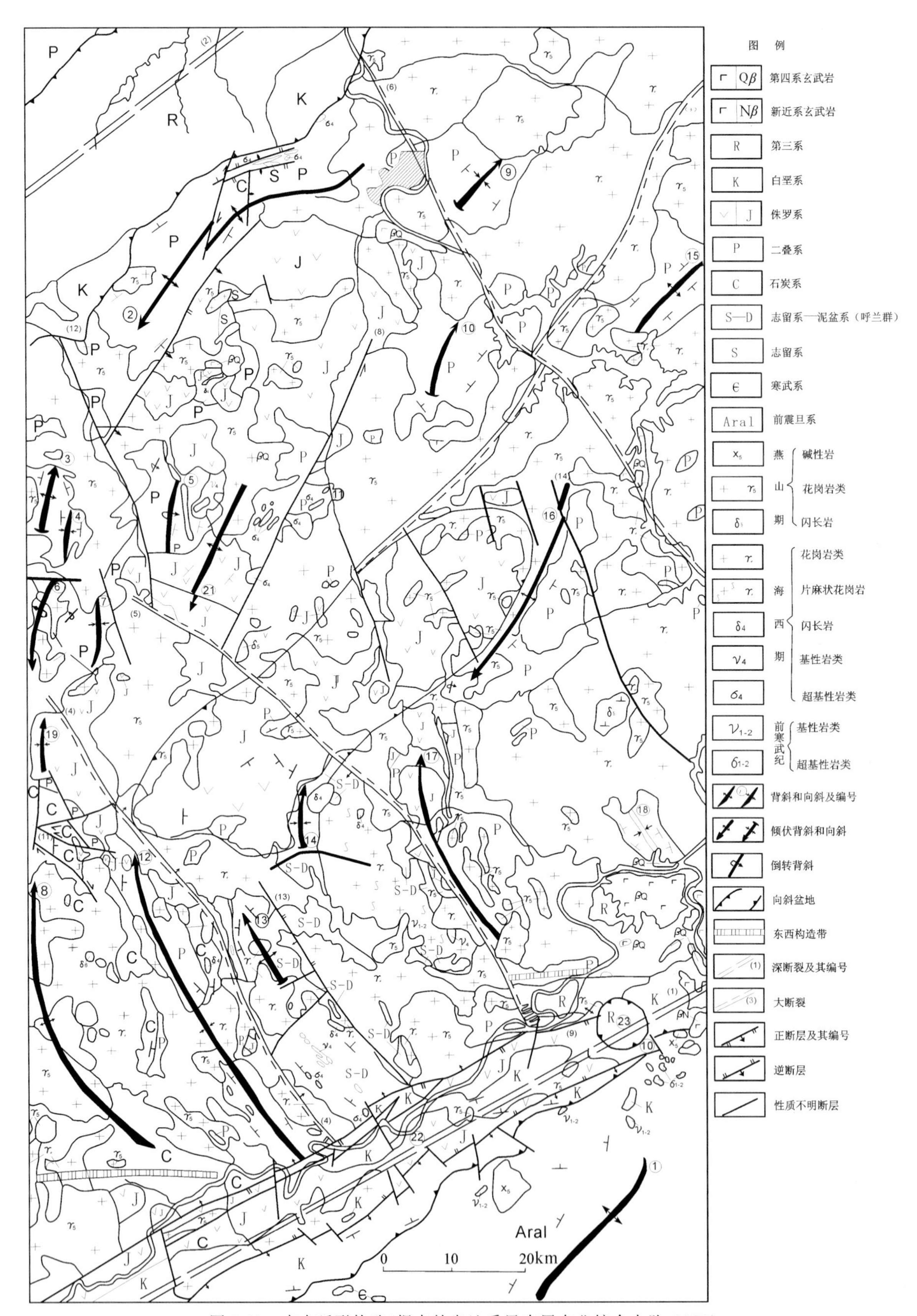


图 2-69　吉中弧形构造(据吉林省地质局直属专业综合大队,1970)

## 六、造山作用时期

### 1. 地层

杨家沟组($P_3y$)是该区最上部的、具有广泛分布意义的二叠系，不仅分布于命名地点的吉林省九台县波泥河乡杨家沟附近，而且东至蛟河，西至松嫩盆地西侧的洮南(索伦组、孟家屯组等)都有分布。主要岩性为砾岩、黑色板岩、粉砂岩与砂岩互层，夹灰岩透镜体。产有较丰富的咸水、淡水双壳类化石和植物化石，厚度 500～1 200m。在吉林省九台县建组剖面的下部含淡水双壳组合 *Palaeanadonta* - *Palaeomutela*。该化石组合在苏联最早见于下二叠统中部阿丁斯基阶至下部卡赞阶，最晚见于晚二叠世上部鞑靼阶，由此将其时代定为晚二叠世早期。1975 年，长春地质学院(现吉林大学)于九台地区发现多层海生双壳类(李东津等，1997)。因此，在晚二叠世的杨家沟期，海水已经开始震荡退出。

早三叠世地层仅局部出露于九台市卢家乡陆家屯一带，是河湖相碎屑岩陆家屯组($T_1l$)，说明早三叠世海水已经全面退出。

该区普遍缺失中三叠世，说明当时造山带已经全面隆升。晚三叠世，开始出现以大酱缸组沉积为代表的伸展盆地(烟筒山盆地和双阳盆地等)，说明造山带局部已经开始垮塌。但是，此时也是造山作用的峰期。

### 2. 造山期花岗岩

松嫩-吉中构造带广泛发育花岗岩类岩体。由于这些岩体侵入到晚古生代地层，又与侏罗纪地层沉积接触，在早期的 1∶20 万区域地质测量过程中被确定为海西期花岗岩。随着同位素测年技术的进展，人们发现，这些花岗岩体中的大部分(不是全部)是三叠纪花岗岩。事实上，这些三叠纪花岗岩体中的绝大部分是晚三叠世花岗岩，年龄集中于 227～203Ma。对发育于伊春市晨明镇南东 10km 处的跃进村岩体和云头砬子岩体进行 LA - ICP - MS 锆石 U - Pb 测年，分别获得 213±3Ma 和 209±3Ma 晚三叠世中期的年龄(图 2-70，表 2-10)。

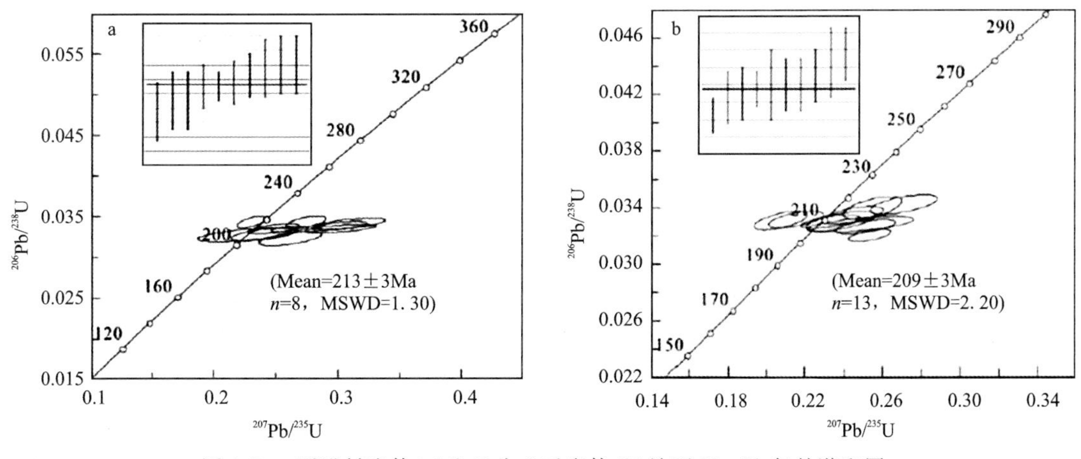


图 2-70　跃进村岩体(a)和云头砬子岩体(b)锆石 U - Pb 年龄谐和图

表 2-10 跃进村岩体和云头砬子岩体 LA－ICP－MS 锆石 U－Pb 年龄数据

| 岩体 | 点号 | Th/U | 同位素比值 | | | | 同位素年龄(Ma) | | | | |
|---|---|---|---|---|---|---|---|---|---|---|---|
| | | | $^{207}Pb/^{206}Pb$ | 1σ | $^{207}Pb/^{235}U$ | 1σ | $^{206}Pb/^{238}U$ | 1σ | $^{207}Pb/^{206}Pb$ | $^{207}Pb/^{235}U$ | $^{206}Pb/^{238}U$ |
| 云头砬子岩体 | YTL401 | 0.77 | 0.049 8 | 0.002 0 | 0.268 2 | 0.010 5 | 0.039 1 | 0.000 5 | 183±70 | 241±8 | 247±3 |
| | YTL404 | 1.58 | 0.066 8 | 0.003 6 | 0.953 8 | 0.048 4 | 0.104 1 | 0.001 8 | 830±77 | 680±25 | 638±10 |
| | YTL405 | 0.79 | 0.051 0 | 0.002 0 | 0.233 3 | 0.009 1 | 0.033 2 | 0.000 6 | 240±56 | 213±7 | 210±4 |
| | YTL406 | 0.46 | 0.054 8 | 0.000 4 | 0.271 6 | 0.021 4 | 0.036 0 | 0.000 6 | 403±185 | 244±17 | 228±4 |
| | YTL409 | 0.44 | 0.052 2 | 0.004 0 | 0.251 0 | 0.017 5 | 0.034 6 | 0.000 9 | 296±110 | 227±14 | 219±6 |
| | YTL410 | 0.26 | 0.052 4 | 0.018 2 | 0.241 1 | 0.083 5 | 0.033 3 | 0.001 0 | 303±566 | 219±68 | 211±7 |
| | YTL412 | 0.52 | 0.051 0 | 0.007 6 | 0.260 9 | 0.037 5 | 0.037 1 | 0.001 5 | 241±307 | 235±30 | 235±9 |
| | YTL414 | 0.69 | 0.053 1 | 0.005 1 | 0.244 4 | 0.024 0 | 0.033 1 | 0.000 8 | 332±177 | 222±20 | 210±5 |
| 跃进村岩体 | YJC01 | 0.31 | 0.052 7 | 0.004 4 | 0.252 0 | 0.021 8 | 0.034 3 | 0.000 9 | 317±148 | 228±18 | 217±6 |
| | YJC02 | 0.50 | 0.050 8 | 0.002 8 | 0.227 0 | 0.012 3 | 0.032 7 | 0.000 5 | 231±97 | 208±10 | 208±3 |
| | YJC04 | 0.35 | 0.055 3 | 0.003 4 | 0.257 9 | 0.014 3 | 0.035 0 | 0.000 8 | 426±85 | 233±12 | 222±5 |
| | YJC05 | 0.61 | 0.055 3 | 0.003 1 | 0.270 0 | 0.014 6 | 0.035 6 | 0.000 6 | 424±92 | 243±12 | 225±4 |
| | YJC06 | 0.69 | 0.064 4 | 0.003 3 | 1.006 0 | 0.049 9 | 0.001 8 | 0.000 1 | 754±78 | 707±25 | 695±10 |
| | YJC07 | 0.44 | 0.054 1 | 0.002 3 | 0.246 3 | 0.010 1 | 0.033 0 | 0.000 4 | 373±68 | 224±8 | 209±3 |
| | YJC012 | 0.60 | 0.055 3 | 0.006 4 | 0.249 9 | 0.027 8 | 0.033 5 | 0.000 9 | 424±201 | 226±23 | 213±6 |
| | YJC013 | 0.45 | 0.055 0 | 0.003 4 | 0.253 0 | 0.015 4 | 0.033 4 | 0.000 7 | 412±100 | 229±12 | 211±4 |
| | YJC014 | 0.56 | 0.052 5 | 0.003 3 | 0.242 8 | 0.014 8 | 0.034 0 | 0.000 6 | 308±107 | 221±12 | 215±4 |
| | YJC015 | 0.46 | 0.049 4 | 0.003 1 | 0.229 5 | 0.014 2 | 0.033 5 | 0.000 6 | 169±109 | 210±12 | 213±4 |
| | YJC016 | 0.60 | 0.048 4 | 0.002 9 | 0.230 5 | 0.013 3 | 0.034 7 | 0.000 5 | 121±102 | 211±11 | 220±3 |
| | YJC018 | 0.44 | 0.051 9 | 0.003 1 | 0.241 9 | 0.014 2 | 0.034 3 | 0.000 5 | 279±108 | 220±12 | 218±3 |
| | YJC019 | 0.40 | 0.052 8 | 0.003 1 | 0.243 2 | 0.014 0 | 0.033 5 | 0.000 5 | 321±107 | 221±11 | 212±3 |
| | YJC020 | 0.90 | 0.053 7 | 0.011 9 | 0.240 5 | 0.053 3 | 0.032 4 | 0.001 8 | 357±358 | 219±44 | 205±11 |

云头砬子岩体位于晨明镇威岭渡口东，侵入于宝泉组中，岩性主要为碱长花岗岩；跃进村岩体位于桦阳北东朱拉比拉河沿岸，岩性以石英闪长岩和闪长岩为主(图 2-71a)。

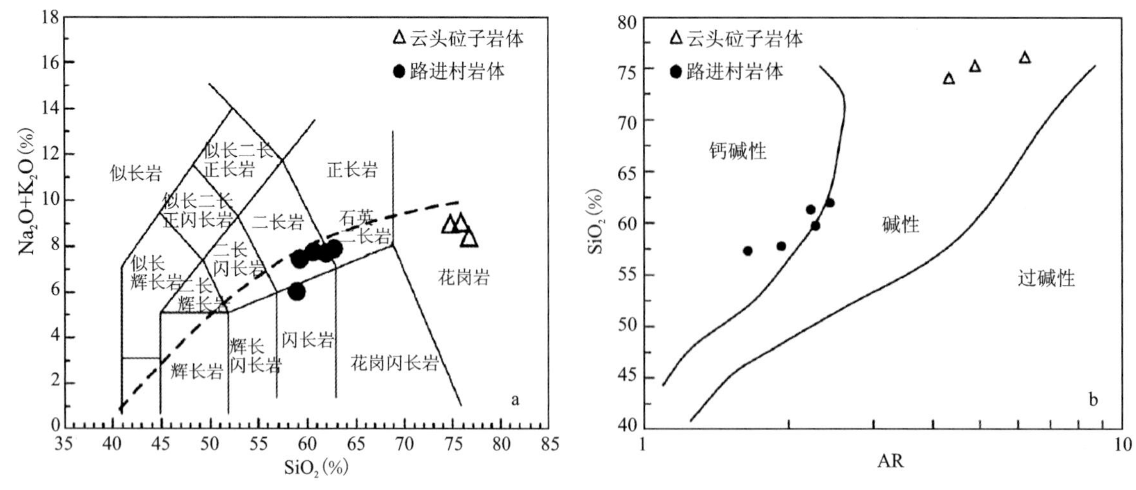


图 2-71 岩体 TAS 图解(a)和碱度率图解(b)

从矿物组成来看，云头砬子岩体是碱性长石（＋斜长石）＋石英＋黑云母；跃进村岩体则以斜长石为主，并出现了角闪石。

云头砬子岩体 $SiO_2$ 介于 74.71%～76.65%之间，跃进村岩体介于 58.95%～62.75%之间；云头砬子岩体以 $K_2O>Na_2O$ 为主，跃进村岩体 $Na_2O>K_2O$；两者均为准铝质岩石，云头砬子岩体A/CNK为 0.9～1.0，跃进村岩体 A/CNK 为 0.75～0.95。

虽然在 TAS 图解中，两者均位于亚碱性区（图 2-72a），但是由于云头砬子岩体的 $SiO_2$ 含量大于 70%，而用碱度率图解表明，云头砬子岩体属于碱性系列，跃进村岩体属于钙碱性系列（图 2-71b）。

两者在稀土和微量元素组成上亦有明显区别：云头砬子岩体具有强烈的负铕异常（图 2-72a），并且强烈亏损 Sr、Ba 等大离子亲石元素和 Nb、Ta、Ti、P 等高场强元素（图 2-72b）。

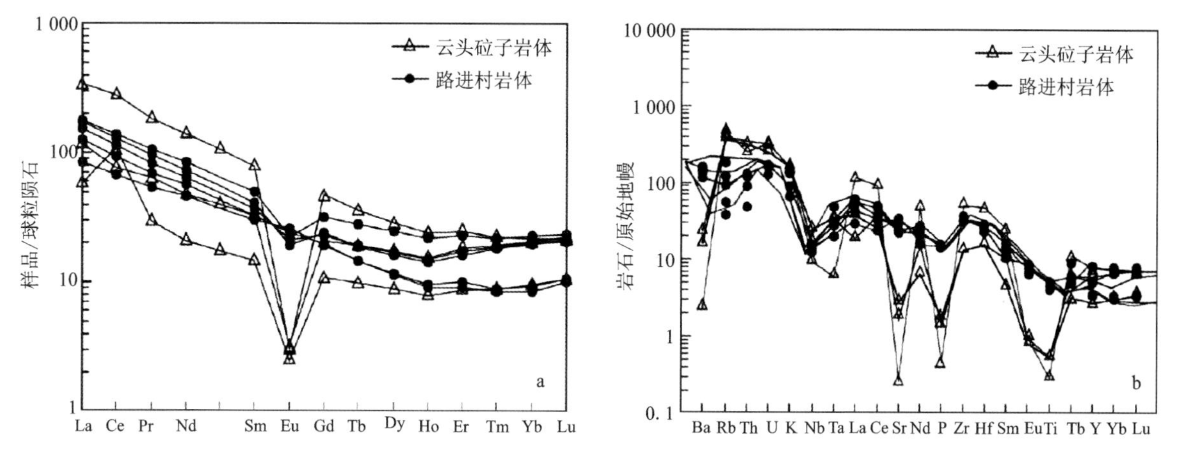


图 2-72　云头砬子岩体和跃进村岩体稀土配分图（左）和微量元素蛛网图（右）

上述特征表明，云头砬子岩体是典型的 A 型花岗岩，而跃进村岩体则是 I 型花岗岩（图 2-73）。

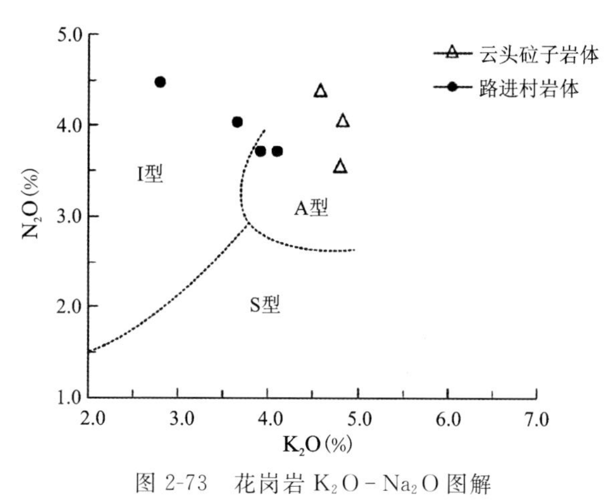


图 2-73　花岗岩 $K_2O-Na_2O$ 图解

晚三叠世 A 型花岗岩与 I 型花岗岩共存，也说明此时是造山期向后造山伸展期的转换时期。

## 第五节　松嫩盆地基底性质

松嫩盆地是中生代以来，主要是白垩纪以来的断陷盆地。但是，盆地内中—新生代盖层之下的盆地基底性质是人们一直关注和争论的问题。

## 一、中—新生代盖层之下的晚古生代地层

早期，对于松嫩盆地基底性质的争论的焦点是在中—新生代盆地盖层之下是前寒武纪结晶基底还是晚古生代褶皱基底。随着油田勘探和开采以及科学研究进展，人们已经不再否认晚古生代地层的存在。

庞庆山等(2002)运用地质、地震及基底磁性体分析相结合的方法，预测了松辽盆地北部基底石炭系—二叠系的分布，结果表明：石炭系—二叠系厚度在整个松辽盆地北部变化较大，一般厚度为3.0～4.5km，在三肇地区最厚，达6.0km，在盆地北部的中央隆起带以东地区和西北区较厚，其他地区相对较薄或不发育。总体可以将石炭系—二叠系的分布分为两个带，即东部石炭系—二叠系浅变质岩带和西北部石炭系—二叠系浅变质岩带(图2-74)。

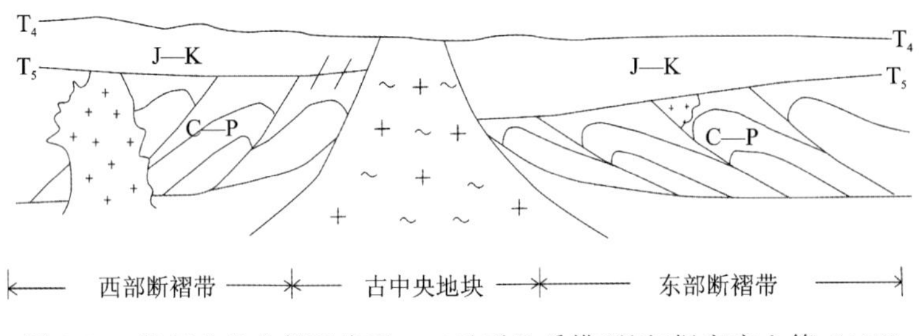


图2-74 松辽盆地北部石炭系—二叠系地质模型图(据庞庆山等，2002)

余和中等(2003)采用了地震、探井、区域地质调查相结合的方法，编制了松辽盆地石炭系—二叠系分布图(图2-75)。得出3个厚度高值区：林甸地区，最厚达7 500m；东北隆起区，最厚达5 500m；东南隆起区，一般最厚达4 500m。其中，东南隆起区保存相对较完整，最大厚度在盛1井一带，厚度达7 500m。

另外，从长春一直伸向松嫩盆地腹部，在占据盆地大部分的范围内是一个航磁负异常带。由于全球古生界岩层基本上都是反向磁化的特征(谢明谦，2000)，而这一现象也同样暗示了松嫩盆地晚古生代褶皱基底的存在(图2-76)。

截至1997年，松嫩盆地有钻遇石炭系—二叠系并取得石炭系—二叠系岩性资料的探井共177口，其中钻遇石炭系—二叠系浅变质岩的有41口井：板岩34口，千枚岩7口(高瑞祺等，1997)。松嫩盆地主要钻遇石炭系—二叠系如下(梁爽等，2009)。

保6孔结晶灰岩中见蜓科化石；杜101井1 662.2～1 947m一段流纹岩与灰岩或泥灰岩互层钻孔剖面中，深黑色泥灰岩中产*Spiriferellasaranae*等哲斯动物群化石组合；TB86井安山岩锆石U-Pb年龄为368±7Ma；N103井流纹岩锆石U-Pb年龄为287±5.1Ma；杜1.4井获得花岗岩类岩石锆石U-Pb年龄为305±2Ma；洮6井获得花岗岩类岩石锆石U-Pb高精度年龄236±3Ma；芳深6井3 510.4m深处获得花岗岩质糜棱岩$^{40}Ar/^{39}Ar$坪年龄为245.01Ma；榆参1井1 994m深处基底钾长花岗岩锆石U-Pb年龄为361±2Ma；榆参1井2 126m深处闪长岩捕获的岩浆成因结晶锆石U-Pb年龄为364±3Ma。

杨继良等应用K-Ar法对盆地内30多块基底岩样进行了同位素定年，一般年龄值为301～135Ma，未发现大于350Ma的数据。因此认为，基底岩石类型均可与盆地四周相应层位岩石对比，即盆地基底主要属于天山-兴安海西褶皱带的一部分，是一个由周边向内延伸形成的晚古生代地层拼合基底。

章凤奇等(2007)对松辽盆地北部徐家围子断陷区营城组广泛发育的、以酸性喷发岩为主的中酸性

火山岩(玄武粗安岩、安山岩、英安岩、流纹岩及流纹质火山碎屑岩)进行 SHRIMP 锆石 U－Pb 定年结果显示,营城组火山岩形成于 113～111Ma 之间,没有发现更老年龄的捕获锆石。

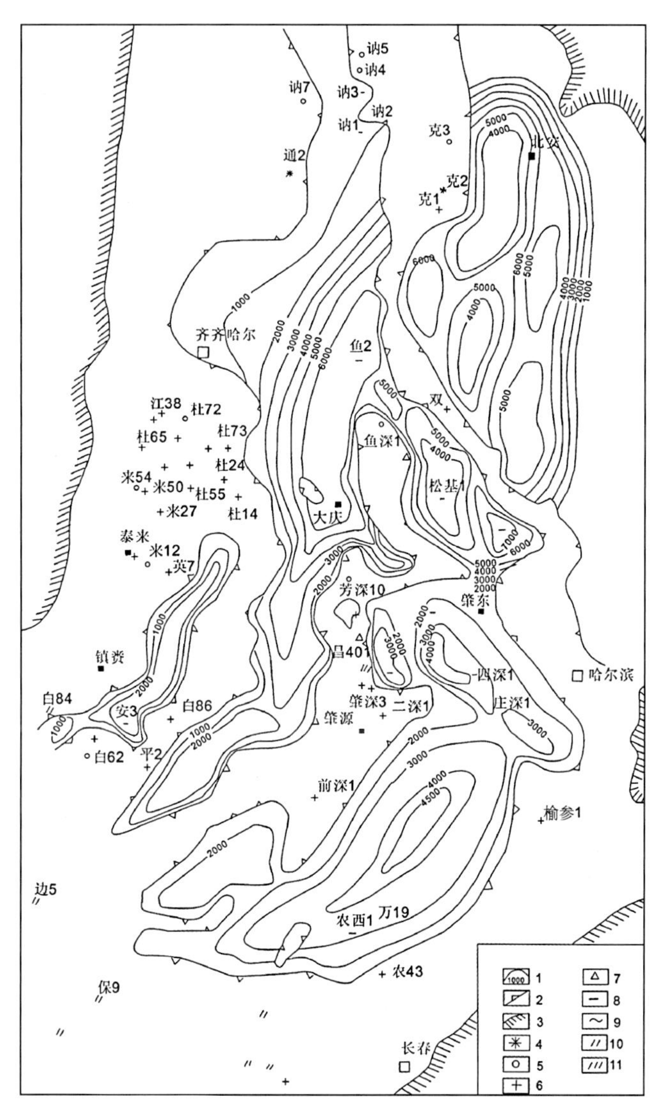


图 2-75　松嫩盆地石炭系—二叠系厚度等值线图(据余和中等,2003)

1. 等值线;2. 地层超负线;3. 盆地边界;4. 钻遇花岗岩、糜棱岩化花岗岩、破碎花岗岩;5. 钻遇花岗片麻岩;6. 钻遇蚀变安山岩、安山岩;7. 钻遇糜棱岩;8. 钻遇板岩;9. 钻遇千枚岩;10. 钻遇片岩;11. 钻遇片麻岩

Gao 等(2007)对松嫩盆地西部斜坡和东南隆起区 7 个基底花岗岩和花岗闪长岩进行 LA－ICP－MS 锆石 U－Pb 定年,获得 236±3Ma、319±1Ma、361±2Ma、161±4Ma、175±2Ma、165±2Ma 和 181±3Ma 的年龄值。由于没有发现早于晚古生代的捕获锆石,Gao 等(2007)推测,在晚古生代基底之下可能没有更古老的地质体。

Wu 等(2000)研究认为,松辽盆地基底主要由浅变质—未变质的古生代地层、花岗岩和片麻岩组成。岩相学研究表明,所谓的片麻岩应为变形的花岗质侵入体,锆石 U－Pb 同位素定年结果显示,这些花岗岩形成于晚古生代(305±2Ma)和晚中生代(165±3Ma),且基本不含古老锆石残留,表明松嫩盆地不具备大规模前寒武纪结晶基底。

因此,在中—新生代盆地盖层之下是巨厚的晚古生代地层无疑。

图 2-76　松辽盆地航磁化极上延 20km 异常图(据谢明谦,2000)

实线为正异常;虚线为负异常;等值线间距(—10nT)

## 二、中—新生代盖层之下的晚古生代构造性质

吉中弧形构造分布于长春市至吉林市之间,是一个南北向的晚古生代至早中生代造山带的一部分,造山带缝合线的南段就是红旗岭-小绥河混杂岩带。

缝合线的东侧是佳木斯地块+张广才岭早古生代增生造山带组成的新地块西侧的活动大陆边缘,包括逊克-一面坡-青沟子火山弧和大河深-寿山沟弧前盆地;西侧是磐石-长春-华安被动大陆边缘。

这个被动大陆边缘是内蒙古中部的古亚洲洋在晚古生代早期闭合(邵济安,1991)后形成的总体南北向、向西突出的弧形海湾。因此,在华安至白城一线,晚古生代被动大陆边缘沉积呈北东向,而在长春至磐石一线呈北西向,是继承了当时大陆边缘的形态。

通常情况下,以此种方式形成的被动大陆边缘不应该发育二元结构。但是,长春-磐石被动陆缘发育典型的以余富屯组双峰式火山岩夹沉积岩为裂陷相、其上为移离相的二元结构(华安—白城一线也发育,时间略有差异),说明当时曾经发育有陆缘裂谷。这也很好地解释了混杂岩中外来岩块的由来。

这个南北向造山带,向南终于敦密断裂,向北大部分没入松嫩盆地中—新生代盖层之下。在吉林省中部的长春市至吉林市之间形成的"吉中弧形构造"只是在晚白垩世至古近纪时,当沿着敦密断裂发生大规模左行走滑时,在敦密断裂和依舒断裂构成的边界条件制约下形成的局部构造。

因此,松嫩盆地的中—新生代盖层之下的晚古生代地层是吉林中部晚古生代地层的延续。构造性质也如吉中弧形构造那样,是南北向的晚古生代—早中生代的造山带。

## 三、松嫩盆地中前寒武纪结晶基底存疑

长期以来，人们一直将松嫩盆地的范围称之为松嫩板块、松嫩微板块或松嫩地块，暗示在中—新生代以及晚古生代之下存在前寒武纪结晶基底。这也是作为板块、微板块或者地块的前提条件。但是，一直缺少直接证据。作为推测的证据，主要来自以下两个方面。

其一是根据地球物理资料进行的推测。庞庆山等(2002)在预测了松辽盆地主要存在3套较强的磁性物质：①前寒武纪强磁性质的基岩；②与中生代火山岩有关的较强磁性物质；③各期岩浆活动所形成的侵入岩体。并模拟了深部磁性体最小埋深顶面(图 2-77)。

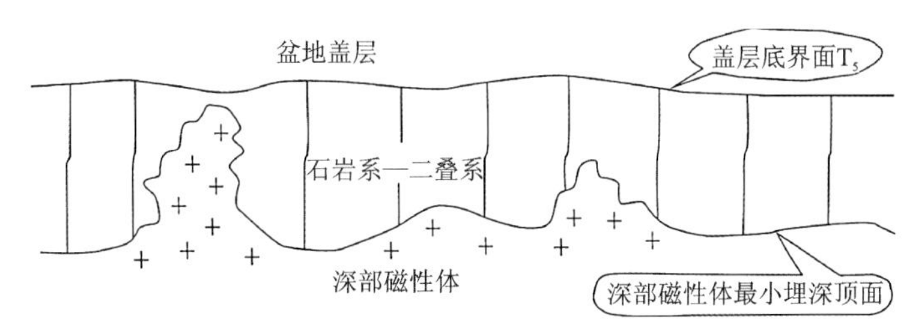


图 2-77　磁性体最小埋深法模型(据庞庆山等，2002)

其二是根据测年结果进行的推测。裴福萍等(2006)对松嫩盆地南部基底中的6个变质岩和1个火山角砾岩中的变花岗岩角砾进行了 LA-ICP-MS 锆石 U-Pb 定年。结果表明，变辉长岩和变花岗岩(角砾)中锆石均具有岩浆成因的核和变质的增生边，其核部定年结果分别为1 808±21Ma 和1 873±13Ma；斜长角闪岩和绿泥片岩定年结果分别为274±3.4Ma 和264±3.2Ma；变流纹质凝灰岩和绢云片岩的定年结果分别为424±4.5Ma 和287±5.1Ma；黑云阳起石英片岩碎屑锆石给出了427±3.1Ma、455±12Ma、696±13Ma、1 384±62Ma、1 649±36Ma、1 778±18Ma、2 450±9Ma、2 579±10Ma、2 793±4Ma 和2 953±14Ma 的年龄值。其结果暗示了松嫩盆地南部存在前寒武纪结晶基底(1 873～1808Ma)的可能性。

裴福萍等(2008)也对松嫩盆地南部7个钻孔的中生代火山岩(火石岭组和营城子组)进行了 LA-ICP-MS 锆石 U-Pb 定年。除获得火石岭组火山岩形成于133～129Ma 和营城组火山岩形成于119～110Ma 的年龄值外，还获得了捕获锆石的年龄，包括中晚侏罗世(169～155Ma)、印支期(236～218Ma)、海西期(254Ma、294Ma)、加里东期(413Ma)和前寒武纪(1 823Ma、2 542Ma)的岩浆事件年龄。这也同样暗示前寒武纪结晶基底的存在。

章凤奇等(2008)对松辽盆地北部早白垩世火山岩中锆石 SHRIMP 定年研究过程中，在多个样品中发现了古老锆石。这些锆石主要形成于前寒武纪，并且认为它们可能来源于盆地北部深层的基底岩石，是火山喷发过程中捕获的。锆石年龄大致可分为3组：1 848±34Ma、1 600±29Ma 和1 293±41Ma，指示了盆地基底在古元古代和中元古代期间经历的多次构造-岩浆事件，由此认为松辽盆地北部存在前寒武纪基底。

宋卫卫等(2012)对松辽地块南部上古生界哲斯组进行 LA-ICP-MS 锆石 U-Pb 定年，结果显示了主要年龄区间：378～263Ma(峰值年龄274Ma)、547～405Ma(峰值年龄515Ma)、660～74Ma(峰值年龄为923Ma)，其余均为中元古代年龄1 165Ma、1 369Ma、1 476Ma、1 517Ma。据此认为松辽地块为一个稳定的微地块，而不是长期活动的造山带。

# 第三章　敦密-阿尔昌断裂两盘地质体对比

敦密-阿尔昌断裂呈北东走向，斜切吉林省与黑龙江省东部和俄罗斯滨海边疆区，并将前晚白垩世构造带腰斩、左行错移达300余千米。

## 第一节　构造带对比

敦密-阿尔昌断裂两盘构造带、构造带的排列顺序以及地质体的特征可以一一对应。

### 一、断裂带两盘构造带的对应关系

敦密-阿尔昌断裂两盘的构造带对应关系如表3-1所示。

表3-1　敦密-阿尔昌断裂两盘典型构造带对应关系

| Ⅰ级构造带 | 构造性质 | Ⅱ级构造带 | 物质组成 | 构造性质 | 时代 |
|---|---|---|---|---|---|
| 西北太平洋构造带 | 增生造山带 | 萨玛尔金 vs 那丹哈达-比金 | 浊积岩、蛇绿混杂岩 | 俯冲带（增生楔） | 中、晚侏罗世 |
| 兴凯 vs 佳木斯 | 被动陆缘 | 马特维耶夫-纳西莫夫 vs 佳木斯 | 富铝片麻岩 | 片麻岩穹隆 | 前寒武纪 |
| 西兴凯 vs 张广才岭 | 增生造山带 | 斯帕斯克 vs 牡丹江 | 浊积岩、蛇绿混杂岩 | 俯冲带（增生楔） | 早古生代 |
| | | 谢尔盖耶夫 vs 二合营 | 片岩和片麻岩 | 陆缘沉积岩＋洋壳 | 前寒武纪—早古生代 |
| | | 沃兹涅先 vs 伊春-延寿 | 碳酸盐岩夹砂岩、板岩 | 裂谷 | 早寒武世 |
| 延边 vs 松嫩-吉中 | 造山带 | 老爷岭-格罗杰科 vs 逊克-一面坡-青沟子 | 火山岩、火山碎屑岩 | 火山弧 | 二叠纪 |
| | | 汪清-咸北 vs 大河深-寿山沟 | 以海相到陆相沉积岩为主 | 弧前盆地 | 二叠纪 |
| | | 青津-青龙村 vs 红旗岭-小绥河 | 浊积岩、蛇绿混杂岩 | 俯冲带（缝合线） | 二叠纪 |
| | | 古洞河 vs 磐石-长春 | 陆源碎屑岩、碳酸盐岩 | 被动大陆边缘 | 石炭纪、二叠纪 |

## 二、构造带排列顺序

敦密-阿尔昌断裂两盘构造带的排列顺序以及形成时期和构造属性也是对应的。

| | | | | |
|---|---|---|---|---|
| 南东盘(自东向西): | 萨马尔金 → | 兴凯 → | 西兴凯 → | 延边 |
| | 增生造山带 | 被动陆缘 | 增生造山带 | 碰撞造山带 |
| | $J_2$—$K_1$ | 前寒武 | 早古生代 | 晚古生代 |
| 北西盘(自东向西): | 那丹哈达 → | 佳木斯 → | 张广才岭 → | 松嫩-吉中 |
| | 增生造山带 | 被动陆缘 | 增生造山带 | 碰撞造山带 |
| | $J_3$—$K_1$ | 前寒武纪 | 早古生代 | 晚古生代 |

不仅Ⅰ级构造带是如此,Ⅱ级构造带也同样可以一一对应。

西兴凯构造带是早古生代增生造山带,与张广才岭构造带对应。自东向西的斯帕斯克、谢尔盖耶夫、沃兹涅先构造带与张广才岭的牡丹江、二合营、伊春-延寿构造带对应。

延边造山带是海西期—印支期造山带,与松嫩-吉中海西期—印支期造山带对应。自东向西的火山岩浆弧(老爷岭-格罗杰科)、弧前盆地(汪清-咸北)、混杂岩带(清津-青龙村)、被动陆缘(古洞河)与松嫩-吉中造山带的逊克-一面坡-青沟子(火山岩浆弧)、大河深-寿山沟(弧前盆地)、红旗岭-小绥河(混杂岩带)、磐石-长春(被动陆缘)对应。

## 三、典型地质体地质特征对比

敦密-阿尔昌断裂两盘相对应的构造带中地质体特征可以对比。

### 1. 兴东群和麻山群 vs 马特维耶夫组和鲁任组

马特维耶夫组和鲁任组发育在马特维耶夫-纳西莫夫地块。马特维耶夫组主要由黑云片岩、夕线石黑云母片岩、石墨片岩、堇青石石榴子石夕线石片岩、片麻岩夹磁铁石英岩、大理岩以及混合岩组成,总厚度达 3 000m;鲁任组主要由大理岩(常含石墨粗晶)组成(厚 1 000m),夹若干层黑云片麻岩、黑云片岩、二云母片岩、电气石石墨片岩和透辉石片岩,夹层的最大厚度可达 50m。含石墨的片岩或片麻岩,局部形成石墨的工业矿体。

这套变质岩的岩石组合以及含矿性(石墨矿)与组成佳木斯地块的麻山群和兴东群完全一致。特别是鲁任组的含石墨大理岩夹片岩、片麻岩组合与兴东群大盘道组(黑龙江省地质矿产局,1993)完全一致。

麻山群的变质相为高角闪岩相到麻粒岩相,这也与马特维耶夫组的变质相一致。两者均具有典型孔兹岩系特征,并且在构造形态上也一致。据《黑龙江省区域地质志》(黑龙江省地质矿产局,1993):"麻山群呈近东西向卵形穹隆……";而马特维耶夫-纳西莫夫地块也是被近东西向的卡巴尔金斯克寒武纪裂谷分开的两个片麻岩穹隆(H. I. Khanchuk et al,2006)。

因此,佳木斯地块与兴凯地块中的马特维耶夫-纳西莫夫地块在岩石组合、原岩建造、变质程度、含矿性以及构造形态上可以完美对应。

### 2. 黑龙江群蛇绿混杂岩 vs 德米特里耶夫组蛇绿混杂岩

黑龙江群主要为各种绿泥片岩、白云钠长片岩、绢云石英片岩、蓝片岩、蛇纹辉石橄榄岩块、大理岩透镜体及磁铁石英岩和赤铁角闪石英片岩(张兴洲,1991)。根据黑龙江群中广泛发育的蓝片岩(白景文等,1988;Yan et al,1989;Liu et al,1990;刘静兰,1991)以及黑龙江群中广泛分布的镁铁质—超镁铁质岩块、变质枕状玄武岩、含放射虫的硅质岩(张兴洲,1992)和含几丁虫的灰黑色千枚岩(李锦轶等,1999),人们普遍认为黑龙江群是含有解体蛇绿岩岩块的混杂岩,并经历了蓝片岩相低温高压变质作用(曹熹等,1992;张兴洲,1991,1992;李锦轶等,1999;Liu et al,1990;Wu et al,2007;李旭平等,2010),代表牡丹江洋向佳木斯地块的增生和俯冲过程。

牡丹江构造带主要由黑龙江群组成,与之对应的是斯帕斯克构造带。在斯帕斯克构造带中发育有①砂页岩层;②普罗霍罗夫卡层;③德米特里耶夫组、麦尔库舍夫组和麦德维任组。而与黑龙江群蛇绿混杂岩对应的是德米特里耶夫组蛇绿混杂岩,属于蛇绿岩套的有碱性火山岩、带泥灰岩夹层的火山岩、滑石菱镁矿岩、辉长岩、辉长辉绿岩以及磷灰石斜方辉石橄榄岩的堆晶岩。另外还发育灰岩的外来岩块。混杂岩的基质是一套滑塌堆积岩和浊积岩。志留纪的沉积砾岩限制了斯帕斯克构造带增生时限的上限。而根据采集最早的托莫特纪古杯海绵门化石判断,得到砂页岩层位于剖面最底部的结论,确定德米特里耶夫组的沉积时代不会早于寒武纪初期。

因此,黑龙江群与德米特里耶夫组的共同之处在于:①均为蛇绿混杂岩;②处于相同的构造位置;③一致的形成时期。但是,两者也有一个明显不同:德米特里耶夫组没有发生蓝片岩相变质。事实上,敦密-阿尔昌断裂两盘剥蚀程度明显不同,暂时将之归结于此。

### 3. 张广才岭群变质杂岩 vs 谢尔盖耶夫构造带的变质杂岩

谢尔盖耶夫构造带位于斯帕斯克构造带与沃兹涅先构造带之间,其南侧已经仰冲至中侏罗世增生楔的萨马尔金构造带之上。

谢尔盖耶夫构造带的变质杂岩由角闪岩、角闪片麻岩、角闪黑云片麻岩、阳起石片岩、混合岩和少量大理岩、石英岩、磁铁石英岩组成。辉长片麻岩获得锆石 U－Pb 年龄为 528±3Ma,角闪片麻岩获得年龄为 504±2.6Ma。

与之对应的张广才岭群的新兴组(千枚岩、二云石英片岩、石英岩夹少量大理岩)和红光组(斜长角闪岩、细粒角闪斜长片麻岩、透闪石大理岩、绿帘阳起片岩、黑云片岩和云母片岩)。在张广才岭群,获得了 462.5±3.6Ma 和 549.7±3.8Ma 两种变质和原岩的锆石 U－Pb 年龄。

### 4. 纳瑟罗夫层和沃尔库申组(十新亚斯罗夫组)vs 东风山群和西林群

沃兹涅先斯科构造带位于兴凯地块的西南部,西侧以南北走向的西滨海断裂与老爷岭-格罗杰科晚古生代构造带相邻。

沃兹涅先斯科构造带主要由两套地层组成:①以纳瑟罗夫层(杂色砂岩、石英绢云赤铁矿片岩和含细粒石英岩、粉砂岩夹层的绢云片岩)为代表;②以新雅斯罗夫组(白云岩、绢云片岩、碳质板岩)和沃尔库申组(以夹有碳质页岩和硅质页岩薄层的灰岩为主)为代表。前者属于基底岩系,形成于新元古代晚期;后者属于盖层,形成于阿尔丹阶(新雅斯罗夫组)和列恩阶(沃尔库申组)。

从构造位置上看,沃兹涅先斯科构造带与伊春-延寿构造带对应无疑。而其中的纳瑟罗夫层也可以与东风山群对比(表 3-2)。

表 3-2 纳瑟罗夫层与东风山群对比

| 纳瑟罗夫层 | | 东风山群 | |
|---|---|---|---|
| | | 亮子河组 | 桦皮沟组 |
| 岩性 | 杂色砂岩、石英绢云赤铁矿片岩、细粒石英岩、粉砂岩、绢云片岩 | 绢云石英片岩、二云石英片岩、碳质片岩、磁铁石英岩和大理岩 | 石墨二云片岩、二云石英片岩、电气石石英岩、大理岩 |
| 时代 | 新元古代末 | <750±12Ma | |

而西林群的铅山组与沃尔库申组则有更多的相似性:①两者的时代都属于早寒武世;②两者的岩性

都是灰岩夹薄层的砂岩、板岩；③两者都发育喷流沉积成因的铅锌矿，即小西林铅锌矿和沃兹涅先斯科耶铅锌矿。

### 5. 老爷岭-格罗杰科弧火山岩 vs 逊克-一面坡-青沟子弧火山岩

老爷岭-格罗杰科构造带发育的弗拉迪沃斯托克组、长大砬子组、巴拉巴什组等均为陆相火山岩＋火山碎屑岩＋砂、板岩组合。火山岩以安山岩为主，其次为流纹岩。这与北西盘一面坡群额头山组和固安屯组岩性组合及形成时代一致。

### 6. 汪清-咸北弧前盆地岩性组合 vs 大河深-寿山沟弧前盆地岩性组合

属于延边构造带的汪清-咸北弧前盆地与大河深-寿山沟弧前盆地几乎具有完全相对应的岩性组合（表 3-3）。

表 3-3　汪清-咸北弧前盆地与大河深-寿山沟弧前盆地地层对比

| 汪清-咸北弧前盆地 | | | | | 大河深-寿山沟弧前盆地 | | | | |
|---|---|---|---|---|---|---|---|---|---|
| 地层 | 时代 | 厚度(m) | 岩性 | 岩相 | 地层 | 时代 | 厚度(m) | 岩性 | 岩相 |
| 解放村组 | $P_{2-3}$ | 2 874.88 | 中粗粒砂岩、中砂岩、细砂岩、粉砂岩、泥质粉砂岩、板岩 | 海陆交互相 | 双胜屯组 | $P_3$ | ＞3 000 | 粉砂岩、泥岩、页岩、少量凝灰质砂岩和灰岩 | 海陆交互相 |
| 满河组 | $P_2$ | ＞2 000 | 中性火山岩、火山碎屑岩夹砂岩，局部有灰岩透镜体 | 海相 | 大河深组 | $P_2$ | ＞3 486 | 流纹岩、安山岩和相应的火山碎屑岩夹碎屑岩 | 海相 |
| 庙岭组 | $P_2$ | 702.55 | 砂岩、板岩为主夹灰岩透镜体 | 海相 | 寿山沟组 | $P_2$ | ＞1 269 | 碎屑岩夹灰岩透镜体 | 海相 |

庙岭组和寿山沟组的标型特征是以砂岩为主的砂岩、板岩组合夹灰岩透镜体。此外，庙岭组和寿山沟组均发育巨厚的孤立碳酸盐岩台地型的碳酸盐岩，连续厚度可达数百米，也是两者具有标型意义的特征。

满河组和大河深组均以中性—酸性火山熔岩和火山碎屑岩夹碎屑岩为特征。这里的满河组是指当初建立的关门嘴子组的下亚组。

解放村组和双胜屯组均以巨厚的板岩为特征（包括粉砂质板岩），连续厚度可达数百米。这两个组的另一特征是由海相到陆相，代表弧前盆地的结束。

### 7. 清津-青龙村混杂岩带 vs 红旗岭-小绥河混杂岩带

清津-青龙村混杂岩带的东界呈南北向，大致从开山屯至北部的天桥岭，与汪清-咸北弧前盆地相接；西部的边界呈北北西向，大体与青龙村群西界一致。红旗岭-小绥河混杂岩带的东界沿着天岗-五里河断裂和桦甸-双河镇断裂，与大河深-寿山沟弧前盆地相接；西部边界大致沿着细林河至烟筒山呈北西向。

清津-青龙村混杂岩带的洋壳成分与红旗岭-小绥河混杂岩带中洋壳成分完全一致。除发育方辉橄榄岩、二辉橄榄岩、橄榄辉石岩等，还发育硫化铜镍矿床和铬铁矿床及矿化。洋壳年龄和变质年龄也几乎相同：清津-青龙村为(265.2±5.1)～(250.7±2.3)Ma，红旗岭-小绥河为(272±3.6)～(250.07±2.44)Ma，并都经历了晚三叠世的热事件。两者在岩石化学特征方面也相近，特别是两者均具有异常大洋中脊的稀土配分模式（图 3-1）。

红旗岭-小绥河混杂岩带中发现了较多的外来岩块。在清津-青龙村混杂岩带中，目前只有山秀岭组灰岩($C_2$—$P_1$)作为外来岩块的报道。孙跃武(2012)在吉林省延边地区汪清县大兴沟镇和盛村附近建立的含早二叠世华夏植物群陆相地层——和盛组，也应该属于外来岩块范畴。它们都有一个共同特点——植物属于华夏植物，动物也多是与发育于华北、华南的动物区系相同。

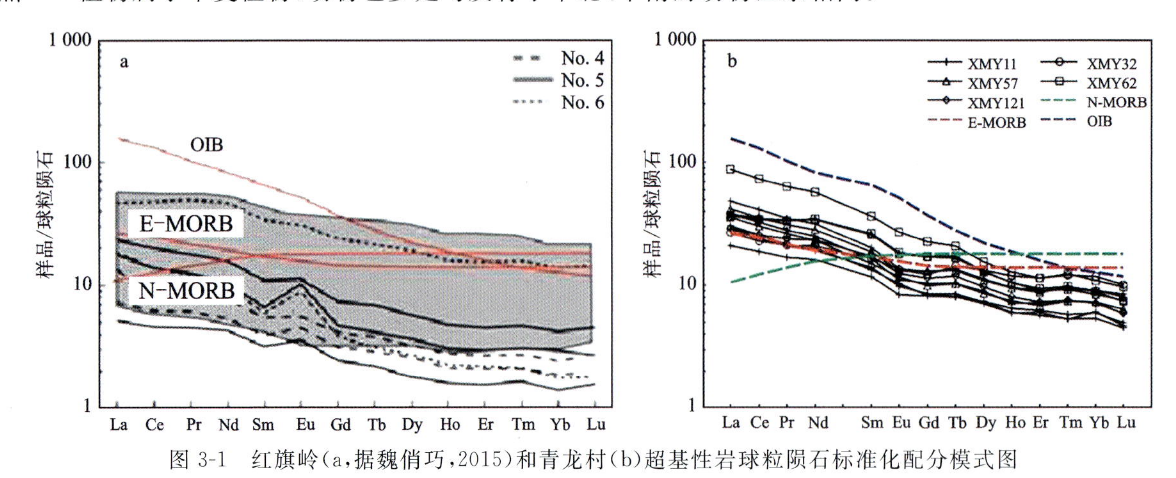


图 3-1 红旗岭(a，据魏俏巧，2015)和青龙村(b)超基性岩球粒陨石标准化配分模式图

**8. 大洋体制转换的形迹**

邵济安(1991)通过对晚古生代地层的沉积相和建造、蛇绿岩和蛇绿混杂堆积的分析后指出：内蒙古中部“中朝板块北侧的洋盆是在晚泥盆世至早石炭世消亡的。在晚泥盆世至早石炭世，中朝板块北缘大部分地区处于隆起剥蚀状态，仅板缘局部地区保留了滨浅海相的陆表海沉积”。并且将晚古生代陆壳演化划分为 3 个阶段：①法门阶之前的中泥盆世是兴蒙造山带的主造山阶段；②晚泥盆世—早石炭世进入后碰撞阶段；③晚石炭世—早二叠世兴蒙造山带的年轻陆壳在伸展背景下，上叠的新生性裂陷槽构造而非大洋板块控制了同期的沉积作用和岩浆活动(邵济安等，2015)。

正是由于“中泥盆世是兴蒙造山带的主造山”作用，在华安—洮南—长春—磐石一线形成了一个具有被动大陆边缘性质的弧形海湾。它的南翼被动陆缘沉积呈北西向，而早古生代及以前的构造线方向呈东西向。两者之间的夹角代表了大洋体制的转换。

同样，在敦密-阿尔昌断裂以南的和龙市青龙村附近，青龙村群混杂岩带呈北北西向，而古洞河断裂及以南的古老构造线呈北西西向。两者之间的夹角同样代表了大洋体制的转换。

## 第二节 断裂构造的对应关系

敦密-阿尔昌断裂两盘主干断裂构造(构造带分界断裂)对应关系如表 3-4 所示。

**表 3-4 敦密-阿尔昌断裂两盘主干断裂构造对应关系**

| 敦密-阿尔昌断裂北西盘 | | | | 敦密-阿尔昌断裂南东盘 | | | |
|---|---|---|---|---|---|---|---|
| 构造性质 | 走向 | 构造位置 | 构造名称 | 构造性质 | 走向 | 构造位置 | 构造名称 |
| $J_3$—$K_1$俯冲带边界 | NNE | 那丹哈达-比金构造带与佳木斯地块构造边界 | 跃进山断裂 | $J_2$—$K_1$俯冲带边界 | NNE | 萨马尔金构造带与兴凯地块构造边界 | 阿尔谢尼耶夫断裂 |
| 早古生代俯冲带边界 | SN | 佳木斯地块西侧 | 牡丹江断裂 | 早古生代俯冲带边界 | SN | 兴凯地块南侧和西侧 | 斯帕斯克断裂 |
| 张广才岭构造带与松嫩-吉中构造带分界断裂 | SN | 张广才岭构造带西侧 | 逊克-铁力-尚志断裂 | 西兴凯构造带与延边构造带分界断裂 | SN | 西兴凯构造带西侧 | 西滨海断裂 |

## 第三节　敦密-阿尔昌断裂左行走滑距离

有许多有关敦密断裂左行走滑距离的论述。比较普遍被接受的观点是左行走滑距离大致为150km。这是根据华北克拉通北缘被敦密断裂“错断”的距离估算的。

根据表3-4中6条相互对应的断裂(阿尔谢尼耶夫断裂/跃进山断裂、斯帕斯克断裂/牡丹江断裂、西滨海断裂/逊克-铁力-尚志断裂)沿着敦密-阿尔昌断裂错断的距离，参考相邻地质体错断距离，在新编1∶100万地质图上测量左行走滑的距离大致是270～320km。其中阿尔谢尼耶夫断裂/跃进山断裂左行走滑距离270km。斯帕斯克断裂/牡丹江断裂左行走滑距离300km。西滨海断裂/逊克-铁力-尚志断裂左行走滑距离320km。

不同断裂及相关地质体标定的走滑距离的数据差异较大，主要原因：①沿着敦密-阿尔昌断裂的新生界出露宽度较大，所有断裂几乎均没有直接出露在敦密-阿尔昌断裂带上；②一些断裂(如跃进山断裂)本身大部分被盆地盖层所覆盖，具体位置经常不是很清楚；③一些断裂的走向变化较大(如斯帕斯克断裂)；④可能存在大规模左行走滑之前(晚白垩世之前)的位移等缘故。但是可以确定两点：①总体趋势应该是正确的；②阿尔谢尼耶夫断裂/跃进山断裂沿着敦密-阿尔昌断裂左行走滑270km左右，不包括可能的早前位移。

这个结果与根据华北克拉通北缘的“错断”而确定的150km的左行走滑距离有几乎一倍的差距的原因是敦密断裂两侧原来就不属于同一个大地构造单元。

## 第四节　敦密-阿尔昌断裂左行走滑时期

有许多关于敦密断裂左行走滑时期的论述。多数学者认为，敦密断裂带形成于印支期，在中生代早—中期($T—K_1$)以左行平移为主，早白垩世晚期开始裂陷，新生代出现挤压。孙晓猛(2016)报道了敦密断裂带糜棱岩中黑云母$^{40}Ar/^{39}Ar$定年结果，其加权平均年龄为132.2±1.2Ma，认为是敦密断裂带经历伸展事件的冷却年龄。

以最原始的方法确定敦密-阿尔昌断裂大规模左行走滑时期：断层应该形成于所切割的最新地层形成之后，不整合面之上的最老地层形成之前。

中侏罗世构造带(比金构造带和萨马尔金构造带)和早白垩世构造带(茹拉夫列夫-阿穆尔构造带)被阿尔昌断裂错断，并发生大规模左行走滑，走滑距离达270km。而晚白垩世火山岩和古近纪地层沿着海岸线断续、连续分布。因此可以判断，敦密-阿尔昌断裂的大型左行走滑发生于早白垩世沉积结束之后的晚白垩世和古近纪。

在晚白垩世和古近纪，古太平洋板块向北北西向俯冲，原来北北东走向的俯冲带断层(阿尔谢尼耶夫断裂和中央锡霍特-阿林断裂)成为转换断层，即左行走滑断层。敦密-阿尔昌断裂的大规模左行走滑就在此时发生，这也与整体地球动力学环境相吻合。

# 第四章　矿床类型

该项目所涉及的范围仅仅是东经128°以东地区，东经128°以西地区仅涉及到小兴安岭，所以矿床类型将仅涉及东经128°以东地区的黑龙江省东部、吉林省中东部和俄罗斯的滨海边疆区。

俄罗斯滨海边疆区矿产资源种类多样，储量巨大，是俄罗斯矿产资源最丰富的地区之一。已探明有烟煤、褐煤、锡矿、钨矿、金银矿、银金矿、铜矿、钼矿、多金属矿、硼矿、萤石矿、石墨矿和宝石矿等。

据统计，滨海边疆区煤炭总储量约$24\times10^8$t，产地包括比金帕弗洛夫斯科耶、什科托夫斯科耶、阿尔乔姆、帕尔季赞斯基和拉兹多利诺耶地区。

30处已探明的锡矿产地分布于锡霍特-阿林山脉的卡瓦列罗沃、达利涅戈尔斯克和克拉斯诺阿尔梅伊斯基。上述地区也是铅和锌的多金属矿产地，已探明有16处铅锌矿。

在滨海边疆区普里莫尔耶北部锡霍特山脉中央断层附近，产有著名的东方2号矽卡岩型钨矿。而50处金矿床、矿点和矿化点沿着锡霍特山脉分布。

硼矿位于达利涅戈尔斯克地区，是超大型硼矿，其硼储量可保证该区矿石加工企业运行50年。

沃兹涅先斯科地区的萤石矿富含Li、Be、Ta和Ni等有用的稀有金属元素，并且萤石矿的规模也是在世界上屈指可数的超大型矿床。

斯帕斯克市附近出产石灰石，是生产水泥的主要原料。而在对建材需求最大的滨海边疆区南部地区则开采加工黏土、建筑用石和砂砾混料。

与之相比，在我国的黑龙江省和吉林省东部地区，除最近在吉林省延边朝鲜族自治州的珲春地区发现了大型的杨金沟白钨矿外，同类型矿产很少。锡矿和硼矿未发现或几乎没有任何工业价值。这是由于西北太平洋成矿带(内带)于我国境内，只在黑龙江省东北角的那丹哈达地区发育很小一块区域。

在白垩纪，伴随广泛的中酸性火山、次火山作用，在研究区的俄罗斯和中国境内均发生了广泛的金矿化作用。俄罗斯的滨海边疆区金(银)矿床有13处，其中大型矿床1处、中型矿床2处、小型矿床10处。这13处金(银)矿床分布在科玛成矿区(4处)、茹拉夫列夫-阿穆尔成矿区(3处)、老爷岭-格罗杰科成矿区(1处)、波格拉尼奇成矿区(1处)和谢尔盖耶夫成矿区(4处)。矿床类型涉及到浅成低温热液型、岩浆热液型(石英脉型)、矽卡岩型和斑岩型等。在这个时期，我国与之毗邻的吉林省和黑龙江省东部也形成许多不同类型的金矿，如团结沟金矿、金厂金矿、东安金矿、平顶山金矿等。仅从金矿类型来看，总体相同。但是，因为俄罗斯滨海边疆区处于环太平洋成矿带内带(岛弧、大陆边缘弧、转换大陆边缘)，而吉黑东部处于外带(盆岭区)，构造环境的不同导致了成矿细节上的差异。

斑岩钼矿是吉黑东部重要的钼矿类型，但是在毗邻的俄罗斯滨海边疆区，几乎很少有同时期的有价值的该类矿床。这是由于该类型的钼矿形成于晚三叠世—早侏罗世的造山作用，成矿花岗岩是造山期S型花岗岩。而该期造山带主要发育在我国境内，俄罗斯境内只涉及老爷岭-格罗杰科火山弧的东部。俄罗斯滨海边疆区的斑岩钼矿主要形成于白垩纪以后，与古太平洋板块活动有关。

在俄罗斯境内的早古生代成矿带的沃兹涅先成矿带发育喷流沉积成因的铅锌矿——沃兹涅先铅锌矿；在我国境内与之对应的是伊春-延寿成矿带，也发育相同类型的铅锌矿——小西林铅锌矿。但是，沃兹涅先成矿带的碳酸盐岩中发育两处超大型萤石矿，我国境内没有发现该类型矿床。事实上，我国境内也具备所有的成矿条件，值得深入工作。

# 第一节　金矿

研究区金矿资源丰富。有著名的金厂金矿、团结沟金矿、东安金矿、平顶山金矿等44处小型以上金矿床。其中，大型矿床6处，中型矿床9处，小型矿床29处。分布于俄罗斯滨海边疆区(14处)和我国黑龙江省(17处)、吉林省(13处)(表4-1)。

表4-1　金矿统计表

| | 总计 | 大型 | 中型 | 小型 |
|---|---|---|---|---|
| 黑龙江省 | 17 | 3 | 7 | 7 |
| 吉林省 | 13 | 2 | 0 | 11 |
| 滨海边疆区 | 14 | 1 | 2 | 11 |
| 总计 | 44 | 6 | 9 | 29 |

将该区金矿分为7种类型，见表4-2。

表4-2　主要金矿类型一览表

| 序号 | 类型 | 代表矿床 | 主要地质特征 | 成矿时期 |
|---|---|---|---|---|
| 1 | 产于硅铁建造中的金矿 | 东风山金矿 | 矿体呈层状产于硅铁建造下部 | 新元古代 |
| 2 | 产于细碧-角斑岩建造中的金矿 | 头道川金矿 | 矿体呈层状产于细碧角斑岩建造中 | 晚古生代 |
| 3 | 产于中、深成侵入体内外接触带的中、深成脉状金矿 | 平顶山金矿、科里尼奇金矿 | 矿体呈脉状产于深成侵入体内外接触带 | 晚古生代、中生代 |
| 4 | 与陆相火山岩有关的浅成低温热液型金矿 | 东安金矿、亚戈德金矿 | 矿体呈脉状产于火山岩或相关岩层中 | 中生代和新生代 |
| 5 | 斑岩金矿 | 马利诺夫卡金矿、金场金矿 | 与次火山岩伴生或与隐爆角砾岩伴生 | 中生代 |
| 6 | 矽卡岩型金矿 | 大安河金矿 | 产于侵入体与碳酸盐岩接触带 | 中生代 |
| 7 | 伴生金矿 | 农坪和小西南岔金(铜)矿 | 斑岩型、热液脉型共存 | 中生代 |

## 一、产于硅铁建造中的金矿

硅铁建造是前寒武纪克拉通以及古生代以来的造山带中主要的含铁建造。但是，除形成铁矿床外，经常伴生有层状金矿，这似乎体现了金的亲铁性。

硅铁建造中金矿的主要共性特征：①产于硅铁建造或相邻层位中；②矿体呈层状、似层状或与“层”呈整合的透镜状；③矿石为浸染状含金硫化物矿石。

一般情况下，构成金矿石的富硫化物含铁建造有明显的“层状”。一些层仅几毫米，可分为富$SiO_2$层和富硫化物层。富硫化物层的硫化物主要为毒砂、黄铁矿、磁黄铁矿等。金常以包体形式存在于硫化物中。

在研究区，前寒武纪硅铁建造主要分布在佳木斯-兴凯地块、龙岗-冠帽峰地块和张广才岭构造带。含矿建造包括麻山群、兴东群、东风山群、夹皮沟群、龙岗群和冠帽群。另外，在兴凯地块的卡巴尔金寒武纪裂谷带和张广才岭构造带的塔东群也发育硅铁建造并形成规模不等的铁矿床。但是在研究区，与硅铁建造有关的层控金矿仅发现在东风山群中。东风山群含金岩系为东风山群亮子河组，岩性为云母石英片岩、磁铁石英岩和大理岩，代表矿床为东风山铁金矿。

刘静兰(1987)对东风山金矿床地质特征概括如下。

(1)条带状含铁建造的围岩是细晶(含石墨)大理岩、微晶石墨绿泥片岩、变质中酸性火山碎屑岩以及微晶云母石英片岩、绢云片岩等。含铁建造及其围岩金含量普遍高于地壳克拉克值2～3个数量级。

(2)条带状含铁建造的岩石组合主要是铁闪磁铁石英岩、磁铁铁闪岩、斜方辉石(尤莱辉石)铁闪铁英岩、铁闪橄榄岩、磁黄铁锰铁闪石锰榴岩(金矿石)、磷黄铁石英黑云锰榴岩(金矿石)等。在铁矿层顶底板和夹层中常出现硅质岩石，即微晶云母石英片岩、微晶含电气石石英片岩等。原生含铁建造由上到下可划为3个沉积相，即硅酸盐相、硅酸盐-碳酸盐混合相，以及含锰、钴硫化物矿物相。金矿体在含铁建造中，具有固定层位，主要赋存在该含铁建造下部的含锰、钴硫化物矿物相内。

(3)金矿体呈层状、似层状、透镜状。

(4)金矿体与围岩整合接触，并随围岩褶皱而褶皱。

(5)容矿岩石是区域变质岩，具明显的变晶结构和条带状构造。

(6)Au与Fe、S、As、Mn、Co、Ni、P、B等元素紧密共生，自然金粒常常与磁黄铁矿连生，或包在毒砂、磁黄铁矿、辉钴矿、锰铝榴石、锰铁闪石等晶体中。有时辉钴矿、磁黄铁矿等又被包在锰铝榴石中(图4-1)。

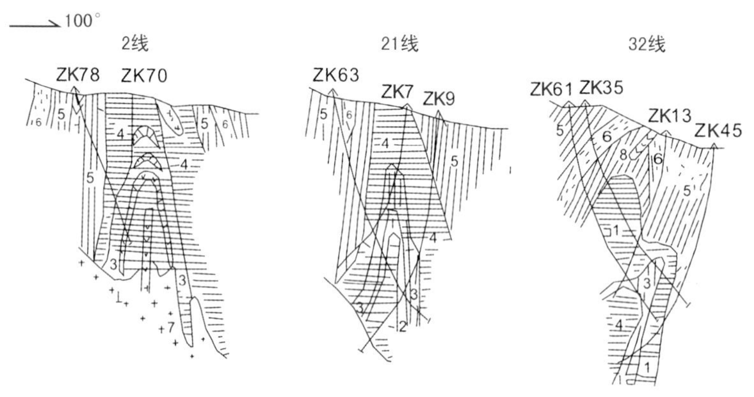


图4-1　东风山金矿床剖面图(据刘静兰，1987)

1.金矿层；2.钴矿层；3.铁矿层；4.微晶含电气石云母石英片岩；5.细晶大理岩；6.微晶含石墨堇青石片岩；7.黑云母花岗岩；8.脉岩

## 二、产于细碧-角斑岩建造中的金矿(VMS型金矿)

细碧-角斑岩由细碧岩、角斑岩和石英角斑岩组成，多产于优地槽，是富钠的蚀变海底火山岩。

对洋底热流系统研究表明，海底热流量分布十分复杂，在洋中脊和转换断层附近，由于海水可下渗到深部5km，使大量的热迁移，低热流量区就是海水向下对流的地带，海水在深处被加热后又向上循环流出，形成海底地热体系。有关岩石渗透率和流速的计算表明，这种循环对流的规模相当大。处于大西洋中脊陆地延伸端的冰岛地热体系的深钻直接证实了这种海水循环体系和与玄武岩的交换反应的存在。该地热体系的热水具有蚀变海水的特征，其中镁和$SO_4^{2-}$量很低，而钙、钾和氧化硅量相当高。在深达1km的钻孔中，地下温度可高达290℃，在钻孔中见玄武岩已蚀变，形成硬石膏、方解石和蒙皂石，在深部形成绿泥石和葡萄石等。后来人们进行的海水与玄武岩、安山岩、流纹岩等的反应实验结果均证实，海底火山岩确实与循环热海水间发生着交换反应，岩石从海水中得到 $H_2O$、$CO_2$、$Na_2O$ 等，逐步形成了细碧-角斑质岩石的矿物组合，并使岩石发生长期的氧同位素交换反应，$\delta^{18}O$ 值逐渐增大，钠长石也发生长期的有序化过程直至完全有序。而循环对流海水（流体）从岩石中溶滤出 K、Ca、Mn、Cu、Ag、Au 等元素，形成含矿热液，在适宜的环境下形成矿床。

产于细碧-角斑岩建造中的金矿是指那些产于细碧-角斑岩建造中，并与细碧-角斑岩建造整合的金矿。在研究区，与细碧-角斑岩建造有关的金矿发育在晚古生代构造带下石炭统余富屯组细碧-角斑岩建造中，代表矿床是头道川金矿。

头道川金矿位于吉林省磐石市与永吉县交界，晚古生代褶皱带的头道川-大岭背斜北端。矿区出露下石炭统余富屯组细碧角斑岩建造。地层、矿体及岩脉均呈同向展布。有两类金矿体：一类为含金硫化物硅质岩型矿体；另一类为矿化细碧角斑岩型矿体。前者呈层状、似层状或平行层的透镜状；后者与围岩呈渐变过渡关系。矿石矿物为自然金、碲金矿、碲金银矿、碲银矿、黄铁矿、毒砂等，脉石矿物为石英、绢云母、绿泥石、方解石等。矿石结构以粒状变晶结构和胶状结构为特点，矿石构造有块状构造、细脉状构造、网脉状构造、粉末状构造、角砾状构造等（图 4-2）。

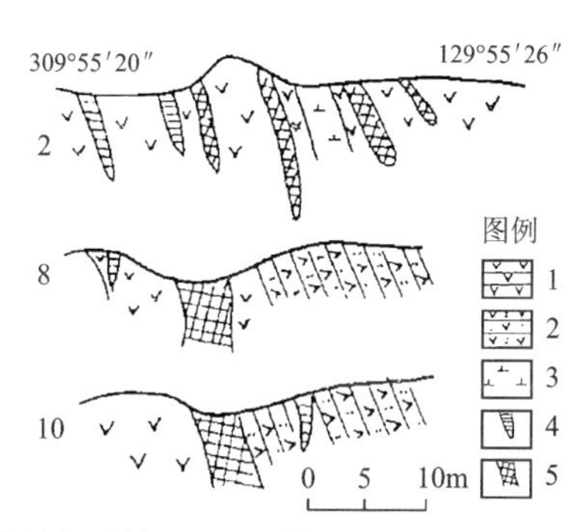


图 4-2　头道川金矿第 2、8、10 勘探线剖面图（据温志良，1998）

1. 细碧玢岩；2. 细碧玢岩质凝灰岩；3. 蚀变闪长岩；4. 含金石英脉；5. 金矿体

李之彤等（1994）研究了头道川金矿含金硫化物硅质岩中石英包体成分和温度，发现均一温度有 178～212℃和 245～315℃两期，前者应为热水沉积成矿温度，后者为变质温度。包体气相成分以 $CO_2$ 为主，液相成分以富 $Na^+$ 和 $Cl^-$ 为特征，具有海水的特点。

## 三、产于中、深成侵入体内外接触带的中、深成脉状金矿

该类金矿在研究区分布广泛，与显生宙以来的中酸性—酸性侵入体有一定时间和空间关系，属于典型的岩浆热液型金矿。

该类金矿的共同特点：①与显生宙以来的中、酸性深成侵入体有明显的时间、空间关系，即产于岩体的内、外接触带或附近；②受断裂构造、接触带构造或褶皱构造控制，往往控岩与控矿构造有一定的成因联系；③石英脉型或破碎带蚀变岩型金矿床；④围岩蚀变发育，分带明显。

研究区自显生宙以来的中酸性侵入体大体可以分为 5 期：加里东期、海西期、印支期—早燕山期、晚燕山期和喜马拉雅期。

在研究区的敦密断裂以北，加里东期的中酸性侵入岩主要发育在逊克-铁力断裂、方正-长汀断裂以东，以及同江断裂以西的张广才岭构造带以及佳木斯地块上。在张广才岭构造带，早古生代花岗岩断续形成南北向花岗岩带，而在佳木斯地块上则形成总体南北向展布的独立花岗岩体。

在敦密断裂以南，加里东期花岗岩主要发育在俄罗斯滨海边疆区西滨海南北向断裂以东至锡霍特-

阿林中央断裂以西的兴凯地块和早古生代构造带，即斯帕斯克构造带和沃兹涅先构造带上。在沃兹涅先构造带西侧沿着南北向西滨海带，形成南北向的花岗岩带——格罗杰科-什马科夫花岗岩带，是俄罗斯滨海边疆区大型萤石矿和稀土矿床的成矿母岩，但是没有金矿成矿作用的报道。在兴凯地块以及斯帕斯克构造带上，早古生代花岗岩形成若干独立岩体。

俄罗斯境内的早古生代花岗岩与成矿作用关系密切，但是没有与金矿有关的成矿作用的报道。在我国境内的吉黑东部，也没有该期花岗岩金成矿作用的报道。

在研究区，晚古生代中酸性—酸性侵入岩星散分布在晚古生代造山带、早古生代造山带和佳木斯-兴凯地块上。只在佳伊断裂和敦密断裂之间的牡丹江断裂和方正-长汀断裂附近形成两个近南北向的花岗岩带。前者显然位于早古生代构造带与佳木斯地块的分界，后者则位于早古生代构造带和晚古生代构造带结合部位。在俄罗斯的滨海边疆区，海西期花岗岩分布在兴凯地块，呈北北东向条带状分布。这似乎暗示兴凯地块在敦密断裂左行走滑过程中曾经发生过顺时针转动，当然，这也有可能是伊泽那奇板块俯冲时造成的。

在20世纪80年代以前，由于多处见到这些花岗岩体侵入二叠纪及更老的地质体，并被中生代地层覆盖或被中生代岩体侵入，故认为在该区广泛分布、形成花岗岩带的侵入体主体属于海西期。但是随着大量同位素测年数据的出现，逐渐认识到那些花岗岩主要属于印支期。这样，似乎又走向了另一个极端：认为该地区海西期花岗岩很少甚至没有。近几年，该地区海西期花岗岩报道越来越多，说明晚古生代花岗岩是存在的，但是往往并不成带，而是以孤立的岩体存在于晚古生代褶皱带、早古生代褶皱带和佳木斯-兴凯地块中。

在研究区我国境内，与海西期花岗岩有关的金矿之一是海沟金矿。关于海沟金矿，多数报道倾向于燕山期花岗岩成矿。但是范振华等(2012)用SHRIMP锆石定年的方法确定了海沟金矿与成矿作用有关的花岗岩属于海西晚期的花岗岩，锆石的加权平均年龄为326～322Ma。海沟岩体主要由边缘相的正长闪长岩和内部相的二长花岗岩组成。前者属于碱性岩系列，后者属于高钾钙碱性系列。考虑到边缘相的矿化蚀变，后者应该相对代表原岩的化学成分。因此代表的构造环境应该是与俯冲作用有关的岩浆活动(图4-3)。

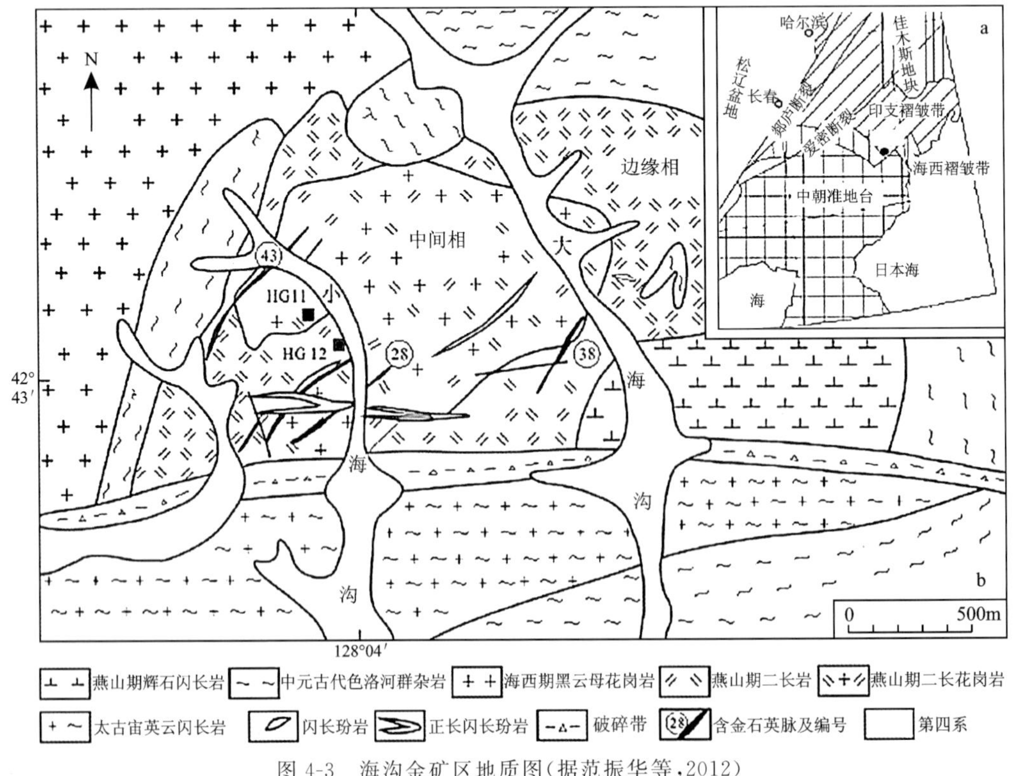


图4-3　海沟金矿区地质图(据范振华等，2012)

海西期深成脉状金矿的另一例子是老柞山金矿。老柞山金矿床位于我国双鸭山市与七台河市交界处，佳木斯地块老爷岭中间隆起区。矿区出露麻山群、兴东群和黑龙江群变质岩以及古生代沉积岩和中生代火山岩(图 4-4)。

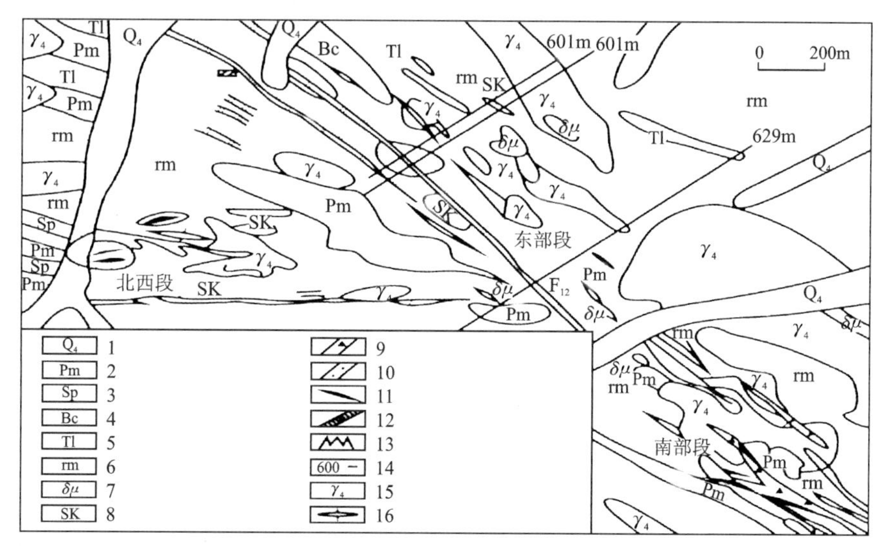

图 4-4　老柞山金矿东矿带矿体分布图(据薛明轩，2012)

1.第四系；2.片麻层；3.片岩；4.黑云变粒岩；5.大理岩；6.混合岩；7.闪长玢岩；8.矽卡岩；9.构造角砾岩；10.破碎带；11.金矿体；12.预测金矿体；13.土壤测量异常；14.剖面线及编号；15.花岗岩；16.向斜轴

矿区岩浆岩主要为海西期片麻状花岗岩和燕山期斜长花岗岩、闪长岩、闪长玢岩、石英闪长岩、霏细岩、花岗斑岩，以及闪长岩、闪长玢岩等。

矿床由东、中、西 3 个矿带，共 200 余条矿体组成。矿体赋存于基底变质岩和花岗岩的破碎带中。总体呈北西向延伸，最大垂向延深 400～500m。

矿石矿物主要为毒砂、黄铁矿、磁黄铁矿和黄铜矿，其次为方铅矿、闪锌矿、孔雀石、褐铁矿等，金矿物主要为自然金；脉石矿物主要为石英、长石、透辉石、方解石，其次为萤石、绢云母、黑云母、石榴子石、蛇纹石。

矿石结构主要为他形—半自形粒状结构、交代结构、压碎结构、胶状结构。矿石构造主要为稠密浸染状构造、致密块状构造、稀疏浸染状构造、脉状构造。

薛明轩(2012)发表的老柞山金矿矿石中辉钼矿 Re - Os 等时线年龄为 256±1.3Ma，与成矿有关的黑云母花岗岩的 SHRIMP 锆石 U - Pb 年龄为 256±3.1Ma。并通过流体包裹体测定了成矿深度为 9.0～10.5km。

在敦密-阿尔昌断裂以北，印支期侵入岩以南北向的牡丹江断裂和晨明-五星镇-五营断裂为界分为东西两部分：断裂西部主要发育在早古生代和晚古生代地层褶皱带中，岩体南北成带，形成印支期花岗岩带；断裂以东在早古生代花岗岩带中以及在佳木斯地块上形成孤立的侵入体。

在敦密断裂以南，印支期侵入岩以俄罗斯西滨海断裂带为界。以西的晚古生代地层褶皱带中形成南北向的印支期花岗岩带。在该断裂以东的早古生代地层褶皱带(沃兹涅先构造带和斯帕斯克构造带)和兴凯地块上则形成孤立的侵入体。

敦密断裂以南的印支期中酸性—酸性侵入岩与有色金属矿床成矿作用关系密切，但是几乎没有与金矿成矿作用有关的报道。

早燕山期的中酸性—酸性侵入岩主要发生在早、中侏罗世，呈孤立的、中小型侵入体发育在跃进山断裂和俄罗斯谢尔尼耶夫断裂以西的佳木斯-兴凯地块、早古生代褶皱带和晚古生代地层褶皱带中。岩性主要是白云母花岗岩、二长花岗岩和碱长花岗岩，代表了海西期—印支期造山作用后造山带隆升到造山带垮塌时期的岩浆作用。多数人将该期花岗岩归于古太平洋板块的俯冲作用，但是区域构造演化以及花岗岩本身反映的形成环境特征不支持这一观点。

晚燕山期中酸性—酸性侵入体在研究区分布广泛，但是规模和出露面积相对小，为孤立的岩株。从产出的构造部位来看，这些岩体可以概略地分成两类：与晚燕山期火山岩伴生的小型侵入体和侵入到佳木斯-兴凯地块、早古生代构造带和晚古生代构造带中的孤立岩体。

在俄罗斯的滨海边疆区，侵入到谢尔盖耶夫早古生代构造带寒武纪地层中的晚燕山期侵入体形成了一系列规模不等的石英脉型金矿，多数为小型金矿，个别为大型金矿。在研究区内，我国的吉林省东部和黑龙江省东部，该类型金矿的代表是黑龙江省的平顶山金矿。

与晚燕山期火山岩伴生的小型侵入体在研究区的白垩纪火山盆地或附近分布，有许多金矿与其有一定时间和空关系。但是它们与深成脉状金矿有一定差别，部分属于浅成低温热液型、部分属于斑岩-石英脉型，只有很少部分属于热液脉型金矿。

## 四、产于陆相火山岩建造中的浅成低温热液型金矿

浅成低温热液型金矿是一类产于岛弧、大陆边缘弧和弧后引张克拉通盆地中，形成于陆相火山岩中或火山建造影响范围之内，以大气降水为主的低温热液型金矿床。矿床以形成温度低（150～300℃）、压力低（10～50MPa）、深度浅（1～2km，甚至形成于地表附近）、成矿流体低盐度、以大气降水为主、矿化作用发生在火山活动晚期等为特征。

从不同角度对浅成低温热液型金矿床进行分类。我国学者普遍接受的是 H. F. Bonham（1986）和 Heald（1987）的分类：前者根据矿物组合将之分为低硫化型和高硫化型；后者则根据蚀变矿物组合分为冰长石-绢云母型和高岭石-明矾石型。事实上，两者通常是可以互相对应的（表 4-3）。

**表 4-3　低硫化型与高硫化型浅成低温热液型金矿床的主要特征（据江思宏，2004）**

| 矿床类型 | 矿石类型 | 结构构造 | 矿石矿物 | 脉石矿物 | 金属元素组合 | 成矿流体特征 |
|---|---|---|---|---|---|---|
| 低硫化型（LS）（冰长石-绢云母） | 以脉型为主，网脉状常见，浸染状和交代状矿石少见 | 脉状，孔洞充填状（条带状、胶状、晶簇状）、角砾状 | 黄铁矿、银金矿、自然金、闪锌矿、方铅矿、毒砂 | 石英、玉髓、方解石、冰长石、伊利石、碳酸盐矿物 | 以 Au、Ag、Zn、Pb 元素为主，Cu、Sb、As、Hg、Se 元素为辅 | 成矿流体以大气降水为主，含有来自岩浆的挥发分 S 和 C，流体的 pH 近中性，盐度小于 3.5% |
| 高硫化型（HS）（酸性硫酸盐，明矾石-高岭石） | 以浸染状矿石为主，脉状矿石为辅，交代状矿石常见，网脉状矿石少见 | 围岩交代状、角砾状、脉状 | 黄铁矿、硫砷铜矿、黄铜矿、砷黝铜矿、铜蓝、自然金、碲化物 | 石英、明矾石、重晶石、高岭石、叶蜡石 | 以 Cu、Au、Ag、As 元素为主，Pb、Hg、Sb、Te、Sn、Mo、Bi 元素为辅 | 成矿流体以岩浆水为主，流体的 pH 小于 2，盐度小于 5% |

该类矿床总体与板块俯冲作用有关，但是却形成于两种不同构造条件下：①岛弧和大陆边缘弧环境；②弧后盆地和弧后引张克拉通盆地环境。

S. W. lvosevic(1986)报道了太平洋东岸大陆边缘火山弧中浅成低温热液型金(银)矿和银(金)矿的地质特征(图 4-5)。这些矿床或以金为主,或以银为主,有时伴生部分贱金属。在报道的 9 处此类矿床中有 6 处是银矿,银的平均品位为 $90\times10^{-6}$,其余 3 处是金矿,金的平均品位接近 $4\times10^{-6}$。

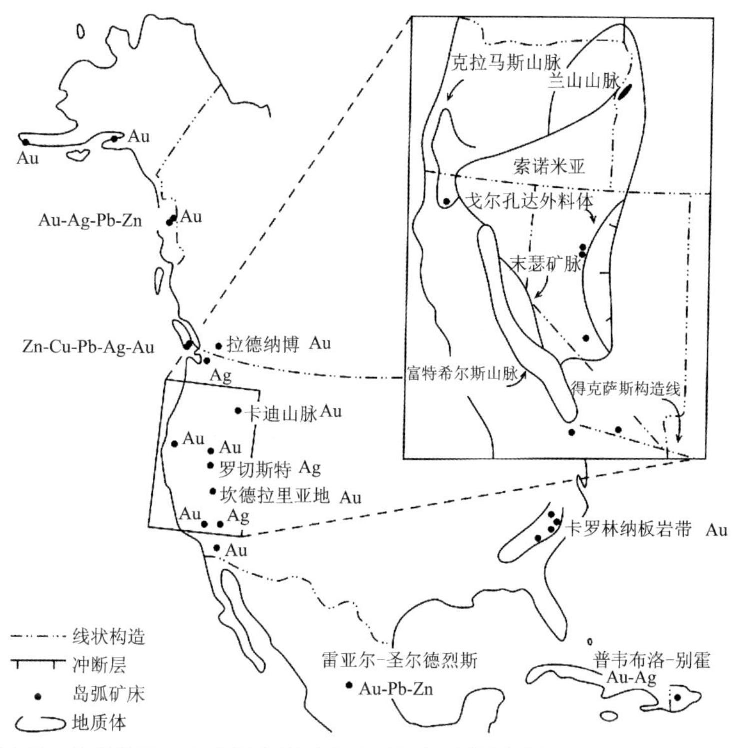

图 4-5 北美岛弧火山成因金银矿床矿区分布及特征(据 S. W. lvosevic,1986)

在太平洋西岸,浅成低温热液型矿床发育在岛弧火山岩中,以巴布亚-新几内亚的岛弧火山岩中浅成低温热液型金矿和日本岛弧发育的浅成低温热液型金矿床为代表。在日本北萨地区的菱刈金矿则给出了一个浅成低温热液型金矿床中端员组分的例子——热泉型金矿。

弧后引张克拉通盆地中的浅成低温热液型金(银)矿在太平洋东、西两侧均有发育。

S. W. lvosevic(1986)也报道了科迪勒拉山系弧后裂陷区浅成低温热液型矿床的特点。在那里,俯冲带上方地壳扩张的大陆弧后区,例如圣胡安区和里约葛兰德裂谷西部的火山岩区及盆岭省内的一些火山岩区广泛发育浅成低温热液型金矿床(图 4-6)。该区域贵金属矿床中金的平均品位约为 $2\times10^{-6}$,银约为 $92\times10^{-6}$。

图 4-6 北美弧后火山成因金银矿床矿区分布图(据 S. W. lvosevic,1986)

无论是发育在岛弧或大陆边缘弧区,还是弧后盆地和弧后引张克拉通盆地内,容矿火山岩和矿床似乎都与张性构造有直接关系。

在科迪勒拉大陆边缘弧区,岛弧火山成因形成的金银矿的含矿岩石就位于早期张性断块或断槽中,岩石分布局限于长约 90km 的狭长带内(S. W. lvosevic,1986)。这些张性断块外侧含有蛇绿岩的一套下部地层中,赋存有同生的黑矿型矿床、岛弧成因的海底块状硫化物矿床、洋内海底硫化物矿床。而在洋内绿岩中则赋存有脉状矿以及相应的喷气成因矿床(图 4-7)。

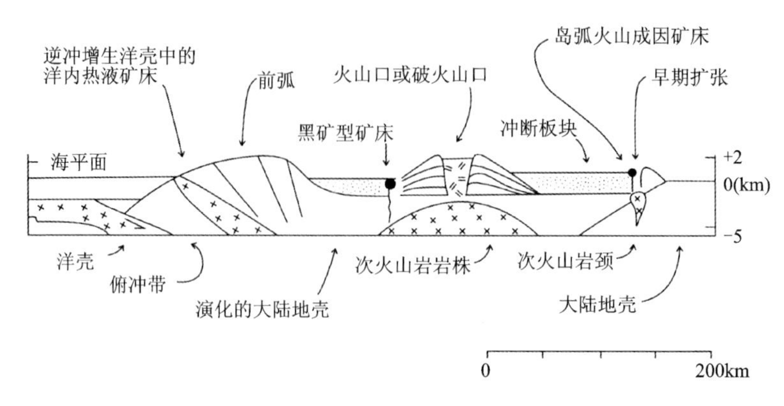


图 4-7　大陆边缘弧横剖面和典型矿床分布示意图(据 S. W. lvosevic,1986)

弧后盆地或弧后引张克拉通盆地中的容矿火山岩受控于次级断陷盆地,矿床则受控于控盆断裂或火山构造。

在该类矿床的控矿构造中,横切岛弧、大陆边缘弧、弧后盆地或弧后引张克拉通盆地的线性断裂构造对矿田和矿床分布起着至关重要的作用,矿田和矿床沿着横向线性构造与前者交叉节点处或附近分布。

S. W. lvosevic(1986)指出:在北美科迪勒拉地区的浅成低温热液型金银矿床的分布,在区域上明显受北西向构造和重要的横向性质的线性构造控制,这些构造不仅造成地质和地理上的水平错断,如在坎德拉里亚地区附近的沃克尔小河(得克萨斯线性构造形成的河道)处所见,而且还成为区分铁、镍、铬和银分布的界线。而在北美科迪勒拉西部的许多弧后银矿床同样也分布在线性构造交叉点附近的火山-构造沉陷区。

在研究区黑龙江省小兴安岭北麓的孙吴-嘉荫早白垩世火山盆地中,发育一系列北北东—近南北向次级断陷盆地,自西向东发育孙吴断陷、茅栏河隆起、沾河断陷、富饶隆起和嘉荫断陷(图 4-8)。自西向东,三道湾子金矿、东安金矿、高松山金矿(富强金矿)等浅成低温热液型金矿床分布于断陷与隆起交会处,受控盆(断陷)断裂控制。

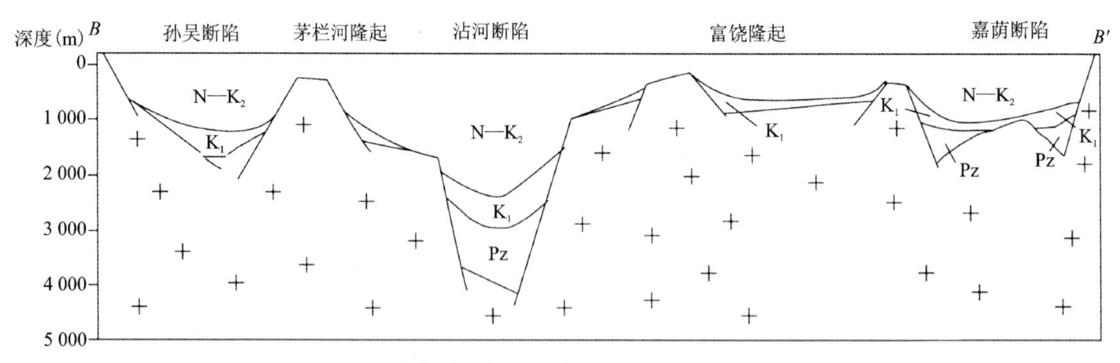


图 4-8　孙吴-嘉荫盆地剖面示意图(据大庆石油研究院,2001)

同时,在小兴安岭主峰北侧,发育若干条与小兴安岭平行的北西西向大型走滑断层,前述矿床位于北西西向走滑断层与北北东—近南北向控盆构造交会处附近。在高松山金矿(富强金矿),控矿断裂是北西西向走滑断裂的派生构造。

类似金矿床也发育在吉林省延边地区。在那里发育的一系列燕山期火山盆地中形成了闹枝、刺猬沟、五凤、五星等浅成低温热液型金矿或热液脉状金矿床(图 4-9)。

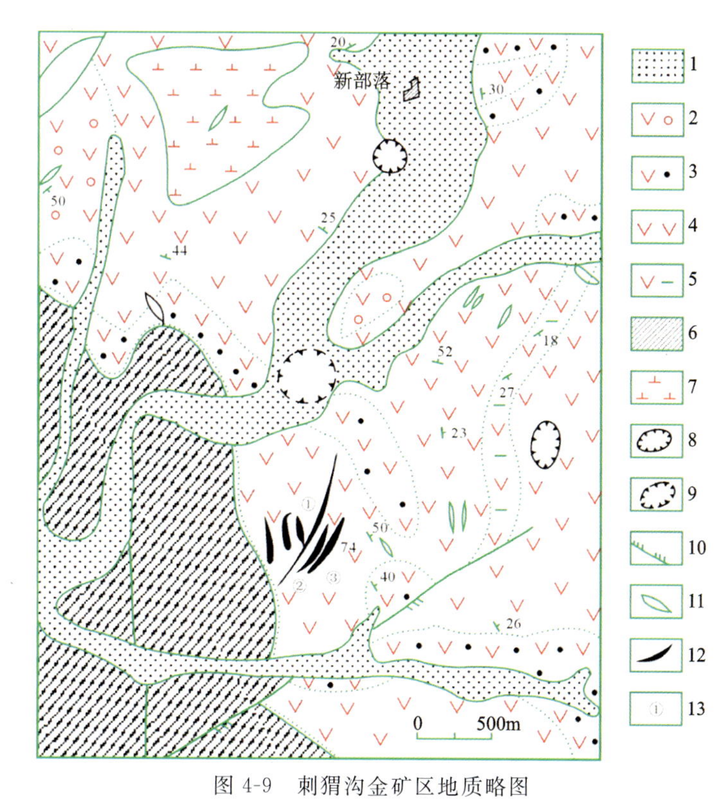


图 4-9　刺猬沟金矿区地质略图

1.第四系;2.火山角砾岩;3.侏罗纪安山集块岩;4.侏罗纪安山岩;5.安山质凝灰岩;6.二叠系;7.石英闪长岩;8.火山口;9.推测火山口;10.断层;11.次安山岩;12.金矿脉;13.矿脉编号

在俄罗斯的滨海边疆区东部,中、新生代火山岩沿着陆缘区形成火山深成岩带。那里聚集了滨海边疆区主要的浅成低温热液型金矿和金银矿,包括亚戈德、布马托夫斯克、格里那等矿床。而在与之对应的黑龙江省东北角的那丹哈达地区,近年也发现了类似的金矿——四平山热泉型金矿。

## 五、斑岩金矿

斑岩型矿床是产于中酸性小型斑岩体内或周边的、具有浸染状和细脉浸染状构造的金属矿床。斑岩型矿床曾被认为是活动大陆边缘具有标志性意义的矿床。尽管后来人们已经认识到,在大陆裂谷带和碰撞造山带等其他构造环境中也能形成该类矿床,但是它仍然是活动大陆边缘的岛弧或大陆边缘弧中主要的矿化形式之一。

斑岩型矿床不仅形成于岛弧和大陆边缘弧,也可能形成于弧后引张克拉通盆地。A. H. G. Mitchell(1981)认为,北美西科迪勒拉山脉斑岩钼矿并非如那里广泛发育的斑岩铜矿那样是板块俯冲时形成的,而是形成于俯冲结束后盆岭构造活动时期,受控于盆岭中的地堑构造。

自中侏罗世至早白垩世末,研究区处于古太平洋板块(库拉板块)西北部活动大陆边缘的火山-岩浆弧和弧后引张克拉通盆地(盆岭构造)区域。前者主要位于俄罗斯滨海边疆区,后者则涵盖了除那丹哈达岭以外的吉黑东部的全部地区。在白垩纪火山盆地——孙吴-嘉荫盆地和其他白垩纪火山断陷盆地中,除发育前述的浅成低温热液型金矿外,还经常伴随斑岩金矿,代表性的矿床是东宁金厂金矿和乌拉嘎断陷的团结沟金矿。

乌拉嘎断陷是孙吴-嘉荫盆地最东部的北北东向断陷盆地。团结沟金矿床位于断陷东部控盆断裂,即乌拉嘎断裂与北西西向走滑断裂的交会部位(图 4-10)。

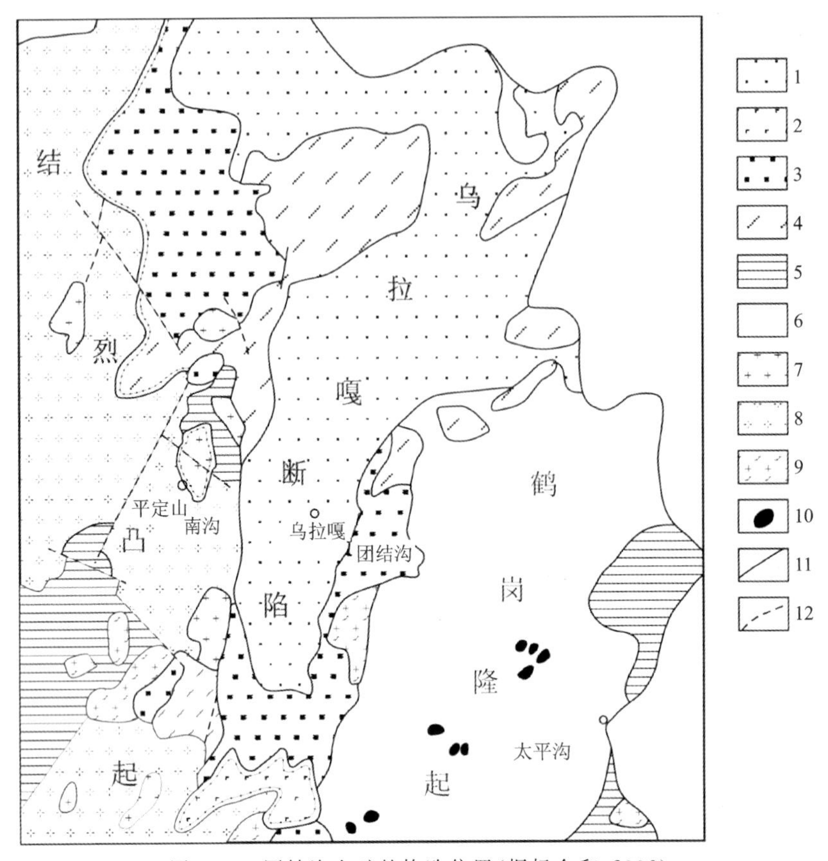


图 4-10　团结沟金矿的构造位置(据杨金和,2006)

1.古近系孙吴组;2.古近纪大罗密玄武岩;3.白垩系松木河组、淘淇河组;4.侏罗系宁远村组;5.麻山群;6.黑龙江群;7.燕山期花岗岩;8.海西期黑云母花岗岩;9.元古宙混合花岗岩;10.元古宙超基性岩;11.地质界线;12.推测断层

与成矿有关的岩体是葡萄沟岩体和团结沟岩体,主要呈岩株和岩床状,两个岩体在深部连成一体。主要岩性是花岗闪长斑岩,向顶部渐变为花岗斑岩。王永彬等(2012)获得葡萄沟岩体及其南部含矿岩枝的花岗闪长玢岩 LA-ICP-MS 锆石 U-Pb 年龄为 108.2±1.2Ma 和 106±1.1Ma,是早白垩世晚期的侵入体,并与附近的早白垩世火山岩年龄相近。

该岩体有 4 种矿石类型:①含金偏胶体玉髓状石英-黄铁矿型;②碳酸盐岩-黄铁矿型;③含金偏胶体玉髓状石英-胶黄铁矿、辉锑矿型;④褐铁矿型。

金属矿物有自然金、黄铁矿及少量的辉锑矿、白铁矿、自然银、方铅矿、黄铜矿、雄黄、雌黄、黄钾铁钒等,次生矿物有褐铁矿;脉石矿物有偏胶体玉髓状石英、显微粒状石英、梳状石英、蛋白石、方解石、白云石、长石等。

## 六、矽卡岩型金矿

矽卡岩型金矿产于中酸性或酸性侵入岩与碳酸盐岩的接触带。一般产于外接触带的矽卡岩中,少数产于内接触带。矿床受中酸性岩浆的分异冷凝过程、岩石性质、接触带构造及交代作用强度的控制,从而形成产状复杂的矿体(巢状、透镜状、不规则脉状等)。矿石成分以脉石矿物主要为矽卡岩矿物为特点。

大安河金矿是研究区内矽卡岩型金矿的代表(图 4-11)。

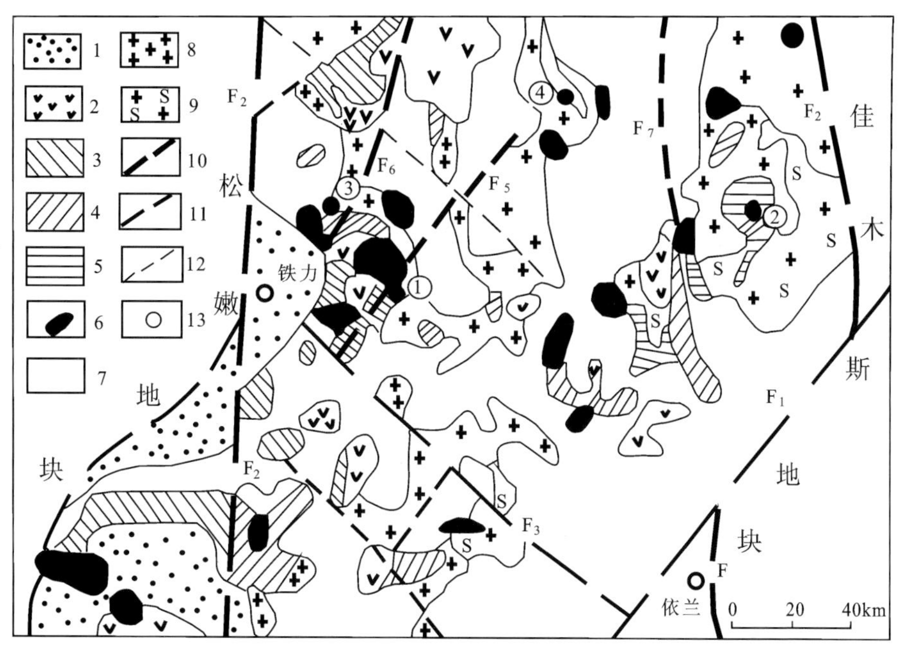


图 4-11　大安河金矿区域地质简图(据薛明轩,2012)

1. 白垩系;2. 侏罗系;3. 二叠系;4. 寒武系—奥陶系;5. 东风山群;6. 燕山期花岗闪长岩、闪长岩;7. 印支期二长花岗岩;8. 加里东期混染花岗岩、花岗闪长岩;9. 兴东期花岗岩;10. 岩石圈断裂($F_1$. 依舒断裂;$F_2$. 逊克-铁力-尚志断裂;$F_3$. 塔溪-林口断裂;$F_4$. 牡丹江断裂);11. 壳断裂($F_5$. 神树断裂;$F_6$. 铁力-东风断裂;$F_7$. 晨明断裂);12. 断裂;13. 矿床;①大安河矽卡岩型金矿床;②东风山热水喷流沉积型金矿床;③二股矽卡岩型铅锌多金属矿床;④西林热水喷流沉积型银铅锌矿床

大安河金矿位于黑龙江省铁力市神树镇北东,伊春-延寿构造岩浆活动带上。区内出露的地层主要为东风山群、二叠系土门岭组和侏罗系太安屯组;侵入岩主要为海西晚期的花岗岩以及燕山早期的花岗闪长岩,后者是大安河金矿的成矿母岩。另外矿区内广泛发育细粒闪长岩脉、煌斑岩脉、酸性脉岩等脉岩。

据薛明轩(2012)报道,作为成矿母岩的燕山早期闪长岩体(LA-ICP-MS 锆石 U-Pb 年龄为 189Ma)由闪长岩、辉长闪长岩、辉长岩、石英闪长岩组成。岩体化学组成:$SiO_2$ 含量为 55.22%~57.76%;$TiO_2$含量为 1.14%~1.30%;$Al_2O_3$含量为 16.37%~16.47%。A/CNK 为 0.764~0.80,属于偏铝质岩石。$Na_2O/K_2O$ 为 1.58%~1.80%,$K_2O+Na_2O$ 为 5.32%~5.74%。

伊春-延寿构造带是一个南北向构造带。在矿区中,由于花岗岩侵入,岩体南侧土门岭组呈现向南突出的弧形。在闪长岩与土门岭组大理岩接触部位形成了一系列向南突出的矽卡岩带并控制了大安河金矿向南突出的弧形矽卡岩型矿体(图 4-12)。

矿石矿物主要为黄铜矿、方铅矿、辉铋矿、闪锌矿、黄铁矿、毒砂、磁铁矿、褐铁矿、磁黄铁矿、自然铋、自然金、银金矿、硫碲铋矿等;脉石矿物主要为矽卡岩矿物(透辉石、石榴子石、方柱石、绿帘石、黝帘石),其次为石英、方解石、纤闪石、绿泥石、透闪石等。另外,黑龙江省闹枝沟小型矽卡岩型铁矿中也含有可作为副产品提炼的金。

在俄罗斯滨海边疆区,矽卡岩型金矿多与小型侵入体有关,包括闪长岩、花岗闪长岩、花岗岩和花岗斑岩。矿床通常规模不大,矿体形态复杂。矿石由石榴子石、辉石、硅灰石、维苏威石、磁铁矿、绿帘石、阳起石、石英、黄铁矿、黄铜矿、斑铜矿、闪锌矿和自然金组成。金与亚硫酸盐同时形成,或者在后者沉积之后立即形成。

俄罗斯东部哈巴罗夫斯克边疆区的阿亚诺-迈斯克地区小型克林矿床就是这样的例子。克林金矿区发育有新元古代时期的陆源碎屑岩-碳酸盐岩。这些地层被闪长岩-正长岩岩床所侵入。金矿产于绿帘石-石榴子石-磁铁矿矽卡岩中,这一矽卡岩体长 3.5km。矿体厚分别为 4.6m 和 5.2m,金品位分别为 $13.2\times10^{-6}$ 和 $7.2\times10^{-6}$。在矿石中除了矽卡岩矿物外,还有黄铜矿、黄铁矿、方铅矿、砷黄铁矿、孔雀石和褐铁矿。金以小型片状的颗粒出现,这些颗粒组成金属丝,最长达 5m。

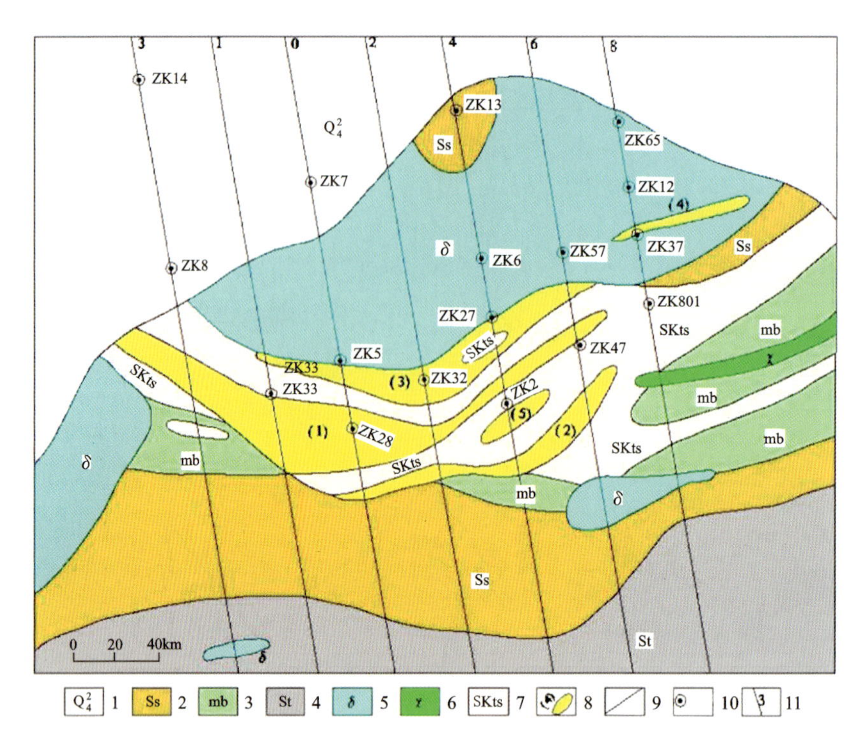


图 4-12　大安河金矿床地质图(据薛明轩,2012)

1.第四系;2.二叠系土门岭组变质砂岩;3.二叠系土门岭组大理岩;4.二叠系土门岭组变质石英砂岩;5.早侏罗世闪长岩;6.煌斑岩脉;7.透辉石石榴子石矽卡岩;8.金矿体;9.地质界线;10.钻孔;11.勘探线

## 七、伴生金矿

伴生金矿是指其他内生金属矿床中含有可供提选的金。

许多内生金属矿床中均有金伴生,特别是铜矿、铅锌矿、钼矿、铁矿等。这主要与金的地球化学行为(亲铁性和亲硫性)有关。其次是金的成矿作用方式与 Cu、Pb、Zn、Mo 等元素成矿作用方式相同造成的。根据伴生矿床主成矿元素不同可以分为金银矿、含金多金属矿、金铜矿和含金铁矿。

由于金和银的地球化学性质十分接近,金和银总是伴生的。这种伴生有两种形式:银金矿和金银矿。在滨海边疆区东部的科玛岛弧成矿带,发育许多浅成低温热液型金矿。事实上,这些金矿几乎都是银金矿,同时也发育以银为主的金银矿,例如达耶施银矿就是金银矿的代表,它的银品位可达 $400\times10^{-6}$,金仅是副产品。

与铜矿伴生的金矿的典型代表是小西南岔金铜矿。事实上,由于金的品位低,该矿床一直是作为铜矿开采的。只是由于选矿技术的进步,金才成为主要有用组分。与铜矿伴生金的另一个例子是俄罗斯的马利诺夫卡斑岩型金铜矿。在这个矿床中,金的品位可达$(0.6\sim12.9)\times10^{-6}$。

# 第二节　锡矿

锡矿是滨海边疆区最主要的矿床类型。在滨海边疆区 116 处小型以上规模的矿床中,锡矿和锡可以作为副产品的矿床占 72 处,接近统计矿床总数的 60%。其中,以锡为主的矿床 65 处,包括大型锡矿床 4 处,中型锡矿床 11 处,小型锡矿床 50 处;含锡矿床 7 处。俄罗斯 95%的锡矿产于东部地区,滨海边疆区在其中起着重要作用。

但是在与之毗邻的黑龙江省和吉林省东部，锡矿寥寥无几，仅在黑龙江省伊春市的五星镇附近发育1处小型锡矿(表4-4)。另外，在铁力市二股西山多金属矿和庆安县徐老九沟铅锌矿中发育可以作为副产品的锡。

**表4-4　锡矿规模统计表**　单位:处

| | 总计 | 大型 | 中型 | 小型 |
|---|---|---|---|---|
| 黑龙江省 | 1 | 0 | 0 | 1 |
| 吉林省 | 0 | 0 | 0 | 0 |
| 滨海边疆区 | 65 | 4 | 11 | 50 |
| 总计 | 66 | 4 | 11 | 51 |

研究区的锡矿通常与中、酸性侵入岩，火山岩和次火山岩有关。因此将之划分如下：①与花岗岩侵入体有关的锡矿；②火山岩型锡矿；③斑岩锡矿；④矽卡岩锡矿。

斑岩锡矿和矽卡岩锡矿可以分别归入前述不同类别中，但是考虑其特殊性而单独列出。

## 一、与花岗岩侵入体有关的锡矿

这种锡矿产于花岗岩侵入体的接触带，受接触带构造或接触带附近的裂隙构造控制，矿体主要为脉状或网脉状，含矿建造为锡石石英脉、锡石石英网脉或锡石云英岩脉。

晚中生代与花岗岩类中、深成侵入体有关的锡矿主要发育在卢日金矿区。卢日金矿区主体位于茹茹拉夫列夫-阿穆尔构造带的南部。该构造带由早白垩世浊流沉积岩层组成。在卢日金矿区，几乎发育了滨海边疆区各种类型的锡矿。其中，与花岗岩侵入体有关的矿床的代表是季格里锡矿。季格里锡矿并非是单一锡矿，而是锡-钨-钼-稀有金属矿。矿床位于小型的穹隆构造中，花岗岩体的顶部(图4-13)。

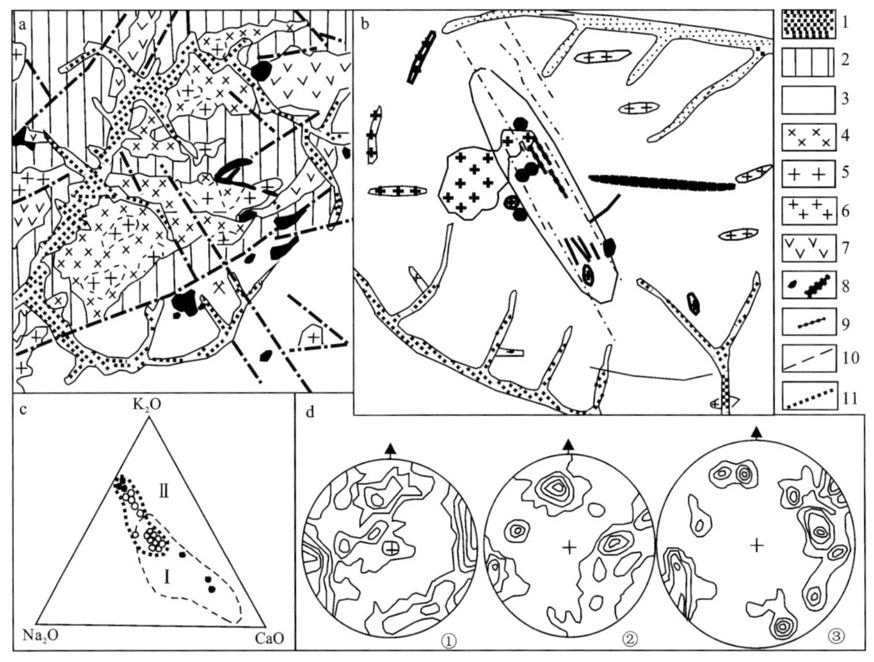


图4-13　季格里诺耶锡矿床(据 Родионов，1984)

a. 矿床在季格里穹隆构造中的位置("十"字符号)；b. 矿床构造图；c. 伊兹卢钦斯克地块的岩石中碱/钙比值(空白圆圈：Ⅰ. 较早的岩相；Ⅱ. 末期岩相)和季格里岩枝(深色圆圈)；d. 矿床中主要构造方位(①沉积岩中的裂隙；②岩枝中的裂隙；③锡石-石英脉)；1. 冲积层；2. 火山岩-硅质岩-近海沉积岩；3. 近海沉积岩；4、5. 伊兹卢钦斯克地块的岩石(4. 花岗岩类；5. 花岗岩)；6. 花岗斑岩型的季格里岩枝；7. 中性喷出岩；8. 中性侵入体；9. 不同成分的岩脉；10. 断裂；11. 矿脉轮廓

矿床位于中锡霍特-阿林断裂和季格里断裂的交会处。矿区发育一系列岩脉和小型的岩枝，主要为流纹岩和花岗斑岩。此外还发育云英化的淡色花岗岩。

成矿侵入体的上部是马雷伊岩株和波利什姆岩株。马雷伊岩株是中粒似斑状黑磷云母和铁锂云母花岗岩，以倾角 30°～50°向南倾斜。在将近 200m 的深处发育中粒似斑状黑磷云母花岗岩和黑磷云母-铁锂云母花岗岩。这两种岩石在岩相上可以相互替代。在更深处出现了浅粉色的似斑状铁锂云母花岗岩(图 4-14)。

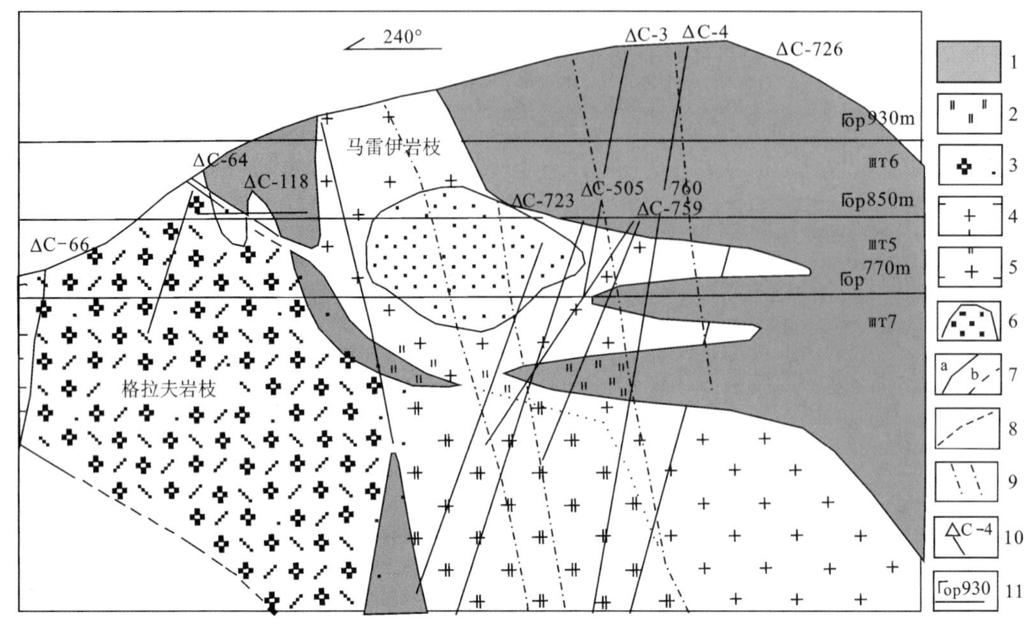


图 4-14　季格里矿床剖面图(据 Родионов，1984)

1. 角岩；2. 硅化花岗伟晶岩；3. 似斑状花岗岩(流纹斑岩)的格拉夫岩枝；4. 马雷伊岩枝的中粒黑磷云母-铁锂云母花岗岩和铁锂云母花岗岩；5. 粗粒似斑状花岗岩；6. 云英岩体、季格里矿；7. 地质界线：可靠的(a)和推测的(b)；8. 马雷伊岩枝中岩浆岩的岩相界线；9. 构造分区；10. 钻孔编号及投影图；11. 矿段编号

格拉夫岩枝位于马雷伊岩株西约 120m 处，为花岗斑岩或流纹斑岩，属于次火山岩。上述花岗岩属于亚碱性淡色花岗岩系列，铝含量较高，且含锂、氟。黑磷云母-铁锂云母花岗岩的同位素年龄为 90Ma，而铁锂云母花岗岩的同位素年龄为 85Ma(汉丘克，2006)。

矿脉分布受近南北向的中锡霍特断裂和近东西向的季格里断裂控制。近南北向的断裂(走向为 350°～30°)限制了马雷伊岩枝和分布于其中的矿脉和网状脉的位置，矿脉和网状脉大多形成于北西方向的断裂(走向为 315°～340°)中，在倾角大于 85°的近东西向的断裂中主要分布着马雷伊岩枝。成矿前的倾角为 20°～40°、向南东方向倾斜的断裂具有独立的意义，它们控制了钼矿脉。另外，具有重要意义的是角砾岩，它形成于近南北向和近东西向的断裂交会处。

Гоневчук 等(1987)和 Ishihara 等(1997)根据云母 K－Ar 年龄确定了早期大型云英岩化作用的年龄接近于黑磷云母-铁锂云母花岗岩的年龄，含矿云英岩的形成年龄为(81±4)～(78±2)Ma。

矿床为钼矿和锡钨矿，分别形成两组矿脉。

钼矿为早期成矿，受近北东 20°走向的裂隙系统控制。越接近西部和北西部，钼矿脉的厚度和数量都有所增加。

钨锡矿形成了走向为 315°～340°，倾向北东，倾角 75°的平行网脉带。在马雷伊花岗岩岩株的岩枝和矿脉的交会部位形成了大型的石英岩体——季格里岩体，构成大型的石英-黄玉-云母型云英岩。最强烈的云英岩化作用接近马雷伊花岗岩岩株南部接触带，此接触带向角砾岩区倾斜。在这一地区，形成了直径不小于 2m 的石英-黄玉-云母型云英岩体。

此外，在卢日金矿区还发育小型同类型锡矿或锡钨矿。

## 二、火山岩型锡矿

典型的与火山岩有关的锡矿是流纹岩型锡矿。流纹岩型锡矿的成矿母岩是流纹岩，并且是富钾流纹岩。矿床通常由细粒和胶状的锡石浸染状分布于流纹岩或与其相关的次火山岩中，另一典型特点是富含黄玉、萤石类矿物。世界上已知的该类矿床主要发育在渐新世—中新世，主要分布在酸性火山岩区，这些火山岩通常形成在很厚的陆壳区，同时它们也常是由火山碎屑岩和陆源碎屑岩构成的平缓的穹隆构造的一部分。

火山岩型锡矿主要矿石矿物是锡石（主要是胶状的）和赤铁矿（镜铁矿）；脉石矿物是方英石、萤石、鳞石英、蛋白石、玉髓、冰长石和沸石等。

围岩蚀变程度很低，通常是方英石化、萤石化、绿泥石化、高岭石化和明矾石化。

在研究区的俄罗斯境内，与火山岩有关的锡矿亦主要分布在卢日金矿区内，多为锡多金属矿，与酸性火山岩有关，形成于70～60Ma或更晚。

作为该矿床的一个实例是东部锡矿。矿床位于东锡霍特-阿林火山-深成岩带中的一个火山断陷盆地（370km$^2$）的中部。其中发育厚度大于800m的、近水平的晚白垩世酸性火山岩。在其西缘发育作为盆地基底岩石并发生褶皱的早白垩世碎屑沉积。在微变形的晚白垩世火山岩系底部为酸性熔结凝灰岩和凝灰岩，年龄为82～68Ma（图4-15）。

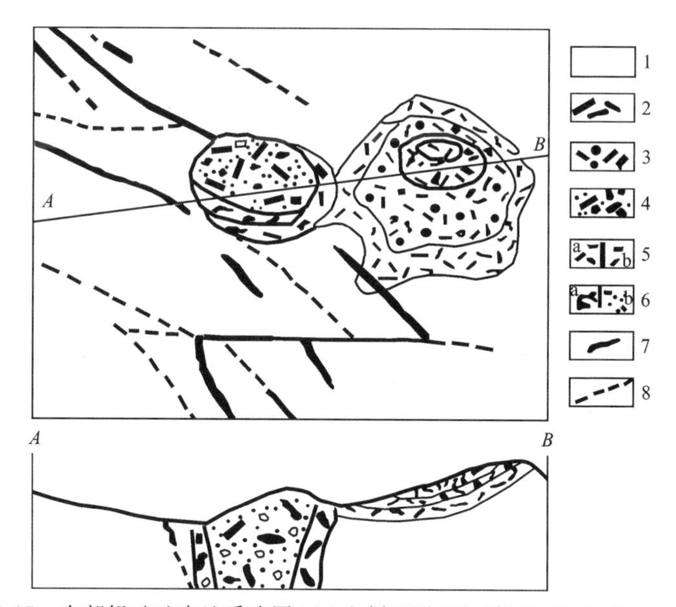


图4-15　东部锡矿矿床地质略图（上）和剖面图（下）（据V. V. Ratkin，1990）

1. 普赖莫耶组凝灰岩；2. 早期火山口阶段的流纹斑岩；3. 喷发角砾岩；4. 爆发角砾岩；5. 酸性喷出岩（a. 熔岩；b. 熔岩角砾岩）；6. 硅化凝灰岩（a. 粗粒，b. 细粒）；7. 多金属矿脉；8. 断裂

在熔结凝灰岩之上为层凝灰岩、凝灰岩、熔岩及熔岩角砾岩，底部是石英流纹斑岩。这一阶段火山作用的火山口包括似岩株的岩体，是主要的成矿单元。火山口建造K－Ar年龄为66～55Ma。

控制火山构造沉降带和矿床本身内部构造的断层走向为东西向及北西向，北东向的深大断裂控制火山盆地的区域位置。

多金属矿化主要有两种类型：锡石-硫化物（方铅矿和闪锌矿）脉和结核状-细脉-浸染状矿化。前者形成于下部熔结凝灰岩和凝灰岩中走向北西及东西向的陡倾斜断裂带中；后者产于上层火山岩系的火山口建造中，锡石和硫化物或硫化物结核均匀地分布在火山岩中。

结核状矿化稳定地赋存在爆发角砾岩中。不论在水平面上或在深达300m的钻孔中都没见到结核状矿化特征或矿化强度上有明显变化。含大到0.5cm的石英和萤石晶体的结核状矿石一般是在角砾岩的基质中或在全部被绢云母交代的流纹斑岩中,并有时形成局部富集。火山口中立体的热液蚀变明显,岩石都受到同样程度的蚀变,主要蚀变为绢云母化和硅化,偶尔有绿泥石化。

结核-浸染状矿石的矿物成分相对简单,主要矿石矿物有闪锌矿、黄铁矿及较少的方铅矿、磁黄铁矿、黄铜矿、毒砂、锡石、黝锡矿、金红石。

角砾岩中的闪锌矿、黄铁矿与球粒状流纹斑岩中的这两种矿物、单矿物爆裂温度一般都是200～300℃(V. V. Ratkin,1990)。

## 三、斑岩锡矿

作为与斑岩型矿床有关的小型、斑状、中酸性侵入体,可以是与火山作用和火山岩无关的小型侵入体;也可能是与火山作用和火山岩密切相关的次火山岩体。在俄罗斯的滨海边疆区,与斑岩锡矿有关的斑岩体毫无例外属于后者(图4-16)。

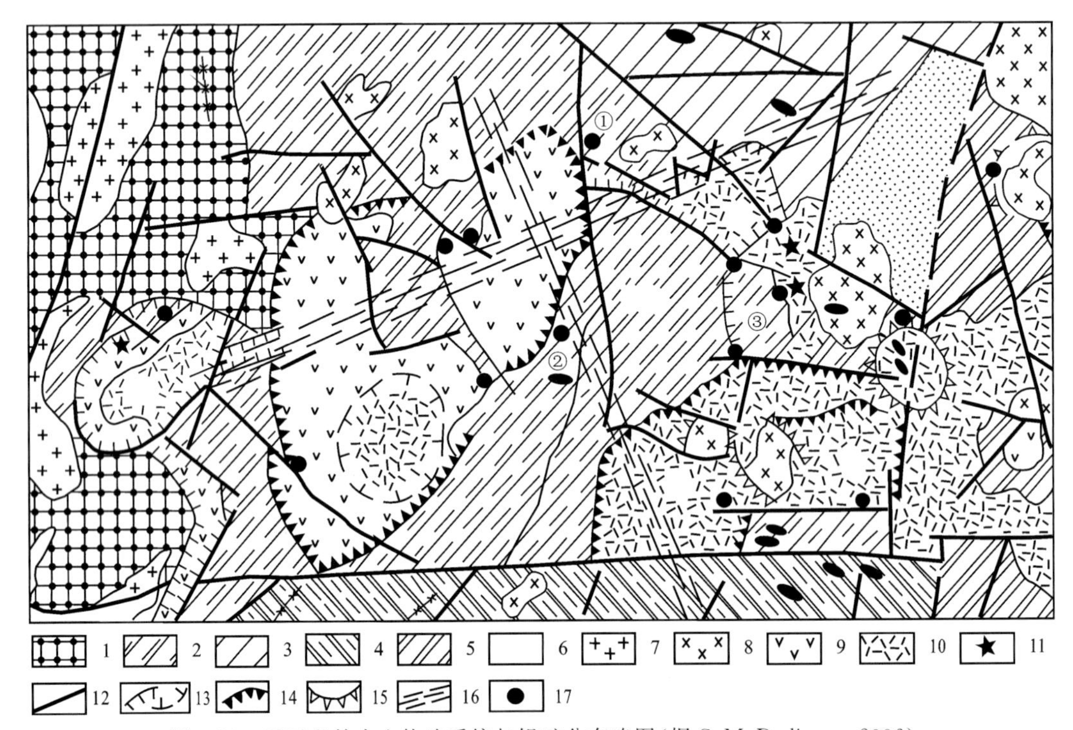


图4-16　元瓦奎林火山构造系统与锡矿分布略图(据S. M. Rodionov,2006)

1.萨马尔金构造带(蛇绿混杂岩,$J_3$);2～4.茹拉夫列夫-阿穆尔构造带(混杂岩,$K_1$,其中2.瓦林库-塔瓦西克琴带;3.维尔赫涅-毕金斯克带;4.阿尔明带);5.科玛带西部($K_{1-2}$);6.磨拉石盆地($K_2^1$);7、8.深成岩和火山岩($K_2$);9.中性喷出岩;10.酸性喷发岩($K_2$—$P_1$);11.火山口;12.主断裂带;13.具火山口和地堑状的低地;14.火山构造洼地;15.火山穹隆;16.裂隙带;17.斑岩锡矿和成矿带;①雅达尔;②列佳;③兹维兹德

这些次火山岩体属于中心式火山喷发系统,是面积近2km$^2$的亚碱性火山岩的次火山岩颈相。含矿的岩颈形成于火山岩以下300～1 000m的深处。

火山爆发角砾岩和火山爆发-水热角砾岩均有广泛分布。多数情况下,它们都含有大量的锡石矿。它们不属于断裂带角砾岩或者构造角砾岩,角砾岩化和矿化是交替进行的。

蚀变作用广泛发育,最典型的蚀变是绢英岩化。同时,电气石化、石英-绿泥石化也广泛分布。这些交代蚀变岩都呈带状分布。通常锡石矿属于绢云母蚀变带,尽管在许多矿体中含锡的石英电气石核或者锡石含量较高的绿泥石蚀变带里也有比较丰富的锡石矿。这些矿床中的大部分，外部晕中都含有黄铁矿。蚀变带和成矿带都有很大的垂直延深（近 1 000m，甚至更大），且不受岩石构造的制约。在一些矿床中，有大量锡多金属矿石，它们形成于浸染状矿石形成之后（汉丘克等，1995，2006）。

斑岩锡矿位于东锡霍特-阿林火山带的边缘，相关火山岩的年龄为 70～46Ma。构成这些成矿斑岩体的是碱长流纹岩，并伴生有角砾岩。角砾岩分布于斑岩侵入体的外接触带或者内接触带，或者以独立岩株或岩脉的形式发育。

在锡霍特-阿林构造带的任何一个含锡的矿区中，相对于其他类型的锡矿化，斑岩锡矿往往分布在矿区的外围。自外围向中间，斑岩锡矿依次被锡石-硅酸盐-硫化物矿、锡石-石英脉和锡石-云英岩所取代。

在滨海边疆区，属于斑岩锡矿的有雅达尔、列佳、兹维兹德和莫帕乌等锡矿。

雅达尔矿床位于环形火山口的中心部位，产于粗面安山岩、流纹岩、火山角砾岩、次火山岩颈以及下白垩统砂岩中（图 4-17）。

图 4-17　雅达尔矿床地质图（据 S. M. Rodionov，2006）

1. 沉积岩；2. 流纹斑岩和玻璃质流纹岩；3. 火山喷发角砾岩；4. 火山喷发-水热角砾岩；5. 粗面安山岩；6. 闪长玢岩和辉绿玢岩脉；7. 细脉矿化带；8. 细脉-浸染状和浸染状矿化带；7. 锡矿；8. 铜多金属矿；9. 钻井

粗面安山岩和流纹岩属于亚碱性系列，在岩石化学组成上接近响岩。火山角砾岩有两种类型：火山喷发角砾岩和火山喷发-水热角砾岩。前者含有35%～40%的岩屑、矿屑。矿屑的主要成分是强烈蚀变的矿石。矿屑通常不超过1～2cm。相关的岩石几乎完全蚀变，蚀变类型主要为硅化、石英-绢云母化、石英-绢云母-绿泥石化、石英-绿泥石化。

火山喷发-水热角砾岩构成了在平面图上等距离的、在火山喷发角砾岩和流纹岩中的角砾岩脉。角砾的含量为55%～90%，其粒径由2～10mm到3～5cm不等。它们提供了有硫化物浸染(占角砾总量的7%～10%)的弱蚀变矿石和交代蚀变岩。硫化物主要是黄铁矿和黄铜矿，并伴生有萤石。胶结物已经全部重结晶，形成绿泥石-石英集合体或者绿泥石-绢云母-石英集合体。

在平面图上，火山喷发-水热角砾岩是一个接近等轴状的形态不规则的地质体。在纵剖面上，火山喷发-水热角砾岩有着狭窄漏斗状的形态，期间穿插大量的岩枝和岩脉。

矿石分为两种类型：细脉-浸染状(Ⅰ型)和脉状(Ⅱ型)，前者占主导地位。矿石分为不含硫化物或硫化物含量较少的锡矿(锡石-长石矿、锡石-绿泥石-绢云母矿和锡石-绿泥石-石英矿)、锡多金属矿(在方铅矿和闪锌矿中，锡石呈浸染状分布)以及含锡的锌铜矿(带有少量黄锡矿的闪锌矿-黄铜矿)。

通常，不同类型矿石相互叠置。例如在矿床的北部，在有着不含硫化物的锡石-绿泥石-石英型矿石的同时，也存在锡多金属矿或者锌铜矿。可以确定的是，含锡矿石成矿最多的地段，在大多数情况下都位于角砾岩体的中部，而铜和锌含量最高的地段则往往在角砾岩体的边缘地段。它们之间没有截然界线。

控制矿体的因素是火山喷发-水热角砾岩。锡在角砾岩中的分布是不均匀的：沿着矿体的中轴线，富矿段和贫矿段交替分布。

石英-绿泥石-锡石矿中的石英包体均一的温度为360～400°C(Родионов，1981，1984)，石英包体中，K、Ca和$CO_2$含量较高，$K_2O/Na_2O$为0.86。

雅达尔矿床的平均品位Sn为0.2%～3.5%，Cu为0.55%～2.11%，Zn为2.22%，Ag为$(50\sim60)\times10^{-6}$。

### 四、矽卡岩型锡矿

矽卡岩型锡矿在俄罗斯远东地区有两种组合：锡-黑钨矿-铍组合和硼镁铁矿-磁铁矿组合。锡-黑钨矿-铍组合的矿床产于中、深成花岗岩基与灰岩接触带处的矽卡岩和云英岩中。矿石矿物包括锡石、磁黄铁矿和磁铁矿，具有明显的分带现象。

硼镁铁矿-磁铁矿组合的矿床中，硼镁铁矿占到全部矿体总量的80%，而锡主要作为硼镁铁矿中伴生矿物存在。除锡以外的矿物有磁铁矿、硼镁石、镁硼石、硅硼钙石、铁白云石、钙镁橄榄石、斜硅镁石、方解石、方镁石、镁橄榄石、透辉石、维苏威石、水镁石、石榴子石、斧石、金云母、尖晶石和滑石。通常，碳酸盐岩经过交代作用变为辉石-石榴子石-方解石矽卡岩，在此过程中形成了含锡矽卡岩。

矽卡岩锡矿不是滨海边疆区锡的主要矿化形式。在滨海边疆区72处锡矿和含锡的矿床中，仅发育3处小型矽卡岩型锡矿床，即分布在沃兹涅先斯科矿区的布拉加达特锡矿，发育在卢日金矿区的基姆锡多金属矿和发育在塔乌欣矿区的锡铁矿。

## 第三节　钨矿

有小型以上钨矿和含钨矿床总计24处，其中独立钨矿6处，钨锡矿1处，其余为锡钨矿、钼钨矿、铁钨矿以及含钨多金属矿等。

在这24处钨矿和含钨矿床中，俄罗斯的滨海边疆区占13处，是研究区主要钨矿产地，吉林东部的延边地区占 2 处，黑龙江东部地区发育 9 处。

钨矿是滨海边疆区主要金属矿床之一。尽管在滨海边疆区的 100 多处矿床中，钨矿所占比例不多，但是在 10 处大型矿床中，钨矿就占有 2 处。

滨海边疆区的钨矿分布在该区西部、中部、西北部和东南部的几个大型金属成矿带中。西部钨矿区包括兴凯地块东部的一些矿区（伊利莫夫卡、西涅戈尔）；东南部钨矿区包括奥莉加区和格拉斯科夫区，以及其中一些小的成矿区；中部钨矿区一部分沿着锡霍特山脉中央断裂延伸约 500km。另外还有大约 200km 已延伸至哈巴罗夫斯克边疆区。这一地区还可以分成两个分区：白钨矿产区和黑钨矿产区。第一个分区包括中比金、马利诺夫斯基和游击队城；第二个分区包括中乌苏里和富尔马诺夫地区（图 4-18）。

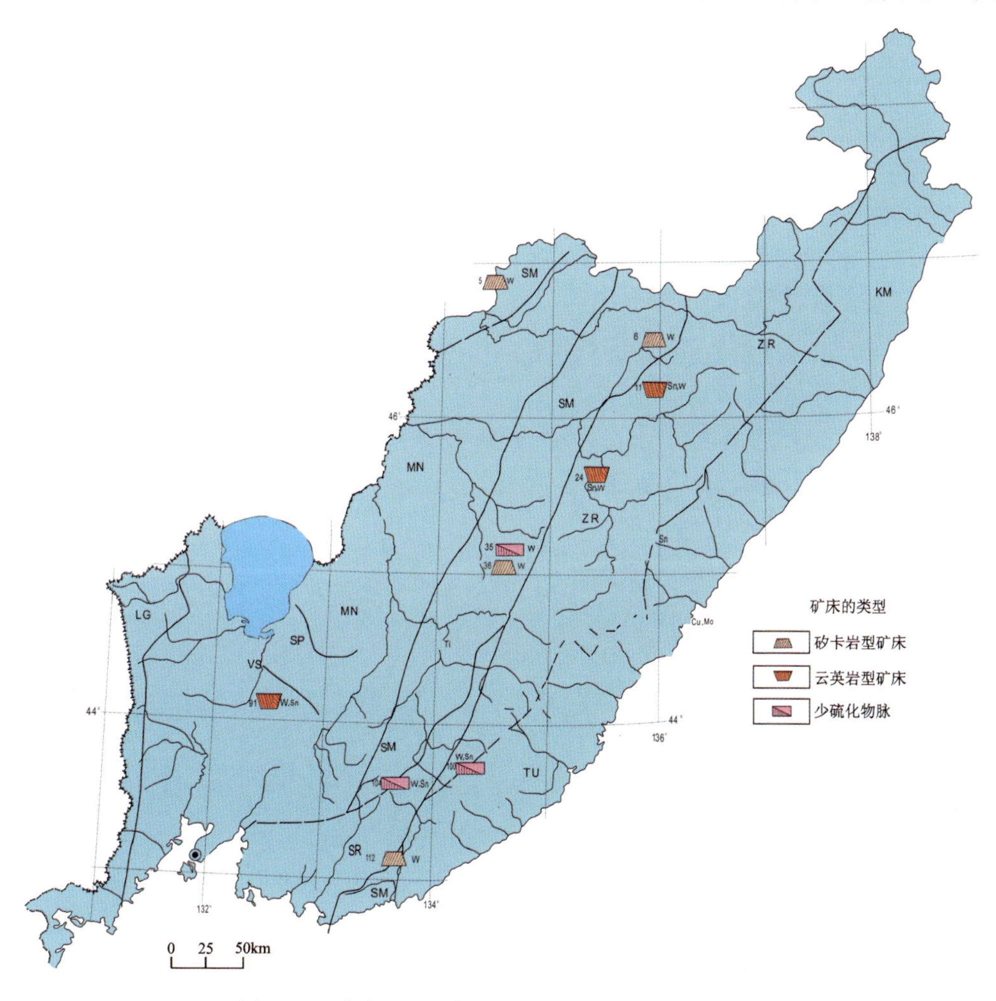


图 4-18 滨海边疆区钨矿分布图（据汉丘克等，1995）

LG. 老爷岭-格罗杰科；VS. 沃兹涅先斯科耶；SP. 斯帕斯克耶；MN. 马特维耶夫-纳西莫夫；SR. 谢尔盖耶夫；SM. 萨马尔金斯基；ZR. 茹拉夫列夫-阿穆尔；TU. 塔乌欣；KM. 科玛

钨矿与同熔型花岗岩关系密切。这些钨矿可以分为以下几种类型：矽卡岩型、云英岩-矽卡岩钨-磷-硫型、云英岩-石英脉稀有金属钼-锡-钨型、石英-硫化物脉锡-钨-砷型。

第一类钨矿为白钨矿矽卡岩矿床，其中可以分为钼-钨、钨-锡多金属以及钨矿等类型。第二类是唯一具有工业价值的钨矿。矿物成分有白钨矿、磷灰石和黄铁矿。白钨矿-黄铁矿矿床（东方 2 号钨矿、莱蒙托沃钨矿）与含有少量氟和硫的花岗闪长岩共生。在这一成矿区，白钨矿-矽卡岩-云英岩矿床受断裂控制。这些断裂把整个地区分成几个部分。最有利于成矿的位置是断裂处、断裂与其他横向构造交会处以及构造尖灭处。

第三类矿床与小型的、中酸性的、含锂和氟的侵入岩有关。具有工业价值的只有一些稀有金属-锡-钨矿型矿床（扎贝特、季格里和基洛夫矿区），这些矿床依靠综合的金属提炼来获取利润。

最后一种类型是石英-硫化物脉锡-钨-砷型。乌斯米克尔金、鲁德内、尤比列伊内及其他矿产地都属于这一类型。

矽卡岩-云英岩钨-磷-硫型矿床位于萨马尔金构造带北部的从中侏罗世至贝利阿斯期的地层中，该地层属于增生楔。萨马尔金构造带是由浊积岩、若干个不同地质年代的岩块以及橄榄岩块组成。基质岩层以粉砂岩中富含原始碳氢化合物有机质为特点，这些有机质在侵入岩的热作用下发生石墨化。

萨马尔金矿区的矽卡岩型钨矿床产于豪特里维阶、阿尔布阶及赛诺曼阶中，成因上与黑云母花岗岩关系密切。矿床产于由粉砂岩和硅质岩组成的二叠纪灰岩的巨大岩块中(汉丘克等，1995，2006)。

吉林省东部的延边地区发育两个独立的白钨矿。其中，大型矿床1处，即珲春市杨金沟钨矿；小型矿床1处，即汪清县白石砬子钨矿。

杨金沟白钨矿床位于吉林省珲春市春化镇内，珲春-绥芬河南北向金属成矿带(老爷岭-格罗杰科构造带的一部分)南段，五道沟群斜长角闪片岩、斜长角闪岩、黑云石英片岩夹大理岩和红柱石绢云石英片岩、红柱石板岩中。矿体受南北向裂隙带(南矿段)和北西向裂隙带(北矿段)控制。

白石砬子钨矿床位于吉林省清县北东约80km的罗子沟镇。矿体赋存于石英闪长岩与大理岩接触带的石榴子石矽卡岩内，属于矽卡岩型白钨矿矿床。石英闪长岩LA-ICP-MS锆石U-Pb年龄为205～195Ma，是印支晚期到燕山初期的产物。

在黑龙江省东部有9处含钨矿床，以含钨多金属矿为主，没有独立钨矿床。其中，翠宏山矽卡岩型多金属矿床属于大型矿床(图4-19)。矿床发育钼钨、铁钼钨和铁钼钨锡独立矿体，黑龙江省的钨资源量在研究区中占有较大比例。

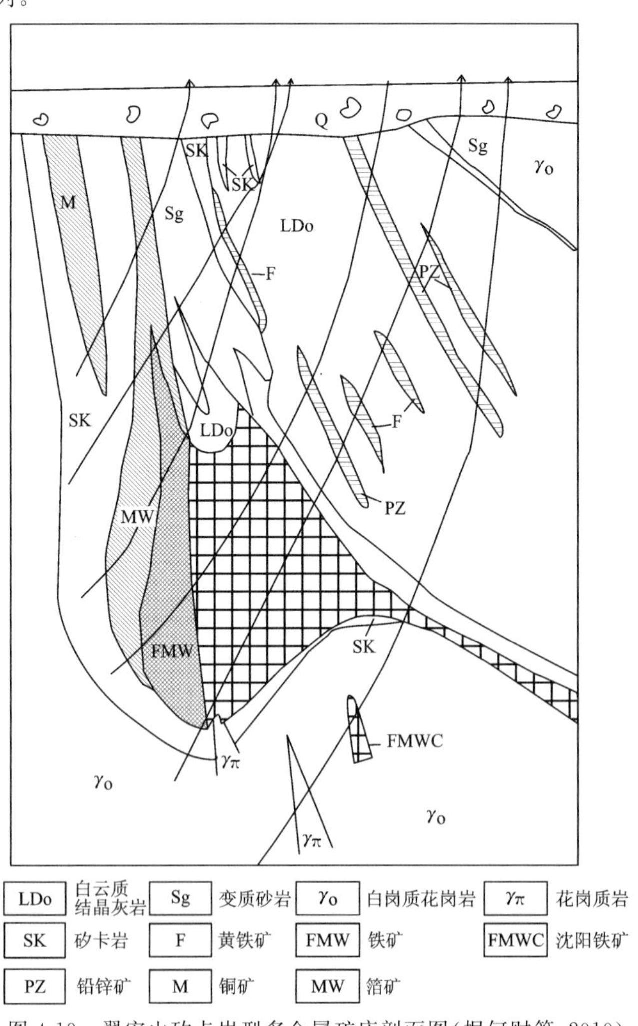

图4-19　翠宏山矽卡岩型多金属矿床剖面图(据何财等，2010)

# 第四节 钼矿

钼矿在俄罗斯境内的滨海边疆区并不发育,只发育1处独立的小型斑岩型钼矿和两处小型斑岩型铜钼矿。

在吉林省延边地区的研究区范围内,钼矿资源一直也很有限,有早期发现的敦化市三岔子小型钼矿和和龙市石人小型钼矿。前者是石英脉型钼矿,后者是斑岩型钼矿。但是近年来,在研究区的安图县境内发现了刘生店钼矿,在紧邻研究区西部的蛟河县和敦化市交界处发现了大型的大石河斑岩钼矿,使得吉林省延边地区的钼矿越来越引起人们的重视。考虑到其西部吉林省中部地区广泛发育的以大黑山斑岩钼矿为代表的一系列大、中、小型钼矿床的存在,该区应该有较大的钼矿资源远景。

在研究区的黑龙江省境内,近年发现了一系列不同规模、不同类型的钼矿床,以霍吉河大型斑岩钼矿、鹿鸣大型斑岩钼矿、翠岭小型斑岩钼矿、翠宏山伴生的矽卡岩型含钼多金属矿等为代表。

研究区钼矿化主要有3种类型:斑岩型、矽卡岩型和石英脉型,但是更有一些矿床属于前述3种类型中两者的叠加形式,如斑岩-石英脉型。

## 一、斑岩钼矿

斑岩钼矿是研究区最主要的钼矿化形式,占该区钼储量的99%以上。以鹿鸣大型钼矿、霍吉河大型钼矿为代表。在敦密断裂以北,分布在牡丹江断裂以西至研究区西部的边界,成南北向分布在研究区西部边界线附近;在敦密断裂以南,分布在清津-开山屯断裂以西和富尔河-古洞河断裂以北,并沿着富尔河-古洞河断裂呈北西向分布;在俄罗斯的滨海边疆区,则分布在萨马尔金构造带(2处)和茹拉夫列夫-阿穆尔构造带(1处)。

### 1. 俄罗斯的斑岩钼矿

与滨海边疆区的斑岩钼矿有关的侵入体由二氧化硅含量超过75%的花岗岩、花岗斑岩以及二氧化硅含量相对较低的石英闪长岩、花岗闪长岩和二长花岗岩构成。主要的金属矿物有辉钼矿、黄铁矿、白钨矿和黄铜矿,而锡石、黑钨矿和黝铜矿则较少;脉石矿物有石英、钾长石、黑云母和白云母。个别岩体含氟的矿物含量略高,特别是与花岗岩-花岗斑岩有关的矿床,表现更为明显。与含氟量低的二长花岗岩有关的矿床相比,含氟量高的矿床的钼的平均品位更高。

热液蚀变呈环带状分布,中间部分为钾化而外围为青磐岩化。有时,在两者之间部分还存在千枚岩化和泥化。在高含氟量的产地,硅化和硅-钾化是主要含矿地质体;含氟量比较低的,可能只存在着硅化。

两种类型花岗岩和相关的矿床可能代表两种不同的构造环境:矿石品位高和储量大的矿体,其有关的花岗岩-花岗斑岩岩株的含氟量较高,岩体可能形成于陆内环境;矿石相对品位低的矿床,花岗岩含氟量较低,属于在大陆岩浆弧形成的二长花岗岩。

研究区俄罗斯境内的斑岩钼矿可能形成于晚白垩世以及早白垩世的末期。早白垩世末期的成矿作用与库拉板块俯冲结束所引起的科玛岛弧的弧陆碰撞有关,晚白垩世的成矿作用则形成于新库拉板块向北北西俯冲、滨海边疆区处于转换大陆边缘环境,这时的花岗岩有陆内性质。

### 2. 吉黑东部的斑岩钼矿

如前所述,吉黑东部的斑岩钼矿沿着两条构造线分布:在敦密断裂以北,沿着研究区西部界限——

东经128°线附近成南北向分布；在敦密断裂以南，则沿着富尔河—古洞河一线呈北西向分布。

敦密断裂以北的128°线附近（略偏东）是研究区重要的构造线——逊克-铁力-方正-长汀构造线。它是早古生代构造带和晚古生代—早中生代构造带的分界构造。在敦密断裂以南它相当于西滨海断裂。因此，在我国的绥芬河—珲春五道沟一线以及俄罗斯的老爷岭-格罗杰科构造带有寻找该类矿床的潜力。

敦密断裂以南的古洞河-富尔河断裂是晚古生代—早中生代构造带西部边界的南东端，西部边界可能在松嫩盆地西部、大兴安岭南东的吉林省白城地区有少许出露，而该构造带在中国境内的北西端（或北端）出露在小兴安岭北西段和大兴安岭北段（东侧）的华安—沐河一线，继续向北进入俄罗斯。因此，在这条线上有进一步寻找斑岩钼矿的潜力。

事实上，在晚古生代—早中生代造山带上，还存在一条钼矿成矿带——舒兰（富安堡钼矿）-前撮落（大黑山钼矿）-桦甸（兴隆钨钼矿）钼成矿带。这条成矿带刚好位于研究区晚古生代—早中生代造山带的核心部位——缝合带部位。这条成矿带向北进入松嫩盆地，但是在小兴安岭西段的黑河—辰清一线出露，可能发现相同类型钼矿。

与斑岩钼矿有关的侵入岩为中酸性—酸性侵入岩，形成于燕山早期，个别可能形成于印支末期。与成矿有关的岩体为斜长花岗斑岩、花岗斑岩、花岗闪长玢岩、二长花岗岩等。

矿化蚀变发育，分带清晰，硅-钾化、石英-绢云母化、青磐岩化等构成典型斑岩型矿床的蚀变分带。矿石矿物主要为辉钼矿，其次为黄铜矿、黄铁矿、白钨矿、黑钨矿等。含钨矿物主要出现于钨钼矿床中，黄铜矿及其他含铜矿物主要出现于铜钼矿床中。矿石构造以浸染状为主，其次为细脉状、细脉浸染状和网脉状。

不同地区成矿岩体的岩石类型具有惊人的相似性，主要表现：①二长花岗岩、花岗闪长岩、花岗斑岩是主要成矿岩石类型；②成矿岩体主要形成于早侏罗世；③成矿作用可能延续到中侏罗世（表4-5）。

**表4-5　研究区及外围附近主要斑岩钼矿岩石类型和成岩、成矿年龄一览表**

| 钼矿名称 | 规模 | 岩石类型 | 岩体年龄（Ma） | 辉钼矿年龄（Ma） |
|---|---|---|---|---|
| 霍吉河 | 大型 | 黑云母二长花岗岩 | 186±1.7 | |
| 鹿鸣 | 大型 | 二长花岗岩 | 176±2.2 | |
| 翠岭 | 小型 | 二长花岗岩 | 178±0.7 | |
| 大石河 | 大型 | 似斑状花岗闪长岩 | | 186.7±5.0 |
| 大黑山 | 大型 | 黑云母花岗闪长斑岩 | 170±3 | 168.2±3.2 |
| 福安堡 | 中型 | 似斑状二长花岗岩、花岗斑岩 | | 166.9±6 |
| 刘生店 | 小型 | 二长花岗斑岩 | | 169.36±0.97 |

注：霍吉河、鹿鸣、翠岭，杨言辰（2012）；刘生店，王辉（2011）；大石河，鞠楠（2012）；大黑山，王成辉（2009）；福安堡，李立兴（2009）。

根据以上岩石类型和成岩、成矿时代特点，多数人把该时代钼的成矿作用归于太平洋板块的俯冲作用，把成矿的中酸性岩体作为Ⅰ型花岗岩岩体，认为是与俯冲作用有关的花岗岩，成矿作用也是与西北太平洋俯冲有关的斑岩型成矿作用。

但是笔者认为该期斑岩钼矿的形成是吉黑晚古生代—早中生代造山带造山作用的结果，成矿岩体不是Ⅰ型花岗岩而是造山带隆升时期典型的S型花岗岩，部分碱长花岗岩和晶洞碱长花岗岩岩体可能是与造山带垮塌有关的A型花岗岩。

因此，研究区发育两类斑岩钼矿：在俄罗斯的滨海边疆区，斑岩钼矿形成于晚白垩世；在吉黑造山带，斑岩钼矿形成于早燕山期，与吉黑造山带隆升形成的S型花岗岩有关。

## 二、矽卡岩型和石英脉型钼矿

矽卡岩型钼矿的矿化点很多，成规模者很少，以滨东地区与晚三叠世一撮毛岩体有成因关系的五道岭钼矿为代表。但是，在翠宏山矽卡岩型多金属矿床中，钼矿形成独立的脉状钼矿体；在吉林省天宝山大型矽卡岩型铅锌矿中，也发育独立的脉状钼矿体。

石英脉型钼矿见于吉林省安图县新合乡三岔子钼矿。在刘生店斑岩钼矿中发育石英脉型矿体，构成斑岩-石英脉型钼矿床。

# 第五节　铅锌矿

铅锌矿是研究区最发育的矿种之一。在俄罗斯滨海边疆区，有铅锌矿或者铅锌多金属矿以及锡多金属矿达 47 处，其中小型矿床 36 处、中型矿床 9 处、大型矿床 2 处；在吉黑东部总计 24 处，其中小型矿床 17 处、中型矿床 5 处、大型矿床 2 处，主要矿床类型见表 4-6。

表 4-6　主要铅锌矿类型一览表

| 序号 | 类型 | 代表矿床 | 主要地质特征 | 成矿时期 |
|---|---|---|---|---|
| 1 | 与海相碳酸盐岩有关的层状铅锌矿(Sedex) | 小西林、沃兹涅先 | 层状、似层状，沉积组构，重晶石等伴生 | 寒武纪 |
| 2 | 与火山岩、次火山岩有关的铅锌矿 | 克拉斯诺戈罗夫卡 | 与火山岩或次火山岩伴生，受火山构造控制，呈脉状、透镜状或管状 | 中生代 |
| 3 | 产于中、深成侵入体内外接触带的脉状铅锌矿 | 切列姆霍沃 | 产于侵入体的内外接触带，多金属硫化物石英脉，受断裂构造控制 | 古生代、中生代 |
| 4 | 矽卡岩型铅锌矿 | 尼古拉耶夫 | 产于中酸性侵入体与碳酸盐岩接触带的矽卡岩中 | 古生代、中生代 |

## 一、与海相碳酸盐岩有关的层状铅锌矿(Sedex)

该类矿床的共同特征：①发育于早古生代构造带，含矿建造为早古生代碳酸盐岩、板岩和细碎屑岩，容矿岩石主要为大理岩；②主矿体呈层状、似层状或与层理平行的透镜状，亦有脉状、细脉状、网脉状穿切层的矿体；③层状矿体矿石矿物成分简单，主要为闪锌矿、方铅矿和黄铁矿，次要矿物为黄铜矿、毒砂、白铁矿、雌黄等，脉状矿体矿石矿物复杂；④矿体经常与硅质岩或重晶石岩共生，两者均为热水沉积岩；⑤层状矿体发育同生沉积组构(韵律层理、交错层理)以及沉积成因的莓球状结构、胶状结构等，表明同沉积成矿的特点，脉状矿体受断裂、裂隙、破碎带或层间破碎带控制；⑥后期有岩浆作用并伴随矽卡岩化和矿化，构成叠加成因矿床；⑦附近常发育硅铁建造或者铁矿体。

俄罗斯的滨海边疆区，海相碳酸盐型层状铅锌矿发育在沃兹涅先成矿带。有两处小型层状铅锌矿：车尔尼雪夫斯科耶铅锌矿和沃兹涅先铅锌矿。

沃兹涅先铅锌矿产于沃兹涅先斯科构造带。沃兹涅先斯科构造带内的灰岩层是容矿围岩，喷气-沉积形成的多金属层状矿床在这里聚集。体积较大的硫化物矿体与围岩的生物灰岩、沥青灰岩一起，赋存在黏土质岩石构成的上覆岩层的接触面附近。矿床的显著特点是富含喷气-沉积成因的硅质岩。此种硅质岩的氟、硼和锌的含量较高，超过地壳克拉克值 5～10 倍。层状矿体与含磁铁矿的矿层以及藻生物礁灰岩伴生。该矿床以前曾被看作是矽卡岩型矿床。

吉黑东部的伊春-延寿构造带是与俄罗斯沃兹涅先构造带具有相同性质和相同构造演化的早古生代构造带。在伊春-延寿构造带内发育新元古代末期到早寒武世的碳酸盐岩-细碎屑岩-泥岩建造——西林群。在碳酸盐岩建造中(西林群五星镇组)发育大型层状铅锌矿——西林铅锌矿。早期，一直认为该矿床是矽卡岩型矿床。但是通过最近的研究，从不同角度证明，该矿床应该属于喷流-沉积成因的矿床。

与沃兹涅先铅锌矿一样，西林铅锌矿围岩发育一套硅质岩，岩石学和岩石化学特点均表明这些硅质岩的热水-沉积成因。

无论是西林群还是沃兹涅先矿床的围岩都经历了变质变形作用，使得矿床围岩的碳酸盐岩形成大理岩或者大理岩化岩石。变质变形作用对海相碳酸盐型沉积层状铅锌矿产生了明显的改造作用，主要表现在 3 个方面。

(1)矿石组构变化：形成变余组构和变质重结晶组构。变余组构有变余韵律层理、变余斜层理、变余草莓结构等。变质重结晶组构表现在矿物颗粒生长、形成变斑晶和退火现象。

(2)变质变形过程中矿体变形和移动：原来的层状矿体在变质、变形作用过程中金属硫化物发生迁移，主要表现：①褶皱的核部变厚，翼部变薄；②形成平行轴面叶理的矿脉；③原层状矿脉在褶皱转折端穿越层理。

(3)变质分异作用：原层状铅锌矿在变质作用过程中，伴随变质作用的发生在不同温度和压力条件下，不同金属矿物发生分异、转移，形成方铅矿、闪锌矿、黄铁矿等单矿物脉。这些单矿物脉总是围绕层状矿体附近分布。

无论是在沃兹涅先矿还是在西林矿区，都经历过多期中酸性岩浆或酸性岩浆侵入事件。岩浆侵入对层状铅锌矿有明显改造作用甚至形成岩浆热液型矿脉。而岩浆作用对原生矿床最大的改造作用是矽卡岩化并且形成矽卡岩型矿体，这是将之作为矽卡岩型矿床的主要原因。

## 二、与火山岩、次火山岩有关的铅锌矿

在研究区，与火山岩或次火山岩有关的铅锌矿主要发育在俄罗斯的滨海边疆区。该类铅锌矿床产于火山岩、次火山岩建造中或其附近的沉积地层中。火山岩为中酸性或酸性火山熔岩和火山碎屑岩；次火山岩为闪长玢岩、花岗闪长玢岩、石英斑岩、花岗斑岩等，为火山颈相、管道相或脉岩相。沉积岩为火山盆地内与火山熔岩和火山碎屑岩互层的砂、页岩。

矿体受火山机构、火山成因的断裂或裂隙构造以及控制火山盆地的不同级别的断裂构造控制。矿体呈脉状、透镜状或管状。

如果是以铅锌为主的多金属矿床，矿石矿物以闪锌矿和方铅矿为主，其次为锡石、黄铜矿、黄铁矿、毒砂或辉银矿等。但是该地区的大多数该类矿床属于以锡为主的多金属矿，因此主要矿石矿物为锡石和黄锡矿。

脉石矿物有方解石、重晶石、石英、萤石等。矿石构造有块状、浸染状、条带状、晶洞状、角砾状构造等。

围岩蚀变有硅化、绢云母化、绿泥石化、碳酸盐化等，蚀变分带不明显或蚀变带叠加。

在俄罗斯的滨海边疆区，有两个大型多金属矿集中区——茹拉夫列夫-阿穆尔成矿带的卢日金矿田和塔乌欣成矿带的达利涅戈尔斯科矿田。在滨海边疆区的47处铅锌矿和含铅锌的多金属矿床中，发育在这两个矿田的达41处。与火山岩和次火山岩有关的铅锌矿也主要发育在这里。

卢日金矿田位于茹拉夫列夫成矿带的南部，主要由下白垩统的复理石建造和火山建造构成。这里形成与高钾流纹岩有关的锡石多金属矿脉。

这里还发育两个次火山岩型锡多金属矿床——斑岩锡-多金属矿。斑岩体产在65Ma前的火山颈处，矿床形成于火山活动活跃期间，金属矿石是产于隐爆角砾岩中的浸染状的锡石、硫化物（方铅矿、闪锌矿、黄铜矿等）细脉。在浸染状矿石构成的岩颈周围通常分布着延长较远的锡石多金属矿脉。

塔乌欣成矿带以矽卡岩型和热液脉状硼矿和铅锌矿著称。其中，大部分矿床与晚白垩世—古近纪的火山作用有关。

克拉斯诺戈罗夫卡矿床是中心式喷发形成的火山构造的一部分。在火山颈周围广泛发育的火山角砾岩中，方铅矿、闪锌矿、黄铁矿和锡石呈浸染状分布，属于典型的与火山作用有关的锡多金属矿床。该火山岩形成于65～60Ma之间。

在吉黑东部，该类矿床很少，目前报道的仅有九佛沟多金属矿（图4-20）。

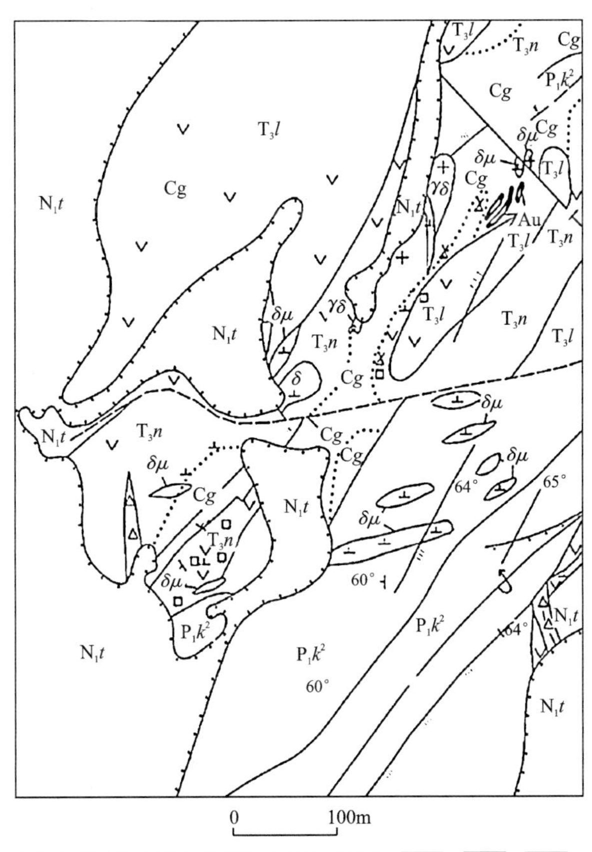


图4-20　九佛沟多金属矿地质图（据董传统，2012）

$N_1t$. 图门子组砾岩、砂岩、泥岩；$T_3l$. 罗圈站组中酸性火山岩；$T_3n$. 南村组中酸性火山岩；$P_1k^2$. 下柯岛组中酸性火山岩；$P_1k^1$. 上柯岛组凝灰角砾岩；$\gamma\delta$. 花岗闪长岩；$\delta$. 闪长岩；$\delta\mu$. 闪长玢岩；$Cg$. 绢英岩化带；1. 黄铁矿化；2. 青磐岩化；3. 金矿体；4. 破碎带；5. 压扭性断层；6. 张性断层；7. 倒转背斜；8. 地层产状；9. 不整合界线

九佛沟多金属矿床位于黑龙江省东宁县，东宁-老黑山断裂西侧。矿区出露地层有上三叠统南村组安山岩和安山质火山碎屑岩、上三叠统罗圈站组酸性熔岩和凝灰岩。该套地层被燕山期闪长玢岩、辉石

闪长玢岩、霏细斑岩、霏细岩、细粒花岗闪长岩及花岗斑岩脉侵入。矿床位于由二龙山组组成的轴向北东的九佛沟-南村倒转背斜西翼。区内断裂发育，以北东向为主，控制着蚀变矿化带和矿体的展布。区内发现 17 条多金属矿体，呈脉状和透镜状赋存于破碎蚀变带中。

### 三、产于中、深成侵入体内外接触带的脉状铅锌矿

该类矿床产于中酸性或酸性侵入体的内外接触带内，矿体呈脉状，矿石呈块状或浸染状，为多金属硫化物脉或多金属硫化物石英脉，矿体受断裂构造、接触带构造或两者叠加控制。在纳霍德卡北东约 300km 的锡霍特山脉东坡的塔乌欣成矿带中，分布着达利涅戈尔斯克矿田。该矿田以矽卡岩型铅锌矿床为主，同时发育脉状铅锌矿。矿石中有大量锡石和黄锡矿，属于锡铅锌多金属矿。脉状矿床与花岗闪长岩有关，岩体的 K - Ar 年龄为 65～60Ma。

在吉林褶皱带和延边褶皱带，脉状铅锌矿与印支期和燕山期中、酸性侵入体有关。与印支期成矿有关的岩体为花岗岩类和闪长岩类。花岗岩类主要有花岗岩、斜长花岗岩、奥长花岗岩、花岗斑岩等；闪长岩类包括辉石闪长岩、石英闪长岩等。以岩基为主，个别为规模较大的岩株。有矿点和矿化点多处，未见有小型以上规模的矿床。

燕山期中酸性侵入岩主要为花岗岩、花岗正长斑岩、石英闪长岩和闪长玢岩，主要为岩株。矿体受北东向和北北东向的断裂构造控制。在延边褶皱带，部分矿床受控于南北向断裂和褶皱。该期与中酸性侵入体有关的脉状铅锌矿化很普遍，但具工业价值者很少。

在黑龙江省东部，有 3 个小型脉状铅锌矿：老道庙沟铅锌矿、西林铅锌矿 V 号矿体和西林铅锌矿二矿段。

### 四、矽卡岩型铅锌矿

矽卡岩型铅锌矿是研究区主要铅锌矿化形式。矿床产于中酸性侵入体与碳酸盐岩接触带。

在纳霍德卡北东约 300km 的锡霍特山脉的东坡，分布着达利涅戈尔斯克地区（属于塔乌欣成矿区）的矽卡岩型铅锌矿床。矿床产在早白垩世增生楔中的三叠纪灰岩被交代而成的矽卡岩中。含铅锌的矽卡岩被认为形成于 70～60Ma。成矿熔液的来源是距矽卡岩 300m 外的花岗岩侵入体。

在黑龙江省东部，矽卡岩型铅锌矿广泛分布。有中型矿床 3 处，小型矿床 10 处。但是，除伊春市昆仑气铅锌矿（小型）、庆安徐老九沟铅锌矿（中型）和逊克县库宾铅锌矿（小型）属于铅锌组合矿床外，其余为铁铅锌、铁铜铅锌、铁锌、铜铅锌和铜锌等多金属矿床。

在延边褶皱带和吉林褶皱带，该类型小型矿床 3 处：汪清县棉田铅锌矿、延吉银洞子多金属矿、永吉三家子多金属矿。大型矿床 1 处：延吉天宝山铅锌多金属矿。矿点和矿化点 20 余处。

## 第六节　铜矿

在俄罗斯滨海边疆区仅发育 6 处小型斑岩型铜矿，且单一铜矿只有 1 处，其余为铜（金）矿、铜（钼）矿、铜（银）矿和铜（锡）矿。在吉黑东部总计 12 处，均为小型矿床。有如下类型：海相火山岩-细碎屑岩-碳酸盐岩建造中的铜（多金属）矿（VMS），陆相火山岩、次火山岩建造中的铜（金）矿，斑岩铜矿，矽卡岩型铜矿（表 4-7）。

表 4-7 主要铜矿类型一览表

| 序号 | 类型 | 代表矿床 | 主要地质特征 | 成矿时期 |
|---|---|---|---|---|
| 1 | 海相火山岩-细碎屑岩-碳酸盐岩建造中的铜(多金属)矿(VMS) | 红太平铜矿 | 矿体呈层状产于海相火山沉积建造 | 晚古生代 |
| 2 | 陆相火山岩、次火山岩建造中的铜(金)矿 | 杜荒岭铜(金)矿 | 矿体呈脉状、细脉状和网脉状产于火山岩、次火山岩或相关的沉积建造中 | 中生代 |
| 3 | 斑岩铜矿 | 马拉伊托铜矿 | 斑岩体中的细脉浸染状 | 晚中生代 |
| 4 | 矽卡岩型铜矿 | 六道崴子铜矿 | 产于中酸性侵入体与碳酸盐岩接触带 | 海西晚期 |

## 一、海相火山岩-细碎屑岩-碳酸盐岩建造中的铜(多金属)矿(VMS)

在研究区,该类矿床仅发育在延边红太平地区。红太平铜矿位于延边褶皱带的北西部。该处属于汪清-咸北弧前盆地,西侧即为清津-青龙村混杂岩带。矿区发育一套二叠纪砂岩、板岩、泥灰岩、火山熔岩和火山碎屑岩(图 4-21)。

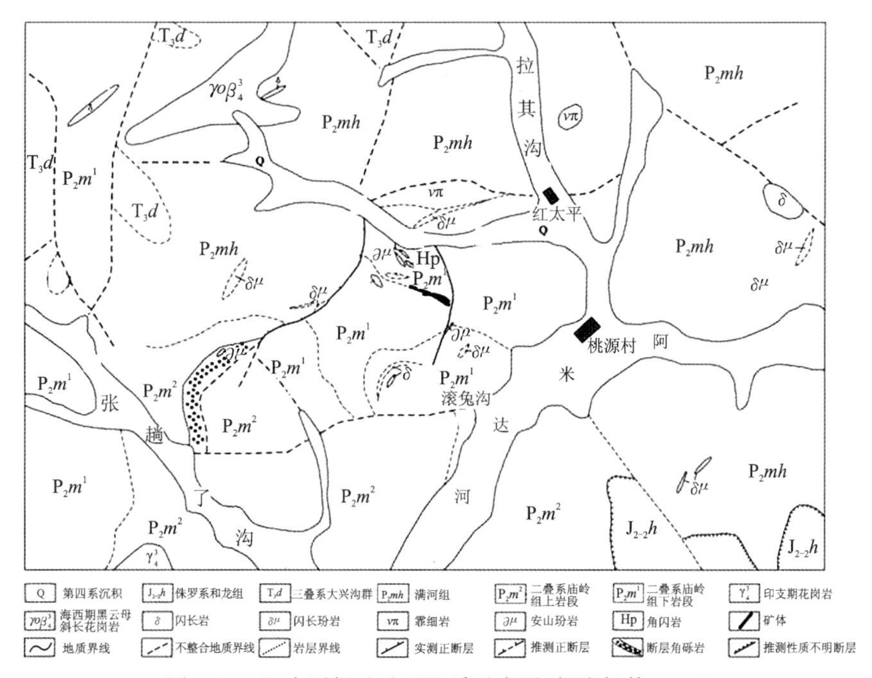

图 4-21 红太平铜矿矿区地质示意图(据张杨等,2012)

矿体与地层产状一致。作为主要矿体的 1 号矿体和 3 号矿体,呈层状产于泥灰岩中(图 4-22),2 号矿体为平行层的网脉状矿体。

矿石矿物主要为黄铜矿、闪锌矿、方铅、毒砂和黄铁矿,脉石矿物主要为石英、玉髓、方解石、石榴子石、透闪石、绿泥石、绿帘石、绢云母等。

矿石构造主要为块状构造、浸染状构造、条带状构造以及细脉状构造和网脉状构造。

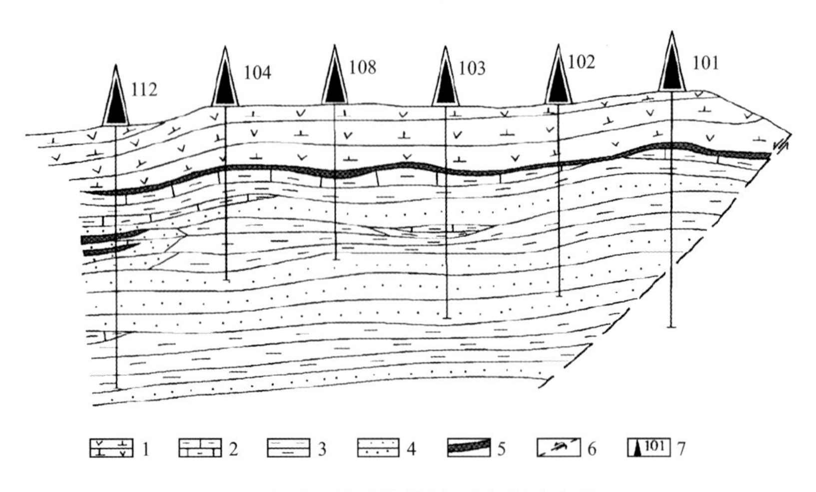


图 4-22　红太平 1 号矿体纵剖面图(据张杨等,2012)

1.安山质凝灰岩;2.泥灰岩;3.板岩;4.砂岩;5.矿层;6.断层;7.钻孔及编号

## 二、陆相火山岩、次火山岩建造中的铜(金)矿

在晚二叠世之后,在研究区的吉黑东部广泛发育陆相火山岩。其中,燕山期火山作用形成一系列火山盆地,并伴随铜、金、铅、锌、钼等矿化。

陆相火山岩-次火山岩型铜矿的赋矿岩石为火山岩、次火山岩及火山盆地中的正常沉积岩,矿体产于火山机构、火山构造及控制火山活动的区域断裂构造中,矿体呈脉状、管状、透镜状等,与地层多为不整合关系。矿石以金、银、铅、锌等多金属矿石为主,或以铜为主的多金属矿石。

与陆相火山岩、次火山岩型铜矿有关的火山岩,一般可分为中酸性火山岩及其次火山岩、基性火山岩及其次火山岩。前者矿石成分复杂,经常有金、银、铅、锌伴并形成多金属矿床;后者矿石成分简单,以铜为主,很少伴生可供利用的银、金、铅、锌等。研究区中的该类矿床主要与中酸性火山岩、次火山岩有关。

在延边褶皱带,西部的火山岩盆地有的受控于北东向的鸭绿江-松江断裂(如汪清盆地),有的受克拉通边缘的北西西向断裂和南北向断裂联合控制(如延吉盆地)。在延边褶皱带东部,盆地受南北向断裂控制,陆相火山岩、次火山岩型铜矿也主要是南北向呈带状分布,可分出春化-小西南岔带、汪清带和安图带。

尽管与陆相火山岩、次火山岩有关的铜矿化很多,但形成矿床者有限,规模较大者更少,典型矿床有杜荒岭铜(金)矿。

## 三、斑岩铜矿

斑岩铜矿因规模大、埋藏浅、易开采的特点一直受到高度重视。该类矿床的共性特征:①矿床在时间、空间、成因上均与具斑状构造的中酸性浅成或超浅成小侵入体(花岗闪长玢岩、石英二长斑岩、石英斑岩等)有关;②岩体即为矿体或岩体的某一部分构成矿体,但矿化也可以延伸到外接触带,形成热液脉型或矽卡岩型(围岩是碳酸盐岩时)矿化;③有特征的矿化蚀变,自矿化中心向外依次为硅化、钾化、石英-绢云母化、泥化、青磐岩化;④矿石以浸染状和细脉浸染状为主。

斑岩型矿床受到重视的另一原因是其地球动力学环境方面的意义。由于斑岩铜矿最早发现于科迪勒拉-安第斯山脉，所以一直把斑岩型矿床作为板块俯冲的标志。但后来，人们相继在不同的构造环境中发现均有斑岩型矿化的存在。尽管矿床本身不能对所处的构造环境有明确的指示意义，但含矿岩系的矿物组合及元素地球化学特征可以成为地球动力学环境的指示标志。

研究区典型斑岩铜矿发育在俄罗斯滨海边疆区。滨海边疆区发育6处铜矿床，均是小型的斑岩型矿床。包括1处斑岩型铜矿、2处斑岩型铜(钼)矿、1处斑岩型铜(金)矿、1处斑岩型铜(银)矿和1处斑岩型铜(锡)矿。其中，4处分布在茹拉夫列夫-阿穆尔成矿区，1处分布在萨马尔金成矿区，1处分布在塔乌欣成矿区。

诺奇斑岩铜矿床位于中西霍特-阿林构造带的南东部。矿区发育下白垩统砂岩、粉砂岩、粉砂质板岩和一小部分砾岩。下白垩统被挤压成北东向的线形褶皱，并被诺奇花岗斑岩岩株(1.8$km^2$)穿切。岩株与包含其中的矿体被大量的闪长玢岩、花岗斑岩、微晶闪长岩、细晶岩和火山角砾岩岩脉所切割。岩脉厚近2m，沿走向延伸至几十米。

组成诺奇岩株的岩石在不同部位有不同的结构，直径为700m的核部是由巨斑状的花岗斑岩组成，斑晶粒径近5mm，由淡灰色—灰色的石英和灰色的斜长石组成；在岩株核外围，长石和石英斑晶的数量和尺寸明显变小，而矿石的主体部分变成了细粒，甚至有时是隐晶的；侵入体的外部由流纹岩组成，其主体部分的颗粒非常细小(Говрилов and Мамаев，1988)。

热液蚀变包括云英岩化、石英-绢云母化、黑云母-铁叶云母化和绿帘石-绿泥石化带。

云英岩主要分布在花岗斑岩岩株的中部和南东部，含有大量不太厚的矿脉和细脉，构成块状的浅灰色、浅暗绿色—灰色、灰白色的细粒矿石，石英-绢云母化围绕云英岩化发育，而在花岗斑岩的部分外接触带，是黑云母-铁叶云母化蚀变。在黑云母-铁叶云母和部分千枚岩化的周围，有着宽阔的长石-绿帘石-绿泥石交代蚀变岩(蚀变安山岩)带。

蚀变岩的带状分布与矿石的带状分布是一致的。由于云英岩和千枚岩的作用，在中心出现了钼、钨、萤石和锡矿，在中间带形成了与黑云母-铁叶云母交代蚀变岩缔合的含铜矿石，蚀变安山岩外部晕环实际上是没有矿的。

矿床的含矿部位局限于交代蚀变岩带的外部。另外，带有黑钨矿、锡石和萤石的钼矿属于云英岩和千枚岩，而铜矿属于黑云母-铁叶云母蚀变区。与此同时，在交代蚀变岩中，并不存在交代变化的强度与矿石成分含量之间的直接对应关系。

有19种金属矿物：黄铜矿和斑铜矿通常是以粉末状的浸染物、颗粒状的聚集物和纤细(宽度不超过1cm)的细脉出现；辉铜矿和铜蓝是由斑铜矿发育而来，而较少由黄铜矿发育，在某些情况下发育有铜蓝的单矿物的小细脉。辉钼矿作为唯一的鳞片状和少有的粒状集合体，可以在花岗斑岩岩株的中间部分、石英细脉的云英岩和千枚岩化地带中找到，与之发生缔合关系的有黑钨矿、萤石和锡石。此外还有赤铁矿、黄铁矿、黑钨矿等。

南部和北部的铜矿在物质成分上有所不同：南部铜矿中经常出现黄铜矿、铜蓝和斑铜矿，而且斑铜矿占明显优势，而在北部大部分是黄铜矿、砷黄铁矿、磁黄铁矿、白铁矿和自然铜。

矿石中，铜的整体平均品位不超过0.6%。年龄测试显示，诺奇岩株花岗斑岩的形成年龄为75Ma，黑云母蚀变岩形成年龄为69±1Ma，黑云母-铁叶云母蚀变岩形成年龄为69±1Ma，石英-绢云母蚀变岩形成年龄为66±1Ma。

研究区我国境内很少发育典型的斑岩铜矿，但是在吉林省延边地区发育一系列斑岩-热液脉型铜(金)矿，如农坪铜(金)矿等。

### 四、矽卡岩型铜矿

该类型铜矿产于中酸性侵入岩与碳酸盐岩的内外接触带，以脉石矿物中广泛发育矽卡岩矿物或矽卡岩构成矿体为特点。

根据矿石组分特征可分为矽卡岩型铜矿、矽卡岩型铜金矿、矽卡岩型铜铅锌（金、银）多金属矿、矽卡岩型铁铜矿和矽卡岩型铜银矿。

与成矿有关的中酸性侵入岩有花岗岩、花岗闪长岩、石英闪长岩、闪长岩、闪长玢岩、花岗斑岩、石英斑岩以及钠长斑岩等。从成矿的中酸性侵入体的时代看，主要分布于晚海西期和印支期，其次为燕山期。

吉黑东部地区矽卡岩型铜矿化很多，但形成矿床的数量很少，有小型矿床 8 处，其余为矿点和矿化点。

## 第七节　铁矿

研究区小型规模以上铁矿总计 55 处。其中，大型矿床 2 处，中型矿床 6 处，小型矿床 47 处。分布的国家和地区：俄罗斯滨海边疆区 1 处，我国黑龙江省 42 处，我国吉林省 12 处。主要的铁矿类型是沉积变质铁矿，其次是矽卡岩铁矿和热液脉状铁矿。

沉积变质铁矿的发育与特定的含矿建造和构造环境相对应，由老至新依次是佳木斯地块的麻山群和兴东群（中元古界），张广才岭构造带的东风山群（新元古界），张广才岭构造带的塔东群（下寒武统），兴凯地块卡巴尔金裂谷带的陆源碎屑-碳酸盐岩建造（下寒武统）和下古生界黑龙江群。

麻山群是研究区最老的含铁建造，矿床赋存于混合岩和斜长片麻岩中，主要有天宝山、城子河、西麻山等小型铁矿。

兴东群大盘道组是吉黑东部最主要的铁矿赋矿层位，形成大盘道、孟家岗、双鸭山等铁矿床。

新元古界东风山群发育在张广才岭构造带，在亮子河组低角闪岩相变质硅铁建造中形成具有代表性的亮子河铁矿。东风山群一直作为古元古界，在本次工作中，根据东风山群含铁建造碎屑锆石年龄将其确定为新元古界。

塔东群发育在吉林省与黑龙江省交界处，形成大型塔东铁矿。塔东铁矿富含锰、钴、磷，有人称之为塔东锰钴磷铁矿。关于塔东群，前人赋予不同名称和不同时代含义，但是最近人们比较普遍接受的是塔东群这一岩石地层单位名称和新元古代这一时代含义，并将之与黑龙江邻区的张广才岭群对比。但是，最近的年龄测试结果表明，原岩年龄是 518.3±3.8Ma，为早寒武世的产物。塔东群延续到黑龙江省部分被黑龙江地质工作者称之为张广才岭群，并同样含有火山沉积变质型铁矿床。从前述测年结果来看，至少这里的该套地层不应该属于标准剖面上的张广才岭群。

黑龙江群中铁矿点和矿化点很多，如孟家岗铁矿等。

在俄罗斯的滨海边疆区，该类铁矿分布在兴凯地块卡巴尔金早寒武世裂谷带。铁矿床是早寒武世陆源碎屑岩-碳酸盐岩岩层的一部分。矿床由喷气-沉积形成的磁铁矿-石英岩和赤铁矿-磁铁矿石英岩组成。个别不太厚的矿层由氧化过的锰矿石堆积而成。

沉积变质铁矿的共同特征：①产于变质海相（火山）沉积建造中；②矿体呈层状、似层状，与岩层整合的透镜状，显示层控特点；③矿石矿物以磁铁矿为主，脉石矿物以石英为主，并有鳞绿泥石、铁镁闪石、铁镁榴石、石墨、透闪石、方解石、白云石等；④矿石构造为条带状、条痕状、片麻状；⑤矿石品位低、规模大。

但不同时代的矿床除上述共性特征外往往有一定差异，而最显著的差异是矿石成分的变化。麻山群和兴东群的硅铁建造中几乎为单存的硅铁建造；东风山群含铁建造以金和钴含量高为特点，甚至形成东风山式含钴的金矿床；寒武系塔东群和卡巴尔金斯克含铁建造中，锰、磷和钴的含量很高，甚至形成锰铁矿或铁锰矿，同时由于钴和磷的含量也很高，可综合利用。

矽卡岩型铁矿主要分布在研究区黑龙江省东部，有小型矿床31处。矿床主要分布在伊春-延寿构造带，与早古生代、晚古生代、中生代花岗岩和下寒武统西林群、二叠系土门岭组等古生代地层中碳酸盐岩接触交代作用有关。

热液脉状铁矿很少，仅有黑龙江省萝北县大马河铁矿和吉林省安图县小共泥屯铁矿。后者与火山热液有关。

# 第五章　成矿区(带)

## 第一节　成矿区带的构造性质

在2000—2004年开展的全国成矿区(带)划分和研究工作中,遵循分级划分的原则,将全国成矿区(带)划分为Ⅴ级(陈毓川等,2006;朱裕生等,2007)。Ⅰ级为成矿域,与全球性巨型构造相对应;Ⅱ级为成矿省,受大地构造旋回控制,与大地构造一级单元或跨越不同大地构造单元的地区相对应;Ⅲ级为成矿带,是在成矿省范围内划分的次一级成矿单元;Ⅳ级为成矿亚带,受同一构造-岩浆旋回控制的、矿床成因上有联系的、一类或几类矿床组合一体的成矿富集区;Ⅴ级为矿田,受有利成矿地质因素中同类成矿因素控制,在相似地质环境支配下赋存有某几个矿种、某类或某几类成因相似或空间上密切联系、分布集中的一组矿床分布区。

在此前提下,在全国范围内划分出5个成矿域(Ⅰ级成矿带),16个成矿省(Ⅱ级成矿带)和81个成矿带(Ⅲ级成矿带)。

### 一、成矿域

成矿域是Ⅰ级成矿带。根据朱裕生等(2007)对成矿域的定义,成矿域与全球性巨型构造相对应。

有3种不同属性的全球性巨型构造:①是全球性巨型造山带;②是夹持巨型造山带的大陆板块;③是目前正在发育的大洋及其陆缘区。

因此,Ⅰ级成矿带(成矿域)的构造属性或者是全球性造山带,或者是大陆板块,或者是现代大洋+陆缘区。

古亚洲成矿域的主体是巨型的古亚洲造山带,它是位于西伯利亚板块和塔里木-华北板块之间的巨型造山带。秦祁昆成矿域的主体是秦祁昆造山带,位于塔里木-华北板块与扬子板块之间。特提斯-喜马拉雅成矿域的主体是特提斯-喜马拉雅造山带,它是印度板块和欧亚大陆之间的造山带。在前人编制的中国成矿域图中滨太平洋成矿域是太平洋(包括两侧陆缘区)的西缘。在我国境内,除台湾省和黑龙江省东北部的那丹哈达岭之外,大部分叠加在其他成矿域之上。

前寒武纪地块成矿域主要包括扬子板块和塔里木-华北板块两个古大陆。

对于现代大洋而言,成矿域直接以大洋命名。如太平洋成矿域、大西洋成矿域或印度洋成矿域。它们的构造性质与所处的威尔逊旋回的阶段相对应:大西洋为威尔逊旋回的成熟阶段大洋,两侧为被动大陆边缘;太平洋处于衰退阶段,两侧为活动大陆边缘,两者均没有达到造山带阶段。

活动大陆边缘是指大洋板块对大陆板块有作用的大陆边缘。大洋板块对那里的大陆边缘一侧有一定的影响范围,造成了对之前成矿域的叠加(如我国东部)。叠加的成矿域的构造属性因其具体构造样式而不同:我国东部,至少在白垩纪,应该属于西太平洋活动大陆边缘的陆内引张克拉通盆地(盆岭构造)性质,但是在新生代已经演变为大陆裂谷。

## 二、成矿省

成矿省为Ⅱ级成矿带。成矿省受大地构造旋回控制,与大地构造一级单元或跨越不同大地构造单元的地区相对应(朱裕生等,2007)。

这里强调了构造旋回对成矿省的制约,它是在成矿域内鉴别和划分成矿省的主要依据。对于造山带型成矿域而言,构造旋回与大洋旋回(威尔逊旋回)对应。大洋旋回是一个长期、复杂的演化过程。从萌芽期的大陆裂谷到初始期的大洋裂谷,从成熟期的大西洋型到衰退期的太平洋型,最后到残迹的碰撞造山带,在不同发展演化时期,形成不同构造-岩石组合和相应的构造单元。

以古亚洲成矿域为例,在西伯利亚板块南缘和塔里木-华北板块北缘,断续分布贝加尔褶皱带(兴凯旋回)、阿尔泰-蒙古-额尔古纳褶皱带(加里东旋回)、斋桑-额尔齐斯-天山-兴安褶皱带(海西旋回)等,代表不同旋回期的构造带和与之对应的成矿省(图 5-1)。

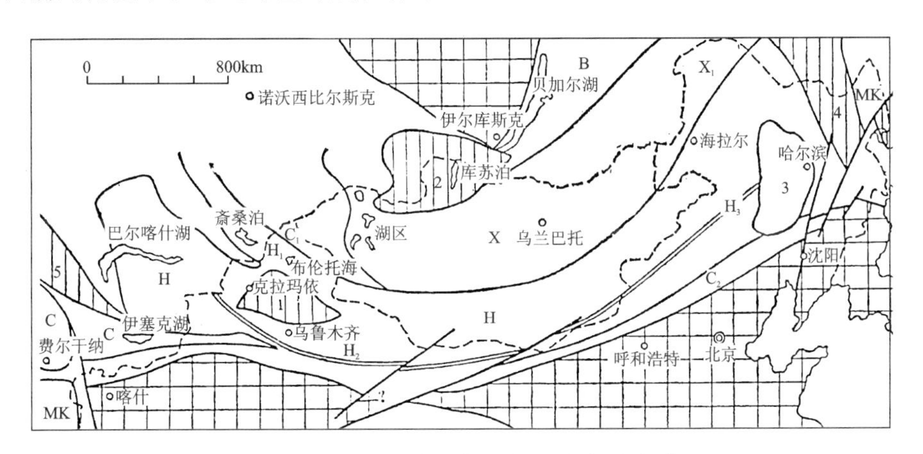


图 5-1 古亚洲洋构造域的构造分区图(据马文璞,1992)

B. 贝加尔(晋宁)褶皱带;X. 兴凯褶皱带;C. 加里东褶皱带;H. 海西褶皱带;MK. 中、新生代褶皱带;中间地块(1. 准噶尔;2. 图瓦-蒙古图;3. 松辽盆地;4. 布列亚-佳木斯;5. 木尤恩库姆)

鉴别构造旋回的一个重要标志是区域性角度不整合。并非所有角度不整合都具有划分构造旋回的意义,它们需要符合如下特点:①具有区域性、广泛分布的特点;②角度不整合面之上发育后造山磨拉石建造,不整合面之下发育同造山复理石-磨拉石建造(任纪舜等,2016);③不整合面之下发育特定时期和特定类型的岩浆建造、沉积建造、变质建造和构造变形。

对于前寒武纪成矿域(大陆板块),其成矿省与前寒武纪造山带和陆块对应,即分别对应于前寒武纪的线形构造区和卵形构造区。由于前寒武纪还处于大陆成长期,前寒武纪的线形构造与古生代以来的造山带以及前寒武纪的卵形构造和陆块与古生代以来的板块在规模上相差较大。因此,前寒武纪成矿域中的Ⅱ级成矿带与造山带中的Ⅱ级成矿带在规模上也有较大差别,往往没有对应和可比性。

## 三、(Ⅲ级)成矿带

Ⅲ级成矿带是在成矿省范围内划分的次一级成矿单元,其本身多与成矿省之下的构造单元对应(朱裕生等,2007)。

对于大型的Ⅱ级成矿带来说，Ⅲ级成矿带可以参考大地构造相的分布单元。

### （一）大地构造相的概念

大地构造相是反映陆块区和造山系（带）形成演变过程中，在特定演化阶段、特定构造部位的大地构造环境中形成的一套岩石-构造组合（潘桂堂等，2008）。

许靖华（1991，1994）最早提出大地构造相的概念。他在详细研究阿尔卑斯造山带的构造组成和构造变形的基础上，提出碰撞造山带主要由仰冲陆块（雷特相）、俯冲陆块（凯尔特相）和一个位于其间的大洋岩石圈的残余遗迹（阿尔曼相）3 种大地构造相叠加而成（图 5-2）。

图 5-2　大地构造相模式图（转引自梁斌等，1999；许靖华，1994）

A. 阿耳曼相；C. 凯尔特相；R. 雷特相

### （二）大地构造相的划分

李继亮（1992）划分了造山带的 6 个相类和 15 种大地构造相，具体如下。

（1）仰冲基底相类：刚性基底相、活化基底相。

（2）混杂相类：弧前混杂带相、弧后坍塌混杂带相。

（3）前陆褶皱冲断带相类：前陆褶冲带相、前陆褶皱带相、活化盖层带相。

（4）主剪切带相类：前陆主剪切带相、剪切穹隆带相。

（5）岩浆弧相类：前缘弧相、残留弧相、增生弧相。

（6）磨拉石盆地相类：前陆磨拉石盆地相、核心磨拉石盆地相、后陆磨拉石盆地相。

并进一步根据地球动力学机制和大地构造环境及亚环境划分出 31 类全球大地构造相（李继亮，2009）。

潘桂堂等（2008）则将大地构造相按照相系、大相、相和亚相 4 个级别，划分出 3 个相系、4 个大相、28 个构造相和 46 个亚相。

本书在大地构造相划分时，首先广泛参考前人大地构造相划分方案，其次考虑与矿床形成的构造环境相对应，并考虑如下因素。

（1）威尔逊旋回的不同阶段、在不同的构造环境中产生的构造岩石组合。

（2）构造变形：韧性剪切带、逆冲推覆构造、褶皱等仅作为划分构造相的参考依据，没有据此划分大地构造相或亚相。

（3）沉积相和变质相仅作为划分大地构造相的参考依据，没有据此划分大地构造相或亚相。

（4）根据成矿区（带）分析的特点，主要考虑大陆板块内部、陆缘区和造山带。因为大洋中的产物最后归为海沟杂岩相、前弧相、增生造山带相或者缝合带相等。

从而划分出与不同成矿构造环境相对应的 23 个大地构造相（表 5-1）。

## 四、（Ⅳ级）成矿带

Ⅳ级成矿带是Ⅲ级成矿带中具有一定内在联系的矿床相对集中的区域，通常是由Ⅲ级成矿带内成矿建造分布所限定的。

表 5-1　建议的大地构造相划分方案

| 构造环境 | 大地构造相 | 岩石组合 |
| --- | --- | --- |
| 大陆板块内部 | 大陆隆起相 | 体积巨大的以大陆拉斑玄武岩为主的镁铁质火山岩系列或环状杂岩，即碳酸岩-碱性杂岩-超基性岩以及(碱性)花岗岩 |
| | 大陆裂谷相 | 在陆壳基底上发育双峰式火山岩和代表裂陷期和凹陷期的双重沉积建造 |
| | 基底杂岩相 | 前寒武纪变质结晶基底杂岩 |
| | 陆表海相 | 稳定的海相碳酸盐岩、碎屑岩、泥质岩沉积于结晶基底之上，经常缺少火山建造 |
| | 拉分盆地相 | 大型走滑断裂叠加区、转折区或其一侧，拉伸环境 |
| | 走滑挤压脊相 | 大型走滑断裂叠加区、转折区，挤压环境 |
| 大陆边缘 | 被动大陆边缘相 | 裂陷系和离移系二元沉积结构，移离系为缺少火山建造的巨厚且稳定的海相沉积建造 |
| | 海沟相 | 海沟杂岩、浊积岩等，深流沉积、深海远洋沉积岩中包含外来岩块和洋壳残片 |
| | 前弧(外弧)相 | 构造混杂岩，由海沟杂岩的岩片组成，有时发育陆壳(过渡壳)岩片 |
| | 弧前盆地相 | 由海相沉积过渡到陆相沉积，近弧一侧的沉积岩中经常发育火山碎屑物质 |
| | 火山弧相 | 安山岩-玄武安山岩-流纹岩组成的钙碱性火山岩系列 |
| | 弧间盆地相 | 发育于火山弧内部的裂谷盆地，发育单峰式或双峰式火山岩和裂谷型沉积岩 |
| | 增生造山带相 | 发育增生杂岩、造山型火山岩和花岗岩，广泛发育区域变质作用 |
| | 弧后盆地相 | 伸展盆地，位于岛弧与大陆之间，常有大陆裂谷的沉积和火山建造特征，但经常发育于过渡壳或洋壳之上 |
| | 弧后引张克拉通盆地相 | 伸展盆地，剖面上盆地相间出现则为盆岭构造，位于大陆内部陆缘区，具有裂谷盆地的沉积特征，但火山岩经常属于钙碱性系列 |
| | 弧后前陆盆地相 | 挤压盆地，发育于陆缘与增生造山带相邻处，发育磨拉石建造 |
| | 弧后挤压克拉通盆地相 | 挤压盆地，发育于陆内的陆缘区，与增生造山带略有距离，发育磨拉石建造 |
| 造山带 | 残留盆地相 | 位于岩浆弧与前陆之间，发育深海相、浅海相到陆相的巨厚沉积，基底为洋壳 |
| | 俯冲相 | 俯冲陆块 |
| | 仰冲相 | 仰冲陆块 |
| | 缝合带相 | 以位于两侧陆缘沉积建造之间的蛇绿混杂岩为特点 |
| | 陆缘前陆盆地相 | 挤压盆地，位于陆缘与造山带相邻处，发育巨厚磨拉石建造 |
| | 后造山伸展盆地相 | 伸展盆地，角度不整合于造山带之上，发育磨拉石建造和(或)后造山火山岩 |

# 第二节　研究区成矿区(带)的划分

将研究区划分出3个Ⅰ级成矿带(成矿域),3个Ⅱ级成矿带(成矿省),6个Ⅲ级成矿带和25个Ⅳ级成矿带(成矿亚带)(表5-2)。

表5-2　研究区成矿区(带)划分一览表

<table>
<tr><th>Ⅰ级成矿域</th><th>Ⅱ级成矿省</th><th>Ⅲ级成矿带</th><th>Ⅳ级成矿亚带</th><th>成矿时代</th></tr>
<tr><td rowspan="17">古亚洲洋成矿域(Ⅰ-1)</td><td rowspan="17">吉黑成矿省(Ⅱ-1)</td><td rowspan="4">佳木斯-兴凯成矿带(Ⅲ-1)</td><td>佳木斯(Ⅳ-1)</td><td rowspan="4">中元古代—早寒武世</td></tr>
<tr><td>马特维耶夫(Ⅳ-2)</td></tr>
<tr><td>纳西莫夫(Ⅳ-3)</td></tr>
<tr><td>卡巴尔金(Ⅳ-4)</td></tr>
<tr><td rowspan="4">张广才岭-西兴凯成矿带(Ⅲ-2)</td><td>伊春-延寿(Ⅳ-5)</td><td rowspan="4">早古生代</td></tr>
<tr><td>沃兹涅先(Ⅳ-6)</td></tr>
<tr><td>塔东(Ⅳ-7)</td></tr>
<tr><td>亮子河-格金河(Ⅳ-8)</td></tr>
<tr><td rowspan="9">松嫩-延边成矿带(Ⅲ-3)</td><td>老爷岭-格罗杰科(Ⅳ-9)</td><td>二叠纪—早三叠世</td></tr>
<tr><td>逊克-一面坡-青沟子(Ⅳ-10)</td><td>二叠纪—早三叠世</td></tr>
<tr><td>汪清-咸北(Ⅳ-11)</td><td rowspan="4">二叠纪</td></tr>
<tr><td>大河深-寿山沟(Ⅳ-12)</td></tr>
<tr><td>清津-青龙村(Ⅳ-13)</td></tr>
<tr><td>红旗岭-小绥河(Ⅳ-14)</td></tr>
<tr><td>古洞河(Ⅳ-15)</td><td></td></tr>
<tr><td>磐石-长春(Ⅳ-16)</td><td>石炭纪—二叠纪</td></tr>
<tr><td>松嫩-延边造山带(Ⅳ-17)</td><td>晚三叠世—早侏罗世</td></tr>
<tr><td rowspan="8">太平洋成矿域(Ⅰ-3)</td><td rowspan="8">西北太平洋成矿省(Ⅱ-2)</td><td rowspan="4">西北太平洋成矿带(内带)(Ⅲ-4)</td><td>那丹哈达-比金(Ⅳ-18)</td><td rowspan="3">早白垩世</td></tr>
<tr><td>萨马尔金-科玛(Ⅳ-19)</td></tr>
<tr><td rowspan="2">东滨海(Ⅳ-20)</td></tr>
<tr><td>晚白垩世—古近纪</td></tr>
<tr><td rowspan="4">西北太平洋成矿带(外带)(Ⅲ-5)</td><td>小兴安岭(Ⅳ-21)</td><td rowspan="4">早白垩世</td></tr>
<tr><td>佳木斯隆起(Ⅳ-22)</td></tr>
<tr><td>兴凯隆起(Ⅳ-23)</td></tr>
<tr><td>延边盆地群(Ⅳ-24)</td></tr>
<tr><td rowspan="2">塔里木-华北成矿域(Ⅰ-2)</td><td rowspan="2">胶辽成矿省(Ⅱ-3)</td><td rowspan="2">龙岗-冠帽峰成矿带(Ⅲ-6)</td><td>龙岗成矿带(Ⅳ-25)</td><td>中太古代</td></tr>
<tr><td>冠帽峰成矿带(Ⅳ-26)</td><td>新太古代</td></tr>
</table>

3 个成矿域是古亚洲洋成矿域、太平洋成矿域和塔里木-华北成矿域。古亚洲洋成矿域和太平洋成矿域的界线在敦密断裂以北，即那丹哈达构造带的西部与佳木斯地块分界的跃进山断裂。在敦密断裂以南，是俄罗斯境内的北北东走向的阿尔谢尼耶夫断裂。这两条断裂带也是吉黑成矿省与西北太平洋成矿省的界线。

3 个成矿省是吉黑成矿省、西北太平洋成矿省和胶辽成矿省。吉黑成矿省与西北太平洋成矿省的界线同太平洋构造域与古亚洲洋构造域；吉黑成矿省与胶辽成矿省的界线在古洞河断裂一线。

Ⅲ级成矿带是成矿省之下的次一级成矿构造单元，主要是不同时期的成矿构造单元。如吉黑成矿省的佳木斯-兴凯成矿带是前寒武纪成矿构造单元、伊春-沃兹涅先成矿带是早古生代成矿构造单元、格罗杰科-延边-咸北成矿带是晚古生代成矿构造单元等。下面主要以Ⅲ级成矿带为线索简单叙述各成矿带的主要成矿特征(图 5-3)。

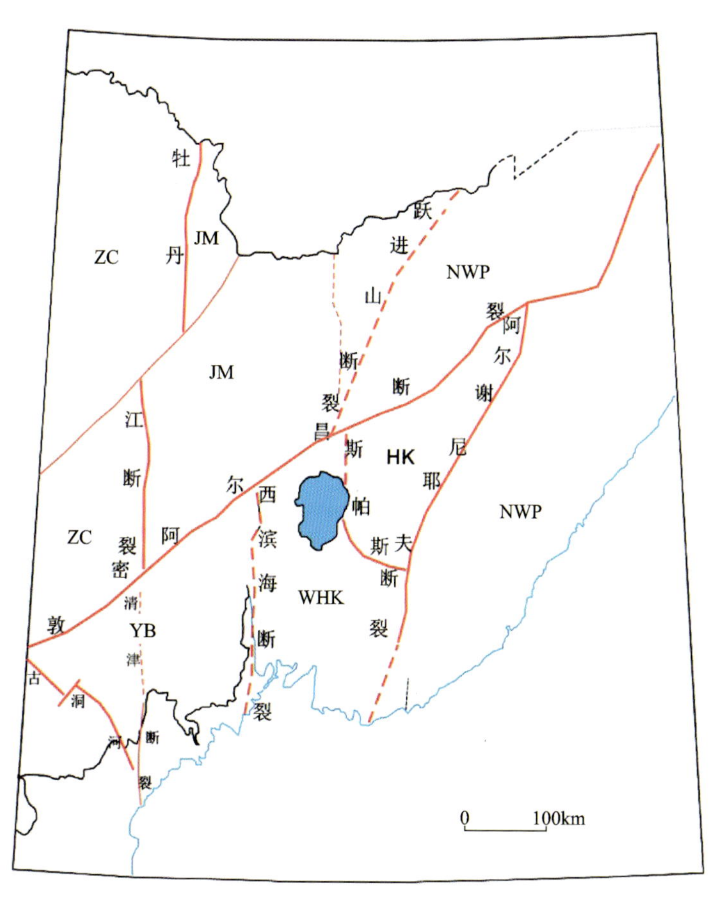


图 5-3　Ⅲ级成矿带分布图

ZC. 张广才岭成矿带；YB. 延边成矿带；JM. 佳木斯成矿带；HK. 兴凯成矿带；WHK. 西兴凯成矿带；NWP. 西北太平洋成矿带

# 第三节　吉黑成矿省(Ⅱ-1)

吉黑成矿省发育 3 个Ⅲ级成矿带：佳木斯-兴凯成矿带(Ⅲ-1)、张广才岭-西兴凯成矿带(Ⅲ-2)、松嫩-延边成矿带(Ⅲ-3)。

**1. 佳木斯-兴凯成矿带(Ⅲ-1)**

佳木斯和兴凯地块高角闪岩相和麻粒岩相的变质地层原岩形成于中元古代被动大陆边缘。在早寒武世,伴随牡丹江-斯帕斯克洋俯冲发生高温低压变质作用,形成富铝片岩和片麻岩。

这个Ⅲ级成矿带包括了4个Ⅳ级成矿带:佳木斯成矿带(Ⅳ-1)、马特维耶夫成矿带(Ⅳ-2)、纳西莫夫成矿带(Ⅳ-3)、卡巴尔金成矿带(Ⅳ-4)。

佳木斯成矿带(Ⅳ-1)主要由麻山群和兴东群组成,马特维耶夫成矿带(Ⅳ-2)和纳西莫夫成矿带(Ⅳ-3)则由鲁任组、马特维耶夫组等组成。它们都是典型的孔兹岩系,并且富碳质,在早寒武世高温低压变质作用过程中形成石墨矿。

在俄罗斯的马特维耶夫-纳西莫夫地块,与孔兹岩系石墨矿或富石墨变质岩伴生,发现有金的矿化。普遍发育纳米级的金,品位接近工业品位下限,被认为属于未来的潜在资源。

卡巴尔金成矿带(Ⅳ-4)是发育在兴凯地块的两个变质岩穹隆(马特维耶夫穹隆和纳西莫夫穹隆)之间的新元古代—早寒武世的裂谷。其中,早寒武世的含矿组中形成了喷流沉积成因的乌苏里斯科铁矿床群。

在佳木斯地块的羊鼻山大型铁矿、孟家岗中型铁矿以及一系列小型铁矿床和铁的矿点、矿化点,均属于沉积变质铁矿。这些铁矿床的一部分可能与卡巴尔金裂谷带乌苏里斯科铁矿床群具有相同成因。

**2. 张广才岭-西兴凯成矿带(Ⅲ-2)**

张广才岭-西兴凯成矿带是早古生代成矿带。包括4个Ⅳ级成矿带:伊春-延寿成矿带(Ⅳ-5)、沃兹涅先成矿带(Ⅳ-6)、塔东成矿带(Ⅳ-7)、亮子河-格金河成矿带(Ⅳ-8)。

伊春-延寿成矿带(Ⅳ-5)和沃兹涅先成矿带(Ⅳ-6)包括两期成矿作用:沉积期(早寒武世)和造山期(奥陶纪—志留纪)。

沉积期(早寒武世),在黑龙江省伊春地区沉积了一套以西林群为代表的碳酸盐岩-细碎屑岩-泥质岩建造。在碳酸盐岩中形成了喷流沉积成因的大型小西林铅锌矿和一系列中小型同类型矿化。在俄罗斯滨海边疆区的沃兹涅先斯科,沉积了以沃尔库申组为代表的碳酸盐岩-细碎屑岩-泥质岩建造,形成了沃兹涅先喷流沉积成因的铅锌矿。伊春西林地区和俄罗斯沃兹涅先地区中沉积建造、沉积时代、矿床类型和成矿作用方式都可以对比。

造山期(中奥陶世—志留纪),在俄罗斯沃兹涅先地区形成了中奥陶世的含锂、氟白岗质花岗岩和晚期的黑云母花岗岩。前者形成了与超大型萤石矿伴生的铌钽矿,后者形成了脉状云英岩型锡矿以及热液脉状或矽卡岩型铅锌矿。在黑龙江省伊春地区同样发育该期花岗岩,并形成了与之有关的矽卡岩型钨、钼、铁、铅锌多金属矿(翠宏山多金属矿)和脉状铅锌矿。

在俄罗斯滨海边疆区的沃兹涅先斯科耶,早古生代晚期的花岗岩与早寒武世碳酸盐岩接触,形成了两个矽卡岩型超大型萤石矿。但是,在具有相同沉积建造和岩浆建造的伊春-延寿构造带,没有任何该类矿床的报道。

塔东成矿带(Ⅳ-7)是指吉黑交界处以塔东群发育为特征的南北向构造成矿带,以塔东群喷流沉积成因的铁、磷、钴矿为特征。前人将塔东群作为新元古代地层。本次工作确认其形成于早寒武世。

亮子河-格金河成矿带(Ⅳ-8)是以东风山群分布区标定的。从构造上看,它也是伊春-延寿构造带的组成部分。东风山群一直被认为属于古元古代地层。本次工作确认其形成于新元古代,并且是新元古代晚期(文德期?),与之有关的矿床是亮子河铁矿和东风山金(钴)矿。

**3. 松嫩-延边成矿带(Ⅲ-3)**

松嫩-延边构造带是晚海西期—早燕山期造山带。同名的Ⅲ级成矿带总体与之一致,在敦密断裂以北,位于逊克-铁力-尚志以西;在敦密断裂以南,位于俄罗斯滨海边疆区西滨海断裂以西的广大地区。

在俄罗斯滨海边疆区西滨海断裂以东至斯帕斯克断裂带和敦密断裂以北的逊克-铁力-尚志断裂以东至牡丹江断裂，是张广才岭-西兴凯早古生代构造带。在晚古生代，成为活动大陆边缘(火山-岩浆弧)，使松嫩-延边成矿带(Ⅲ-3)范围扩大到张广才岭-西兴凯早古生代构造带的西缘。

松嫩-延边成矿带(Ⅲ-3)包括9个Ⅳ级成矿带，分别为老爷岭-格罗杰科(Ⅳ-9)、逊克-一面坡-青沟子(Ⅳ-10)、汪清-咸北(Ⅳ-11)、大河深-寿山沟(Ⅳ-12)、清津-青龙村(Ⅳ-13)、红旗岭-小绥河(Ⅳ-14)、古洞河(Ⅳ-15)、磐石-长春(Ⅳ-16)、松嫩-延边造山带(Ⅳ-17)。

老爷岭-格罗杰科成矿带(Ⅳ-9)，是晚古生代火山-岩浆弧。在敦密断裂以南，俄罗斯学者称之为老爷岭-格罗杰科岛弧，在敦密断裂以北对应一面坡群固安屯组南北向断续发育地区。该区在俄罗斯境内成矿作用不发育，仅有少数小型金矿。如位于二叠纪动力热变质岩中的含黄铁矿含金石英脉。由于这些矿床没有与侵入岩产生明显联系，俄罗斯学者是把这些矿床列为(热水)沉积变质矿床。类似成因的矿床还有位于页岩岩层中的砷黄铁矿脉型的斯拉维扬斯克矿床，变质作用使金重新配置明显，金的初期累积认为与二叠纪时期的水下火山活动有关。在中国境内的吉林省珲春市五道沟一带，形成大型杨金沟钨矿等。

逊克-一面坡-青沟子成矿带(Ⅳ-10)位于敦密-阿尔昌断裂北西盘，与老爷岭-格罗杰科成矿带(Ⅳ-9)相对应的。那里有许多与岩浆热液有关的矿床，例如沿着汤旺河流域的许多矽卡岩型、热液脉型的铁铅锌多金属矿床，可能与晚古生代或者早三叠世岩浆作用有关。

汪清-咸北成矿带(Ⅳ-11)与汪清-咸北构造带一致，是晚古生代弧前盆地。那里的红太平铜多金属矿床与满河组火山岩伴生，属于VMS型矿床。

大河深-寿山沟成矿带(Ⅳ-12)位于敦密-阿尔昌断裂北西盘，与汪清-咸北成矿带(Ⅳ-11)相对应的。那里同样发育与大河深组火山岩伴生的VMS型多金属矿床(地局子、新立屯、二道林子等矿床)。

清津-青龙村成矿带(Ⅳ-13)和红旗岭-小绥河成矿带(Ⅳ-14)是敦密-阿尔昌断裂两盘相对应的晚古生代海沟杂岩。那里的矿化均与洋壳的基性岩和超基性岩有关。与基性岩有关的矿床是硫化铜镍矿——红旗岭、长仁、三海、龙川硫化铜镍矿床等;与超基性岩有关的是铬铁矿——头道沟、小绥河、开山屯铬铁矿等。

磐石-长春成矿带(Ⅳ-16)是磐石-长春被动大陆边缘的一部分。该被动大陆边缘具有标准的二元结构特点——裂陷相和移离相。这里的矿床与裂陷期火山作用(余富屯组)有关，并明显受层位控制。代表性矿床是石嘴子铜矿、小红石砬子银多金属矿和圈岭银多金属矿以及头道沟金矿等。与之相对应的是古洞河成矿带(Ⅳ-15)。

松嫩-延边造山带成矿带(Ⅳ-17)总体与同名造山带一致。造山期花岗岩及造山峰期变质作用均是晚三叠世，并延续到早侏罗世。而成矿期可能延续到中侏罗世早期。这期成矿作用主要与中一酸性侵入岩有关。最主要矿床是斑岩钼矿，几乎遍布于松嫩-延边造山带。另外，热液脉状钼矿、矽卡岩钼矿以及相同类型的铜、铅锌、铁等矿床也有分布。

## 第四节　西北太平洋成矿省(Ⅱ-2)

西北太平洋成矿省包括2个Ⅲ级成矿带，即西北太平洋成矿带(内带)(Ⅲ-4)和西北太平洋成矿带(外带)(Ⅲ-5)。

### 1.西北太平洋成矿带(内带)(Ⅲ-4)

西北太平洋成矿带(内带)(Ⅲ-4)范围同西北太平洋增生造山带。由中侏罗世和晚侏罗世到早白垩世的海沟杂岩(那丹哈达-比金、萨马尔金、塔乌欣)和大陆斜坡沉积岩带(茹拉夫涅夫-阿穆尔带)以及科玛岛弧组成。在上述构造单元之上，叠加了晚白垩世和古近纪的东滨海火山-深成岩带。

西北太平洋成矿带（内带）包括 3 个Ⅳ级成矿带：那丹哈达-比金成矿带（Ⅳ-18）、萨马尔金成矿带（Ⅳ-19）、东滨海成矿带（Ⅳ-20）。

那丹哈达-比金成矿带（Ⅳ-18）和萨马尔金成矿带（Ⅳ-19）是中侏罗世至早白垩世末期西北太平洋增生造山带，因此包括了谢尔尼耶夫断裂（敦密-阿尔昌断裂南东盘）和跃进山断裂（敦密-阿尔昌断裂北西盘）以东至日本海所有区域。尽管构造带的时期跨越中侏罗世至早白垩世末期，但是成矿作用主要集中在早白垩世晚期。矿床与 S 型花岗岩有关，成矿作用以矽卡岩型钨矿为主，也形成了岩浆热液脉状钨矿、钨锡矿和钨多金属矿。

东滨海成矿带（Ⅳ-20）的分布范围与东滨海火山-深成岩带一致。成矿作用时期也与火山-深成侵入岩活动时期一致，即晚白垩世和古近纪。事实上，滨海边疆区发育在增生造山带的绝大部分矿床形成于这个时期。锡矿是主要金属矿化类型，形成火山岩型、斑岩型、矽卡岩型，热液脉状锡、钨锡、锡多金属矿床。金矿也是该期的主要矿化形式，以浅成低温热液型金银矿为主。铅锌矿形成火山岩型、矽卡岩型，以及与侵入体有关的脉状铅锌矿、钨锡铅锌多金属矿等。这个时期也形成一些小型斑岩铜矿、斑岩钼矿等。硼矿是该期矿化作用中较特殊类型，为矽卡岩型硼矿。硼矿数量少，但规模大，属超大型矿床。

### 2. 西北太平洋成矿带(外带)(Ⅲ-5)

西北太平洋成矿带（外带）（Ⅲ-5）是西北太平洋增生造山带以西的陆内部分。这种构造位置通常形成挤压区（弧后挤压带包括弧后挤压克拉通盆地和弧后前陆盆地）或者引张区（弧后盆地和弧后引张克拉通盆地）。弧后引张克拉通盆地发育较好者，形成盆岭构造。

研究区范围内，形成了弧后引张区。在敦密-阿尔昌断裂北西盘（主要是我国黑龙江省）形成盆（松嫩盆地）岭（大兴安岭和佳木斯隆起）构造；在敦密-阿尔昌断裂南东盘（俄罗斯滨海边疆区和我国吉林省延边地区）形成隆起区（兴凯隆起，包括西兴凯）和盆地群（延边盆地群）。

西北太平洋成矿带（外带）（Ⅲ-5）包括 4 个Ⅳ级成矿带：小兴安岭成矿带（Ⅳ-21）、佳木斯隆起成矿带（Ⅳ-22）、兴凯隆起成矿带（Ⅳ-23）、延边盆地群成矿带（Ⅳ-24）。

小兴安岭成矿带（Ⅳ-21）与小兴安岭山脉以及小兴安岭构造带一致，是北西西向成矿带。它介于北北东向的大兴安岭和吉黑东部山地之间，并把北北东向的松嫩盆地和阿穆尔-结雅盆地隔开，是伸展盆地中的变换构造，具有转换带性质。

沿着小兴安岭成矿带（Ⅳ-21）形成一系列浅成低温热液型金矿和斑岩金矿。矿床赋存于晚白垩世陆相火山岩中；矿床受控于火山机构、控盆断裂以及控盆断裂与北西向断裂交会处的构造；矿体则与火山构造及区域次一级构造有关。

佳木斯隆起成矿带（Ⅳ-22）包括佳木斯地块和张广才岭构造带。佳木斯隆起是欧亚大陆中生代活动大陆边缘弧后盆岭构造的隆起区。与同时期在火山盆地中形成浅成低温热液型金矿或斑岩金矿不同，这里多形成与岩浆侵入体有关的石英脉型金矿，如平顶山金矿。

兴凯隆起成矿带（Ⅳ-23）包括兴凯地块和西兴凯构造带，其西部边界在中俄边境线附近的南北向的西滨海断裂带。兴凯隆起包括了马特维耶夫、纳西莫夫、卡巴尔金、斯帕斯克、谢尔盖耶夫、沃兹涅先等属于兴凯地块和西兴凯构造带的构造单元。但是，成矿作用主要发生在原谢尔盖耶夫构造带。在那里，与佳木斯隆起一样，形成深成石英脉型金矿。

延边盆地群成矿带（Ⅳ-24）是指在原延边海西构造带之上叠加的侏罗纪、白垩纪火山断陷盆地群。只要有同类盆地，必有浅成低温热液型、热液脉型、斑岩型金矿或金铜矿产出。控制该类型矿床的可能还有另外的构造因素，如沿着中俄边境，从吉林省珲春市五道沟到黑龙江省绥芬河的近南北向成矿带显然与早期构造线吻合。

西北太平洋成矿带（外带）（Ⅲ-5）中的矿床主要形成于 110～100Ma。事实上，这个时期在西北太平洋增生造山带发生过一次碰撞事件，使早白垩世及其以前的地层褶皱，并形成以钨为主的成矿作用。

# 第五节 胶辽成矿省(Ⅱ-3)

塔里木-华北成矿域可以划分为塔里木、华北、胶辽3个成矿省。

胶辽成矿省是指郯庐断裂以东的华北克拉通部分。这部分与主体华北克拉通最大的区别是存在震旦系(850Ma)而没有长城系和蓟县系。

这里涉及胶辽成矿省(Ⅱ-3)的1个Ⅲ级成矿带,即龙岗-冠帽峰成矿带(Ⅲ-6)。它包括2个Ⅳ级成矿带:龙岗成矿带(Ⅳ-25)和冠帽峰成矿带(Ⅳ-26)。

龙岗成矿带(Ⅳ-25)主体是龙岗山花岗片麻岩穹隆(图5-4),是龙岗山-铁架山花岗片麻岩穹隆的一部分。北西界是敦密-阿尔昌断裂。它的南东部被两江断裂错断到延边朝鲜族自治州安图、和龙以及朝鲜的咸镜北道,就是这里所说的龙岗-冠帽峰地块。

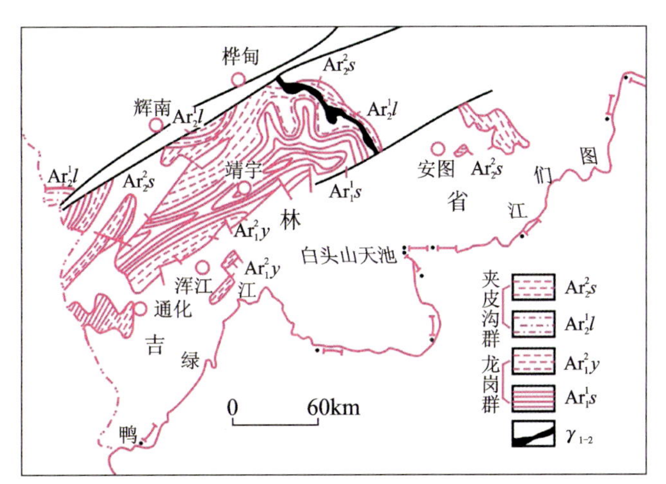


图5-4 龙岗山花岗片麻岩穹隆示意图(据吉林省地质矿产局,1988)

$Ar_2^2s$.三道沟组;$Ar_2^1l$.老牛沟组;$Ar_1^2y$.杨家店组;$Ar_1^1s$.四道砬子组;$\gamma_{1-2}$.混合花岗岩

龙岗山-铁架山花岗片麻岩穹隆的主体岩性为英云闪长岩、花岗闪长岩和奥长花岗岩。后者分布在穹隆的核部,但规模较小。英云闪长岩具有片麻状构造,是龙岗山穹隆的主要组成部分,片麻理围绕奥长花岗岩核呈环状分布。花岗闪长岩具弱片麻状构造,发育在穹隆南西端的大苏河、小菜河一带。龙岗山穹隆呈北东-南西向延长的卵形,北东-南西向长200km,北西-南东向宽50～60km,总面积约为12 000$km^2$。

与龙岗山花岗片麻岩穹隆有关的表壳岩主要为黑云变粒岩、斜长角闪岩、辉石麻粒岩、磁铁石英岩等。呈大小不同的包体产于花岗片麻岩穹隆中。原岩为富镁质基性岩、拉斑玄武岩和安山质玄武岩,据徐公愉等(1986)、王松山等(1987)和翟明国等(1993)的研究,该区表壳岩及TTG杂岩的形成时代为3 100～2 900Ma。

在龙岗山-铁架山卵形构造区的花岗片麻岩及表壳岩包体之上有一套变质火山沉积岩,与花岗片麻岩及其中的表壳岩包体为角度不整合接触关系。在鞍山—本溪地区,这套变质岩系被称为鞍山群,属于广义鞍山群的中、上部。在吉林省板石沟地区,称板石沟群。岩性以斜长角闪岩、黑云变粒岩、条带状磁铁石英岩为主,夹云母石英片岩、大理岩等。原岩为玄武质和英安质火山熔岩和火山碎屑岩以及陆源碎屑岩和碳酸盐岩,经角闪岩相或绿帘角闪岩相变质。形成年龄在2 750～2 650Ma之间(乔广生等,1990;宋彪等,1993;伍家善等,1993;万渝生等,1993),是新太古代产物。在朝鲜的冠帽峰地区为茂山群。

该区发育了我国最古老的陆壳。刘敦一等(1991)用离子探针技术测定白家坟奥长花岗岩中锆石

U－Pb年龄为(3 804±5)Ma。该区矿产资源丰富，以鞍山式铁矿最为著名，亦有与铁矿伴生的金矿。

冠帽峰成矿带(Ⅳ－26)是太古宙龙岗-冠帽峰成矿带在朝鲜境内部分，成矿作用以茂山铁矿为代表。

茂山铁矿的含矿建造是茂山群。在1988年出版《Geology of Korea》一书中或茂山铁矿的文献或资料中，经常将茂山群归入古元古界，认为相当于摩天岭群下部的城津统。而曹林等(1999)则从岩性的角度出发认为茂山群可能与吉林省境内的夹皮沟群相当。

据《Geology of Korea》(1988)，茂山群岩性主要为角闪质岩石和少量二云母片麻岩、白云质大理岩、细粒石英岩、磁铁石英岩和二云片岩，分布在冠帽峰构造带，在该构造带三叠纪和侏罗纪的花岗岩海洋中，以残留体形式存在。

茂山铁矿位于咸镜北道茂山郡，与我国吉林省延边朝鲜族自治州和龙县隔江相望。在大地构造位置上，位于冠帽峰构造带北西侧。

茂山群为深变质岩系，由各种片麻岩、大理岩、结晶片岩和角闪岩组成，视厚度为2 450～1 900m。磁铁石英岩与角闪岩空间关系密切(图5-5)。

图5-5　茂山铁矿区地质略图

1.茂山群角闪岩、花岗岩化角闪岩、混合岩；2.磁铁石英岩；3.斑岩、玢岩、煌斑岩脉；4.古生代花岗岩；5.产状；6.断层破碎带

磁铁石英岩厚为100～300m。铁品位为25%～60%，平均为38%～39%。氧化硅含量为32%～47%；氧化铝含量为0.3%～0.5%；氧化钙含量为1.2%～2.3%；氧化镁含量小于1.5%。

矿石储量为(10～13)×$10^8$t，潜在资源量为20×$10^8$t。

# 第六章　佳木斯-兴凯成矿带

佳木斯-兴凯成矿带是Ⅲ级成矿带，范围与佳木斯-兴凯构造带一致。包括4个Ⅳ级成矿带：佳木斯成矿带(Ⅳ-1)、马特维耶夫成矿带(Ⅳ-2)、纳西莫夫成矿带(Ⅳ-3)、卡巴尔金成矿带(Ⅳ-4)。

## 第一节　构造性质

佳木斯地块和兴凯地块是被敦密-阿尔昌断裂左行走滑错断的同一地块。在我国境内为佳木斯地块，兴凯地块的大部分出露在俄罗斯的滨海边疆区。在黑龙江北岸，俄罗斯境内的布列亚地块与佳木斯地块隔江呼应。布列亚、佳木斯和兴凯地块，在岩石组合乃至成矿性上都非常一致。

佳木斯地块是一套经历角闪岩相至麻粒岩相区域变质变形作用的岩石组合发育地区。其组成地质体的主体是一套达高角闪岩相至麻粒岩相的富铝片岩、富铝片麻岩、麻粒岩、混合岩和大理岩组合(图6-1)。

兴凯地块的主体位于俄罗斯滨海边疆区西部与吉林省和黑龙江省东部的接壤地带，主要是马特维耶夫组和纳西莫夫组。马特维耶夫组由夕线黑云片麻岩、石榴堇青黑云母片麻岩、含大理岩夹层的紫苏磁铁石英岩和铁橄榄石石英岩组成；纳西莫夫组主要是黑云片麻岩和黑云角闪片麻岩，上部发育含石墨的结晶片岩。

布列亚地块由图兰、乌尔米、小兴安3个地块组成，主要组成是阿穆尔岩系和布列亚岩系，包括图拉夫契诃斯基组、基丘斯基组和乌里立斯基组。图拉夫契诃斯基组由有石榴黑云片岩夹层的黑云角闪片麻岩、夕线堇青片麻岩、片岩、大理岩，以及各种含云母、角闪石、绿泥石的结晶片岩、角闪岩和石英岩组成；基丘斯基组由角闪石岩、角闪黑云片麻岩、结晶片岩和少量蛇纹石化大理岩组成；乌里立斯基组由各种结晶片岩组成(图6-2)。

如前所述，姜继圣(1990)对麻山群下部原岩进行了细致地研究表明，麻山群底部变质黏土岩类的原始沉积物形成于潮坪及滨岸潟湖的低能环境。夕线片岩段之上的石英片岩和长英片麻岩类，是障蔽岛外浅水高能带的沉积产物。作为石墨片岩原岩的富钙碳质页岩和碳质粉砂岩是高能带外侧、浪基面以下的沉积物。含磷层位的大理岩、钙硅酸盐岩及透辉石石英岩则是在更深一些的海盆中沉积的以内碎屑为主的含磷碳酸盐岩、钙质泥灰岩及钙硅质沉积物。它们的原始沉积序列反映稳定浅海陆棚的海进沉积环境。

从岩性组合来看，无论是佳木斯、兴凯，还是布列亚，其岩性组合非常一致，均是一套具有孔兹岩系特征的富铝变质岩系，形成于被动大陆边缘的封闭海湾(图6-3)。

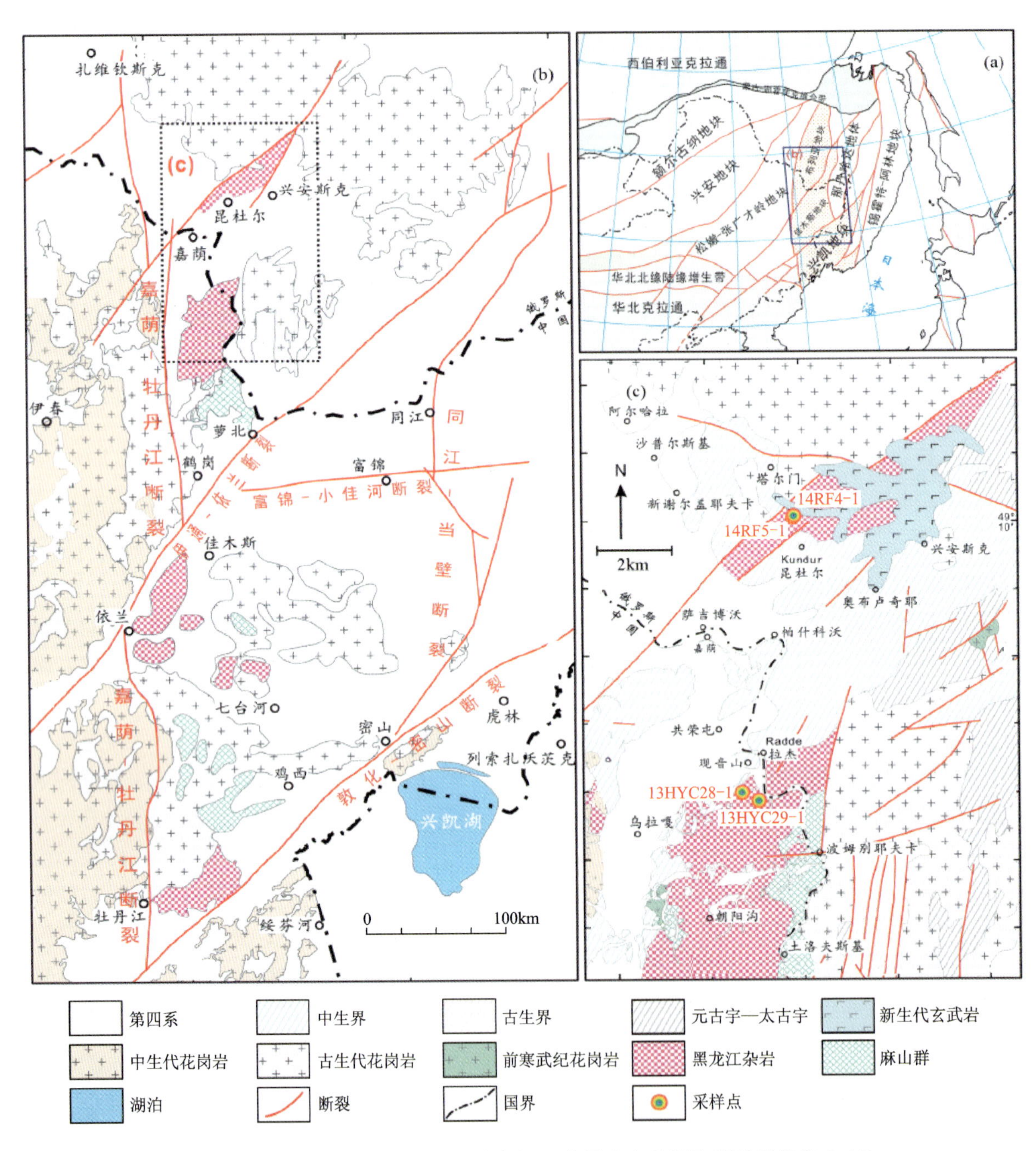


图 6-1　佳木斯和小兴安(布列亚地块南部)地块周边地质简图(据孙晨阳等,2018)

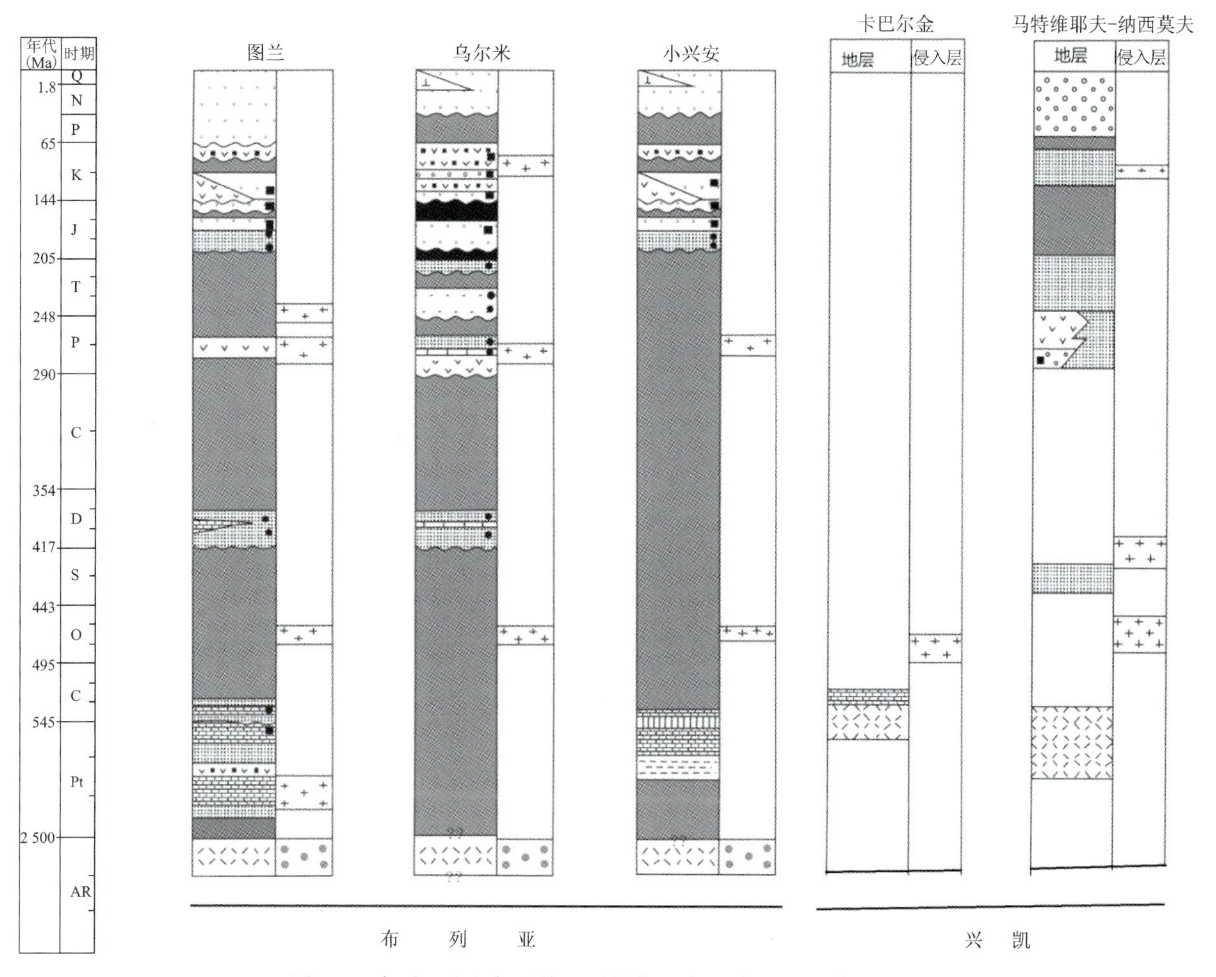


图 6-2　布列亚和兴凯地块地层柱状示意图(据汉丘克等,2006)

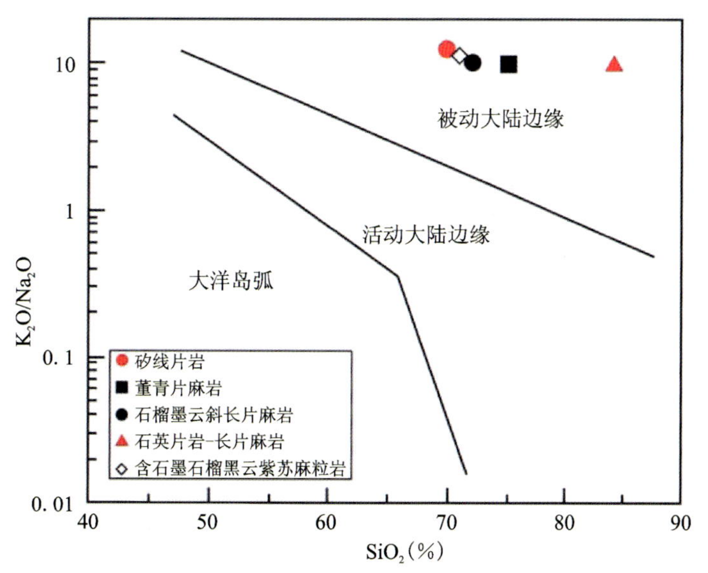


图 6-3　麻山群的构造环境(据姜继圣 1990 数据绘制)

# 第二节 构造演化

## 一、布列亚、佳木斯、兴凯地块的亲缘性

尽管布列亚、佳木斯、兴凯地块位于西伯利亚板块和华北板块之间，并更接近华北板块，布列亚、佳木斯和兴凯地块本身的亲缘性毋庸置疑，但与华北板块相比，西伯利亚板块似乎更具有亲缘性，主要表现在以下几个方面。

（1）地理位置的连续性。显然，佳木斯地块与布列亚地块的小兴安地块是隔黑龙江相邻的。如果将沿敦密断裂的左行走滑恢复，兴凯地块的马特维耶夫和纳西莫夫地块与佳木斯地块也应该是一体的。因此，布列亚地块的小兴安地块、佳木斯地块和兴凯地块的马特维耶夫和纳西莫夫地块本是同一地质体。

（2）具有相似的岩石组合。佳木斯地块麻山群与布列亚地块的小兴安构造带的阿穆尔岩系以及兴凯地块的马特维耶夫和纳西莫夫地块的马特维耶夫组、纳西莫夫组等具有相似的岩石组合，即以富铝片麻岩、片岩（孔兹岩系）为主。

（3）具有文德纪（新元古代晚期）与早寒武世连续沉积的特点。这一点在华北板块及其陆缘区是不存在的。事实上，在华北板块，绝大部分地区缺失相当于文德纪的沉积，而在布列亚和兴凯地块，文德纪沉积与早寒武世沉积的含矿组是连续的。

（4）这3个地块及其周边构造带早寒武世古生物特征与西伯利亚板块一致。例如在张广才岭构造带西林群铅山组中曾发现三叶虫化石。经长春地质学院（现吉林大学）段吉业（2001）鉴定，主要为三叶虫化石，其中包括 *Neocobboldia yichunensis* sp. nov.，*Pagetiacf. primaeva*，*Proerbia sinensis* sp. nov.，*Kootenia yichunensis* sp. nov.，*Onchocephalina yichunensis* sp. nov.，*Laminurus insuetus*，*Solenopleurella* sp.，*Inouyina yichunensis* sp. nov.，*Pseudozacanthopsis yichunensis*sp. nov.，*Jangudaspis* cf. *princeps* 等。另外还有腕足类、软舌螺类和窄壳类化石，均属于西伯利亚板块所具有的属种。

## 二、构造演化时期

### （一）原岩形成时期

西伯利亚板块的基底形成于古元古代末期。从里菲纪开始，在板块东南部和东部边缘形成一系列克拉通边缘坳陷，充填了新元古代、早古生代和晚古生代早期沉积。这些克拉通边缘坳陷带沿着西伯利亚板块东部和东南部分布，目前只残留一系列残片或者卷入到后来的造山带中。最大克拉通边缘坳陷带是 Uchur-Maya 坳陷带，位于西伯利亚板块东缘，有大部分卷入到维尔霍杨-科雷马中生代造山带中。向南是 Ayan－Shevli 陆缘坳陷带，包括 Ayan、Magan 和 Shevli 陆缘坳陷带。它们位于阿尔丹地盾的南东缘，呈北东向分布。这些坳陷带与西伯利亚板块盖层具有相似的沉积岩石组合，即以新元古代和早古生代沉积为主，但是其沉积厚度远远大于地台盖层沉积（图 6-4）。

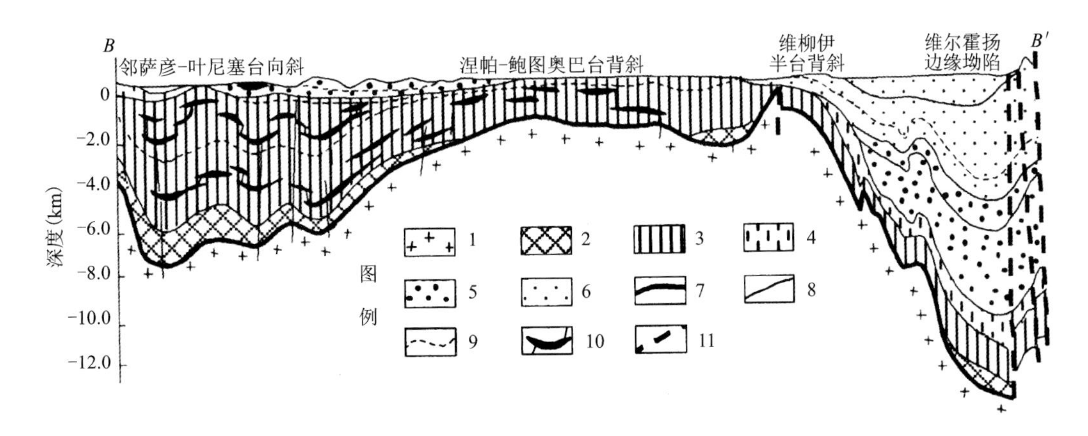


图 6-4　西伯利亚地台和边缘坳陷带(据王志欣等,2007)

1. 基底;2. 里菲纪;3. 下古生界;4. 中古生界;5. 上古生界及三叠系;6. 侏罗系—下白垩统及上白垩统—古近系;7. 基底面;8. 构造层界线;9. 亚构造层界线;10. 岩浆侵入体;11. 主要断裂

Uchur－Maya 边缘坳陷带有最完整的里菲超群的沉积记录。在 Maya 坳陷带,里菲超群被分成下部的 Bilyakchanskaya 系,中部的 Aimchan 系和 Kerpyl 系,上部的 Lakhanda 系和 Uy 系。

下部的 Bilyakchanskaya 系由砾岩、页岩和较少的灰岩和白云岩组成;中部的 Aimchan 系和 Kerpyl 系以及上部的 Lakhanda 系和 Uy 系由浅海相、潟湖相,少量陆相的白云岩、灰岩、泥灰岩、砂岩、粉砂岩和页岩组成。后者与佳木斯地块麻山群、布列亚地块的小兴安构造带的阿穆尔岩系以及兴凯地块的马特维耶夫和纳西莫夫地块的马特维耶夫组、纳西莫夫组的原岩建造一致。

因此,麻山群以及兴凯地块和布列亚地块的相应地层可能为中—晚里菲纪的产物,更有可能属于晚里菲纪。

### (二)裂解时期

在西伯利亚板块东南部的裂谷和边缘裂谷带中,早—中里菲纪岩浆活动频繁。除广泛发育玄武岩外,还发育碱性超基性岩和碳酸岩。与这些岩浆岩同时者是一些规模巨大的张性岩墙群:宽 20～60km,长 200～500km,延续到阿尔丹-外兴安地盾中。这应该代表的是被动大陆边缘二元结构的裂陷相。

在 Uchur－Maya 边缘坳陷带中,发育完整的里菲纪沉积。那里的里菲纪与古元古代地台基底呈现明显角度不整合,而与其上的文德纪—早古生代地层整合。

在兴凯地块,马特维耶夫和纳西莫夫穹隆被卡巴尔金裂谷带隔开。卡巴尔金裂谷带由早寒武世(含矿组)和与之整合的文德纪地层构成。裂解时期可能在文德纪初期。

# 第三节　成矿作用

佳木斯-兴凯成矿带的主要矿床是石墨矿、铁矿和金矿。

## 一、石墨矿

黑龙江省的石墨储量位居全国之首,而其 99.5%以上来自佳木斯地块。佳木斯地块石墨矿产地主要分布在萝北、双鸭山、勃利、密山、鸡西、穆棱等地。矿体常呈层状、似层状、透镜状及条带状，总体呈近南北向展布。石墨矿体顶、底板岩性为含石墨白云石大理岩、蛇纹石化大理岩、透辉石大理岩，局部为变粒岩及石英钾长交代岩等。含矿地层主要为麻山群和兴东群的西麻山组、余庆组和大盘道组（表 6-1）。

**表 6-1　佳木斯地块主要石墨矿特征一览表（据孙向东，1994）**

| 矿床 | 构造位置 | 地层 | 矿石 | 产状 |
|---|---|---|---|---|
| 柳毛 | 佳木斯地块南 | 西麻山组 | 石墨片岩、石墨石英片岩、石墨片麻岩 | 似层状、透镜状、条带状 |
| 光义 | 佳木斯地块南 | 余庆组 | 石墨片岩、石墨变粒岩、片状石墨岩 | 层状、似层状、透镜状 |
| 云山 | 佳木斯地块北 | 大盘道组 | 片状石墨岩、石墨石英片岩、石墨大理岩、石墨黑云片麻岩 | 似层状、透镜状 |
| 东沟 | 佳木斯地块南 | 余庆组 | 夕线石墨石英片岩、石墨钾长透辉变粒岩 | 似层状、透镜状 |
| 东海 | 佳木斯地块南 | 余庆组 | 石墨石英片岩 | 似层状、透镜状 |

含矿岩系为石墨片岩、石墨石英片岩、石英片麻岩、钙质片状石墨岩、石墨黑云母片麻岩、石墨大理岩及石墨变粒岩等，原岩为泥岩、砂质泥岩、泥灰岩和碳酸盐岩。

石墨的结晶程度与变质程度呈正相关。角闪岩相内，石墨鳞片大小在 0.1～1.0mm 之间，而在二辉麻粒岩相内，除上述粒级外，有大于 1mm，甚至个别可达到 3～4mm 的石墨鳞片。当受混合岩化重熔作用后，石墨富集并重结晶为伟晶状石墨脉，其石墨晶片可达 1cm 以上。

在兴凯地块的马特维耶夫、纳西莫夫地块变质地层的一个显著特点是富含碳质。这些富碳岩系以石墨片岩、石墨片麻岩、石墨花岗片麻岩等形式出现，甚至形成石墨矿。

## 二、金矿

俄罗斯学者在兴凯地块北部划分出一个长度大于 100km、宽度在 3～5km 之间的南北向前寒武纪—早寒武世富含石墨变质岩和沉积岩发育区，分布于东经 133°30′—134°00′和北纬 45°10′—45°50′之间。其中富含石墨的变质岩包括含石墨花岗片麻岩、石墨片岩、石墨石英片岩、含石墨内矽卡岩、绢云石英石墨片岩、黑色页岩（含碳）等。这些含碳岩系中富含金和铂族元素。

俄罗斯学者在长度大于 100km、宽度在 3～5km 之间，这个范围发现了 3 个大片露头区：Tamga 区（400$km^2$）、Turgenevo 区（225$km^2$）和 Innokent′evskii 区（100$km^2$）。

在该区 18 个随机样品中（表 6-2），金含量在（40～0.14）$\times 10^{-6}$，金含量小于 0.5$\times 10^{-6}$的只有 3 个，并且 1 个很接近 0.5$\times 10^{-6}$，为 0.46$\times 10^{-6}$。

由于选矿技术的发展，金的边界品位在不断降低。在露天开采的情况下，我国企业已经将 0.5g/t 作为采矿标准。俄罗斯学者将该区富碳变质岩系中的金和铂作为 21 世纪新的贵金属资源是有合理性的。

由于该区范围广，富碳变质岩系广泛分布，已经发现的几处富碳变质岩系中的金和铂含量普遍较高，俄罗斯学者只作为科研课题在研究而没有做任何勘查工作，所以推测该区应该是一个良好的远景区。

与该区相同的地质体在我国黑龙江省境内广泛发育。与前述地质体对应的是黑龙江省佳木斯地块的麻山群和兴东群。因此，我国境内应该在该区域开展富碳变质岩系的勘探研究工作。

**表 6-2 鲁日恩地区金和铂含量**

单位：×10⁻⁶

| 样品号 | Au | Pt | 分析方法 | 岩石 |
|---|---|---|---|---|
| 02.1 | 40 | | ICP-AES | 石墨花岗片麻岩 |
| 02.3 | 13 | 4 | IMS | 石墨花岗片麻岩 |
| | 30 | | ICP-AES | 石墨花岗片麻岩 |
| 03.1 | 5 | 16 | IMS | 花岗片麻岩 |
| 03.3 | 3 | 6.7 | IMS | 石榴子石-黑云母-石墨片岩 |
| 03.5 | 5 | 52 | IMS | 煌斑岩 |
| 04.7a | 12 | 20 | IMS | 内矽卡岩 |
| 04.7b | 12 | 14 | IMS | 矽卡岩化大理岩 |
| | 0.16 | 1.51 | AA | 矽卡岩化大理岩 |
| 04.17 | 7.2 | 5 | IMS | 绢云石英石墨片岩 |
| 04.29 | 15 | 18 | IMS | 煌斑岩 |
| | 0.46 | 1.28 | AA | 煌斑岩 |
| 04.40 | 17 | 24 | IMS | 绢云石英石墨片岩 |
| 04.9 | 2.2 | 3.3 | IMS | 黑色页岩 |
| | 0.14 | 0.82 | AA | 黑色页岩 |

## 三、铁矿

### 1.矿床分布及特征

卡巴尔金构造带由文德系和下寒武统组成。文德系包括斯帕斯克组含石英岩夹层的云母片岩，米特罗夫组含少量角闪岩、灰岩夹层的石墨-白云母片岩，斯莫利宁组白云岩和含硅质、泥质岩夹层的灰岩；下寒武统是含矿组。

含矿组分为3层：下部是页岩和灰岩；中部是碧玉铁质岩、含铁锰矿层、锰矿层、磷灰石-硅质岩层、含矿和不含矿的石英岩；上部是含白云岩和灰岩夹层的泥质岩。

乌苏里斯科铁矿床群是前述含矿组的一部分。矿床由喷气-沉积形成的磁铁矿石英岩和赤铁矿-磁铁矿石英岩组成。个别不太厚的岩层由氧化过的锰矿石堆积而成。这就是一系列小型铁矿床组成乌苏里斯科铁矿床群，但是由于规模均很小而未被开采。

尽管卡巴尔金裂谷带处的铁矿规模小而未被开采，但是在俄罗斯的布列亚地块与我国佳木斯地块交界处附近的小兴安构造带中的含矿组却形成了一系列有经济意义的、与之相同时代、相同成因的铁矿床。

小兴安地区的铁矿床在阿穆尔河-比拉比占河-萨马拉河的支流广泛发育。该区发育新元古代—早古生代的沉积地层以及中生代的安山岩、砾岩、砂岩、黏土岩等。新元古代—早古生代地层厚达4 700m，自下而上是季图尔岩系的石英岩、千枚岩和大理岩；伊根切岩系的砂岩、粉砂岩和千枚岩；穆兰达夫岩系的页岩、菱镁矿岩和白云岩；含矿岩系的砾岩、白云岩、千枚状板岩、磁铁石英岩、含锰岩；仑达告夫岩系的沥青灰岩。

含矿岩系厚度达 350m，由 3 部分组成：下部是硅化泥岩、泥灰岩、千枚岩、白云岩和沉积砾岩；中部是磁铁石英岩、铁锰矿、含锰页岩和碳酸盐岩（灰岩）；上部是碳质泥岩、钙质页岩、泥灰岩、白云质灰岩。

含矿岩系总出露长为 150km，宽为 10～14km。在该区域总共有 35 个规模较大的铁矿和铁锰矿床以及 15 个小型矿床（图 6-5）。

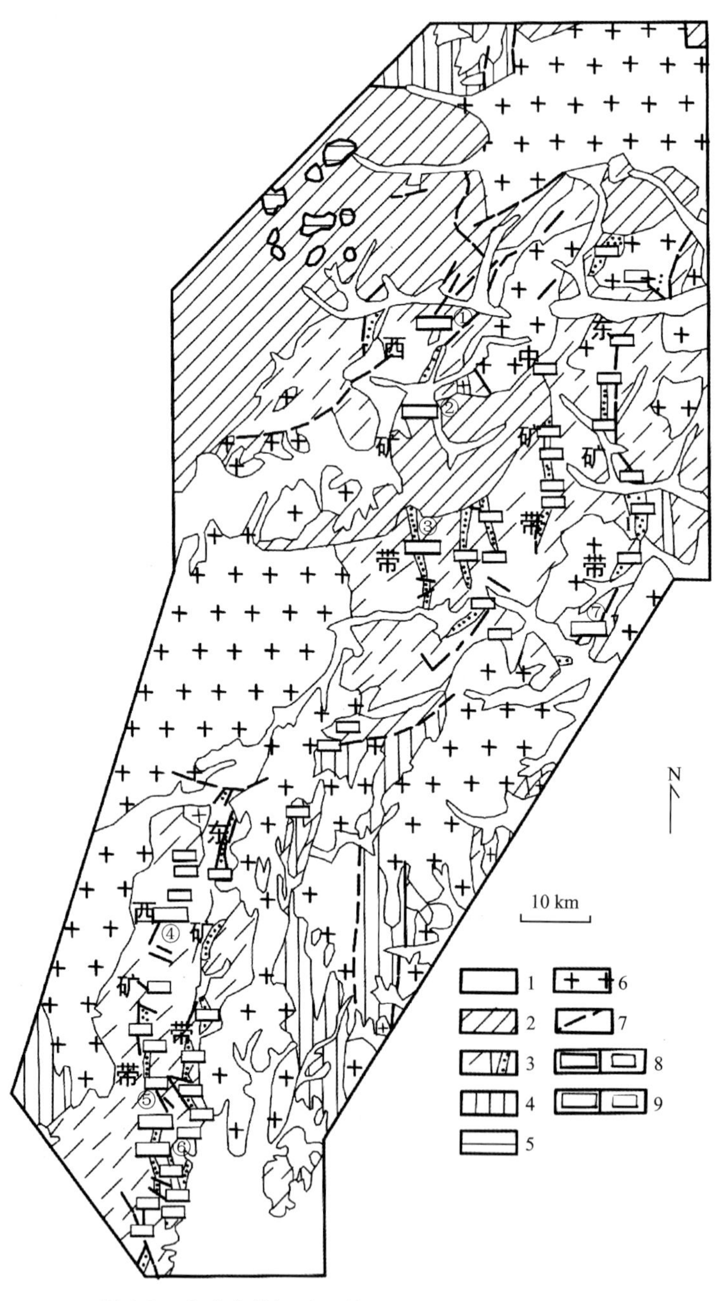


图 6-5　小兴安铁锰矿区域地质图（据库利什，1981）

1. 新近纪—第四纪松散堆积物；2. 上下白垩统火山岩-沉积岩；3. 里菲纪变质沉积岩—下寒武统：含矿岩系和矿体；4. 古元古代变质岩；5. 白垩纪；6. 古生代花岗岩类；7. 断裂；8. 大、中型矿床小型矿床和磁铁石英岩露头；9. 矿床和铁锰矿石露头；①基姆坎矿床；②苏塔拉矿床；③科斯佳金矿床；④上斯达利切何矿床；⑤横向矿床；⑥谢尔普霍夫矿床；⑦比占矿床

在矿区周围，是占总面积 1/2 的侵入岩，主要是早古生代以及少量晚古生代的酸性岩浆岩，而基性和中性岩浆岩较少。

苏塔拉矿床位于小兴安岩系和小兴安矿床分布区的北部。矿区主要出露米得伊根切岩系。这一岩系由千枚岩、千枚岩化页岩和粉砂岩构成，同时也有灰色或者绿灰色片理化的含云母砂岩。除伊根切岩系外，在矿区广泛分布的是穆兰达夫岩系的白云岩和菱镁矿岩透镜体。不整合在伊根切岩系和穆兰达夫岩之上的是下寒武统的含矿岩系和仑达告夫岩系(图 6-6)。

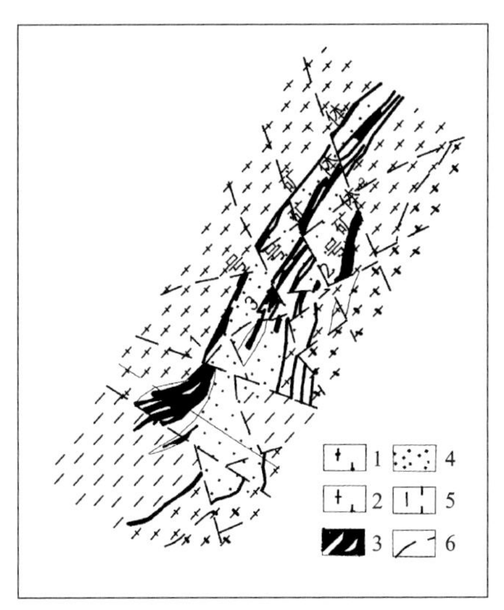


图 6-6　苏塔拉矿床南部矿段地质构造图(据库利什，1981)

1. 仑达告夫岩系灰岩和钙质页岩；2. 矿上层的透闪石白云岩、云母石英片岩；3. 含矿层磁铁石英岩、含锰页岩、变质白云岩和矿带；4. 矿下层透闪石大理岩和云母石英片岩；5. 含矿岩系未分层；6. 断裂带

含矿岩系分 3 部分：矿下层、含矿层和矿上层。矿下层发现在钻孔 10～150m 深度，主要是绢云片岩、绿泥绢云片岩、透闪石硅质大理岩以及钙质页岩等。该层上部，锰含量较高。含矿层出露在钻孔 20～70m深度范围内，主要为磁铁石英岩，部分矿石是含有绿泥石和白云石的磁铁石英岩和赤铁磁铁石英岩。在含矿层上部，含锰碳酸盐岩和含锰页岩或角岩增加，MnO 含量可达到 10%～12%。矿上层出露在 50～200m 钻孔范围内，由绢云石英片岩、角闪片岩、硅质黏土质页岩、灰岩、白云岩和硅化火山碎屑岩组成。

仑达告夫岩系出露在钻孔 400～1 000m 深度，主要由绢云石英片岩和石灰岩组成。

寒武系被厚度为 60～250m 的新生代松散含煤沉积物覆盖。这些煤质层由含泥炭的黏土、带有砾石成分的砂以及厚 2～7m 的煤层构成。

矿区广泛发育比罗比詹系列花岗岩类，沿着矿区延续方向的西部分布，同时发育各种矿脉和岩脉。

在构造上，矿床构成一个北北东方向延伸的等斜向斜褶皱。在南部，这个向斜被次一级褶皱复杂化。

矿床被断裂分成 3 个矿段：南部矿段(图 6-7)、中部矿段和北部矿段。

南部矿段位于苏塔拉河的两岸，延伸大约 6km。矿体被厚 2～20m 的松散堆积物覆盖，在北部埋深达 190m。该矿段集中了主要的矿床储量，包括 3 个矿体。

1 号矿体呈简单层状，延伸 500～600m，埋深 220～240m，1 号矿体占矿床储量的 66%，2 号矿体占 5%，3 号矿体占 29%。主要有如下矿石类型：磁铁石英岩、赤铁磁铁石英岩、磁铁赤铁石英岩、磁铁长石石英岩和磁铁方解石石英岩。主要为磁铁石英岩，占矿床储量的 76.6%。磁铁赤铁石英岩含量仅次于磁铁石英岩，占储量的 12.1%。脉石矿物包括石英、磷灰石、阳起石、辉石、角闪岩、方解石、斜长石和黑云母。矿床储量超过 $3\times10^8$t。

科斯佳津矿床发育元古宙和晚寒武世的变质沉积岩和火山岩沉积岩，以及早寒武世的侵入岩。出露的沉积变质地层与小兴安岭北部是一致的，主要分布的是穆兰达夫岩系的中细粒白云岩，且与含矿岩系呈断层接触。

含矿岩系也被分为 3 层：矿下层、含矿层和矿上层。

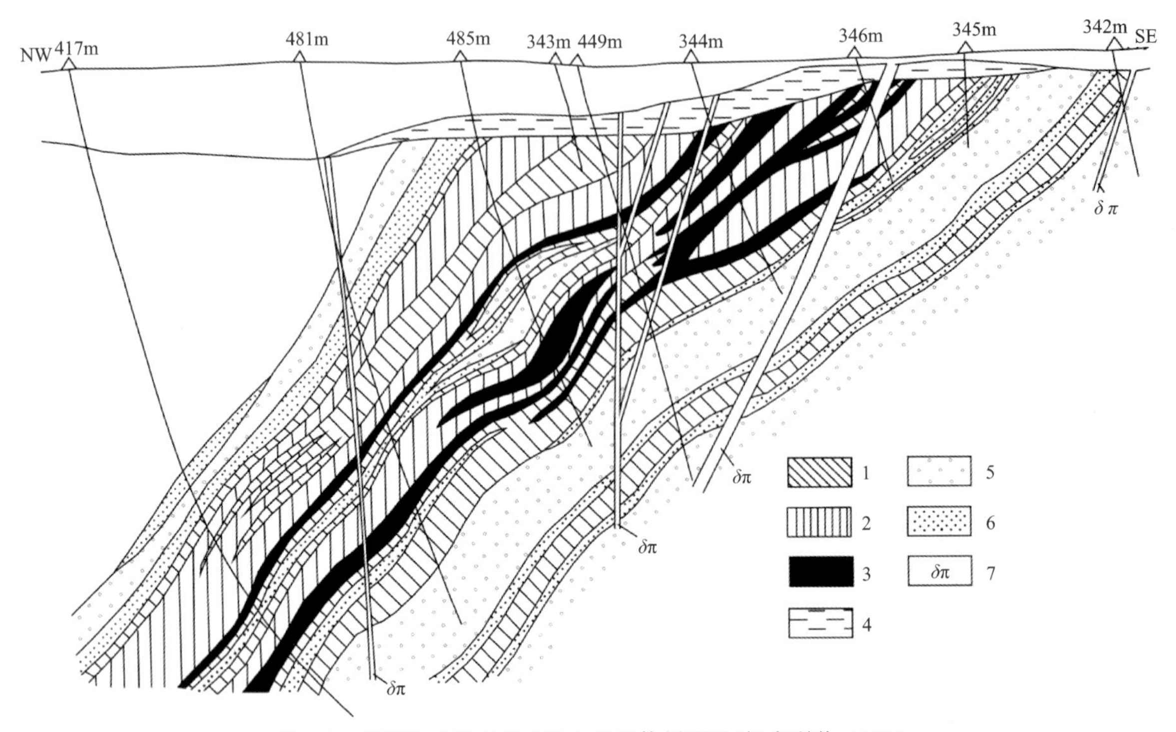


图 6-7　苏塔拉矿床南部矿段 1 号矿体剖面图(据库利什,1981)

1. 磁铁矿;2. 赤铁矿-磁铁矿;3. 磁铁矿-赤铁矿;4. 氧化矿石;5. 含锰页岩;6. 石英岩和变质白云岩;7. 基性和中性岩脉

在含矿岩系之上是仑达告夫岩系,主要由绢云片岩和灰岩组成。

在北部和矿区东部边界,新元古代和早寒武世地层被早白垩世的流纹岩、砾岩和集块凝灰岩肢解。

矿区的侵入岩主要是古生代比罗比詹系列的黑云母花岗岩和花岗闪长岩,并发育中性和酸性脉岩。在含矿岩系的 20m 深处发现煌斑岩脉。

矿区发育中间的一个背斜和东西两侧的两个向斜,并被纵断层和横断层分割成一系列独立的矿段和 8 个独立的矿体。

矿石可分为磁铁矿石和磁铁赤铁矿石。主要是磁铁矿石,它占 1 号矿体总储量的 70%;磁铁赤铁矿石占 1 号矿体总储量的 30%。

南兴安地区的矿床是小兴安含铁锰矿床中锰储量最大的矿床(图 6-8)。矿体长 2 400m,平均埋深为 3.2m,最大延深为 400m。

很少出露下伏地层,与磁铁石英岩呈渐变过渡。条纹状非氧化锰矿石由褐锰矿、黑锰矿和褐锰矿、褐锰矿和赤铁矿、黑锰矿和菱锰矿以及石英菱锰矿等组成。另外发育锰的氢氧化物,主要是软锰矿和硬锰矿。具有工业意义且占总储量 90%的是褐锰矿和黑锰矿菱锰矿石。在矿石中锰的平均品位为 21.12%;铁 8.53%;二氧化硅 26.00%。锰的 $B+C_1+C_2$ 储量为 $653\times10^4$ t。

小兴安南部其他的铁锰矿床(谢尔普霍夫矿床、斯达尔布何矿床、格马季特矿床和咖巴尼耶矿床)特点是规模相当小;含锰片岩取代铁锰石英岩。这种矿石主要分布在中部和南部,部分也发育在东部矿带。它们与含矿层的铁锰矿层相当。这些地层通常呈咖啡色、火漆红色,夹少量绿色—灰色的页岩薄层,同时有赤铁矿、褐锰矿、黑锰矿和含锰碳酸盐岩。锰的品位为 11.32%~14.28%,铁的品位为 9.3%~10.27%。

小兴安和兴凯地块乌苏里地区的铁锰硅质岩层在构造位置、时代、组成、矿石类型和其他特征方面非常相似,同时区别于其他地区的条带状铁矿。在小兴安和乌苏里地区铁锰矿体在化学成分上有许多共同之处(表 6-3)。

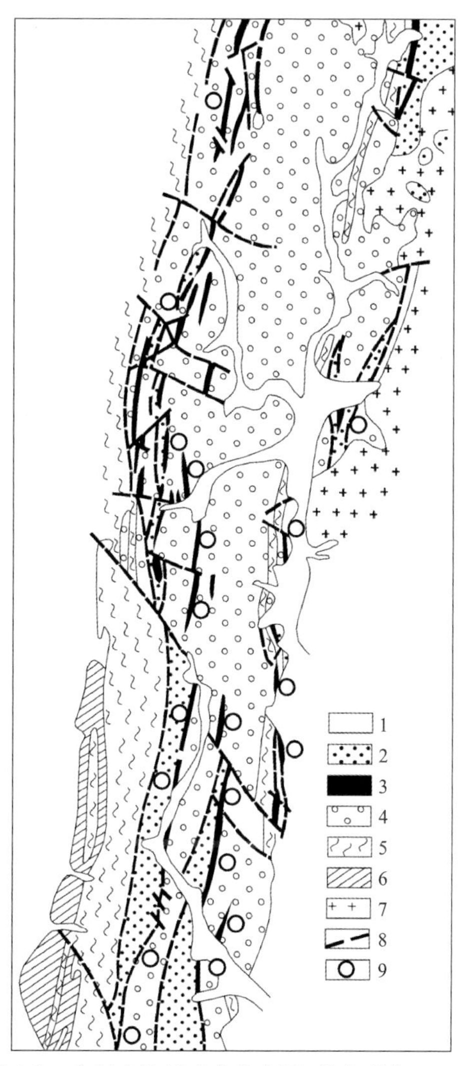


图 6-8 南兴安地区矿床分布图(据库利什,1981)

1.第四纪松散堆积;2～6.兴安系:2.仑达告夫岩系的灰岩;3.含矿岩系的千枚质页岩、沉积角砾岩、铁锰石英岩和磁铁石英岩;4.穆兰达夫岩系的白云岩;5.伊根切岩系的绢云石英片岩;6.季图尔岩系的灰岩、钙质页岩;7.古生代花岗岩类;8.断裂;9.铁矿、铁锰矿和矿化

**表 6-3 小兴安和乌苏里地区铁锰矿石化学成分(据库利什,1981)**

| | $SiO_2$ | $TiO_2$ | $Al_2O_3$ | MgO | CaO | ∑Fe | MnO | P | S | 烧失量 |
|---|---|---|---|---|---|---|---|---|---|---|
| 1 | 41.04 | 0.20 | 1.47 | 3.02 | 1.96 | 34.38 | 1.33 | 0.22 | 0.21 | 0.00 |
| 2 | 40.50 | 0.22 | 2.34 | 3.63 | 2.46 | 32.51 | 1.26 | 0.29 | 0.36 | 1.11 |
| 3 | 39.46 | 0.21 | 2.16 | 3.40 | 3.15 | 30.47 | 1.00 | 0.20 | 0.15 | 4.93 |
| 4 | 41.02 | 0.00 | 3.61 | 2.44 | 2.16 | 31.30 | 3.22 | 0.00 | 0.41 | 0.00 |
| 5 | 34.20 | 0.00 | 4.10 | 2.30 | 1.25 | 29.92 | 1.93 | 0.17 | 0.00 | 3.10 |
| 6 | 39.66 | 0.22 | 2.04 | 1.30 | 1.25 | 33.51 | 0.63 | 0.00 | 0.00 | 4.55 |
| 7 | 44.69 | 0.27 | 2.11 | 1.90 | 2.16 | 29.76 | 0.85 | 0.00 | 0.00 | 4.89 |
| 8 | 45.35 | 0.20 | 2.36 | 1.49 | 1.65 | 31.12 | 0.63 | 0.00 | 0.00 | 3.66 |
| 9 | 47.31 | 0.35 | 2.15 | 1.17 | 0.78 | 30.65 | 0.46 | 0.00 | 0.00 | 2.43 |
| 10 | 44.17 | 0.35 | 7.10 | 2.70 | 1.62 | 27.01 | 0.29 | 0.00 | 0.00 | 2.511 |

续表 6-3

| 序号 | $SiO_2$ | $TiO_2$ | $Al_2O_3$ | MgO | CaO | ∑Fe | MnO | P | S | 烧失量 |
|---|---|---|---|---|---|---|---|---|---|---|
| 11 | 38.09 | 0.00 | 7.58 | 2.92 | 2.24 | 15.21 | 16.07 | 0.00 | 0.00 | 0.00 |
| 12 | 34.76 | 0.42 | 6.24 | 3.27 | 1.48 | 15.52 | 16.20 | 0.11 | 0.00 | 4.63 |
| 13 | 26.17 | 0.40 | 5.76 | 5.27 | 4.88 | 8.27 | 21.01 | 0.06 | 0.00 | 12.62 |

注：1～5.小兴安区域：1.基姆坎地区；2.苏塔拉地区；3.科斯佳金地区；4.暖湖地区；5.比占地区。6～10.乌苏里区域：6.利波夫地区；7.达林地区；8.斯莫利内地区；9.达罗夫地区；10.维纳格勒地区。11～13.小兴安区域的铁-锰矿石：11.暖湖地区；12.比占地区；13.南兴安地区。平均数据是根据数字从27～119分析的。在分析中6～13用Mn代替了MnO。

佳木斯地块位于布列亚地块与兴凯地块之间。事实上，佳木斯地块与布列亚地块是连续的，而与兴凯地块之间被敦密断裂错断。佳木斯地块的铁矿床主要与兴东群有关。从兴东群的产状、岩石组合以及分布来看，两者可能属于相同地层单元或者叠置关系。与兴东群有关的矿床包括羊鼻山铁矿、孟家岗铁矿、大盘道铁矿、周家屯铁、向阳沟铁矿、大兴沟矿等。

羊鼻山铁矿位于佳木斯古元古代隆起孟家岗复背斜内，赋矿地层为兴东群大盘道组片岩、片麻岩、大理岩、变粒岩、石英岩等。原岩为细碎屑岩、碳酸盐岩和含铁硅质岩。含矿地层走向为近南北向，出露最大宽度达1 200m。有14条铁矿体，呈层状、似层状、脉状、透镜状等。含矿地段南北控制总长约6 200m。单个矿体长80～2 169m，平均厚度2～28.4m，控制最大深度约500m，表内平均品位TFe 27.15%～32.75%。矿石主要为磁铁石英岩。金属矿物主要有磁铁矿和赤铁矿。由于后期热液叠加，亦发育黄铁矿、磁黄铁矿、白钨矿和辉钼矿等。事实上，这里也形成了单独的钨矿体。矿体围岩主要有片岩、矽卡岩、大理岩、混合花岗岩等（吴佳滨，2012）。

孟家岗铁矿也位于佳木斯地块孟家岗复向斜内。赋矿地层为兴东群大盘道组白云质大理岩、变粒岩等。原岩为碎屑岩-碳酸盐岩-含铁硅质岩。含矿地层亦走向近南北，出露宽度500～1 000m。总计有30条铁矿体，呈层状、似层状、扁豆状，矿体发育地区的控制总长度约4 000m。主矿体长700～940m，厚2.67～24.86m，控制斜深300～670m，平均品位TFe 31%。矿石类型为磁铁石英岩型。金属矿物主要有磁铁矿和赤铁矿。矿体围岩主要有片岩、石英岩、大理岩和混合花岗岩等。

**2.成矿作用**

俄罗斯布列亚地块小兴安铁矿床群、兴凯地块乌苏里斯克铁矿床群和我国境内的羊鼻山、孟家岗铁矿床，均为喷流沉积形成的，主要原因如下。

（1）条带状硅铁建造属沉积变质铁矿这一点已达成共识。条带状铁矿具有沉积岩层的典型特征：具有一定的层位；与围岩呈整合接触；矿石中普遍发育条带状构造且非常稳定；条带平行层面、延续性好、具有层理特点；矿石矿物成分简单甚至可以说是单一，说明曾经过“分选”。

（2）矿体是从海水中以化学沉积的方式成矿的，同时还有硅质成分的沉积，而不是以机械沉积的方式成矿的。条带状铁矿的矿物成分简单：石英、磁铁矿、赤铁矿、假象赤铁矿；矿石化学成分简单：$SiO_2$、$Fe_2O_3$、FeO之和可达95%，是典型化学沉积的特征。因为化学沉积岩在沉积时总是适合沉积环境的某一种单成分的沉积，如灰岩、白云岩等。硅铁建造含有硅和铁，但它们不是同时沉积的，硅和铁总是呈成分相间的条带。这种条带是以毫米级计量的。另外，主要矿石矿物（磁铁矿）成分也非常简单干净，$Fe_2O_3$、FeO含量为96%～98%。

（3）条带状铁矿与火山岩特别是基性火山岩关系密切。条带状铁矿经常产于斜长角闪岩中。有时呈相反的情况，条带状磁铁石英岩中有斜长角闪岩的透镜体。白瑾（1986）在研究五台山地区火山沉积变质铁矿时指出：五台群含铁建造是一套变质的火山岩-沉积岩建造，原岩是基性火山岩、酸性火山岩和少量陆源碎屑岩，条带状铁矿产于基性火山岩中。在国外，尽管大量的阿尔戈玛型铁矿产于元古宙而不是太古宙，但与基性火山岩共生这一点和同类型铁矿是相同的。

铁矿和火山物质尽管相伴或者相间产出，但两者的沉积方式是不一致的。前者为化学沉积，后者为火山沉积。但两者相间出现说明成矿是在火山活动的间歇时发生的。这一点与前述喷流-沉积成因的铜、铅、锌等热水沉积矿床一致。

(4)成矿物质来源于围岩。首先矿体与围岩密切的空间关系暗示成因上的内在关系；其次矿石硫同位素资料显示(杨凤筠，1980；陈江峰，1985)，$\delta^{34}S$ 值经常接近 0 或是小的正、负值，说明成矿物质与围岩的基性火山岩一样来自深部。因此它可能是直接来自深部或者是热水在围岩中提取的。

(5)成矿方式有两种观点：一种认为铁硅物质直接由海底火山喷气或海底温泉带入海底，在适宜条件下沉积成矿；另一种认为海底火山喷气或海底温泉并不直接带来成矿物质，而只是在周围形成一个强酸性、低氧化电位的水体环境，这种强酸性水体对原先在火山活动中已喷溢于海底的基性火山岩进行侵蚀，从中汲取成矿物质并在适宜环境中沉淀成矿。

与现代海底热水系统成矿作用模式相对照可以发现，前述两种观点分别缺少一个环节：前者强调火山喷气或火山成因的温泉直接将成矿物质带入海底，暗示和基性火山岩一样是从深部带来成矿物质并在适宜的水环境中沉淀，那么与一次火山喷发有关的气水热液是否能直接带来成矿所需的全部铁并且还有硅是一个问题；后者强调从先期基性火山岩中汲取成矿物质，但直接在适宜位置沉淀成矿。与现代海底热水成矿过程相比，缺少一个循环过程。由于在围岩中汲取成矿物质的水体环境和成矿物质从水体中沉淀的热水环境在很大程度上是不相容的，因此在非循环体制下，很难形成大规模矿床。按照现代海底热水成矿方式，成矿作用应该是海水向下渗流，加热→在围岩中汲取成矿物质→喷出或溢出海底成矿→开始新一轮循环。与现代海底热水成矿作用相比，条带状铁矿的成矿物质和成矿条件不同，但成矿作用方式应该是一致的。

关于海水在围岩中汲取铁和硅的能力，前人做了大量的、成功的实验。许多实验是用碳酸水或稀盐酸溶液。而 H. Elderfield(1997)用海水对玄武岩进行的溶解实验表明，在温度为 190℃、压力为 $500\times10^5$ MPa，300 小时后，海水中铁含量为 25.4mg/L，最大富集率达 2.5 万倍。塔里亚夫(1969)的实验表明，当水体中铁浓度大于 160mg/L 时会妨碍 $SiO_2$ 沉淀。因此，当水体中铁浓度足够大时，铁首先沉积，然后 $SiO_2$ 沉积，形成一对 Si - Fe 条带。而下一对 Si - Fe 条带的生成需要对水体 Si 和 Fe 浓度的补充。显然在实际的海水体系中，这种不断地补充来自海底热水循环。

### 3. 成矿时期

在俄罗斯布列亚地块和兴凯地块的新元古代裂陷槽中，文德系与下寒武统是连续的(表 6-4)。

表 6-4 卡巴尔金裂谷带文德纪—早寒武世地层层序

| 时代 | 地层 | 岩性 |
|---|---|---|
| 早寒武世 | 含矿组 | 片岩、磁铁石英岩、石英岩、铁锰矿石、白云岩和灰岩 |
| 文德纪 | 斯莫利宁组 | 白云片岩、硅质白云质灰岩、灰岩夹石英片岩 |
|  | 卡巴尔金组 | 绢云绿泥片岩、千枚岩和少量砂岩 |
|  | 米特罗法诺夫组 | 石墨片岩、云母片岩、角闪岩、绢云赤铁片岩 |
|  | 斯帕斯克组 | 黑云石英长石片岩、黑云片岩、白云母片岩和二云片岩 |

据《滨海边疆区地质》中的描述，含矿组整合产于斯莫利宁组之上，以石英云母片岩、绿泥绢云片岩、碳质片岩、磁铁石英岩、铁锰矿层、灰岩、白云质灰岩为主，厚 20～480m。第 3 次远东联合区域地层会议确定斯莫利宁组属于晚文德纪，而其上覆地层的含矿组属于下寒武统。但是由于斯莫利宁组硅质碳酸盐岩和含矿组的硅质钙质页岩紧密共生，因而巴扎诺夫(1981)得出上述两个组为同时沉积的结论。此外，弗明和什科列尼克获得小兴安地体含矿组同位表年龄值为 900～600Ma。根据这个年龄，提出斯莫利宁组和含矿组属于前寒武纪晚期的观点，认为该组形成时代可能属于文德期。

显然，稍早期的俄罗斯学者对含矿组的年代是有异议的。但他们共同的认识是：至少斯莫利宁组属于文德末期，而含矿组或者属于文德末期，或者属于早寒武世。

汉丘克(2006)在描述含矿组和斯莫利宁组时认为：与小兴安上有动物化石记载的地层相似，卡巴尔金裂谷带的含矿组属于早寒武世。可能属于这个时期的还有斯莫利宁组，即它在空间上与含矿组紧密相连，含矿层发育在上部。这里将含矿组作为下寒武统的同时，认为斯莫利宁组也属于下寒武统。

## 第四节　成矿系列

在佳木斯-兴凯成矿带，主要包括如下3组成矿系列。

### 1. 中、新元古代佳木斯-兴凯地块铁、锰、磷成矿系列

中元古代成矿作用主要发生在佳木斯地块的麻山群、兴东群和兴凯地块的马特维耶夫组、纳西莫夫组和鲁任组，形成沉积变质型铁矿(如羊鼻山铁矿、孟家岗铁矿等)。

### 2. 早寒武世金、铂族元素和石墨成矿系列

俄罗斯学者在兴凯地块北部划分出一个长度大于100km、宽3～5km的南北向前寒武纪富含石墨的变质岩和沉积岩发育区，发育在东经133°30′—134°00′和北纬45°10′—45°50′之间。其中的富含石墨变质岩石包括含石墨花岗片麻岩、石墨片岩、石墨石英片岩、含石墨内矽卡岩、绢云石英石墨片岩、黑色页岩(含碳)等。

这些含碳岩系中富含金和铂族元素。

由于选矿技术的发展，金的边界品位在不断降低。在露天开采的情况下，国内企业已经将0.5g/t作为采矿标准。俄罗斯学者将该区富碳变质岩系中的金和铂作为21世纪新的贵金属资源有其合理性。

由于该区范围广；富碳变质岩系广泛分布；已经发现的几处富碳变质岩系中的金和铂含量普遍较高；俄罗斯学者只作为科研课题在研究而没有任何勘查工作，所以认为该区应该是一个良好的远景区。

麻山群和马特维耶夫组、纳西莫夫组原岩是富碳质、富铝沉积岩。约在500Ma发生高温-低压变质作用过程中，形成富含石墨的片岩、片麻岩乃至于石墨矿。

在兴凯地块的马特维耶夫、纳西莫夫地块变质地层的一个显著特点也是富含碳质。这些富碳岩系以石墨片岩、石墨片麻岩、石墨花岗片麻岩等形式出现，局部形成石墨矿。

### 3. 里菲纪—早寒武世卡巴尔金裂谷带铁、锰、磷成矿系列

卡巴尔金构造带是分割马特维耶夫和纳西莫夫两个中元古代片麻岩穹隆的裂谷带。宽10～25km，走向东西。裂谷带内发育新元古代和早寒武世地层：新元古代地层包括：斯帕斯克组的含石英岩夹层的云母片岩，米特罗夫组的含少量角闪岩、石灰岩夹层的石墨-白云母片岩。寒武纪地层包括斯马里尼恩组的白云岩和含硅质、泥质岩夹层的石灰岩和含矿组的碳酸盐岩。含矿组分为3层：下部是页岩和灰岩；中部是碧玉铁质岩、含铁锰矿层、锰矿层、磷灰石-硅质岩、含矿和不含矿的石英岩；上部是含白云岩和石灰岩夹层的泥质岩。碳酸盐岩含矿层由石灰岩和有页岩夹层的白云岩组成。

含矿岩系总长度为150km，宽度为10～14km。在这一区域总共有35个规模较大的铁矿和铁锰矿床以及15个小型矿床。

# 第七章　张广才岭-西兴凯成矿带

张广才岭-西兴凯成矿带是Ⅲ级成矿带，范围与张广才岭-西兴凯构造带一致。在敦密-阿尔昌断裂北西盘，位于牡丹江断裂与逊克-铁力-尚志断裂之间；在敦密-阿尔昌断裂南东盘，大部分位于俄罗斯滨海边疆区斯帕斯克断裂与西滨海断裂之间。有 4 个Ⅳ级成矿带：伊春-延寿成矿带(Ⅳ-5)、沃兹涅先成矿带(Ⅳ-6)、塔东成矿带(Ⅳ-7)、亮子河-格金河成矿带(Ⅳ-8)。

## 第一节　构造性质和构造演化

张广才岭-西兴凯构造带具有造山带的所有要素：①构造表现为轴向平行造山带的同斜倒转褶皱、逆冲推覆构造；②发育前造山期(新元古代末和早寒武世初)、同造山期(奥陶纪和志留纪)、后造山期中(泥盆纪)的中酸性侵入岩和火山岩；③发育广泛的区域变质作用，变质岩片理走向总体平行造山带走向，峰期变质作用年代与造山期花岗岩年代一致；④发育蛇绿混杂岩(黑龙江群和德米特里耶夫组)；⑤志留系、泥盆系与下伏地层之间具有区域性角度不整合。

但是，这个造山带并非碰撞造山带，而是一个增生造山带。作为增生造山带的一个重要标志是当时的大洋并没有闭合，早古生代造山带的西侧是晚古生代洋盆，而早古生代增生造山带成为晚古生代的活动大陆边缘：陆缘火山-岩浆弧，即老爷岭-格罗杰科火山弧和逊克-一面坡-青沟子火山弧。

增生造山带的另一个重要标志是不具有缝合线构造。它的蛇绿混杂岩(黑龙江群和德米特里耶夫组)出露于造山带的一侧。

斯帕斯克增生楔中德米特里耶夫组的外来岩块(灰岩)中有大量早寒武世古生物化石，说明至少在早寒武世，俯冲带已经形成。

麻山群中约 500Ma 的堇青石麻粒岩相的低压-高温变质作用(应该与黑龙江群高压低温变质作用成对？)说明在中寒武世至晚寒武世早期，俯冲作用处于高峰期。

张广才岭构造带早古生代造山期花岗岩年龄为 453.5±6.0Ma 和 454.8±2.6Ma；变质年龄为 462.5±3.6Ma(表 7-1)，它们应该代表的是增生造山作用的峰期年龄。

表 7-1　张广才岭-西兴凯构造带主要地质体年龄

| 群组 | 岩石 | 矿物 | 方法 | 年龄(Ma) | 解释 | 资料来源 |
|---|---|---|---|---|---|---|
| 张广才岭花岗岩 | 花岗岩 | 锆石 | LA-ICP-MS | 453.5±6.0 | 造山期花岗岩年龄 | 本书 |
| | | | | 454.8±2.6 | | |
| 张广才岭变质岩 | 长英质条带 | 锆石 | LA-ICP-MS | 462.5±3.6 | 变质年龄 | 本书 |

续表 7-1

| 群组 | 岩石 | 矿物 | 方法 | 年龄(Ma) | 解释 | 资料来源 |
|---|---|---|---|---|---|---|
| 什马科夫花岗岩带 | 黑云母花岗岩 | 全岩 | Rb - Sr | 451;384 | 造山带花岗岩 | 汉丘克等,2006 |
| 黑龙江群 | 斜长角闪片岩 | 锆石 | SHRIMP | 777±18 | 原岩结晶年龄 | 颉颃强等,2008 |
| | | | | 437±7 | 变质年龄 | |
| 张广才岭群 | 变质长英质火山岩 | 锆石 | LA - ICP - MS | 549.7±3.8 | 原岩年龄 | 本书 |
| 新兴组 | | | | 460.2±2.1 | 变质年龄 | |

在斯帕斯克增生楔的南部发育着早—中志留世的沉积砾岩,填充在沿北西方向延伸的、等距分布的凹陷中(汉丘克等,2004)。

在沃兹涅先构造带,除发育志留纪砾岩和砂岩外,还发育下—中泥盆统流纹岩和流纹质凝灰岩,少量玄武岩,陆相碎屑岩、浅海相的碎屑岩与碳酸盐岩,不整合于造山带之上。

在黑龙江省的张广才岭,后造山伸展盆地也出现于泥盆纪。张广才岭的泥盆系分布在造山带两侧,主要有黑龙宫组($D_1hl$)、宏川组($D_2h$)、福兴屯组($D_2f$)和小北湖组($D_{2-3}x$)。黑龙宫组($D_1hl$)分布于尚志市黑龙宫和伊春市五星镇和宏川,岩性为灰绿色、灰黄色、灰紫色砂砾岩,砂岩,凝灰质砂岩,灰黑色板岩和结晶灰岩,厚 358.1～1 201m。

宏川组($D_2h$)分布在伊春市宏川、二合营、十四林场一带。岩性为灰绿色、黄褐色凝灰砂砾岩,角砾岩,砂岩,板岩和灰岩,厚度大于 266.8m。

福兴屯组($D_2f$)分布在延寿县马鞍山。岩性为凝灰质砂岩、砂砾岩、粉砂质板岩、板岩、中粗粒砂岩。厚度大于 1 316m。

小北湖组($D_{2-3}x$)分布在海林县。岩性为黑色绢云板岩、含砾砂屑结晶灰岩、砂岩与板岩和千枚岩互层,上部出现片理化流纹岩。厚度大于 1 111.7m。

此外,孟恩等(2011)对小兴安岭东南端汤原西北部原定宝泉组流纹岩进行 LA - ICP - MS 锆石 U - Pb定年和岩石化学分析,结果表明:火山岩年龄为 383±3Ma,属中泥盆世火山岩;岩石属于亚碱性系列,具有 A 型流纹岩特点,显然应该形成于后造山伸展环境。

因此,无论是泥盆纪的沉积岩还是中泥盆世 A 型流纹岩,都反映在泥盆纪,张广才岭构造带已经完全处于后造山的伸展环境。在俄罗斯的滨海边疆区,这种后造山伸展环境的最初出现可能追溯到早志留世。

## 第二节　伊春-延寿成矿带(Ⅳ-5)

### 一、组成和展布

伊春-延寿成矿带是Ⅳ级成矿带,即成矿亚带。该成矿带自伊春市南部的晨明镇至北部的新青区,沿着汤旺河呈南北向展布。构成该成矿带的成矿建造是下寒武统西林群的碳酸盐岩和早古生代花岗岩。

西林群由晨明组(薄层灰岩、沥青灰岩、砂岩和粉砂岩)、老道庙沟组(条带状结晶灰岩、砂板岩夹薄层灰岩)、铅山组(白云石大理岩、白云质结晶灰岩、结晶灰岩、条带状大理岩、白云质大理岩、泥灰岩夹碳质板岩)和五星镇组(大理岩夹碳质板岩、碳质板岩)组成,在张广才岭构造带的中部和西部,在张广才岭花岗岩带中断续、零星分布。但是在伊春市南部的晨明镇至北部的新青区,沿着汤旺河流域呈近南北向的条带状相对集中出露,构成汤旺河早古生代成矿带(Ⅳ-5)的成矿沉积建造。

早古生代花岗岩(也称混染花岗岩),分布于广泛出露的印支期花岗岩中,其同位素年龄值为451±5Ma(黄维平,2013)、453.5±6.0Ma 和 454.8±2.6Ma(邹存铭等,2015)。

## 二、成矿作用

有两期成矿作用:早寒武世伴随西林群沉积的层状铅锌矿成矿作用和与造山期花岗岩有关的岩浆热液成矿作用。

### 1.小西林铅锌矿——早寒武世成矿作用

小西林铅锌矿位于伊春市西林区,西林-新青Ⅳ级成矿带南端,西林矿田(一个Ⅴ级成矿带)范围内。西林矿田发育小西林大型铅锌矿,美溪、南沟、老道庙沟(革命沟)、二段、西大坡5个小型铅锌矿(矿化点),后山、西大坡、南沟铁矿(化)点等(李树才等,2015)。矿田内主要出露下寒武统西林群老道庙沟组和铅山组的厚层白云岩、板岩和粉砂岩。地层走向近南北,形成一系列轴向近南北向的褶皱构造。

侵入岩以晚三叠世—早侏罗世的二长花岗岩为主,并发育花岗斑岩、花岗闪长斑岩、闪长玢岩、辉绿玢岩、花岗细晶岩、正长岩等脉岩(图7-1)。

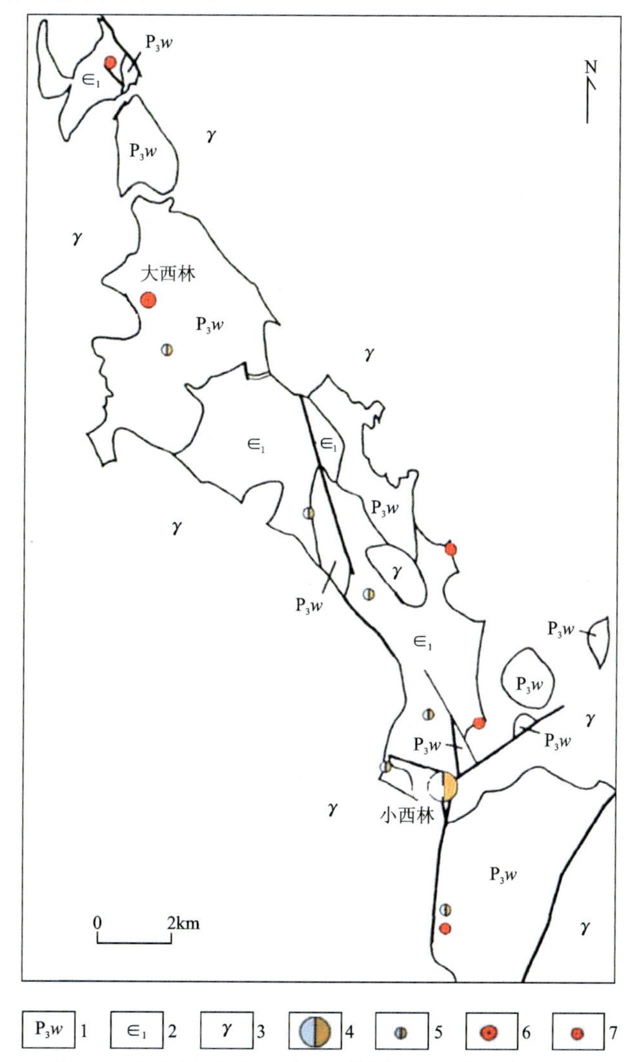


图7-1 西林铅锌矿田(床)分布图(据李树才等,2015)

1.上二叠统五道岭组;2.下寒武统西林群;3.花岗岩;4.大型铅锌矿;5.小型铅锌银矿(化)点;6.铁矿;7.铁矿(化)点

在小西林铅锌矿区主要发育下寒武统老道庙沟组和铅山组。地层走向近南北，倾向东，倾角 50°～70°。

侵入岩则主要是印支期的似斑状花岗岩、黑云母花岗、花岗闪长岩以及花岗斑岩和辉绿玢岩等脉岩。脉岩的总体走向近南北。

矿区断裂构造发育。主干断裂($F_1$)走向近南北，倾向东，倾角大于 80°(图 7-2)。

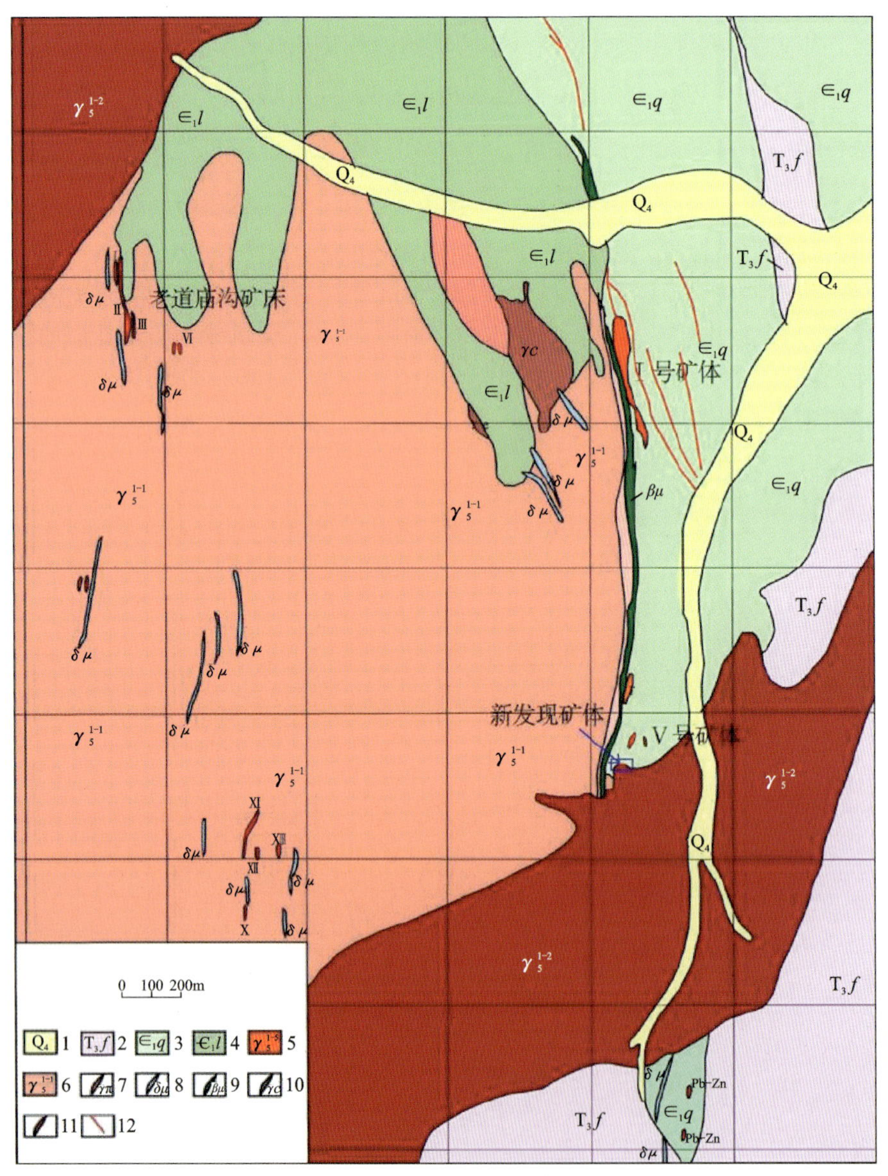


图 7-2　小西林铅锌矿地质图(据黄维平，2013)

1. 第四系洪、坡积物；2. 凤山组：晚三叠世酸性熔岩、酸性凝灰岩及火山角砾岩；3. 铅山组：白云岩夹硅质岩和碳质页岩；4. 老道庙沟组变质细砂岩、粉砂岩，局部夹含砾砂岩；5. 印支期斑状花岗岩及粗粒黑云母花岗岩；6. 印支期斜长花岗岩、花岗闪长岩等，包括残留的加里东期花岗岩；7. 花岗斑岩；8. 闪长岩脉；9. 辉绿玢岩；10. 花岗细晶岩；11. 铅锌矿体及编号；12. 断层

矿石矿物主要是闪锌矿、方铅矿、黄铁矿、磁黄铁矿和磁铁矿，以及少量毒砂、黝铜矿和黄铜矿；脉石矿物主要是阳起石、绿帘石、绿泥石、石英等。

主要矿石结构为胶状结构、乳滴状结构、粒状结构等。矿石构造主要为条带状构造、块状构造、角砾状构造和浸染状构造。

矿化蚀变包括硅化、碳酸岩化、铁锰碳酸岩化、矽卡岩化等。

从产状上可以把Ⅰ号矿体分成两类：一类位于主干断层上盘铅山组中的、产状与地层平行的似层状，平行层的板状和透镜状矿体；另一类是平行于主干断裂的"脉状"矿体(图7-3)。

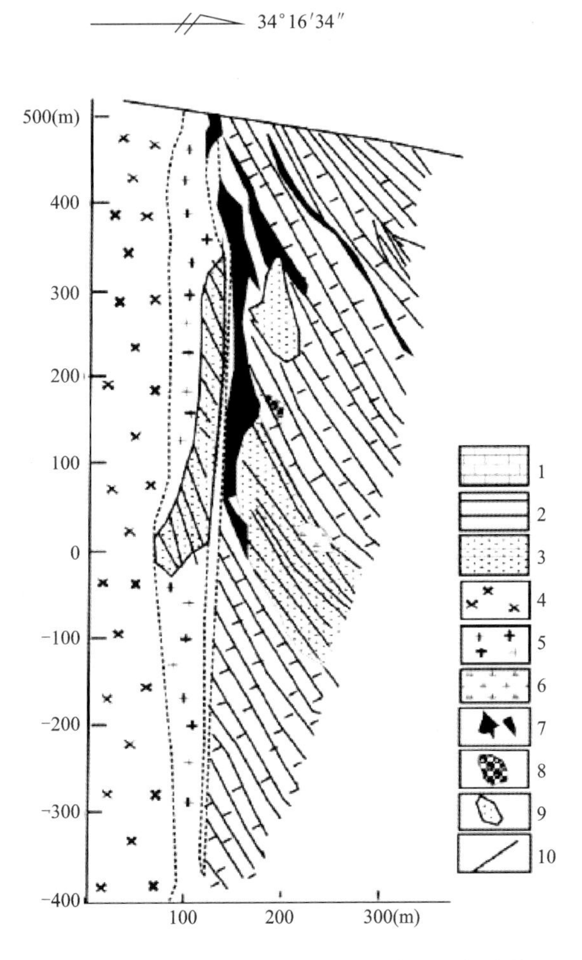


图7-3　小西林铅锌矿Ⅰ号矿体10勘探线剖面图(据陈静,2011)

1.碳酸盐岩；2.粉砂质页岩；3.粉砂岩；4.斜长花岗岩；5.花岗斑岩；6.闪长玢岩；7.似层状、条带状、块状铅锌矿体；8.囊状、角砾状铅锌矿体；9.细脉浸染状铅锌矿化；10.断裂

关于小西林铅锌矿Ⅰ号矿体成因，众说纷纭，主要有岩浆热液型(包括矽卡岩型)、喷流沉积型和喷流沉积-岩浆热液叠加型。

黄维平(2013)从以下7个方面论证了小西林铅锌矿Ⅰ号矿体的喷流沉积成因。

(1)Ⅰ号矿体具有层控特征。矿体主要赋存在下寒武统铅山组白云质大理岩中。矿体规模大、品位高、延伸稳定。总体上矿体产状与围岩一致，严格受地层、岩性控制。

(2)矿体呈似层状、透镜体，上盘产状较缓，与白云石大理岩的似层理状条带产状一致，并且随围岩一起褶皱变形，表明矿体和围岩具有同生成因。

(3)Ⅰ号矿体围岩蚀变空间分布具有明显的不对称性，矿体上盘围岩蚀变弱，下盘蚀变强，蚀变种类多。矿体上盘在白云石大理岩中以块状、条带状矿石为主，块状矿石和大理岩接触边界有时非常平直，无明显的交代充填现象(图7-4)，矿体下盘形成脉状、网脉状矿化。

图 7-4　块状矿石和大理岩接触边界图(据黄维平,2013)

(4)矿体具有侧向分带的特点:从矿体北部到中部,矿石类型基本都是块状—条带状磁黄铁矿矿石,中部向南部逐渐变为条带状闪锌矿和方铅矿矿石(姜宝龙等,1999),与典型的热水喷流沉积矿床侧向分带特点相似。

(5)矿床伴有典型的喷流岩。大理岩块状矿石、矿体及碳酸盐岩中可见代表典型热水喷流沉积形成的硅质岩夹层(图 7-5)。

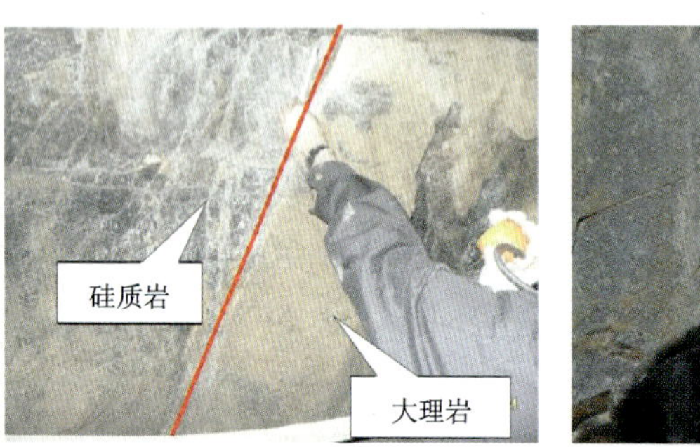

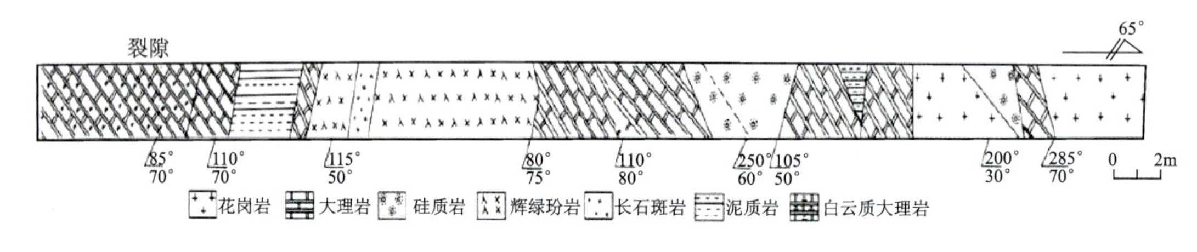


图 7-5　小西林铅锌矿 0m 中段线坑道硅质岩夹层及编录图(据黄维平,2013)

在本区含矿的火山-沉积碎屑岩系中发现过一种富硼的硅质岩,经变质为电气石石英岩,岩石为灰黑色,具条带状构造及显微粒状变晶结构。岩石的主要矿物为石英(50%~60%)、电气石(20%~45%),还有黑云母、白云母,常见黄铁矿、磁黄铁矿、方铅矿、锆石、磷灰石等。通过对电气石的化学分析,认为本区的电气石和澳大利亚南部的 Golden Dyke Pome 矿床的电气石一样属镁电气石-铁电气石系列(阎鸿铨,1994)。以上两种岩石均被认为是海底火山喷气的产物,反映了流体具有富硅、富硼的特点。

(6)Ⅰ号矿体矿石中硫同位素特征表明硫除来自深源外,还有一部分来自海水或生物硫。铅同位素研究反映了矿石铅的多源性,即上地壳和地幔的混合来源。

(7)Ⅰ号矿体内占矿石量绝大部分的块状磁黄铁矿矿石中磁黄铁矿的微量元素显示 Se、Te 含量非常低,Se/S 比值很小,Co、Ni 含量基本相等,表明小西林矿床具有同生沉积特征。

### 2. 造山期成矿作用

在西林矿田，岩浆热液脉状矿化广泛发育，形成岩浆热液型铁矿、铅锌矿和铜铅锌多金属矿等（图 7-6）。

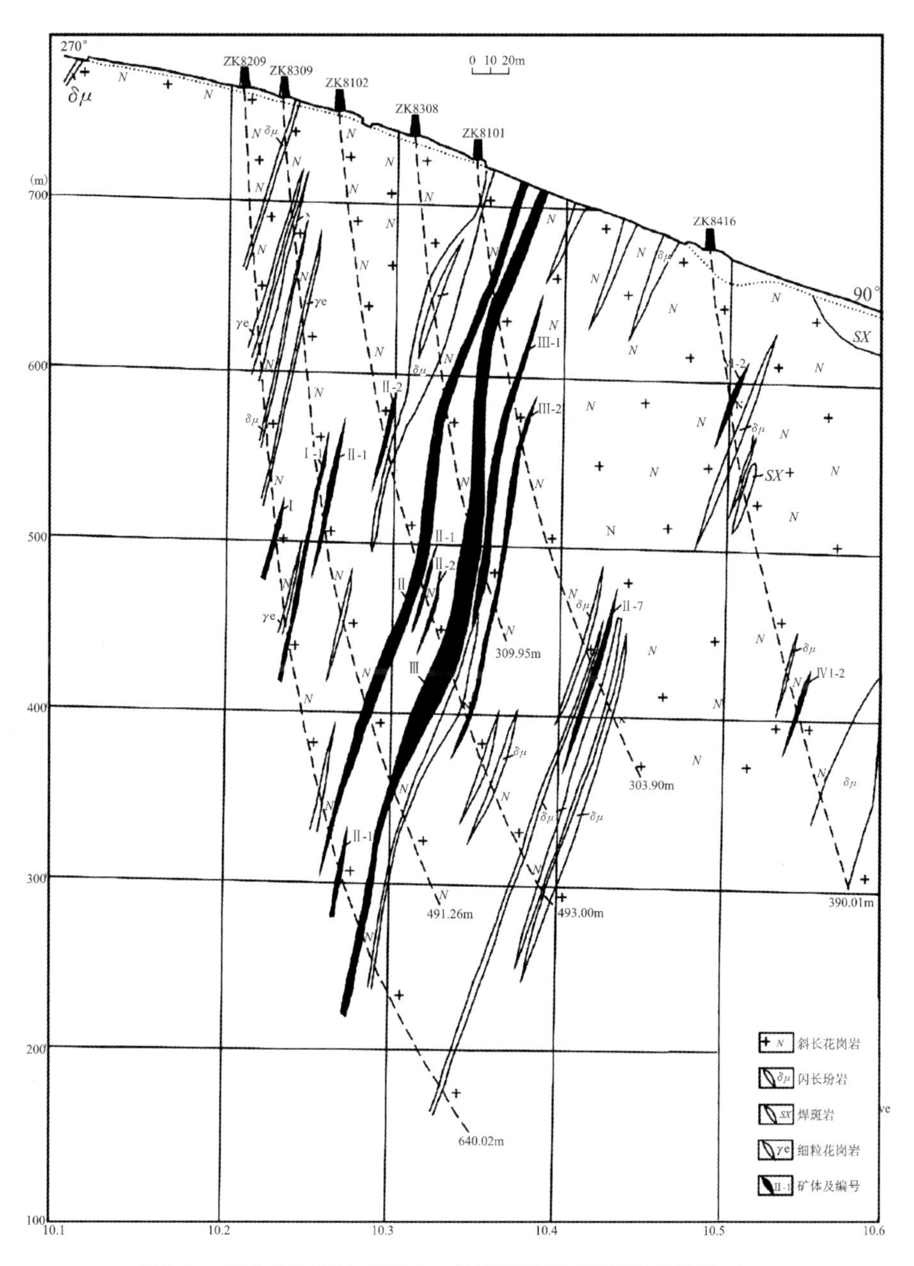


图 7-6　老道庙沟铅锌矿段 196 线勘探线剖面图（据黄维平，2013）

## 第三节　沃兹涅先成矿带（Ⅳ-6）

沃兹涅先成矿带分布在西兴凯构造带的沃兹涅先构造带中部，兴凯湖南侧。该带的西界是南北向的什马科夫-格罗杰科深成岩带；东部则与谢尔盖耶夫构造带及斯帕斯克构造带相接。

沃兹涅先成矿带由下寒武统碳酸盐岩-陆源碎屑岩组成。主要有3种矿床：萤石矿、铅锌矿和锡矿（图7-7）。铅锌矿多属小型，并与超大型萤石矿共生。

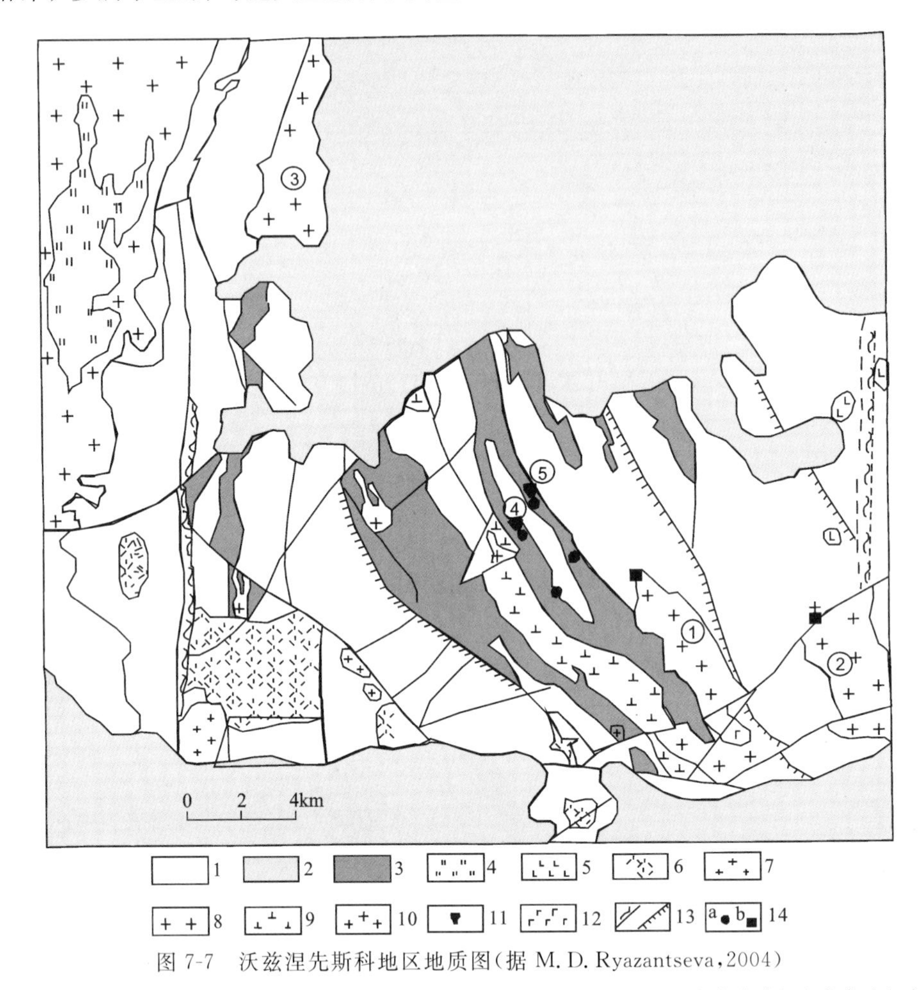


图7-7　沃兹涅先斯科地区地质图（据M. D. Ryazantseva, 2004）

1. 新生代盆地；2. 早寒武世碎屑岩；3. 早寒武世碳酸盐岩；4. 志留纪（格罗杰科）花岗岩顶板的寒武纪和前寒武纪变质岩；5. 新近纪玄武岩；6. 泥盆纪火山岩；7. 泥盆纪（格里戈耶）花岗岩；8. 志留纪（格罗杰科）花岗岩；9. 志留纪辉长岩、闪长岩和二长闪长岩；10. 奥陶纪（雅罗斯拉夫）花岗岩；11. 奥陶纪（沃兹涅先斯科）黑云母-黑鳞云母花岗岩；12. 寒武纪辉长岩；13. 断裂；14. 主要矿床（a. 萤石矿；b. 锡矿）；(1)五一城；(2)波格拉尼奇；(3)沃兹涅先；(4)拉格尼；(5)雅罗斯拉夫；(6)查帕耶夫；深成侵入体（①格罗杰科；②五一城；③格里戈耶；④Pology；⑤萨夫琴科；⑥博伊科夫；⑦沃兹涅先；⑧波格拉尼奇；⑨莫斯卡连科夫；⑩雅罗斯拉夫；⑪奇希扎；⑫查帕耶夫）

含矿建造为沃尔库申组灰岩和白云岩，个别矿床产在泥灰岩中。事实上，沃兹涅先成矿带的含矿岩系与伊春-延寿成矿带的含矿岩系十分相似，而容矿的沃尔库申组与小西林铅锌矿的老道庙沟组、铅山组和五星镇组也可以对比（表7-3）。

**表7-3　含矿建造的对比**

| 西林群 | | 沃尔库申组 | |
|---|---|---|---|
| 五星镇组 | 上部碳质板岩；下部大理岩夹碳质板岩 | 上部 | 绢云母-钙质页岩（泥灰岩）、灰岩和硅质岩 |
| 铅山组 | 灰岩、白云质灰岩夹页岩 | 中部 | 由黑色含沥青灰岩与白云质灰岩和泥灰岩互层构成 |
| 老道庙沟组 | 上部砂板岩；下部灰岩 | 下部 | 沥青灰岩夹碳质页岩-绢云母页岩 |

这里的铅锌矿多与萤石矿伴生。矿体呈层状，由一系列透镜状矿体和厚度为2m至10～15m的矿层组成。矿石多为条带状，很少为块状。以含硫的黄铁矿-闪锌矿和黄铁矿-磁黄铁矿-闪锌矿矿石为

主，闪锌矿-磁铁矿和磁铁矿-碳酸盐岩-萤石的矿石相对较少。后者形成薄层状矿体。矿床被认为属于喷流沉积成因的铅锌矿（汉丘克等，2006）。

在早古生代晚期，伴随造山作用出现了中奥陶世含锂-氟白岗质花岗岩。花岗岩的侵入延续到志留纪末—泥盆纪初，形成了黑云母花岗岩。与含锂-氟白岗质花岗岩有关的岩浆热液矿床是石英-黄玉云英岩型的铌钽矿，而与黑云母花岗岩有关的岩浆热液金属矿床是云英岩型的脉状锡矿。最著名的与早古生代花岗岩有关的矿床是矽卡岩型萤石矿。其中，沃兹涅先斯科萤石矿和波格拉尼奇萤石矿的品位和储量都是世界上屈指可数的。

## 一、铅锌矿

沃兹涅先斯科铅锌矿位于滨海边疆区西南部。矿区发育下寒武统沃尔库申组和科瓦连科组。沃尔库申组由三部分组成：下部（约500m）由黑色含沥青灰岩夹碳质页岩-绢云母页岩构成；中部（150～200m）是含矿层，由黑色含沥青灰岩与白云质灰岩和泥灰岩互层构成；上部（100m）由绢云母-钙质页岩（泥灰岩）、灰岩和硅质岩互层构成。中部和上部岩性均匀，有机质含量较低，发育硫化物、磁铁矿和萤石的浸染体。科瓦连科组主要由绢云片岩、石英-绢云片岩和千枚岩构成，科瓦连科组片岩中发现少量硫化物。

矿区附近的侵入岩包括沃兹涅先斯科奥陶纪淡色花岗岩、格罗杰科志留纪花岗岩、中古生代早期闪长岩。脉岩包括云斜煌斑岩、辉绿岩、辉绿玢岩，形成于志留纪到二叠纪。

早寒武世地层被挤压成轴向北西的褶皱：两翼由灰岩构成，核部由硅质页岩构成。

多金属矿体分布在褶皱的两翼和核部。这里的矿体被云英岩化的花岗岩岩枝穿切。侵入岩在空间上与矽卡岩分布区域一致（图7-8）。

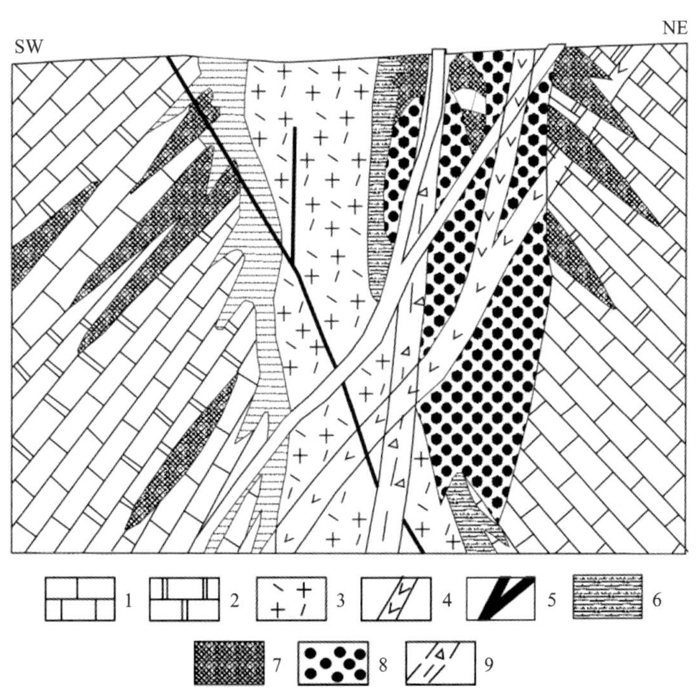


图7-8　沃兹涅先斯科矿床北侧剖面图（据拉特金，1990）

1.含沥青灰岩；2.白云质灰岩和钙质页岩；3.云英岩化花岗岩；4.碱性和中性的岩墙；5.云英岩脉；6.矽卡岩化区域；7.多金属（主要是锌）矿；8.云英岩、萤石；9.断裂破碎带

矿体呈层状，厚 2m 至 10～15m。矿层层数多，上部含矿层与个别矿体的下部边界更为清晰，向上逐步转化成矿化程度弱的灰岩-绢云母页岩。

没有受到热液改造的层状矿体主要由闪锌矿、黄铁矿、磁黄铁矿和磁铁组成，其次是砷黄铁矿、方铅矿、斜辉锑铅矿和银黝铜矿；脉石矿物有方解石、白云石、萤石、绢云母、绿泥石和石英。上述这些矿物的典型特点是其中没有交代蚀变形成的石英和方解石。矿石中的碳酸盐岩夹层仅由细粒的大理石化灰岩构成。

黄铁矿按生成时期可分为两种：早期的黄铁矿（Ⅰ）分布较广泛，呈 0.01～3mm 的立方晶体，在闪锌矿和非金属矿物夹层中形成分层的浸染体；晚期的黄铁矿（Ⅱ）发育有限，明显在逐步取代早期的黄铁矿。晚期黄铁矿（Ⅱ）的特点是 Co 含量较高（0.03%），Co/Ni 值近于 2.0。

矽卡岩中的硫化物呈细脉-浸染状和少量条带状。与矽卡岩有关的具有工业价值的矿体发育于矽卡岩叠加在层状矿体的部位，叠加区以外矽卡岩只含有磁铁矿和贫乏的硫化物浸染体。矽卡岩化中的金属矿物成分与层状矿体类似，而较多的是闪锌矿、黄铁矿、磁黄铁矿和磁铁矿，同时还存在辉钼矿、锰铁钨矿、辉铋矿、自然铋和朱砂等层状矿体少见的矿物。

根据矽卡岩与硅酸盐矿物的共生关系可以划分出两期：早期矽卡岩矿物主要与闪锌矿共生；晚期矽卡岩矿物是黄铁矿-磁铁矿与辉石-石榴子石共生。条纹状黄铁矿-萤石和闪锌矿-磁铁矿矿石中的碳酸盐岩夹层与含矿灰岩和透闪石-方解石页岩中的碳酸盐岩相似：$\delta^{18}O=14.0‰～19.8‰$和$\delta^{13}C=0.21‰～2.8‰$；矽卡岩化中的方解石同位素成分：$\delta^{18}O=4.9‰$和$\delta^{13}C=-5.98‰$；后期细矿脉中方解石具有类似的同位素组成：$\delta^{18}C=-5.69‰$。

条带状黄铁矿-闪锌矿、磁铁矿-闪锌矿具有特殊的重同位素组成：黄铁矿$\delta^{34}S$为 9.5‰，闪锌矿$\delta^{34}S$为 11.5‰，但是覆盖矿体的白云石灰岩中硫化物夹层中的黄铁矿$\delta^{34}S$为$-14‰$。矽卡岩化同时发育的黄铁矿$\delta^{34}S$为 8.2‰。

因此，沃兹涅先斯科铅锌矿经历了两次成矿作用：早期成矿作用与早寒武世碳酸盐岩沉积是同时的；晚期矽卡岩化发生了叠加成矿作用。

## 二、萤石矿

萤石矿石有块状、角砾状、条带状、脉状和网脉状构造。在矿石中有 3 种矿物组合：钠长石-萤石组合、白云母-钠长石-萤石组合和白云母-萤石组合。在很多情况下，白云母与锂云母是互相替换的。此外，矿石中还含有电气石、黄玉、氟镁石、方解石、似晶石以及少量的金绿宝石。

沃兹涅先斯科稀有金属萤石矿位于沃兹涅先成矿带西南侧的下寒武统沥青灰岩中（图 7-9）。矿床位于一个二级的向斜构造中，褶皱轴向为 325°～335°。

含云母的萤石矿化出现在构造的正下方。淡色稀有金属花岗斑岩侵入到沉积岩中，并以狭窄岩脉的形式从矿床北侧延伸出地表。在矿床的中部，花岗岩埋深 500m，向南侧逐渐上升至 100m。在深处的地层中发育大量岩枝，这些岩枝通常蚀变为含萤石的石英-云母和石英-黄玉的云英岩。侵入体的顶部也强烈的云英岩化，而内部则被钠长岩化。在矿床中有许多碱性或中性的岩枝，形成了复杂的树枝状、网脉状构造（安德罗索夫等，1992）。

图 7-9　沃兹涅先斯科矿区地质图(据 M. D. Ryazantseva,2004)

1. 粉砂岩;2. 石英绢云片岩;3. 灰岩;4. 含石墨页岩;5. 流纹岩;6. 志留纪闪长岩-二长岩;7. 奥陶纪云英岩化花岗岩;8. 中性或碱性的岩枝;9. 破碎带;10. 矽卡岩;11. 云英岩化灰岩;12. 云英岩矿石;13. 含锡石和锰铁钨矿的石英-黄玉矿脉;14. 多金属矿石;15. 构造岩;矿床和矿化(圆圈中的数字:①波格拉尼奇;②沃兹涅先斯科;③拉格尔;④纳格尔内;⑤奥弗拉日内)

矿床的含矿灰岩沿着近南北方向延伸约 1.5km,宽度为 500m,位于花岗岩岩体的上方。北西方向的断裂构造和近东西走向的断裂构造将矿床分成 3 个大的矿段(图 7-10)。其中,中部矿段含矿最为丰富,包括巨大的格拉夫矿体。此矿段是垂直的矿柱,截面呈椭圆状。在北部的矿段中,花岗岩体的外接触带中有沃斯托奇和扎帕德内矿体(图 7-11)。

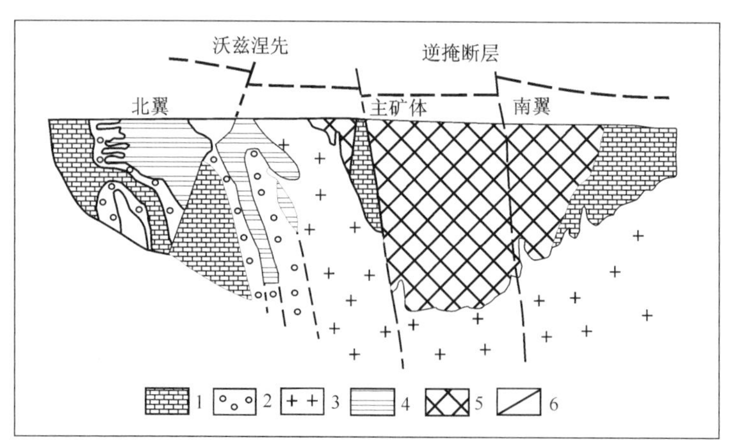

图 7-10　沃兹涅先斯科矿床纵剖面略图(重建了被剥蚀部分,据 M. D. Ryazantseva,2004)

1. 灰岩;2. 矽卡岩;3. 花岗岩;4. 含锌矿;5. 萤石矿;6. 断裂构造

在萤石矿体和花岗岩中分布着含闪锌矿和磁铁矿的矽卡岩。南部矿段中有尤日矿层,发育几乎平行接触带、规模不大的矿体。所有矿段的界限都不明显,是根据 $CaF_2$ 的含量超过 20%而被确定的。在灰岩中,矿石属于萤石化的灰岩(含 10%～20%的 $CaF_2$)。各个矿段构造复杂,萤石灰岩与不同程度萤石化的灰岩混杂,与大量的中性或碱性的花岗岩岩枝交替分布。

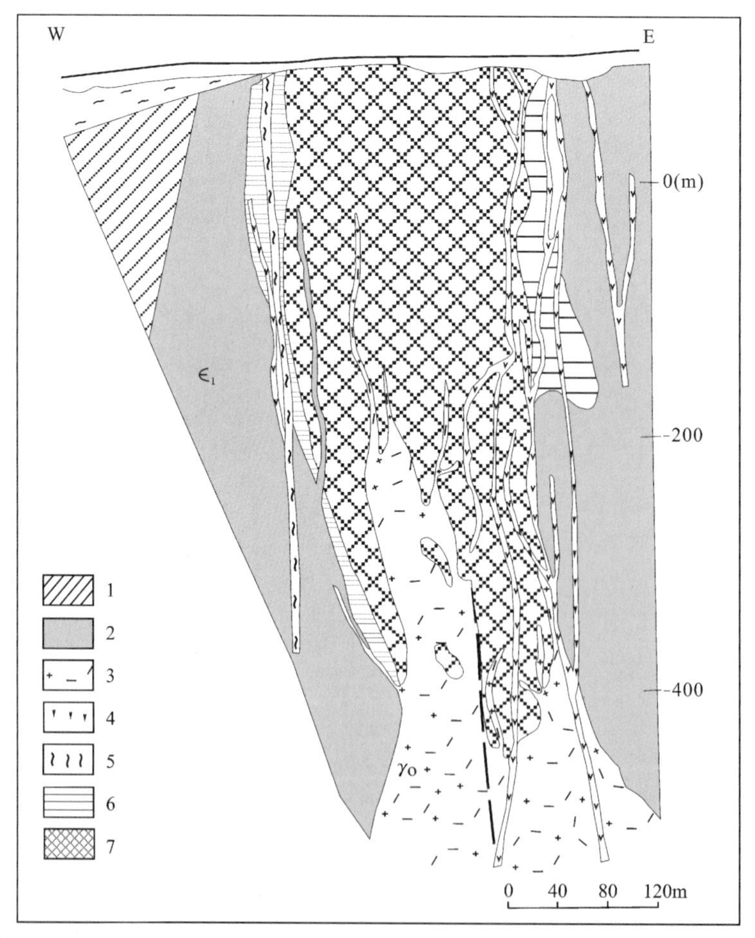

图 7-11　沃兹涅先斯科矿床中格拉夫矿体剖面图(据 M. D. Ryazantseva,2004)

1. 页岩;2. 灰岩;3. 云英岩化花岗岩;4. 岩枝;5. 断裂和破碎带;6. 萤石化灰岩;7. 萤石矿

萤石矿石可以分为块状、多孔状、角砾岩状、细条带状和网脉状矿石。其中分布最为广泛的是块状矿石，呈细粒或中粒结构，深色或浅色。

从矿石的组成成分来看可以分出以下3种主要的矿物共生类型：呈脉状和巢状的萤石独立体由钠长石-萤石组合、白云母-钠长石-萤石组合、白云母-萤石组合。在很多情况下含有白云母的地方都会发现珍珠云母和锂云母。除此之外，矿石中的矿物成分还有电气石、黄玉、氟镁石、方解石、似晶石，很少情况下会含有金绿宝石，而在矿体的侧翼还有蓝柱石。

萤石流体包裹体分析表明，萤石矿是在温度逐渐下降，压力为480～1 330Pa的条件下形成的(布列季欣，1990)。

波格拉尼奇稀有金属-萤石矿位于沃兹涅先斯科矿床北东方向1km处，接近向斜构造的东翼。位于下寒武统的灰岩中、页岩之下。沉积岩被稀有金属白岗质花岗岩侵入。波格拉尼奇矿床位于一系列北东走向的平移断层与向斜翼部的交会处。矿床的西侧边界是灰岩和页岩的接触界线，北侧是花岗岩侵入体的边缘，东侧是波格拉尼奇逆断层，南侧是近东西方向的尤日断层。白岗质花岗岩侵入体几乎被剥蚀并在地表构成了北西走向的、长度达800m的、南部宽达30～50m，而北部宽150～300m的狭窄岩体。在横向断裂处，矿床产状陡峭、略向北东方向倾斜。侵入体的西侧接触带深度较深，倾斜度达30°～40°，而东部的接触区深100m，近似垂直。在侵入体的深处，矿体截面呈等距的椭圆形，在北西方向它平缓下倾，埋深达750～800m。

在100～150m深处，花岗岩蚀变成各种云英岩；在更深处，则被云英岩化、钠长岩化的花岗岩代替；而从200～250m处这种花岗岩又开始转变为钠长岩化岩石。在600m以下则又恢复为黑云母-黑磷云母花岗岩。云英岩可分为石英-云母、石英-黄玉、黄玉-萤石和介于它们之间的许多种类。许多中性或酸性岩枝组成了三大条带，其走向主要是北西方向。

在波格拉尼奇矿床中有两种稀有金属-萤石矿物组合：云母-萤石型和黄玉-萤石型(梁赞采娃等，1992)。云母-萤石型位于花岗岩体与灰岩接触时造成的破碎带附近、灰岩与页岩的接触界线相对较窄的空间以及更为细小的矿体位于层与层之间的破裂处。云母-萤石型分布于矿石环绕着花岗岩体沿走向和垂向出现尖灭处(图7-12)。距离与侵入体接触带越远，矿体的层状特征越明显，这些层状矿体大多数情况下与灰岩的层理相对应。它们的构造复杂且以萤石矿石、萤石化灰岩矿石与灰岩的交替为特点。

可以区分出两种层状矿体：小型的沃斯托奇型和大型的扎帕德内型。沃斯托奇矿层的形状取决于花岗岩体表面的形状。扎帕德内矿层是由一系列萤石矿石带构成的，与普通或萤石化灰岩相交替分布，平行灰岩的层理。

断裂控制的矿体也可以分为两种：近接触带矿体和页岩下方的矿体。

分布在沃兹涅先斯科矿床和波格拉尼奇矿床内的花岗岩体共有两种类型：黑云母型和黑云母-黑磷云母型。有时候发生萤石化和电气石化。黑云母花岗岩放射性同位素Rb－Sr和Sm－Nd的年龄为450Ma(梁赞采娃等，1994；Belyatsky et al，1999)。

淡色黑云母-黑磷云母花岗岩像黑云母花岗岩一样，主要为小型侵入体，其顶部受到强烈的云英岩化。根据700～800m深处各个钻井的地质和地球物理数据，小型花岗岩枝侵入体是沃兹涅先斯科岩体和波格拉尼奇岩体这些更大型花岗岩体的突出部分，形成了独一无二的锂-萤石型含黑磷云母的花岗岩以及锂云母和黄玉花岗岩。与成矿作用相联系的有强烈的钠长岩化作用，早期的云英岩化作用(黄玉化作用)和钽、部分锡(早期的锡石)的成矿作用。蚀变作用的后期云英岩化作用减弱，作用于早期形成的花岗岩。与这一作用相联系的有花岗岩中细晶黄玉-石英型、白云母-石英型和萤石-黄玉-石英型云英岩的形成(部分地方富含晚期的锡石和锰铁钨矿)。花岗岩的围岩受到了晚期云英化作用的影响，在灰岩中形成了云英岩，是特殊的云母-萤石型矿石。这些花岗岩Rb－Sr和Sm－Nd的同位素年龄为450～440Ma(Belyatsky et al，1999)。

沃兹涅先斯科矿床萤石的储量很大。除萤石之外，还有铍、锂、铯、铷、锡等可综合利用。矿床中萤石的储量为294.3×$10^4$t，而远景储量为917×$10^4$t(梁赞采娃等，1992)，预测在整个矿区内有4 620×$10^4$t(洛沙克，1993)。

黑云母花岗岩是中粒结构，经常含有电气石斑晶，规模较小(8～12$km^2$)，沿着褶皱构造分布。花岗岩接触带内的岩石发生了蚀变或变质，主要为大理岩化和矽卡岩化。

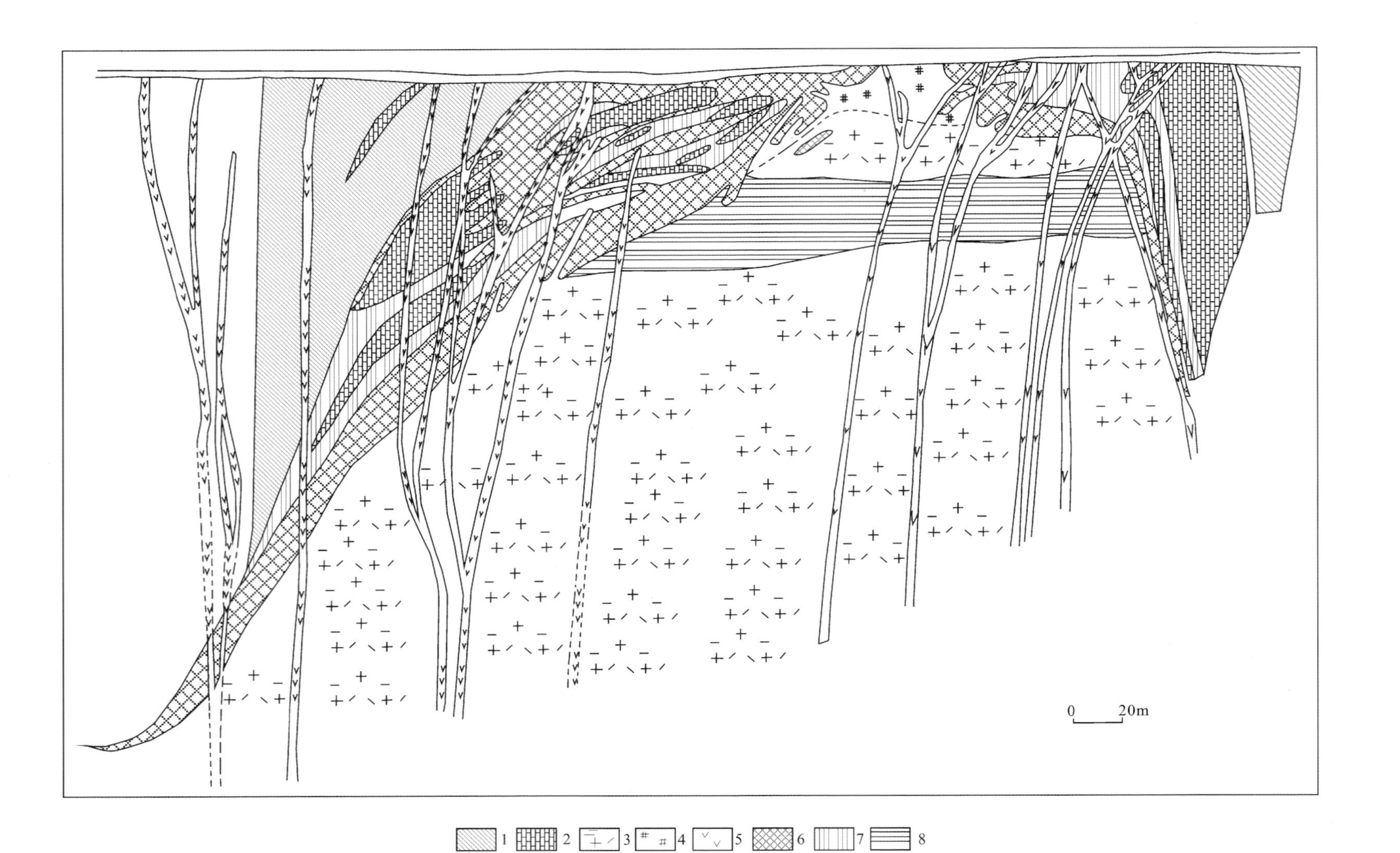


图7-12　波格拉尼奇矿床剖面图（据M. D. Ryazantseva，2004）

1.页岩；2.石灰岩；3.矽卡岩和矽卡岩化的灰岩；4.钠长岩化的花岗岩；5.石英-黄玉型云英岩；6.中性或酸性的岩枝；7.萤石矿石；8.萤石化的灰岩

# 第四节　塔东成矿带(Ⅳ-7)

在吉林省敦化市北北东方向62km处，张广才岭西坡，广泛分布的张广才岭花岗岩中，发育一套含铁变质岩系。李东津等(1997)将其命名为塔东群。

塔东群呈南北向条带状分布，向北与黑龙江省内的“二合营群”相接，分为拉拉沟组和朱敦店组。拉拉沟组主要为斜长角闪岩、角闪岩、磁铁透辉斜长变粒岩、磁铁角闪石英变粒岩等。朱敦店组岩性为片岩、片麻岩、变粒岩、斜长角闪岩和数层大理岩。

塔东群构成塔东成矿带，也是塔东铁矿的含矿建造(图7-13)。

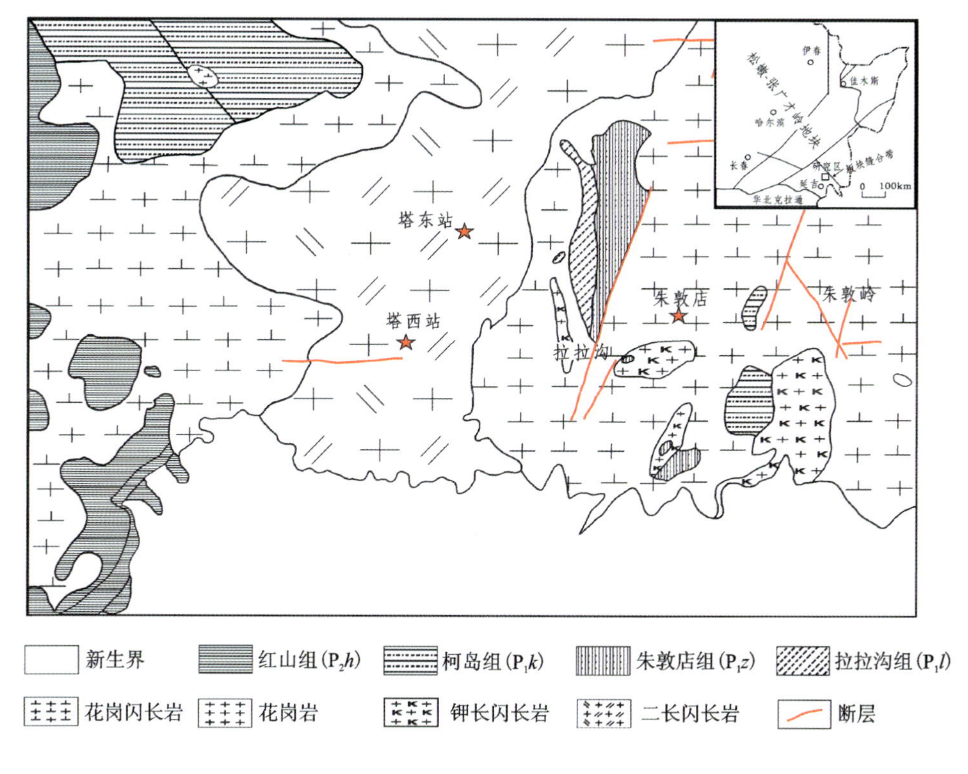


图7-13　塔东地区地质简图

## 一、塔东群的形成时代

在李东津等(1997)为塔东群命名之前，该套地层曾被冠以不同名称，从而也被赋予不同的年代学意义(表7-4)。

如表7-4所示，塔东群的地质年代一直存在不同的认识。早期所获少量的K-Ar年龄数据多小于350Ma，被视为后期构造热事件的年龄。彭玉鲸等(1995)获得鳌龙背变粒岩单颗粒锆石U-Pb年龄值，$^{206}Pb/^{238}U$年龄值为781.2±2.5Ma，$^{207}Pb/^{235}Th$年龄值为946.9±5.0Ma，$^{207}Pb/^{206}Pb$年龄值为354.8±1.4Ma，因此将之定为新元古代。这是此后较普遍接受的塔东群的年龄。

我们对塔东铁矿区黑云斜长片麻岩和磁铁透辉斜长变粒岩进行了 LA－ICP－MS 锆石 U－Pb 定年，获得了一组早寒武世（约 520Ma）的年龄值。

**表 7-4　塔东群沿革（据李东津等，1997）**

<table>
<tr><th colspan="2">沈阳地质局大黑山地质队（1957）敦化</th><th>吉林省区域地质调查队三分队（1960）敦化</th><th>吉林省地质局延边地质综合大队（1974）塔东</th><th colspan="2">黑龙江省地质局第一地质队（1977）镜泊湖</th><th colspan="2">吉林省地质局区调队一分队（1978）塔东</th><th colspan="2">吉林省地质局第六地质调查所一分队（1988）塔东</th><th colspan="2">吉林省地质局区域地质调查六所（1988）塔东</th><th colspan="2">李东津等（1997）塔东</th></tr>
<tr><td rowspan="2">Ar</td><td rowspan="2">五台系</td><td rowspan="2">太古宇</td><td rowspan="2">S—D</td><td rowspan="2">二合营群（S）</td><td rowspan="2">红光组</td><td rowspan="2">S—D</td><td rowspan="2">青龙村群</td><td rowspan="2">二合营群（S）</td><td rowspan="2">红光组</td><td rowspan="2">O—C</td><td>黄莺屯组</td><td rowspan="2">塔东（岩）群</td><td>朱敦店组</td></tr>
<tr><td>西保安组</td><td>拉拉沟组</td></tr>
</table>

### 1. 样品描述

TD11 采自朱敦店组，为黑云斜长片麻岩。风化面呈黑褐色，新鲜面呈黑色，鳞片粒状变晶结构，片麻状构造。黑云母约占 20%，片状，具明显定向特征，粒径 0.2～0.5mm；浅色矿物主要为斜长石和石英，占岩石的 75%，其中斜长石占岩石的 50%左右，粒径 0.2～0.4mm，可见聚片双晶，定向排列（图 7-14a）。

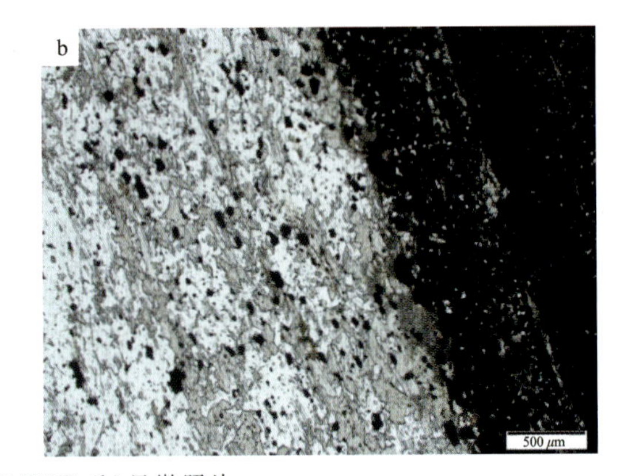


图 7-14　TD11(a)和 TDFe(b)显微照片

TDFe 采自拉拉沟组，为磁铁透辉斜长变粒岩。手标本为浅绿色，粒状变晶结构，条带状构造。透辉石占岩石的 20%左右，短柱状，粒径 0.2～0.3mm，具明显定向特征；斜长石和石英约占 7%，粒度 0.1～0.2mm；其余为浸染状或条带状磁铁矿（图 7-14b）。事实上，所采集的磁铁透辉斜长变粒岩与条带状磁铁（角闪）石英岩（铁矿石）呈渐变过渡关系。

### 2. 测试结果

测试结果列于表 7-5 中。

表 7-5　LA－ICP－MS 锆石 U－Pb 分析结果

| 测点号 | 成分 | | Th/U | 比值 | | | 年龄(Ma) | | |
|---|---|---|---|---|---|---|---|---|---|
| | Th | U | | $^{207}Pb/^{206}Pb$ | $^{207}Pb/^{235}U$ | $^{206}Pb/^{238}U$ | $^{207}Pb/^{206}Pb$ | $^{207}Pb/^{235}U$ | $^{206}Pb/^{238}U$ |
| | | | | (±1σ×100) | (±1σ×100) | (±1σ×100) | | | |
| TD1101 | 386.43 | 2 210.67 | 0.17 | 0.057 5±0.19 | 0.654 4±2.05 | 0.082 5±0.09 | 512±75 | 511±13 | 511±6 |
| TD1103 | 1 850.59 | 4 581.44 | 0.40 | 0.057 1±0.13 | 0.660 6±1.57 | 0.083±0.06 | 496±39 | 515±10 | 514±4 |
| TD1105 | 327.36 | 1 806.41 | 0.18 | 0.056 1±0.19 | 0.659 5±2.17 | 0.084 5±0.1 | 456±53 | 514±13 | 523±6 |
| TD1106 | 691.36 | 2 629.95 | 0.26 | 0.056 3±0.18 | 0.654 5±2.04 | 0.083 2±0.08 | 463±51 | 511±13 | 515±5 |
| TD1107 | 1 972.93 | 2 954.03 | 0.67 | 0.067 1±0.33 | 1.29±6.25 | 0.137 4±0.21 | 841±76 | 841±28 | 830±12 |
| TD1108 | 1 062.59 | 2 145.79 | 0.50 | 0.052 8±0.15 | 0.619 6±1.76 | 0.084 2±0.1 | 320±43 | 490±11 | 521±6 |
| TD1109 | 1 004.00 | 3 498.82 | 0.29 | 0.055 8±0.15 | 0.653 7±1.75 | 0.083 9±0.1 | 445±39 | 511±11 | 519±6 |
| TD1110 | 377.97 | 1 827.58 | 0.21 | 0.057 6±0.19 | 0.676 3±2.3 | 0.084±0.13 | 516±48 | 525±14 | 520±8 |
| TD1111 | 2 685.61 | 4 792.87 | 0.56 | 0.055 2±0.16 | 0.641 5±1.78 | 0.083 3±0.09 | 419±43 | 503±11 | 516±5 |
| TD1112 | 464.21 | 1 851.16 | 0.25 | 0.056±0.19 | 0.646 6±2.21 | 0.083±0.1 | 450±55 | 506±14 | 514±6 |
| TD1113 | 614.19 | 2 859.54 | 0.21 | 0.056 6±0.16 | 0.664 8±1.79 | 0.084 4±0.09 | 477±40 | 518±11 | 522±5 |
| TD1114 | 742.72 | 2 782.30 | 0.27 | 0.056 6±0.16 | 0.655 2±1.89 | 0.083 3±0.1 | 475±42 | 512±12 | 516±6 |
| TD1115 | 2 095.86 | 4 752.31 | 0.44 | 0.060 9±0.18 | 0.704 5±2.06 | 0.083 2±0.09 | 637±43 | 541±12 | 515±6 |
| TD1116 | 4 481.77 | 7 407.36 | 0.61 | 0.058 1±0.16 | 0.679 8±1.86 | 0.084 3±0.1 | 534±39 | 527±11 | 522±6 |
| TD1117 | 1 036.07 | 2 273.59 | 0.46 | 0.057 3±0.18 | 0.663±2.02 | 0.083 5±0.09 | 502±49 | 516±12 | 517±5 |
| TD1118 | 5 701.31 | 8 827.33 | 0.65 | 0.057 1±0.13 | 0.666 1±1.56 | 0.083 9±0.08 | 495±34 | 518±9 | 519±5 |
| TD1119 | 1 119.63 | 4 059.58 | 0.28 | 0.059±0.15 | 0.690 4±1.75 | 0.084 4±0.1 | 566±35 | 533±11 | 522±6 |
| TD1120 | 160.51 | 271.94 | 0.59 | 0.225 1±0.55 | 18.943 6±44.99 | 0.607±0.72 | 3 017±23 | 3 039±23 | 3 058±29 |
| TDFe01 | 557.39 | 710.80 | 0.78 | 0.053 1±0.29 | 0.283 7±1.51 | 0.039±0.06 | 333±93 | 254±12 | 246±4 |
| TDFe02 | 888.57 | 921.20 | 0.96 | 0.051 4±0.25 | 0.285 3±1.34 | 0.040 5±0.05 | 260±84 | 255±11 | 256±3 |
| TDFe03 | 461.05 | 553.60 | 0.83 | 0.058 1±0.46 | 0.310 7±2.42 | 0.039 2±0.14 | 533±110 | 275±19 | 248±8 |
| TDFe04 | 446.40 | 543.92 | 0.82 | 0.053 8±0.31 | 0.299 2±1.7 | 0.040 3±0.07 | 364±99 | 266±13 | 255±4 |
| TDFe05 | 738.84 | 887.85 | 0.83 | 0.051 1±0.27 | 0.277 8±1.38 | 0.039 8±0.06 | 246±85 | 249±11 | 252±4 |
| TDFe06 | 6 290.25 | 3 038.15 | 2.07 | 0.057 4±0.16 | 0.663 9±1.77 | 0.083 4±0.08 | 507±41 | 517±11 | 516±5 |
| TDFe08 | 1 613.76 | 1 371.31 | 1.18 | 0.053 4±0.22 | 0.295±1.23 | 0.040 1±0.05 | 345±73 | 262±10 | 253±3 |
| TDFe10 | 3 596.60 | 2 455.35 | 1.46 | 0.057 6±0.16 | 0.671 5±1.94 | 0.084±0.09 | 513±45 | 522±12 | 520±5 |
| TDFe11 | 10 971.12 | 3 418.36 | 3.21 | 0.059 6±0.17 | 0.688±1.96 | 0.083 2±0.08 | 590±45 | 532±12 | 515±5 |
| TDFe12 | 4 999.22 | 2 549.55 | 1.96 | 0.059 2±0.16 | 0.691 2±1.82 | 0.084 2±0.08 | 575±41 | 534±11 | 521±5 |
| TDFe13 | 9 863.20 | 3 661.52 | 2.69 | 0.059±0.13 | 0.687 5±1.72 | 0.083 9±0.1 | 565±34 | 531±10 | 519±6 |
| TDFe14 | 773.61 | 1 060.02 | 0.73 | 0.051 7±0.39 | 0.27±1.99 | 0.037 9±0.05 | 274±173 | 243±16 | 240±3 |
| TDFe15 | 17 422.29 | 4 169.35 | 4.18 | 0.057 9±0.15 | 0.672 8±1.81 | 0.083 6±0.09 | 527±40 | 522±11 | 517±5 |
| TDFe16 | 929.28 | 932.68 | 1.00 | 0.052 6±0.26 | 0.288 5±1.46 | 0.039 6±0.06 | 310±88 | 257±11 | 251±4 |
| TDFe17 | 908.73 | 1 040.28 | 0.87 | 0.049 2±0.27 | 0.261 1±1.42 | 0.038 9±0.06 | 157±95 | 236±11 | 246±4 |
| TDFe18 | 16 205.92 | 3 989.23 | 4.06 | 0.057 8±0.14 | 0.673 2±1.58 | 0.084±0.08 | 523±34 | 523±10 | 520±5 |
| TDFe19 | 784.34 | 883.27 | 0.89 | 0.052 9±0.26 | 0.292 2±1.52 | 0.039 6±0.06 | 323±89 | 260±12 | 250±4 |

黑云斜长片麻岩共测 20 颗锆石。除去谐和线以外的 4 颗捕获锆石(单颗粒锆石年龄分别为 3 017±23Ma、1 568±55Ma、830±12Ma 和 831±13Ma),其余 16 颗锆石具有一致特征。在阴极发光下呈灰黑色,粒径为 100～150μm;锆石以明显长柱状自形晶为主,晶界平直、清晰;具有总体平行晶界的岩浆振荡环带(图 7-15a);Th、U 含量较高,Th/U 值介于 0.17～0.67 之间,$^{206}Pb/^{238}U$ 的表面年龄值介于(523±6)～(511±6)Ma 之间,加权平均年龄为 517.6±2.7Ma(MSWD=0.42),代表了黑云斜长片麻岩原岩火山岩形成的年龄(图 7-15b)。

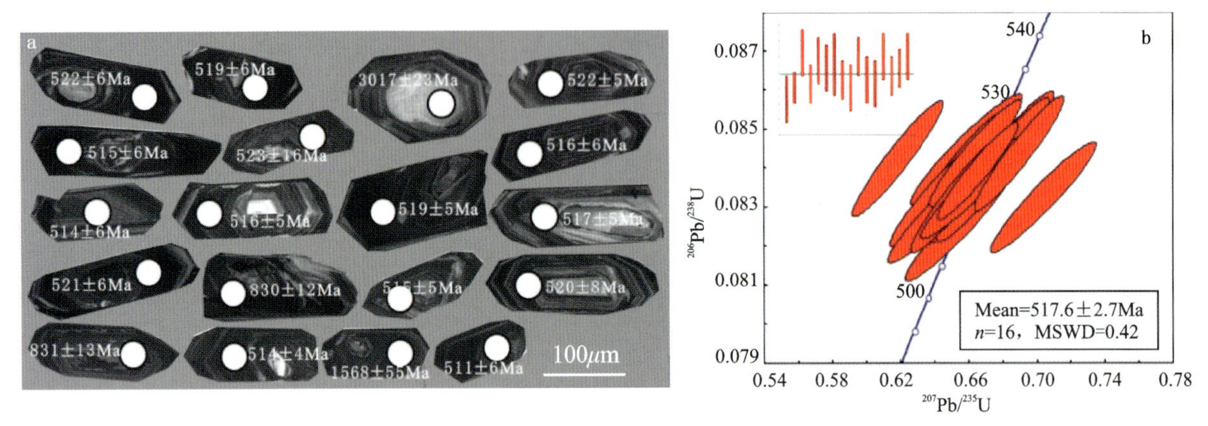


图 7-15　斜长片麻岩锆石阴极发光图像(a)和年龄谐和图(b)

磁铁透辉斜长变粒岩测量 17 颗锆石,包括两组锆石和两个年龄群,具体如下。

第一组 7 颗锆石,在阴极发光下颜色呈灰黑色;粒径为 50～100μm,呈不规则粒状或短柱状;发育非典型震荡环带构造(图 7-15a);Th、U 含量较高,Th/U 值介于 1.46～4.18 之间,$^{206}Pb/^{238}U$ 年龄值介于(521±5)～(515±5)Ma 之间,加权平均年龄为 518.3±3.8Ma(MSWD=0.21),代表矿石形成年龄(图 7-16b)。

另外 10 颗锆石的阴极发光下呈淡黑灰色;粒状或柱状,颗粒细小(图 7-15a);Th、U 含量较低,Th/U 比值介于 0.78～1.18 之间。$^{206}Pb/^{238}U$ 年龄值集中分布于(256±3)～(240±3)Ma 之间,加权平均值为 249.8±4.0Ma(MSWD=2.2)(图 7-16b),代表后期热事件年龄。

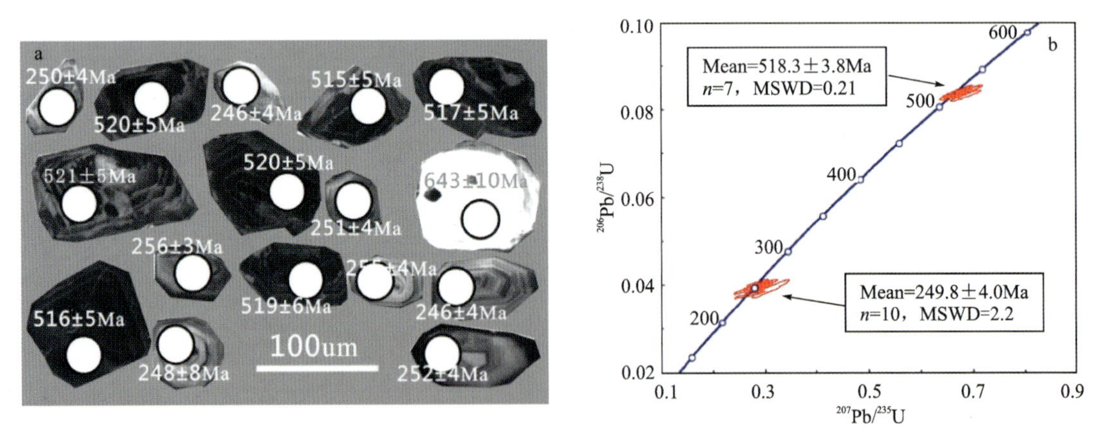


图 7-16　磁铁透辉斜长变粒岩锆石阴极发光图像(a)和年龄谐和图(b)

### 3. 测试结果分析

塔东铁矿区塔东群两件样品给出 3 组锆石 U-Pb 年龄:TD11(朱敦店组黑云片麻岩)517.6±2.7Ma;TDFe(拉拉沟组磁铁透辉斜长变粒岩)249.8±4.0Ma 和 518.3±3.8Ma。

TDFe 样品中的 249.8±4.0Ma 年龄值与塔东群周围三叠纪花岗岩年龄值非常接近(244.5±1.9Ma,未发表),考虑塔东铁矿体和围岩强烈蚀变的特点,将其视为代表后期岩浆热事件年龄。

另外两组锆石的年龄值非常接近(TD11 为 517.6±2.7Ma 和 TDFe 为 518.3±3.8Ma),两者差值是在误差范围内的。但是从两者锆石的结晶形态、内部结构、Th 和 U 含量、Th/U 值、锆石/球粒陨石稀土元素配分模式以及微量元素含量等方面分析,两者具有显著区别(表 7-6),应该是代表不同成因的锆石。

**表 7-6　两个样品中具有 517.6±2.7Ma 和 518.3±3.8Ma 年龄值的锆石基本特征对比**

| 项目/样品号 | TD11 | TDFe |
|---|---|---|
| 结晶形态 | 自形,长柱状 | 半自形—他形,短柱状—粒状 |
| 内部结构 | 环带发育,环带平直且平行晶界 | 环带较发育,呈锯齿状,总体平行晶界 |
| Th($\times10^{-6}$) | 327.36～5 701.31 | 3 596.60～17 422.29 |
| U($\times10^{-6}$) | 1 806.41～8 827.33 | 2 455.35～4 169.35 |
| Th/U | 0.17～0.67 | 1.46～4.18 |

样品 TD11 的黑云斜长片麻岩取自拉拉沟组,原岩是厚达百余米的中酸性火山岩。锆石具有岩浆成因锆石的所有标型特点,只是个别锆石颗粒的 Th/U 值略低于通常作为岩浆锆石标准的 0.4。同时,锆石稀土元素球粒陨石标准化配分形式(图 7-17)也与标准岩浆锆石一致。因此将其年龄值作为原岩火山岩年龄。

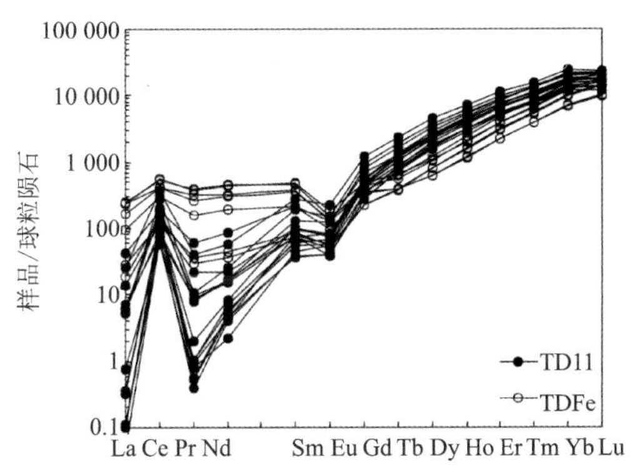


图 7-17　两类锆石稀土元素球粒陨石标准化曲线图

样品 TDFe 磁铁透辉石英变粒岩取自朱敦店组条带状磁铁石英岩矿石附近,两者为渐变过渡关系。将该组锆石年龄作为原岩喷流沉积年龄,主要基于以下因素。

(1)样品取自矿体附近,两者为渐变过渡关系,而矿体是喷流沉积成因的。

(2)尽管锆石为半自形和他形,但是没有磨圆(碎屑锆石)或溶蚀(捕获锆石)特点,属于原生锆石。

(3)稀土总量和 Th/U 值远远高于标准岩浆锆石,与热液锆石相似(表 7-5、表 7-6,图 7-17)。

(4)稀土配分模式与热液锆石一致(图 7-17)。

(5)在锆石成因图解中总体位于热液锆石区(图 7-18)。

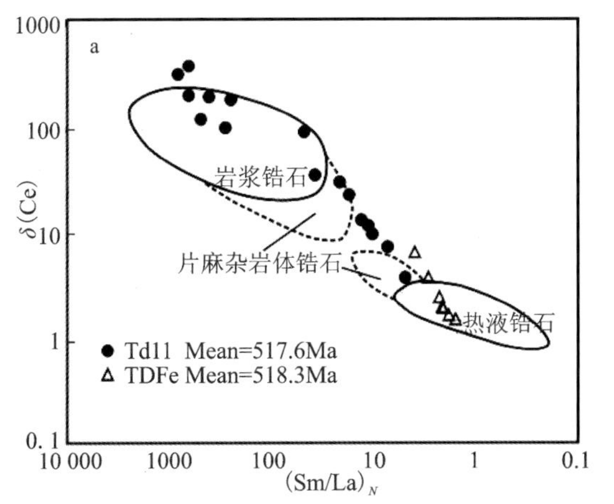


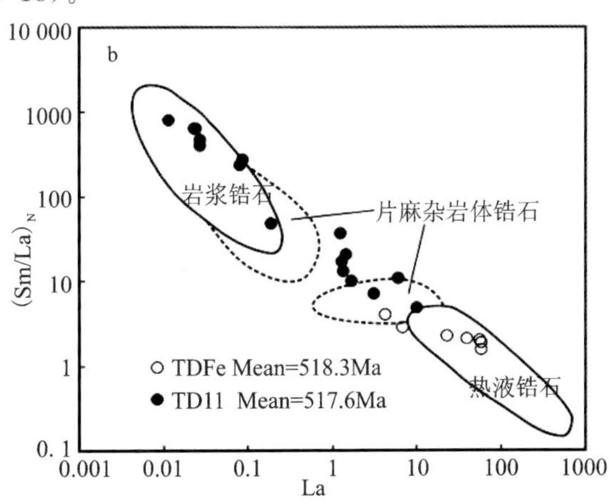


图 7-18　锆石成因 $\delta$(Ce)/[$(Sm/La)_N$](a)和[$(Sm/La)_N$]/La(b)图解

因此,两件不同样品共同反映了塔东群以及塔东铁矿应该形成于早寒武世(约510Ma)。

## 二、塔东铁矿

塔东铁矿是1958年延边地质大队检查航磁异常时发现的。现有资料表明,该矿床是一个铁、磷、钴、钒和硫共生的矿床,铁、钴、磷储量为大型。铁矿石资源储量为$1.36\times10^{8}$t左右,矿石平均品位TFe为25.24%;$V_2O_5$平均品位为0.19%,资源量为252 765t。

### 1.矿区地质

1)地层

矿区出露地层主要为寒武纪塔东群变质岩系。由于海西晚期和印支期以及燕山期花岗岩侵入,致使该变质岩系呈孤岛状残存于花岗岩中。根据岩性组合自下而上可分为3个岩性段。

(1)上段$S_H^3$:属陆源碎屑建造,总厚度1 143m,自下而上分为7个岩性层。

①黑云变粒岩、黑云斜长片麻岩、红柱石夕线石片麻岩夹角闪斜长片麻岩、透辉大理岩,厚223m。

②黑云石英片岩、黑云斜长片岩、黑云斜长片麻岩,厚180m。

③黑云斜长片麻岩、角闪斜长片麻岩、透辉角闪片麻岩,厚179m。

④石墨黑云斜长片麻岩夹大理岩透镜体,厚108m。

⑤黑云角闪片岩、角闪片岩、黑云片岩,厚223m。

⑥二云斜长片岩与角闪斜长变粒岩互层,夹大理岩透镜体,厚114m。

⑦黑云斜长片麻岩夹薄层角闪斜长片麻岩,厚度大于116m。

(2)中段$S_H^2$:原岩属海底火山沉积建造、含铁建造,总厚度755m,依次分为7个岩性层。

①闪长岩、斜长角闪岩、磁铁斜长角闪岩,含2~6层铁矿,本岩性层总厚度60m。

②黄铁矿化浅粒岩、黑云变粒岩,厚125m。

③透辉大理岩、石榴透辉矽卡岩、透辉变粒岩夹黑云变粒岩,厚87m。

④角闪岩、含沸石斜长角闪岩、磁铁斜长角闪岩、斜长角闪片麻岩,含3~4层铁矿,本岩性层厚125m。此层普遍含钠沸石、方沸石,岩石有大量孔洞被方解石和沸石充填。

⑤透辉大理岩、透辉岩、石榴透辉矽卡岩、透辉变粒岩、黑云变粒岩,厚83m。

⑥角闪岩、斜长角闪岩、磁铁斜长角闪岩,含3~5层铁矿,厚200m。

⑦透辉大理岩、透辉岩、榴辉岩,厚75m。

中、上段岩性层间有一标志层——红柱石夕线石片麻岩,厚数米至数十米。

(3)下段$S_H^1$:原岩属陆源碎屑沉积建造,总厚度约250m,岩性自下而上依次为花岗质混合片麻岩,厚40m;角闪斜长片麻岩,厚40m;黄铁矿化浅粒岩夹黑云变粒岩,厚44m;透辉变粒岩,厚100m;斜长透辉岩,厚26m。

2)矿区构造

矿床位于塔东南北向构造带,南北向构造是矿区主要构造形式。它使含矿地层在矿区内呈陡倾的单斜构造,呈南北向延伸(局部走向北西),倾向东(局部倾向西),倾角60°~70°。矿区内常见有南北向冲断层和挤压破碎带,后期热液活动沿破碎带形成黄铁矿化、硅化和绢云母化等蚀变。

北西向和北东向构造在矿区内表现为改造和破坏南北向构造,致使矿区内不同方向、不同性质的断裂发育,局部地段地层产状变化较大,破坏了矿体的连续性(图7-19)。北西向断裂主要有4条($F_{1-1}$~$F_{1-4}$),走向325°~330°,倾向北东(局部北西),倾角65°~75°(局部直立),将矿体错断,水平断距达100~300m,垂直断距数百米至近千米;北东向断裂主要有2条($F_{2-1}$~$F_{2-2}$),倾向南东,倾角70°~80°,将北西向断裂错断,断距30~300m,该断裂部分被闪长玢岩和花岗闪长斑岩充填。

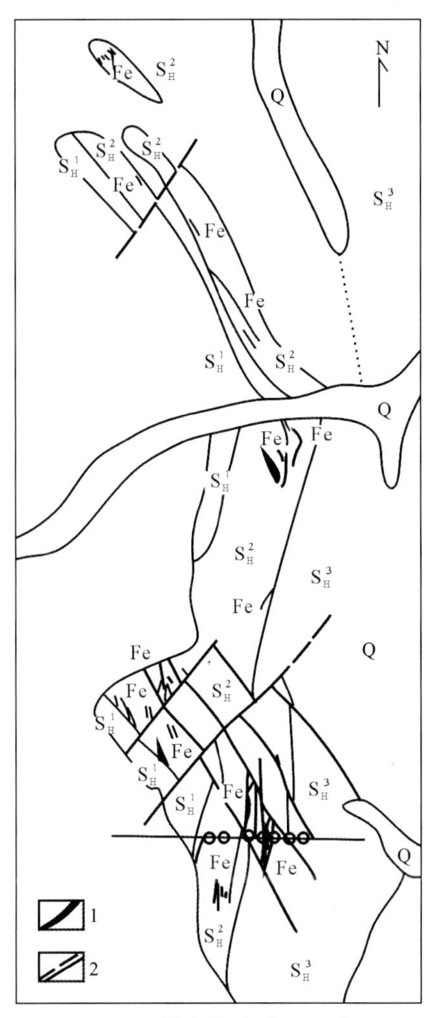


图 7-19　塔东铁矿平面地质图

Q. 第四系；$S_H^3$～$S_H^1$. 塔东群变质岩系；$\gamma_4$. 海西晚期花岗岩；1. 条带铁矿体(Fe)；2. 断层

3）岩浆岩

区域岩浆活动频繁而强烈，具有多期次、长时间活动的特点，有加里东期的变质闪长岩，海西晚期粗粒及似斑状二长花岗岩-花岗闪长岩-石英闪长岩，燕山期钾长花岗岩和喜马拉雅期次玄武岩。此外，尚发育闪长玢岩、闪斜煌斑岩、花岗闪长斑岩、辉绿岩等多种脉岩。

**2. 矿床地质特征**

迄今为止，塔东矿区已查明矿体 45 处：40 处位于吉林省内，分为Ⅰ矿段、Ⅱ矿段、Ⅲ矿段；5 处位于黑龙江省内。

1）矿体形态、产状和规模

塔东铁矿的矿体均赋存于含矿层系中部岩性段，矿体与围岩呈渐变过渡关系。含矿岩性为磷灰石角闪岩、磷灰石磁铁斜长角闪岩和斜长角闪片麻岩，以前两种为主。矿体产状大多与围岩一致，呈厚薄不等的多层状、似层状或薄层状，少数呈透镜状(图 7-20)；矿体的空间展布严格受层位控制，顶底部围岩为透辉大理岩、透辉岩、黑云变粒岩、黑云斜长片麻岩、斜长角闪岩等。

Ⅰ矿段有 11 处矿体。单个矿体长 50～300m，厚 1.29～10.89m，控制垂深 30～380m。走向近南北(局部北西)，倾向东(局部北东)，倾角 51°～80°。

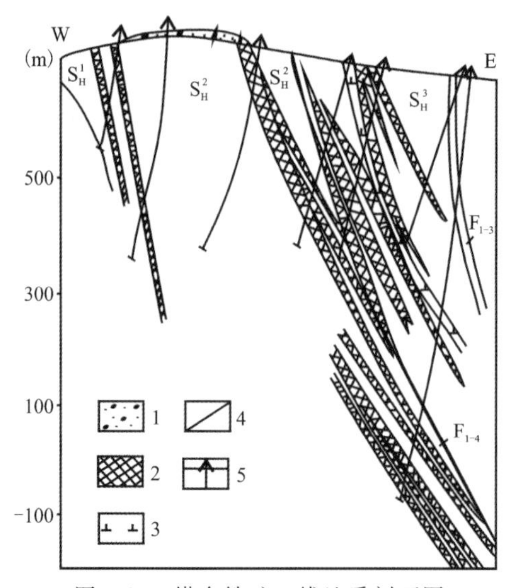


图 7-20　塔东铁矿 1 线地质剖面图

$S_H^3 \sim S_H^1$.塔东群;1.第四系;2.磁铁矿矿体;3.岩脉;4.断层;5.钻孔

Ⅱ矿段有 17 个矿体。单个矿体长 40～700m,厚 3.68～15.7m,控制垂深 60～690m。走向南北(个别北西),倾向东(局部北东),倾角 63°～75°。

Ⅲ矿段有 12 个矿体。单个矿体长 60～600m,厚 1.81～23.25m,控制垂深 100～630m。

2)矿石的矿物组成

矿石中主要有用矿物为磁铁矿、钒磁铁矿、含氟磷灰石、含钴黄铁矿等,其次为磁黄铁矿、黄铜矿、辉钼矿、方铅矿、闪锌矿、方钴矿、辉钴矿,氧化矿石中具有假象赤铁矿、褐铁矿、孔雀石等;非金属矿物主要有普通角闪石、斜长石、含氟磷灰石,其次为黑云母、绿泥石、透辉石、透闪石、叶绿泥石、绿帘石、斜黝帘石,以及少量钾长石、石英、沸石、榍石、锆石、绢云母及碳酸盐类矿物(图 7-21)。磁铁矿是该矿床主要金属矿物,以两种状态赋存在矿石中。一种为他形粒状或集合体与黄铁矿、黄铜矿呈浸染状、稠密浸染状以及块状产出。磁铁矿单晶粒径多在 0.04～0.08mm,集合体粒径多在 0.2～0.5mm。磁铁矿晶体主要和黄铁矿连生,少数和黄铜矿、磁黄铁矿接触连生,部分磁铁矿晶体熔蚀交代黄铁矿晶体,少量磁铁矿晶体呈细小粒状、不规则细小脉状分布在黄铁矿晶体中,粒径小于 0.01mm。另一种为以细小脉状分布在岩石裂隙中,脉宽小于 0.01mm。磁铁矿中普遍含有钒,主要以类质同象赋存在磁铁矿晶体中,其次分布在角闪石中。磁铁矿中钒含量在 0.43%～0.48%,含量较稳定。

3)矿石结构构造

矿石构造主要以条带状构造、致密块状构造和稠密浸染状构造为主,其次有细脉浸染状构造、变斑状构造、条纹状构造和皱纹状构造等。矿石结构有自形粒状结构、变晶结构、半自形粒状结构、他形粒状结构、交代残余结构和鳞片状结构等,以变晶结构和半自形粒状结构为主(图 7-21)。

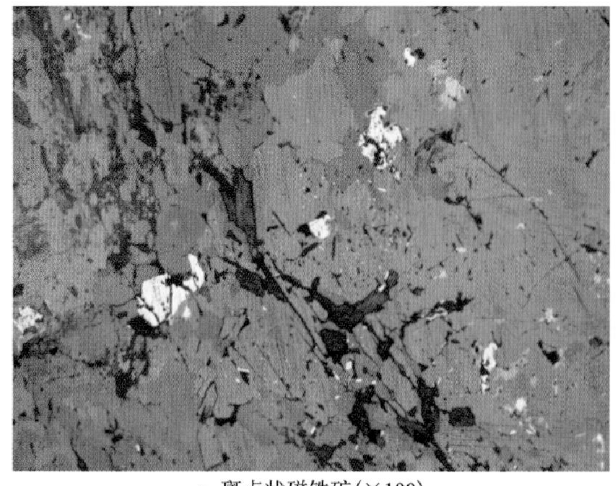

a. 斑点状磁铁矿(×100)

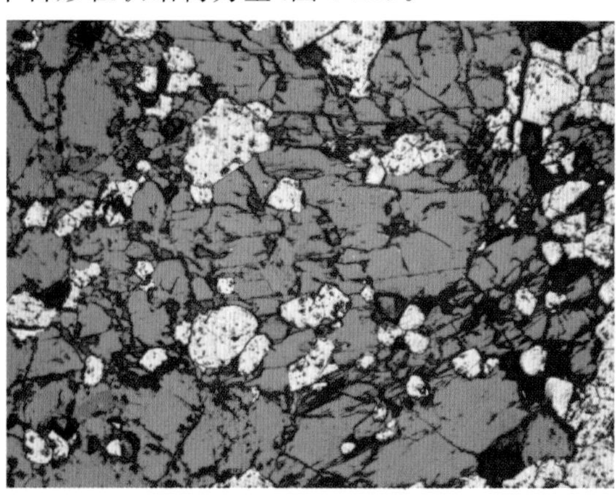

b. 浸染状磁铁矿(×100)

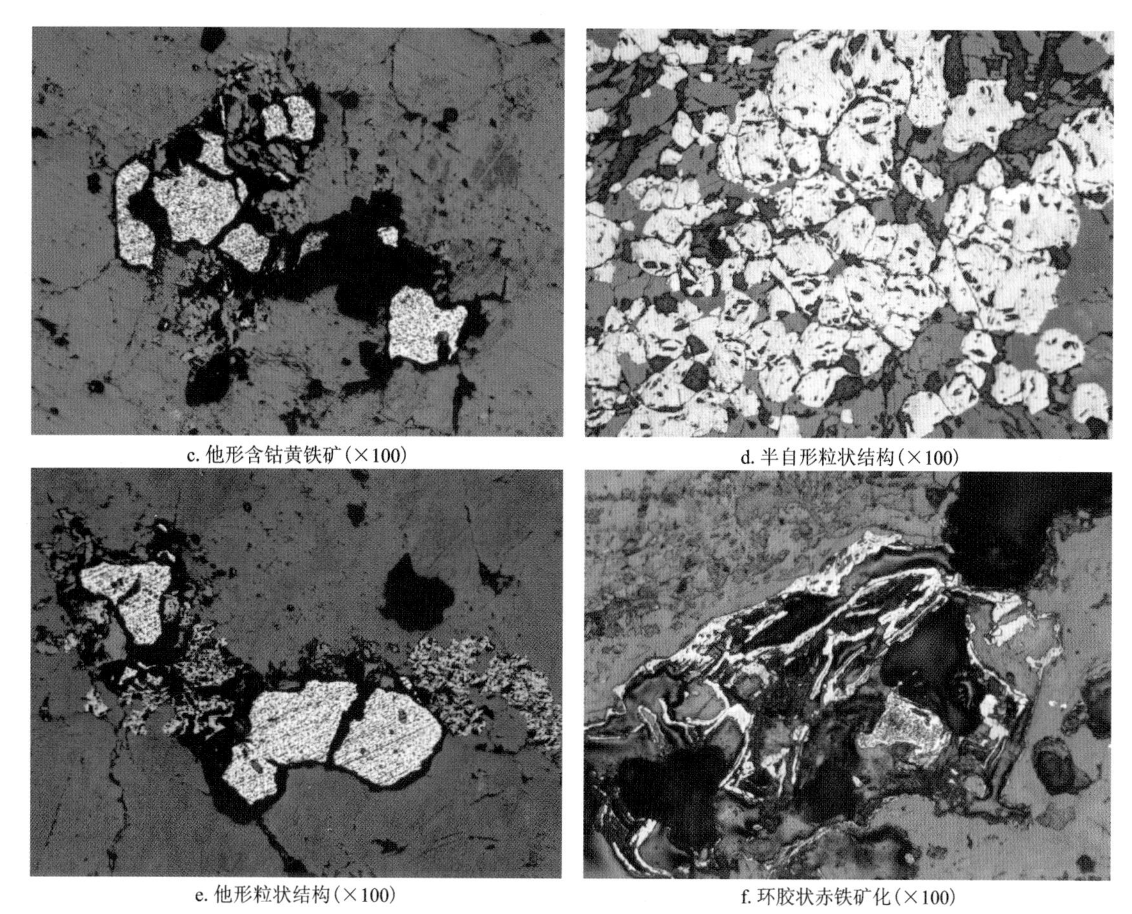

c. 他形含钴黄铁矿（×100） d. 半自形粒状结构（×100）

e. 他形粒状结构（×100） f. 环胶状赤铁矿化（×100）

图 7-21 塔东铁矿矿石中金属矿物及矿石结构显微照片

4）围岩蚀变特征

磁铁角闪岩和磁铁斜长角闪岩常见黄铁矿化、黑云母化、绿泥石化、绿帘石化，局部见阳起石化、沸石化、碳酸盐化等。铁矿层内还见有黄铁矿化、赤铁矿化及磁铁矿、黄铁矿细脉。

### 3. 矿床成因

根据含矿岩系及变质建造特点，该矿床至少经历了沉积、变质、岩浆热液改造等不同演化阶段。

1）海底火山喷发-沉积阶段

含矿变质岩系研究表明，其原岩属于安山质-玄武岩质凝灰岩、细碧岩及黏土岩、灰岩，是海底火山喷发-沉积作用的产物，磷、铁及伴生有益元素大部分为此阶段产物。这个时期应该是早寒武世。

2）变质作用阶段

在火山喷发作用的同时或之后，发生区域变质作用，致使原岩形成各种类型的变粒岩、片麻岩、片岩和斜长角闪岩等区域变质岩。经过区域变质作用，磁铁矿及有用组分发生重结晶和富集，并形成一定规模的磷矿层。目前还没有掌握变质作用时间，但是根据区域构造演化分析，可能形成于奥陶纪—志留纪。

3）岩浆改造作用阶段

岩浆改造作用主要以钾钠注入交代形式为主，形成了各种混合岩，致使含矿岩系残缺不齐。气液作用阶段主要表现为以交代作用为主，产生了含矿岩系的普遍蚀变，有黄铁矿化、绿泥石化、绿帘石化、硅化、绢云母化和碳酸盐化。热液中携带的大量硫与岩层中的铁发生作用，在铁矿层中黄铁矿化特别发育。根据前述锆石测年，这个时期应该是海西末期到印支初期。

因此，塔东铁矿赋矿层位为下寒武统塔东群，为喷流沉积、变质、热液改造型铁矿床。

**4.成矿时代**

塔东群的时代显然就是铁矿最初形成时代。因此517.6±2.7Ma和518.3±3.8Ma的原岩年龄也是喷流沉积的成矿年龄。另外,在铁矿石中还有一组249.8±4Ma的年轻锆石。同时,在塔东铁矿区还获得海西末期和印支初期两个花岗岩体年龄,与铁矿石中较年轻年龄吻合。因此,铁矿石后期热液叠加改造应该主要形成于海西末期到印支初期。

## 第五节　亮子河-格金河成矿带(Ⅳ-8)

在汤原县亮子河、格金河,伊春市晨明镇西山、红林至新青,发育一套中、浅变质岩系。在早期的1∶20万区域地质调查中,将之归属于兴东群,命名为亮子河组(发育在亮子河、格金河一带的石英片岩、红柱石片岩、磁铁石英岩、大理岩中)、桦皮沟组(发育在晨明镇西山的云母石英片岩、电气石石英岩、大理岩中)、四子山组和鸭蛋河组(发育在伊春市北部红林至新青的石英片岩、片麻岩、大理岩、变粒岩和浅粒岩中)。黑龙江省地质矿产局(1993)将四子山组和鸭蛋河组命名为红林组,将三者(亮子河组、桦皮沟组、红林组)统称为东风山群,时代确定为古元古代。

如前所述,锆石测年分析表明,桦皮沟组的形成应该不早于新元古代晚期。东风山群是亮子河-格金河成矿带的含矿建造,而亮子河组则是东风山铁金矿床的成矿建造。

### 一、亮子河组的时代

东风山群亮子河组主要分布在黑龙江省汤原县亮子河-格金河一带。黑龙江省地质矿产局(1993)根据钻孔资料和工程揭露,确定其层序如下。

| | |
|---|---|
| 11.灰色—浅灰色石英片岩 | >75m |
| 10.灰黑色碳质片岩、红柱石片岩 | 71m |
| 9.灰色绢云石英片岩 | 28m |
| 8.灰色绢云石英片岩、条带状石英片岩与变粒岩互层 | 209m |
| 7.褐灰色含碳质云母石英片岩 | 158m |
| 6.灰褐色云母片岩夹薄层大理岩 | 159m |
| 5.灰色—灰白色绢云石英片岩 | 30m |
| 4.灰色大理岩 | 228m |
| 3.土黄色厚层石英片岩 | 5m |
| 2.黄绿色绢云石英片岩夹少量黑云石英片岩和两层含铁石英岩 | 90m |
| 1.灰色绢云石英片岩、二云石英片岩、夹碳质片岩及两层含铁石英岩 | 49m |

我们对亮子河组黑云石英片岩进行LA-ICP-MS锆石U-Pb测年。共测15颗锆石(图7-22)。单颗粒锆石表面年龄最大者为2 125±44Ma,最小者为645±8Ma。锆石U-Pb年龄值加权平均值为823.1±6.4Ma。

亮子河组样品中年龄约823.1±6.4Ma的锆石共有10颗,占全部锆石颗粒的2/3。锆石在阴极发光下呈黑灰色至灰黑色,长柱状为主,略有磨圆,多数长轴大于100μm;Th含量介于(134.21～1 159.07)$\times10^{-6}$之间,U含量介于(563.95～2 762.08)$\times10^{-6}$,Th/U值介于0.28～0.88之间,具有明显岩浆振荡环带,略显后期热事件作用迹象。该组锆石与前述桦皮沟组第二组锆石中具有环带的长柱状锆石各项指标一致,可能具有相同来源,代表一次源区的中酸性岩浆侵入事件。最小表面年龄值(645±8Ma)限定了亮子河组的形成时期不早于新元古代中期。

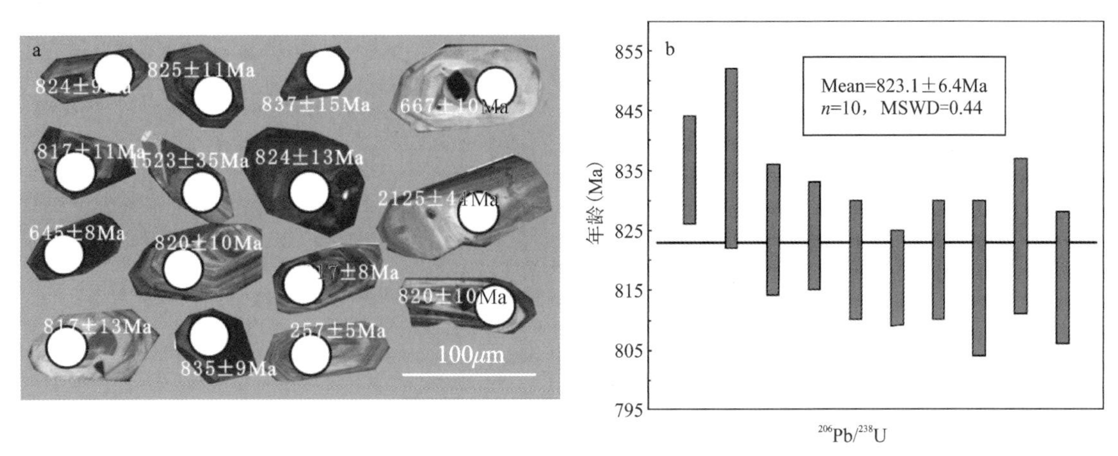


图 7-22　亮子河组锆石 CL 图像(a)和加权平均年龄(b)

## 二、东风山铁、钴、金矿

东风山铁、钴、金矿床位于黑龙江省佳木斯市汤原县东风山，为产于东风山群亮子河组中层控的铁、钴、金矿床(图 7-23)。

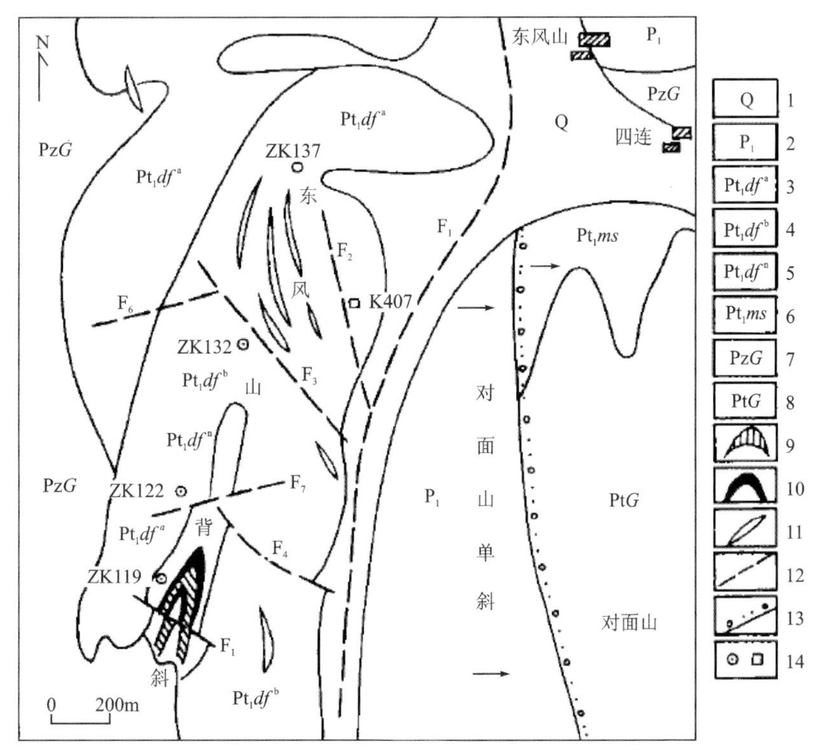


图 7-23　东风山铁、钴、金矿床区域地质简图(据魏菊英等，1997)

1. 第四系；2. 下二叠统；3. 东风山群上部岩组；4. 东风山群中部岩组 5. 东风山群下部岩组；6. 麻山群；7. 古生代花岗岩；8. 元古宙花岗岩；9. 含铁层；10. 钴金矿层；11. 脉岩；12. 断层；13. 平行不整合；14. 钻孔和坑道相对位置

刘静兰等(1982)将东风山矿区的亮子河组分为 3 段。

上段：石英片岩段，以微晶含石墨云母石英片岩为主夹二云片岩及变质酸性凝灰质粉砂岩，厚度 350m，相当于上述剖面的 7～11 层。

中段：大理岩段，主要由细晶大理岩组成。上部夹微晶石墨绿泥片岩；中部夹绢云片岩；下部是微晶大理岩与微晶含石墨堇青片岩、含刚玉云母石英片岩互层。相当于前述剖面的4～6层。

下段：铁硅质岩段(即条带状硅铁建造)，由微晶含电气石云母石英片岩夹铁矿层及含锰硫化物矿层(金、钴矿)组成，厚度40～120m，相当于前述剖面的1～3层。下段的铁硅质岩段又分为硅质岩层(铁矿和金、钴矿层的顶底板，厚度小于100m)、铁矿层(贫铁矿层，全铁平均品位32.56%，厚15～25m)和含锰硫化物矿层(金、钴矿层，厚1～5m)。

铁矿体主要为层状矿体。金和钴矿体主要为层状、平行层的透镜状和少部分鞍状和脉状金矿。后者被认为与后期岩浆热液或变质热液有关。

矿石矿物主要是磁铁矿、磁黄铁矿、黄铁矿、黄铜矿、毒砂、辉钴矿等；脉石矿物主要为石英、角闪石、辉石、铁橄榄石、电气石等。

无论是层状还是平行层的透镜状矿体，同沉积特征明显。同时具有热液矿床的矿物组合等特征。而富锰、硼和钴的硅质岩(含锰电气石硅质岩)具有喷流沉积岩的特点。因此，矿床主要形成于喷流沉积作用。

## 第六节　成矿系列

张广才岭-西兴凯成矿带的矿床构成如下成矿系列。

**新元古代亮子河-格金河构造带铁、锰、磷、钴、金成矿系列(Ⅳ)**

黑龙江省的东风山群是研究区唯一定义的含矿新元古代变质地层。

东风山群形成沉积变质铁矿和金矿。铁矿中富含Mn，金矿富含Co和P。从而在亮子河-格金河这个新元古代(文德纪?)Ⅳ级成矿带中形成铁、锰、磷、钴、金成矿系列。

**早寒武世塔东裂谷带铁、钴、磷、锰成矿系列(Ⅴ)**

塔东铁矿分布在吉林省塔东地区与黑龙江省交界处，是与火山作用有关的喷流沉积成因的铁、钴、磷、锰矿床(VMS)。根据对塔东铁矿区角闪斜长片麻岩和铁矿石中的锆石测年结果，铁矿石及相关的火山岩的锆石U-Pb年龄为517.6±2.7Ma和513.8±3.8Ma。尽管塔东铁矿与乌苏里斯科铁矿有不同的含矿围岩(前者是火山岩，后者是沉积岩)，但是认为两者可能是有必然联系的，主要根据如下。

(1)两者成因相同，均为喷流沉积成因。

(2)成矿时期一致，均为早寒武世。

(3)它们形成的构造环境也相似。在对塔东群变质火山岩原岩恢复过程中发现，塔东群变质火山岩具有双峰式火山岩的特点，因此推测后者可能形成于裂谷环境。而乌苏里斯科铁矿床群早已被俄罗斯学者定义为形成于早寒武世裂谷。

(4)尽管两个裂谷产状不一致，甚至是垂直的，但是这可能反映了两者之间的内在联系。根据塔东裂谷与佳木斯地块之间的产状关系，它可能代表的是佳木斯-兴凯地块从西伯利亚地块裂解时期的主裂解构造，而乌苏里斯科铁矿床群发育的是坳拉槽。

因此，两个矿床均与早寒武世佳木斯-兴凯地块的裂解作用有关。

**早古生代沃兹涅先斯科构造带铅、锌、钨、锡、钽、铌、萤石成矿系列(Ⅵ)**

沃兹涅先斯科构造带分布在西兴凯构造带南西部。该带的西界在格罗杰科深成岩东部的南北向断裂。东部界线是与谢尔盖耶夫构造带分界的断裂构造。该断裂从北西向转为东西向把谢尔盖耶夫带的陆源碎屑岩-碳酸盐岩组合和中古生代磨拉石建造分开。

沃兹涅先构造带由下寒武统碳酸盐岩-陆源碎屑岩组合组成。下寒武统遭受强烈岩浆侵入和构造破坏，发育复杂的逆掩断层和逆断层，从而使线性褶皱的地层发生大规模错动。该成矿系列又可分为2

个亚系列，分别叙述如下。

**早寒武世铅、锌成矿亚系列(Ⅵ-1)**

铅-锌矿主要产于沃尔库申组灰岩和白云岩中，个别产在泥灰岩中。矿体呈层状，由一系列透镜状矿体和厚度为2～15m的矿层组成。矿石多为条带状，很少为块状。以含硫的黄铁矿-闪锌矿和黄铁矿-磁黄铁矿-闪锌矿矿石为主，闪锌矿-磁铁矿和磁铁矿-碳酸盐岩-萤石的矿石相对较少，后者形成薄层状矿体。矿床属于喷流沉积成因的铅锌矿。

**奥陶纪—志留纪钨、锡、钽、铌、萤石成矿亚系列(Ⅵ-2)**

在早古生代晚期，伴随造山作用出现了中奥陶世含锂-氟白岗质花岗岩。花岗岩的侵入延续到志留纪末—泥盆纪初，形成了黑云母花岗岩。与含锂-氟白岗质花岗岩有关的岩浆热液矿床是石英-黄玉云英岩型的铌-钽矿，而与黑云母花岗岩有关的岩浆热液金属矿床是云英岩型的脉状锡矿。

同时也形成著名的与早古生代花岗岩有关的沃兹涅先斯科萤石矿和波格拉尼奇萤石矿。这两个矿床无论是品位还是储量都是世界上屈指可数的。

**早古生代伊春-延寿构造带铅、锌、钨、锡、钼、锰、铁成矿系列(Ⅶ)**

伊春-延寿构造带发育与沃兹涅先构造带东部的亚罗斯拉夫亚带相似的岩石组合，即下寒武统西林群的碎屑沉积岩和碳酸盐岩。其中，含矿岩系的铅山组与俄罗斯沃兹涅先构造带铅锌矿的含矿岩系沃尔库申组几乎是完全一致的。

这里的成矿也可以分成两个系列：早寒武世的铅、锌成矿亚系列(Ⅶ-1)和奥陶纪—志留纪钨、锡、钼、锰、铁成矿亚系列(Ⅶ-2)。

**早寒武世的铅、锌成矿亚系列(Ⅶ-1)**

在伊春-延寿构造带西林群铅山组的碳酸盐岩中形成了喷流沉积成因的小西林铅锌矿。矿床产于铅山组大理岩中，呈条带状、层状、似层状、平行层的透镜状、脉状以及网脉状等。矿石矿物以闪锌矿和方铅矿为主，同时有黄铁矿、磁黄铁矿、黄铜矿等。

**奥陶纪—志留纪钨、锡、钼、锰、铁成矿亚系列(Ⅶ-2)**

在伊春-延寿成矿带，加里东期花岗岩呈近南北向分布于逊克—尚志广大地区，分布范围长约500km，宽100～140km，共有大小岩体约64处，与寒武系—奥陶系密切相伴产出。围岩发育角岩化、矽卡岩化、硅化、大理岩化。岩石混染、碎裂及片麻状构造普遍。岩体多呈深成相和中深成相，呈岩基状或部分为岩株状。主要岩石类型有混染花岗岩($\gamma$)、花岗闪长岩($\gamma\delta$)和二长花岗岩($\eta\gamma$)。

与该期花岗岩有关的矿床多为矽卡岩型和热液脉状的铁矿、铅锌矿和多金属矿床。

# 第八章 松嫩-延边成矿带

松嫩-延边构造带是晚古生代—早中生代造山带。松嫩-延边成矿带总体与同名构造带分布范围一致。但是,由于早古生代的构造带(张广才岭-西兴凯构造带)在晚古生代时成为松嫩-延边洋东侧的活动大陆边缘的一部分(火山-岩浆弧),因此晚古生代成矿带的一部分也叠加在早古生代成矿带之上。

在研究区范围内,松嫩-延边成矿带包括如下 8 个Ⅳ级成矿带:老爷岭-格罗杰科成矿带(Ⅳ-9)、逊克-一面坡-青沟子成矿带(Ⅳ-10)、汪清-咸北成矿带(Ⅳ-11)、大河深-寿山沟成矿带(Ⅳ-12)、清津-青龙村成矿带(Ⅳ-13)、红旗岭-小绥河成矿带(Ⅳ-14)、磐石-长春成矿带(Ⅳ-15)和造山期成矿带(Ⅳ-16)。

## 第一节 老爷岭-格罗杰科成矿带(Ⅳ-9)/逊克-一面坡-青沟子成矿带(Ⅳ-10)

老爷岭-格罗杰科成矿带与同名构造带分布范围一致。

在俄罗斯境内,与老爷岭-格罗杰科成矿带有关的矿床为数不多,矿化可能发育以下几种类型:小型的浅成低温热液金银矿化,与流纹岩有关的黄铁矿矿化,产于弱变质的泥岩和页岩中透镜状闪锌矿矿化,与纯橄榄岩-单斜辉石岩-辉长岩侵入体有关铂族金属矿化。

可以作为矿床介绍的是波格拉尼奇金矿。该矿床是二叠纪变质岩层中的含金黄铁矿石英脉。由于没有与侵入岩的明显联系,俄罗斯学者将其看作是变质热液型金矿。

与之类似成因的矿床还有位于页岩层中的砷黄铁矿矿脉——斯拉维扬斯克矿床。变质作用使金重新配置。而金的初期富集被认为与二叠纪的水下火山活动有关,而与成矿作用有关的变质作用可能与三叠纪的造山作用有关(汉丘克,2006)。

在俄罗斯境内的老爷岭-格罗杰科成矿带,砂金资源丰富。而在二叠纪地层中金的矿化被认为是砂金的主要来源。

在我国境内,在该带分布的矿床形成于两个时期:其一是以杨金沟大型石英脉白钨矿为代表的钨矿;其二是隐爆角砾岩型金矿和斑岩-热液脉型金铜矿,如金厂金矿、小西南岔金铜矿、农坪金铜矿等。前者成矿作用与晚二叠世(部分延续到早三叠世)花岗岩有关,是老爷岭-格罗杰科成矿带的产物;后者的成矿作用时期为 110～100Ma,属于西北太平洋成矿带之外带的成矿作用。

杨金沟白钨矿位于吉林省珲春市北东 52.5km,行政区划隶属吉林省延边朝鲜族自治州珲春市春化镇。矿区北西 8.5km 处,就是小西南岔金铜矿。

杨金沟钨矿 $WO_3$ 控制资源量约为 $11\times10^4$t,平均品位为 0.36%,规模为大型,预计远景储量在 $20\times10^4$t以上,是我国东北地区最大的白钨矿矿床。

**1. 矿区地质**

1）地层

杨金沟钨矿区（图 8-1）内出露的地层主要为分布于矿区东部和北部五道沟群杨金沟组和香房子组。地层走向近南北向，倾向东，倾角 72°。杨金沟组的主要岩性为斜长角闪岩、斜长角闪片岩、变质粗面安山岩、绿帘绿泥片岩、变粒岩、硅质大理岩、石英角闪片岩等。原岩为中基性火山熔岩、凝灰岩、凝灰质沉积岩夹不纯灰岩。香房子组主要岩性为变质长石石英砂岩、砂质板岩、绢云母石英片岩、变质流纹岩、黑色泥质板岩。

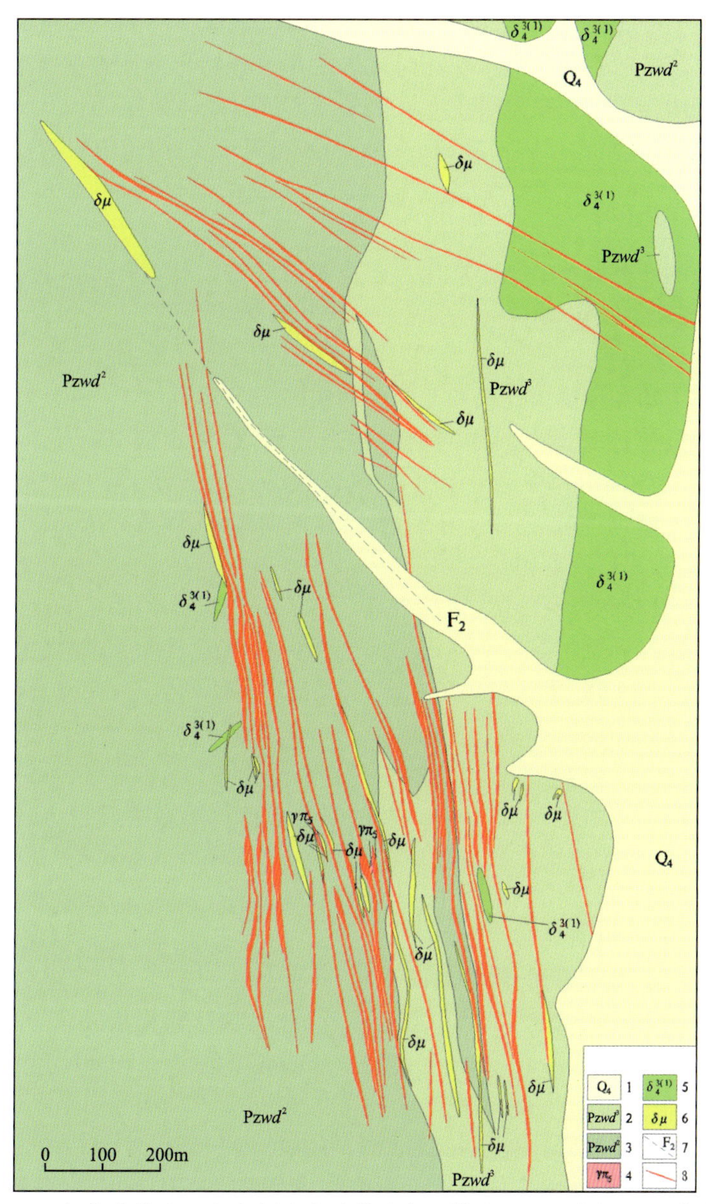


图 8-1　杨金沟钨矿区地质略图（据吉林有色地勘局 603 地质队，2008 修编）

1. 第四系砂砾石层；2. 五道沟群香房子组；3. 五道沟群杨金沟组；4. 燕山期花岗斑岩；5. 海西晚期闪长岩；6. 闪长玢岩；7. 推测断层；8. 白钨矿-石英脉

2）构造

在矿区，五道沟群组成杨金沟向斜。该褶皱南起曙光，向北延伸至香房子，因海西晚期闪长岩的侵入，西翼保留完整，东翼残留很少。核部由五道沟群香房子组红柱石黑云母石英片岩、云母石英片岩组成，翼部由五道沟群杨金沟组斜长角闪片岩、斜长角闪岩、黑云石英片岩和变质砂岩组成。

近南北向和北西—北北西向断裂构造发育。前者发育在向斜核部及两翼，主要由挤压片理化带、挤压透镜体、破碎带及地层层间裂隙等组成，是平行褶皱轴面的南北向断裂。断裂带走向 10°～350°，倾向东（局部倾向西），倾角 60°～90°。北北西向断裂主要发育在五道沟群斜长角闪片岩、斜长角闪岩、黑云石英片岩和红柱石黑云石英片岩中。由层间平行成群排列的断裂裂隙密集带、挤压片理化带等组成，有晚期闪长玢岩、花岗斑岩和石英脉充填。断裂呈舒缓波状，延长 1 000～1 500m，延深 200～500m，走向 330°～350°，倾向北东，倾角 70°左右。

3）侵入岩

海西晚期闪长岩主要分布在矿区东北部，呈较大的岩枝、岩株状产出。海西期黑云母斜长花岗岩呈岩基、岩株状，主要出露于矿区西部。燕山期花岗斑岩呈小岩株状出露于矿区北部和西部，矿区的中部则有花岗斑岩脉侵入五道沟群断裂破碎带中。矿区未见大的岩浆体出露，但岩脉很发育，特别在向斜核部附近成群出现，主要岩石类型包括闪长岩、石英闪长岩、花岗斑岩、闪长玢岩、辉绿辉长岩和煌斑岩等。

**2. 矿床地质**

杨金沟矿床为典型的石英脉型白钨矿矿床。已控制的白钨矿石英脉带南北长 2 200m，东西宽 500 余米。

1）矿体

杨金沟钨矿床空间产出主要受南北向和北西向两组断裂控制。以 $F_2$ 断裂为界，可分为南、北两个矿段（图 8-1）。南部矿段矿体受南北向层间断裂构造控制，总体走向 340°～350°，主体倾向东，倾角 65°～75°，产于五道沟群杨金沟组和香房子组中，大量闪长玢岩脉平行于矿体产出。北部矿段矿体主要受北西向张性断裂构造控制，总体走向 280°～310°，主体倾向南西，倾角 60°～80°，主要产于五道沟群杨金沟组，个别矿体延伸进入海西晚期闪长岩体中。

单个矿体多由脉状、复脉状石英细脉、微脉组成。白钨矿石英脉多相互平行分布，多数矿体与岩层产状一致，与围岩界线清楚，脉壁平直。矿体沿走向和倾向均呈尖灭再现、侧现及分支复合。脉与脉的间距为 5～50cm，含矿脉 2～4 条/米。白钨矿在石英脉中分布极不均匀，在构造有利部位呈团块状，品位增高，单脉品位在走向上变化大。

2）矿石

杨金沟钨矿床矿石均为原生矿石，按自然类型可划分为白钨矿石英脉型、白钨矿斜长石石英脉型、白钨矿阳起石石英脉型、硫化物白钨矿石英脉型。

矿石中金属矿物比较简单，以白钨矿为主，硫化物较少，主要有毒砂、磁黄铁矿、黄铁矿、黄铜矿等。表生矿物有褐铁矿、孔雀石。脉石矿物主要有石英、钠长石、黑云母、磷灰石、绿泥石、方解石等。

白钨矿多为浅粉色、灰白色，金属光泽-油脂光泽，在紫外线照射下发淡蓝色荧光（图 8-2a），呈不规则粗粒状不均匀嵌布在石英脉中（图 8-2b），少数为板状、放射状及菊花状嵌布于石英脉中，也有少量浸染状白钨矿分布于石英脉中（图 8-2c）。粒径一般 0.5～5cm，个别大于 10cm。金属硫化物如黄铁矿、黄铜矿常沿白钨矿裂隙充填（图 8-2d～f）。

金属矿物的结构主要有半自形—他形粒状结构、侵蚀结构和交代残余结构。半自形—他形晶粒状结构：白钨矿呈半自形—他形粒状集合体充填于石英脉中，毒砂呈菱柱状半自形晶主要分散于变质围岩中，少量分布在石英脉中。侵蚀结构：黄铁矿沿白钨矿裂隙侵蚀白钨矿；磁黄铁矿、黄铁矿边缘多被石英交代形成侵蚀结构。交代残余结构：磁黄铁矿被石英交代烙蚀，呈交代残余结构。

矿石主要构造有浸染状构造、斑点状构造、（细）脉状构造。浸染状构造：毒砂呈细粒浸染状主要分布在变质围岩中，石英脉中也分布有浸染状白钨矿；斑点状构造：颗粒粗大的白钨矿集合体稀疏分散在石英脉中，常构成斑点状构造；（细）脉状构造：石英脉白钨矿体整体呈脉状构造产于变质围岩中。在石英脉或白钨矿的裂隙中常可见到黄铁矿、黄铜矿呈（细）脉状穿插于其中。

a.石英脉中的白钨矿集合体　b.变质岩围岩中的白钨矿石英脉

c.半自形毒砂(Are)和他形白钨矿(Sch)　d. 白钨矿(Sch)中黄铁矿(Py)细脉

e.白钨矿(Sch)、黄铁矿(Py)、黄铜矿(Cpy)交生关系　f.沿白钨矿(Sch)裂隙分布的黄铁矿(Py)-黄铜矿(Cpy)脉

图 8-2　延边杨金沟白钨矿矿床中白钨矿与金属硫化物交生关系显微图

3)围岩蚀变

近矿围岩蚀变主要有硅化、钠长石化、黑云母化、绿帘石化、绿泥石化、绢云母化、阳起石化、碳酸盐化。

(1)黑云母化。多见于变安山岩、斜长角闪片岩破碎带碎裂岩中的蚀变,棕褐色,呈细小鳞片状集合体产出，一般分布不均，也有较大的片状，往往穿插交代角闪石或斜长石，黑云母被白钨矿交代。

(2)钠长石化。带浅绿的灰白色，板状晶体，结晶粗大，一般 2～4mm，具有聚片双晶。钠长石主要交代斜长石，与热液蚀变石英共生在一起。往往在薄片中看到钠长石在变粗面安山岩或变安山岩裂隙中向两边逐渐变小，变到具环带结构板条状斜长石，钠长石还与白钨矿经常伴生。

(3)硅化。主要沿微裂隙充填和交代，使岩石褪色或形成硅化石英脉。脉石英为粒状镶嵌结构，一种是结晶粒状，透明度好的乳白色石英，另一种是带浅绿色(火山岩蚀变的产物)白色石英。

(4)阳起石化。多产在断裂破碎带，特别是闪长玢岩两侧破碎带中，在破碎斜长角闪片岩中也有分布。阳起石为墨绿色，多呈长柱状、放射状，晶形一般较好，变晶柱粒状结构，在一些黑云母石英片岩中也呈团块状产出。阳起石常被白钨矿交代，出现菊花状，在石英角闪片岩中阳起石呈脉状、细脉状产出。

(5)白云母化。主要与石英在一起组成云英石英脉，产在蚀变粗面安山岩中。白云母多沿石英脉两侧分布，片径 1～2mm，呈片状集合体或放射状。有些蚀变斜长角闪片岩中也有白云母。

(6)绿泥石化。绿帘石呈草绿色，多呈变晶粒状，在石英砂岩、泥灰岩中呈条带状分布，在斜长角闪片岩、花岗闪长岩中也分布有绿帘石化。绿泥石化在斜长角闪片岩、闪长玢岩、花岗闪长岩、花岗斑岩中都有，局部集中，多交代黑云母和阳起石。

(7)碳酸盐化。主要是方解石，有少量白云石和含铁碳酸盐化。常见方解石细脉穿插于各类岩石中。碳酸盐化延续时间比较长。

4)成矿阶段

张汉成等(2006)根据杨金沟钨矿围岩蚀变及蚀变过程中氧化物、微量元素和稀土元素等组分迁移规律认为，矿床从早到晚经历了硅酸盐-氧化物(钨酸盐)-硫化物-碳酸盐的多阶段裂隙充填和演化。李峰等(2008)则把白钨矿的形成划分为细粒浸染状白钨矿、粗粒状白钨矿和细脉状白钨矿 3 个阶段。本次研究综合矿石的矿物组合、矿物交生关系、矿石结构构造以及围岩蚀变特征，将钨的成矿作用划分为黄铁矿-毒砂、石英-粗粒白钨矿、石英-多金属硫化物-细粒白钨矿以及碳酸盐阶段。其中，石英-粗粒白钨矿阶段为主成矿阶段(任云生等，2010)。不同研究者从不同角度证明了该矿床曾经历与一般热液矿床相似的成矿过程。

### 3. 成矿物理化学条件

对取自矿区 1 号平硐 8 号矿脉的含粗粒白钨矿的石英脉，挑选与白钨矿密切共生的石英颗粒中的原生流体包裹体进行岩相学观察、显微测温和单个包裹体激光拉曼光谱分析。

包裹体岩相学研究表明，杨金沟钨矿主矿化阶段的石英中发育丰富的原生流体包裹体。根据室温下的相态特征，将这些原生流体包裹体分为富气相包裹体(Ⅰ)、富液相包裹体(Ⅱ)、$CO_2$包裹体(Ⅲ)和含 $CO_2$三相包裹体(Ⅳ)4 种类型(图 8-3)。不同类型包裹体中，Ⅱ型、Ⅲ型和Ⅳ型常密集成群发育，常见于同一石英颗粒中；有时则表现为Ⅰ型和Ⅱ型密切共生(图 8-3a～c)，显示不同类型包裹体近于同时捕获的特征。

对适合测温的包裹体进行了冷冻-均一法测温。结果表明，富液相的气液包裹体均一温度主要集中在 180～220℃范围内，富气相的气液包裹体均一温度主要集中在 280～340℃之间，3 个含 $CO_2$三相包裹体的均一温度均较高，为 301.6～305.1℃(图 8-4)。白钨矿中气液包裹体均一温度在 159～321℃之间，但主要集中在 195～222℃之间。从上述分析可以看出，主成矿阶段成矿流体温度变化较大，在 180～340℃之间，与国内外同类矿床相似(一般 200～320℃)。富气相包裹体($V>90\%$)、富液相包裹体($V<10\%$)同时出现，且富气相包裹体与富液相包裹体有相近的均一温度，表明成矿流体发生过明显的不混溶作用，对钨的沉淀析出起了重要的作用。

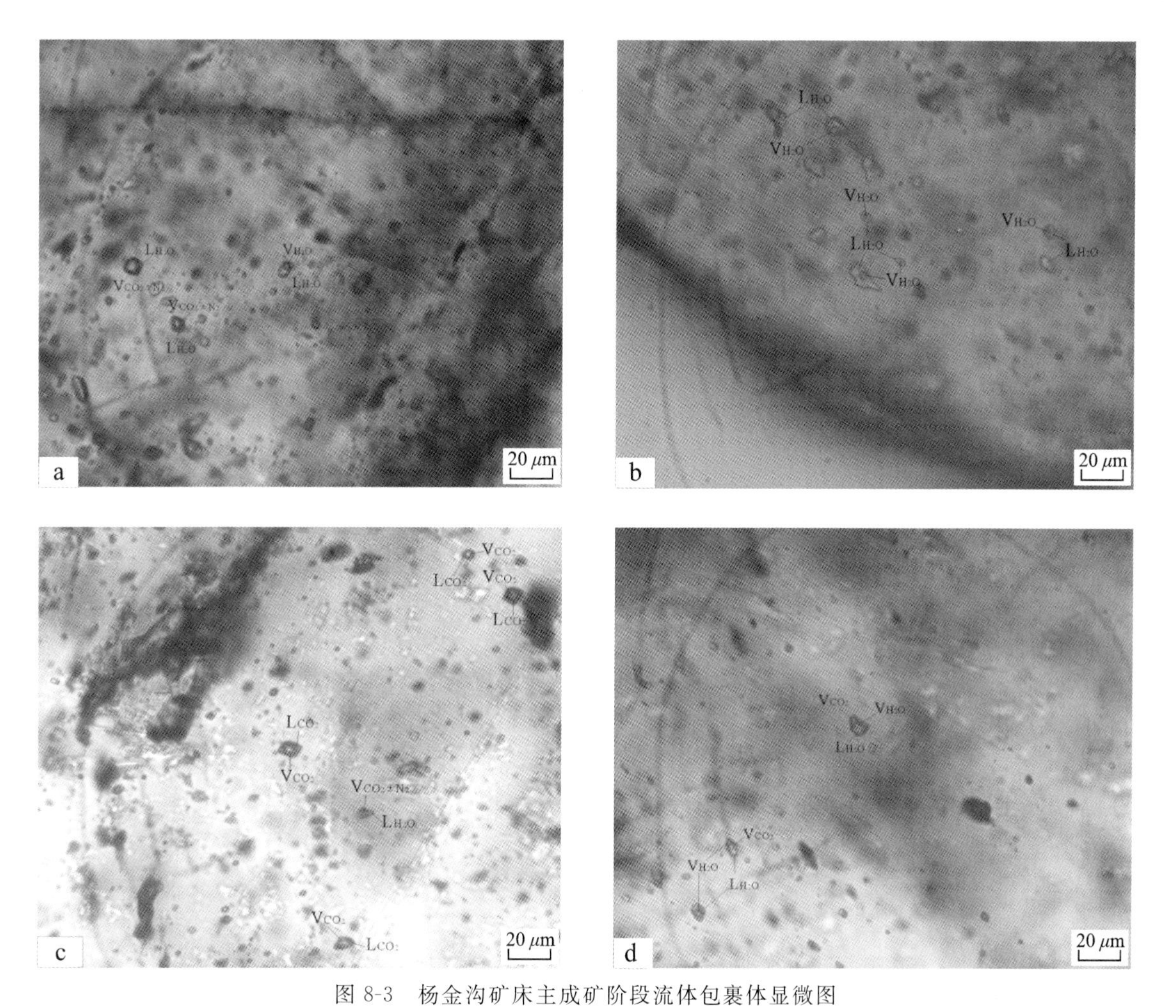


图 8-3　杨金沟矿床主成矿阶段流体包裹体显微图

a. Ⅰ型富气相包裹体和Ⅱ型富液相包裹体共生；b. Ⅱ型富液相包裹体；c. Ⅲ型 $CO_2$ 包裹体与Ⅰ型富气相包裹体共生；d. Ⅳ型含 $CO_2$ 三相包裹体

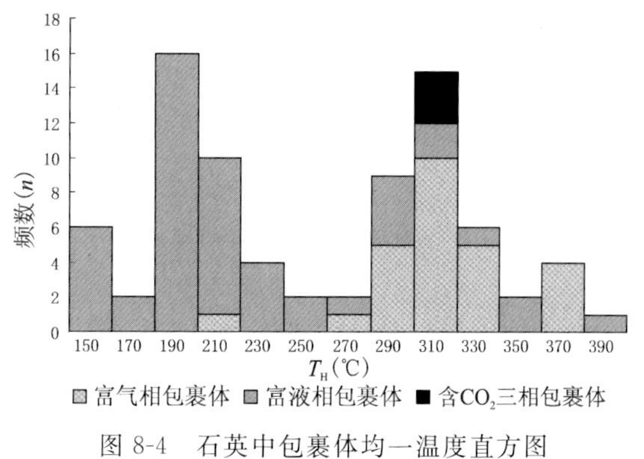


图 8-4　石英中包裹体均一温度直方图

流体的盐度、密度和成矿压力是基于气液包裹体的冰点和均一温度，根据相关的经验公式计算获得。4 个石英样品中的 48 个包裹体的冰点变化于－9.6～－1.8℃之间，主要在－4.2～－1.8℃之间。根据冰点估算包裹体中盐水体系的盐度 $w$(NaCl)为 3.05%～13.55%，大多数集中于 3.0%～7.0%(图 8-5)。在包裹体均一温度-盐度散点图上(图 8-6)，显示出盐度随均一温度的升高有明显增大的趋势。根据均一温度和盐度估算的成矿压力变化在 37.4～107.7MPa 之间，主要集中在 45.8～88.6MPa 范围内。孙丰月等(2000)拟合出脉型金矿形成时断裂带内流体深度和压力之间的关系式，当流体压力为40～220MPa时，成矿深度的计算式为：$H=0.086\ 8/(1/P+0.003\ 88)+2$。杨金沟白钨矿床为石英脉型，适用此关系式，据此估算样品的矿化深度为5.4～7.7km。

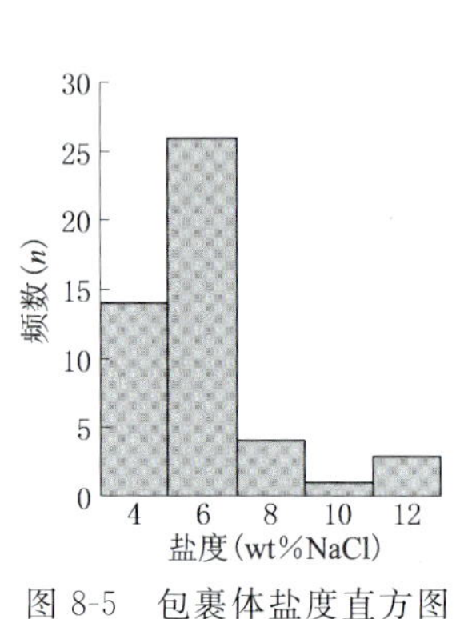

图8-5 包裹体盐度直方图

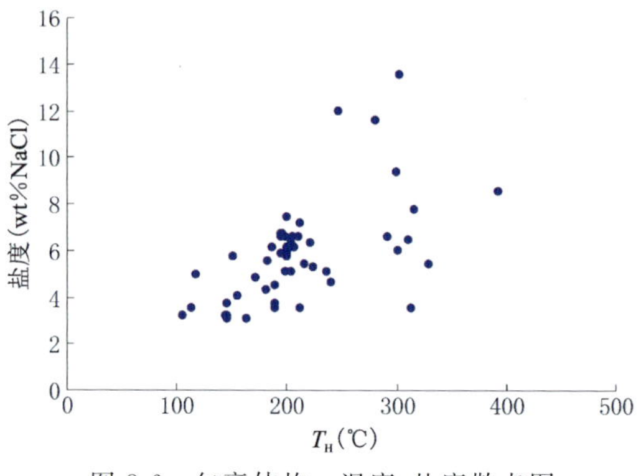

图8-6 包裹体均一温度-盐度散点图

10个国内外典型矽卡岩型矿床中(毕承思，1988)，早期矽卡岩形成温度400～500℃，晚期矽卡岩及硫化物温度200～350℃，白钨矿矿化一般在200～320℃间。龚庆杰等(2004，2006)根据柿竹园超大型钨多金属矿床流体包裹体资料和实验研究指出，白钨矿的大规模成矿作用主要发生在250～350℃之间，在4.0%的NaCl水溶液临界区域内，白钨矿的溶解度具有临界异常现象。国内外同类矿床成矿物理化学条件对比表明(表8-1)，该类矿床的成矿温度主要在180～340℃之间，盐度0.2%～10%，密度0.8～0.99g/cm$^3$，成矿压力变化范围则很大。可见，杨金沟石英脉型白钨矿床成矿物理化学条件与国内外热液型钨矿床类似，成矿流体主要为中高温、低盐度和低密度的流体体系。

**4.矿床成因**

1)成矿物质来源

杨金沟钨矿区各种脉岩发育，有辉长岩脉、闪长玢岩脉、花岗闪长岩脉、花岗斑岩脉等。辉长岩脉含钨$6.051\times10^{-6}$，闪长玢岩脉含钨$5.153\times10^{-6}$，花岗闪长岩脉含钨$6.908\times10^{-6}$，花岗斑岩脉含钨$9.379\times10^{-6}$，均高于华南燕山期花岗岩钨平均值。五道沟群平均含钨$10.31\times10^{-6}$。

2)成矿流体来源与演化

杨金沟矿床主成矿阶段同时存在富气相($CO_2\pm CH_4\pm N_2$)、盐水溶液气液两相、纯$CO_2$相和含$CO_2$三相流体包裹体，气液两相包裹体与$CO_2$相所占比例不同的纯$CO_2$相和含$CO_2$三相流体包裹体密切共生于同一石英颗粒中，表明其捕获时成矿流体处于一种不均匀的状态。产生这种现象的原因可能有两个：①$NaCl\text{-}H_2O\text{-}CO_2$流体不混溶造成的不均匀捕获；②$NaCl\text{-}H_2O$及$CO_2$两种性质不同流体的混合作用。本区包裹体测温和成分分析结果更支持第一种可能性，具体表现如下。

(1)本区Ⅰ型包裹体气相组分中除$CO_2$外，还含有$CH_4$、$N_2$等微量成分，这与相分离作用特征相符，即在相分离过程中，$CH_4$、$N_2$等成分倾向于向$CO_2$相富集。

(2)从均一方式和测温资料判断，富气相的Ⅰ型包裹体均一至气相，均一温度峰值为300～330℃，气液两相的Ⅱ型包裹体均一到液相，均一温度变化范围为144.7～345.9℃，而含$CO_2$的Ⅳ型包裹体完全均一化温度变化范围为301.6～305.1℃，本区具两个端员组分的包裹体具有大致相同的均一温度，这是不混溶包裹体的另一证据。

(3)本次所能测定的不同类型包裹体盐度相对稳定(图8-7)，据此可排除两种不同性质流体的混合。因此，杨金沟白钨矿床成矿过程中成矿流体发生了不混溶(相分离作用)，原始均匀的$NaCl\text{-}H_2O-CO_2$溶液分离成富$NaCl\text{-}H_2O$流体及富$CO_2$流体。

为了研究包裹体中气相的成分特征，本次研究选择了典型的富气相包裹体和$CO_2$包裹体开展了单个包裹体成分激光拉曼光谱分析。从分析结果看，$CO_2$包裹体中的成分基本只有$CO_2$(图8-7b)，而富气相包裹体的成分有一定差异，主要有$CO_2$、$N_2$、$CH_4$等成分。在含$CO_2$和$N_2$的包裹体中，$N_2$是其中最主要的成分(图 8-7a、c),$CO_2$和还原性气体$CH_4$还存在于同一富气相包裹体中(图 8-7d)。因此,杨金沟白钨矿床的成矿流体为 $NaCl-H_2O-CO_2-N_2$体系,并含少量$CH_4$。

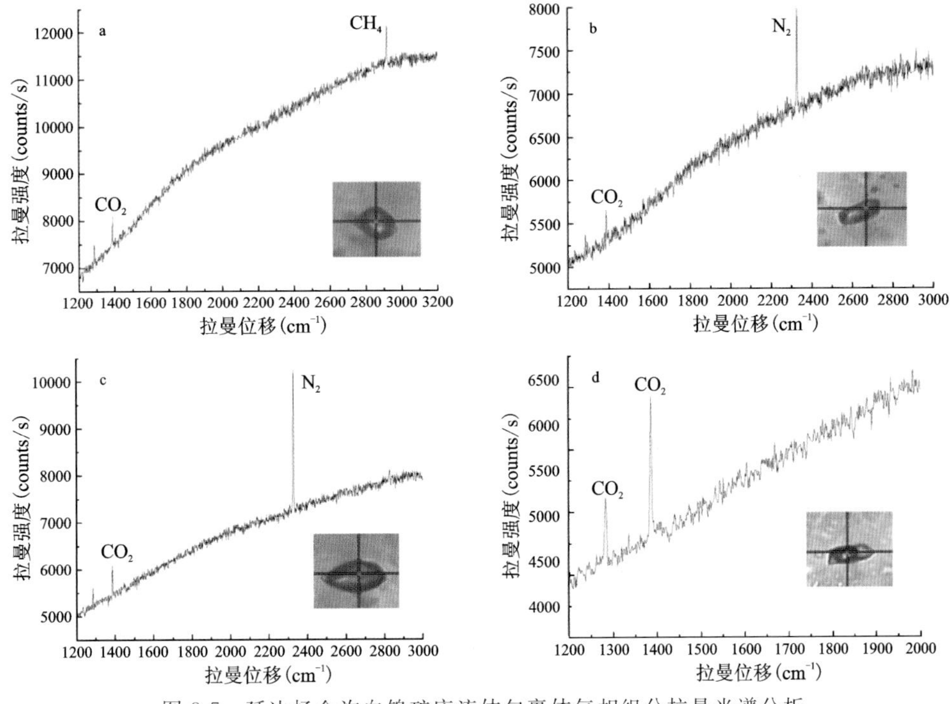


图 8-7 延边杨金沟白钨矿床流体包裹体气相组分拉曼光谱分析

前已述及,$N_2$是杨金沟白钨矿床包裹体气相组分中主要成分之一。一般认为,热液中$N_2$来源有 3 种,即有机物的分解、含钾的矿物(如黑云母等)的分解(矿物中部分 K 被$NH_4^+$替代)以及深部来源$N_2$的放气作用(孟庆丽等,2001)。根据杨金沟白钨矿床控矿条件,结合区域对比分析,笔者认为该矿床成矿流体中$N_2$的形成可能有以下两种成因:

(1)深部物质的放气作用。杨金沟矿区发育大量基性、中酸性脉岩,且与钨矿化具密切的时空关系,有资料显示该区岩体具有深源特征。燕山晚期,伴随太平洋板块俯冲,产生的中酸性侵入体及大量脉岩,带来了大量地球深部(上地幔和下地壳)物质,在氧化-放气作用中产生$N_2$。

(2)变质岩中有机质分解。近年来,人们发现$N_2$是低级变质沉积岩、某些麻粒岩和榴辉岩中流体包裹体的重要成分之一(叶霖等,2007)。杨金沟白钨矿床主要产于古生界浅变质岩系中,所含有机质的分解也可产生$N_2$被成矿流体捕获。在一定程度上佐证了五道沟群赋矿浅变质岩在成矿物质等方面对钨矿化的贡献。

3)成矿岩体和成矿作用时期

陈聪(2017)获得杨金沟白钨矿 Sm-Nd 等时线年龄为 251.7±2.9Ma;成矿英云闪长岩体的锆石 U-Pb年龄为 251.9±2.2Ma;杨金沟金矿含矿黑云二长花岗岩的锆石 U-Pb 年龄为 262±1Ma;主成矿阶段辉钼矿 Re-Os 模式年龄的加权平均值为 250.6±1.8Ma;热液白云母 Ar-Ar 坪年龄为241.6±1.2Ma。从而确定出成矿岩体形成于中二叠世晚期至晚二叠世末期,而钨、金矿化作用分别形成于晚二叠世末期(252Ma)和早三叠世初期(250Ma)。

松嫩-延边造山带大面积造山期花岗岩形成于晚三叠世,可能延续到早侏罗世。二叠纪末—三叠纪初期的火成岩仍然与俯冲作用有关。

在敦密-阿尔昌断裂以北,与老爷岭-格罗杰科成矿带相对应的是逊克-一面坡-青沟子成矿带(Ⅳ-10)。该带中,目前没有发现俯冲期形成的矿床,但是在塔东铁矿石中发现一组 249.8±4Ma 的年轻锆石,代表海西期末、印支期初的岩浆热液叠加。

## 第二节 汪清-咸北成矿带(Ⅳ-11)/大河深-寿山沟成矿带(Ⅳ-12)

汪清-咸北成矿带与同名构造带范围一致。从构造环境看,它是中—晚二叠世的弧前盆地。目前,没有收集到朝鲜境内该带中与弧前盆地发育同时期的矿床,而在我国境内吉林省延边朝鲜族自治州汪清县境内的红太平铜多金属矿床可以作为该弧前盆地演化时期成矿作用的代表。

红太平铜多金属矿床位于吉林省延边朝鲜族自治州汪清县天桥岭附近,是汪清-咸北弧前盆地的北段。矿区范围内出露地层主要有二叠系庙岭组和满河组、三叠系大兴沟群和中上侏罗统和龙组。

**1. 矿体特征**

含矿层位于庙岭组与满河组的过渡带内,呈北西向展布,长900m,宽50～300m,中西部矿体为隐伏矿体。含矿层中除Ⅱ号矿体之外,其余矿体均产于庙岭组下岩段交互层中,交互层由东向西逐渐变厚。

依矿体的产状及形态,将矿体分为层状矿体和脉状矿体两种类型。其中,后者又可分为层状矿脉和切割矿脉两种亚类。

Ⅰ～Ⅲ号矿体为典型的层状矿体,分布受层控明显,主要赋存于庙岭组下岩段上交互层(上含矿层)砂岩、泥灰岩及安山质凝灰岩中。矿体的形态、产状均比较简单,呈层状、似层状产出,控制长120～570m,宽50～150m,厚5～50m。总体走向近北西,倾向南西,倾角3°～15°,平均9°。矿体出露于地表,埋藏浅,一般为20～50m。规模较大,连续性亦较好,随围岩波状起伏。

Ⅳ～Ⅻ号矿体则主要为小矿体,其形成明显受层间及断裂控制,主要赋存于上交互层底部及断裂带中。矿体的形态、产状比较复杂,呈似层状、透镜状及脉状产出,埋藏较深,一般为60～250m。

**2. 矿石**

矿石可分为热水沉积型和热液脉型两类。

1)热水沉积型矿石

热水沉积型矿石是该矿床主要的矿石类型,含矿岩性是含岩屑砂岩、安山质晶屑凝灰岩、泥质岩、板岩等。所有层状、似层状矿体均属此类。

原生金属硫化物含量较低,占5%～10%,主要为辉铜矿、斑铜矿,偶尔可见到少量的方铅矿和闪锌矿。表生氧化矿物较发育,主要为铜蓝、孔雀石、硅孔雀石,偶见赤铜矿、蓝铜矿。非金属矿物占总含量的40%以下,主要为石英,含少量长石、方解石等。

矿石结构主要为碎屑结构(图8-8a)、胶结结构(图8-8c)、放射状结构(图8-8b)。其中,孔雀石、辉铜矿、铜蓝等,与少量钙质、泥质共同构成砂岩中石英等碎屑颗粒的胶结物,从而形成胶结结构。

矿石构造具明显的沉积特征:孔雀石、辉铜矿、铜蓝等呈沉积条纹构造(图8-8a)和韵律构造,以及在此基础上发展起来的条带状构造(图8-8b)。其中,孔雀石的条带状沉积构造特征最为明显,经常可见矿石矿物沿砂岩、板岩及凝灰岩的层理呈条带状分布,并显示出一定的沉积韵律,在不大的面积内有上百条之多,条带一般宽0.2～2cm,这些条带与碎屑岩一起产生小褶皱,充分说明了具有同沉积构造特点。此外,在粒度较大的砂岩条带中,陆源碎屑、火山碎屑及矿质丰富,矿石矿物含量较高。随着泥质增高,矿质相应减少,故而矿石矿物减少。

2)热液脉状矿石

该类矿石以多金属硫化物为主。矿石矿物主要有黄铜矿、闪锌矿、方铅矿、毒砂,次为黄铁矿、磁黄铁矿、磁铁矿、白铁矿等。脉石矿物有方解石、绿泥石、玉髓、绿帘石、绢云母、钙铁榴石、石英等。矿石结构复杂,主要有半自形—自形粒状结构(图8-8d)、包含结构(图8-8i)、交代港湾结构(图8-8e)、交代网状结构(图8-8g)、骸晶结构(图8-8h)、乳滴状固溶体分离结构(图8-8e)等。矿石构造以块状(图8-9c)、细脉状(图8-9d)、浸染状(图8-9e)、网脉状(图8-9f)为主,显示了热液作用特征。

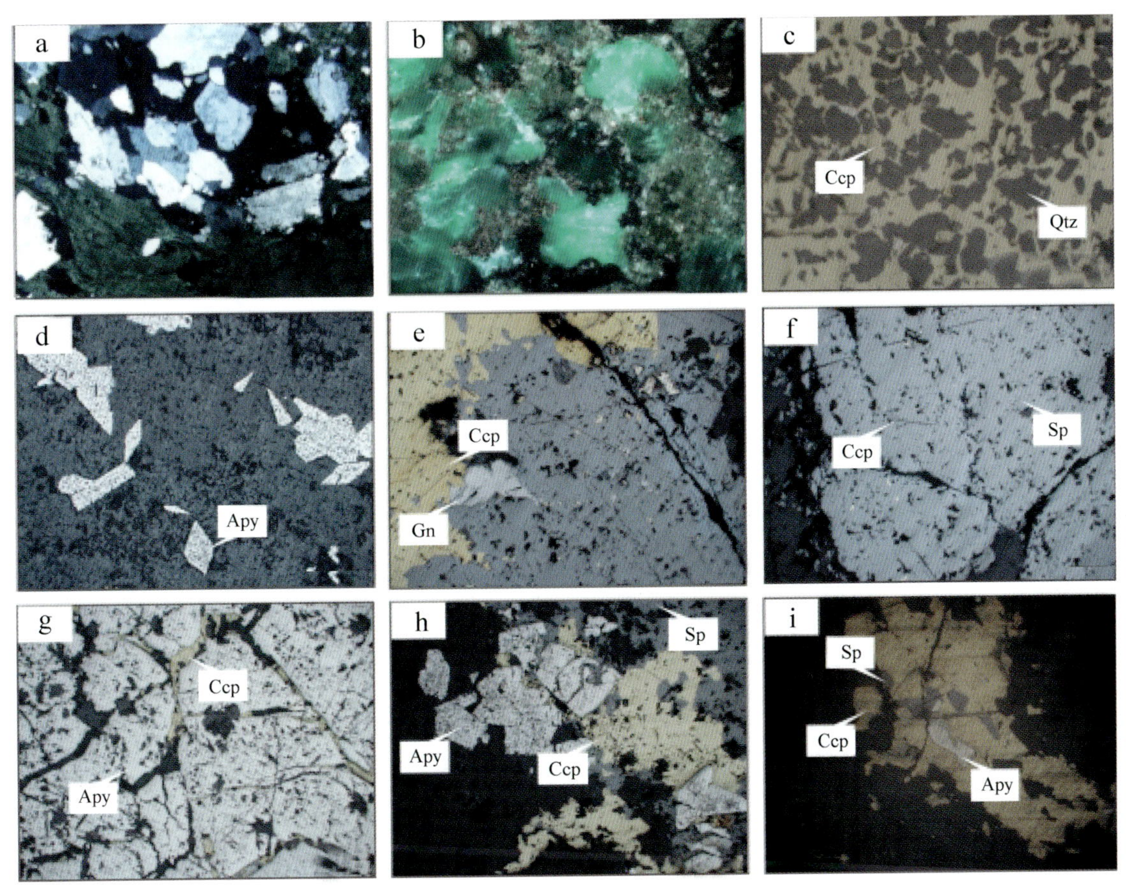


图 8-8 红太平铜多金属矿床矿石光片和薄片显微照片

a. 碎屑结构;b. 放射状结构;c. 胶结结构;d. 毒砂的自形—半自形结构;e. 方铅矿交代黄铜矿呈港湾结构;f. 黄铜矿与闪锌矿呈固溶体分离结构;g. 黄铜矿交代自形—半自形毒砂呈网状结构;h. 闪锌矿交代黄铜矿,黄铜矿交代毒砂呈骸晶结构;i. 闪锌矿交代黄铜矿,黄铜矿包含毒砂呈包含结构

图 8-9 红太平铜多金属矿床矿石手标本照片

a. 条纹状构造;b. 条带状构造;c. 块状构造;d. 细脉状构造;e. 稠密浸染状构造;f. 网脉状构造

### 3. 成矿阶段和围岩蚀变

依据矿体和矿石类型及特征，将铜多金属成矿划分为沉积期和热液叠加期，并进一步将热液叠加期划分为：黄铁矿-毒砂-黄铜矿-石英-方解石阶段（Ⅰ）和黄铜矿-方铅矿-闪锌矿-方解石阶段（Ⅱ）。

黄铁矿-毒砂-黄铜矿-石英-方解石阶段（Ⅰ），以黄铁矿＋毒砂±黄铜矿矿物组合为特征，该阶段生成的金属硫化物为黄铁矿、毒砂、黄铜矿并伴有少量闪锌矿等。黄铜矿-方铅矿-闪锌矿-方解石阶段（Ⅱ）则以黄铜矿＋闪锌矿＋方铅矿矿物组合为特征，该阶段生成的金属硫化物为黄铜矿、方铅矿、闪锌矿等，为热液期主成矿阶段。伴随热液期成矿作用的进行，富含火山物质的碎屑岩及碎屑沉积岩等，近矿围岩发生明显的多种热液蚀变作用，主要蚀变类型有碳酸盐化、黄铁矿化、绿帘石化、绿泥石化等。

### 4. 矿床地球化学特征

1）流体包裹体研究

层状矿体石英等透明矿物明显发生重结晶，未发现流体包裹体。因此，本次研究主要对热液叠加期Ⅰ、Ⅱ两个不同成矿阶段进行了流体包裹体研究。

（1）黄铁矿-毒砂-黄铜矿-石英-方解石阶段（Ⅰ）。该阶段矿石石英中主要发育气液两相原生流体包裹体，包裹体大小在5～15μm，气液比为10%～15%，多数在10%左右（图8-10a～c）。冷冻-升温过程中，测得该类包裹体冰点温度为－5.7～－2.9℃，依相应公式（Hall et al，1988），计算求得相应流体盐度为4.78%～9.47%的NaCl（图8-11b）。此类包裹体以均一至液相方式为主，均一温度变化范围为270～330.6℃（图8-11a），据Bodnar（1993）投图得到流体密度为0.70～0.82g/cm³（图8-12a）。

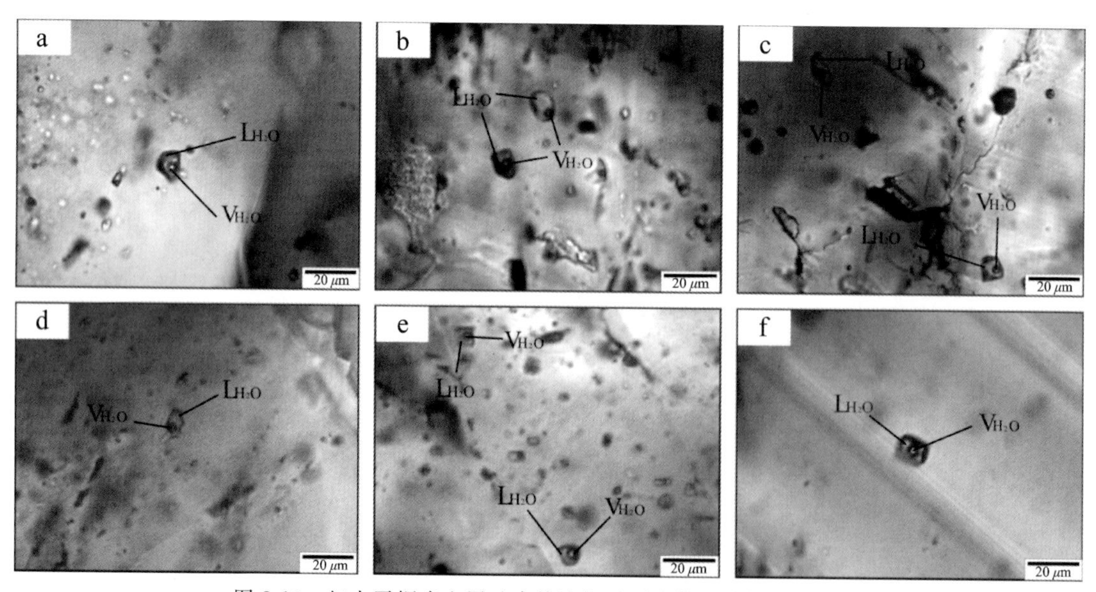


图8-10　红太平铜多金属矿床热液期矿石流体包裹体显微照片

（2）黄铜矿-方铅矿-闪锌矿-方解石阶段（Ⅱ）。该阶段矿石石英中主要发育气液两相原生流体包裹体，包裹体长轴8～15μm，气液比为10%～15%（图8-10d～f），多数在10%左右。冷冻-升温过程中，测得该类包裹体冰点温度为－3～－1.6℃，依相应公式（Hall et al，1988），计算求得相应流体盐度为2.76%～4.94%的NaCl（图8-11d）。此类包裹体以均一至液相方式为主，均一温度变化范围为164.7～220.2℃（图8-11c），据Bodnar（1993）投图得到流体密度为0.82～0.92g/cm³（图8-12b）。

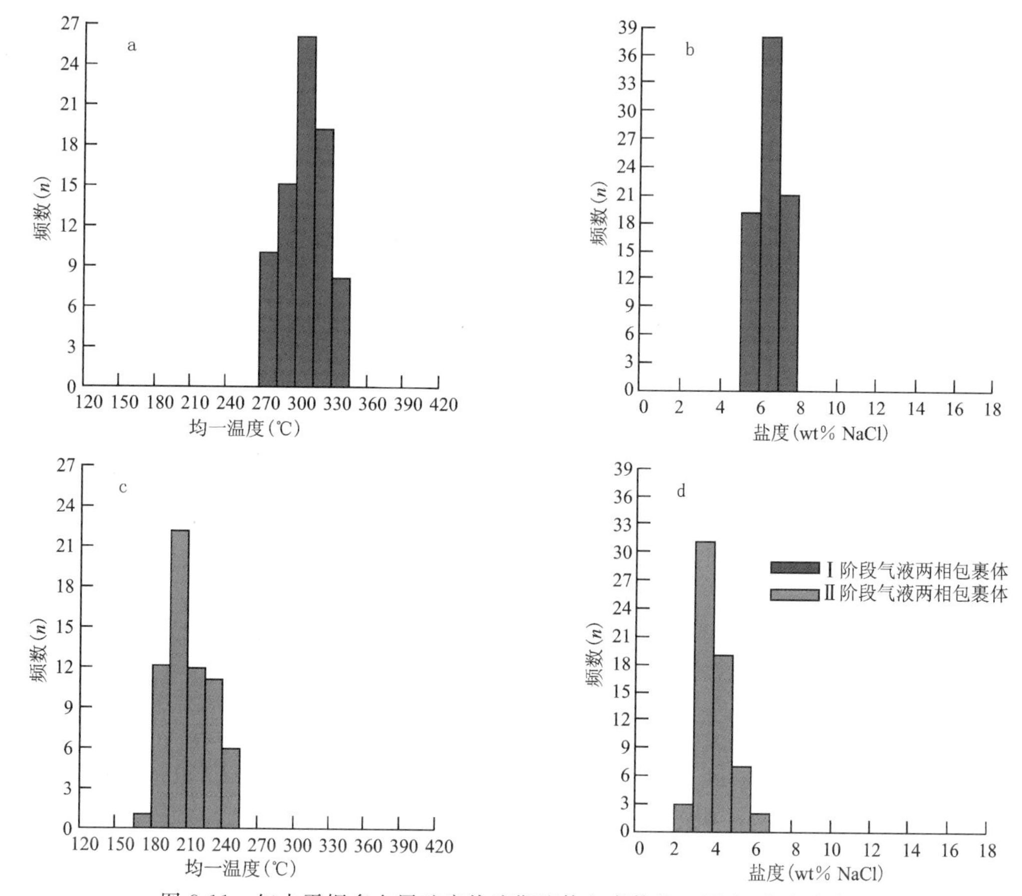


图 8-11 红太平铜多金属矿床热液期流体包裹体均一温度、盐度直方图

a. Ⅰ阶段流体包裹体均一温度直方图；b. Ⅰ阶段流体包裹体盐度直方图；c. Ⅱ阶段流体包裹体均一温度直方图；d. Ⅱ阶段流体包裹体盐度直方图

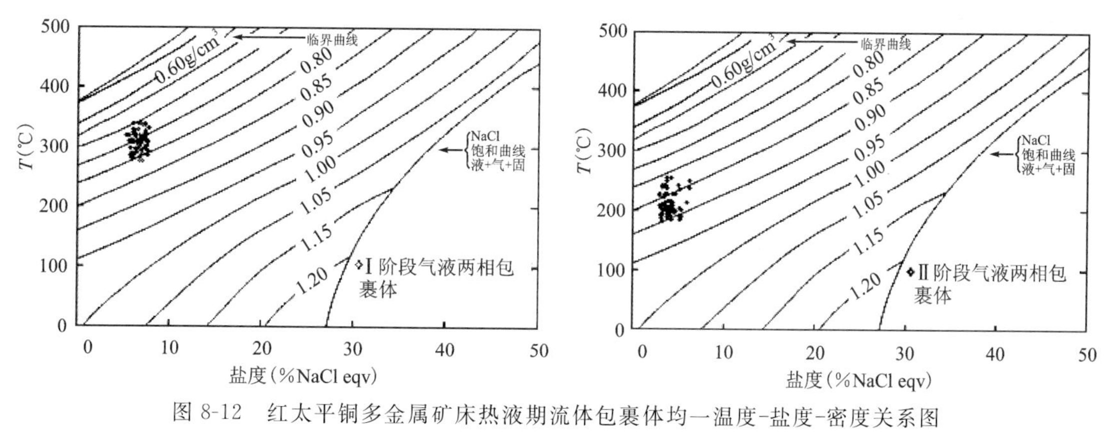


图 8-12 红太平铜多金属矿床热液期流体包裹体均一温度-盐度-密度关系图

a. Ⅰ阶段；b. Ⅱ阶段

2)流体包裹体 C、H、O 同位素特征

通过显微镜薄片及流体包裹体研究挑选出 10 件方解石样品，其中 HTP2a、b，HTP3a、b，为黄铁矿-毒砂-黄铜矿-石英-方解石阶段(Ⅰ)样品，HTP1a、b，HTP4a、b，HTP5a、b，为黄铜矿-方铅矿-闪锌矿-方解石阶段(Ⅱ)样品，将样品粉碎至 40～60 目，经筛分、清洗晒干、磁选后，在双目镜下挑选，得到纯度为 99%的单矿物样品。质谱分析样品的制备过程见王志高等(2014)。质谱测试均在核工业北京地质研究院分析测试研究中心完成，采用 MAT 253 型质谱测试，分析精度大于 0.005%。碳同位素 $\delta^{13}C$ 以 PDB 标准报出，$\delta^{18}O$ 以 SMOW 标准报出。分析结果见表 8-1。

**表 8-1　红太平铜多金属矿床热液期流体包裹体 C、H、O 同位素分析结果**

| 成矿阶段 | 岩石矿物 | 编号 | $\delta^{13}C_{V\text{-}PDB}$(‰) | $\delta D_{V\text{-}SMOW}$(‰) | $\delta^{18}O_{V\text{-}SMOW}$(‰) | 均一温度(℃) | $\delta^{18}O_{H_2O\text{-}SMOW}$ |
|---|---|---|---|---|---|---|---|
| Ⅰ阶段 | 方解石 | HTP2a | −6.4 | / | 6.3 | / | / |
| | | HTP2b | −6.6 | / | 6.5 | / | / |
| | | HTP3a | −6.6 | / | 6.2 | / | / |
| | | HTP3b | −6.8 | / | 6.0 | / | / |
| Ⅱ阶段 | 方解石 | HTP1a | −5.4 | / | 12.1 | / | / |
| | | HTP1b | −5.6 | / | 12.3 | / | / |
| | | HTP4a | −4.3 | / | 11.8 | / | / |
| | | HTP4b | −4.5 | / | 12.0 | / | / |
| | | HTP5a | −4.5 | / | 11.4 | / | / |
| | | HTP5b | −4.7 | / | 11.6 | / | / |
| Ⅰ阶段 | 方解石 | / | / | −61.0 | 8.7 | 300 | 2.3 |
| | | / | / | −61.1 | 8.6 | 300 | 2.3 |
| Ⅱ阶段 | 方解石 | / | / | −74.9 | 6.2 | 200 | −4.1 |
| | | / | / | −74.8 | 6.3 | 200 | −4.1 |

注：根据郑永飞等(2000)公式：$\delta^{18}O_{V\text{-}SMOW}/‰-\delta^{18}O_{H_2O\text{-}SMOW}/‰=3.38\times10^6/T^2-2.9$ 计算(式中 $T$ 为均一温度的绝对温度值)；(Ⅰ)阶段、(Ⅱ)阶段的 H、O 同位素数据引自宋群(1991)。

Ⅰ阶段方解石中 $\delta^{13}C_{V\text{-}PDB}$变化范围较小，主要集中在−6.8‰～−6.4‰之间，$\delta^{18}O_{V\text{-}SMOW}$为 6.0‰～6.5‰，在体系 $\delta^{13}C_{V\text{-}PDB}$-$\delta^{18}O_{V\text{-}SMOW}$中投点落于火成碳酸岩和地幔包体范围内(图 8-13a)；$\delta D_{V\text{-}SMOW}$主要集中在−61.1‰～61.0‰之间，$\delta^{18}O_{V\text{-}SMOW}$为 8.6‰～8.7‰，依据水岩反应公式计算相应的 $\delta^{18}O_{H_2O\text{-}SMOW}$均为 2.3‰，在体系 $\delta D_{SMOW}$-$\delta^{18}O_{H_2O}$中投点落于原生岩浆水附近(图 8-13b)。

Ⅱ阶段方解石中 $\delta^{13}C_{V\text{-}PDB}$变化范围为−5.5‰～−4.4‰，$\delta^{18}O_{V\text{-}SMOW}$为 11.5‰～12.2‰，在体系 $\delta^{13}C_{V\text{-}PDB}$-$\delta^{18}O_{V\text{-}SMOW}$中投点落于花岗岩范围内(图 8-13a)；$\delta D_{V\text{-}SMOW}$主要集中在−74.8‰～74.9‰之间，$\delta^{18}O_{V\text{-}SMOW}$为 6.2‰～6.3‰，依据水岩反应公式计算相应的 $\delta^{18}O_{H_2O\text{-}SMOW}$均为−4.1‰，在体系 $\delta D_{SMOW}$-$\delta^{18}O_{H_2O}$中投点落于雨水线右侧附近(图 8-13b)。

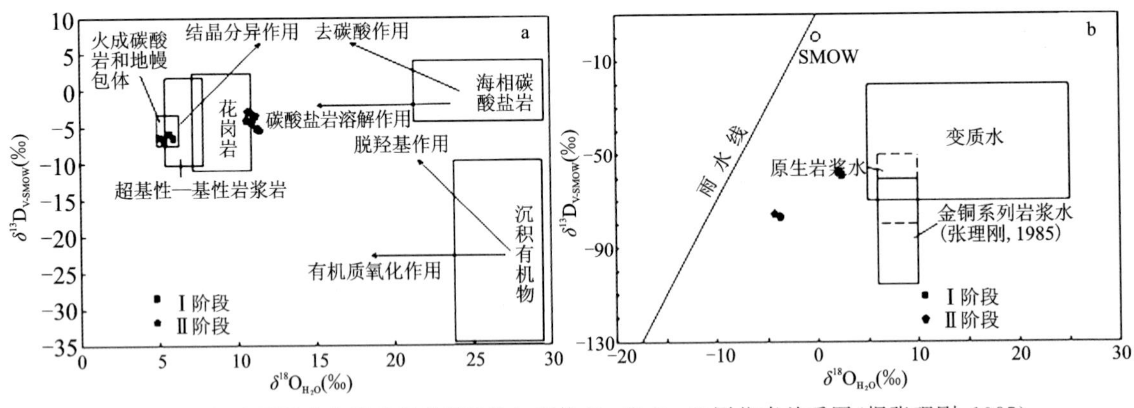

图 8-13　红太平铜多金属矿床矿石流体包裹体 C－O、D－O 同位素关系图(据张理刚，1985)

3)成矿流体来源及演化

黄铁矿-毒砂-黄铜矿-石英-方解石阶段(Ⅰ)的矿石中主要发育有气液两相原生流体包裹体，成矿体系为中温、低盐度体系；黄铜矿-方铅矿-闪锌矿-方解石阶段(Ⅱ)矿石中主要发育有气液两相原生流体包裹体，成矿体系为低温度、低盐度体系。反映了成矿流体从中温、低盐度向低温、低盐度的持续演化过程。

红太平铜多金属矿床热液叠加期Ⅰ阶段成矿流体的$\delta^{13}C_{V\text{-}PDB}$为$-6.7‰\sim-6.5‰$，具岩浆来源特征；C、O同位素组成较为稳定，$\delta^{13}C_{V\text{-}PDB}$-$\delta^{18}O_{V\text{-}SMOW}$图中C、O同位素投于火成碳酸岩和地幔包体所形成的范围内，指示成矿流体中碳主要来自幔源岩浆水。黄铜矿-方铅矿-闪锌矿-方解石阶段Ⅱ成矿流体的$\delta^{13}C_{V\text{-}PDB}$为$-5.5‰\sim-4.4‰$，同样具岩浆来源特征；但在$\delta^{13}C_{V\text{-}PDB}$-$\delta^{18}O_{V\text{-}SMOW}$图中C、O同位素一部分落于花岗岩范围内，一部分落于碳酸盐岩溶解作用范围内，说明由Ⅰ阶段到Ⅱ阶段，岩浆热液在一定温度下与碳酸盐岩地层发生作用，淋滤、萃取围岩地层中的含碳物质，使流体中的碳具有来自岩浆水及碳酸盐岩的双重性质。

Ⅰ阶段流体$\delta D_{V\text{-}SMOW}$主要集中在$-61.1‰\sim61.0‰$之间，根据水岩反应关系计算获得$\delta^{18}O_{H_2O}$约为2.3‰，投影至$\delta D_{SMOW}$-$\delta^{18}O_{H_2O}$图中，投影点大部分落在原生岩浆水附近，说明其成矿流体来源以岩浆水为主，有少量大气降水混合。

Ⅱ阶段流体$\delta D_{V\text{-}SMOW}$为$-74.8‰\sim74.9‰$，根据水岩反应关系计算相应$\delta^{18}O_{H_2O}$为$-4.1‰$，在$\delta D_{SMOW}$-$\delta^{18}O_{H_2O}$图解中，投影至雨水线右侧。流体中O同位素较Ⅰ阶段具有明显向雨水线发生漂移后的特征。从黄铁矿-毒砂-黄铜矿-石英-方解石阶段(Ⅰ)到黄铜矿-方铅矿-闪锌矿-方解石阶段(Ⅱ)，流体中O同位素变化范围较大，说明伴随成矿作用的持续，在成矿晚期混有大量的大气降水，成矿流体以大气降水为主。

红太平铜多金属矿床热液叠加期黄铁矿-毒砂-黄铜矿-石英-方解石阶段(Ⅰ)成矿流体来源主要以岩浆水为主，伴有少量的大气降水；晚期黄铜矿-方铅矿-闪锌矿-方解石阶段(Ⅱ)大气降水逐渐占主导地位，为成矿流体的主要来源。

对于层状矿体，喷流沉积特征明显，属于VMS型矿床。

在敦密-阿尔昌断裂以北，与汪清-咸北成矿带(Ⅳ-11)相对应的是大河深-寿山沟成矿带(Ⅳ-12)。后者在大河深组中、酸性火山岩中形成一系列VMS型银铅锌多金属矿或铅锌矿(图8-14)。

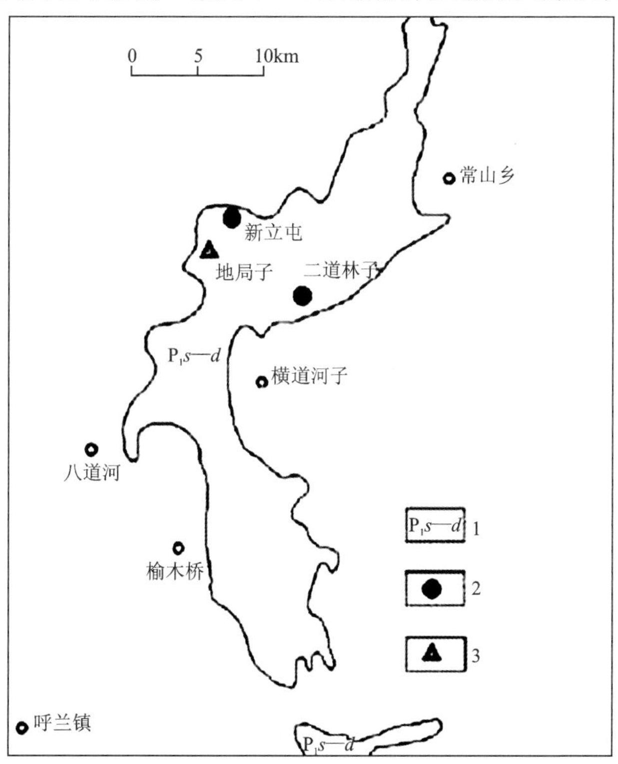


图8-14 大河深-寿山沟弧前盆地中的VMS型矿床(据祝阳阳等，2012修改)

1.二叠系寿山沟组、大河深组未分；2.多金属矿床；3.银铅锌矿床

## 第三节　清津-青龙村成矿带(Ⅳ-13)/红旗岭-小绥河成矿带(Ⅳ-14)

清津-青龙村成矿带(Ⅳ-13)与同名构造带范围一致。从构造上看,在二叠纪,它是混杂岩带;在造山期,成为松嫩-延边造山带的缝合线构造。在敦密-阿尔昌断裂以北,与之对应的是红旗岭-小绥河成矿带(Ⅳ-14)。

### 一、清津-青龙村成矿带(Ⅳ-13)

#### 1. 清津成矿带

清津成矿带是指该带在朝鲜一侧,主要形成铬铁矿、钴矿和镍矿,包括位于咸镜北道富宁郡的龙川铬矿、位于咸镜北道罗津郡的三海镍矿和位于咸镜北道会宁郡的会宁钴矿。

龙川铬矿产于一套蛇纹岩的破碎带中。该蛇纹岩形成于晚古生代。单一矿体呈巢状,沿破碎带成串珠状矿体群。矿石矿物主要为铬铁矿及少量磁铁矿和黄铜矿。

三海镍矿产于由辉长岩和橄榄岩组成的镁铁质岩中。该镁铁质岩中矿体的矿石矿物主要为含镍磁黄铁矿和黄铜矿。

会宁钴矿产于由黑云闪长岩和花岗闪长岩岩体的破碎带中,为一脉状矿体,矿石矿物主要为含钴硫砷铁矿和砷铁矿。

#### 2. 开山屯-青龙村成矿带

在我国吉林省延边朝鲜族自治州开山屯—青龙村一带,该成矿带的成矿作用也以铬矿和铜镍矿为主。

1)开山屯铬矿

清津成矿带北延是吉林省延边朝鲜族自治州龙井市开山屯镇。在开山屯镇附近约 40km² 的范围内,发育 10 个超基性岩体,主要岩性为纯橄榄岩和斜辉辉橄岩。岩石属于镁质超基性岩,MgO>35%,m/f 值介于 6.45～12 之间。规模最大者,北北西向延长 4.5km,宽 1.5km,但多数小于 1km²。岩石普遍蚀变,以蛇纹石化为主,也发育滑石化、绿泥石化和少量次闪石化。岩体中较普遍发育铬铁矿床或矿化。戚长谋(1979)根据矿体形态、产状及与母岩关系,将该地区铬铁矿分成 3 类:弱分异的、贯入异岩相的和贯入自岩相的。

弱分异的是指矿浆与母岩浆分异程度弱,具有如下特征:矿体多成囊状、巢状、透镜状,与母岩渐变过渡;铬尖晶石分布于橄榄石晶隙中;矿石呈半自形—他形粒状结构,稀疏浸染状构造,局部呈致密块状构造;含矿蛇纹石化纯橄榄岩 m/f 值较两侧低。贯入异岩相的是指矿浆与母岩浆分异程度较高,矿浆灌入到其他岩相中,具有如下特征:矿体与母岩界线清晰;矿体周围发育一层绿泥石、蛇纹石外壳,厚数毫米至数厘米;矿石多呈致密块状或稠密浸染状,边部粒度较中心细,为他形—半自形粒状结构;矿体呈透镜状、短脉状或囊状;除个别情况外,矿体直接围岩,为纯橄榄岩以外的岩相。

贯入自岩相的是指矿浆与母岩浆分异程度较高,但并没有脱离主岩相,特征如下:矿体直接围岩是纯橄榄岩,但两者之间界线清楚;矿体与围岩之间发育一数毫米至数厘米的绿泥石的壳;近矿的胶蛇纹石化纯橄榄岩 m/f 值低,$Cr_2O_3$ 含量高;矿石以块状为主,矿体呈脉状、囊状。开山屯铬矿是该地区唯一铬矿,规模为小型。

2)长仁-獐项硫化铜镍矿

在清津-青龙村混杂岩带西侧，发育青龙村群变质杂岩，其中发育一系列超基性岩体。据统计，在西起长仁、东至东新的长32km，宽12km，约400km$^2$的范围内，共发育26个岩体。多数岩体都有硫化铜镍矿化，而∑4、∑5、∑6、∑11、∑13等岩体赋存有铜镍矿床，∑11岩体镍储量达中型(傅德彬等，1988)。

∑11岩体走向北北东，倾向北西，倾角50°。岩体在地表呈舌状、透镜状；在剖面上呈透镜状或纺锤状(图8-15)。地表出露断续长500m，厚60～70m，最厚达110m，最大延深1 000m。

岩石主要为辉石橄榄岩和含长橄辉岩，并以前者为主，后者多分布在岩体的上部与边部，偶尔向辉长岩过渡。

按矿体形态及赋存特征，可分为似层状、上悬透镜状、板状与脉状4种矿体。

似层状矿体赋存于岩体底部及侧伏端的辉橄岩相中，厚约30m，由浸染状与海绵陨铁状矿石组成。主要矿石矿物为磁黄铁矿、镍黄铁矿、黄铜矿及紫硫镍铁矿。Ni平均品位为0.39%，Cu平均品位为0.14%，Ni/Cu为2.8。

上悬透镜状矿体赋存于早期辉橄岩中上部，呈透镜状，由细粒浸染状矿石组成。金属矿物有磁黄铁矿、镍黄铁矿、黄铜矿与黄铁矿。矿体厚1～3m，长几十米。Ni平均品位为0.27%，Cu平均品位为0.09%，Ni/Cu为3.0。

板状矿体产于晚期橄辉岩及含长辉石岩中。金属矿物分布均匀，呈斑点状与浸染状构造。矿体的产状、形态与寄主母岩体一致。矿石矿物除了磁黄铁矿、镍黄铁矿、黄铜矿外，还有少量红砷镍矿。矿体厚20m，长300m，是含镍超基性岩体中的主要工业矿体。Ni平均品位为0.45%，Cu平均品位为0.17%，Ni/Cu为2.7。

硫化物脉状矿体产于岩体与围岩接触破碎带附近片理化辉石岩中。矿体规模很小，矿体与岩体界线明显，矿石呈致密块状，由磁黄铁矿、镍黄铁矿与黄铜矿组成。Ni平均品位为1.17%，Cu平均品位为0.14%，Ni/Cu为8.4(傅德彬等，1988)。

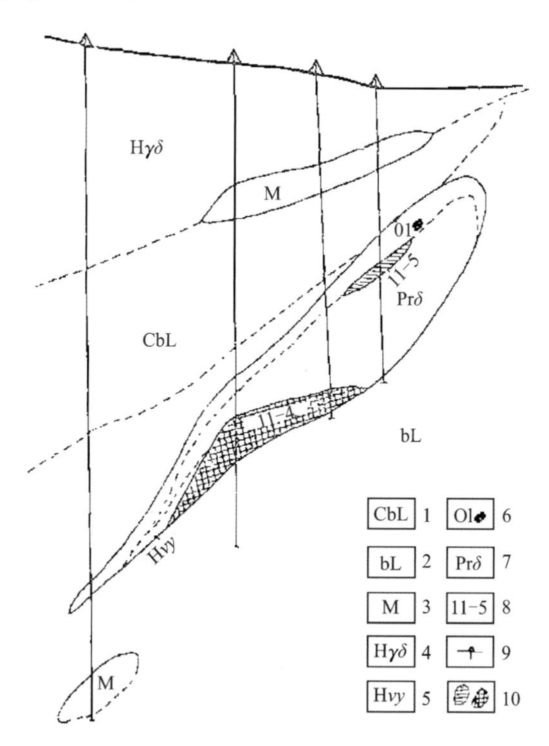


图8-15 ∑11岩体19号勘探线剖面图(据傅德彬等，1988)

1.含石墨黑云角闪斜长片麻岩；2.黑云角闪斜长片麻岩；3.大理岩；4.混染闪长岩；5.辉长质混染岩；6.橄榄辉石岩；7.辉石橄榄岩；8.矿体及编号；9.钻孔；10.表内及表外矿体

## 二、红旗岭-小绥河成矿带(Ⅳ-14)

红旗岭-小绥河成矿带(Ⅳ-14)与同名构造带分布范围一致,其中的含矿地质体为基性岩和超基性岩,是蛇绿混杂岩中的洋壳残块。红旗岭-小绥河构造带中,基性、超基性岩成群分布于弧形构造带北翼的北端(小绥河岩群)、弧顶(头道沟岩群)和南翼的南端(红旗岭岩群)。小绥河岩群和头道沟岩群属于超基性岩群,形成铬矿;红旗岭岩群属于基性岩群,那里的超基性岩是岩浆分异作用的结果,形成硫化铜镍矿。

### 1. 小绥河铬矿

在红旗岭-小绥河蛇绿混杂岩带北段的小绥河一带,发育 16 处超基性岩,总体沿着北北东 16°方向展布,断续延长 15km。规模最大者出露在九站,面积 0.52km$^2$;其余均在 0.2～0.03km$^2$之间。其中,Ⅰ号、Ⅷ号和ⅩⅣ号岩体含矿,而只有Ⅰ号岩体的矿体构成工业矿体。

Ⅰ号岩体长 4 800m,宽 40m,面积约 0.2km$^2$。产状为 N74°E/50°～80°SE。主要岩性为含辉纯橄榄岩和斜辉辉橄岩。岩石蚀变强烈,橄榄石几乎全部蚀变为蛇纹石。岩石 m/f=9.46,是镁质超基性岩(戚长谋,1979)。

矿体产于含辉石纯橄榄岩中,呈似脉状,与岩体产状总体一致。最大矿体长 93m,厚 1m。矿石矿物为镁质富铬尖晶石和镁质富铁铬尖晶石,含少量赤铁矿、褐铁矿和微量的磁铁矿、黄铁矿、针镍矿、硫钴矿和六方硫钴矿等;脉石矿物主要为蛇纹石,其次为叶绿泥石和斜绿泥石(戚长谋,1979)。

矿石结构为他形—半自形粒状结构,粒径 1～1.5mm。矿石构造主要是浸染状,其次是块状、斑点状和条带状。

$Cr_2O_3$品位为 6.18%～33.47%。

### 2. 头道沟铬矿

在红旗岭-小绥河弧形蛇绿混杂岩带的弧顶处的头道沟,于头道沟岩组中发育一系列超基性岩,沿着头道沟两侧分布(图 8-16)。

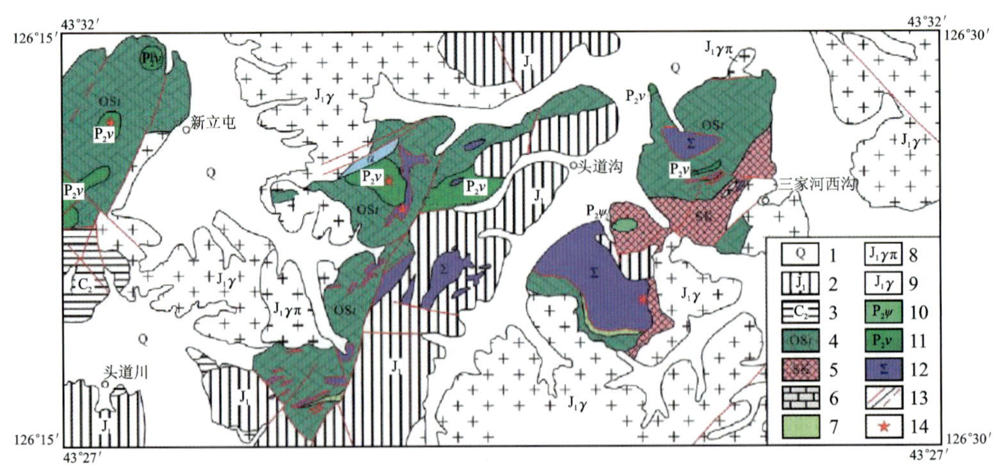


图 8-16　头道沟地区地质图(据付俊彧等,2018)

1. 第四系;2. 下侏罗统;3. 上石炭统;4. 头道沟岩组;5. 矽卡岩;6. 大理岩;7. 斜长角闪片岩;8. 早侏罗世花岗斑岩;9. 早侏罗世花岗岩组合;10. 中二叠世角闪石岩;11. 中二叠世辉绿岩;12. 超镁铁质岩;13. 断层;14. 样品位置

超基性岩主要是蛇纹石化透闪石化滑石化橄榄岩、蛇纹石化角闪橄榄岩、蛇纹石化辉石橄榄岩和蛇纹岩(付俊彧等,2018)。其中,位于头道沟南约1km的头道沟岩体是含矿岩体(图8-17)。

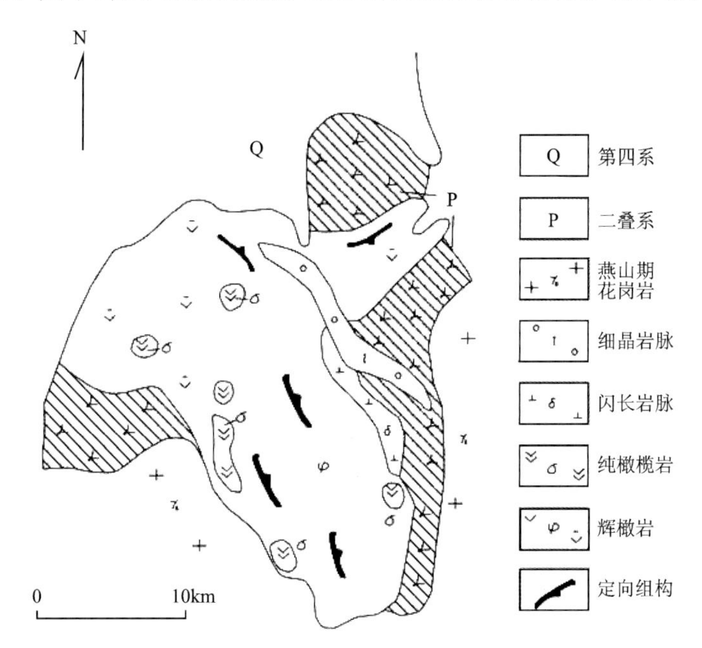


图8-17 头道沟超基性岩地质简图(据吉林省地质局,1970)

头道沟岩体长轴呈北西向,长3km,宽1.2km,面积约4.1$km^2$。岩石类型主要是蛇纹石化斜辉橄岩,其次是纯橄榄岩。

铬铁矿体呈透镜状、巢状、不规则状。规模最大者延长15m,宽1.7m,延深5~7m。他形一半自形粒状结构,浸染状和块状构造。成矿矿物为铬尖晶石。$Cr_2O_3$最高品位达32.69%,多介于15%~20%之间。

### 3. 红旗岭硫化铜镍矿

红旗岭硫化铜镍矿床位于红旗岭-头道沟-小绥河弧形蛇绿混杂岩带南端,敦密-阿尔昌断裂北侧。区内出露呼兰群黄莺屯组和小三个顶子组。黄莺屯组出露于矿区西部,主要有黑云母片麻岩、云母片岩、大理岩夹角闪片岩等。小三个顶子组主要分布于矿区东部,由大理岩、硅质条带大理岩、云母片麻岩、石榴子石云母片麻岩组成(图8-18)。

镁铁-超镁铁质岩体类型主要是辉长岩-辉石岩-橄榄岩和角闪橄榄岩。前者主要是1号、3号、7号、30号岩体,后者主要是9号、10号岩体。其中1号岩体中赋存有中型铜镍矿床,7号岩体中赋存有大型铜镍矿床。

1)含矿岩体的地质和岩石学特征

红旗岭矿床成矿岩体的岩石类型主要是辉长岩-辉石岩-橄榄岩型镁铁-超镁铁质岩。一般岩体规模较小,产状有陡倾斜的岩墙、岩脉(如7号岩体)和较舒缓的岩床、岩盆(如红旗岭1号岩体)等。

组成岩体的主要岩相为顽火辉岩(局部强烈次闪石化为蚀变辉岩)和少量苏长岩。

(1)1号岩体地质特征。

1号岩体位于矿区第Ⅰ岩带的中部,围岩是黄莺屯组下段黑云片麻岩(西侧局部为角闪片岩)(图8-19)。岩体走向北40°西,长980m;宽一般为150~280m,最大埋藏深度(岩体北端)为560m。岩体的长、深、宽之比约为4∶2∶1;地表出露面积为0.2$km^2$。

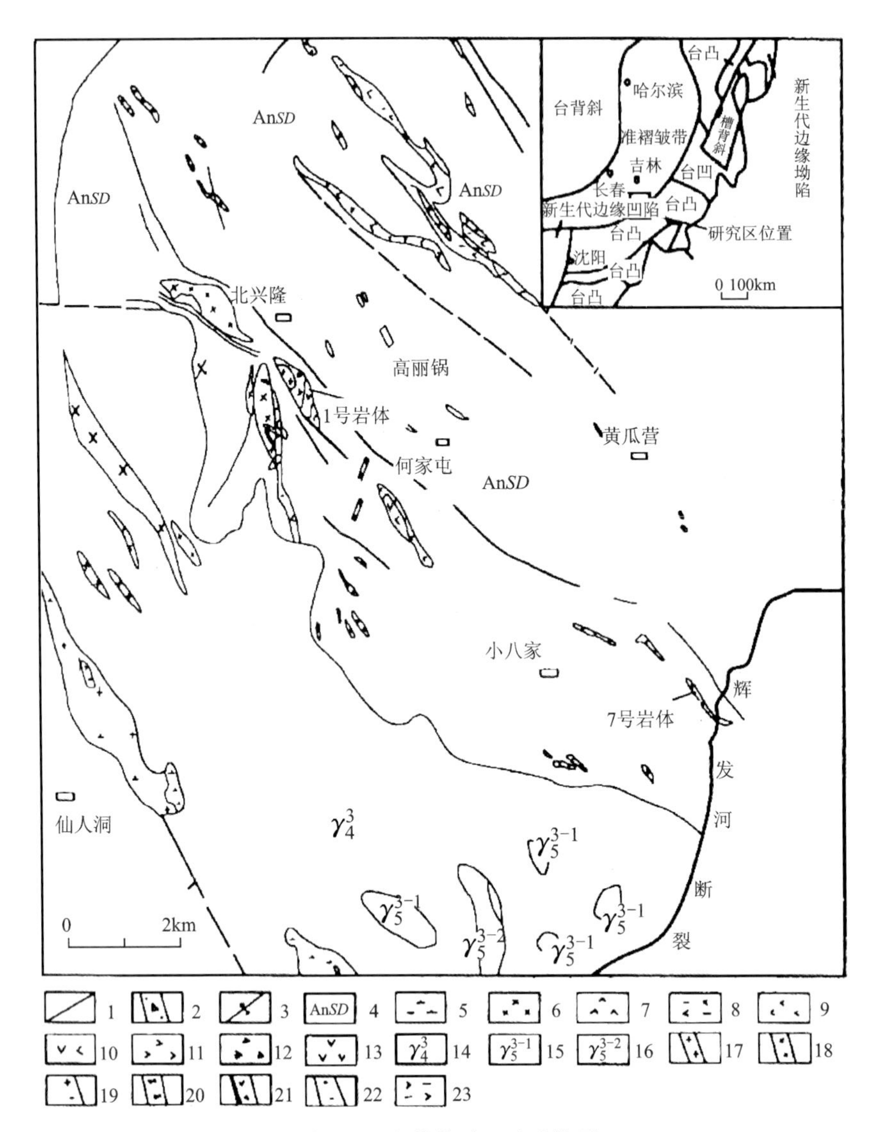


图 8-18　红旗岭矿区地质简图

1.断层;2.破碎带;3.背斜轴;4.呼兰群;5.闪长岩;6.辉长岩;7.辉长闪长岩;8.斜长角闪石岩;9.角闪石岩;10.角闪橄榄岩;11.辉石岩;12.橄榄辉石岩;13.橄榄岩;14.海西晚期黑云母花岗岩;15.海西晚期花岗闪长岩;16.燕山期花岗岩;17.伟晶岩;18.石英斑岩脉;19.长石石英斑岩脉;20.长石斑岩脉;21.辉绿岩脉;22.煌斑岩脉;23.含长角闪二辉岩

岩体平面上呈纺缍形;横剖面上两侧向中心倾斜,南部呈盆状,北部呈杯状;纵剖面上呈不对称的漏斗状。南东侧倾斜较缓,为36°;北西侧则较陡,为75°(图8-20)。

1号岩体由上而下分为4个岩相:辉长岩、辉石岩(古铜辉岩)、橄榄岩(含长橄榄岩、辉石橄榄岩)和橄榄辉岩。橄榄辉岩是底部含矿岩相。各岩相体积百分比如下:辉长岩相1%,辉石岩相6%,橄榄岩相89%,橄榄辉岩相(底部含矿岩相)4%。

(2)7号岩体地质特征。

7号岩体位于矿区南东部第1号岩带的南东端,围岩为黄莺屯组下段。岩体底盘为黑云母片麻岩,顶盘为花岗片麻岩、角闪片岩与大理岩互层。岩体南段被侏罗系—白垩系砂砾岩覆盖,砂砾岩与黑云母片麻岩呈不整合接触(图8-21)。

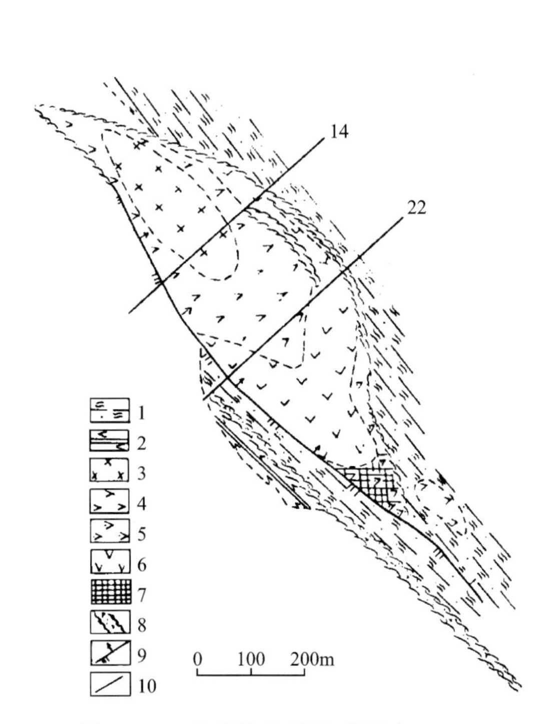


图 8-19　1 号岩体地质图(据秦宽,1995)

1. 黑云母片麻岩;2. 角闪片岩;3. 辉长岩;4. 古铜辉岩;5. 橄榄辉岩;6. 橄榄岩;7. 工业矿体;8. 破碎带;9. 逆断层;10. 性质不明断层

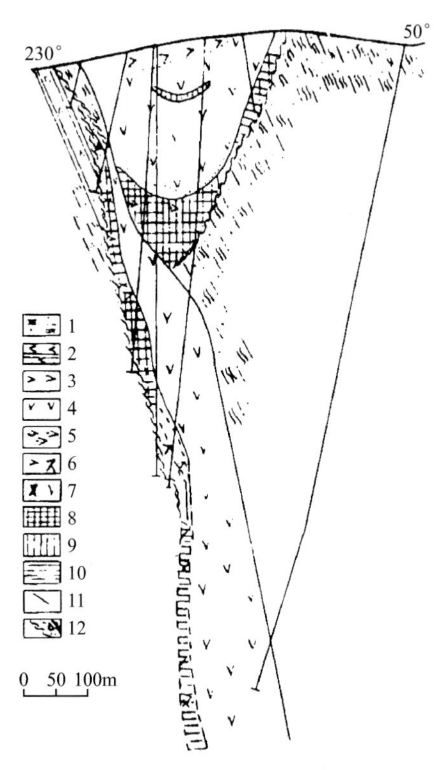


图 8-20　1 号岩体 22 线地质剖面图(据秦宽,1995)

1. 黑云母片麻岩;2. 角闪片岩;3. 古铜辉岩;4. 橄榄岩;5. 橄榄辉岩;6. 蚀变辉岩;7. 橄榄岩;8. 工业矿体;9. 上悬透镜状矿体;10. 推断矿体;11. 逆断层;12. 破碎带

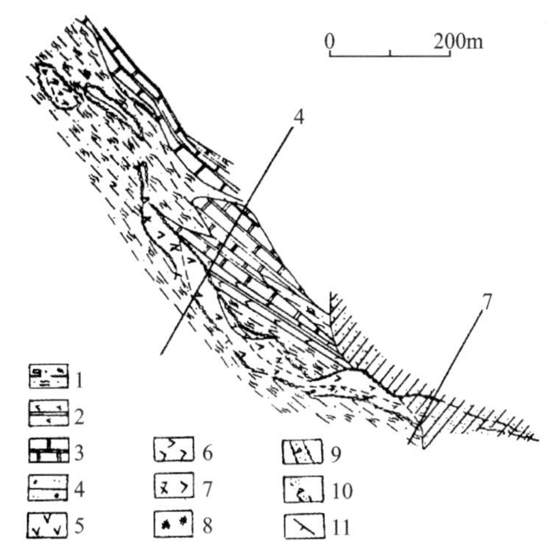


图 8-21　7 号岩体地质示意图(据秦宽,1995)

1. 黑云母片麻岩;2. 角闪片岩;3. 大理岩;4. 砂砾岩;5. 橄榄岩;6. 顽火辉岩;7. 蚀变辉岩;8. 苏长岩;9. 破碎带;10. 岩体投影界线;11. 断层及产状(5、8 地表未见出露)

岩体在平面上呈带状,出露地表 0.013km$^2$。岩体走向北 30°～60°西,倾向北东,倾角 75°～80°。岩体长 700m,平均宽度 35m,在横剖面上呈岩墙状(图 8-22),最大延深 520m。

7 号岩体的主体岩相为斜方辉岩(顽火辉岩),占岩体总体积的 96%。还有少量苏长岩,多见于岩体边部,靠近上盘,238m 以上较多,向下则渐少。在岩体中段中间部位 3 线附近,常见有橄榄岩脉。

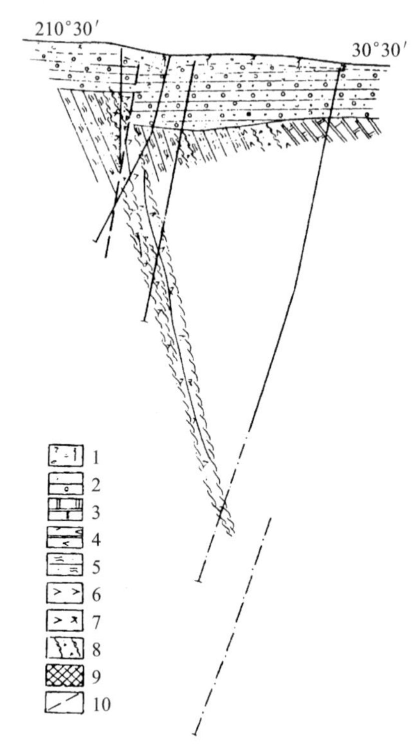


图 8-22　7 号岩体第 7 勘探线剖面图(据秦宽,1995)

1.表土及坡积层;2.砂砾岩;3.大理岩;4.角闪片岩;5.黑云母片麻岩;6.顽火辉岩;
7.蚀变辉岩;8.破碎带;9.纯硫化物脉状矿体;10.断层

2)矿床地质特征

(1)矿体形态。

矿体形态分为似板状矿体、似层状矿体、脉状矿体、纯硫化物脉状矿体、上悬透镜状矿体及囊状矿体 6 种类型。

似层状矿体仅见于 1 号岩体中,岩相界线清楚,底部以混染带与黑云母片麻岩接触。从剖面上看,其底部橄榄岩相本身具有一定的重力分异作用特征。空间上往往中粗粒的古铜辉岩在上部,橄榄辉岩靠下部,少量中粗粒橄榄岩则分布于橄榄辉岩中,三者为渐变关系。它们一般都含矿,其中橄榄岩、橄榄辉岩富含硫化物,分布于该岩相的底部和中部。矿体长度小于 1 000m,宽度小于 100m,厚度 1m 至数十米。

似板状矿体以 7 号岩体主矿体为代表。它主要赋存在顽火辉岩及蚀变辉石岩中,其形态、产状与岩体基本一致,呈岩墙状或似板状。矿体长达数百米,厚度数米至数十米,是矿区最大的矿体。脉状矿体主要含矿岩石是蚀变辉石岩、辉橄岩、橄榄岩,矿体往往在岩体的边部呈脉状,偶尔贯入到围岩中,其形态、产状为岩体内部的原生节理控制。

纯硫化物矿脉在 1 号、7 号岩体中均有此类矿体,其形态、产状明显受岩体内的北西向的原生节理控制。矿体产于脉状辉橄岩和顽火辉岩接触部位。上悬透镜状矿体分布在 1 号岩体橄榄岩相中,与不含矿橄榄岩呈渐变过渡关系。脉状矿体、纯硫化物矿脉、上悬透镜状矿体的规模一般较小,尤其是上悬透镜状矿体连续性差,矿石品位低,工业价值不大。

(2)矿物成分。

矿石矿物包括磁黄铁矿、镍黄铁矿、黄铁矿、黄铜矿、紫硫镍矿、红砷镍矿、六方硫镍矿、磁铁矿、钛铁矿、辉钼矿等(图 8-23),以磁黄铁矿和黄铜矿为主。非金属矿物有辉石、斜长石等。

(3)矿石组构。

矿区各类型矿体中矿石结构主要有半自形—他形粒状结构、结状结构、焰状结构、环边状结构等,此外也发育有填隙结构、蠕虫状结构。矿石构造主要有结状构造、浸染状构造、斑点状构造、海绵陨铁状构造、脉状构造和块状构造等，其次是团块状构造、细脉浸染状构造、角砾状构造等。

不同形态矿体中，矿石结构有一定的差别。浸染状构造在橄榄岩中的上悬矿体及底部矿体中最为常见，其次则见于矿化辉长伟晶岩异离体中；斑点状构造常见于橄榄辉岩及脉状的蚀变辉岩矿富矿地段；块状构造仅见于橄榄辉岩或斜方辉岩的纯硫化物脉中。

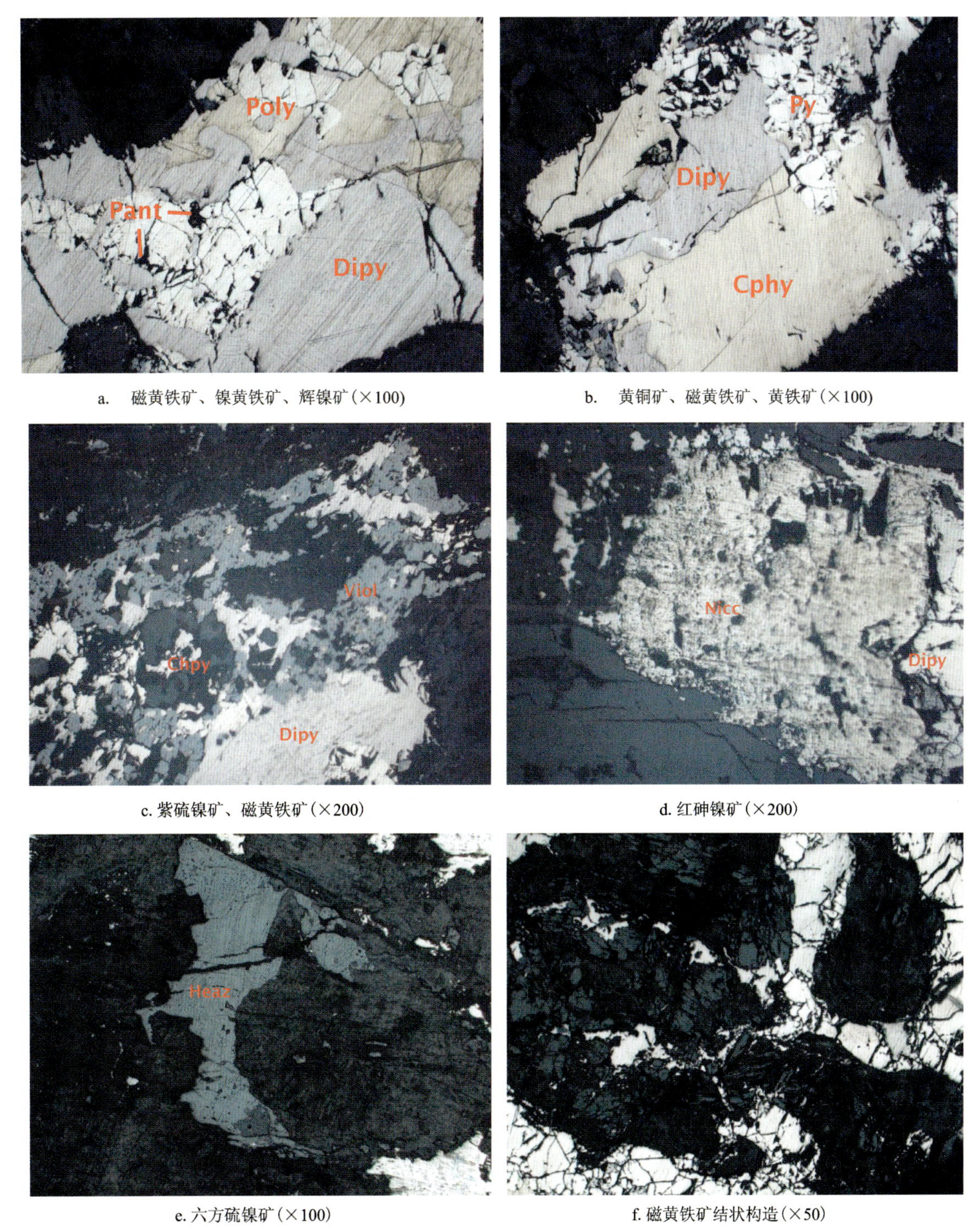


a. 磁黄铁矿、镍黄铁矿、辉镍矿(×100)　　b. 黄铜矿、磁黄铁矿、黄铁矿(×100)

c. 紫硫镍矿、磁黄铁矿(×200)　　d. 红砷镍矿(×200)

e. 六方硫镍矿(×100)　　f. 磁黄铁矿结状构造(×50)

图 8-23　红旗岭镍矿矿石显微照片

**4. 矿床成因**

铬矿分两类：层状铬铁矿和豆荚状铬铁矿(阿尔卑斯式铬铁矿)。清津、开山屯、头道沟和小绥河的铬矿显然属于后者。

豆荚状铬铁矿是蛇绿岩套中具有标志性意义的矿床。它总是产于蛇绿岩套中，并与特定的岩石类型或岩相密切相关。

一类豆荚状铬铁矿产于纯橄榄岩-方辉橄榄岩中，并产于纯橄榄岩相内。这时的铬铁矿体多呈扁豆状、条带状、似层状、巢状，与岩相带成整合关系；矿石呈中—细粒自形结构，浸染状、条带状和块状构造，这即是所谓的早期岩浆矿床(图 8-24)。

另外一些豆荚状铬铁矿体是受构造控制的，矿体产于纯橄榄岩和方辉橄榄岩中，但是除个别矿体呈似层状和条带状外，经常呈不规则脉状、豆荚状、团块状、网脉状等(图 8-24)。

显然，小绥河铬矿属于前者；头道沟铬矿属于后者。

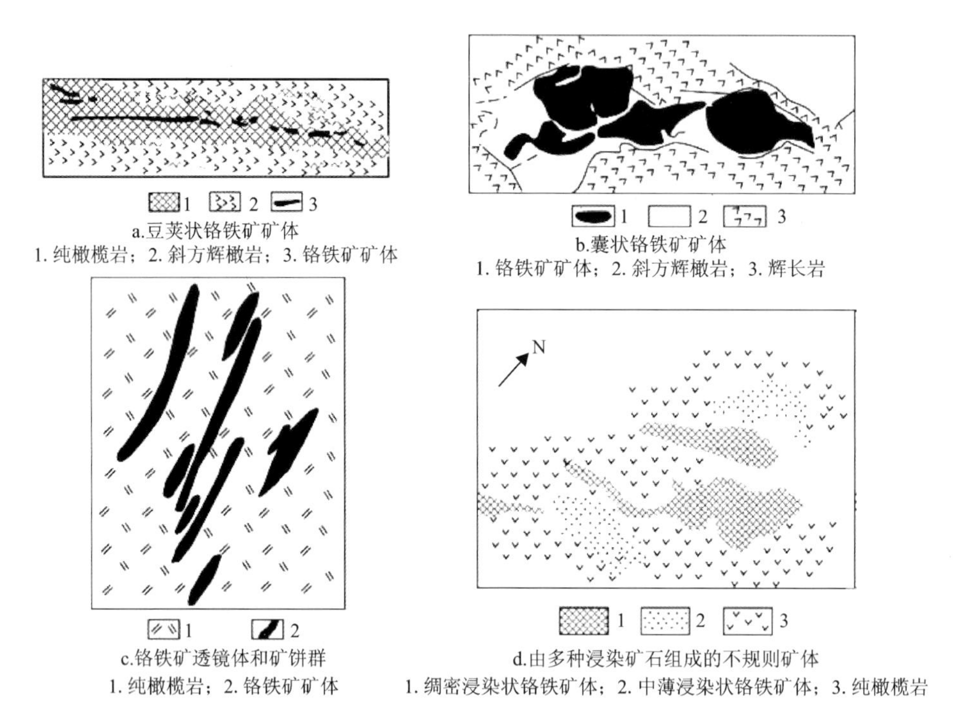


图 8-24 豆荚状铬铁矿矿体形态(据姚凤良等，2006)

蛇绿岩套的理想剖面自下而上：变质橄榄岩(二辉橄榄岩、方辉橄榄岩和纯橄榄岩)—堆晶杂岩(辉长岩质)—铁镁质席状岩墙—枕状熔岩。如果加上深海沉积的泥质岩、页岩、泥灰岩和硅质岩，就构成了完整的大洋地壳。阿尔卑斯式铁矿或位于纯橄榄岩与方辉橄榄岩接触面附近的纯橄榄岩中，或位于方辉橄榄岩中呈透镜状体(图 8-25)。

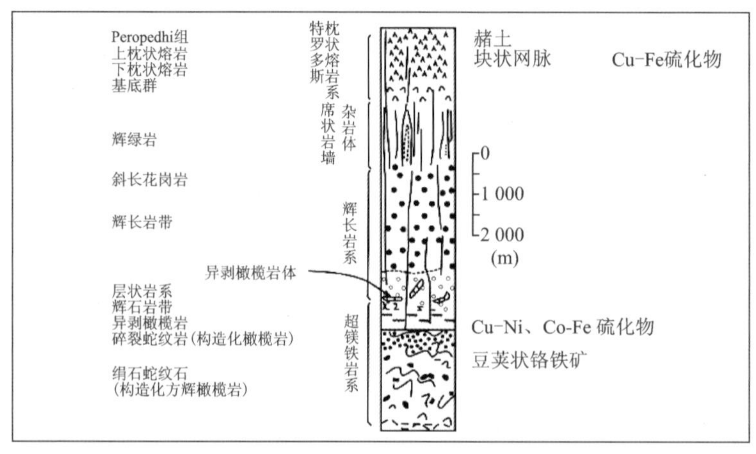


图 8-25 利马索尔森林蛇绿岩理想柱状图(据 A. H. G. Mitchell et al，1981)

在豆荚状铬铁矿之上的基性岩中出现 Cu－Ni、Co－Fe 的硫化物，应该是红旗岭硫化铜镍矿的位置。

## 第四节　磐石-长春成矿带（Ⅳ－15）

磐石-长春成矿带（Ⅳ－15）与同名构造带范围一致。它是晚古生代以来的被动大陆边缘，发育典型被动大陆边缘的具有裂陷相和移离相的二元结构沉积。伴随裂陷期火山和沉积作用，形成小红石砬子、圈岭银铅锌多金属矿、头道川金矿、石咀子铜矿等块状硫化物矿床。头道川金矿发育于余富屯组细碧角斑岩建造中。有两类金矿体：一类为含金硫化物硅质岩型矿体，另一类为矿化细碧角斑岩型矿体。前者呈层状、似层状或平行层的透镜状；后者与围岩呈渐变过渡关系。矿石矿物为自然金、碲金矿、碲金银矿、碲银矿、黄铁矿、毒砂等，脉石矿物为石英、绢云母、绿泥石、方解石等。矿石结构以粒状变晶结构和胶状结构为特点，矿石构造有块状构造、细脉状构造、网脉状构造、粉末状构造、角砾状构造等。石咀铜矿处于明城-石咀子向斜的东翼，矿体严格受层状控制，与围岩呈整合接触。矿体呈层状、似层状或扁豆状产出，矿石构造有块状构造、条带状构造，层纹状构造。矿石矿物主要为黄铜矿、斑铜矿，其次为辉铜矿、砷黝铜矿（砷铜矿）、白钨矿、辉钼矿、辉铋矿等；脉石矿物主要为矽卡岩类矿物和石英、方解石、绢云母等。主要成矿元素为 Cu，平均品位 1.52%。

小红石砬子矿床位于石咀铜矿南东 2.5km，是银铅锌多金属矿床。矿床围岩是余富屯组中酸性火山熔岩、火山碎屑岩、沉积碎屑岩、泥岩和碳酸盐岩组成的火山沉积建造。在矿区，岩层走向近南北，倾向东，倾角约 70°。有 3 种类型矿体：层状矿体、浸染状矿体和脉状矿体。层状矿体是主要矿化地质体，产于火山碎屑岩与沉积岩接触面附近，呈层状、似层状、平行层的透镜状，与地层产状一致。矿石矿物主要为闪锌矿和方铅矿，其次为黄铁矿、磁黄铁矿和少量黄铜矿。矿体延长 300～460m，延深 100～350m，厚为 3.97～6.33m。平均品位：Ag 为 $(11.94 \sim 32.56) \times 10^{-6}$；Pb 为 0.45%～1.02%；Zn 为 1.31%～2.34%（祝阳阳等，2012）。

## 第五节　造山期的成矿作用

松嫩-延边构造带在晚二叠世的杨家沟期，海水已经开始振荡退出。早三叠世地层仅局部出露于九台市卢家乡陆家屯一带，是河湖相碎屑岩陆家屯组（$T_1l$），说明早三叠世海水已经全面退出。该区普遍缺失中三叠世，说明当时造山带已经全面隆升。在晚三叠世，开始出现以大酱缸组沉积为代表的伸展盆地（烟筒山盆地和双阳盆地等），说明造山带局部已经开始垮塌。但是，此时也是造山作用的峰期。

松嫩-延边构造带广泛出露的三叠纪花岗岩是晚三叠世花岗岩，这期花岗岩的一部分是白云母或二云母花岗岩，属于 S 型花岗岩，是造山带花岗岩。

构造带中许多地质体变质年龄也集中在晚三叠世。因此将松嫩-延边构造带称为海西期—印支期构造带。该构造带中与岩浆作用有关的成矿作用也集中在这一时期。有 3 种类型矿床：斑岩型、岩浆热液脉型和矽卡岩型。

### 一、斑岩钼矿

斑岩钼矿是松嫩-延边成矿带在造山期最主要的矿化形式。有一系列大、中、小型斑岩钼矿，包括大黑山钼矿、霍吉河钼矿、大石河钼矿、鹿鸣钼矿、翠岭钼矿、刘生店钼矿、季德屯钼矿、福安堡（钨）钼矿等。

## （一）典型矿床

### 1. 福安堡(钨)钼矿

1)地质特征

吉林省舒兰市福安堡（钨）钼矿是近年发现的一座大型矿床。矿床位于舒兰市开原镇薛家村福安堡西火石顶子附近。地理坐标：北纬 43°51′—44°38′，东经 126°24′—127°45′（图 8-26）。

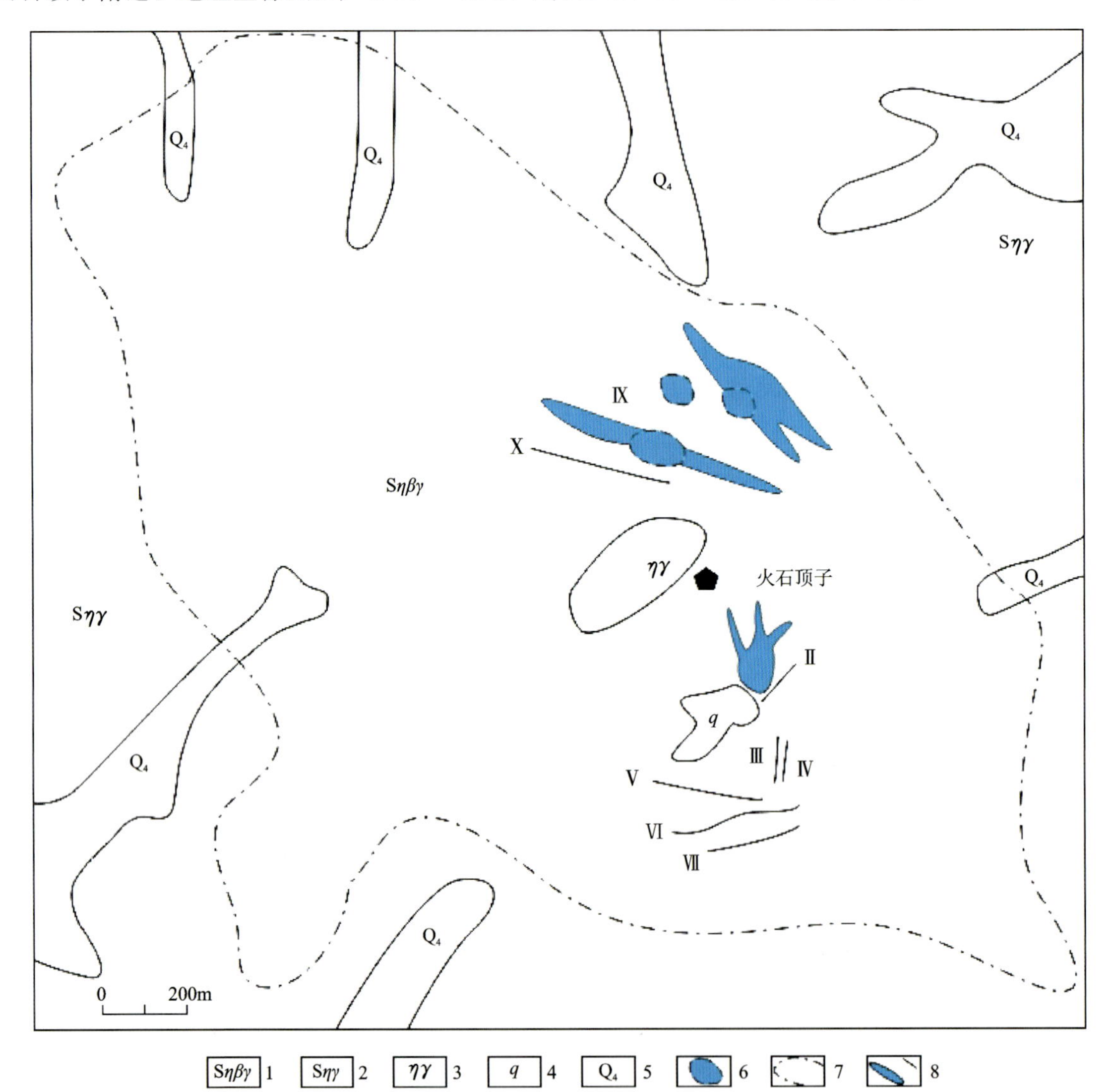


图 8-26　福安堡(钨)钼矿区地质图（据吉林省第二地质调查队，2005）

1. 蚀变似斑状二长花岗岩；2. 似斑状二长花岗岩；3. 花岗斑岩脉；4. 石英脉；5. 第四系；6. 隐爆角砾岩筒；7. 土壤 Mo 异常；8. 钼矿体

(1)矿区地质。区内广泛发育有海西期、印支期和燕山期花岗岩，呈岩基、岩株和岩脉状产出。成矿岩体为棒子山岩体，主要由似斑状二长花岗岩、二长花岗岩及黑云母花岗闪长岩等组成（图 8-27），岩体加权平均年龄为 179±2Ma（刘万臻，2012），属早侏罗世。

(2)矿体特征及矿化类型。

①矿体特征。在矿区内发现 4 处隐爆角砾岩筒，呈椭圆形，长 100～140m，宽 80～100m。角砾长轴以 5～50cm 为主，最大达 160cm。角砾岩筒即为矿体，控制矿体的空间展布（孟广才，2008）。

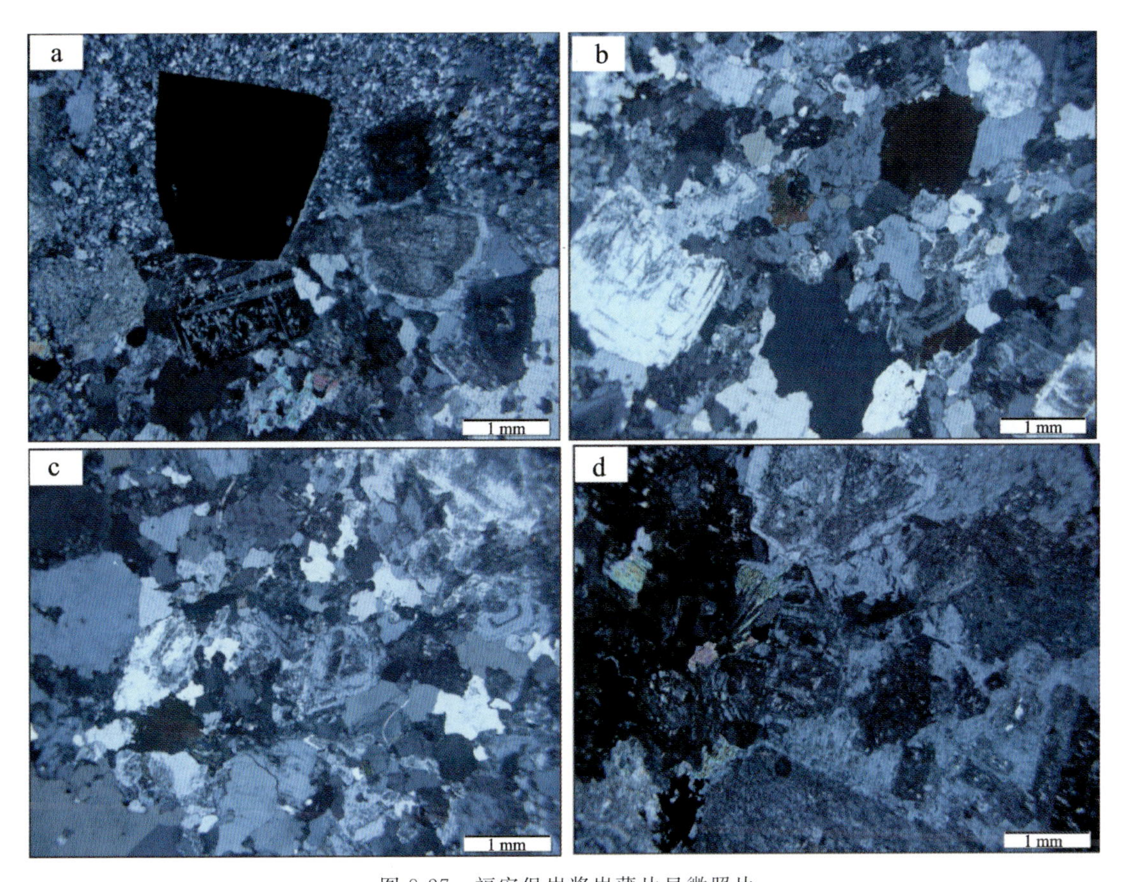


图 8-27 福安堡岩浆岩薄片显微照片

a. 花岗斑岩;b、c. 花岗闪长岩;d. 黑云母二长岩

福安堡(钨)钼矿床由 10 条矿体组成,宏观上围绕石英核分布。Ⅰ～Ⅳ号矿体呈北东向展布;Ⅴ～Ⅶ号矿体呈东西向展布;Ⅷ～Ⅹ号矿体呈北西向展布(图 8-26)。Ⅷ号、Ⅸ号为主矿体。Ⅷ号矿体总体呈透镜状,走向 310°,倾向北东,倾角 45°～60°,控制长 420m,厚 9.8～65.5m,平均厚 27.7m,控制斜深 210m,属于较稳定矿体。Ⅸ号矿体总体呈脉状,走向 290°,倾向北东,倾角 40°～60°,控制长 640m,厚 6.7～62.7m,平均厚 20.7m,控制斜深 418m,属于较稳定矿体。Ⅷ号、Ⅸ号矿体之间的隐爆角砾岩筒,其深部与Ⅸ号矿体连为一体。Ⅰ号矿体主体为隐爆角砾岩筒,呈椭圆形,向北出现分支,长 200m,最大宽度 100m,倾向东,倾角 75°左右,延深大于 200m。Ⅷ号、Ⅸ号矿体地表平均品位 0.04%左右,深部平均品位 0.15%。深部单样最高品位达 10.5%。地表由于风化淋滤作用,使矿石品位大大降低,地表矿体较深部降低 3 倍以上。风化淋滤带深度在 15～20m 之间(图 8-28)。

②矿石特征。矿石类型主要为蚀变花岗闪长岩型、角砾岩型、石英脉型和地表氧化型。金属矿物有辉钼矿、黄铁矿、黄铜矿、闪锌矿。

辉钼矿:具有极显著的双反射和特强的强非均质性,反射率中等,低硬度,含量为 1%,晶型为微曲的叶片状,可见被黄铁矿交代残余。

黄铁矿:反射色呈浅黄色,反射率Ⅰ级,中硬度,均质性,表面不干净,有麻点和擦痕。

黄铜矿:反射色呈铜黄色,反射率Ⅱ级,中硬度,弱非均质性。含量约 5%,呈他形交代黄铁矿,也可见呈固溶体分离的乳滴状分布于闪锌矿中。

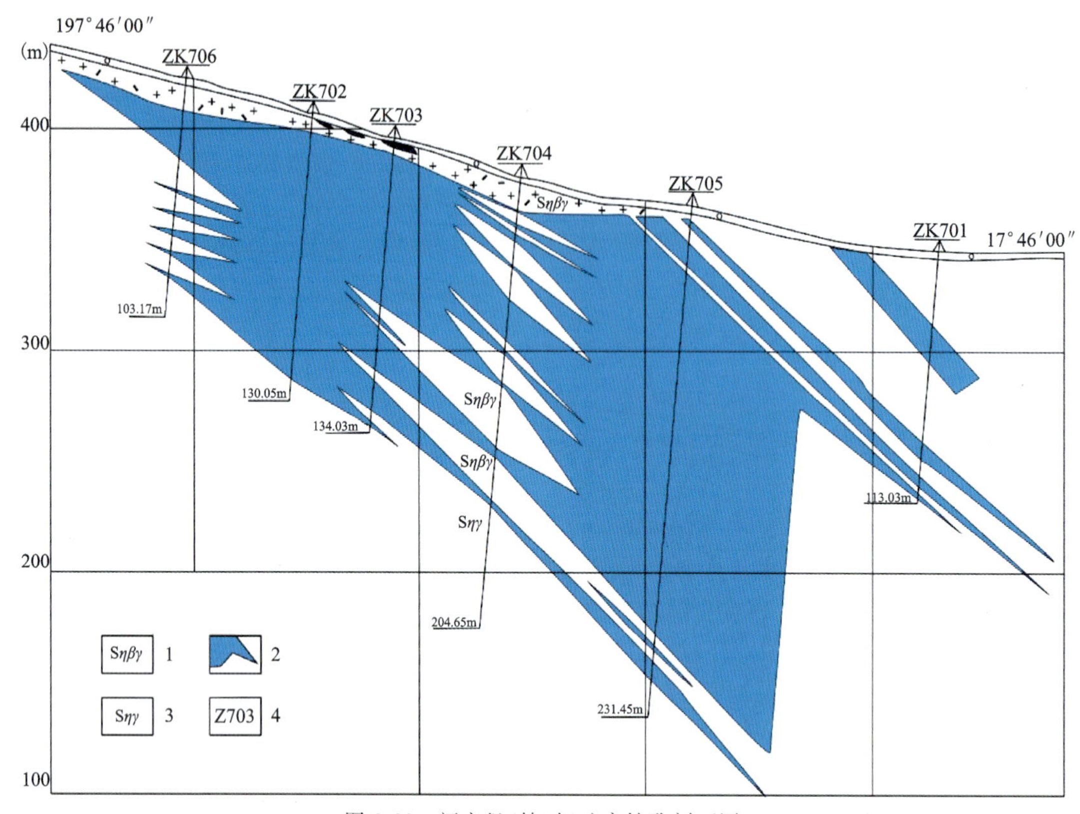


图 8-28　福安堡(钨)钼矿床钻孔剖面图

1.蚀变似斑状二长花岗岩;2.矿体;3.似斑状二长花岗岩;4.钻孔

闪锌矿:灰色、中硬度,均质性,晶型差,呈他形交代黄铁矿,可见黄铜矿呈固溶体分离的乳滴状分布于闪锌矿中。具体结构分布特征见表 8-2。

**表 8-2　福安堡(钨)钼矿矿物特征表**

| 矿物名称 | 形状、结晶程度 | 粒径(mm) | 含量(%) | 分布特征 |
|---|---|---|---|---|
| 钾长石 | 半自形—他形、板状 | 一般 0.50~2.00,大者 5~20,小者 0.05~0.20 | 一般 30~40 | 呈主要造岩矿物分布于矿石中,与其他矿物呈镶嵌状 |
| 斜长石 | 半自形、板状 | 一般 0.20~1.25,小者 0.05~0.20 | 一般 40~50 | 呈主要造岩矿物分布于矿石中,与其他矿物呈镶嵌状 |
| 石英 | 他形、粒状 | | 一般 20~30,局部 90 以上 | 呈主要造岩矿物分布于矿石中,与其他矿物呈镶嵌状 |
| 黑云母 | 他形、粒状 | 1~2.50 | 一般 5~10,少量大于 10 | 呈次要造岩矿物分布于矿石中,与其他矿物呈镶嵌状 |
| 辉钼矿 | 半自形—他形、板状、柱状 | 0.01~1.50 | 1~3 | 浸染状、斑点状、细脉状、叶片状 |
| 黄铁矿 | 半自形—他形、粒状 | 0.05~1.00 | 1~5 | 浸染状分布,交代辉钼矿 |
| 黄铜矿 | 他形粒状 | 0.02~0.30 | 小于 1 | 浸染状分布,交代黄铁矿 |
| 闪锌矿 | 他形、粒状 | 0.05~0.20 | 小于 1 | 常与黄铜矿呈细小的固溶体分离 |
| 其他金属矿物 | 半自形—他形 | 0.10~0.50 | 一般小于 1 | 零星分布于矿石中,部分成细脉状 |

③矿化特征及围岩蚀变。矿化发育在棒子山岩体的边缘相，与其脉岩关系密切。岩浆期后形成的大量硅质、碱质及含挥发分的残余岩浆为本区成矿提供了物质来源。矿化大致以石英核为中心分布，以北西向为主，东西向与北东向次之。矿化富集与石英脉关系密切，石英脉及其附近的石英细脉、网脉、团块状矿化较好，矿石品位明显增高，并反映出多期次成矿特征。在Ⅰ号、Ⅷ号和Ⅸ号矿体地表于深部见有隐爆角砾岩，角砾呈棱角状—次棱角状，后期硅质胶结品位较低。

围岩蚀变类型反映高温—中温—低温特征，主要有云英岩化、硅化、钾化、绢云母化、绿帘石化、黄铁矿化，其次为萤石化、高岭土化、绿泥石化及碳酸盐化等。各种蚀变相互叠加，分带不明显。与成矿关系密切的主要有云英岩化、硅化、钾化、绢云母化和绿帘石化。

④成矿阶段。根据野外观察和室内镜下研究，福安堡（钨）钼矿成矿作用从早到晚可分为4个阶段（图8-29）。

图8-29 围岩蚀变及脉石穿切关系

a、b. 黄铁黄铜石英脉；c. 晚期辉钼矿-石英脉穿切、胶结早期的黄铜矿-黄铁矿-石英脉；d. 无矿石英脉穿切黄铜矿-黄铁矿-石英细脉

第一阶段（Ⅰ）为黄铁-黄铜-石英阶段，矿石矿物主要是黄铜矿和黄铁矿。

第二阶段（Ⅱ）为主成矿期。它是黄铁矿-黄铜矿-辉钼矿-石英阶段，为重要的成矿阶段，见有粗大乳白色石英脉，矿石矿物有辉钼矿、黄铁矿、黄铜矿、闪锌矿，各种含银矿物和自然金等。

第三阶段（Ⅲ）为辉钼矿-石英脉阶段，矿石矿物有辉钼矿、黄铁矿、黄铜矿、闪锌矿等。

第四阶段（Ⅳ）为晚期石英脉阶段，主要矿物为石英、萤石等，含少量黄铁矿，石英透明度较差，呈玉髓状，包括有早期阶段蚀变花岗闪长岩角砾，边部伴有萤石，该阶段石英脉基本不含钼矿化。

（3）成矿流体来源及成矿模式分析。

①样品采集及研究方法。在福安堡（钨）钼矿采集包括4个成矿阶段的共计16件样品。对发育较好流体包裹体的样品开展系统的岩相学、显微测温和成分分析。显微测温实验和拉曼光谱成分分析在吉林大学地球科学学院流体包裹体实验室完成。测温仪器包括德国Carl Zeiss Axiolab型显微镜（10×50）和英国Linkam THMS－600型冷热两用台，温度低于0℃时分析精度为±0.1℃，温度高于200℃时为±2℃。

②流体包裹体岩相学特征如下。Ⅰ阶段石英颗粒中见两种类型流体包裹体，即气液两相包裹体及少量富气相包裹体。岩相特征如下(图 8-30)。

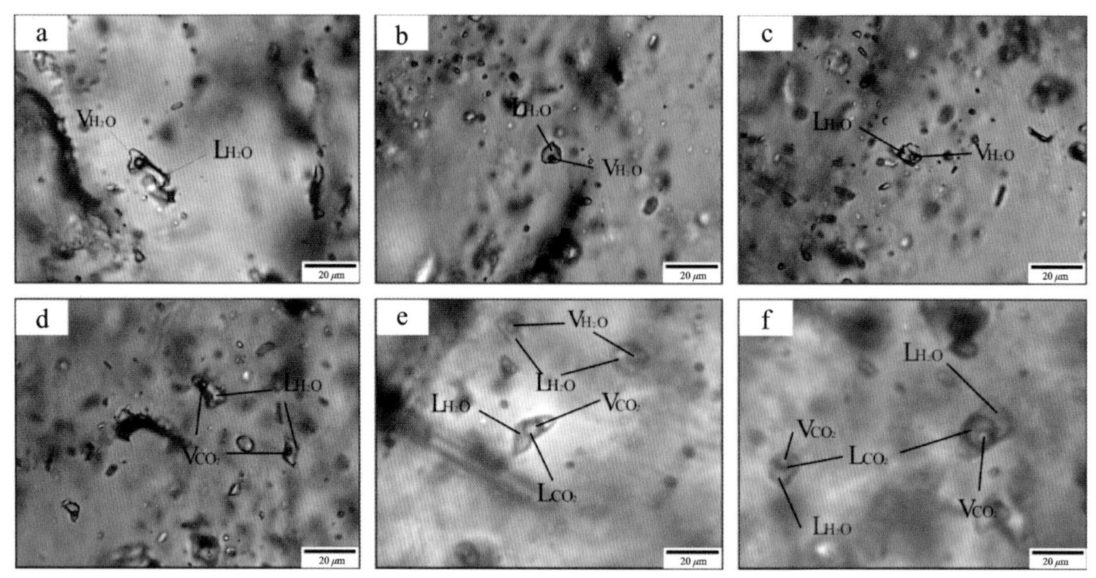


图 8-30　福安堡(钨)钼矿流体包裹体显微照片

a～d. 气液两相包裹体；e、f. 含 $CO_2$ 三相包裹体

气液两相包裹体(VL)：常温下由 $H_2O$ 的气液两相组成，气相占包裹体整体的 20%～40%；呈近圆状、椭圆状和少量不规则状，长轴多为 10～15μm，在石英颗粒中多为成群分布，少量随机分布。

富气相包裹体(LV)：常温下由 $H_2O$ 的气液两相组成，气液比为 70%～90%，形态多为近圆状，长轴多为 5～10μm，在石英颗粒中随机分布且少见。

$CO_2$ 三相包裹体(LC)：常温下由 $H_2O$ 的液相和 $CO_2$ 的气液两相组成，$CO_2$ 气液比范围较大，为 40%～90%；形态近椭圆状，长轴为 8～15μm，在石英颗粒中随机分布。

Ⅱ阶段石英颗粒中见 3 种类型流体包裹体：气液两相包裹体、$CO_2$ 三相包裹体及少量富气相包裹体。岩相特征如下：

气液两相包裹体(VL)：常温下由 $H_2O$ 的气液两相组成，气相占包裹体整体的 20%～40%；呈近圆状、椭圆状和少量不规则状，长轴多为 5～10μm，偶见 10～15μm，在石英颗粒中多为成群分布，少量随机分布。

$CO_2$ 三相包裹体(LC)：常温下由 $H_2O$ 的液相和 $CO_2$ 的气液两相组成，$CO_2$ 气液比范围较大，为 20%～25%；形态近椭圆状，长轴为 5～15μm，在石英颗粒中随机分布(图 8-30f)。

富气相包裹体(LV)：常温下由 $H_2O$ 的气液两相组成，气液比为 70%～90%；形态多为近圆状，长轴多为 10～15μm，在石英颗粒中随机分布且少见。

Ⅲ阶段石英颗粒中见 3 种类型流体包裹体：气液两相包裹体、$CO_2$ 三相包裹体及少量富气相包裹体。前两种岩相特征如下。

气液两相包裹体(VL)：常温下由 $H_2O$ 的气液两相组成，气相占包裹体整体的 20%～40%；呈近圆状、椭圆状和少量不规则状，长轴多为 5～10μm，偶见 10～15μm，在石英颗粒中多为成群分布，少量随机分布。

$CO_2$ 三相包裹体(LC)：常温下由 $H_2O$ 的液相和 $CO_2$ 的气液两相组成，$CO_2$ 气液比范围较大，为 20%～25%；形态近椭圆形，长轴为 5～15μm，在石英颗粒中随机分布且少见。

Ⅳ阶段石英颗粒中气液两相包裹体(VL)：常温下由 $H_2O$ 的气液两相组成，气相占包裹体整体的 10%～40%；呈近圆状、椭圆状和少量不规则状，长轴多为 5～10μm，偶见 10～15μm，在石英颗粒随机分布。

③流体包裹体显微测温。Ⅰ阶段石英中原生流体包裹体特征冷冻—升温过程中，气液两相包裹体冰点温度为－4.8～－3.1℃，计算相应盐度为5.1%～8.0%的NaCl(Hall et al,1988)，盐度峰值为5.1%～6.8%的NaCl；均一温度为213～319℃，温度峰值为315～320℃，流体密度为0.67～0.80g/cm³。富气相包裹体冰点温度为－3.3～－1.9℃，相应盐度为3.0%～5.9%的NaCl，均一至液相温度为319～388℃，峰值为330～335℃，相应流体密度为0.62～0.71g/cm³；$CO_2$三相包裹体的固相$CO_2$熔化温度为－58.8～－58℃，笼形物消失温度为8.7～9.5℃，相应盐度为2.3%～4.2%的NaCl，均一至液相温度为300～343℃，相应流体密度为0.75～0.96g/cm³。

Ⅱ阶段石英中原生流体包裹体冷冻—升温过程中，气液两相包裹体冰点温度为－4.8～－2.2℃，计算相应盐度为3.7%～7.9%的NaCl(Hall et al,1988)，盐度峰值为5.0%～5.5%的NaCl；均一温度为238～358℃，温度峰值为260～270℃，流体密度为0.67～0.80g/cm³(图8-31)。富气相包裹体冰点温度为－3.3～－1.9℃，相应盐度为3.0%～4.2%，均一至液相温度243～315℃，峰值为243～273℃，相应流体密度为0.75～0.88g/cm³；$CO_2$三相包裹体的固相$CO_2$熔化温度为－57.8～－56.9℃，笼形物消失温度为7.4～8.1℃，相应盐度为2.2%～5.8%，均一至液相温度为315～336℃，相应流体密度为0.74～0.76g/cm³(图8-31c、d；图8-32b)。

Ⅲ阶段石英中包裹体冷冻—升温过程中，气液两相包裹体冰点温度为－4.2～－1.5℃，计算相应盐度为2.2%～7.6%的NaCl(Hall et al,1988)，盐度峰值为3.7%～4.2%的NaCl；均一温度为181～224℃，温度峰值为198～205℃，流体密度为0.67～0.80g/cm³(图8-32)；$CO_2$三相包裹体的固相$CO_2$熔化温度为－57.2～－57℃，笼形物消失温度为8.4～8.6℃，相应盐度为2.2%～3.6%的NaCl，均一至液相温度为224～317℃，相应流体密度为0.7～0.8g/cm³(图8-31e、f；图8-32c)。

Ⅳ阶段石英中包裹体冷冻—升温过程中，气液两相包裹体冰点温度为－4.5～－1.7℃，计算相应盐度为3.1%～7.6%NaCl(Hall et al,1988)，盐度峰值为4.8%～5.8%NaCl；均一温度为143～200℃，温度峰值为150～165℃，流体密度为0.94～0.95g/cm³(图8-32)。

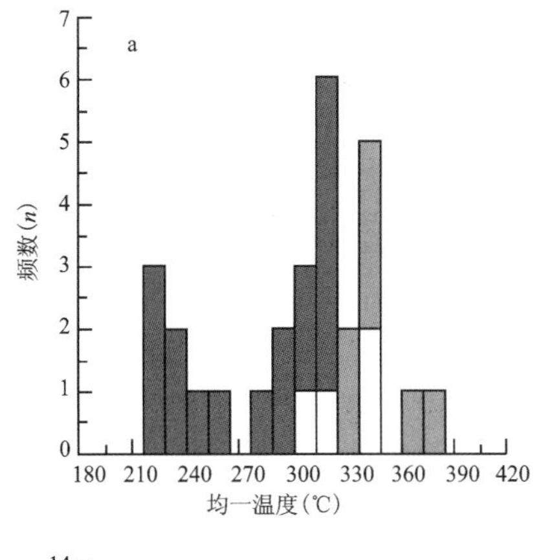


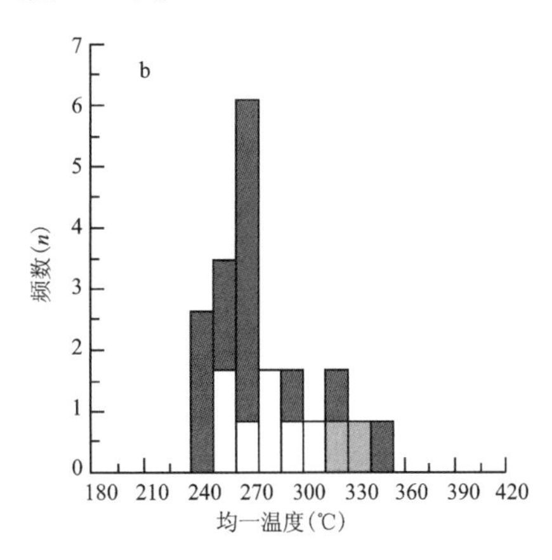


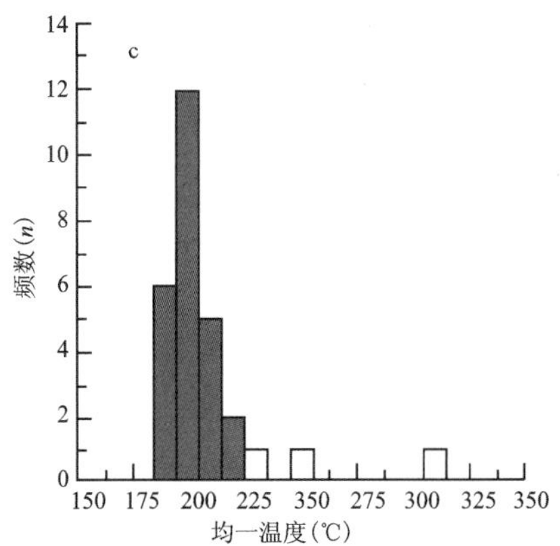


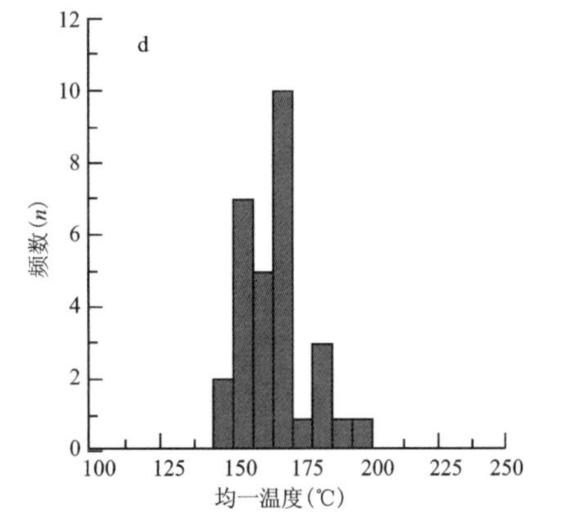

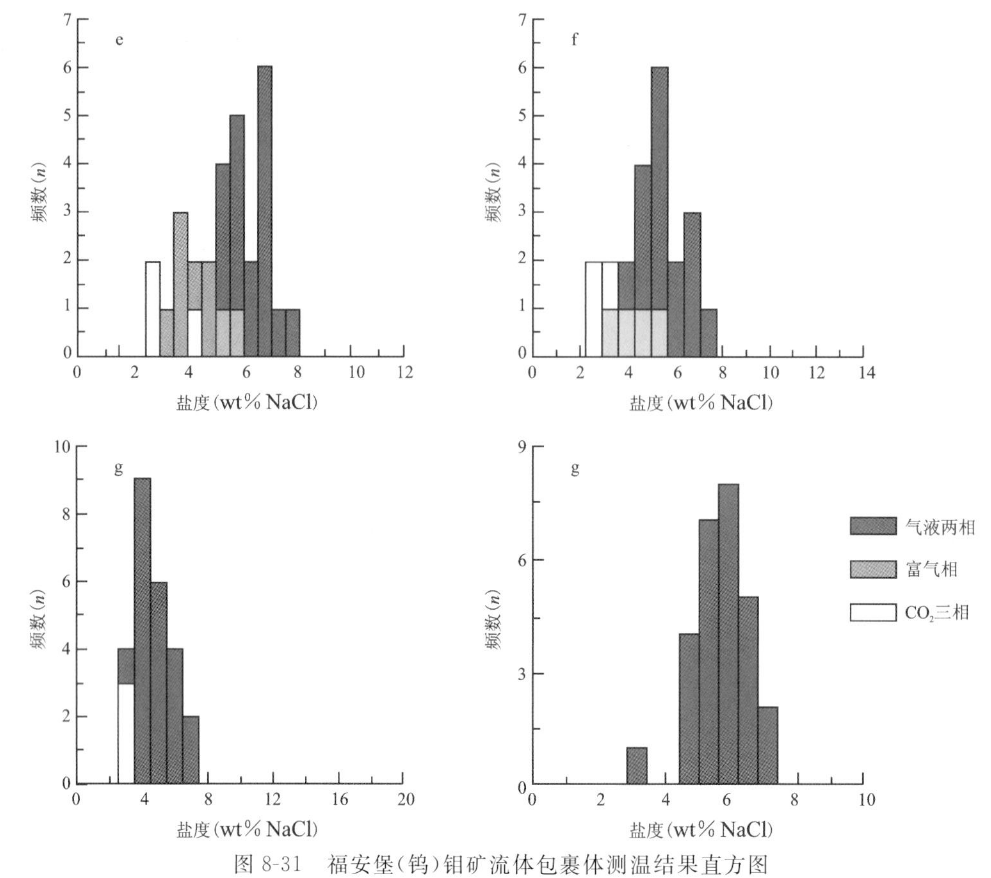


图 8-31　福安堡(钨)钼矿流体包裹体测温结果直方图

a、b. 黄铁-黄铜-石英阶段；c、d. 黄铁-黄铜-辉钼矿-石英阶段；e、f. 辉钼矿-石英脉阶段；g、h. 晚期石英脉阶段

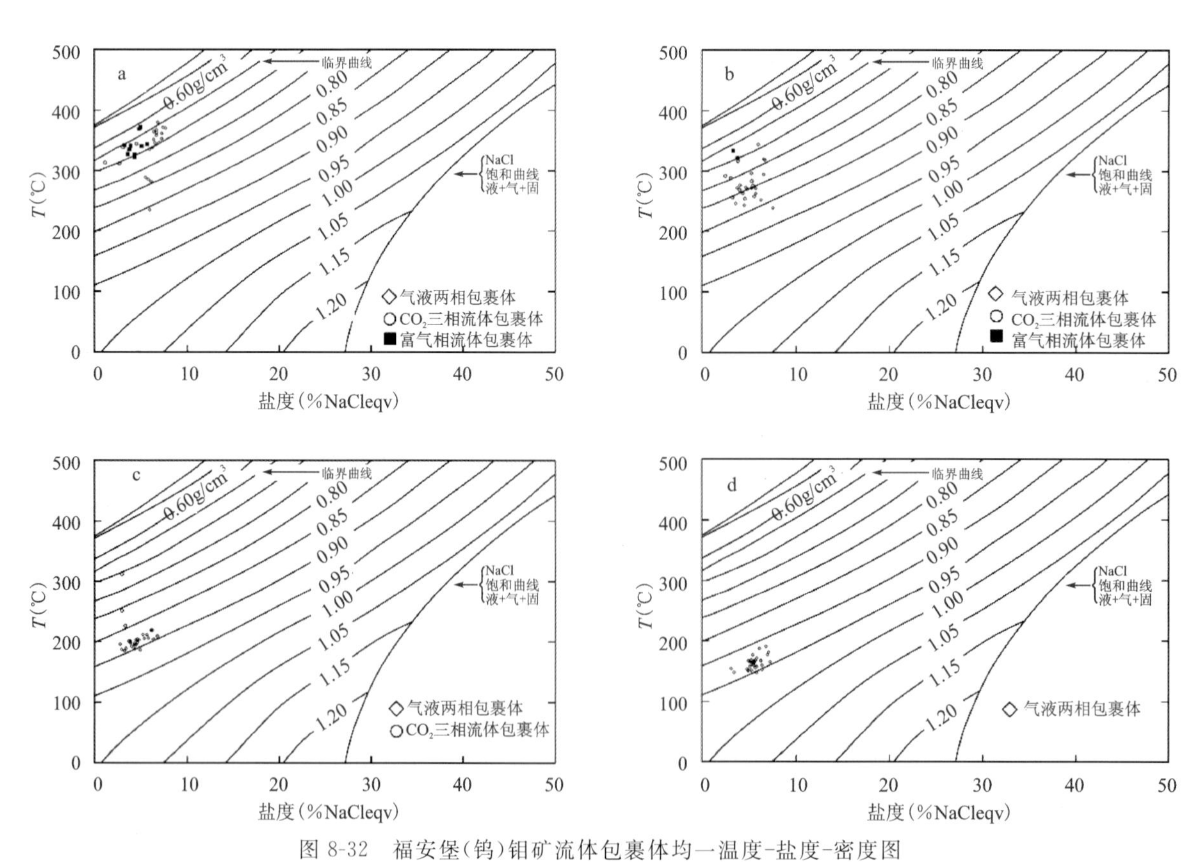


图 8-32　福安堡(钨)钼矿流体包裹体均一温度-盐度-密度图

a. 黄铁矿-黄铜矿-石英阶段；b. 黄铁矿-黄铜矿-辉钼矿-石英阶段；c. 辉钼矿-石英脉阶段；d. 晚期石英脉阶段

④流体包裹体氢氧同位素。依据于晓飞(2012)采集的8件样品,计算出各阶段成矿热液H、O同位素特征为:$\delta^{18}O_{H_2O}=-4.4‰\sim-0.5‰$、$\delta D=-102‰\sim-78‰$。结果表明所测样品H、O同位素组成均落入岩浆水左下方,大气水与岩浆水混合区域,逐渐靠近大气降水线,呈负相关(图8-33)。

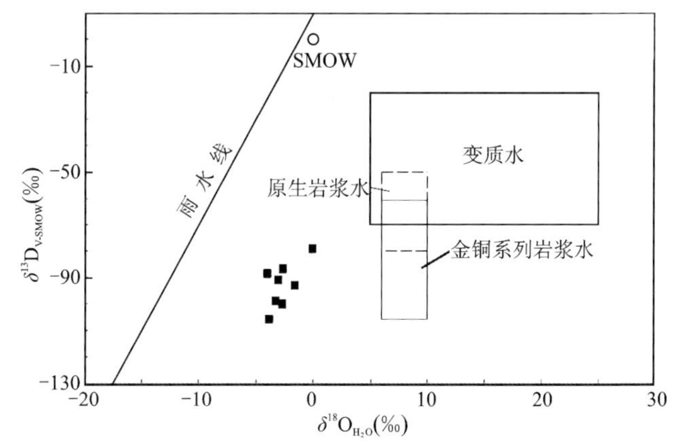


图8-33　福安堡(钨)钼矿H-O同位素特征图(据张理刚,1985)

⑤硫同位素分析。硫同位素是矿床成因和成矿物理化学条件的指示剂,研究含矿硫化物硫同位素组成的变化可以了解矿床中的来源、成矿元素迁移和沉淀机理。本次研究共分析了福安堡(钨)钼矿区矿石中4件黄铁矿和2件辉钼矿的硫同位素组成(表8-3),$\delta^{34}S$值的变化范围为1.5‰~4.1‰,平均值为2.6‰,硫同位素组成分布比较集中,具有深源硫同位素组成。因此,福安堡(钨)钼矿床硫同位素主要来自上地幔或下地壳的深源岩浆,具有相对均一的硫源。然而,在本次研究中的硫同位素组成,黄铁矿大于辉钼矿,暗示硫同位素分馏未达到平衡。

**表8-3　福安堡(钨)钼矿硫同位素组成(据于晓飞,2012)**

| 样品号 | 单矿物 | $^{34}\delta S$(‰) |
|---|---|---|
| FAP-08 | 黄铁矿 | 2.6 |
| FAP-10 | 黄铁矿 | 4.1 |
| FAP-11 | 黄铁矿 | 2.7 |
| FAP-29 | 辉钼矿 | 1.6 |
| FAP-30 | 辉钼矿 | 1.5 |
| FAP-31 | 黄铁矿 | 3.2 |

⑥成矿流体来源及演化。福安堡斑岩型(钨)钼矿床的初始流体为来自花岗斑岩期后同源岩浆流体,硫化物同位素($\delta^{34}S$值的变化范围为1.5‰~4.1‰,平均值为2.6‰)显示了成矿物质具有典型岩浆源特征(Zeng et al,2010c)。H-O同位素落入大气水与岩浆水混合区域,因此成矿流体及成矿物质均与花岗斑岩关系密切且流体具有中高温、中高盐度、含$CO_2$等特征。成矿母岩花岗斑岩经历了分异,演化出岩浆流体,岩浆流体从岩浆房上涌。成矿早期(Ⅰ)发生了强烈沸腾作用及相分离,导致了黄铁矿和黄铜矿的沉淀。主成矿期(Ⅱ)沸腾作用持续,引起挥发分($H_2O$、$CO_2$、$CH_4$、$C_2H_6$等)急剧逃逸,导致了辉钼矿和黄铜矿的沉淀,由于沸腾作用及相分离作用原始流体分异出富气相水溶液包裹体(VL)和富液相水溶液包裹体(LV),并被同时捕获。成矿晚期的阶段(Ⅲ~Ⅳ)随着温度下降和成矿作用进行,成矿金属和硫都不断被消耗,$CO_2$也在沸腾作用中不断逃逸。Ⅲ阶段导致辉钼矿的迅速沉积;Ⅳ阶段几乎不含$CO_2$,形成充填于网状裂隙中的无矿石英网脉。

⑦成岩成矿时代。刘万臻(2014)应用 LA-ICP-MS 锆石 U-Pb 方法测得棒子山含矿岩体年龄为 179±2Ma,形成于早侏罗世。

**2. 季德屯斑岩钼矿**

1)矿区地质

季德屯斑岩钼矿位于伊兰-伊通断裂带东侧、张广才岭成矿带南段(图 8-34)。

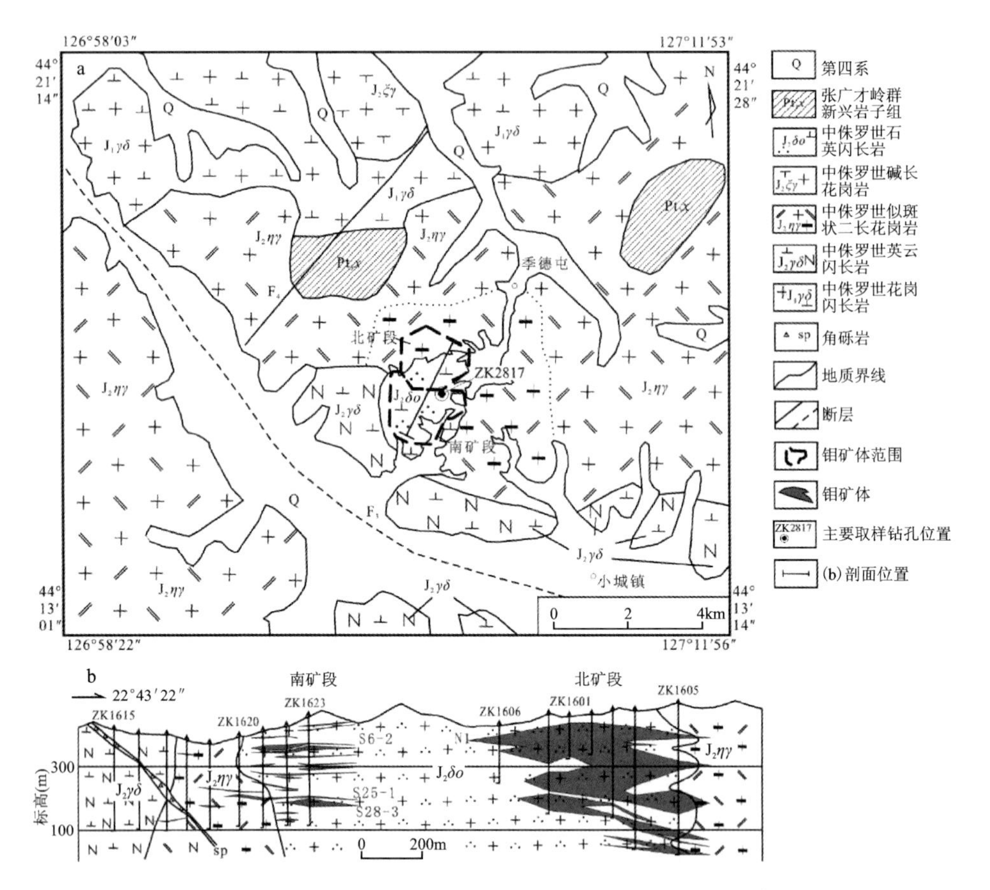


图 8-34 季德屯地区钼矿地质图(a)及 1b 勘探线剖面图(b)(据邵建波,2016)

区内无地层出露,矿区外围见新元古代张广才岭群新兴岩组变质砂岩夹石英岩及黑云母片岩,呈残留体零星分布于各期侵入体中。

矿区出露早侏罗世和中侏罗世侵入岩。早侏罗世侵入岩分布于矿区西北部及外围,岩性主要为黑云母花岗闪长岩(图 8-35a);中侏罗世侵入岩是矿区的主要岩石及含矿岩石,矿体主要赋存于二长花岗岩(图 8-35b)和石英闪长岩(图 8-35c)接触带上及附近。矿区构造分为北东向和北西向两组。北东向断裂带有伊兰-伊通断裂带($F_1$)、南蛮子沟-北二青顶子断裂($F_4$)、福安堡-小城断裂($F_5$);北西向断裂带以新安-额穆断裂($F_2$)、八道岭-上营断裂($F_3$)为代表。矿区矿体主要受北西向断裂控制,断裂带内伴有强烈的绿泥石化、硅化,沿断裂面发育有石英脉、石英网脉状矿体。

2)矿床地质

(1)矿体特征。季德屯钼矿分为南、北两个矿段,分别位于石英闪长岩与似斑状二长花岗岩南、北接触带内(图 8-36)。

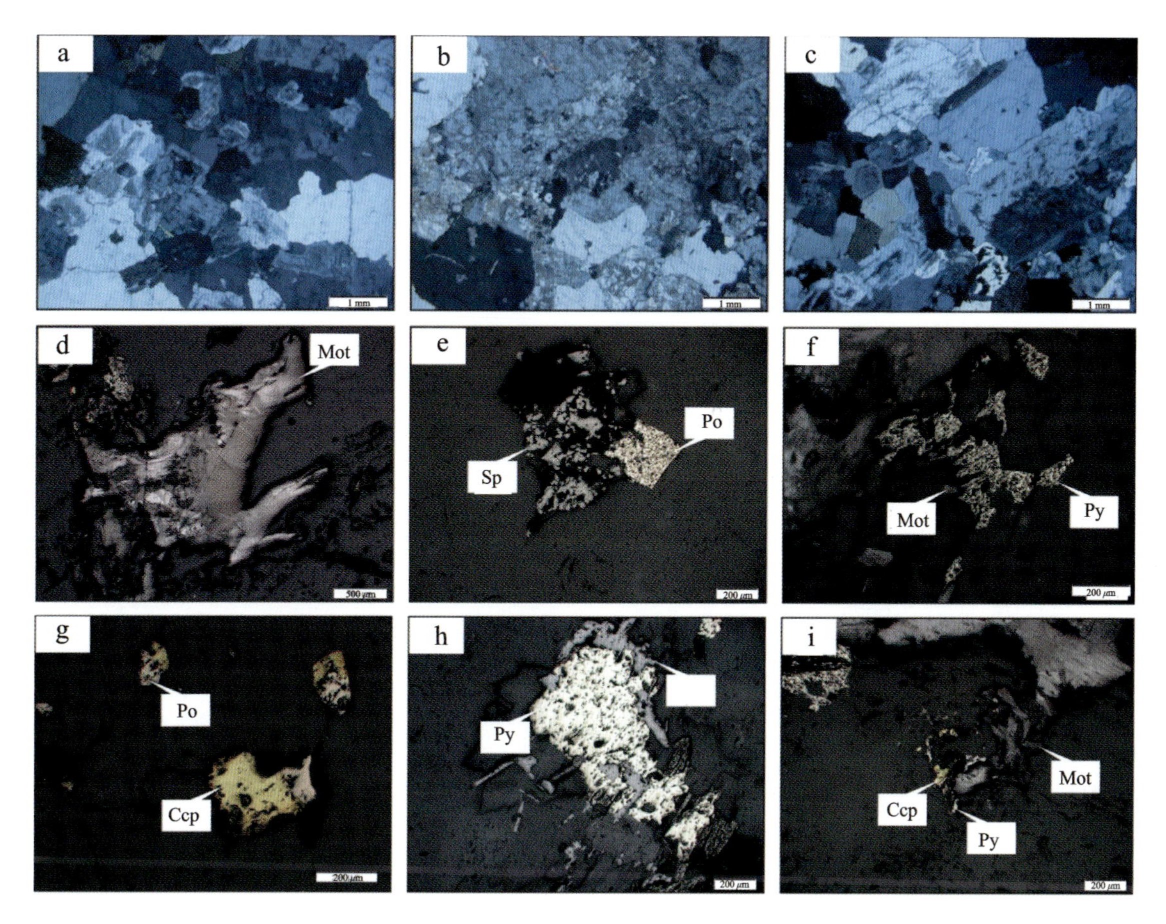


图 8-35 季德屯辉钼矿光、薄片显微照片

a. 黑云母花岗闪长岩;b. 二长花岗岩;c. 石英闪长岩;d. 辉钼矿叶片状结构;e. 闪锌矿交代自形磁黄铁矿呈骸晶结构;f. 黄铁矿交代辉钼矿;g. 黄铜矿交代磁黄铁矿;h. 闪锌矿交代黄铁矿;i. 黄铁矿交代黄铜矿、辉钼矿

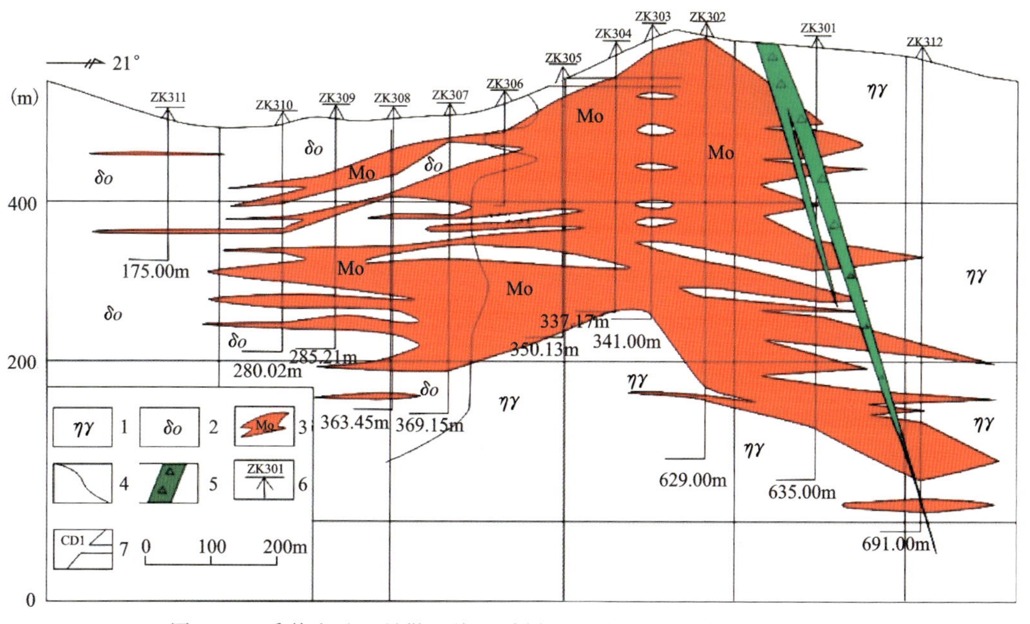


图 8-36 季德屯矿 3 号勘查线地质剖面图(据史致元等,2010 修改)

1. 蚀变似斑状二长花岗岩;2. 蚀变闪长岩;3. 矿体;4. 地质界线;5. 断层;6. 钻孔编号;7. 坑道及编号

北矿段为单一矿体;南矿段由多个矿体构成。矿体主要赋存于似斑状二长花岗岩中,部分赋存于石英闪长岩中。矿体呈椭球状,地表形态呈卵圆形,剖面上呈似层状,边部具有分支现象,近水平产出,产状较稳定。长约 1 300m、宽约 1 210m,矿体中部厚度最大,约420m,向两侧边部逐渐变薄,夹石逐渐变多变厚,矿体与围岩没有明显的界线,呈渐变过渡关系,矿石平均品位为 0.087%(史致元等,2010)。

(2)矿石特征。钼矿石分为蚀变岩型、石英脉型、构造角砾岩型 3 类。矿石矿物主要为辉钼矿和少量黄铁矿、黄铜矿、方铅矿、闪锌矿和磁黄铁矿。常见叶片状结构(图 8-37d)、鳞片状结构、半自形—自形粒状结构、交代结构(图 8-37),浸染状、细脉状、网脉状构造。

(3)成矿阶段及围岩蚀变。在系统矿体露头观察与地质研究基础上,结合矿物共生组合、矿石组构及矿脉切错关系(图 8-37),将钼成矿作用划分为 4 个阶段,具体如下。

Ⅰ.浸染状辉钼矿-石英-钾长石阶段,发育钾长石+石英+黑云母+辉钼矿组合。

Ⅱ.辉钼矿-石英脉阶段,以石英+辉钼矿组合为特征。

Ⅲ.黄铜矿-黄铁矿-辉钼矿-石英脉阶段,以黄铜矿+黄铁矿+辉钼矿+石英组合为特征。

Ⅳ.贫硫化物-石英脉阶段,以石英+微量硫化物为特征,无钼矿化。

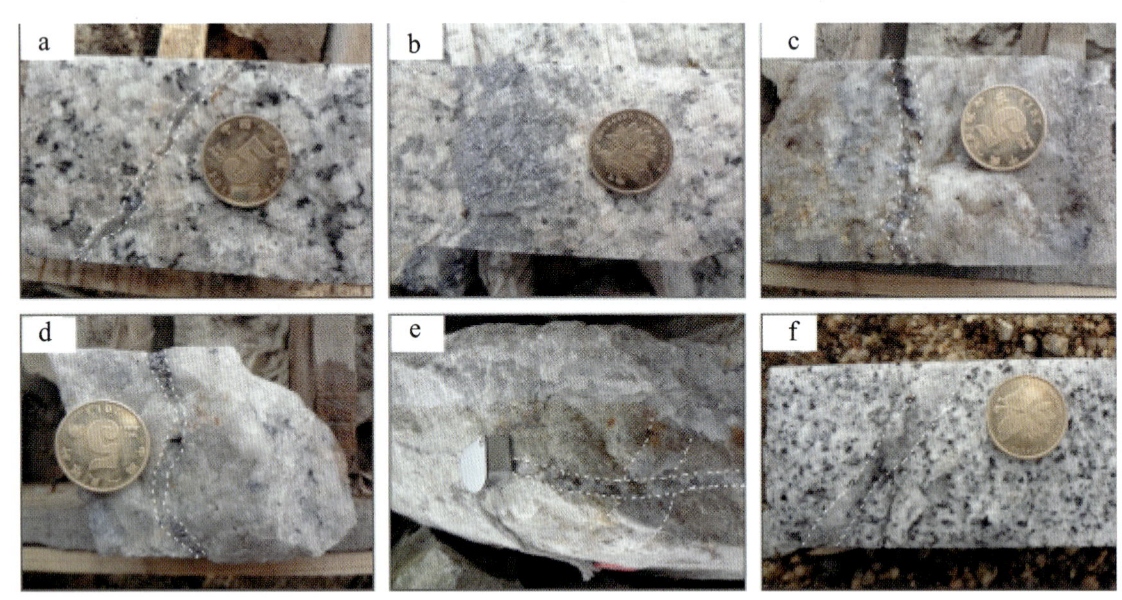


图 8-37　不同阶段矿石特征及矿脉切错关系

a. Ⅰ阶段辉钼矿、钾长石-石英细脉;b. Ⅰ阶段辉钼矿呈浸染状分布于蚀变闪长岩中;c. Ⅱ阶段辉钼矿呈细脉状分布于石英中;d. Ⅱ阶段辉钼矿呈浸染状分布于石英中;e. Ⅲ阶段黄铜矿-黄铁矿-辉钼矿-石英脉穿切Ⅱ阶段辉钼矿-石英脉中;f. Ⅳ阶段贫硫化物-石英脉

(4)矿化分带。总体来看,季德屯斑岩型钼矿在金属硫化物类型、矿化方式及围岩蚀变等方面表现出一定的空间分带现象。首先,以花岗闪长斑岩体为中心,围岩蚀变表现出石英钾长石化→石英核-石英网脉→石英绢云母化→黄铁绢英岩化→青磐岩化的蚀变分带现象(王成辉等,2009)。钼矿化与各类热液蚀变作用关系密切,主要钼矿体多发育于石英绢云母化带及黄铁绢英岩化带范围内。

另外,矿区范围内钼、铜及黄铁矿化呈现一定的分带现象:钼的高含量带与黄铁绢英岩化带范围相近;中含量带位于石英钾长石化及部分石英绢云母化附近;低含量带主要位于石英绢云母化带。黄铁矿含量从钼的高含量带向外逐渐增高。黄铜矿高含量主要出现于钼的高含量带外缘。向钼的中、低含量带,黄铜矿含量逐渐降低。

3)矿床地球化学特征及矿床成因

(1)流体包裹体研究。

①样品采集及分析方法。为了解季德屯钼矿成矿流体来源、成分及演化特征,本次研究在对矿床地

质特征进行详细野外调研基础上，主要采集不同成矿阶段矿石及两种主要类型容矿岩浆岩岩石样品，对各类样品石英中发育的流体包裹体开展了系统的岩相学及显微测温研究，并选择代表性流体包裹体对其成分进行了单个包裹体激光拉曼光谱分析。

②流体包裹体岩相学特征。流体包裹体岩相学研究表明，不同成矿阶段钼矿石和二长花岗岩、石英闪长岩两种类型容矿围岩中均发育有大量的流体包裹体。它们多成群随机分布，没有明显的方向性，主要为原生包裹体。根据室温下包裹体相态特征及冷冻—加热过程中变化特征，将流体包裹体分为3类：水溶液包裹体（Ⅰ类）、含$CO_2$包裹体（Ⅱ类）和$CO_2$包裹体（Ⅲ类）。

Ⅰ类：水溶液包裹体。水溶液包裹体室温下由气液两相组成。气相体积所占百分数一般为5%～15%，少量为15%～20%；包裹体大小一般在6～15μm。常见形态一般为椭圆形、长条形或不规则形状（图8-38b～e）。

Ⅱ类：含$CO_2$包裹体。含$CO_2$包裹体室温下由水溶液相、液相$CO_2$及气相$CO_2$三相组成，或由液相$CO_2$及水溶液两相组成。后者在冷冻±20℃出现$CO_2$气泡而变成三相包裹体。根据包裹体中$CO_2$所占比例，可进一步划分为亚类Ⅱa富$CO_2$包裹体（图8-38a）及亚类Ⅱb富水溶液包裹体（图8-38f），亚类Ⅱa包裹体$CO_2$相所占比例为55%～85%，亚类Ⅱb包裹体$CO_2$相所占比例为15%～40%。在所有Ⅱ类包裹体中，气相$CO_2$占总$CO_2$相体积百分数一般为15%～40%，仅少数气相$CO_2$所占比例较高，可达50%～80%。该类包裹体形态以次圆状及椭圆状为主，一般在12～20μm之间，个别可达20～25μm。

Ⅲ类：$CO_2$包裹体。$CO_2$包裹体室温下由液相$CO_2$、气相$CO_2$两相构成，或为单一$CO_2$相（图8-38），后者在冷冻至±10℃出现气相$CO_2$而变成两相包裹体。该类包裹体气相$CO_2$所占比例一般为15%～25%，个别大于60%；其形态一般为次圆状、椭圆状及不规则状，大小一般为8～12μm。

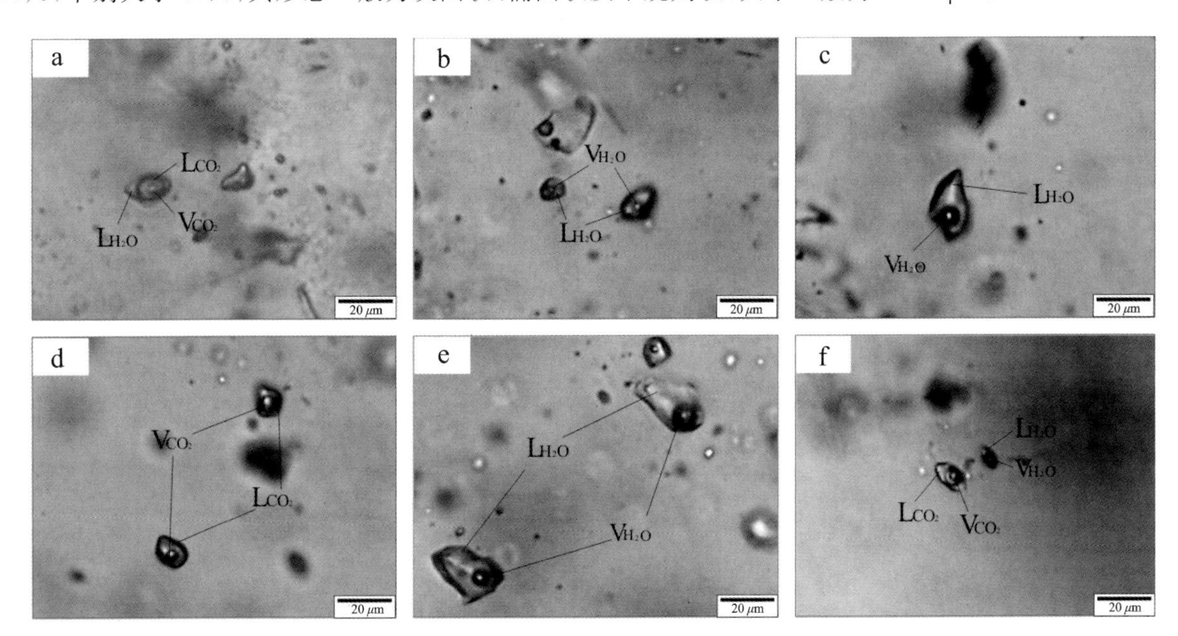


图8-38 季德屯钼矿床流体包裹体显微照片

a.亚类Ⅱa包裹体；b、c、e.气液两相包裹体；d.Ⅲ类包裹体；f.亚类Ⅱb包裹体

③矿石流体包裹体显微测温。对不同成矿阶段矿石石英中Ⅰ、Ⅱ、Ⅲ三种类型包裹体进行测温研究（表8-4，图8-39、图8-40）。

表 8-4 季德屯斑岩型钼矿床Ⅰ～Ⅳ阶段矿石石英中流体包裹体显微测温结果

| 成矿阶段 | 包裹体类型 | 大小(μm) | 气液比(或 $CO_2$ 相/$H_2O$ 相)(%) | 固相 $CO_2$ 熔化温度(℃) | 笼形物消失温度(℃) | $CO_2$ 部分均一温度(℃) | 冰点温度(℃) | 包裹体完全均一温度(℃) | 盐度(%) | 密度($g \cdot cm^{-3}$) |
|---|---|---|---|---|---|---|---|---|---|---|
| Ⅰ | Ⅰ类 | 6～20 | 5～15 | — | — | — | −3.5～7.6 | 334～385 | 5.7～11.2 | 0.63～0.76 |
| | Ⅱ类 | 6～15 | 55～85 | −59.1～−57.6 | 6.1～7.1 | — | — | 350～396 | 3.3～7.6 | 0.57～0.68 |
| | Ⅲ类 | 6～12 | — | — | — | 23.1～25.2 | — | — | — | — |
| Ⅱ | Ⅰ类 | 6～15 | 5～20 | — | — | 23.1～28.2 | −2.3～6.4 | 272～328 | 3.8～9.8 | 0.72～0.87 |
| | Ⅱ类 | 6～15 | 25～85 | −58.6～−57.6 | 6.3～8.3 | 23.1～27.7 | — | 290～347 | 2.8～6.3 | 0.64～0.78 |
| Ⅲ | Ⅰ类 | 6～15 | 10～20 | — | — | — | −2.3～5.7 | 195～310 | 3.9～8.8 | 0.75～0.92 |
| | Ⅱ类 | 6～15 | 15～40 | −58.8～−57.1 | 6.5～9.1 | 23.1～29.2 | — | 200～320 | 2.1～6.1 | 0.73～0.89 |
| Ⅳ | Ⅰ类 | 6～15 | 10～20 | — | — | — | −0.6～3.7 | 120～275 | 1.1～6.0 | 0.77～0.96 |

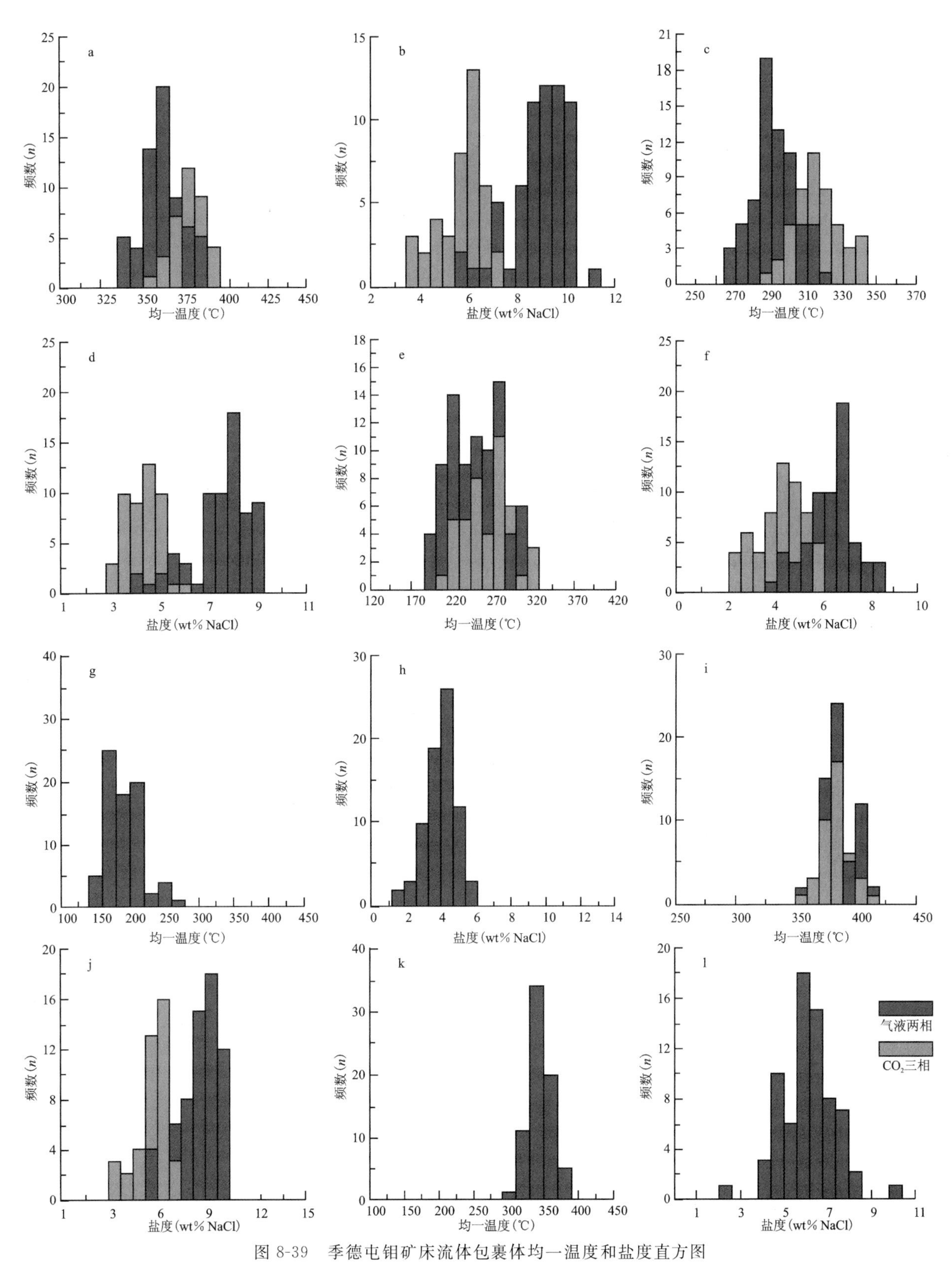


图 8-39　季德屯钼矿床流体包裹体均一温度和盐度直方图

a、b. Ⅰ阶段均一温度、盐度直方图；c、d. Ⅱ阶段均一温度、盐度直方图；e、f. Ⅲ阶段均一温度、盐度直方图；g、h. Ⅳ阶段均一温度、盐度直方图；i、j. 石英闪长岩均一温度、盐度直方图；k、l. 二长花岗岩均一温度、盐度直方图

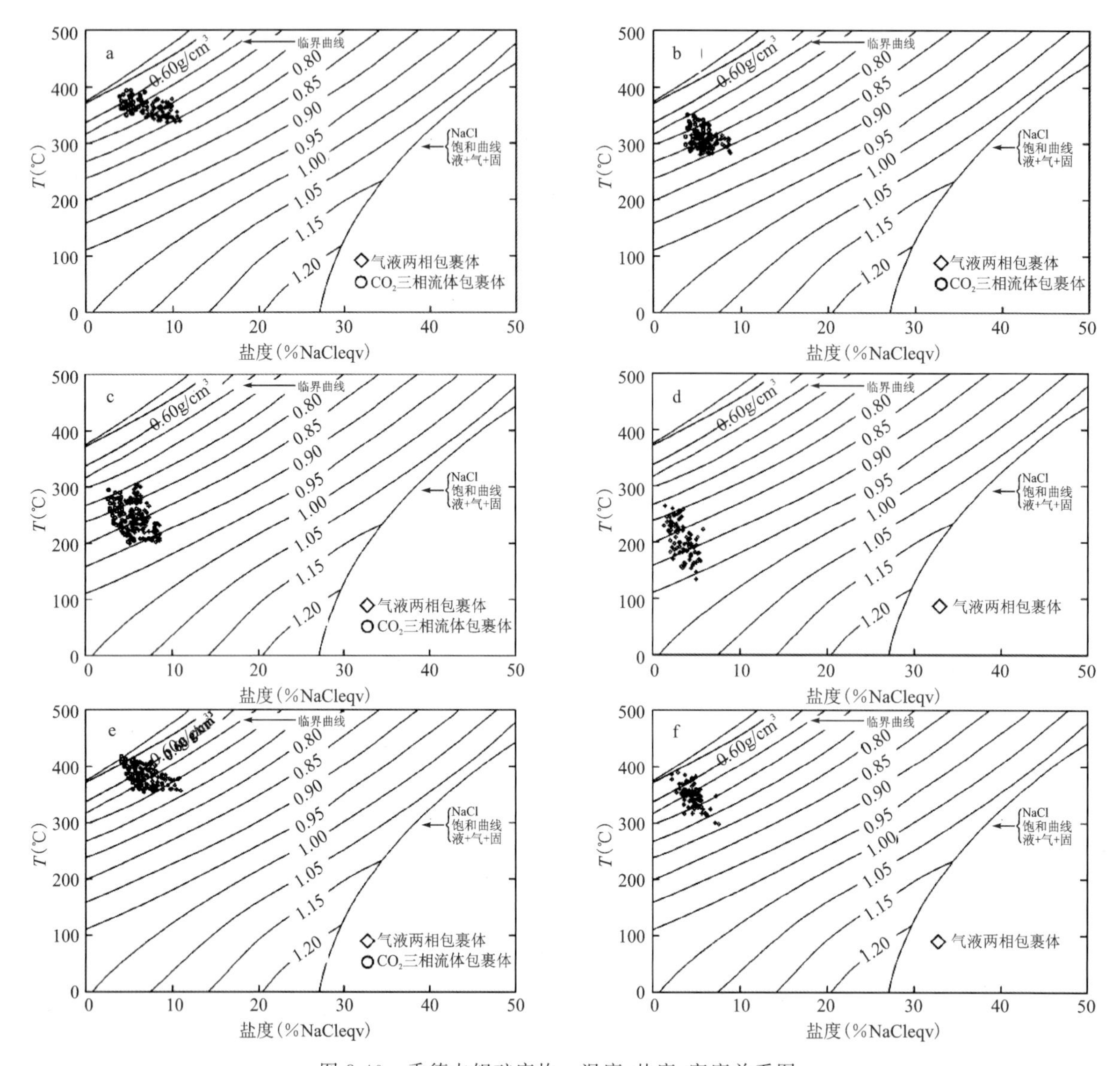


图 8-40 季德屯钼矿床均一温度-盐度-密度关系图

a. Ⅰ阶段;b. Ⅱ阶段;c. Ⅲ阶段;d. Ⅳ阶段;e. 石英花岗岩;f. 二长花岗岩

总体来看,Ⅰ～Ⅳ阶段流体包裹体在冷冻—升温过程中,观测到少量Ⅰ类水溶液包裹体初融现象,其初融温度多在－36.5～－23.3℃,低于纯 $NaCl-H_2O$ 溶液标准值－20.8℃,表明热液流体中除了含阳离子 $Na^+$ 外,可能还存在少量的 $Ca^{2+}$、$Mg^{2+}$ 等阳离子成分(张文淮,1993;代军治,2007)。

Ⅰ～Ⅳ阶段Ⅰ类包裹体冰点温度变化范围为－7.6～－0.6℃,由Ⅰ阶段至Ⅳ阶段,冰点逐渐升高,反映不同成矿阶段流体演化特征。根据相应的盐度方程(Shepherd et al,1985;张文淮等,1933;刘斌和沈昆,1999;代军治等,2007),Ⅰ类包裹体总体盐度值为5.7%～11.2%NaCleqv。该类包裹体最终以均一到液相方式为主,均一温度范围为120～386℃,据盐度及均一温度估算流体密度为0.63～0.96g/cm³。

Ⅱ类含 $CO_2$ 包裹体及Ⅲ类纯 $CO_2$ 包裹体,在Ⅰ～Ⅲ阶段冷冻—升温过程中,其 $CO_2$ 全部融化温度为－58.6～57.9℃,低于纯 $CO_2$ 包裹体初融温度值(－56.6℃),反映出 $CO_2$ 相中 $N_2$ 或 $CH_4$ 等成分的存在(Shepherd et al,1985;代军治等,2007)。在升温过程中,$CO_2$ 笼形物消失温度为6.5～9.1℃。据笼形物消失温度,计算得Ⅱ类包裹体盐度为2.1%～7.6%NaCleqv。

Ⅱ、Ⅲ类包裹体 $CO_2$ 相部分均一温度为28.1～30.3℃。Ⅱ类包裹体中亚类Ⅱa大部分最终完全均一至 $CO_2$ 相及临界均一,而亚类Ⅱb包裹体以最终完全均一至水溶液相为主;Ⅱ类包裹体Ⅰ～Ⅳ阶段总体完全均一温度为200～396℃。依据 $CO_2$ 均一方式是均一到液相还是均一到气相,选择不同的 $CO_2$ 体系热力学方程式或相图(Shepherd et al,1985),估算得Ⅱ类包裹体总体密度为 0.57～0.89 g/cm³。

④岩体流体包裹体显微测温。石英闪长岩的石英中主要发育Ⅰ类、Ⅱa类及Ⅲ类原生流体包裹体。

Ⅰ类包裹体冰点温度一般为－0.6～3.7℃,盐度为 1.1%～6.0%NaCleqv,多数集中在 4.6%～5.6%NaCleqv(图 8-40);均一温度变化范围为 120～275℃(图 8-39),包裹体密度为 0.55～0.74 g/cm³(图 8-40)。

Ⅱa类包裹体,所占比例约为 25%。固相 $CO_2$全部融化温度为－58.6～56.9℃,笼形物消失温度为 4.5～9.1℃。$CO_2$相部分均一温度为 28.1～29.9℃,完全均一温度为 350～424℃(图 8-39);盐度为 3.0%～8.0%NaCleqv。密度为 0.49～0.69 g/cm³(图 8-40)。

⑤二长花岗岩石英中的流体包裹体显微测温特征。二长花岗岩的石英中原生流体包裹体均为Ⅰ类包裹体。其冰点温度一般为－1.2～7.9℃,依相应公式求得盐度为 2.0%～11.5%NaCleqv,多数集中在 4.6%～7.8%NaCleqv 之间;均一温度变化范围为 290～390℃(图 8-40),据盐度及均一温度估算流体密度为 0.55～0.78g/cm³(图 8-40)。

流体包裹体岩相学及显微测温研究结果显示,季德屯钼矿床Ⅰ矿化阶段石英中均发育Ⅰ、Ⅱ、Ⅲ三种类型的原生流体包裹体,Ⅱ、Ⅲ矿化阶段石英中发育有Ⅰ、Ⅱ两种类型的原生流体包裹体,且常成群共生产出在同一石英颗粒中,表明Ⅰ阶段捕获时成矿流体处于一种不均匀热液体系状态(Shepherd et al,1985;张文淮等,1993),原始成矿流体为中高温、中盐度的不混溶 $NaCl-H_2O-CO_2$体系,且Ⅰ～Ⅲ阶段流体发生明显演化现象。到了Ⅳ阶段,石英中均主要发育较单一的Ⅰ型包裹体,并均一至液相,其均一温度及盐度较主要钼矿化阶段显著降低,表明成矿流体为简单的中-低温、低盐度 $NaCl-H_2O$体系热液。

(2)成矿流体来源及演化。

季德屯钼矿床主要钼矿化阶段成矿流体为中高温、中盐度的不混溶 $NaCl-H_2O-CO_2$体系热液。一般认为,斑岩型矿床成矿流体可直接来源于岩浆演化晚期分异热液(Cline and Bodnar,1991;Bodnar,1995;李荫清,1985)。本研究区钼矿化主要产于二长花岗岩和石英闪长岩接触带上及二长花岗岩体内,通过与区内发育的二长花岗岩及石英闪长岩岩体矿物石英中流体包裹体的对比分析,不难发现,石英闪长岩岩体矿物石英中仅发育单一的Ⅰ类包裹体,因此由其分异的热液总体上不属于 $NaCl-H_2O-CO_2$流体类型,而二长花岗岩岩体矿物石英中均发育有Ⅰ、Ⅱ、Ⅲ三种类型的原生流体包裹体,同Ⅰ阶段石英矿物中包裹体类型相同,且三类包裹体均一温度、盐度、密度相似,表明本区钼矿化与二长花岗岩岩体密切相关,其成矿流体来源为二长花岗岩岩浆演化晚期分异热液。

季德屯钼矿床不同成矿阶段流体包裹体岩相学及显微测温特征差异,反映了由早到晚成矿流体组成与地球化学性质发生了明显变化,并揭示了其演化趋势(代军治,2007)。Ⅰ钼成矿作用阶段,石英中均发育Ⅰ、Ⅱa、Ⅲ三种类型的原生流体包裹体,但由Ⅰ→Ⅱ→Ⅲ阶段,Ⅲ类包裹体消失,Ⅱa包裹体发育数量减少,Ⅱb型包裹体发育数量显著增多,同类包裹体均一温度、盐度参数略有降低,密度略显增大,反映了以单一岩浆热液来源为主的成矿流体所经历的自然冷却降温、不混溶作用及矿质沉淀过程;而到了Ⅳ阶段,石英中仅发育Ⅰ型包裹体,包裹体均一温度、盐度相对较低,从与Ⅰ～Ⅳ矿化阶段Ⅰ型包裹体相当的较高温、较高盐度向低温、低盐度方向演化,体现了一种不断与外来大气降水混合的演变趋势。因此,季德屯钼矿床主要钼矿化阶段(Ⅰ～Ⅲ阶段)成矿流体为不均一的中高温、中盐度 $NaCl-H_2O-CO_2$体系岩浆热液,而向晚期不断有大气降水加入,导致成矿流体由早到晚,由以岩浆热液为主逐渐过渡演变为中低温、低盐度 $NaCl-H_2O$ 型与大气降水混合来源热液。

4)成岩成矿时代

张勇等(2013)对石英闪长岩进行了 LA－ICP－MS 锆石 U－Pb 定年,获得了 175.7～168.2Ma 的加权平均年龄。

张勇等(2013)也对该矿床辉钼矿进行 Re－Os 定年,获得了 167.1～164.6Ma 模式年龄和165.9±1.2Ma 的加权平均年龄。

## (二)斑岩钼矿形成时期

前人对该区斑岩钼矿及有关的热液脉状钼矿的相关花岗岩和辉钼矿进行了大量同位素定年工作，取得了较为一致性的研究成果(表 8-5)。

**表 8-5　研究区及外围附近主要斑岩钼矿岩石类型和成岩、成矿年龄一览表**

| 钼矿 | 规模 | 岩石类型 | 岩体年龄(Ma) | 钼矿年龄(Ma) |
|---|---|---|---|---|
| 霍吉河 | 大型 | 黑云母二长花岗岩 | 186±1.7 | — |
| 鹿鸣 | 大型 | 二长花岗岩 | 176±2.2 | — |
| 翠岭 | 小型 | 二长花岗岩 | 178±0.7 | — |
| 大石河 | 大型 | 似斑状花岗闪长岩 | — | 186.7±5.0 |
| 大黑山 | 大型 | 黑云母花岗闪长斑岩 | 170±3 | 168.2±3.2 |
| 福安堡 | 中型 | 似斑状二长花岗岩、花岗斑岩 | 179±2 | 166.9±6.0 |
| 刘生店 | 小型 | 二长花岗斑岩 | — | 169.36±0.97 |
| 季德屯 | 大型 | 石英闪长岩 | 170.91±0.83 | 168.0±2.5 |

注:霍吉河、鹿鸣、翠岭:杨言辰(2012);刘生店:王辉(2011);大石河:鞠楠(2012);大黑山:王成辉(2009);福安堡:李立兴(2009);季德屯:张勇(2013)。

从表 8-5 可以看出，与该期钼成矿作用有关的花岗岩主要形成于早侏罗世，个别为中侏罗世早期。成矿年龄与其一致或略晚，最小为 166.9±6.0Ma。

## (三)斑岩钼矿形成的地球动力学环境

对于吉黑东部早些时候发现的大黑山钼矿以及近年来发现的一系列与之有关的斑岩钼矿和脉状钼矿，由于成矿时代刚好属于中侏罗世，个别属于早侏罗世，几乎毫不怀疑地将其作为太平洋板块俯冲的产物。

但是我们认为，该期花岗岩以及伴随钼的成矿作用应该与晚海西期—早印支期的兴蒙造山带的造山作用有关。主要有如下依据。

(1)成矿有关花岗岩的形成时期以及成矿作用时期与古太平洋板块的形成时期接近。海洋地质、古地磁以及地质研究表明，在联合古陆形成之后，古陆周围显然处于被动大陆边缘。古太平洋起源于侏罗纪开始的(199Ma)现在太平洋赤道附近的地幔柱。显然不会立刻产生板块俯冲作用。

(2)库拉板块俯冲开始时期是中侏罗世。在萨马尔金俯冲带和那丹哈达俯冲带，目前为止发现的放射虫和牙形刺均为中侏罗世和晚侏罗世化石。

(3)滨海边疆区没有早—中侏罗世的火山岩和侵入岩。滨海边疆区侏罗纪地层均属于沉积岩。目前为止没有发现侏罗纪侵入岩和火山岩。

(4)目前在吉黑东部发育的侏罗纪火山岩和侵入岩带与当时俯冲带的距离过远。一般认为，无论是大陆岩浆弧还是火山岛弧，其前锋与俯冲带的距离应该是 150km 左右。目前成矿的中侏罗世花岗岩带与当时的俯冲带的距离达 300km 以上。

(5)岩石类型属于造山带型。前人多强调，与斑岩钼矿有关的花岗岩是二长花岗岩或二长花岗斑岩。从表 8-5 可以看出，确实表中所列与矿化有关的花岗岩都是如此。但是这些花岗岩的一个更重要的标志是经常含有白云母，如鹿鸣斑岩钼矿和刘生店钼矿，与成矿有关的花岗斑岩均是白云母花岗斑岩，属于强过铝质花岗岩。即使不含白云母，其 $Al_2O_3$ 的含量也很高，属于过铝质花岗岩。因此这些成矿花岗岩或花岗斑岩应该是S型花岗岩，是造山带的产物。

由于如表8-5所示，这些著名矿床的矿化花岗岩或花岗斑岩的年龄或辉钼矿的年龄多集中在186～168Ma，人们往往强调燕山期成矿作用，认为是太平洋板块俯冲作用的结果。但是，一般来说，俯冲花岗岩应该是钙碱性I型花岗岩，尽管可能出现强分异作用产生的过铝质类型，很少能成带广泛分布。结合这些花岗岩与晚印支期花岗岩在岩性上的过渡、花岗岩在分布上与海西造山带的一致性，它们应该属于海西期—印支期造山带的产物。因此，吉黑东部的印支期—早燕山期花岗岩与太平洋板块俯冲作用无关，是吉黑造山带的产物。

(6)花岗岩带和成矿带的分布与松嫩-延边造山带一致。与这期花岗岩有关的矿化主要沿着3条带发育：逊克-铁力-尚志断裂、吉中弧形构造带(缝合带)和弧前带(滨东地区)。

矿化类型主要是斑岩型、热液脉型和矽卡岩型。金属类型以钼为主，包括钼、钨、铜、铅、锌和金矿。

斑岩钼矿是该期矿化的主要类型。霍吉河、鹿鸣、大石河、大黑山、刘生店等著名大中型斑岩钼矿均形成于这个时期。这些大中型斑岩钼矿主要沿着晚古生代岛弧(霍吉河、鹿鸣、大石河)以及造山带缝合线(福安堡、大黑山等)发育。

## 二、岩浆热液和矽卡岩矿床

与印支期和早燕山期花岗岩有关的岩浆热液型和矽卡岩型矿床、矿点、矿化点很多。如滨东地区与晚三叠世一撮毛岩体有成因关系的五道岭钼矿，在吉林省天宝山大型矽卡岩铅锌、钼矿等。

热液脉状钼矿也见于吉林省安图县新合乡三岔子村。另外，在刘生店斑岩钼矿中也发育石英脉型矿体，构成斑岩-石英脉型钼矿床。

天宝山铜、铅、锌、钼多金属矿床位于敦化-密山断裂东南侧，两江断裂与明月镇断裂交会处。

### 1. 矿区地层

矿区及外围主要出露古生界和中生界，有青龙村群黑云斜长片麻岩、斜长角闪岩；上石炭统山秀岭组(天宝山群)燧石条带结晶灰岩、砂板岩夹变质凝灰熔岩；下二叠统庙岭组类复理石建造和碳酸盐岩建造，夹海相火山岩(或火山碎屑岩)建造；下二叠统柯岛组为一套凝灰质砾岩、岩屑晶屑凝灰岩、片理化流纹凝灰熔岩、流纹岩和混合质黑云变粒岩、结晶灰岩、杂色凝灰质板岩夹凝灰质粉砂岩；上三叠统为酸性火山岩；中侏罗统帽儿山组为凝灰质砾岩、安山集块岩、安山岩；上侏罗统长财组巨砾岩、砾岩、含砾砂岩、砂岩以及凝灰质砂岩，夹薄煤层和白垩系中性火山岩。总体上中生界以火山岩为主，不整合在石炭系—二叠系之上，集中分布在矿区的中部和北部，构成天宝山盆地。

### 2. 矿区岩浆岩

矿区岩浆活动可分为海西晚期、印支期和燕山期3期。3期岩浆岩均系钙碱系列岩石，成矿元素含量高。

海西晚期侵入岩侵入古生代地层中，早期阶段形成规模较大的花岗岩岩基，分布在矿区外围，内部相为黑云母花岗岩、黑云母斜长花岗岩，边缘相为花岗闪长岩。其边缘相花岗闪长岩与上古生界大理岩类接触形成矽卡岩。

岩体中晚期脉岩发育，有花岗斑岩、石英闪长玢岩、细粒闪长岩和花岗细晶岩等。海西期岩浆作用早期表现为喷发、喷溢活动，形成酸性火山岩及其碎屑岩。随后以岩浆侵入为主，形成花岗岩、斑状花岗岩、花岗闪长岩、细粒花岗闪长岩等。与早期形成的酸性火山岩类组成独立的火山-侵入杂岩系列。

燕山期侵入岩岩石类型为花岗岩、花岗闪长斑岩、辉长闪长岩、次安山玢岩、石英斑岩、霏细斑岩等，呈不规则的小岩株及脉状体，侵入于前述的各期的岩浆岩及地层，上限为早白垩世。与早期阶段喷发的中性—酸性熔岩及凝灰岩类构成火山喷发-侵入杂岩系列。

### 3.矿区构造

矿区断裂构造发育，主要发育：北西向断裂、北东向断裂、南北向断裂（图 8-41）。北西向断层从西至东有南阳洞断裂，在二道沟、天宝山、九户洞等地（青龙村片麻岩、片麻状花岗岩），发育规模较大的推覆构造及新兴坑-陈财沟断裂、天宝山沟断裂、九户洞断裂和东风北山-东风南山次级北西向断裂（控制东风钼矿床）等。北东向断裂：陈财沟-东风坑断裂、头道沟断裂、二道沟断裂（控制二道沟岩体）。南北向断裂有水泵地断裂（控制卫星岩体）、新兴坑断裂等。根据相互切割关系判断，形成时序为东西向断裂较早，北西向断裂次之，南北向断裂最晚。就其性质而言，东西向断裂与南北向断裂为张性或张扭性，而北西向断裂则为压扭性或压性。这几组断裂构造控制了岩浆岩、角砾岩筒、爆破角砾岩群及矿化体的分布，特别是在两组或两组以上断裂的交会处往往形成矿床。

该矿床发育铅锌矿和钼矿，即东风坑钼矿。

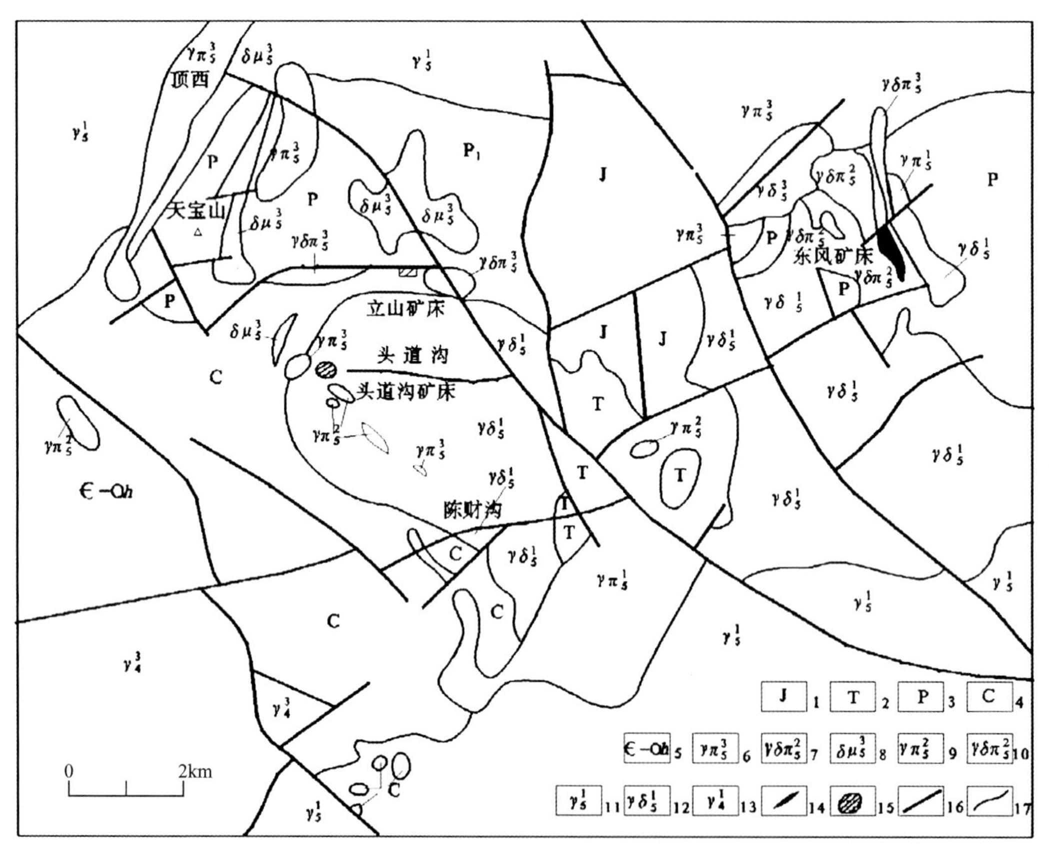


图 8-41　天宝山多金属矿区地质图

1.侏罗系中性火山岩夹砂砾岩；2.三叠系酸性火山岩；3.二叠系变质火山岩；4.石炭系；5.寒武系—奥陶系黄莺屯组；6.燕山晚期花岗岩；7.燕山晚期花岗闪长斑岩；8.燕山晚期闪长玢岩；9.燕山早期花岗岩；10.燕山早期花岗闪长斑岩；11.印支期花岗岩；12.印支期花岗闪长玢岩；13.海西晚期花岗岩；14.矿体；15.隐爆角砾岩；16.断裂；17.地质界线

1）矿体特征

东风矿坑由东风矿体及北西部北山矿体构成。前者赋存于庙岭组中部地层中。矿带走向 340°，长 1300m，宽 200～300m，延深 550 多米，矿石量占东风矿坑的 97%。矿体产于中酸性熔岩与不纯灰岩互层的不纯灰岩中或接触处。矿体产状多与地层产状一致。矿体形态为层状、似层状。北山矿体产于石英二长闪长岩与下二叠统庙岭组火山岩的接触附近。矿带分布范围较宽，总体展布方向 310°，延长 2 200余米，宽达 50～200m，倾向西南，倾角 60°～70°。

值得重视的是在矿带中有层状萤石和萤石绿泥石岩存在，前者位于东风6～7号矿体，夹在条带状闪锌矿-磁黄铁矿矿层中，下部靠近英安岩，层状萤石厚约1.0m，呈灰白色，具层状构造。后者出露于14号矿体的下盘，厚5.0m。岩石呈暗绿色，具片状构造，主要矿物为隐晶状绿泥石和微粒自形萤石，常含较多闪锌矿、磁黄铁矿和黄铜矿等金属硫化物。具有条带状构造，其产状与地层一致，是海底火山喷气沉积形成的特殊喷气岩。

2)矿石特征

矿石类型主要分为蚀变岩型铅锌矿和石英脉型钼矿。

蚀变岩型铅锌矿的矿石矿物主要有黄铜矿、方铅矿、闪锌矿、磁黄铁矿、黄铁矿，脉石矿物主要为石英、方解石。自形—半自形晶粒结构(图8-42a)、骸晶结构(图8-42b)、交代星状结构(图8-42c)、他形粒状结构、他形填隙结构(图8-42d)、乳滴状结构、固溶体分离结构(图8-42e)，块状(图8-42g)和浸染状构造(图8-42h)。

石英脉型钼矿的矿石矿物成分简单，主要为辉钼矿，伴生有黄铁矿、方铅矿、闪锌矿；脉石矿物主要为石英、方解石。自形—半自形晶粒结构、叶片状结构(图8-42f)，块状、脉状或微细脉浸染状构造(图8-42i)。此类矿石为主要矿石类型。

图8-42　东风矿脉矿石类型及结构构造

a.自形—半自形结构黄铁矿；b.黄铁矿骸晶结构；c.黄铜矿交代闪锌矿呈星状结构；d.他形填隙结构；e.固溶体分离结构；f.叶片状的辉钼矿；g.块状构造；h.浸染状构造；i.微细脉浸染状构造

3)围岩蚀变

围岩主要蚀变类型有硅化、碳酸盐化、高岭土化、绢云母化、钾化和黄铁矿化等。硅化广泛发育，与铅锌钼矿化关系密切。宏观上，可见到石英细脉穿切围岩，细脉宽2～3mm。微观上，可见细粒石英颗粒发生重结晶现象。

碳酸盐化发生时间相对稍晚，主要见于成矿后阶段。蚀变矿物为方解石，表现为方解石细脉切穿围岩，呈网脉状、条带状，细脉宽 1～2mm。

4)成矿阶段

钼成矿阶段划分为辉钼矿-石英脉阶段（Ⅰ）和碳酸盐-硫化物阶段（Ⅱ）。

辉钼矿-石英脉阶段（Ⅰ）以石英＋辉钼矿组合为特征，辉钼矿呈细脉状或薄膜状分布于石英脉裂隙中，该阶段生成的金属硫化物为辉钼矿并伴有少量闪锌矿、黄铜矿、方铅矿、黄铁矿等。

硫化物-碳酸盐阶段（Ⅱ）为热液期成矿后阶段，在手标本及薄片中均可见方解石细脉切穿围岩或沿围岩充填交代围岩，同时还可见到石英细脉和方解石细脉相互穿切现象，生成的主要硫化物有闪锌矿、方铅矿、黄铜矿、辉钼矿及少量黄铁矿。

5)流体包裹体特征

东风坑钼矿石的石英中主要发育3种类型的原生流体包裹体，详见如下。

(1)含 NaCl 子矿物三相流体包裹体：室温下，该类包裹体主要由气泡、液相及一个固体子矿物三相构成，气液比一般 10%～15%，多数集中于 15%左右；固体子矿物所占体积比一般为 30%～45%，少量可达 50%左右；固体子矿物一般无色，但立方体晶形完好，表明它们主要为 NaCl 子晶；该类包裹体在石英颗粒中分布较为广泛，多随机或成群产出，其大小一般 6～20μm，形态较规则，主要为菱形、椭圆形、次圆形等（图 8-43a、b、d）。

(2)气相-富气相包裹体：室温下，该类包裹体呈单相形式产出，或为两相形式产出，但气液比一般在 60%以上，多数在 70%左右。该类包裹体大小一般 5～15μm，形态一般呈椭圆形、次圆形等。在矿物石英颗粒中，此类包裹体多随机分布，显示出原生成因属性（图 8-43d）。

(3)气液两相包裹体：在矿物石英颗粒中较普遍发育。气相体积所占百分数一般为 10%～20%，少量在 20%～25%。该类包裹体在石英颗粒中随机或成群分布，也见晚期次生的沿裂隙定向分布的此类包裹体。包裹体大小一般在 6～15μm 之间，常见形态一般为椭圆形、长条形或不规则形状（图 8-43c、e、f）。

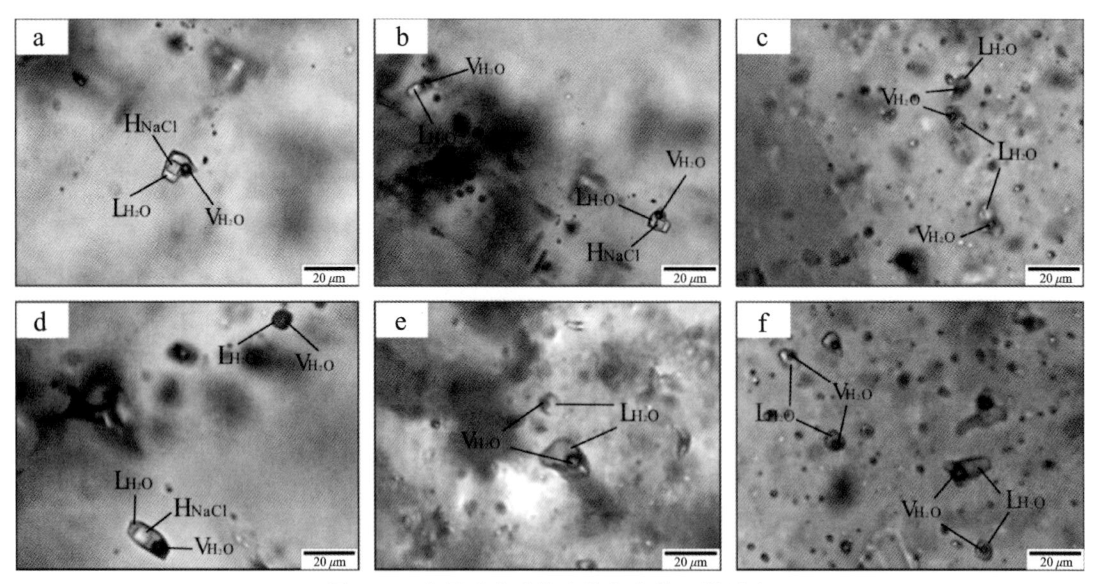


图 8-43 东风矿床矿物流体包裹体显微照片

a. 含子矿物三相包体；b、d. 含子矿物三相包体，气液两相包裹体；c、e、f. 气液两相包体

6)成矿温度和压力条件

(1)辉钼矿-石英脉阶段（Ⅰ）。

该矿化阶段主要发育气液两相、含子矿物三相、富气相3种类型的流体包裹体。

气液两相包裹体：在冷冻—升温过程中，测得气液两相包裹体冰点温度为－8.5～－3.7℃，据此计算盐度值为 6.0%～12.3%NaCleqv（图 8-44b），包裹体均一至液相，均一温度变化范围为 273～402℃

(图 8-44a)，据均一温度及盐度值，计算流体密度为 0.61～0.85g/cm³(图 8-45a)。

含子矿物三相包裹体：该类包裹体在升温过程中表现出 3 种均一行为，即气泡先于子矿物消失、子矿物与气泡同时消失及子矿物先于气泡消失。包裹体均一温度变化范围为 312～362℃(图 8-44a)，子矿物溶化温度为 312～372℃，据此计算流体包裹体盐度为 34.2%～43.9% NaCleqv(图 8-44b)，流体密度为 0.98～1.12g/cm³(图 8-45a)。

富气相包裹体：该类包裹体在冷冻—升温过程中，测得冰点温度为－3.5～－1.2℃，据此计算盐度值为 2.0%～5.7%NaCleqv(图 8-44b)，包裹体均一至气相，均一温度变化范围为 340～400℃(图 8-44a)，据均一温度及盐度值，计算流体密度为 0.55～0.69g/cm³(图 8-45a)。

(2)硫化物-碳酸盐阶段(Ⅱ)。

该矿化阶段主要发育气液两相流体包裹体。该类包裹体在冷冻—升温过程中，测得气液两相包裹体冰点温度为－8.2～－1.2℃，据此计算盐度值为 2.0%～12.0%NaCleqv(图 8-44d)，包裹体均一至液相，均一温度变化范围为 205～317℃(图 8-44c)，据均一温度及盐度值，计算流体密度为 0.72～0.93 g/cm³(图 8-45b)。

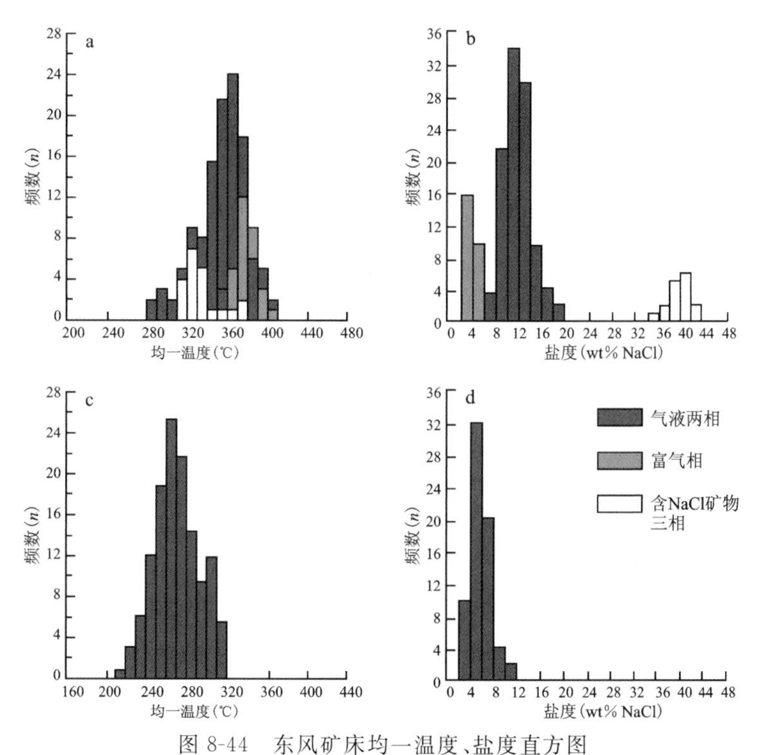


图 8-44　东风矿床均一温度、盐度直方图

a. Ⅰ辉钼矿-石英脉阶段均一温度直方图；b. Ⅰ辉钼矿-石英脉阶段盐度直方图；c. Ⅱ硫化物-碳酸盐阶段均一温度直方图；d. Ⅱ硫化物-碳酸盐阶段盐度直方图

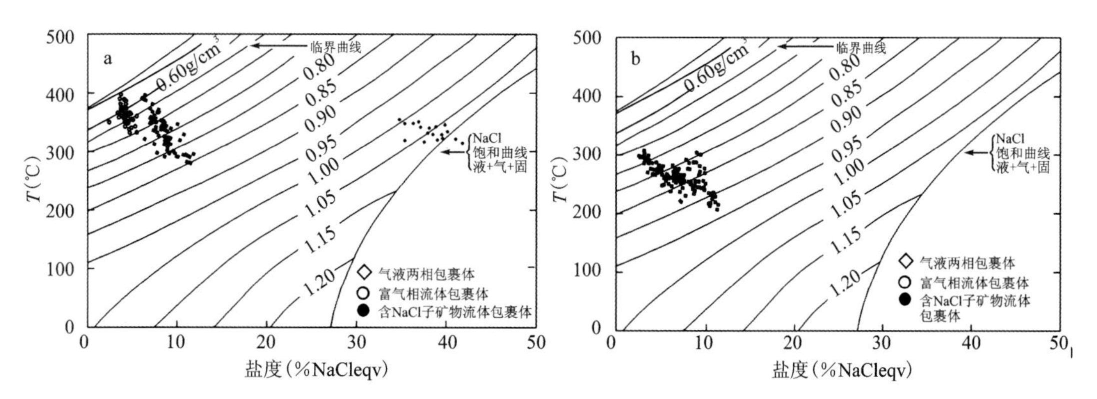


图 8-45　东风矿床均一温度-盐度-密度关系图

a. Ⅰ辉钼矿-石英脉阶段；b. Ⅱ硫化物-碳酸盐阶段

7)成矿流体性质、来源及演化

东风矿床辉钼矿-石英脉阶段(Ⅰ)主要发育气液两相、含子矿物三相、富气相3种类型的流体包裹体,成矿流体为高温、高盐度 NaCl－$H_2O$ 体系热液;硫化物-碳酸盐阶段(Ⅱ)主要发育气液两相流体包裹体,成矿流体为中低温、低盐度 NaCl－$H_2O$ 体系热液。

东风矿床主要钼化阶段(Ⅰ)成矿流体为高温、高盐度的 NaCl－$H_2O$ 体系热液,其石英矿物中发育的气液两相、含子矿物三相、富气相3种类型的流体包裹体的事实,反映了成矿流体的沸腾作用。阶段Ⅱ的石英中仅发育Ⅰ型包裹体,包裹体均一温度、盐度相对较低。因此,Ⅰ～Ⅱ阶段反映了成矿流体由高温、高盐度的沸腾 NaCl－$H_2O$ 热液体系向中低温、低盐度的均匀 NaCl－$H_2O$ 热液体系的演化过程。

8)成矿时代

孙振明等(2014)对6件辉钼矿样品分别测定了 Re 和 Os 的含量以及 $^{187}$Re/$^{187}$Os 和 $^{187}$Os/$^{187}$Os,6件样品模式年龄范围为(194.6±2.8)～(190.3±3.1)Ma,加权平均年龄为192.2±1.2;采用 ISOPLOT 软件对6件样品的结果进行等时线加权拟合,得到等时线年龄为192.0±3.1Ma(图8-46),初始 $^{187}$Os 为(0.001±0.019)×$10^{-9}$,MSWD 值为4.5。等时线年龄与加权平均年龄在误差范围内一致,显示了数据的可靠性。

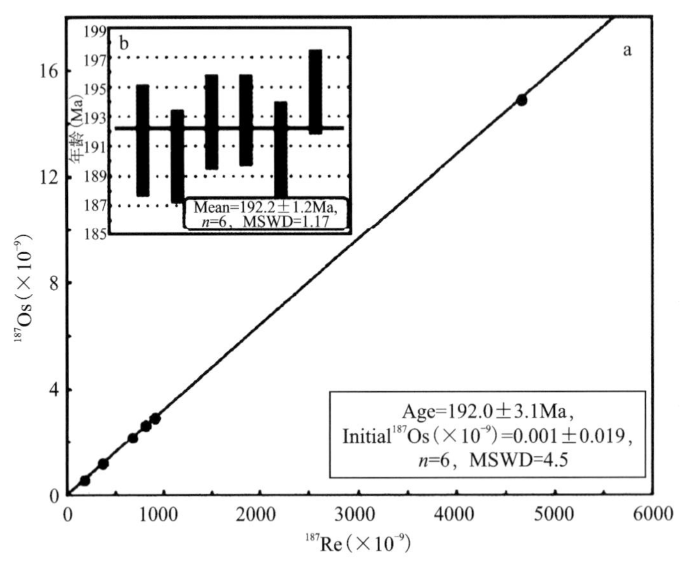


图8-46 东风矿脉辉钼矿 Re－Os 同位素等时线(a)及模式年龄加权平均值(b)(据孙振明等,2014)

### 3. 刘生店钼矿

刘生店钼矿位于吉林省延边朝鲜族自治州安图县大石头林业局西南64km,古洞河断裂北东,古洞河被动大陆边缘范围内(图8-47)。

1)矿区地质

矿床位于松嫩-延边晚古生代—早中生代造山带的敦密-阿尔昌断裂南东盘的延边构造带西部。区内所见地层主要分布于矿区的南侧和北西侧,出露地层主要有上古生界二叠系庙岭组砂板岩、柯岛组火山岩及火山碎屑岩,为一套中酸性火山岩-碎屑岩-碳酸盐岩建造;新生界第三系(现为古近系＋新近系)船底山组玄武岩及第四系现代河流沉积物。

区内岩浆活动频繁,以海西晚期和燕山早期侵入活动为主,该区钼矿成矿作用与燕山早期第二阶段二长花岗斑岩小侵入体关系较为密切。海西晚期岩浆岩主要分布于矿区北西、东南一隅,出露面积约20km$^2$,岩性主要为花岗闪长岩、石英闪长岩及辉长岩。区内所见燕山期岩浆岩均为燕山早期第二阶段侵入岩,岩性主要为二长花岗岩、斜长花岗岩及二长花岗斑岩。区域构造以断裂构造为主,东西向和北西向两组构造较发育(图8-48)。

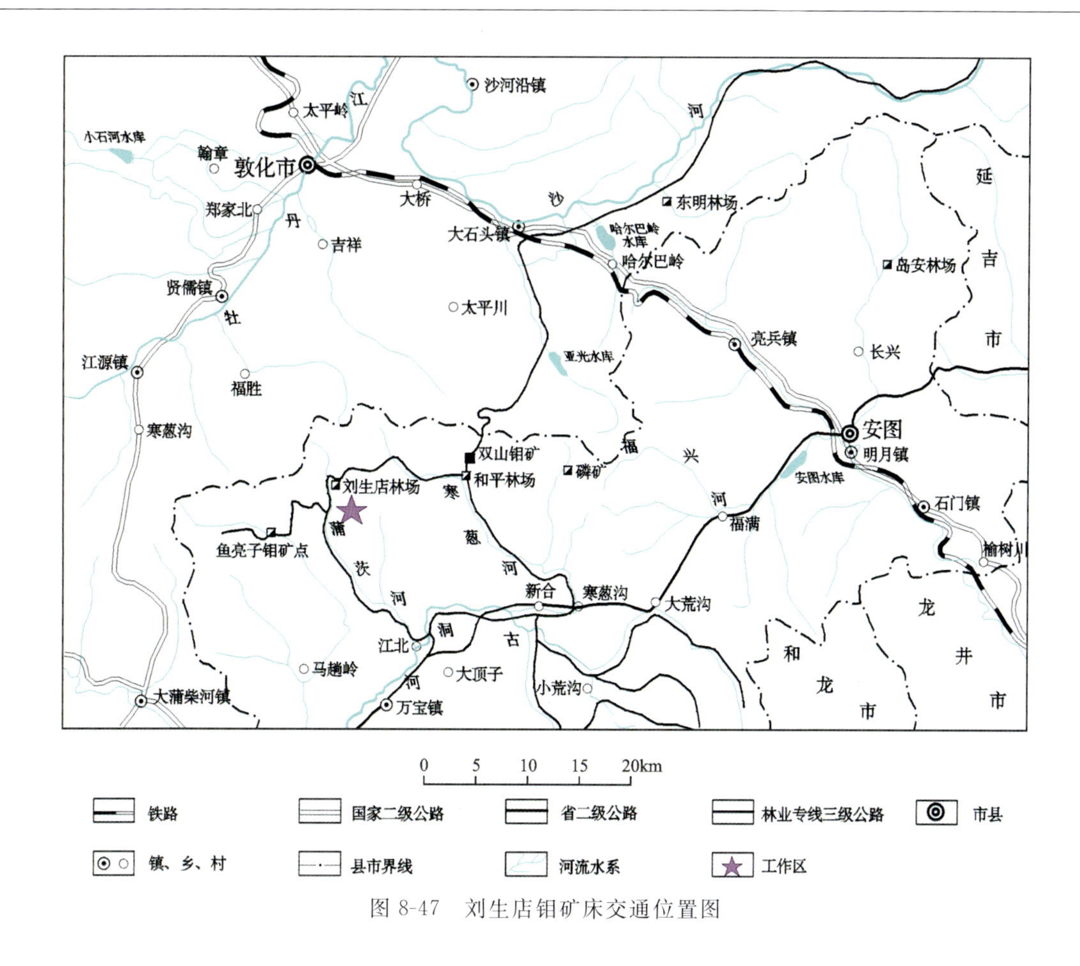


图 8-47 刘生店钼矿床交通位置图

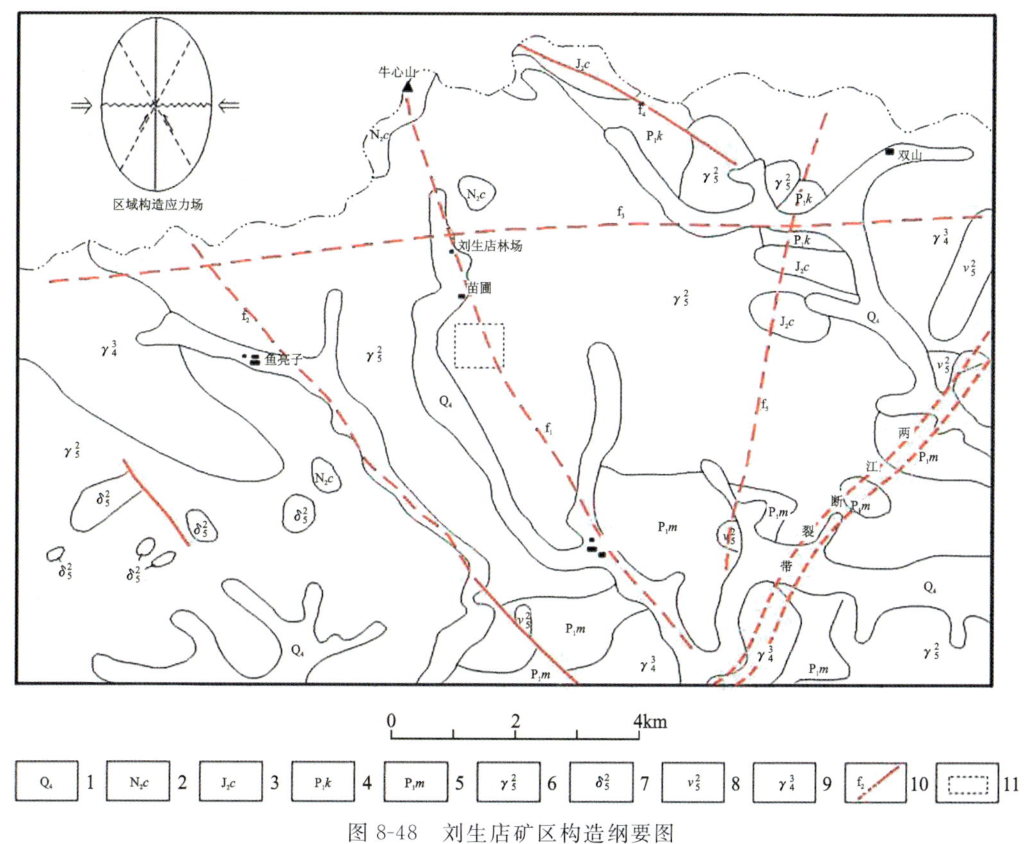


图 8-48 刘生店矿区构造纲要图

1.第四系;2.上新统船底山组;3.侏罗系刺猬沟组;4.二叠系开山屯组;5.二叠系庙岭组;6.燕山期花岗岩;7.燕山期闪长岩;8.燕山期辉长岩;9.海西期花岗岩;10.断层及编号;11.工作区

东西向刘生店-三岔子断裂($F_3$)是敦化-三道沟深大断裂一部分，在矿区北侧通过，横贯全区，区内长约20km。走向近东西向，产状较陡，在区域上对金、多金属矿产有明显的控制作用。北西向断裂包括牛心山-刘生店断裂带($F_1$)和鱼亮子-太平屯断裂($F_2$)，前者分布于矿区的东部，长约13km，走向北西(320°)，倾向北东，倾角70°，是区内主要控矿构造；后者分布于矿区南西侧，南东、北西两端延至图外，呈北西—南东向展布，区内长13.5km，倾向南西，倾角60°～65°，控制了鱼亮子钼矿点。

刘生店钼矿床处于东西向与北西向断裂构造复合部位，由于构造多次活动，为其形成提供了理想的成矿地质条件。

矿区内岩浆岩十分发育，出露面积占矿区总面积的90%以上，主要为燕山期侵入岩，代表岩性为二长花岗岩和二长花岗斑岩。二长花岗岩岩体为迷魂阵岩体的一部分，在矿区内出露面积约13$km^2$。岩石呈灰白色，中粒花岗结构、块状构造，主要由斜长石(30%)、钾长石(35%)、石英(30%)、黑云母(5%)所组成。二长花岗斑岩呈岩株状产出，出露面积约6$km^2$，主岩体为二长花岗斑岩，尚见斜长花岗岩和闪长岩脉状小侵入体，是同源岩浆演化过程中，经深部分异多期脉动式侵入而形成的复式岩体。二长花岗斑岩与围岩燕山早期二长花岗岩呈侵入关系，属于燕山期产物。

2)矿床地质

(1)矿体。

目前已发现矿体7条(主要工业矿体为Ⅰ号、Ⅱ号)、贫矿体3条，均赋存于石英-绢云母化带之中，矿体的展布方向受蚀变带控制。在空间上呈厚板状，矿体连续性较好，产状稳定、规模较大、矿化强弱呈过渡性变化，矿体与围岩呈渐变接触关系，矿体以钼为主，成分简单，矿石结构、构造类型也较单一，其储量相当可观，经济价值较大。

①Ⅰ号矿体。矿体赋存石英-绢云母化带之中，在空间上呈斜厚板状，在平面上呈板状，在剖面上呈厚层状，似层状，倾向南西，倾角10°～17°，长600m，宽80～456m，厚8～89.41m，平均厚28.82m。沿倾向，矿体赋存于550～780m标高，具分支现象。矿体钼品位一般为0.03%～0.25%，平均品位0.075%，沿走向、倾向和垂向上均呈现出高低相间变化特征。②Ⅱ号矿体。矿体赋存于石英-绢云母化带之中，在空间上呈斜厚板状，在平面上呈板状，在剖面上呈香肠状。条带状，倾向南西，倾角10°～17°，长600m，宽80～471m，厚5～83.93m，平均厚44.01m。沿倾向，矿体赋存于466～736m标高，具分支现象。矿体钼品位一般为0.03%～1.26%，平均品位0.071%。沿走向、倾向和垂向上均呈现出高低相间变化特征。

(2)矿石。

矿石自然类型为细(网)脉浸染状辉钼矿矿石，一般为灰色—灰白色，地表矿石部分被氧化，而呈褐黄色—褐红色。矿石中金属矿物主要为辉钼矿，其次为少量黄铜矿、黄铁矿。非金属矿物以石英、绢云母、水白云母、伊利石、绿泥石为主，次之有钾长石、方解石。根据野外观察，辉钼矿有4种赋存状态：①表现为细粒鳞片状、稀疏浸染状分布于钾化、泥化二长斑岩体中，粒径1～2mm；②较大鳞片状，一般为5～10mm，最大可达2cm，在钾化斑岩体中呈斑杂状、菊花状集合体；③与石英一起沿裂隙呈含辉钼矿石英脉分布；④沿裂隙呈1～5mm的辉钼矿细脉。

辉钼矿镜下呈灰白色，反射多色性变化显著，低硬度，多呈片状集合体(图8-49a)、弯曲的叶片状(图8-49b)、颗粒状(图8-49c)，或沿石英裂隙分布呈不连续的脉状(图8-49d)；地表矿石中部分辉钼矿被氧化为钼华(图8-49e)；黄铁矿、黄铜矿多呈自形—半自形的粒状、集合体状，见自形黄铁矿交代黄铜矿(图8-49f)。

矿石结构为自形—半自形晶状结构、叶片状结构、侵蚀结构等。矿石构造为脉状构造、浸染状构造。

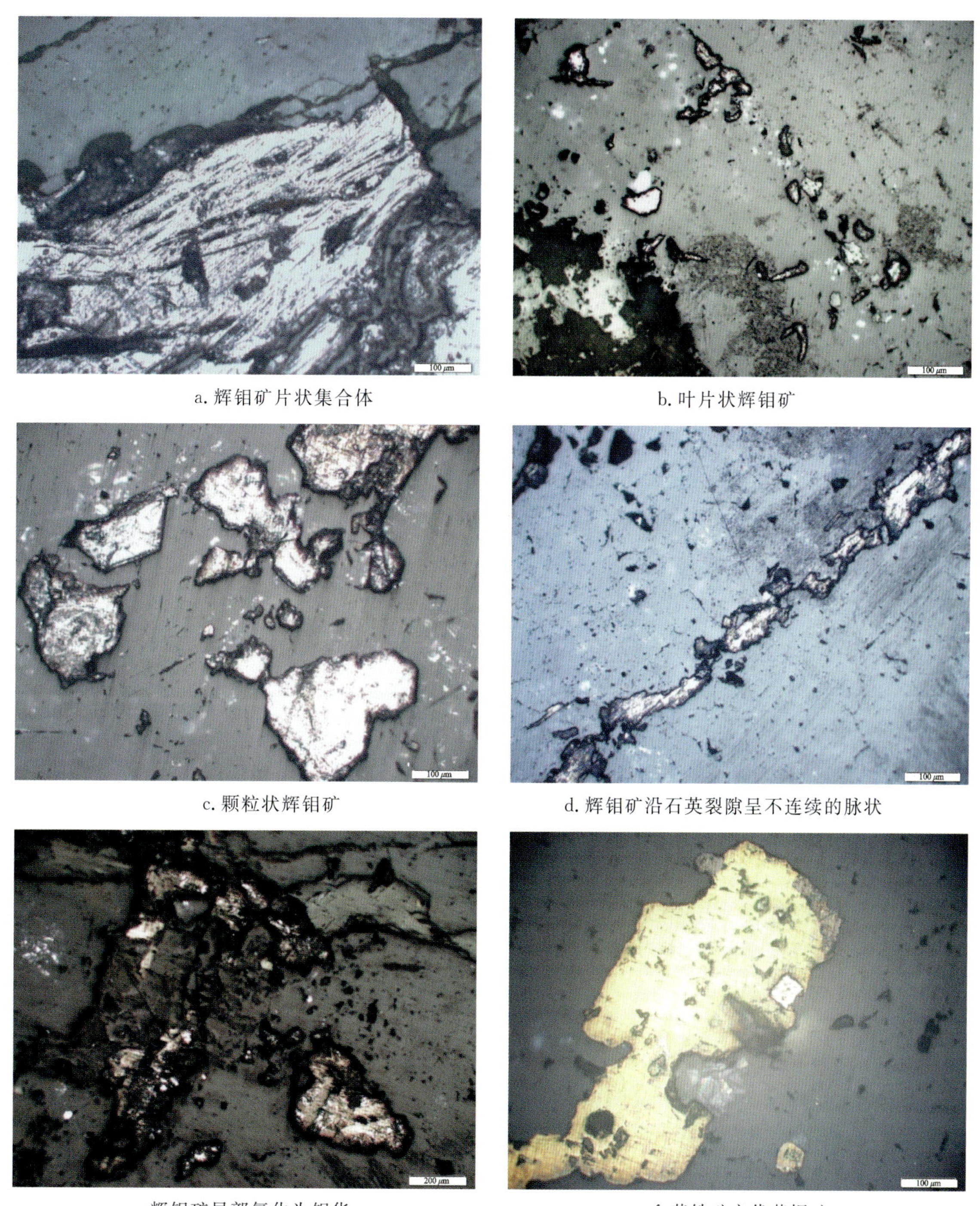

a. 辉钼矿片状集合体　b. 叶片状辉钼矿

c. 颗粒状辉钼矿　d. 辉钼矿沿石英裂隙呈不连续的脉状

e. 辉钼矿局部氧化为钼华　f. 黄铁矿交代黄铜矿

图 8-49　刘生店钼矿床金属矿物交生关系显微图

3）矿物生成顺序和共生组合

根据矿石的结构、构造、矿物及其组合体之间的穿插交代关系和矿物标型特征，可将矿床成矿作用划为 2 个成矿期，4 个成矿阶段（表 8-6）。

**表 8-6　成矿阶段及矿物生成顺序表**

| 成矿期 | 岩浆晚期 | 岩浆期后热液期 | | 表生期 |
|---|---|---|---|---|
| 成矿溶液 | 岩浆气液流体-岩浆水热液-岩浆水与地下水混合热液 | | | |
| 成矿阶段 | 黑云母、钾长石-硫化物阶段 | 石英、绢云母-硫化物阶段 | 碳酸盐-硫化物阶段 | 表生阶段 |
| 黑云母 | —— | | | |
| 钾长石 | —— | | | |
| 磷灰石 | —— | — — | | |
| 石英 | — —— | —— | — — | |
| 绢云母 | | —— | | |
| 绿帘石 | —— | | — —— | |
| 黄铁矿 | —— | —— | —— | |
| 黄铜矿 | | —— | | |
| 辉钼矿 | — — | —— | | |
| 方解石 | | | —— | |
| 褐铁矿 | | | | —— |
| 钼华 | | | | —— |

第一成矿阶段：黑云母、钾长石-硫化物阶段，这一阶段岩浆气液流体由内向外扩散，造成面状钾化伴生星点浸染状黄铁矿化。

第二成矿阶段：石英-硫化物阶段。该阶段是矿床主要的成矿阶段。在该阶段，矿液中 $SiO_2$ 含量增加，并沿节理裂隙，呈脉状、团块状等充填交代，同时共生大量的绢云母，形成石英绢云母化，随即有大量的辉钼矿、黄铁矿、黄铜矿等矿物呈细脉浸染状产在石英绢云母化岩石之中。

第三成矿阶段：碳酸盐-硫化物阶段。矿液活动到了晚期，地下水成分骤然增加，$CO_2$ 分子离解化合而以碳酸盐形式存在，金属离子浓度降低，沉淀的金属硫化物含量较少，伴有黄铁矿和黄铜矿矿化。

4）围岩蚀变

刘生店矿床的蚀变类型和分带特征与典型斑岩型矿床的特征基本一致。矿化蚀变主要发育在二长花岗斑岩体内，出露面积约 $4km^2$，在平面上呈椭圆状北西向展布，在剖面上呈带状分布，垂深大于 300m，在 500m 标高尚未封闭。自岩体中心向外，为钾化带—石英-绢云母化带—泥化带（图 8-50）。

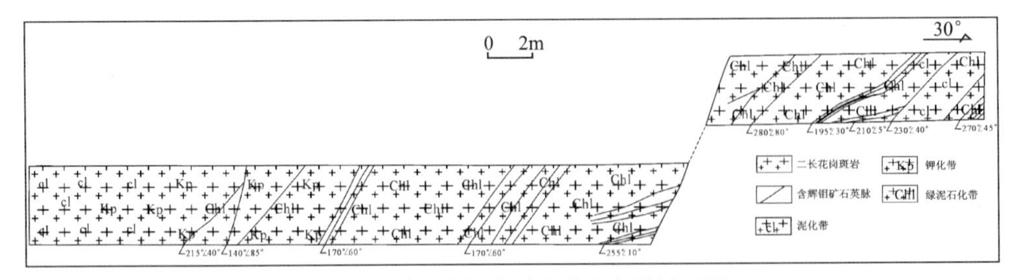


图 8-50　刘生店钼矿露天采矿实测剖面图

（1）钾化带—石英-绢云母化带。该带位于矿区的中部，呈椭圆状北西向展布，长轴长 2 650m，短轴长 1 030m，厚度大于 250m，主要由钾化、硅化、绢云母化、高岭土化、黄铁矿化及辉钼矿化组成。带内含钼石英细脉和辉钼矿细脉较发育，钼品位随含脉率变化而变化，地表钼品位一般为 0.01%～0.03%，

30m以下钼品位一般为0.03%～0.25%，最高品位达1.26%。总体上矿化与蚀变强度呈正相关关系，钼矿体就赋存于此带之中。

（2）泥化带。该带分布于钾化带—石英-绢云母化带外侧，在东南部和西北部呈“月牙”状绕其展布，二者呈渐变过渡关系，外侧被第四系所覆盖，出露面积约1.5$km^2$。该带主要由高岭土化、绿泥石化及碳酸盐化和褐铁矿化所构成。蚀变强度从里至外逐渐减弱，并过渡到正常二长花岗斑岩。

## 第六节　成矿系列

### 1.晚古生代—早三叠世老爷岭-格罗杰科构造带钨、金、银、铂族金属、黄铁矿成矿系列（Ⅷ）

老爷岭-格罗杰科构造带是晚古生代—早三叠世火山-岩浆弧，沿着中俄边境两侧分布。在俄罗斯一侧，形成小型的浅成低温热液金银矿矿化、与流纹岩有关的黄铁矿矿化、产于弱变质泥岩和页岩中的透镜状闪锌矿矿化以及与纯橄榄岩-单斜辉石岩-辉长岩侵入体有关的铂族金属矿化。在我国境内，则形成以杨金沟钨矿和五道沟金矿为代表的钨和金矿化。

陈聪（2017）研究表明：该区晚古生代金、钨成矿作用均属中温热液脉型，且均产出于五道沟群浅变质岩系、二叠纪中酸性侵入体以及二者的接触带附近。钨矿化作用为贫硫化物的白钨矿-石英脉型，矿体呈大脉型（五道沟）或细网脉型（杨金沟），受北西向、北北西向、近南北向构造裂隙或五道沟群变质岩系中的层间破碎带控制，与晚二叠世钙碱性Ⅰ型英云闪长岩具成因关系；金矿化作用以蚀变岩型为主，石英脉型次之，呈北北东向展布的含金蚀变带，受北北东向构造破碎带控制；白钨矿Sm - Nd等时线年龄为251.7±2.9Ma，杨金沟钨矿成矿岩英云闪长岩体的锆石U - Pb年龄为251.9±2.2Ma；杨金沟金矿床的含矿黑云二长花岗岩的锆石U - Pb年龄为262±1Ma，主成矿阶段辉钼矿Re - Os模式年龄的加权平均年龄为250.6±1.8Ma，热液白云母Ar - Ar坪年龄为241.6±1.2Ma，为晚古生代—早三叠世产物。

### 2.晚古生代清津-青龙村构造带铜、镍、铬、钴、铂族金属成矿系列（Ⅸ）

清津-青龙村构造带是晚古生代蛇绿混杂岩带。矿化形成于混杂岩带中洋壳岩块。

在朝鲜的清津，主要由清津岩群的基性、超基性岩组成，它们被认为是蛇绿混杂岩的组成部分；在我国境内的开山屯一带，那里的方辉橄榄岩、辉长岩、辉石岩、玄武岩、苦橄岩也被认为属于蛇绿混杂岩的组成部分。在青龙村，青龙村群中的超基性岩块显然也属于此。

在朝鲜一侧主要形成铬铁矿、钴矿和镍矿，包括位于咸镜北道富宁郡的龙川铬矿、位于咸镜北道罗津郡的三海镍矿和位于咸镜北道会宁郡的会宁钴矿。

在我国吉林省延边朝鲜族自治州开山屯—青龙村一带，该成矿带的成矿作用也以铬矿、铜镍矿和钴矿为主，分别与纯橄岩、斜方辉橄岩以及二辉橄榄岩有关（傅德彬，1985）。

纯橄岩-斜方辉橄岩型岩体只见于开山屯地区，是区内已知唯一含铬铁矿的超基性岩体。岩相变化小，岩体分异不佳，MgO>3.5%，属镁质超基性岩，可进一步分为纯橄岩和纯橄岩-斜方辉石橄榄岩两个岩相。

二辉橄榄岩型岩体主要分布在长仁—障项一带，共20余个岩体，一般都具有铜镍矿化现象，已探明大、小型矿床各一处。工业矿体主要产在斜长二辉橄榄岩相及岩体边缘的辉长岩质混染岩相中。岩体规模小，形态复杂，产状变化大，多是由斜长二辉橄榄岩与橄榄二辉岩组成的复式岩体。m/f值变化在3.5～5.3之间，属铁质超基性岩。

**3. 晚古生代延边-咸北构造带铜、铅、锌多金属成矿系列(Ⅹ)**

延边-咸北构造带是晚古生代兴凯地块西缘活动大陆边缘。本身的构造属性是弧前盆地。东侧是老爷岭—格罗杰科火山-岩浆弧,西侧是清津-青龙村海沟。在延边一侧,沉积了以庙岭浊积岩、满河火山沉积岩和解放村海相-陆相沉积岩为代表的弧前盆地沉积;在朝鲜的咸北构造带,与之对应的是岩基组、鸡笼山组和松山组。其中岩基组与庙岭组、鸡笼山组与满河组、解放村组与松山组是一一对应的。

该成矿系列以红太平铜多金属矿以及周边一系列类似的矿点、矿化点为代表。矿床受控于满河组火山岩与庙岭组碎屑岩、泥质岩接触处附近,呈层状、似层状、平行层的透镜状,矿石矿物为黄铜矿、黄铁矿、闪锌矿、方铅矿等,属于VMS型矿化。

**4. 晚古生代大河深-寿山沟构造带铜、铅、锌多金属成矿系列(Ⅺ)**

大河深-寿山沟构造带是敦密-阿尔昌断裂北西盘与南东盘的延边-咸北构造带相对应的弧前盆地。形成地局子、新立屯、二道林子等VMS型多金属矿床。

**5. 晚古生代红旗岭-小绥河构造带铜、镍、铬、钴、铂族金属成矿系列(Ⅻ)**

红旗岭-小绥河构造带是敦密-阿尔昌断裂北西盘与南东盘的清津-青龙村构造带相对应的海沟杂岩带。以红旗岭硫化铜镍矿而闻名。同时发育头道沟、小绥河铬铁矿。与清津-青龙村构造带的相同类型矿床一样,矿化来自于洋壳岩块的基性、超基性岩。这些洋壳岩块形成于250Ma之前,并经历晚三叠世构造热事件。

**6. 早石炭世磐石-长春构造带金、银、铜、铅、锌成矿系列(ⅩⅢ)**

磐石-长春构造带是石炭纪以来的被动大陆边缘。发育早石炭世裂陷期火山岩和火山碎屑岩(余富屯组)。形成与之有关的小红石砬子、圈岭银铅锌多金属矿,头道川金矿,石咀子铜矿等块状硫化物矿床。

**7. 晚古生代—早中生代松嫩-延边构造带(造山带)钼、钨、铜、铅、锌、金、铁成矿系列(ⅩⅣ)**

根据造山带花岗岩年龄和峰期变质作用年龄,松嫩-延边造山带的造山作用峰期在晚三叠世,并延续到早侏罗世,主要形成与造山期中、酸性侵入岩有关的矿化。矿化类型主要是斑岩型、热液脉型和矽卡岩型;金属类型以钼为主,包括钼、钨、铜、铅、锌和金。

斑岩钼矿是该期矿化的主要类型。霍吉河、鹿鸣、大石河、大黑山、刘生店等著名大中型斑岩钼矿均形成于这个时期。这些大中型斑岩钼矿主要沿着晚古生代火山-岩浆弧(霍吉河、鹿鸣、大石河)以及造山带缝合线(福安堡、大黑山等)发育。

与成矿有关的侵入岩是二长花岗岩或二长花岗斑岩。这些花岗岩的一个最重要标志是经常含有白云母,如鹿鸣和刘生店均是白云母花岗斑岩。即使不含白云母,其$Al_2O_3$的含量也很高,属于过铝质。因此这些成矿花岗岩或花岗斑岩应该是S型花岗岩,是造山带的产物。成矿花岗岩的年龄主要集中在晚三叠世到早侏罗世,成矿作用可能延续到中侏罗世早期。

福安堡斑岩钼矿实为斑岩(钨)钼矿。矿化岩体为似斑状二长花岗岩。作为副产品的钨,地表单矿体平均品位为0.11%。据报道,我国目前钨储量的1/4来自伴生钨矿,而与钼伴生的钨矿占伴生钨矿的64.8%。五道岭钼矿属于矽卡岩型钼矿的代表,而脉状钼矿发育在天宝山以及刘生店等矿床中。

# 第九章　西北太平洋成矿带(内带)

西北太平洋成矿带(内带)与古太平洋板块在佳木斯-兴凯地块东缘的增生造山带分布范围一致。

## 第一节　矿床类型

研究区的西北太平洋成矿带(内带)主要矿床类型是锡矿、钨矿、铅锌矿、硼矿和金(银)矿(图 9-1)。

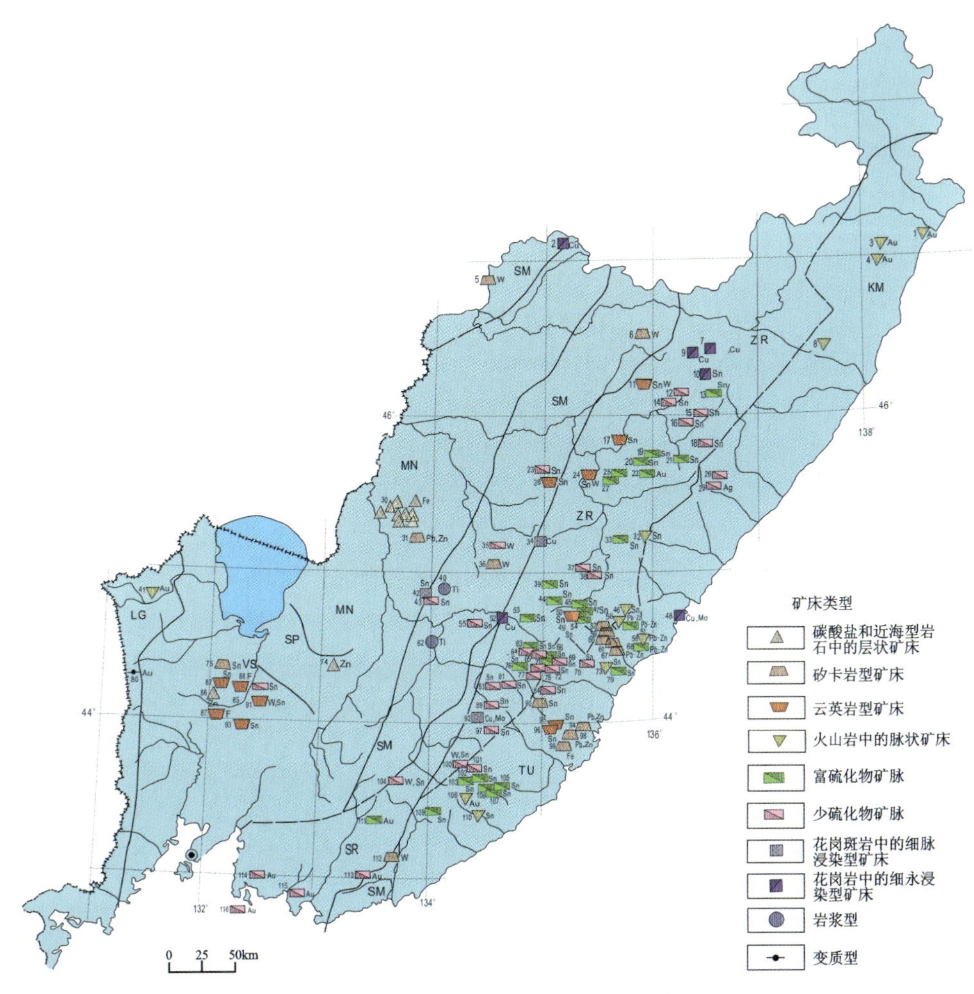


图 9-1　滨海边疆区矿床分布图(据汉丘克等,1995)

LG. 老爷岭-格罗杰科;VS. 沃兹涅先斯科耶;SP. 斯帕斯克耶;MN. 马特维耶夫-纳西莫夫;SR. 谢尔盖耶夫;SM. 萨马尔金斯基;ZR. 茹拉夫列夫-阿穆尔;TU. 塔乌欣;KM. 科玛

# 第二节　锡矿

锡矿是滨海边疆区最主要的矿床类型。在滨海边疆区116处小型以上规模的矿床中，锡矿和锡可以作为副产品的矿床占72处，接近统计矿床总数的62%。其中，以锡为主的矿床65处(包括大型锡矿床4处，中型锡矿床11处，小型锡矿床50处)，含锡矿床7处。俄罗斯95%的锡矿产于远东地区，滨海边疆区在其中起着重要作用。

## 一、锡矿类型

锡矿与中酸性侵入岩、火山岩和次火山岩有关的，因此将其划分为与花岗岩侵入体有关的锡矿，与火山岩和次火山岩有关的锡矿、斑岩锡矿和矽卡岩锡矿。

## 二、锡矿分布

研究区西北太平洋成矿带(内带)的锡矿主要分布于3个矿田：卢日金矿田、塔乌欣矿田和达乌必诃矿田(图9-2)。

### 1. 卢日金矿田

卢日金矿田主要位于茹拉夫列夫-阿穆尔构造带的中南部，该构造带是由早白垩世大陆坡形成的沉积楔。这里发育最主要的工业锡矿。锡矿形成于100～50Ma。

在100～90Ma之间，形成云英岩型锡矿。这些锡矿与锂氟花岗岩侵入作用有关，其典型特征是在矿石中同时存在锡石和含钨矿物。这些矿床位于该矿田的西部，与萨马尔金构造带中的钨矿相邻。因此认为，矿石中品位较高的钨与萨马尔金成矿带的影响有关。

在85～75Ma之间该矿田的东部形成锡-多金属矿脉。成矿作用与安山岩-二长闪长岩-花岗闪长岩体有关。这些含高品位铅、锌和铜的矿石的特点是锡以锡石和黄锡矿的形式存在。

锡石-硅酸盐型矿脉形成更晚，形成于70～60Ma。在这些矿床中常发育锡-多金属矿石。这些矿床与侵入岩的关系并不密切，但与俯冲作用有关的火山岩关系密切，其中最有价值的是超钾流纹岩。

在矿田北部还发育与火山岩显著有关的斑岩锡矿。它们位于马斯特里赫特—丹麦纪(65Ma)的火山岩颈处，在火山活动活跃期间直接形成。这里的金属矿石是浸染型和锡石、硫化物(方铅矿、闪锌矿、黄铜矿等)细脉，发育在隐爆角砾岩中。在浸染矿石构成的岩颈周围，通常分布着很长的锡-多金属矿脉。

在60～50Ma之间，在矿田边部形成不具有工业价值的锡矿化。

### 2. 塔乌欣矿田

塔乌欣矿田位于塔乌欣构造带内。该构造带是早白垩世增生楔，主要形成脉状锡-多金属矿。脉状锡-多金属矿与东锡霍特-阿林火山岩带的晚白垩世—古近纪火山作用有关，含锡矿物主要是锡石和黄锡矿。

只有少数矿床与花岗闪长岩有关。岩体的K－Ar的年龄为65～60Ma。典型矿床是利多夫

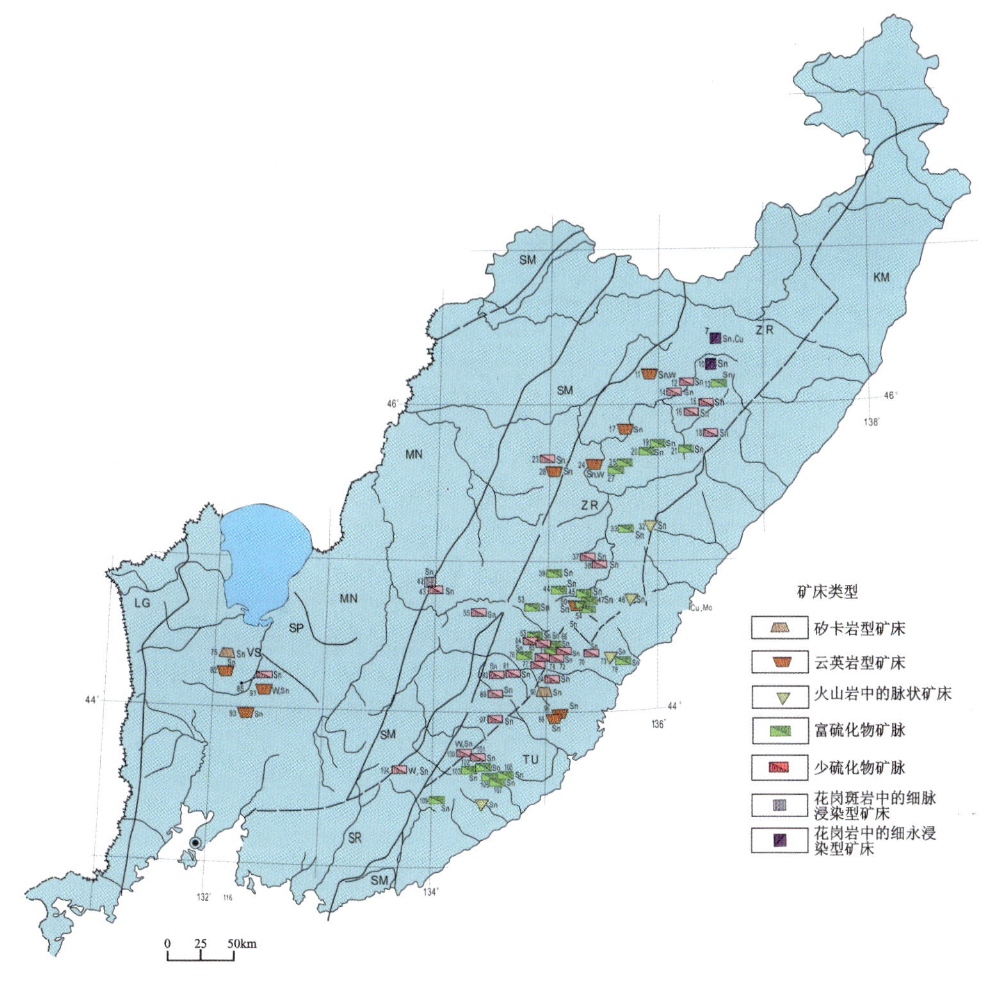


图 9-2 滨海边疆区锡矿分布图(据汉丘克等,1995)

LG. 老爷岭-格罗杰科;VS. 沃兹涅先斯科耶;SP. 斯帕斯克耶;MN. 马特维耶夫-纳西莫夫;SR. 谢尔盖耶夫;SM. 萨马尔金斯基;ZR. 茹拉夫列夫-阿穆尔;TU. 塔乌欣;KM. 科玛

(Лидовское месторождение)矿床,矿体位于侵入岩的顶部,形成鞍状矿体。

与克拉斯诺戈罗夫卡矿床(Красногорское месторождение)有关的火山岩是中心式火山岩的一部分,即在岩颈周围喷出的火山角砾岩中浸染有大量方铅矿、闪锌矿、黄铁矿和锡石等矿石矿物,属于火山型锡—多金属矿床,成矿火山岩形成于 65~60Ma。

### 3. 达乌必诃矿田

达乌必诃矿田位于兴凯湖沉积系统的东部,形成钨、锡多金属矿。达乌必诃矿田仅由盖层系统组成。在盖层系统中发育最多的是二叠纪—三叠纪陆源碎屑岩和二叠纪火山岩。著名的锡、钨和多金属矿化作用与侏罗纪—早白垩世的俯冲花岗岩有关。这里主要是矽卡岩型矿化,包括石榴子石-辉石矽卡岩、石榴子石-辉石-硅灰石矽卡岩,有时发育符山石。

这里的矽卡岩实际上都含有磁铁矿。含钨矿物是白钨矿。矿床的规模大小不一,长为 60~500m,厚为 0.5~70m。品位变化大:$WO_3$ 为 1%~1.5%;Sn 为 1%~3.8%。

钨和锡的矿化通常是独立发生的。少数情况下,在矽卡岩中会同时发生钨和锡的矿化作用。规模不大的加巴尔基斯克和库尔汗矿床是由位于元古宙大理岩与晚古生代花岗岩顶部的矽卡岩矿石组成。成矿也与白垩纪早期形成的花岗岩有关。矽卡岩矿体的长 40~700m,厚 2~15m。品位为 Pb2.0%~22.0%;Zn 为 2.0%~29%;Sn 为 10%~1.2%。

除了矽卡岩矿床，在达乌必诃矿田中，在白垩纪早期形成的花岗岩或火山岩中发育钨、锡石英脉。

## 三、锡矿形成时期

在滨海边疆区，发育70余处锡矿床或含锡的矿床。成矿时期跨越早白垩世末期到古近纪(100～50Ma)。成矿作用可以分为5期：

100～90Ma：在茹拉夫列夫-阿穆尔成矿带的西部、靠近萨马尔金成矿带附近，形成与锂氟花岗岩有关的深成云英岩型含钨的锡矿床。

75～85Ma：在茹拉夫列夫-阿穆尔成矿带的东部形成锡-多金属脉状矿床。矿床与安山岩-二长闪长岩-花岗闪长岩有关。含锡矿物是锡石和黄锡矿。

70～60Ma：形成锡石-硅酸盐型脉状锡矿。矿石为锡-多金属矿石。矿床与富钾流纹岩关系密切。锡-多金属矿床也发育在塔乌欣成矿区，在那里的10处小型锡矿中，有6处属于锡-多金属矿。

65Ma：形成斑岩锡矿床，位于火山颈。浸染状的锡石、硫化物(方铅矿、闪锌矿、黄铜矿等)分布于火山角砾岩及其胶结物中。

60～50Ma：锡矿化。

## 四、典型矿床

奥尔森基耶夫矿床位于滨海边疆区的卡瓦列罗沃矿田的西部(Родионов，2005；Родионов et al，1988)。矿床发育在厚度接近2 000m的早白垩世陆源碎屑岩中(图9-3)。矿床受背斜构造控制，背斜轴线呈北东向，倾向南西、倾角10°～20°。

成矿岩浆岩主要以岩脉形式产出，岩性为粗面安山岩-二长岩组合和安山岩-闪长岩组合(Поповиченко，1989)。

在土仑期发育二长闪长岩岩株以及少量粗面安山岩-玄武岩岩脉。在赛诺曼期，形成了厚度很大、分布广泛的花岗闪长玢岩脉和很少的花岗岩脉、流纹岩脉(图9-4)。

有两个近纬向的含矿构造，而主要矿体沿着北北西向分布。在北西向的主矿脉系统中，矿脉集中在宽约300m的左行平移断层中(Уткин，1989；Неволин，1995)。延长近3 000m，延深近1 000m，受断裂构造控制。这些断裂走向北西320°～340°，倾向北东。纬向矿带宽约400m，长约1 000m，受控于构造破碎带。

矿床规模属大型，含锡矿物是锡石，含铜矿物主要是黄铜矿，储量达到万吨级以上，平均品位为0.73%。随着深度增加，在近500m的垂直区间内，矿石中Cu的品位从1.2%降到0.30%。Zn的品位为2.1%，在矿床北部已探明锌的储量达$23\times10^4$t。方铅矿的储量仅次于闪锌矿(是闪锌矿的1/4)和黄铜矿(是黄铜矿的1/2)。铅的储量达到80t以上，平均品位为1.2%。随着深度的增加，铅的富集程度明显提高，在中部出现了以含铅矿石为主的矿段。

奥尔森基耶夫矿床形成两个岩浆-成矿事件：在早白垩世(赛诺曼阶)，粗面安山岩-二长岩发育，年龄为114～95Ma(Гоневчук，2002)，形成了近东西向的矿脉。这一阶段的矿石形成于5个成矿阶段：①石英-电气石阶段；②含锰的硅酸盐(矽卡岩类)阶段；③砷黄铁矿-黄铁矿阶段；④黄铜矿-磁黄铁矿并带有闪锌矿、黄锡矿、磁铁矿阶段；⑤方铅矿-闪锌矿阶段。成矿年龄为(95±8)～93Ma(Томсон et al，1996)。第二阶段的矿化与闪长玢岩有关，年龄在65～52Ma之间，形成北西向主矿脉。

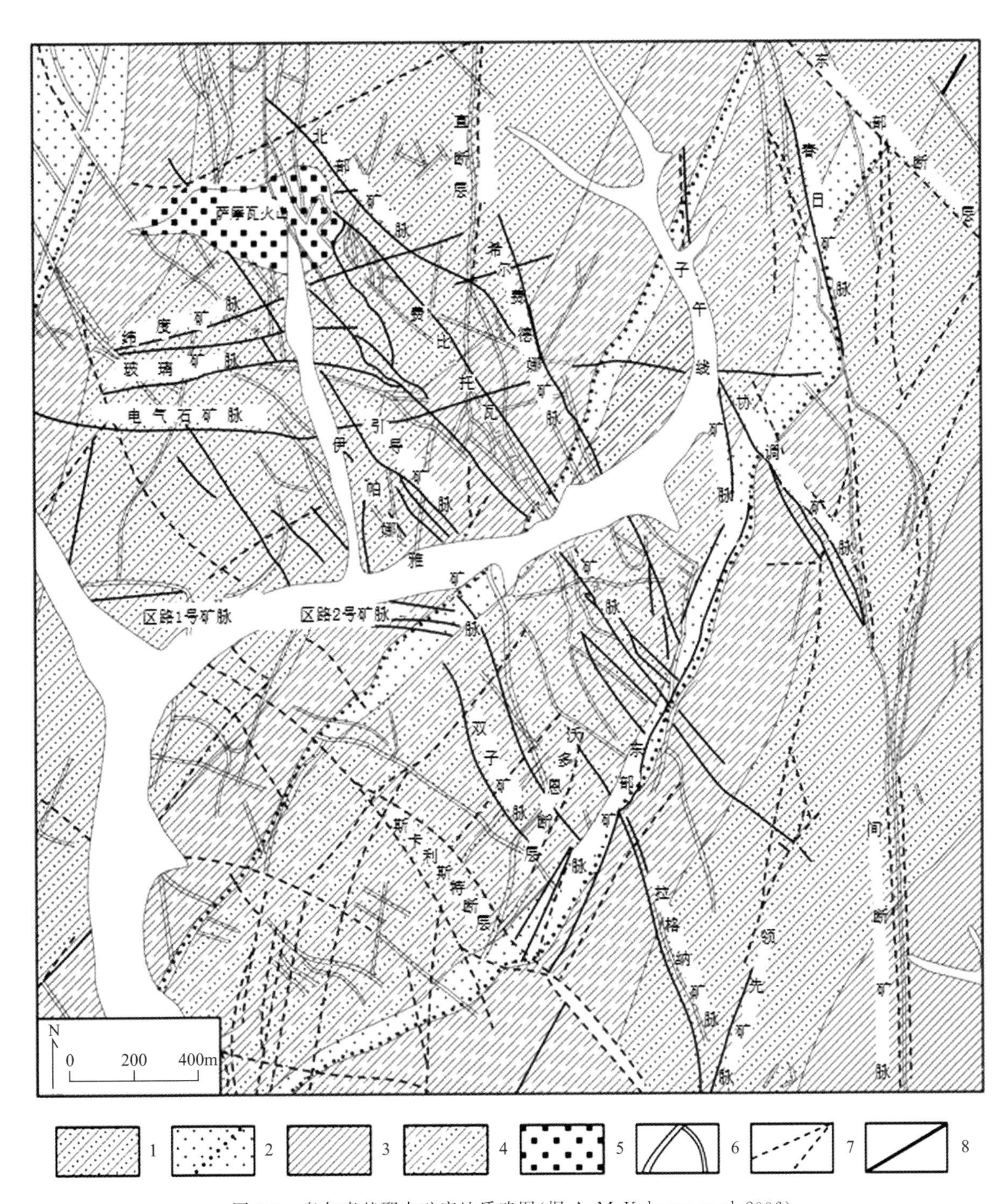


图 9-3　奥尔森基耶夫矿床地质略图(据 A. M. Kokoron et al, 2006)

1. 下白垩统粉砂岩—砂岩；2. 上白垩统砂岩和砾岩；3. 上白垩统粉砂岩；4. 下白垩统砂岩；5. 火山熔岩、熔岩角砾岩、流纹质凝灰角砾岩；6. 岩脉；7. 断裂；8. 矿脉和矿带

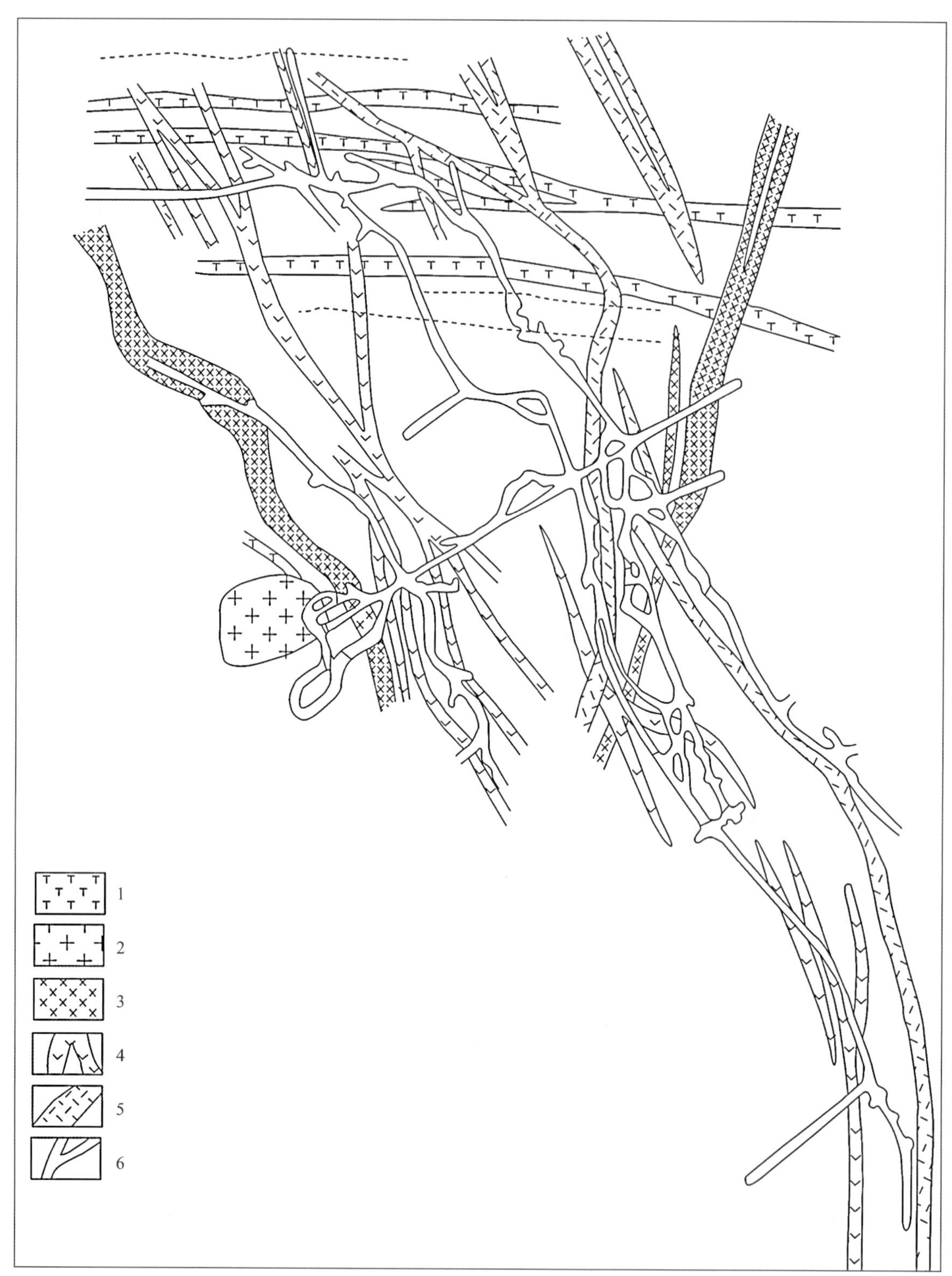


图 9-4　奥尔森基耶夫矿床 4 矿段岩浆岩穿插关系图(据 A. M. Kokoron et al,2006)

1. 粗面安山岩;2. 二长闪长玢岩;3. 花岗闪长玢岩;4. 安山岩;5. 超钾流纹岩;6. 采区

## 五、锡矿的物质来源

### 1. 俄罗斯东部锡矿围岩

俄罗斯东部锡矿床的围岩岩石类型见图 9-5 和图 9-6。

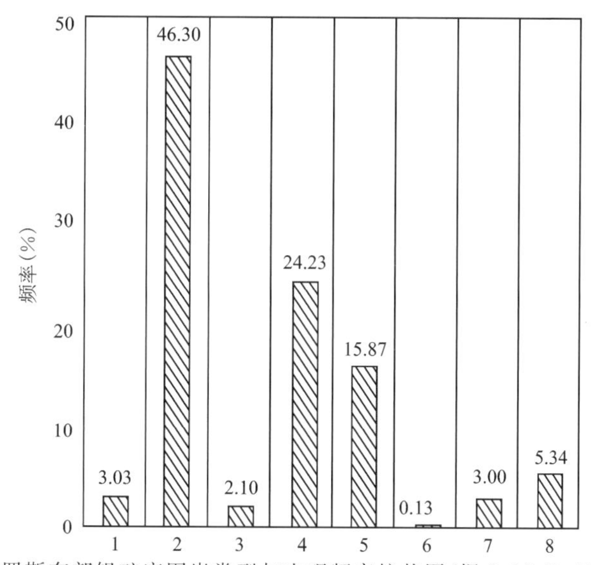


图 9-5　俄罗斯东部锡矿床围岩类型与出现频率柱状图(据 S. M. Rodionov,1999)

1. 片麻岩;2. 砂岩、粉砂岩;3. 砾岩;4、5. 酸性和中性岩浆岩:4. 侵入岩;5. 喷出岩;6. 偏基性岩浆岩和变质岩;7. 碳酸盐岩和含有碳酸盐矿物的沉积岩;8. 火山岩-硅质岩-陆源碎屑岩组合

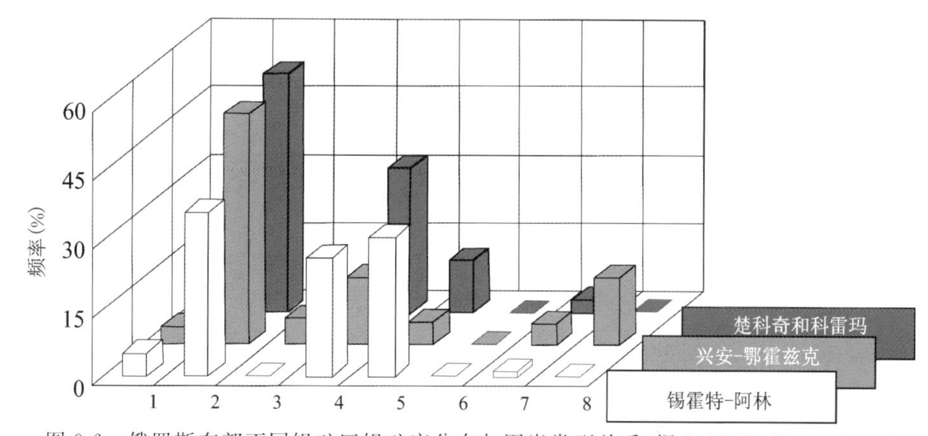


图 9-6　俄罗斯东部不同锡矿区锡矿床分布与围岩类型关系(据 S. M. Rodionov,1999)

1. 片麻岩;2. 砂岩、粉砂岩;3. 砾岩;4、5. 酸性和中性岩浆岩:4. 侵入岩;5. 喷出岩;6. 偏基性岩浆岩和变质岩;7. 碳酸盐岩和含有碳酸盐矿物的沉积岩;8. 火山岩-硅质岩-陆源碎屑岩组合

据 S. M. Rodionov(1999),在兴安-鄂霍兹克锡矿区的 667 处锡矿床中位于砂岩和粉砂岩中的占 36%;位于花岗岩中的约占 26%;位于酸性和中性喷出岩中的约占 31%。在锡霍特锡矿区,产于砂岩、粉砂岩和泥板岩中的占 50%;位于酸性和中酸性火山岩中的占 20%。在科雷玛和楚科奇锡矿区的 886 处锡矿中,分布在陆源碎屑岩中占比超过 52%;分布于花岗岩中的占约 32%;分布于酸性和中性成分的火山岩中的占 12%。

从图 9-5 可以看出,俄罗斯东部锡矿床主要分布在 4 种岩石组合中:砂岩-粉砂岩-泥板岩、中性和酸性火山岩、中酸性侵入岩、火山岩-硅质岩-陆源碎屑岩组合。事实上,锡矿发育地区的各种沉积岩(包括变质沉积岩)中锡的含量普遍较高(表 9-1)。

**表 9-1　俄罗斯东部锡矿分布区沉积岩中锡含量(据 волохин,1985)**

| 省、地区 | 地层或岩石(年代) | | 锡平均含量(g/t) |
|---|---|---|---|
| 上扬斯克(楚科奇) | 变质岩(Pt) | 结晶片岩 | 5.5 |
| | | 片麻岩 | 11.0 |
| | 上扬斯克组(T—J) | 砾岩 | 5.3 |
| | | 粉砂岩 | 7.6 |
| | | 泥板岩 | 7.7 |
| 楚科奇 | 结晶片岩(C) | | 11.0 |
| | 页岩、泥板岩(P) | | 7.0 |
| | 砂岩和粉砂岩(P—T) | | 4.4 |
| | 泥质页岩 | | 6.4 |
| 雅娜——科雷玛 | 泥质页岩和粉砂岩(T—J) | | 9.0 |
| 锡霍特 | 火山岩-硅质岩-陆源碎屑岩组合(P) | | 2.7～7.5 |
| | 火山岩-硅质岩-陆源碎屑岩组合(T—J) | | 4.1～6.6 |
| | 陆源碎屑岩组合($K_1$) | | 4.6～6.1 |
| 巴尔让利斯科 | 火山岩-硅质岩-陆源碎屑岩组合(T—J) | | 7.5 |
| | 陆源碎屑岩组合($K_1$) | | 1.5 |
| 蒙古——鄂霍兹克 | 火山岩-硅质岩-陆源碎屑岩组合(Pz) | | 1.4 |
| | 陆源碎屑岩组合(Pz) | | 1.2 |

锡矿区中沉积岩锡的含量普遍高于地壳克拉克值(2.2～2.3g/t),似乎暗示它们可能作为锡矿床中锡的来源或者可能参加了锡的成矿作用。但是事实上,这并非是锡矿区的独特现象。无论是锡矿区还是在没有锡矿分布的地区,沉积岩中的锡的含量普遍高于地壳克拉克值(表 9-2)。

**表 9-2　不同类型沉积岩中的锡含量(据 волохин,1985)**

| 岩性 | 泥质页岩 | 粉砂岩 | 砂岩 | 石灰岩 | 硅质岩 | 现代深海沉积 | 铁锰结核 |
|---|---|---|---|---|---|---|---|
| 锡(g/t) | 1.5～80.0<br>24.04(85) | 2.0～21.0<br>8.14(20) | 3.1～12.0<br>6.3(27) | 4.6～16.0<br>5.6(16) | 2.5～12.0<br>6.2(13) | 0.62～15.0<br>4.83(67) | 5.0～400.0<br>189(7) |

由于作为锡矿主要矿石矿物的锡石是一种相对稳定的矿物,因此作为锡矿围岩的沉积岩很难为成矿提供锡。

**2. 成矿物质来源**

当排除了作为矿床围岩的沉积岩中的锡作为锡矿直接物质来源的可能后,人们很容易发现锡矿与花岗岩、火山岩和次火山岩,在时间、空间乃至成因上的关系。

但是,作为毗邻锡矿分布区的茹拉夫列夫-阿穆尔构造带,分布着与造山型花岗岩有关的钨矿,但是没有或很少形成锡矿床,该区域锡的矿化作用仅可以作为钨矿化的附属品。推测,这与岩浆起源有关。

与钨矿有关的花岗岩属于S型花岗岩,形成于早白垩世中晚期的增生造山作用;与锡矿有关的花岗岩属于I型花岗岩,火山岩属于钙碱性中酸性火山岩,为晚白垩世至古近纪板块俯冲的结果。因此,锡矿的物质来源应该是俯冲板片的部分熔融。

волохин(1985)认为,锡来自于俯冲板片,而最初富集于深海沉积物。主要有如下证据。

(1)锡霍特锡矿区三叠纪—侏罗纪深水海洋硅质沉积物中锡含量普遍高(表9-3)。

(2)在加利福尼亚海岸附近,其铁锰结核中含有较多低浓度的锡(0.2%~1.6%),较远离海岸铁锰结核含量(2.4%~5.8%)少。

(3)现代太平洋和印度洋白垩纪深水红色黏土和类似物的锡浓度为0.001%~0.12%。

(4)许多学者注意到,沉积岩中锡含量与构成沉积岩颗粒的大小呈正相关:以锡石的形式存在于粉砂岩-黏土质页岩中的锡占22%,而在砂岩中的锡仅占3%。沉积物中锡主要形成于多泥质的岩相,是在介质pH>7的条件下,以四价锡或碘化物($Sn^{4+}$)形式进入沉积物。在深海沉积岩中,锡储存的主要原因之一可能是吸附伊利石和海水中的化合物。

**表9-3　锡霍特锡矿区三叠纪—侏罗纪大洋深水沉积物中锡含量(据S. M. Rodionov,1999)**

| 区　域 | 岩系岩层 | 岩石 | 锡平均含量(%) |
|---|---|---|---|
| 北部 | 沃罗涅日岩层 | 黏土质硅质岩和含硅质泥板岩 | 2.0(13) |
| | | 硅质岩 | 1.2(13) |
| | | 黏土质致密硅质页岩 | 3.6(15) |
| | 贾乌尔岩层 | 黏土质硅质岩和含硅质泥板岩 | 3.1(10) |
| | | 碧玉岩 | 3.4(5) |
| | | 硅质岩 | 3.5(11) |
| | 基谢列夫卡岩层 | 黏土质硅质岩和含硅质泥板岩 | 4.3(9) |
| | | 碧玉岩 | 3.6(32) |
| | | 黏土质碧玉岩 | 3.5(10) |
| | | 硅质岩 | 3.8(12) |
| 中部 | 黏土质硅质岩和含硅质泥板岩 | | 3.3(3) |
| | 硅质岩 | | 2.75(12) |
| | 致密硅质页岩 | | 3.3(6) |
| 南部 | 二道瓦克组 | 致密硅质页岩 | 3.7(13) |
| | | 黏土质致密硅质页岩 | 3.5(11) |
| | | 黏土质硅质岩和含硅质的泥板岩 | 3.1(15) |
| | | 硅质岩 | 2.79(29) |
| | 图多瓦克组 | 黏土质硅质岩和含硅质的泥板岩 | 1.9(7) |
| | | 硅质岩 | 2.95(20) |
| | 萨马尔金组 | 黏土质硅质岩和含硅质的泥板岩 | 4.3(3) |
| | | 硅质岩 | 2.94(32) |
| | 马里阿诺夫组 | 黏土质硅质岩和含硅质泥板岩 | 2.0(2) |
| | | 硅质岩 | 2.74(27) |

注:括号中是样品数。

# 第三节　钨矿

钨矿也是滨海边疆区主要金属矿床之一。尽管在滨海边疆区的100多处矿床中，钨矿所占比例不多，但是在10处大型矿床中，钨矿就占有2处。

## 一、钨矿床的分布和形成时期

如前所述，滨海边疆区的钨矿分布在该区西部、中部、西北部和东南部的几个大型金属成矿带中。西部钨矿区包括兴凯地块东部的一些矿区（伊利莫夫卡、西涅戈尔）；东南部钨矿区包括奥莉加区和格拉斯科夫区，以及其中一些小的成矿区；中部钨矿区一部分沿着锡霍特山脉中央断裂延伸约500km。另外还有大约200km已延伸至哈巴罗夫斯克边疆区，属于西北太平洋成矿带（内带）钨矿的成矿可分为两期：早期（135～125Ma）和晚期（115～105Ma），分别属于早白垩世和早白垩世晚期。

## 二、典型矿床

东方2号钨矿（Восток－2）位于滨海边疆区阿尔米矿区的北部（图9-7）。矿床围岩主要为砂岩、硅质页岩、粉砂岩和灰岩。地层的总厚约为15 000m。矿区西北部分布有中生代的达利尼复式花岗岩体，由老到新依次为黑云母角闪花岗岩、二长闪长岩、石英二长岩（128±16Ma）、角闪石黑云母花岗岩和黑云母花岗岩（111±9Ma）以及含黑云母淡色花岗岩（98±15Ma）。

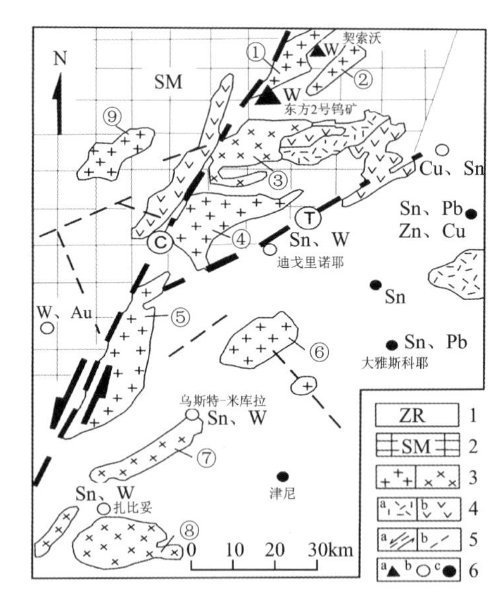


图9-7　阿尔米矿区北部构造图（据V. I. Gvozdev，2004）

1.三叠纪—侏罗纪的浊积岩（ZR. 茹拉夫廖沃-阿穆尔带）；2.晚二叠世沉积岩（SM. 萨马尔金带）；3.中生代（白垩纪）花岗岩体（①比谢尔；②卡亚林；③达利尼；④伊兹卢钦；⑤达利涅-阿尔米；⑥阿尔米；⑦乌斯季-阿尔米；⑧普利斯科瓦亚；⑨莫姆比阿萨）；4.中生代（白垩纪）火山岩（a.酸性的；b.中性的）；5.断裂[a.重大断裂（中锡霍特断裂、季格里断裂）；b.重要性相对较小的断裂]；6.钨矿、锡-钨矿矿床和矿化（a.矽卡岩型；b.云英岩型和锡石石英岩脉型；c.热液型石英-锡石-硫化物脉）

花岗岩属钛铁矿系列,Sr 的初始同位素比值为 0.704 7～0.704 8 至 0.706 75。研究表明,钨矿位于大理岩化的灰岩、角岩化的粉砂岩、页岩与岑特拉利内花岗岩株(斜长花岗岩、花岗岩和花岗斑岩)的接触带内(图 9-8)。

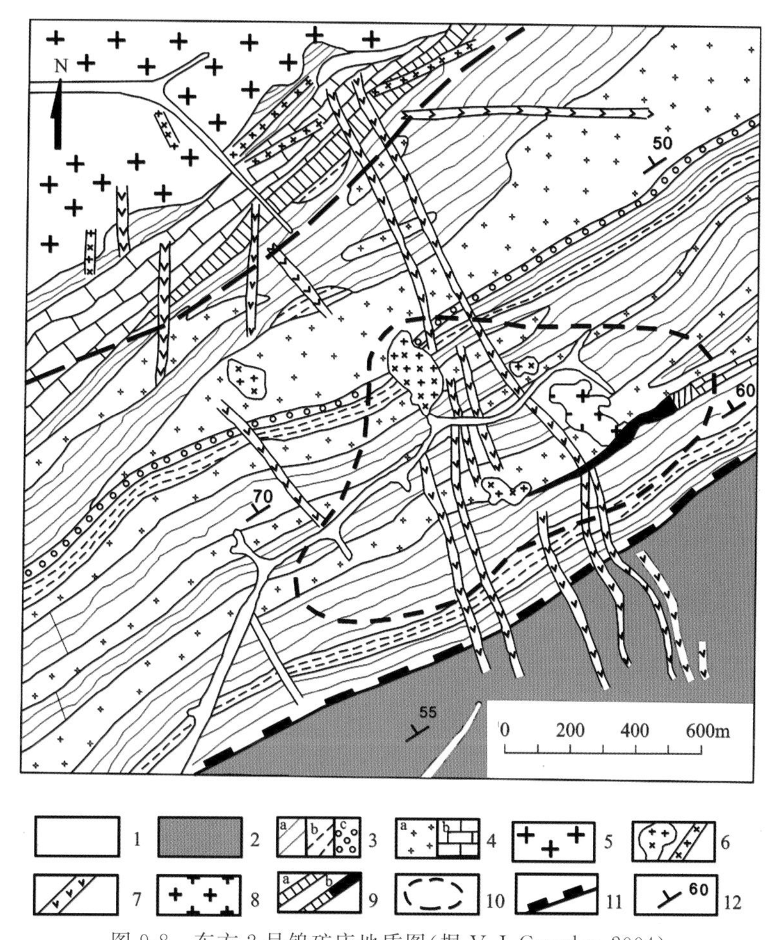


图 9-8 东方 2 号钨矿床地质图(据 V. I. Gvozdev,2004)

1.第四系;2.晚侏罗世硅质页岩层;3、4.早中侏罗世地层[3a.砂岩;3b.粉砂岩;3c.砾岩;4a.中三叠世—早侏罗世硅质岩;4b.石炭纪和二叠纪(?)的灰岩];5～8.早白垩世侵入岩(5.比谢尔花岗岩;6.花岗斑岩、伟晶花岗岩、细晶岩、石英斑岩的岩株和岩脉;7.早白垩世闪长岩和辉绿玢岩脉;8.岑特拉利内岩株状斜长花岗岩和花岗闪长岩);9.矽卡岩体(a.矽卡岩体;b.矽卡岩矿体);10.接触变质岩(角岩、大理石、石英)和热液蚀变岩(石英-云母、石英-绿泥石等)分布区域的界线;11.矿体分界线;12.地层产状

矿体的形态主要由大理岩层的层间破碎带控制,主要矿体走向北东,倾向北西,倾角 50°～88°,延走向延伸 600m,矿层厚度小于 70m(图 9-9)。主要有白钨矿-石英(占 20%～30%)和硫化物-白钨矿(占 70%～80%)两种矿石类型。根据矿石的矿物组成和组构特征,可以划分为几个矿化类型:①白钨矿-白云母-石英和白钨矿-磷灰石-石英(浸染型和块状矿化);②白钨矿-磁黄铁矿(块状矿化)和白钨矿-磁黄铁矿-石英(浸染型和块状矿化)。富含白钨矿的矿石延伸至花岗岩体的外接触带。

对岑特拉利内岩株进行的温压测定结果表明:花岗闪长岩中石英流体包裹体均一温度为 910～860℃;流体的主要成分为 NaCl;在碱性溶液(pH 为 9～11)为 520～500℃时发生矽卡岩化;当弱酸性—近于中性的溶液(pH 为 6～7)为 420～350℃时,发生石英-白钨矿化。测得同位素年龄为 114±6Ma 和 112±4Ma。Sr 同位素初始比值为 0.708 05(Хетчиков и др,1998)。

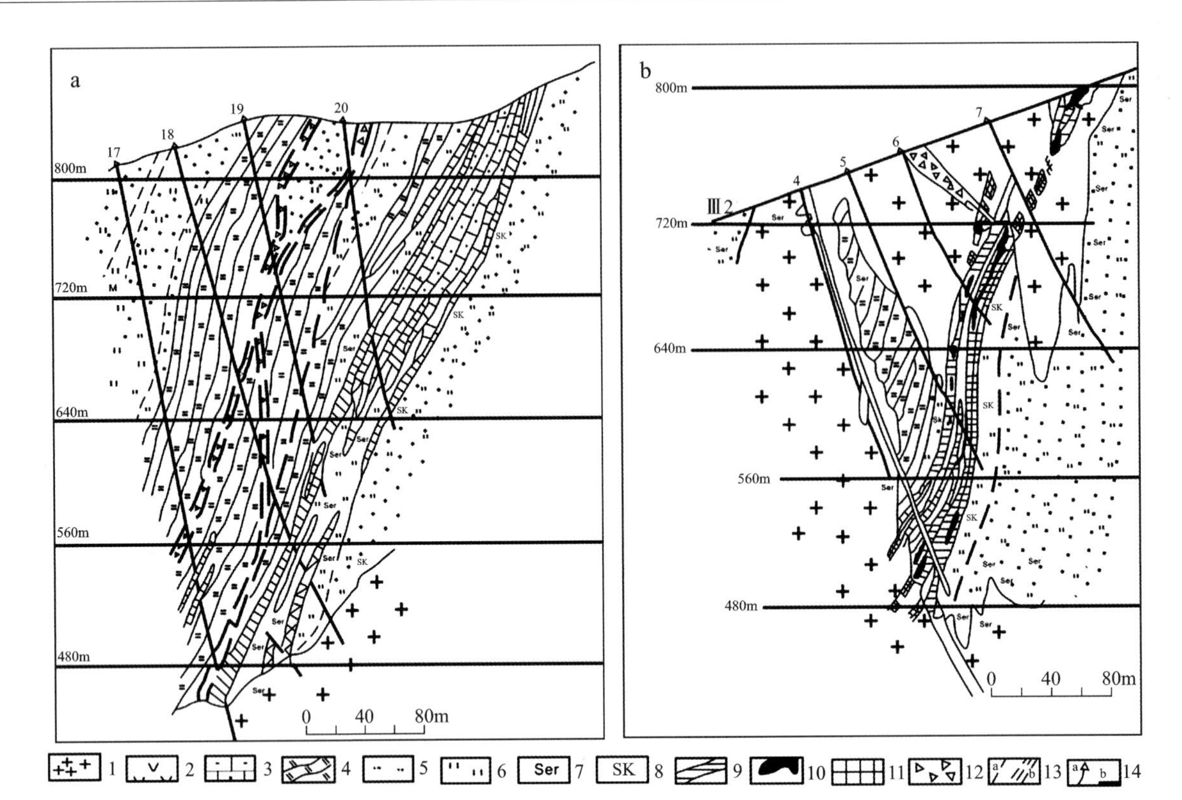


图 9-9　东方 2 号矿床中部(a)和东北部(b)的地质剖面图(据 V. I. Gvozdev,2004)

1. 岩株状斜长花岗岩和花岗闪长岩;2. 闪长岩和辉绿玢岩脉;3. 大理岩化灰岩;4. 硅化次生石英岩;5. 硬砂岩;6. 黑云母角岩;7. 绢云母化和硅化;8. 矽卡岩化;9. 含浸染状硫化物和白钨矿的矽卡岩;10. 白钨矿的块状硫化物矿石;11. 含磷灰石的石英-白钨矿矿石;12. 角砾;13. 断裂(a)、分带界线(b);14. 矿井及其编号(a)、水平坑道(b)

硫化物主要形成于 350℃ 的还原环境中(Степанов,1977)。硫化物中硫的同位素组成($\delta^{34}S$)为 3.0‰～6.0‰,成矿物质具有深源特征。碳酸盐岩和矿物中 C－O 同位素组成表明,灰岩形成于开放的海域中($\delta^{13}C$ 值为 2.4‰～3.6‰),而早期的矽卡岩形成于相对较为封闭的岩浆体系,$\delta^{13}C$ 值为 2.3‰～0.0‰(Гвождев,1999)。

## 三、与钨矿有关的花岗岩

在锡霍特山脉中部,分布洪加利(Хунгари)、塔基宾(Татибинский)和桑吉(Сандинский)3 个早白垩世花岗岩带。与钨矿化有直接关系的花岗岩属于洪加利岩体群(图 9-10)。

洪加利花岗岩有两类岩石组合:①含黑云母或二云母、堇青石的闪长岩、花岗闪长岩和暗色花岗岩;②粗粒黑云母花岗岩和淡色花岗岩。后者岩石成分单一,其特点是富含黑云母、没有角闪石、存在富铝矿物(石榴子石、堇青石和白云母),副矿物是钛铁矿、锆石、独居石、电气石和富铝矿物(Изох et al,1967;Мартвлнюк et al,1990)。根据化学成分(Симаненко et al,1997),洪加利花岗岩为高钾钙碱性强过铝质花岗岩。花岗岩中石英流体包裹体均一温度为 910～920℃(Симаненко et al,1997),为 S 型花岗岩(Chappell et al,1974)。

洪加利花岗岩与被贝里阿斯—阿普特期地层沉积接触,因此认为形成于凡兰吟—豪特里维期(Изох et al,1967;Мартынюк et al,1990;Назаренко et al, 1987)。花岗岩全岩 K－Ar 年龄为 234～115Ma,黑云母 K－Ar 年龄为 130Ma,黑云母$^{39}Ar/^{40}Ar$ 等时年龄为 107.2±1.4Ma(Натальин et al,1994)。Rb－Sr 等时线年龄为 127±4.5Ma($^{87}Sr/^{86}Sr$＝0.709 75±0.001 54,CKBO＝1.0)。而列尔蒙多夫斯基岩体的花岗岩 Rb－Sr 等时线年龄从 125.6±0.9Ma($^{87}Sr/^{86}Sr$＝0.709 49)到 123.7±0.8Ma($^{87}Sr/^{86}Sr$＝0.709 09)(Хетчикво et al,1998)。

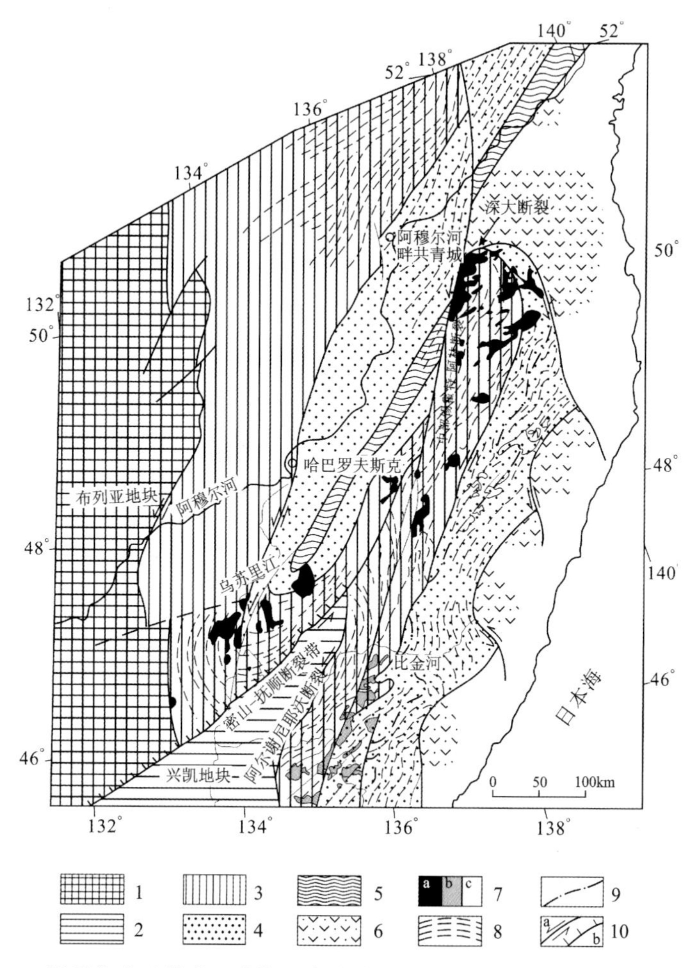


图 9-10 锡霍特成矿带燕山晚期花岗岩分布图(据 V. P. Simanenko et al,2006)

1.佳木斯-地块;2.兴凯地块;3.萨马尔金构造带—侏罗纪增生楔;4.浊积岩盆地(茹拉夫列夫-阿穆尔构造带);5.基谢列夫斯科-马诺明构造带-增生楔;6.科玛构造带-岛弧;7.花岗岩岩体(a.洪加利系,b.塔基宾系,c.桑吉系);8.面理和褶皱枢纽走向;9.贝里阿斯—凡兰吟岩层和东部阿普特—阿尔布岩层的边界;10.断层(a.左行平移断层;b.逆断层和逆掩断层)

# 第四节 铅锌矿

铅锌矿是滨海边疆区的重要内生矿产之一。铅锌主要来源于 5 种类型的矿床:层状铅锌矿、脉状铅锌矿、矽卡岩型铅锌矿、隐爆角砾岩型锡-多金属矿和脉状锡-多金属矿。这些矿床主要形成于早古生代和晚白垩世—古近纪。早古生代的铅锌矿属于层状铅锌矿,形成于沃兹涅先构造带;晚白垩世—古近纪的矿床有脉状锡-多金属矿、矽卡岩型铅锌矿、脉状铅锌矿和隐爆角砾岩型锡-多金属矿床,分别分布在茹拉夫列夫-阿穆尔成矿区和塔乌欣成矿区,是西北太平洋成矿带(内带)的组成部分(图 9-11)。

## 一、铅锌矿类型、时期和分布

滨海边疆区属于西北太平洋成矿带(内带)的铅锌矿分别分布在茹拉夫列夫-阿穆尔成矿区和塔乌欣成矿区。

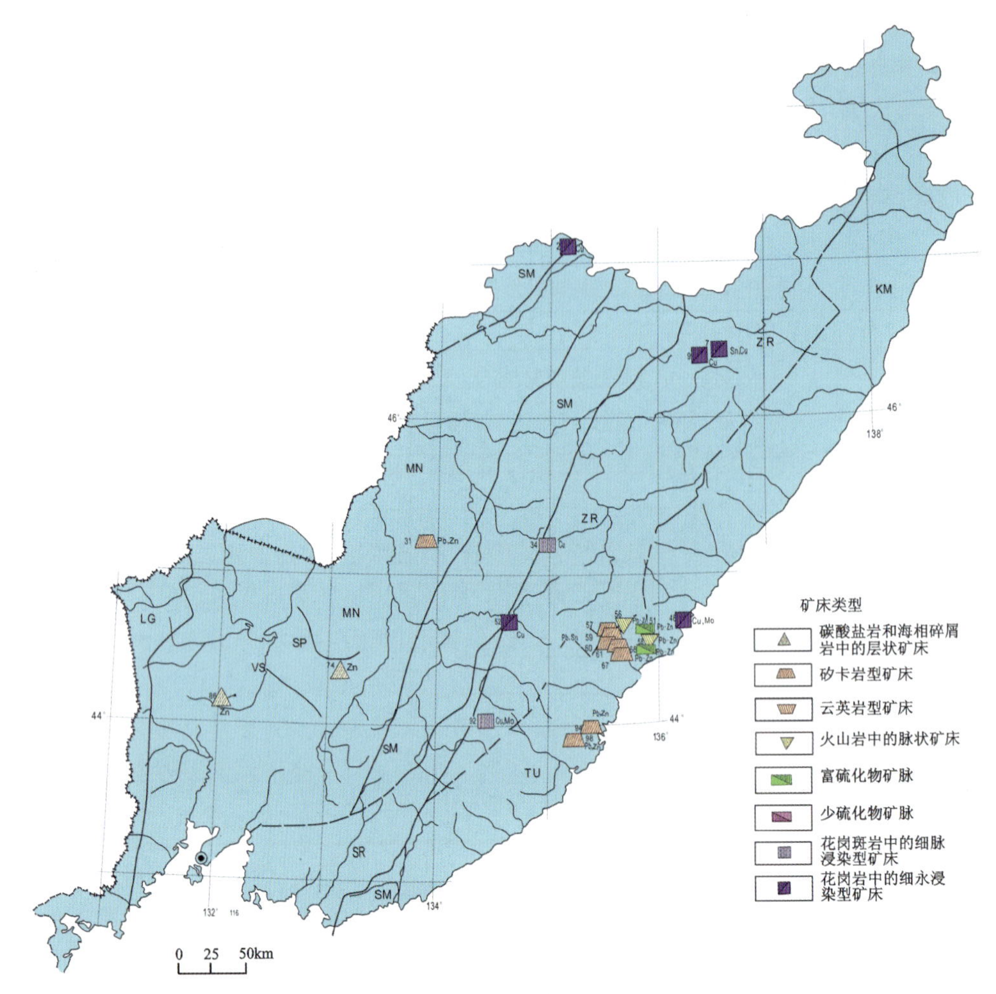


图 9-11　滨海边疆区铅锌矿分布图(据汉丘克等,1995)

LG. 老爷岭-格罗杰科;VS. 沃兹涅先斯科耶;SP. 斯帕斯克耶;MN. 马特维耶夫-纳西莫夫;SR. 谢尔盖耶夫;SM. 萨马尔金斯基;ZR. 茹拉夫列夫-阿穆尔;TU. 塔乌欣;KM. 科玛

茹拉夫列夫-阿穆尔成矿区,除是滨海边疆区最重要的锡矿产地外,也是铅锌矿的重要产地。在该矿区东部形成的锡-多金属矿床的矿石中富含铅、锌和铜的硫化物。矿床与形成于 75～85Ma 的安山岩-二长闪长岩-花岗闪长岩有关。

在纳霍德卡北东约 300km 的锡霍特山脉的东坡,分布着达利涅戈尔斯克矿田(属于塔乌欣成矿区)的矽卡岩型铅锌矿床。矿床产在早白垩世增生楔中三叠纪灰岩被交代而成的矽卡岩中。含铅锌的矽卡岩被认为形成于 70～60Ma。成矿热液的来源被认为是距矽卡岩 300m 外的花岗岩侵入体。

在同一矿区,分布着脉状铅锌矿,它们几乎是与矽卡岩型矿床同时形成的。与矽卡岩型矿床不同的是,矿石中有大量锡石和黄锡矿。脉状矿床与花岗闪长岩有关,其 K－Ar 年龄为 65～60Ma。

在该地区还发育有隐爆角砾岩型铅锌矿。方铅矿、闪锌矿、黄铁矿和锡石呈浸染状分布在角砾岩中。这些火山岩形成于 65～60Ma。

## 二、典型矿床

### 1. 尼古拉耶夫斯克矽卡岩多金属矿床

尼古拉耶夫斯克矽卡岩多金属矿床位于达利涅戈尔斯克地区的西部,尼古拉耶夫斯克地堑的边缘,尼古拉耶夫斯克地堑与达利涅戈尔斯克地垒的交界部位(Гарбузов и др, 1987;图 9-12)。

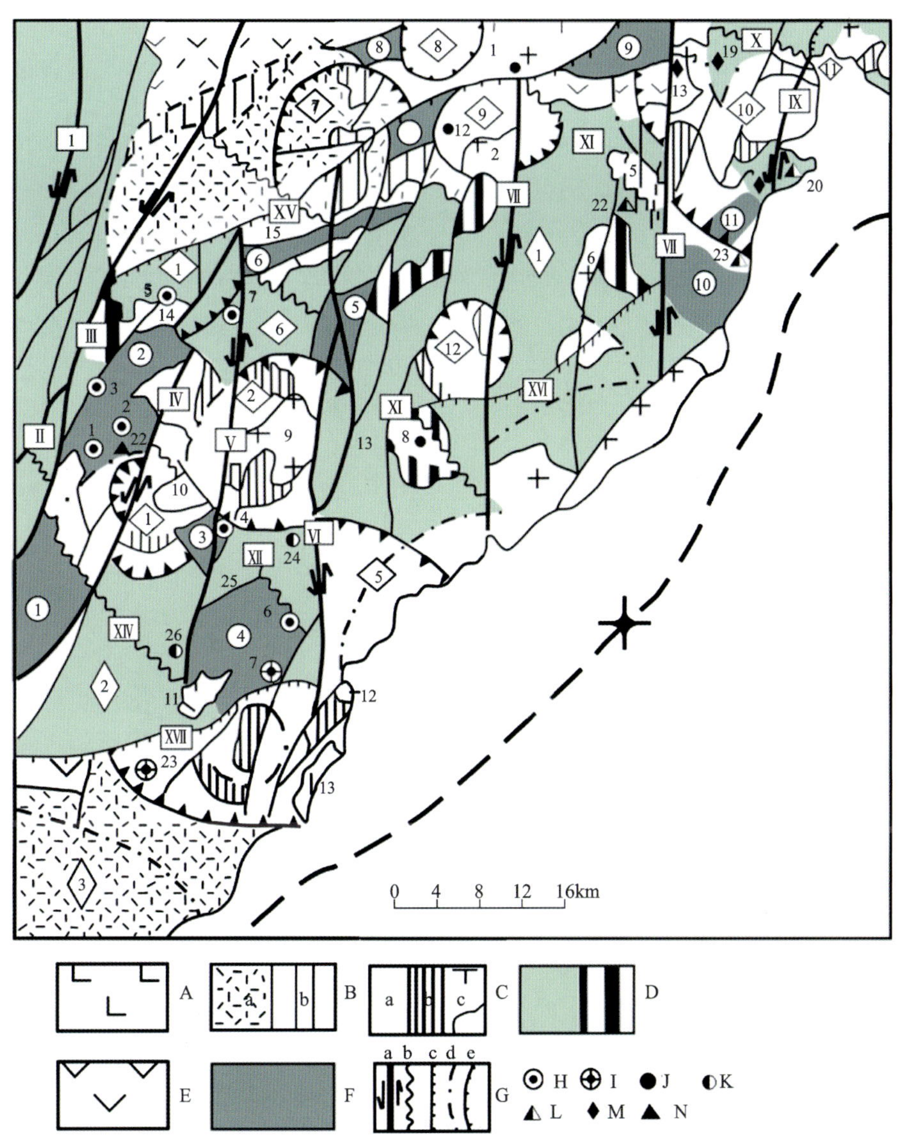


图 9-12　达利涅格尔斯克地区地质简图(据 G. P. Vasilenko,2004)

A. 库兹涅佐夫玄武岩、流纹岩;B. 伯格波尔粗面流纹岩(a. 盖层相;b. 喷出相);C. 达利涅格尔斯克流纹英安岩[a. 盖层相;b. 喷出相;c. 侵入相(1. 耶夫拉姆皮耶夫;2. 萨拉繁;3. 乌杰斯内;4. 叶格罗夫;5. 别列佐夫;6. 奥列尼;7. 凯德洛夫;8. 奥普里奇宁;9. 阿拉拉特;10. 第 27 克柳奇;11. 直山;12. 博里涅洛夫;13. 沿岸;14. 尼古拉耶夫)];D. 滨海流纹岩(a. 盖层相;b. 喷出相);E. 锡南加安山岩;F. 晚白垩世前基底露头——塔乌欣的碎片(圆圈中的数字表示:1. 高山矿段;2. 达利涅格尔斯克;3. 花园;4. 莫诺马赫夫;5. 利多夫;6. 阿里科夫;7. 切列木霍夫;8. 卡门;9. 智吉托夫;10. 凯德洛夫;11. 杜霍夫);G. 断裂[a. 左行平移断层的深大断裂(Ⅰ. 东方断裂带;Ⅱ. 涅日丹科夫断裂带;Ⅲ. 达利涅格尔斯克断裂带;Ⅳ. 格尔布申断裂带;Ⅴ. 莫纳斯堆尔断裂带;Ⅵ. 莫诺马赫夫断裂带;Ⅶ. 舍普屯断裂带;Ⅷ. 普拉斯屯断裂带;Ⅸ. 阿斯塔舍夫断裂带);b. 伸展带(Ⅹ. 智吉托夫断裂带;Ⅺ. 凯德洛夫断裂带;Ⅻ. 斯梅斯洛夫断裂带;ⅩⅢ. 萨多夫断裂带;ⅩⅣ. 吉格罗夫断裂带);c. 逆断层(ⅩⅤ. 切列木山断裂带;ⅩⅥ. 奥普里奇宁断裂带;ⅩⅦ. 泽尔卡里断裂带);d. 环形断裂带;e. 火山构造分界线];菱形框中的数字(1. 尼古拉耶夫;2. 特里克留切夫;3. 索隆采夫;4. 莫纳斯堆尔;5. 博里涅洛夫;6. 多夫加列夫斯克. 格尔布申;7. 凯德洛夫;8. 奥泽尔科夫;9. 萨拉繁;10. 普拉斯屯;11. 叶格罗夫);粗熔结凝灰岩区域(竖菱形中的数字:1. 舍普屯;2. 基辛;3. 泽尔卡里宁);矿床(H. 矽卡岩-多金属矿;I. 锡-硫化物矿;J. 银-多金属矿;K. 金矿;L. 铜钼矿;M. 斑岩铜矿;N. 硼硅酸盐矿);矿床名称(1. 帕尔基赞;2. 第一苏维埃;3. 韦尔克尼;4. 萨多夫;5. 尼古拉耶夫;6. 利多夫;7. 新莫纳斯堆尔;8. 克拉斯诺戈尔斯克;9. 切列木霍夫;10. 卡门;11. 克拉斯诺斯卡利;12. 萨拉繁;13. 扎维特;14. 阿尔采夫;15. 基里尔洛夫;16. 迈明诺夫;17. 多夫加列夫斯克;18. 别缀米扬;19. 伊丽莎白;20. 雅库博夫;21. 普拉斯屯;22. 奥伦耶;23. 奥泽尔科夫;24. 迈斯克;25. 别列佐夫;26. 帕塞奇;27. 达利涅格尔斯克硼硅酸盐矿床;28. 基辛);虚线是以岩浆活动为中心的别列格夫断裂带的位置

矿区主要出露2个构造层：下层是由斯列德尼戈尔-锡利诺岩系（среднегорский силинский комплекс）的沉积岩构成的，厚度为320m，沿北东向延伸。上层作为滨海边疆区和达利涅戈尔斯克火山-深成侵入体的盖层，其下部为含集块岩的火成碎屑角砾岩层，厚度达1 800m；上部为凝灰岩、层凝灰岩、凝灰粉砂岩，厚度达400m。

矿区内侵入岩由辉长闪长岩构成，面积为$1.2km^2$，被小型的花岗斑岩脉切割。侵入岩位于大规模断层破碎带的交会处，为漏斗形，其顶板为杯形。根据地球物理数据推测其埋深为1 600～1 800m，侵位于2～2.5km的深处。辉长闪长岩体被花岗斑岩切割，斑岩中斑晶主要为粗粒斜长石。尼古拉耶夫斯克火山构造中的岩浆岩因其高碱性、较高的铁含量而与这一区域内的其他火山构造不同，其金属元素的含量高，为成矿物质的主要来源。

发育接触带构造和断裂构造控制的矿体。接触带控制成矿体由钟状的岩层和凹入矽卡岩的扁平矿体组成（格雷博矿体）；断裂控制的矿体（谢列布里亚内矿体、东北矿体和西北矿体）长500～800m，常切割巨大的矽卡岩-硫化物矿体（图9-13）。

矿石品位：Sn为$1.82\times10^{-6}$，Se为$8.5\times10^{-6}$，Te为$1.8\times10^{-6}$，Tc为$4.1\times10^{-6}$，Ge为$10.7\times10^{-6}$。

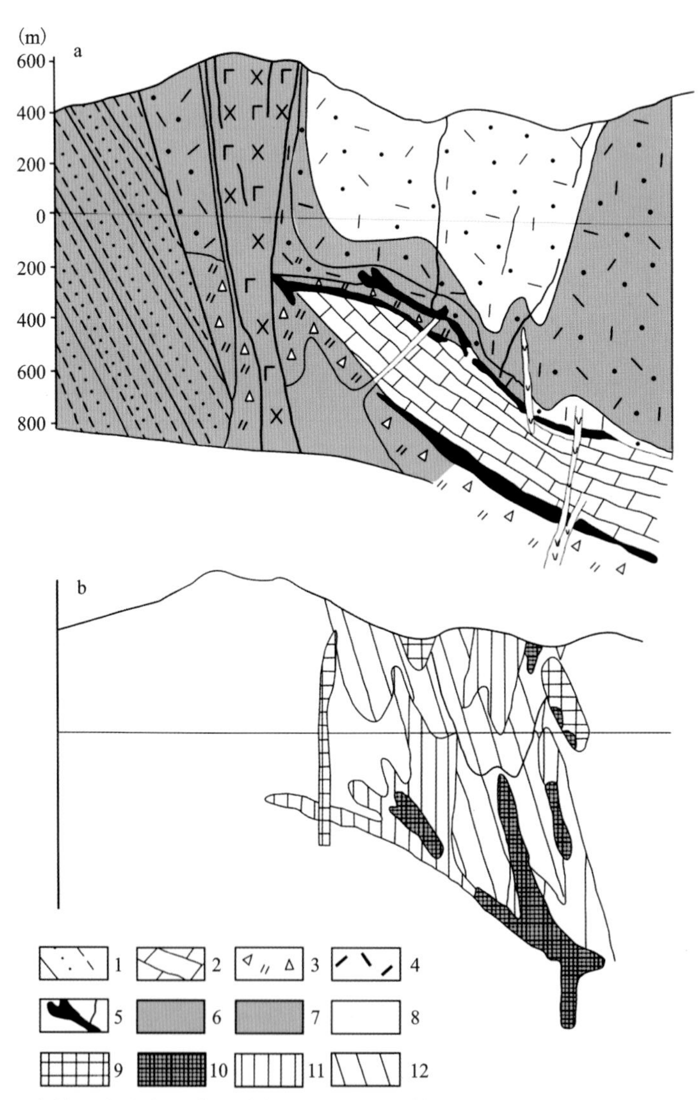


图9-13　尼古拉耶夫斯克矿床的接触蚀变(a)和矿体(b)分布图(据G. P. Vasilenko,2004)

1.底部的近海沉积岩；2.灰岩中的橄榄岩；3.含硅角砾岩；4.火山口流纹岩；5.矽卡岩-多金属和断层型的矿体；6.交代蚀变岩；7.绿帘石-绿泥石-绢云母；8.石英-绿泥石-水云母；9.氧化钨-钼-锡-银矿体；10.铅-锌-铜矿体；11.铅-锌-银矿体；12.铅-银-锡矿体

在这一矿床中,磁黄铁矿、黄铜矿、砷黄铁矿、黄铁矿、黄锡矿和辉锑矿分布较少,产于接近地表的脉体部分。含银矿物组成了一个特殊的矿物组合,在与脆硫锑铅矿、硫锑铅矿的共生体内发现含有硫锑银矿、辉锑银矿、银黝铜矿、锑铅银矿、斜辉铅锑银矿、硫银矿。

有3种矿物组合:矽卡岩-硫化物组合、石英-方解石-硫化物组合和石英-碳酸盐矿物-硫化物-硫酸盐矿物组合。第一和第二种矿石组合一般规模较大,为矿巢、浸染型和条带状,花岗变晶结构、乳滴状结构、自形粒状结构和间隙结构。第三种矿石又可分为银-铋矿石和锑-银矿石两类。

成矿作用分为两个阶段:矽卡岩-硫化物阶段和石英-碳酸盐-硫化物阶段。第一阶段的形成温度为250～440℃;第二阶段温度条件为110～400℃。

矿床形成与达利涅戈尔斯克火山-深成侵入体闪长岩和淡色花岗岩有关。闪长岩岩浆是含矿流体的来源,这些含矿流体与灰岩相互作用,形成了矽卡岩矿体;而近地表的酸性岩浆富含铋、银、锡、锑和挥发分的流体,从这些流体中沉淀出了晚期脉状矿体(G. P. Vasilenko,2004)。

**2. 帕尔基赞矽卡岩多金属矿床**

帕尔基赞矽卡岩多金属矿床也位于东霍特-阿林的达利涅格尔斯克矿区。矿床围岩是一套滑塌堆积岩及各种大型外来岩块和碎片。岩块和碎片的成分是三叠纪—侏罗纪的硅质岩和三叠纪晚期中段的灰岩。某些灰岩块延伸有2～4km,厚度达到200～800m(Голозубов and Ханчук,1995)。

帕尔基赞矽卡岩多金属矿床的大部分矽卡岩矿体位于条带状滑塌堆积中的大型直立灰岩与粉砂岩、泥质板岩和砂岩的接触面上,并受断裂带控制(图9-14)。部分矿体位于灰岩和覆盖于其上的白垩纪晚期火山岩的接触面上。矿床有急剧倾斜和微倾斜之分,分别是由矽卡岩和硫化物矿石形成的透镜状和管筒状的矿体。

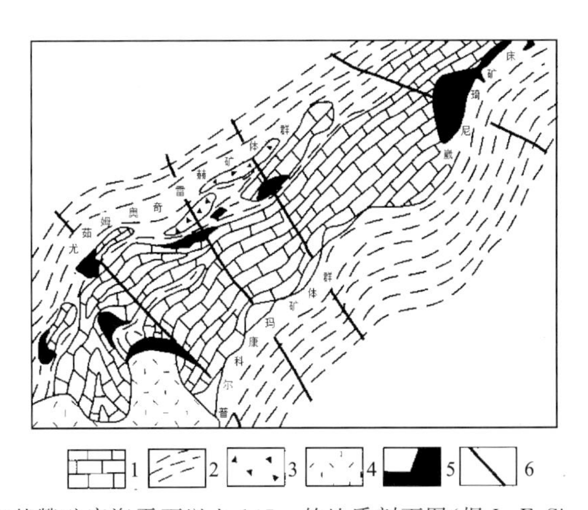


图9-14 帕尔基赞矿床海平面以上145m的地质剖面图(据 L. F. Simanenko,2006)

1.三叠纪灰岩;2.早白垩世粉砂岩和砂岩;3.含灰岩块和硅质岩块的沉积角砾岩;4.酸性成分的晚白垩世凝灰岩;5.矿体;6.幅度较小的断层

达利涅格尔斯克地区的矽卡岩多金属矿床并没有表现出与某些具体侵入岩的直接关系,只是在帕尔基赞矿床的东北部侧翼,在近1 100m的深处发育花岗岩侵入体,其K-Ar年龄为64～63Ma。

帕尔基赞矿床发育成矿前和成矿后斑岩脉。成矿前南北向的岩脉将白垩纪增生楔混杂岩和滨海地区的火山岩分开,年龄为75～70Ma。部分矽卡岩多金属矿体位于脉岩与灰岩的接触面上或脉岩内部。矿床的深度小于1km。

矽卡岩是由镁铁辉石、石榴子石、斧石、硅灰石(较少情况)、维苏威石、萤石、石英和方解石构成。

矿石多具中—粗粒结构,斑点状构造、浸染状构造或细脉-浸染状构造,以及由方解石、石英、萤石等组成的晶簇构造。

成矿可分为两个阶段：矽卡岩-多金属阶段和银-硫化物阶段。从而形成5组矿物共生组合：在第一阶段形成了矽卡岩-硅酸盐组合、石英-砷黄铁矿组合、方铅矿-闪锌矿组合、黄铁矿（磁黄铁矿）-白钨矿-黄铜矿组合；在第二阶段形成了硫酸盐-方铅矿-黄铜矿组合。

前人研究表明，闪锌矿中流体包裹体均一温度范围为275～420℃。

# 第五节　硼矿

达利涅戈尔斯克硼矿床也位于达利涅戈尔斯克矿区。近南北向的断裂将硼矽卡岩区域分为6个矿段：帕尔基赞、西部、中央、多林、右岸和扎别列夫（图9-15）。

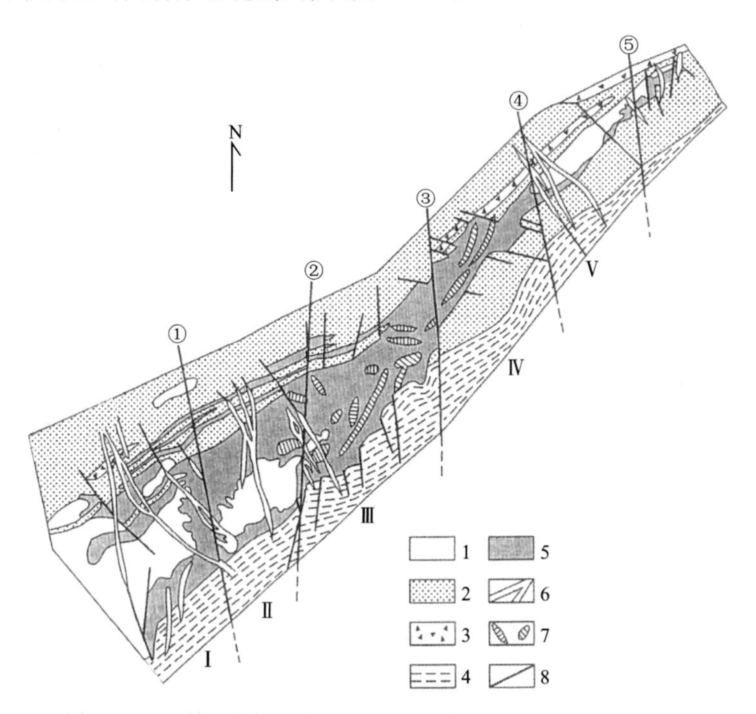


图9-15　达利涅戈尔斯克矿区地质图(据G. P. Vasilenko，2004)

1.三叠纪灰岩；2.早白垩世砂岩；3.带有小型灰岩和燧石碎片的沉积砾岩；4.三叠纪—侏罗纪硅质岩和早白垩世粉砂岩；5.矽卡岩带；6.古近纪基性岩墙；7.早白垩世基性岩墙；8.断层(断层名称：①Zapadny；②Khrustal'ny；③Kremnisty；④Sentabr'sky；⑤Flangovy)；块段名称(Ⅰ.帕尔基赞；Ⅱ.西部；Ⅲ.中央；Ⅳ.多林；Ⅴ.右岸；Ⅵ.扎别列夫)

达利涅戈尔斯克矿区深部发育花岗岩。被钻井控制的侵入岩顶板水平长约700m，深约252.5m。分3种花岗岩(Валуй et al，1997)：最底部，斑状黑云角闪石英二长岩；顶端和岩枝，细晶岩状和文象斑状花岗岩；花岗斑岩。石英二长岩K-Ar年龄为64～59Ma，而花岗岩的K-Ar年龄为50Ma(G. P. Vasilenko，2004)。

达利涅戈尔斯克硼硅酸盐矿床发育在矽卡岩化灰岩中，延伸约3.5km，宽约540m，深达1728m。矽卡岩受南北向断裂带和北东向断裂带控制；在深部，则由灰岩与花岗岩的接触带控制。

矽卡岩主要由硅灰石、辉石、石英、方解石、硅硼钙石、赛黄晶和斧石构成。

有3种类型矿体：硅硼钙石、赛黄晶-硅硼钙石和斧石-硅硼钙石。矿石具中细粒结构，斑点状构造、带状构造、角砾状构造(G. P. Vasilenko，2004)。

# 第六节　金(银)矿

## 一、类型和分布

如图 9-16 中标绘出主要金(银)矿 13 处，其中大型矿床 1 处，中型矿床 2 处，小型矿床 10 处。这 13 处金(银)矿床分布在科玛成矿区(4 个)、茹拉夫列夫-阿穆尔成矿区(3 个)、老爷岭-格罗杰科成矿区(1 个)、波格拉尼奇成矿区(1 个)和谢尔盖耶夫成矿区(4 个)。除波格拉尼奇成矿区和老爷岭成矿区的金矿床外，其余均属于西北太平洋成矿带(内带)的成矿作用。。但是，尽管谢尔盖耶夫成矿区大部分似乎位于西北太平洋成矿带的内带，但实际属于外带。因此，属于西北太平洋成矿带(内带)的金(银)矿只有科玛成矿区的 4 个矿床和茹拉夫列夫-阿穆尔成矿区的 3 个矿床。另外，在我国黑龙江省东北角那丹哈达岭的四平山金矿也属于西北太平洋成矿带(内带)的金矿。因此，那丹哈达-比金成矿区也属于此。

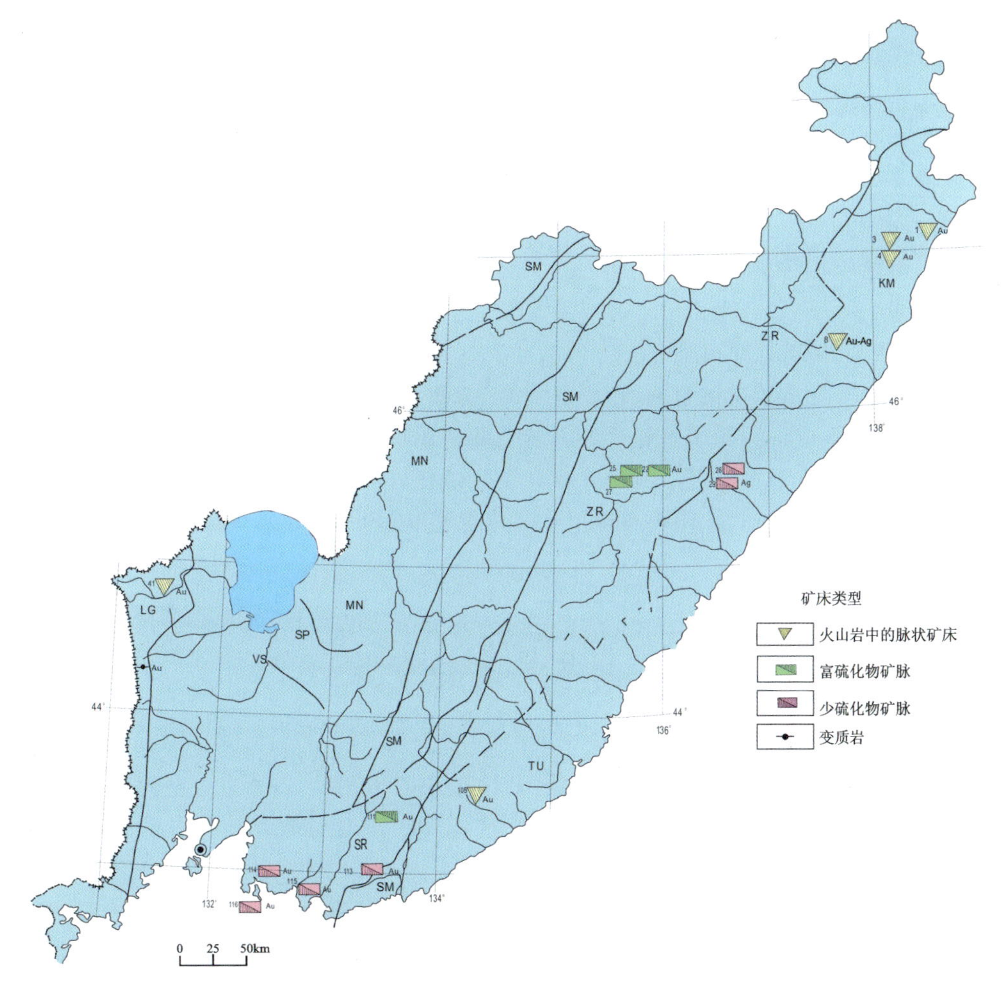


图 9-16　滨海边疆区金(银)矿分布图(据汉丘克，1995)

LG. 老爷岭-格罗杰科；VS. 沃兹涅先斯科耶；SP. 斯帕斯克耶；MN. 马特维耶夫-纳西莫夫；SR. 谢尔盖耶夫；SM. 萨马尔金斯基；ZR. 茹拉夫列夫-阿穆尔；TU. 塔乌欣；KM. 科玛

科玛成矿区是西太平洋成矿带(内带)金的主要成矿区。该区分布范围与同名岛弧区一致。含矿建造由岛弧火山岩和火山-沉积岩组成。岛弧火山岩主要是安山岩-玄武岩以及相关的火山碎屑岩。沉积岩是由细砂岩、粉砂岩和泥板岩构成的复理石建造。在早白垩世晚期,科玛岛弧向茹拉夫列夫构造带拼贴,使岛弧岩系形成倒转褶皱,并发育同期和同方向的逆掩断层。在该矿区,发育一系列浅成低温热液型金(银)矿脉,主要是含金冰长石石英脉。矿石特点之一是银含量大于金,Ag/Au值最大超过200。含银矿物主要是硫锑银矿和脆银矿等,在深部被辉银矿取代。

在茹拉夫列夫-阿穆尔成矿区,除发育1处大型脉状金矿和1处小型浅成低温热液金(银)矿外,还发育1处小型的斑岩型铜(金)矿。含矿岩体形成于晚白垩世,为二长闪长玢岩。

在那丹哈达-比金成矿区,发育四平山浅成低温热液型(热泉型)金矿。

## 二、典型矿床

姆诺戈韦尔申内金矿床位于乌尔斯火山-深成岩带中,在东锡霍特-阿林火山深成岩带北端,在南北走向、北东走向和东西走向的断层交会区域内(L. V. Eirish et al,2006;图9-17)。

矿区范围大致为9km×11km,具双层结构。下层是晚侏罗世—早白垩世的沉积岩;上层主要由古新世中心式喷发的火山岩和次火山岩——辉石角闪安山质角砾熔岩、安山岩和英安岩组成。两者被巨大的(500km)乌斯季花岗岩体侵入。

姆诺戈韦尔申内金矿床位于该岩体西北部。岩体由斑状角闪花岗岩、花岗闪长玢岩、花岗岩、二长花岗岩和花岗闪长岩组成。

火山岩普遍蚀变,岩石组合主要是绿帘石-绿泥石组合、角闪石-黑云母-绿帘石组合和碳酸盐-绿帘石-绿泥石组合以及石英-冰长石组合。

含金石英脉形成于古新世,与同期花岗岩交叉分布。矿床总长约500m,被横向断裂切割成几段,并向右位移达数十米。

矿石矿物:黄铁矿、砷黄铁矿、磁黄铁矿、闪锌矿、方铅矿、银黝铜矿、硫锑银矿、碲铅矿、碲金银矿、碲银矿、辉铋矿和车轮矿,含量较少的有锡石、锰铁钨矿、朱砂、磁铁矿和赤铁矿。次生矿物:斑铜矿、辉铜矿、铜蓝、赤铜矿、孔雀石、臭葱石、磷氯铅矿、菱铁矿、硫酸铅矿、褐铁矿和锰氧化物。

脉石矿物:石英、冰长石、绢云母,以及少量电气石、绿帘石、绿泥石、多水高岭石等。

金的粒径为0.01～0.2mm,呈球状、枝蔓状、薄片状和线形。

矿石金银比值为1∶4～1∶1(L. V. Eirish et al,2006)。

# 第七节　其他矿床

铜矿以小型的斑岩型矿床为主。有6处铜矿床:1处斑岩型铜矿,2处斑岩型铜(钼)矿,1处斑岩型铜(金)矿,1处斑岩型铜(银)矿和1处斑岩型铜(锡)矿。其中,4处分布在茹拉夫列夫-阿穆尔成矿区,1处分布在萨马尔金成矿区,1处分布在塔乌欣成矿区。

钛铁矿矿床分布在萨马尔金构造带的阿里阿德涅成矿区(阿里阿德涅矿和科克沙罗夫矿),属岩浆型矿床。矿床与偏碱性的基性—超基性岩(辉长岩-辉石岩)有关。含矿岩体的特点是偏碱性,Ti、Zr、Ni和其他稀有元素含量较高。这些基性—超基性岩体形成于早白垩世碰撞型花岗岩侵入之前。矿石矿物以钛铁矿为主,并且富含磷灰石。

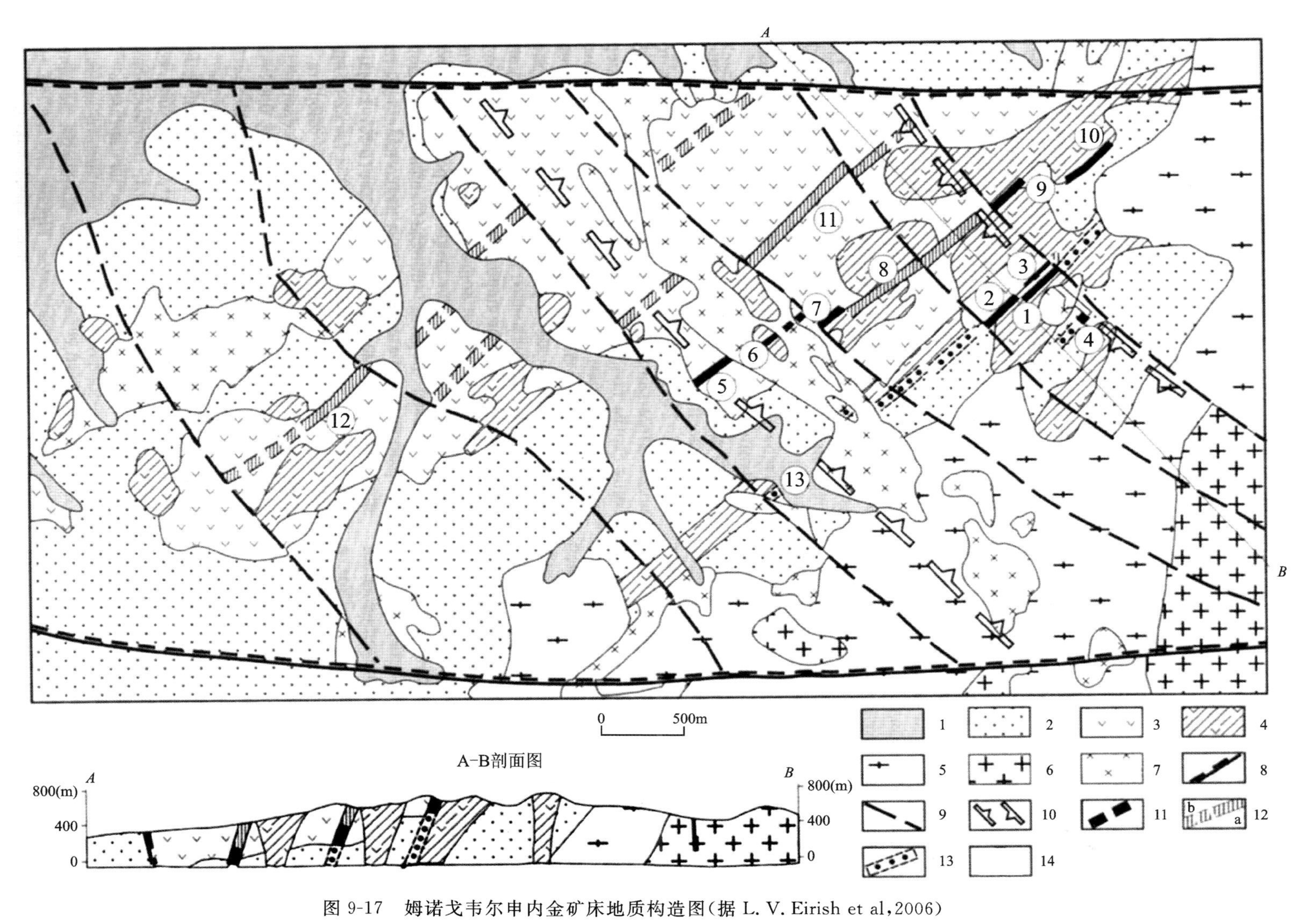


图 9-17　姆诺戈韦尔申内金矿床地质构造图(据 L. V. Eirish et al,2006)

1. 冲积层;2. 侏罗系—白垩系;3. 火山岩;4. 次火山岩;5. 花岗岩类;6. 花岗岩;7. 花岗闪长斑岩;8. 区域性断层;9. 其他断层;10. 成分不同的中古生代脉体集中分布的区域;11. 露天矿区;12. 隐伏矿区(a. 已确定的;b. 推断的);13. 被侵蚀的矿区;14. 矿体及编号(①上部;②中部;③奥列尼耶;④分水岭;⑤中间;⑥南部;⑦侧翼;⑧北部;⑨季霍耶;⑩瓦卢尼斯托耶;⑪梅德韦日耶;⑫萨哈林;⑬石英山)

# 第八节　成矿系列

### 1. 中侏罗世—早白垩世达乌必诃钨、锡、铅、锌成矿系列(XV)

达乌必诃矿区位于兴凯湖沉积系统的东部。它仅由盖层系统组成。在覆盖层中发育最多的是二叠纪—三叠纪陆源碎屑岩和二叠纪火山岩。这里著名的锡、钨和多金属矿化作用与侏罗纪—早白垩世的俯冲花岗岩有关,主要有矽卡岩型钨锡矿和铅锌矿。矽卡岩主要是石榴子石-辉石矽卡岩和石榴子石-辉石-硅灰石矽卡岩,有时发育符山石并均含有磁铁矿。含钨矿物是白钨矿。矿脉长 60～500m,厚 0.5～70m。品位为 $WO_3$ 为 1%～1.5%,Sn 为 1%～3.8%。

小型的加巴尔基斯克(Кабаргинское)和库尔汗(Курханское)矿床是锡多金属矿床。矿床产于太古宙大理岩形成的矽卡岩中,矽卡岩与白垩纪早期形成的花岗岩有关。矽卡岩矿体长 40～700m,厚 2～15m。Pb 品位 2.0%～22.0%,Zn 为 2.0%～29%。在加巴尔基斯克矿床的石榴子石-磁铁矿矽卡岩中含有锡,Sn 品位为 1.2%～10%。此外,这里还有独立的萤石矿脉。

除了矽卡岩型钨锡矿和锡多金属矿,达乌必诃矿区的白垩纪早期的花岗岩(特罗伊茨基矿床)或火山岩(基洛夫矿床)中还发育有石英脉型钨锡矿床。

### 2. 中侏罗世—早白垩世阿里阿德涅钛-碲-钒-铬-铂族金属成矿系列(XVI)

阿里阿德涅矿区中侏罗世—早白垩世成矿系列与镁铁质-超铁镁质岩有关。这一镁铁质-超铁镁质岩就位于萨马尔金增生楔。主要矿床有卡腾、阿里阿德涅、科克沙罗夫卡等。它们主要为位于辉长岩和辉石岩内的浸染型和块状的钛铁矿矿石,矿体呈层状。矿石中钛铁矿和磷灰石的含量很低。矿床中含有铂族稀有金属矿物。岩体的厚度为几十米,长度为几百米,K-Ar 年龄为 170～160Ma。

卡腾矿床是位于早白垩世的辉石角闪岩和含锡辉长岩中的浸染型钛铁矿矿床。

阿里阿德涅矿床是由许多小型的浸染型钛铁矿层状矿体构成,钛铁矿位于层状侵入体内,即辉石角闪岩-辉长岩和辉石岩内。含钛铁矿岩体厚达几十米,长为几百米。岩体的 K-Ar 年龄为 170～160Ma。矿石中各种矿物的平均含量:$TiO_2$ 为 1.0%～11.8%,$V_2O_5$ 为 0.086%。

科克沙罗夫卡矿床的含矿岩体是角闪石岩和黑云母辉石岩。有用矿物是钛铁矿、磁铁矿和磷灰石,还有铂族金属矿物。岩体 K-Ar 年龄为 160Ma。各种有用组分的品位:$P_2O_5$ 为 1.0%～10%;$TiO_2$ 为 4.5%。

### 3. 早白垩世萨马尔金成矿带钨、锡、钼、铜、金、银成矿系列(XVII)

中侏罗世到早白垩世是库拉板块俯冲和科玛岛弧碰撞造山时期。在早白垩世晚期,中锡霍特-阿林构造带形成了以钨矿为主,铜矿和钼矿为副,并伴随铅锌、金、银矿化的成矿系列。

钨矿与 S 型花岗岩关系密切。这些钨矿可以分为矽卡岩型、云英岩-矽卡岩型、钨-磷-硫型、云英岩-石英脉稀有金属-钼-锡-钨型、石英-硫化物脉锡-钨-砷型。

东方 2 号矽卡岩白钨矿是花岗岩侵入到增生楔中的碳酸盐岩外来岩块形成。花岗岩的年龄为(128±16)～(98±15)Ma。钨矿产于花岗岩(斜长花岗岩、花岗闪长岩、花岗闪长斑岩)与增生楔中的碳酸盐岩接触带内。矿石可分为白钨矿-石英矿石(20%～30%)和白钨矿-硫化物矿石(70%～80%)。

莱蒙托沃矿床也位于增生楔内,与年龄为 127±45Ma 和 124～(126±8)Ma 的花岗岩侵入体有关。矿体呈层状、透镜状、囊状产出,长 40～640m,厚 1～78m。矿石可分为白钨矿-石英组合(30%～40%)

和白钨矿-硫化物组合(60%～70%)。

成矿花岗岩属于洪格利-塔基比花岗岩带中的花岗岩株,侵入于萨马尔金增生楔中。除形成上述矽卡岩型白钨矿外,还形成斑岩型铜钼矿(如马拉希托斑岩铜钼矿)。

马拉希托斑岩铜钼矿床是一个含浸染型铜钼的岩株。岩株中发育规模为200m×200m的热液蚀变中心。从蚀变中心向外缘有如下矿物组合:①含辉石和绿帘石的石英-黑云母-阳起石;②石英-黑云母-阳起石;③石英-黑云母-绢云母(±绿泥石);④含碳酸盐矿物的石英-水云母。

与洪格力-塔基比花岗岩带有关的钨矿还有在塔乌欣和谢尔盖耶夫带的涅夫斯科矿床。矿床产于白垩纪含黑云母富铝花岗岩与二叠纪地层的接触带。首先,石英-长石和石英-角闪石蚀变岩取代了矽卡岩,并发育浸染状白钨矿,随后发育石英-绢云母和沸石蚀变岩。金属矿物主要有白钨矿、磁铁矿、砷黄铁矿、黄铁矿和少量锡石。脉石矿物有石英、长石、闪石、绿帘石、黑云母和电气石。矿床$WO_3$的平均含量为0.44%～3.15%。

#### 4.晚白垩世杜尔明成矿带金、银成矿系列(XVIII)

杜尔明成矿带中发育浅成低温热液型脉状金银矿。这个成矿带与沃斯托奇诺-锡霍特火山-深成岩带的岩浆系统相连。该火山-深成岩带的侵入岩侵入了增生楔的基谢廖夫斯科-马诺明构造带。

该成矿系列的金银矿热液蚀变组合为石英-冰长石-绢云母、石英-冰长石和石英。矿脉最长达220m,厚达7m。金属矿物有黄铁矿和砷黄铁矿、方铅矿、闪锌矿、黄铜矿、磁黄铁矿。其中金和银的比例为1∶30～1∶20。矿床围岩为晚白垩世的安山岩、英安岩和流纹岩以及早白垩世的砂岩、粉砂岩。晚白垩世的花岗岩、花岗斑岩、花岗闪长岩的岩脉和岩株侵入到火山岩和沉积岩中。目前发现的矿床均属于小型。

#### 5.晚白垩世沃斯托奇诺-锡霍特成矿带锡、钨、金、铜成矿系列(XIX)

沃斯托奇诺-锡霍特晚白垩世的成矿带内含有锡矿、钨锡矿和金矿。它与侵入和覆盖了茹拉夫列夫-阿穆尔构造带的沃斯托奇诺-锡霍特火山-深成岩带一致。

在这个带中发育锡石-硅酸盐-硫化物型锡矿(如卡瓦列罗沃矿床等)、斑岩型锡矿(雅达尔锡矿,莫帕乌锡矿等)、云英型钨锡矿(季格里钨锡矿、扎贝钨锡矿等)。这里的锡矿多形成于晚白垩世。除此之外,在这一成矿带还发育更年轻的、一般不具工业意义的钨锡云英岩和钨锡石英脉型的矿化,其K-Ar年龄值为60～50Ma。除了锡矿外,成矿带中还发育规模较小的铜(金)矿矿床,与赛诺曼期和土仑期的二长闪长岩有关。

莫帕乌斑岩锡矿床与一个火山构造共生。这个火山构造内充填了二长安山岩质角砾岩,且被流纹斑岩侵入体和流纹岩脉侵入。矿床形成于晚白垩世。矿体呈透镜状和网脉状,发育石英-绢云母化。发育许多含石英-锡石、锡石-石英-长石、石英-锡石-绿泥石和石英-锡石-砷黄铁矿-绿泥石的脉体,厚度从小于1mm到0.5cm,最大者可达10cm。这些脉体产状不一,构成复杂的网脉。锡的含量很高。

图姆宁金矿床是含金石英脉,位于萨马尔金构造带的北部。矿床由硫化物很少的长200～500m、宽0.2～6m(最大达19m)的含金石英脉构成。矿脉的90%～95%都是由石英构成的。矿石中含有砷黄铁矿、方铅矿、闪锌矿、黄铜矿、磁黄铁矿、自然金和锰铁钨矿。脉石矿物除了石英外,还有方解石、钠长石、冰长石、绢云母和绿泥石。矿床位于北北东向延伸的奥约姆克(Оёмку)背斜中早白垩世砂岩和粉砂岩内,主要的金矿脉以及花岗斑岩脉、闪长玢岩脉和斜煌玢岩脉沿着倾角50°～60°的断裂分布。

季格里钨锡矿产于锂氟花岗岩岩株与围岩的接触带由石英和黄玉构成的脉或网脉,脉厚3～100cm,也产于含硫化物和锡石的角砾岩筒中,角砾岩由网脉状矿石和云英岩的碎块组成,它们被石英、碳酸盐岩、萤石和硫化物胶结。锂氟花岗岩K-Ar年龄为90±5Ma,Rb-Sr年龄为86±6Ma,云英岩Rb-Sr年龄为73±1.8Ma。矿床规模为中型,Sn的平均品位为0.14%,$WO_3$的平均品位为0.045%。

济姆涅锡石-硅酸盐-硫化物矿床也由角砾和矿脉组成。矿脉长达1 200m，厚度从几十厘米至几十米。矿床位于花岗岩岩体附近。矿石矿物主要是磁黄铁矿、黄铁矿、砷黄铁矿、闪锌矿、黄锡矿和锡石。远离花岗岩岩体，在矿脉的上方，硫化物矿石占优势，且含细粒锡石。矿化蚀变岩的K-Ar年龄值为75Ma。矿床规模属小型，品位：Cu为0.1%～3.0%，Pb为3.18%，Sn为0.59%，Zn为4.09%。

成矿带中火山岩是赛诺曼期的流纹岩、英安岩、玄武岩和安山岩，马斯特里赫特期和达宁期的玄武岩、安山岩和流纹岩。火山岩的年龄为105～40Ma。

#### 6. 晚白垩世塔乌欣成矿带铜、铅、锌、金、银、硼成矿系列(XX)

该成矿系列位于塔乌欣构造带。主要形成脉状铜矿、矽卡岩硼矿、矽卡岩多金属矿、脉状多金属矿、脉状金银矿和斑岩铜(金)矿。

达利涅戈尔斯克硅酸硼矿床位于同名矿田，是矽卡岩化灰岩中的层状矿体。矿体在地表的延长为3.5km。矽卡岩化区域宽540m，垂向延伸1 728m。矽卡岩化作用在地表是受近南北向和北东向断裂控制的，而在深处是受灰岩与花岗岩侵入体的接触带控制的。矽卡岩由硅灰石、石榴子石、辉石、石英、方解石、矽硼钙石、赛黄晶和斧石构成，较少可见绿帘石、绿泥石、绢云母、钠长石、阳起石、萤石、黑硬绿泥石、菱铁矿、锰方解石、黑柱石、赤铁矿、天然铋和锑，以及铁、铅、锌、铜、钴、砷的硫化物。

#### 7. 晚白垩世—古新世科玛成矿带金、银、铜、钼、钨、锡、铋成矿系列(XXI)

科玛成矿带位于沃斯托奇诺-锡霍特火山-深成岩带东部与科玛岛弧叠加部位。发育浅成低温热液型金银矿、斑岩铜钼(金银)矿、斑岩铜(金)矿、斑岩铜(钨锡铋)矿等。

含银的热液脉状矿床位于早白垩世碎屑岩和火山碎屑岩中，而其他热液脉状矿床多位于达宁期和古新世的火山岩内或其周围，或(个别)位于花岗岩体附近。

斑岩铜钼(金银)矿床主要位于该成矿带的北部。除了铜和钼，还含有异常高的铅、锌、钨、金和银矿。矿床多就位于晚白垩世至古新世花岗岩和闪长岩侵入体内。斑岩铜(金)矿床位于同一成矿带的南部。

主要热液脉状金银矿床有布尔马托沃、格利尼亚、萨柳特、苏霍耶、塔约日内、上佐洛托耶、亚戈德内，斑岩铜(金)矿床有涅斯杰罗沃、诺奇，斑岩铜钼(金银)矿床有苏霍伊-鲁切伊，斑岩钼(钨铋)矿床有莫因斯科耶。

格利尼亚诺矿床是浅成低温热液型金银矿的代表。矿床位于变质硅化火山岩中，这些火山岩层覆盖了晚白垩世(圣托期)的酸性火山岩。矿脉由冰长石-石英、绢云母-绿泥石-石英、碳酸盐矿物-石英和绿泥石-石英组成。矿石矿物为黄铁矿、砷黄铁矿、方铅矿、闪锌矿、黄铜矿、辉银矿、螺状硫银矿、含银的黄碲矿和自然金银。成矿时期为晚白垩世至古近纪。矿床规模为小型。平均品位：Au为$8.3\times10^{-6}$；Ag为$122\times10^{-6}$。

苏霍伊-鲁切伊斑岩铜钼(金银)矿床由网状脉和蚀变岩构成。矿床位于早白垩世的沉积岩中，那些沉积岩被晚白垩世的火山岩覆盖，并被73Ma(K-Ar法)的花岗岩侵入。矿石矿物为黄铜矿、辉钼矿、闪锌矿、方铅矿、锡石、白钨矿和黄铁矿等。矿床规模属于小型，平均品位：Cu为0.2%；Mo为0.01%。

# 第十章　西北太平洋成矿带(外带)

西北太平洋成矿带(外带)是古太平洋板块俯冲在欧亚大陆东侧的叠加部分。通常活动大陆边缘在陆内部分或者形成挤压区——弧后挤压盆地,或者形成引张区——弧后引张盆地。后者发育完美者形成盆-岭构造。

西北太平洋成矿带(外带)在敦密-阿尔昌断裂北西盘,表现为典型的盆-岭构造——大兴安岭隆起-松嫩盆地-佳木斯隆起。在敦密-阿尔昌断裂南东盘,没有形成大规模的隆起和坳陷:在坳陷区(大致相当于延边构造带的位置),发育一些中侏罗世—早白垩世断陷盆地群,统称为延边盆地群;在隆起区,出露较古老的地质体,如马特维耶夫和纳西莫夫地块,统称为兴凯隆起。

盆-岭构造的延展方向为北北东向。但是,在北北东向的盆地中发育一条北西西向的山脉,即小兴安岭,是伸展盆地中的变换构造带,也是一个重要的Ⅳ级成矿带。

因此,将西北太平洋成矿带(外带)分为4个Ⅳ级成矿带:小兴安岭成矿带(Ⅳ-17)、佳木斯隆起成矿带(Ⅳ-18)、兴凯隆起成矿带(Ⅳ-19)和延边盆地群成矿带(Ⅳ-20)。

## 第一节　小兴安岭成矿带(Ⅳ-19)

在地理上,小兴安岭是黑龙江省松花江以北山地的总称。北西部与大兴安岭为界,南部以德都—铁力—巴彦一线与松辽平原分界,北界为国界黑龙江。

### 一、小兴安岭的构造性质

小兴安岭是一条北西西向山脉,夹持于北北东走向的大兴安岭和吉黑东部山地之间,与两者近垂直。同时,它将北北东走向的松嫩盆地和(孙吴-嘉荫)-(阿穆尔-结雅)盆地隔开。

众所周知,与构造有关的山脉的延伸方向经常是挤压造山带的方向,或者是伸展作用有关的盆岭构造中“岭”的延展方向。那么,小兴安岭是否是构造山脉?如果是构造山脉,其构造性质如何?

#### 1. 小兴安岭地区岩石圈结构

依据莫霍面起伏变化,黑龙江省岩石圈被分出5个深部一级构造单元:大兴安岭幔坡区、松嫩上地幔隆起区、小兴安岭幔坳区、张广才岭幔坳区和佳木斯幔隆区。

依据黑龙江省区域地质志,小兴安岭幔坳区为一北西向分布的上地幔坳陷区,莫霍面深度为36km左右。因此,小兴安岭无疑也是一个与构造作用有关的山脉。

**2. 小兴安岭的地质和构造组成**

小兴安岭的大部分是松嫩-延边晚古生代至早中生代造山带，只在东部卷入张广才岭构造带的一部分。因此，从早古生代至早中生代，小兴安岭地层条带、褶皱轴向、变质岩片理以及逆冲推覆构造的走向都是南北向的。但是，至少自早白垩世以来的地层走向、褶皱轴向以及伸展构造走向是北北东向的。

**3. 小兴安岭的构造成因**

早白垩世开始，该地区卷入到我国东部北北东走向的盆-岭构造体系中。但是，与盆-岭构造的北北东走向相反，小兴安岭山脉是与之垂直的北西西走向。

同时，在小兴安岭地区发育一系列北西西向的大型断裂构造，其中具有代表意义的是塔溪-林口断裂。该断裂北起嫩江县塔溪，向南东方向延伸至林口，全长达550km，构成松嫩盆地与小兴安岭之间的分界。

北西西向断裂具有如下特点：①规模大，切割深：前述的塔溪-林口断裂，即为岩石圈断裂，延伸大于550km；②产状直立，倾角约90°(图10-1)；③发育一组纯水平擦痕，为走滑断层；④在断层面以及断裂之间没有挤压和拉张现象，表明是在(水平简单)剪切体制下形成的；⑤自早白垩世开始，伴随北北东向的盆地裂解而发育。

图10-1 直立的北西向断裂

那么这组北西向构造成因如何？与小兴安岭山脉的成因是否有关呢？在这里首先介绍一下有关伸展盆地变换构造的概念。伸展断陷盆地中的控盆断裂，经常具有分段现象。在分段部位，会出现一些特殊的构造形式，称为变换构造。以下关于变换构造的概念和分类等的叙述，全部引自陈发景等(2011)的研究。

变换构造的概念：伸展断陷盆地中的分段作用是由主断层或主断层组位移沿走向有规律变化造成的。断层的位移在断层的中心地段达到最大，向两端逐渐减至最小。在断层末端通过其他形式的构造使一条或一组主断层沿走向变换为另一条或另一组主断层，这种构造被称为变换构造。根据不同段首尾两条主断层或主断层系之间变换构造形式的差异或者说变换构造连接首尾断层的方式不同，将变换构造分为传递带、调节带和转换带(图10-2)。

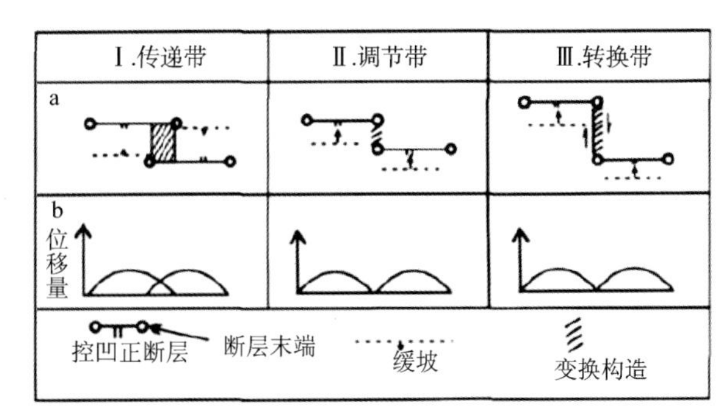


图 10-2　变换构造类型(a)及主断层位移量沿走向变化(b)(据陈发景等,2011)

1)传递带

在伸展断陷盆地中,控制两个断陷的首尾两条主断层呈侧列状叠覆分布,一条边界控凹主断层沿走向通过其他形式的构造,如走向斜坡或斜向地垒-向形构造和斜向地堑-背形构造传递到或变换为另一条边界控凹主断层,其中侧列状叠覆的首尾主断层与其间变换地带的其他形式构造在构造样式上有很大不同,但它们伸展量和位移量是守恒的或大致守恒(图 10-2)。对于这样首尾主断层之间的变换地带,称之为传递带(图 10-2a,Ⅰ)。

2)调节带

调节带(accommondation zone)(图 10-2a,Ⅱ)与传递带一样,调节带也为两条首尾控凹主断层或正断层组之间的变换构造,但其特征与传递带有很大的不同:①首尾正断层或正断层组未呈侧列状叠覆,一般为趋近型或共线性;②变换构造的形式为与主断层走向垂直相交的横向凸起和横向正断层;③控凹首尾正断层与调节带的伸展量和位移量不守恒(图 10-2b)。④由于变换构造为横向凸起和横向正断层,分段构造明显,从这个角度分析,也可以说,变换带成了分隔不同伸展地段截然的横向边界。考虑到这类变换构造调节其两侧应变差异和不同断块体间运动的不协调,称之为调节带以区别传递带。

3)转换带

转换带(transform zone)(图 10-2a,Ⅲ)与上述传递带和调节带不同处在于它以陆内转换层为标志连接首尾正断层或正断层组和受其控制的断陷或断陷群。这种陆内转换断层与大洋转换断层相似,其断层两盘的错动方向与走滑断层有很大区别,走滑断层是剪切性质的纯相对错动,断层两盘整体向相反方向,而转换断层则是一面拉张,一面平错,通过它把某一段伸展构造转换为另一段伸展构造。由于这种特点与大洋转换断层相似,因此称之为转换带。陈发景等(2011)总结了传递带、调节带和转换带的主要特征和差异(表 10-1)。

**表 10-1　传递带、调节带和转换带主要特征的差异(据陈发景等,2011)**

| 特征 | 类型 | | |
|---|---|---|---|
| | 传递带 | 调节带 | 转换带 |
| 首尾断层的叠覆程度 | 首尾主断层侧列状叠覆 | 不叠覆 | 不叠覆 |
| 变换构造的走向 | 与首尾主断层走向斜交 | 与首尾主断层走向垂直相交 | 与首尾主断层走向垂直相交 |
| 构造样式 | 为走向斜坡或斜向地垒-向形构造和斜向地堑-背形构造 | 横向凸起和横向正断层 | 陆内转换断层 |
| 伸展量和位移量守恒状况 | 首尾主断层伸展量与位移量沿走向守恒 | 不守恒 | 不守恒 |
| 伸展构造分段特征 | 不明显 | 明显 | 明显 |

小兴安岭隆升时期与松嫩盆地和(孙吴-嘉荫)-(阿穆尔-结雅)盆地在伸展时期是一致的;小兴安岭山脉以及地壳等厚线的延伸方向与松嫩盆地和(孙吴-嘉荫)-(阿穆尔-结雅)盆地展布方向都可以在成因上得到统一解释;平行小兴安岭的断裂构造属于走滑断层,具有陆内转换断层的特点。因此认为,小兴安岭是伴随早白垩世以来松嫩盆地和(孙吴-嘉荫)-(阿穆尔-结雅)伸展断陷盆地的裂解而产生的两者之间的变换构造,具有转换带(陆内转换断层)性质。

## 二、孙吴-嘉荫盆地的地球动力学环境

孙吴-嘉荫盆地位于小兴安岭北麓。盆地充填白垩纪火山岩,自下而上是下白垩统板子房组、宁远村组、甘河组和上白垩统福民河组。

### 1. 火山岩石组合反映的地球动力学环境

板子房组($K_1b$)在孙吴-嘉荫盆地广泛发育,最大厚度达 2 158.4m。岩性主要为橄榄玄武岩、玄武岩、玄武安山岩、安山岩、粗安岩、安山质火山角砾岩及其凝灰熔岩等。板房子组下部以玄武岩为主,上部则以安山岩为主。

宁远村组($K_1n$)分布较为零星,主要由紫色、灰紫色、灰白色、灰绿色酸性火山岩和火山碎屑岩及少量中性火山岩组成。

甘河组分布零星,面积约占 $14km^2$,主要分布在乌伊岭、五星镇北、翠峰林场北,以及磨石山东、道干林场南。大部分出露的是潜火山岩相安山岩,在伊春市永青五七干校北山见黄褐色安山岩,厚度仅 18.29m。

福民河组($K_2f$)出露零星,岩性:下部为流纹岩、偏碱性流纹岩,局部可相变为英安岩、夹流纹质沉凝灰岩和珍珠岩;上部为酸性沉凝灰角砾岩夹酸性火山角砾岩,最大厚度为 1 080m。

从上述一系列地层描述可以看出,下白垩统火山岩以安山岩为主,在板子房组下部出现玄武岩,在宁远村组中出现流纹岩,而上白垩统出现碱性流纹岩。由此表明下白垩统活动大陆边缘火山活动特点,但是在上白垩统碱性流纹岩的出现可能反映裂陷作用对火山岩浆成因的影响。

### 2. 火山岩岩石化学特征反映的构造环境

对上述 4 组火山岩样品进行常量和微量元素分析。

1)常量元素特征

火山岩 TAS 图解显示,早白垩世火山岩主要是玄武岩、玄武质粗面安山岩、安山岩、粗面英安岩,属钙碱性系列;晚白垩世福民河组($K_1f$)火山岩为碱性流纹岩,属于碱性系列(图 10-3～图 10-5)。

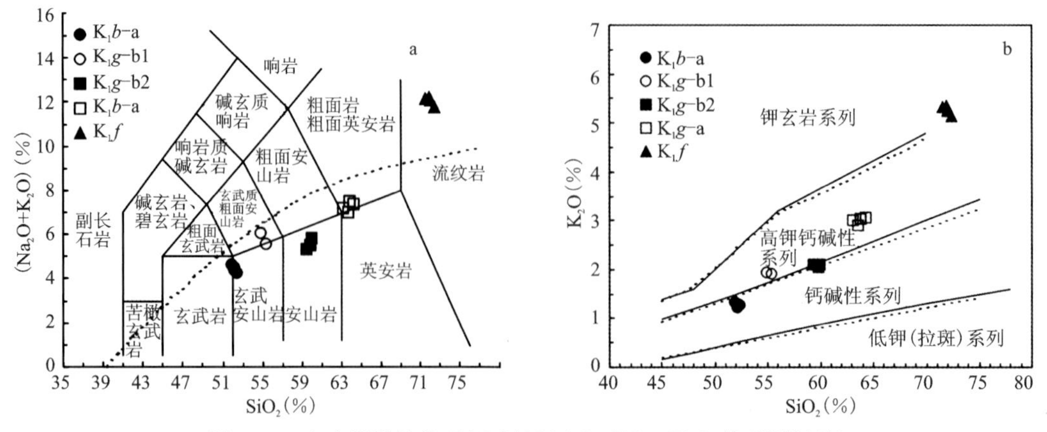


图 10-3　火山岩样品的 TAS 图解(a)和 $SiO_2$ - $K_2O$ 关系图解(b)

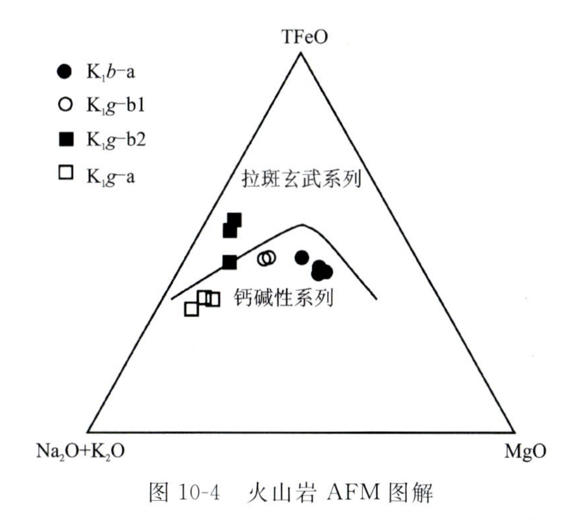

图 10-4　火山岩 AFM 图解

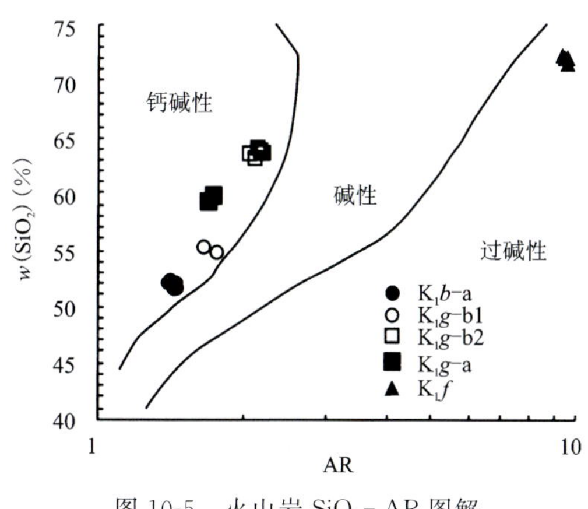

图 10-5　火山岩 $SiO_2$-AR 图解

2)稀土元素特征

孙吴-嘉荫盆地早白垩世和晚白垩世火山岩具有不同的稀土配分模式。早白垩世火山岩属于轻稀土轻微富集型,具有轻微的负 Eu 异常,轻稀土(LREE)富集,重稀土(HREE)相对亏损(图 10-6)。

晚白垩世福民河组($K_2f$)流纹岩 Eu 异常明显。稀土元素球粒陨石标准化配分曲线右倾,轻、重稀土分馏明显(图 10-8)。

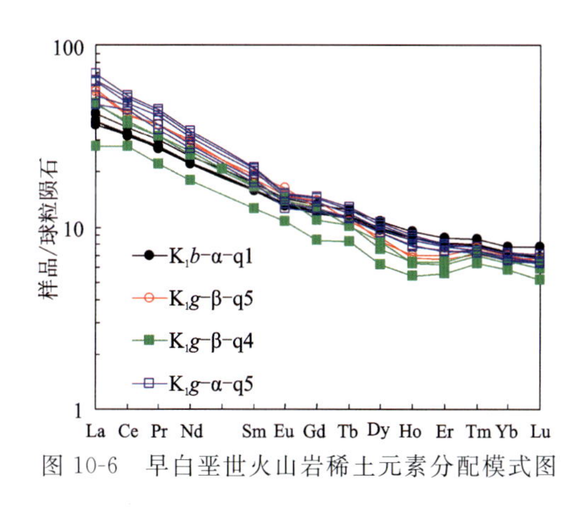

图 10-6　早白垩世火山岩稀土元素分配模式图

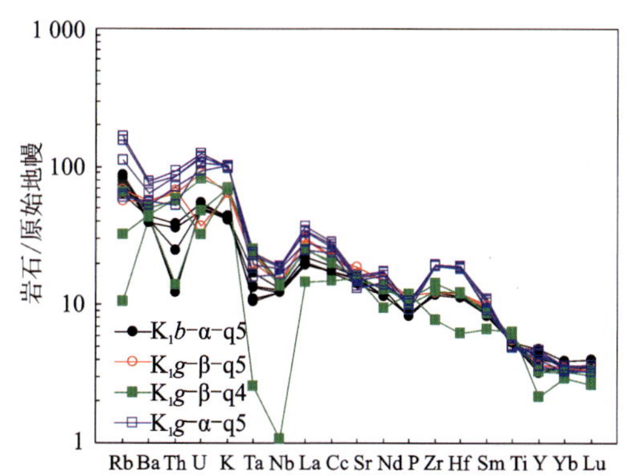

图 10-7　早白垩世火山岩微量元素标准化蛛网图

3)微量元素特征

早白垩世火山岩样品的 Nb、Ta、Th、Y 亏损,Zr、Hf 轻微富集(图 10-7)。而福民河组流纹岩富集大离子亲石元素(LILE)K、Rb、Ba、Tu、U,轻微富集高场强元素(HFSE)Nb、Ta、Zr、Hf,强烈亏损 Sr、P、Ti,存在 Rb、K、Pb、Zr、Hf 正异常和 Sr、P、Ti 负异(图 10-9)常。上地壳强烈富集 Th、U、Rb,并伴有 Sr 亏损和明显的 Eu 负异常。因此,微量元素特征表明上地壳在岩浆形成中的参与。

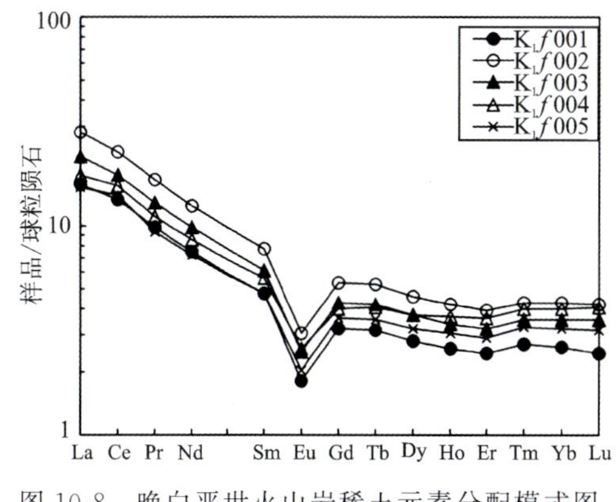

图 10-8　晚白垩世火山岩稀土元素分配模式图

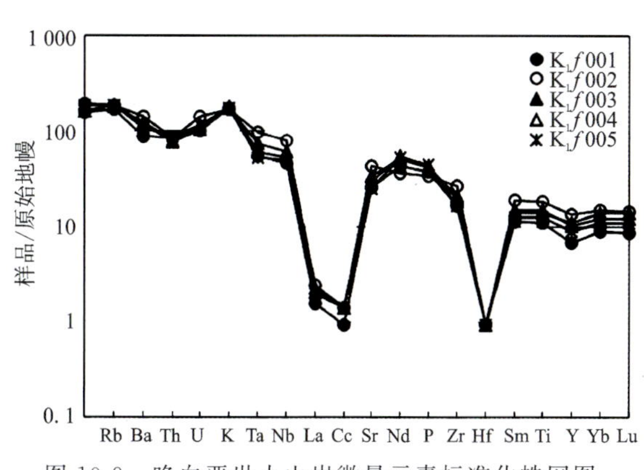

图 10-9　晚白垩世火山岩微量元素标准化蛛网图

显然，早白垩世火山岩岩石化学特征给出了活动大陆边缘火山岩的特点；而晚白垩世火山岩似乎具有板内碱性流纹岩特征。

**3. 白垩纪火山岩形成的地球动力学环境**

(1)早白垩世火山岩岩石组合以安山岩为主，同时发育玄武岩和流纹岩，具有活动大陆边缘火山岩组和特点。

(2)岩石化学特征属于钙碱性火山岩系列，也是活动大陆边缘火山岩的岩石化学特征。

(3)在 Th－Nb/16－Hf/3 图解(图 10-10)和 $F_1-F_2$ 图解(图 10-11)中，火山岩样品大部分落入岛弧(活动大陆边缘弧)玄武岩区(CAB)，反映活动大陆边缘构造环境。

(4)早白垩世，伊泽奈岐板块的俯冲带位置就在佳木斯地块东侧，现今的完达山一代。因此从大地构造位置来看，孙吴-嘉荫盆地早白垩世火山岩具有活动大陆边缘岛弧(大陆边缘弧)火山岩特点，应该是伊泽奈岐板块俯冲作用的结果。

(5)晚白垩世碱性流纹岩的出现，暗示孙吴-嘉荫盆地的构造环境已经发生转变，这与伊泽奈岐板块消亡和新板块(库拉板块)兴起以及库拉板块俯冲方向(向北北西)一致。由于库拉板块向北北西俯冲，原来的俯冲大陆边缘转变为转换大陆边缘，孙吴-嘉荫盆地的构造位置也随之变化，火山岩则具有板内张裂性火山岩的特点。

综上所述，孙吴-嘉荫盆地火山岩兼具板内和汇聚边缘火山岩的特点，是一套在活动大陆边缘靠内陆一侧裂谷环境中形成火山岩系列。

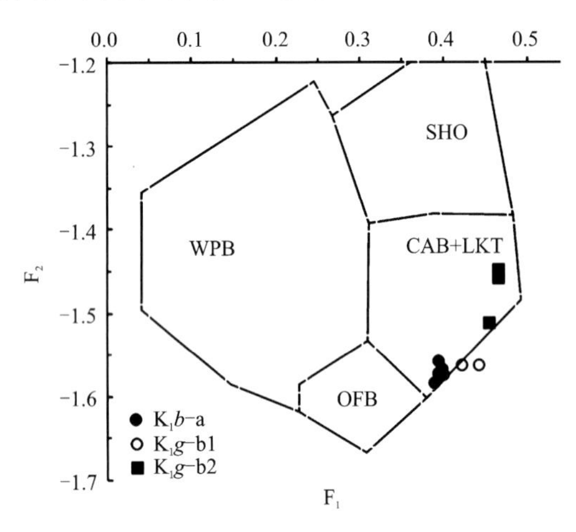


图 10-10　$F_1-F_2$ 图解

WPB. 板内玄武岩；SHO. 钾玄岩；CAB. 钙碱性玄武岩；OFB. 大洋玄武岩

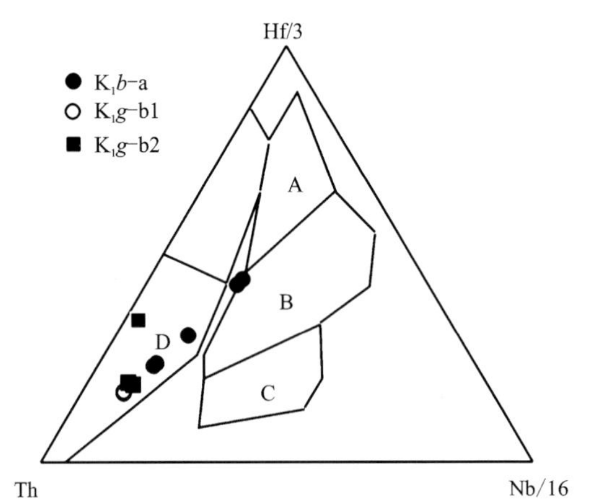


图 10-11　Th－Nb/16－Hf/3 构造环境判别图

A. N－MORB；B. E－MORB 和板内拉斑玄武岩；C. 碱性板内玄武岩；D. 火山弧玄武岩

## 三、成矿作用

小兴安岭是伴随松嫩盆地扩展形成的北西西向的变换构造，具有陆内转换断层性质。其中，沿着小兴安岭脊峰北侧、孙吴-嘉荫盆地南缘的北西西向的走滑断层，断续控制了三道湾子、东安、高嵩山以及团结沟等金矿床。前三者为与早白垩世陆相火山岩有关的浅成低温热液型金矿，后者为斑岩型金矿。

**1. 三道湾子金矿**

三道湾子金矿位于小兴安岭西北部与大兴安岭交会附近。矿区发育上侏罗统塔木兰沟组粗面安山岩和粗安质火山角砾岩以及下白至统光华组流纹岩、火山角砾岩及凝灰岩。含矿地质体为含金石英脉和蚀变安山岩。发育3条矿脉,受北西向断裂控制,总长近1 000m(图10-12)。

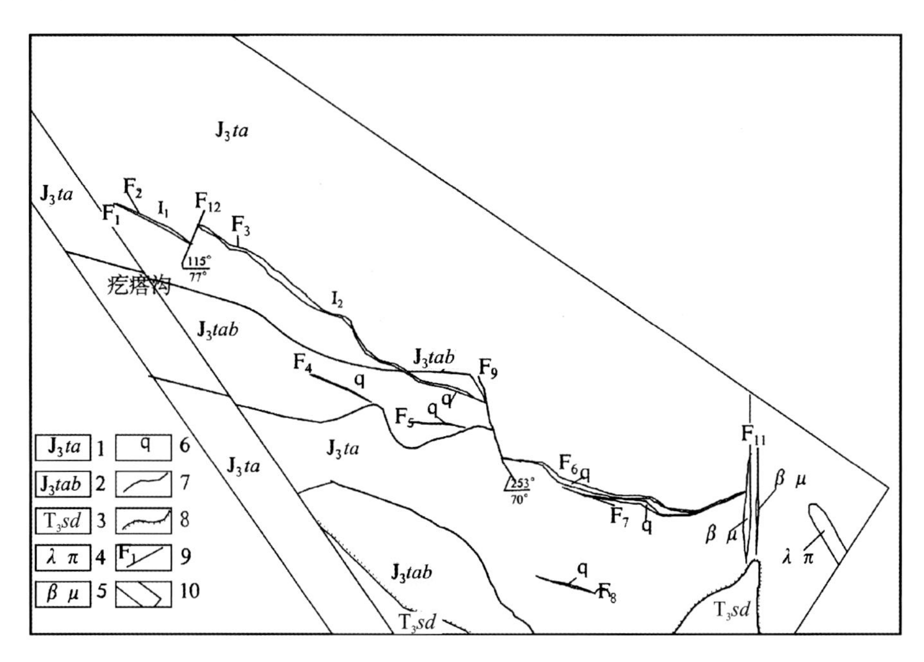


图10-12　三道湾子金矿地质略图(据陈静,2011)

1.塔木兰沟组粗面安山岩;2.塔木兰沟组粗面安山质火山角砾岩;3.三道湾子单元;4.流纹斑岩;5.辉绿玢岩;6.石英脉;7.地质界线;8.不整合界线;9.断裂及编号;10.工作区

矿石矿物主要为黄铁矿、黄铜矿和微量闪锌矿;脉石矿物主要为石英、方解石、长石、绢云母、绿帘石、绿泥石等;含金矿物主要为碲金矿、斜方碲金矿、碲金银矿、针碲金银矿等。

围岩蚀变主要为黄铁矿化、绢云母化、高岭石化、绿泥石化、绿帘石化和碳酸盐化。蚀变分4个阶段:石英-黄铁矿化阶段、石英-金属硫化物阶段、石英-金碲化物-硫化物阶段和石英-碳酸盐阶段。成矿温度为230°～270°,压力为10.3～27.3MPa,成矿深度为1.3～2.0km,成矿年龄为110～100Ma(陈静,2011)。

**2. 东安金矿**

东安金矿位于黑龙江省逊克县城南东139°方向45km处的新兴乡。孙吴-嘉荫盆地沾河断陷东侧边缘的库尔滨河断裂东侧。

矿区发育下寒武统西林群富镁碳酸盐岩夹陆源细碎屑岩及二叠系浅变质中粗粒碎屑岩、中酸性火山岩和火山碎屑岩,以及下白垩统光华组流纹岩、流纹质凝灰岩和英安岩。

围岩蚀变主要沿断裂、隐爆角砾岩带和交代石英岩带发育,可分为由石英岩化、玉髓化、绢云母化、冰长石化、绿泥石化、萤石化、黄铁矿化组成的内带和以硅化、网脉状硅化为主,伴有绿泥石化、高岭土化、绢云母化、冰长石化、萤石化组成的外带。前者是主要矿化蚀变。

5号矿体是主矿体,受近南北向断裂控制,主要赋存于中粗粒碱长花岗岩的强硅化蚀变带(交代石英岩带)中,其次赋存于细粒碱长花岗岩、隐爆角砾岩及潜流纹岩的强硅化蚀变带(交代石英岩带)中。矿体平均厚6.70m。平均品位:Au为$9.05\times10^{-6}$;Ag为$75.8\times10^{-6}$。

矿石矿物主要为黄铁矿,其次为毒砂、方铅矿、黄铜矿、辉铜矿、铜蓝、闪锌矿;氧化物主要为磁铁矿、赤铁矿(针铁矿)、褐铁矿;贵金属矿物主要为银金矿、自然银、辉银矿。脉石矿物主要为各种颜色、粒度的石英,其次为冰长石、高岭石和少量绢云母、绿泥石。矿石构造以角砾状、浸染状、脉状-网脉状为主,梳状、晶簇、晶洞、条带状次之。东安金矿的成矿初始深度为 0.2～1.0km，属浅成-超浅成环境。矿石 Rb－Sr 等时线年龄为 108Ma，与潜流纹岩的等时线年龄(112Ma)相近，表明二者具有极为密切的时间关系。

### 3. 高松山金矿

高松山金矿位于黑龙江省逊克县，孙吴-嘉荫断陷盆地之富饶隆起的次级构造单元的福民断凹和岩泉山凸起的交界处附近。武警黄金一支队自 1989 年以来，在该区共发现金矿体 6 条，资源量接近大型规模(图 10-13)。

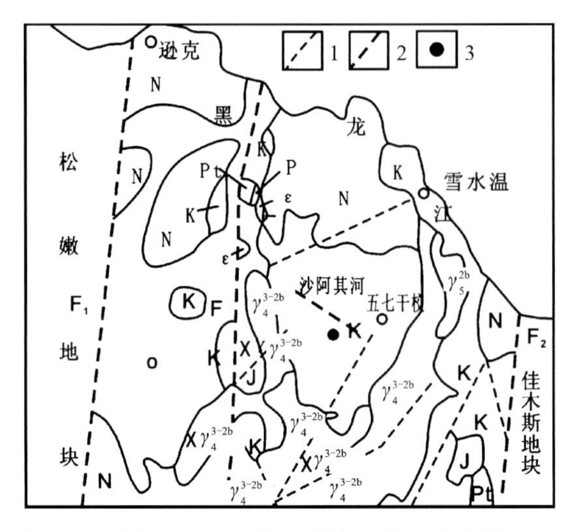


图 10-13　高松山金矿区域地质简图(据段晓君等，2009)

Q. 第四系；N. 古近系和新近系；P. 二叠系；D. 泥盆系；∈. 寒武系；Pt. 元古宇；$\gamma_5^{2b}$. 燕山早期花岗岩岩组；$\gamma_4^{3-2b}$. 海西晚期花岗岩岩组；$x\gamma_4^{3-2b}$. 海西晚期白岗质花岗岩岩组；$F_1$. 逊克-铁力-尚志断裂；$F_2$. 牡丹江断裂；1. 岩石圈断裂；2. 断裂；3. 高松山金矿

区域地层有前寒武纪兴东群、早古生代黑龙江群，中生代下白垩统结烈河组、美丰组、永青组和福民河组。

区域岩浆岩主要有海西晚期花岗岩、白岗质花岗岩，燕山早期黑云母花岗岩及花岗闪长岩、花岗斑岩。

区域构造主要有南北向、北西西向和北北东向。南北向构造为区内的基底构造，形成于晚古生代—印支期，可能延续到燕山早期；北北东向构造是下白垩统及以上地层的底层条带展布于方向以及盆岭构造的延展方向；北西西向构造属于小兴安岭构造，主要是走滑断裂，是伸展盆地内的变换构造。

矿体产于白垩系火山岩中，与安山岩紧密共生，包括安山岩、安山质凝灰岩和安山质火山角砾岩。有角砾岩型矿体和蚀变岩型矿体。

矿物共生组合属贫硫化物的金-石英组合。矿石矿物主要为褐铁矿、黄铁矿、少量的磁铁矿、赤铁矿、黄铜矿、铜蓝、方铅矿、闪锌矿等。脉石矿物主要为石英、长石、云母、高岭石和方解石等。

围岩蚀变有硅化、绢云母化、绿泥石化和黄铁矿化。

成矿温度分布在 236～246℃之间；流体包裹体中的盐度分布范围有 0.71%～7.31%之间；石英流体包裹体中 H、O 同位素的 $\delta$O 为 2.7%～4.1‰，$\delta$D 平均为－121.6‰，反映以大气降水为主(段晓君等，2009)。

# 第二节　佳木斯隆起成矿带(Ⅳ-20)

这里的“佳木斯隆起”是指敦密-阿尔昌断裂北西盘的原佳木斯地块和张广才岭构造带，它们在盆岭构造中占据了“岭”的位置。

佳木斯隆起是欧亚大陆中生代活动大陆边缘弧后盆岭构造的隆起区。与同时期在火山盆地中形成浅成低温热液金矿或斑岩金矿不同，这里多形成与岩浆侵入体有关的石英脉型金矿，如平顶山金矿。

平顶山金矿位于盆岭构造体系的次级构造单元，即结烈河隆起。矿区及附近发育麻山群、兴东群和黑龙江群，发育古生代和中生代花岗岩以及大量闪长岩脉。脉岩展布多为北北东向、北北西向和近南北向(图10-14)。

图10-14　平顶山金矿床地质略图(据杨金和，2006)

1.新近系全新统；2.蚀变花岗岩；3.碎裂蚀变花岗岩；4.黑云母花岗岩；5.细晶闪长岩及闪长玢岩；6.金矿体；7.石英细脉；8.挤压破碎带；9.实测地质界线；10.推测地质界线；11.脉岩产状

断裂构造可分为北北西走向和北北东走向两组。北北西向断裂控制了一系列与成矿关系密切的闪长岩脉群；北北东向断裂则在控制闪长岩脉的同时，控制了主要矿脉。

围岩蚀变主要有硅化、绿泥石化，其次为叶蜡石化、钾化、绢云母化及碳酸盐化等。其中硅化、绿泥石化、绢云母化与成矿关系密切。

矿石矿物有银金矿、黄铁矿、磁黄铁矿、闪锌矿、方铅矿和毒砂，脉石矿物有石英、水云母、绢云母和方解石。矿石为细粒结构、碎裂结构，脉状构造。

成矿岩体全岩 Rb－Sr 等时线年龄为 104.5Ma，K－Ar 年龄为 100Ma 和 102Ma，为早白垩世末期产物(韩振新等，2004)。

## 第三节　兴凯隆起成矿带(Ⅳ－21)

在敦密-阿尔昌断裂北西盘，隆起(岭)和坳陷(盆)界线截然，就是逊克-铁力-尚志断裂。但是在敦密-阿尔昌断裂南东盘，隆起和坳陷似乎并没有一个明显界线，只是在延边晚古生代造山带之上叠加了一些中侏罗世至早白垩世的火山断陷盆地。因此，我们也将与逊克-铁力-尚志断裂对应的西滨海断裂作为两者的界限。

因此，兴凯隆起就包括了兴凯地块和西兴凯构造带，包括俄罗斯境内的马特维耶夫、纳西莫夫、卡巴尔金、斯帕斯克、谢尔盖耶夫和沃兹涅先构造带。在兴凯隆起，目前发现的中侏罗世及以后的成矿作用主要发生在谢尔盖耶夫构造带，形成石英脉型金矿。

谢尔盖耶夫成矿区的范围与同名的谢尔盖耶夫构造带一致。它与沃兹涅先构造带一样，是早古生代增生造山带的一部分。但是，在中侏罗世—早白垩世古太平洋板块俯冲过程中，它仰冲到萨马尔金增生楔之上，并被晚白垩世花岗岩侵入。在成矿区的西部边界附近，分布着 4 个与晚白垩世早期花岗岩有关的中小型金矿床，主要是含黄铁矿和磁黄铁矿的含金石英脉，克里尼奇金矿是典型代表。

克里尼奇金矿位于谢尔盖耶夫构造带南端。矿区发育二叠纪、三叠纪和侏罗纪的陆源碎屑岩和火成杂岩。发育晚二叠世和白垩纪侵入岩。晚二叠世侵入岩为辉绿岩和石英辉绿岩。白垩纪侵入岩有 4 期：第一期为辉长岩-二长岩-花岗闪长岩；第二期为闪长岩和闪长玢岩；第三期为花岗闪长岩-花岗岩；第四期为小型的玄武岩、玄武安山岩岩墙和少量的斜煌岩、闪长玢岩和拉辉煌斑岩。克里尼奇深成岩的 Rb－Sr 等时年龄为 104±1Ma，K－Ar 年龄为 97.4Ma 和 97.9Ma；第四期玄武安山岩岩墙的角闪石和斜长石 K－Ar 年龄为 76.2±2.6Ma(G. R. Sayadyan，2004)。

主矿体产于克里尼奇山深成岩体的花岗闪长岩中。矿带延长几百米，由线状的、密集的脉或细脉组成，脉之间间隔几厘米或偶尔几十厘米，脉的厚度也经常是以厘米记。在岩体外部带或围岩中的矿体是一些厚度为 1～2cm、密集的或独立的脉带或分支脉(图 10-15)。

有 3 个阶段矿化：含金黄铁矿-石英细脉阶段、含金硫化物-石英脉阶段、梳状石英脉阶段。前两个阶段为主要成矿阶段。

含矿的网脉、石英脉和细脉走向为 290°～295°和 325°～350°，主矿体叠加在克里尼奇花岗闪长岩-花岗岩之上。克里尼奇深成岩体受控于 K－Ⅰ和 K－Ⅱ两条左行走滑断层。它们形成于古太平洋板块向北北西向俯冲时，与之前的俯冲带是平行的(图 10-16)。

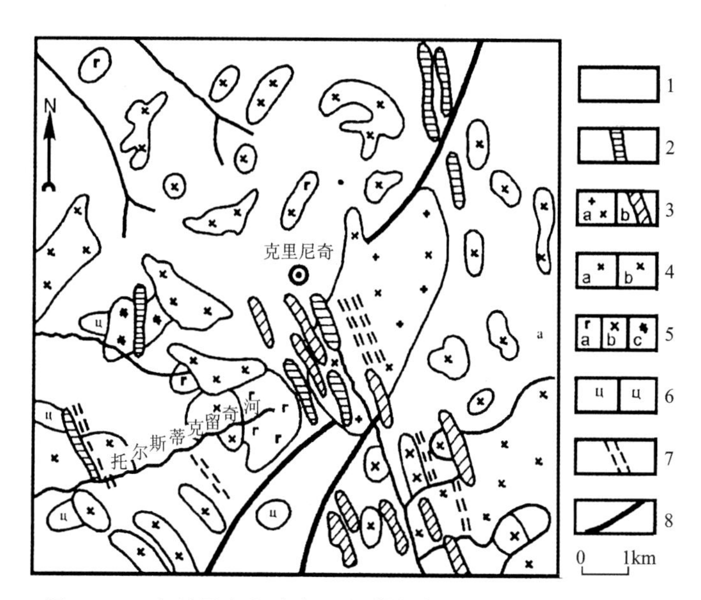


图 10-15　克里尼奇金矿矿区地质图(据 G. R. Sayadyan,2004)

1. 二叠纪、三叠纪和侏罗纪陆源碎屑岩和火成杂岩;2. 玄武安山岩;3. 花岗闪长岩-花岗岩(a. 第一岩相;b. 第二岩相);4. 闪长岩和闪长玢岩(a. 第一岩相;b. 第二岩相);5. 辉长岩-二长岩-花岗闪长岩(a. 第一岩相;b. 第二岩相;c. 第三岩相);6. 辉绿岩;7. 矿化石英脉和网脉;8. 断层

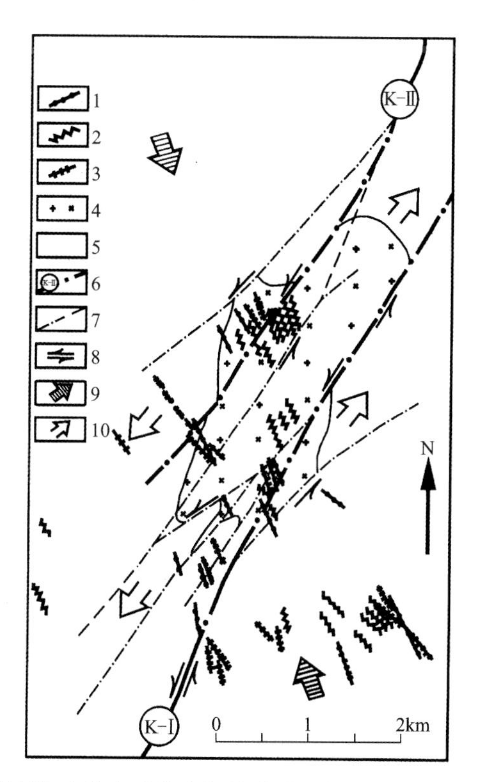


图 10-16　走滑断层、岩体和矿脉之间的关系示意图(据 G. R. Sayadyan,2004)

1. 成矿后的基性和中性岩墙;2. 含金线状网脉和石英脉;3. 成矿前的岩墙;4. 花岗闪长岩-花岗岩杂岩体第二次侵入相的花岗闪长岩;5. 围岩;6. 控制克里尼奇深成岩体的左行走滑断层 K-Ⅰ和 K-Ⅱ;7. 次级断层;8. 走滑方向;9. 区域挤压方向;10. 引张方向

# 第四节　延边盆地群成矿带(Ⅳ-22)

延边构造带是晚古生代—早中生代造山带。在中侏罗世—早白垩世,造山带之上叠加了一系列火山断陷盆地,最大者为延吉盆地(图 10-17)。

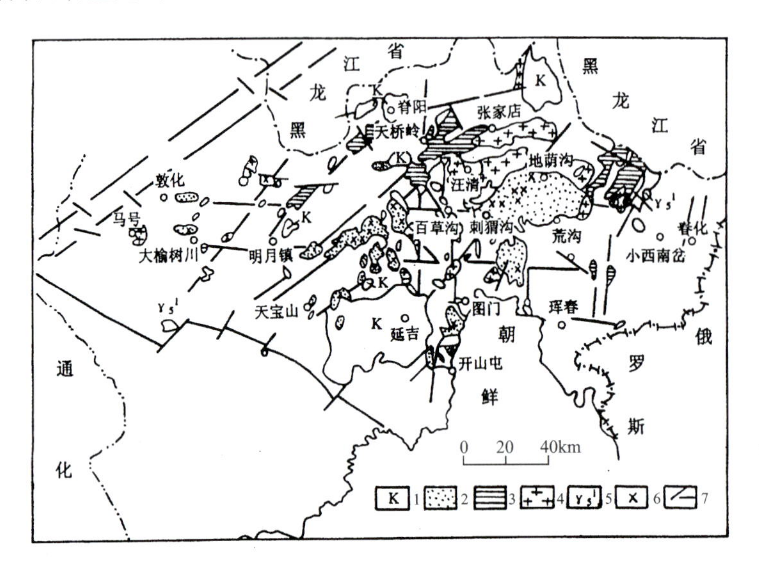


图 10-17　延边地区火山断陷盆地分布示意图(据孟庆丽等,2001)

1. 白垩纪火山-沉积盆地;2. 中侏罗世—早白垩世火山断陷盆地;3. 晚三叠世火山岩;4. 早燕山期花岗岩;5. 印支期花岗岩;6. 火山口;7. 断层

中侏罗世火山岩主要由玄武岩、玄武安山岩、安山岩、英安岩、流纹岩、玄武粗安岩、粗安岩、粗面安山岩组成,属于中—高钾钙碱性系列;早白垩世火山岩属于钙碱性系列的玄武安山岩、安山岩、英安岩和粗面玄武岩。两者均属于活动大陆边缘钙碱性火山岩(孟庆丽等,2001;图 10-18)。

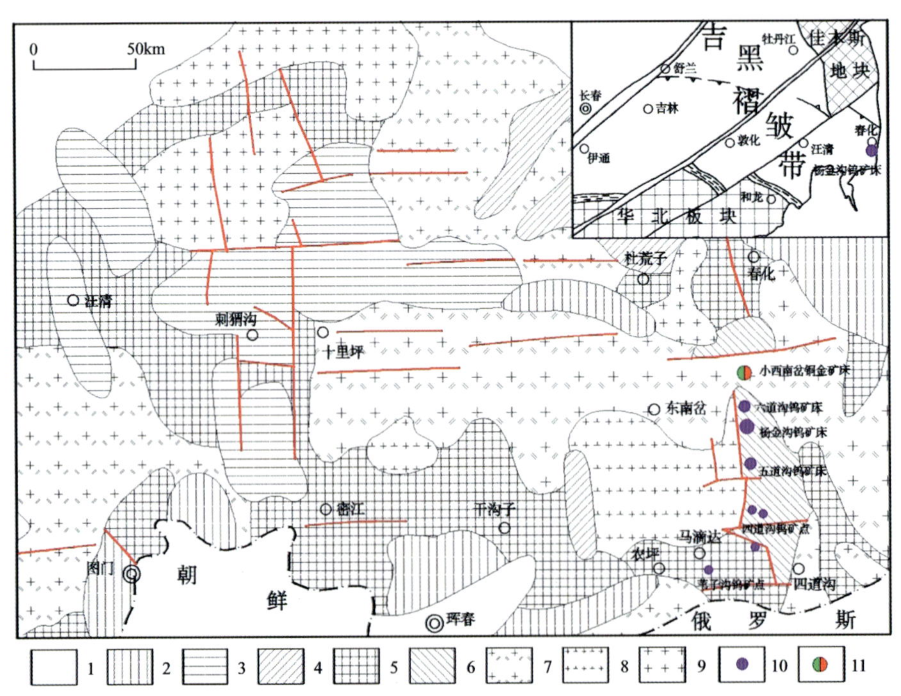


图 10-18　小西南岔地区矿床分布图(据张汉成等,2005 修改)

1. 第四系;2. 古近系—新近系砾岩、玄武岩;3. 侏罗纪火山岩;4. 三叠纪火山岩;5. 二叠纪变质岩;6. 五道沟群变质岩系;7. 海西期闪长岩、斜长花岗岩;8. 印支期二长花岗岩;9. 燕山期花岗岩、闪长岩;10. 钨矿床(点);11. 金铜矿床

在中侏罗世—早白垩世火山断陷盆地或早白垩世火山断陷盆地，在早白垩世陆相火山岩或(和)次火山岩中，发育许多金矿、金铜矿或铜金矿床。这些矿床具有以下共同特点：①为金矿(金厂、五凤-五星、刺猬沟)、金铜矿(小西南岔、农坪)和铜金矿(九三沟、闹枝)；②矿床均形成于早白垩世，并且主要集中在早白垩世晚期(表10-2)；③与早白垩世火山岩、次火山岩共生；④斑岩型矿化与热液脉型矿化共存；⑤部分矿床具有浅成低温热液矿床的特点。

**表10-2 主要矿床形成时期**

| 矿床 | 金属类型 | 测试方法 | 样品岩性 | 矿物 | 年龄(Ma) | 资料来源 |
|---|---|---|---|---|---|---|
| 小西南岔 | Au、Cu | Re-Os | 矿石 | 辉钼矿 | 111.1±3.1 | 本书 |
| 农坪 | Au、Cu | LA-ICP-MS | 花岗闪长玢岩 | 锆石 | 100.04±0.88 | 本书 |
| 九三沟 | Cu、Au | LA-ICP-MS | 石英闪长岩 | 锆石 | 109.3±2.1 | 柴鹏，2012 |
| 闹枝 | Cu、Au | LA-ICP-MS | 粗面安山岩 | 锆石 | 130±2 | 刘金龙，2015 |
| 金厂 | Au | LA-ICP-MS | 闪长岩 | 锆石 | 111.5±1.2 | 鲁颖淮，2009 |
| 五星山 | Au | $^{40}Ar/^{39}Ar$ | 石英脉 | 包裹体 | 123±7 | 赵羽军，2010 |
| 刺猬沟 | Au | $^{40}Ar/^{39}Ar$ | 石英脉 | 包裹体 | 141±7 | |
| 杜荒岭 | Au | $^{40}Ar/^{39}Ar$ | 石英脉 | 包裹体 | 107±6 | |

## 一、小西南岔金铜矿

小西南岔金铜矿位于吉林省珲春市春化镇西15km处，属春化镇管辖。大地构造位置上位于延边构造带的东缘、老爷岭-格罗杰科火山弧的中国一侧。

### 1.矿区地质

1)地层

矿区出露的最老地层为五道沟群，主要分布在矿区的东部，在矿区中部呈捕虏体分布于海西期闪长岩中(图10-19)。

区域上，五道沟群为一套遭受低—中级区域变质作用、叠加动力变质和热变质作用的变质岩系，厚度大于1 800m。总体呈南北向不规则的向斜形态残存于海西晚期斜长花岗岩及闪长岩之中。根据岩石组合特征将其划分为上、中、下3个岩性段：下段为正常沉积碎屑岩夹火山岩，主要有变质砂岩、绢云长英角岩、黑云母石英片岩、绿帘角闪岩等；中段主要由斜长角闪岩、斜长角闪片岩、黑云母石英片岩和大理岩组成；上段主要为红柱石板岩、片岩、变质粉砂岩、二云石英片岩等。这3个岩性段的原岩组合中，下段为陆源粗碎屑岩夹薄层火山岩，中段为海底火山岩夹碳酸盐岩，上段为陆源细碎屑岩，构成了一个较完整的地槽型陆源碎屑-海底火山喷发沉积建造。

2)构造

(1)褶皱构造。五道沟复向斜呈南北向横贯全区，轴线北起香坊沟，南至四道沟以南，全长大于36km，宽6～9km。向斜的东翼由于侵入岩的破坏已残缺不全，但西翼保存完整。

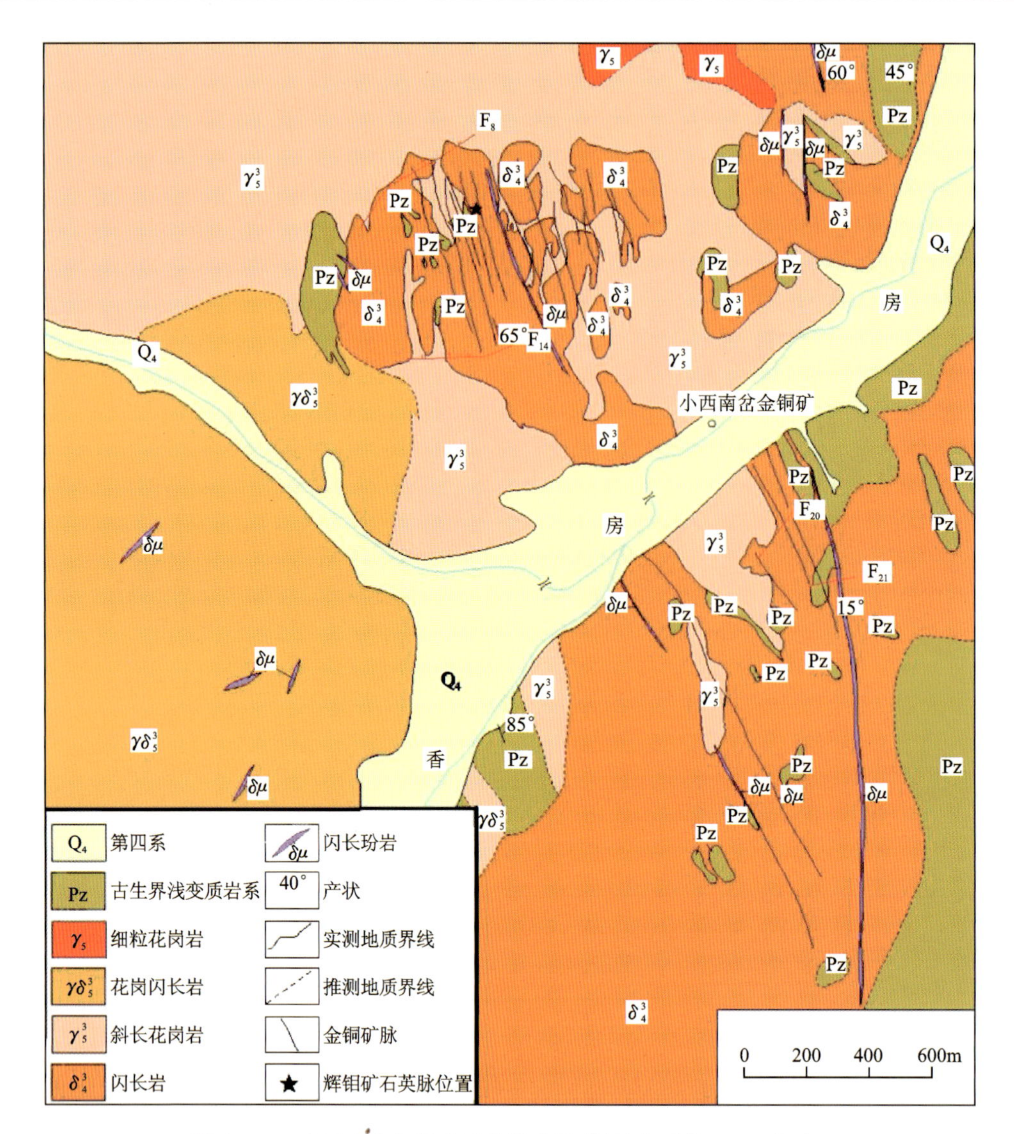


图 10-19　小西南岔金铜矿区地质略图(据孟庆丽等,2001 修改)

(2)断裂构造。

小西南岔南山矿段受近南北向主断裂、北北西向的次级断裂(主断裂的次一级断裂)以及羽断裂(支断裂的次一级断裂)控制。

近南北向压扭性主断裂控制着本区 11 号主矿脉的产出,该断裂发育在石英闪长岩中,闪长岩的东部。沿走向延伸 2 000 余米,倾斜延伸 500 余米,向西倾斜,倾角 50°～63°,向北延伸至北山矿段。断裂面沿走向及倾向呈舒缓波状,断裂中有石英脉、金属硫化物脉。控矿断裂早期为糜棱岩化,后期叠加有片理化,片理方向与主干断裂面平行,仅局部斜交。主干断裂旁侧发育扭性断裂面及张裂面与主干断裂相交成“入”字形构造。

北西向断裂多为反“多”字形的扭性支断裂或羽状断裂,控制着 11 号矿脉上盘(西侧)的 12 号、13 号、14 号和 21 号、22 号,以及下盘(东侧)的 24 号等支脉的产出。总体走向为 340°～350°,倾向南西,倾角 30°～80°,上缓下陡。其中控制 24 号矿脉的断裂延长 400m,延深约为 300m。同时下盘发育有北东向的羽断裂,但其规模较小。支断裂与主断裂在平面和剖面上呈“入”字形产出。控制 24 号脉的断裂构造与 11 号脉西侧的控制 12 号、13 号、14 号等矿脉的断裂构造相对应。两组断裂构造呈“X”形。因此从空间上推断,11 号脉南部东侧有可能还存在较大规模的北西向断裂构造,该构造与控制 21 号、22 号矿脉的断裂构造相对应。

3)岩浆岩

矿区岩浆岩主要有海西期和燕山期侵入岩,以中酸性为主。

(1)海西晚期侵入岩。

闪长岩:为矿区分布最广的岩石,是主要的容矿围岩之一。岩石成分和结构不均一,以细粒为主,大约有90%以上的含矿石英脉赋存于细粒闪长岩中,粗粒闪长岩常在断裂破碎带附近呈团块状出现并靠近矿体。暗色矿物主要为普通角闪石,斜长石含量为45%~65%,局部石英含量较高,可达5%~10%以上。岩石蚀变较为强烈,普通角闪石多为绿泥石所交代并析出磁铁矿等。斜长石等被绢云母、方解石等交代,部分被绿帘石交代。

花岗闪长岩:矿物成分以斜长石为主,其次是碱性长石、普通角闪石、黑云母和石英,其中少量斜长石和碱性长石呈斑晶出现。角闪石含量5%~7%,有两期斜长石,碱性长石与斜长石既有共结关系也有交代关系,常呈他形大斑晶。

黑云母斜长花岗岩:灰白色中粒结构,主要矿物斜长石占55%,自形板状。碱性长石占10%以上,他形填隙或包裹斜长石和黑云母。石英可达25%以上,黑云母占7%~10%。

(2)燕山期侵入岩。

花岗闪长岩:分布于矿区南侧及北侧,矿物成分以斜长石为主,其次是碱性长石、普通角闪石、黑云母和石英,其中少量斜长石和碱性长石,呈斑晶出现,普通角闪石含量6%~7%,略高于黑云母。花岗闪长岩的边部发育细脉状和浸染状黄铜矿、辉钼矿及黄铁矿化。

细粒黑云母花岗岩:位于北山矿段东北端,侵入于斜长花岗岩中,出露面积不到1$km^2$。岩石中沿着不规则裂隙发育有黄铜矿化和少量的辉钼矿化,同时也有硅质细脉和石英晶簇,表明该岩石先于铜、金成矿期形成,为成矿前产物。

花岗斑岩:属北山矿段隐伏岩体,侵入斜长花岗岩之中。岩石有较强的硅化蚀变及较强的铜(钼)矿化,局部铜可达工业品位。

闪长玢岩脉:极为发育,在时间和空间上该岩脉都与金铜矿体紧密伴生,矿体一般产于该岩脉的上下盘接触带或穿插于其中。斑晶主要为斜长石和普通角闪石,沿其解理和不规则裂隙发育有绢云母化、绿泥石化、硅化、碳酸盐化。

近年来,小西南岔矿区及外围的侵入体测年资料表明(孙景贵等,2008a,2008b;付长亮等,2009),可将该区花岗岩类分为4期:①晚二叠世英云闪长岩-花岗闪长岩(256~252Ma);②中三叠世石英闪长岩(241~240Ma);③早侏罗世二长花岗岩(183Ma);④早白垩世英云闪长岩-花岗闪长岩-二长花岗岩(112~102Ma)。小西南岔金铜矿床与燕山晚期花岗质杂岩具密切的成因联系。

**2. 矿床**

1)矿体

以香房河为界分为北山矿段和南山矿段。

北山矿段分别受控于F1、F2、F3和F4断裂构造。矿体分别位于主断裂构造的上、下盘80~150m范围内。

南山矿段矿体规模较大,以单脉型矿脉为主,细脉浸染型为辅。其中,11号主矿脉,分布于南山矿段东部,走向近南北,倾向西,倾角40~60°。控制延长2000余米,最大延深700余米,厚度0.21~7.62m。

2)矿石

主要金属矿物为黄铜矿、黄铁矿及磁黄铁矿,其次为胶黄铁矿、方黄铁矿、毒砂、辉钼矿、闪锌矿、方铅矿、黝铜矿等,脉石矿物主要有石英、方解石、绢云母、绿泥石、钾长石、黑云母及金红石等。

矿石结构包括碎裂结构、交代溶蚀结构、骸晶结构、火焰状结构。矿石构造主要为块状构造、浸染状构造、网脉状构造、脉状构造、角砾状构造、条带状构造、晶梳构造等。

含金矿物主要为自然金和银金矿,金银矿少量。银矿物含量甚少,主要为碲银矿、自然银、硫碲银铋铅矿和含银自然铋等。

3)围岩蚀变

围岩蚀变主要表现为钾化、硅化、黑云母化、绢云母化、绿泥石化和碳酸盐化等,其中硅化、绢云母化、绿泥石化与金铜矿化关系密切。

4)矿化阶段

成矿期可分为5个阶段。

(1)胶黄铁矿-石英阶段:为早期高温成矿阶段,此阶段主要生成胶黄铁矿、石英等矿物,热液作用主要以流体沸腾作用为主,以热液交代-充填作用为次,生成了北山细脉浸染状矿石。

(2)乳白色石英-黄铁矿阶段:此阶段生成的是自形—半自形黄铁矿及石英,以热液充填作用为主,沉淀结晶作用为次。

(3)磁黄铁矿-黄铜矿阶段(金铜成矿主要阶段):此阶段以热液充填作用为主,生成了南山致密块状的矿石及北山富硫化物矿石。

(4)含黄铁矿-石英成矿阶段:以热液隐爆、充填结晶作用为主。

(5)石英-碳酸盐阶段:以热液充填的石英和方解石为主,标志着热液成矿作用的结束。

**3.流体包裹体**

矿床流体包裹体丰富,原生包裹体、假次生包裹体普遍存在。根据常温下包裹体的相组成和加热时的均一状态,将包裹体分为以下5个类型:①气液两相包裹体,该类包裹体广泛发育于矿体、花岗岩和闪长岩的石英中,方解石和闪锌矿中也常见;②富气相包裹体,该类包裹体不十分发育;③纯液相包裹体,在各矿脉内均有不同程度的发育,特别是成矿晚期的方解石、石英中更为常见;④含子矿物三相包裹体,包裹体中气相体积均小于包裹体体积的30%,子矿物多数为NaCl,少数为硬石膏和磁铁矿,偶见KCl;⑤$CO_2$三相包裹体,数量很少,这一点与大多数金矿床$CO_2$包裹体广泛发育的状况不尽相同,但和许多浅成热液型金矿床类似。

不同类型包裹体测温结果表明(李萌清等,1995;赵俊康等,2007,2008;葛玉辉等,2010),该矿床的形成可分为以下阶段:①大于500℃的高温段,代表成矿早期黑云母阶段的形成温度,此阶段包裹体不发育,在大于500℃的高温环境中,主要在花岗岩顶部产生黑云母-钾长石化、硅化,稍后产生细脉状、网脉状黄铁矿、黄铜矿、辉钼矿化;②500~340℃代表第二成矿阶段,即石英-绢云母-黄铁矿-毒砂阶段的温度区间,其中还有较少的金、银矿物沉淀;③360~220℃代表第三成矿阶段的温度范围,在此温度范围内,自然金和黄铜矿大量沉淀;④240~160℃代表第四成矿阶段,即方解石-石英-自然金-碲化物阶段的温度区间,在此温度条件下,自然金、金银矿、银金矿与碲化物共生,黄铜矿较少;⑤低于160℃代表最晚成矿阶段,即碳酸盐阶段的温度条件,其中自然金、黄铜矿等有用矿物几乎不沉淀,矿化临近尾声,无矿方解石大量出现。其中,220~360℃的中高温阶段是金、铜矿化高峰期,此阶段矿化石英脉中包裹体十分丰富,类型齐全,尤其在富矿脉中各类包裹体同时共存。

流体包裹体盐度变化范围大,其中北山矿段热液阶段流体盐度为27.9%~56% NaCl,平均为

42.2%NaCl,南山矿段为29.1%～32.7%NaCl,平均为31.6%NaCl,北山矿段包裹体盐度普遍较南山矿段高。

综上所述,小西南岔金铜矿床流体包裹体类型丰富,其中包裹体液相中富 $Na^+$、$Cl^-$ 和 $SO_4^{2-}$,气相中 $H_2O$ 占优势,$CO_2$ 次之,成矿流体属中高温、高盐度、较高密度的 $NaCl-H_2O-CO_2$ 体系。本矿床的一些富矿脉和富矿地段存在沸腾包裹体,成矿高峰期流体曾沸腾对金铜矿化富集具有重要意义。

**4. 成岩成矿时代**

本次研究开展了辉钼矿 Re-Os 同位素测年工作。

含辉钼矿石英脉发现于北山露采区Ⅰ号矿带内,走向340°,倾向北东,倾角70°～80°(图10-20)。该矿体呈透镜状,走向延长约80m,沿垂向尖灭于584m采高。石英脉宽2～10cm,两侧围岩(浸染状铜金矿化闪长岩)硅化强烈。含辉钼矿石英脉和围岩有构造变形碎裂现象,沿错动面上见黑色断层泥(厚度约0.3cm),其中尚有细小辉钼矿小晶体,说明含辉钼矿石英脉经过成矿后断裂作用。

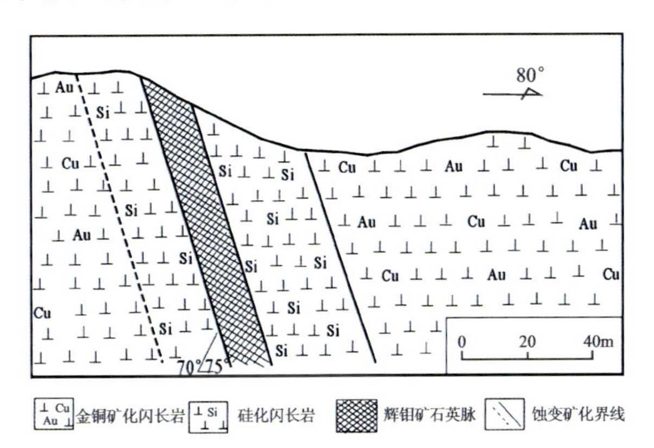


图10-20　矿区北山矿段含辉钼矿石英脉远景照片与剖面示意图

石英脉型钼矿石的矿石矿物以辉钼矿为主,其次为黄铁矿和黄铜矿。光片中辉钼矿含量2%～5%,主要沿石英脉的微细裂隙形成细脉状辉钼矿,在微细裂隙交会处形成团块状或花瓣状集合体,最大团块超过1cm;少量辉钼矿呈他形晶粒状结构星散状分布于石英脉中,片径较小,以1～2mm为主,与脉石英为镶嵌结构。黄铁矿含量1%～3%,有两个世代,早世代黄铁矿呈半自形晶—他形晶浸染状分布于石英脉及其围岩中,常见碎裂结构;晚世代的黄铁矿则在石英和辉钼矿的晶隙、裂隙中呈细脉状充填,铜矿含量略高于黄铁矿,常沿辉钼矿中微裂隙呈细脉状充填,有时交代黄铁矿或在石英晶隙间呈浸染状分布(图10-21)。钼矿石发育半自形—他形晶粒状结构、交代残余结构、浸蚀结构,主要呈细脉状、浸染状构造。不同金属硫化物交生关系表明,辉钼矿形成最早,黄铁矿稍后,而黄铜矿最晚。

a.黄铜矿交代黄铁矿(10×5单偏光)

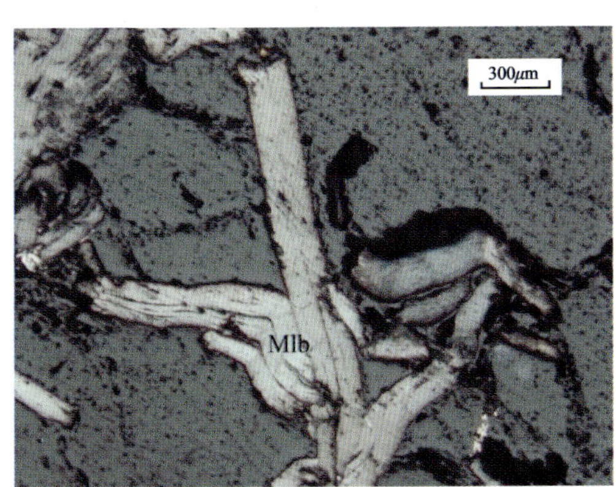


b.辉钼矿花瓣状集合体(10×5单偏光)

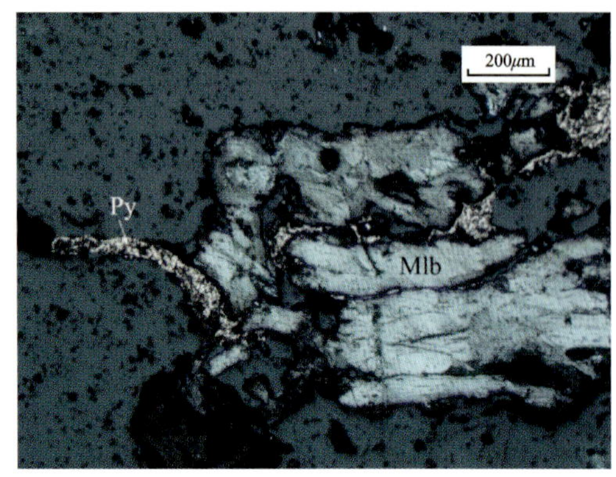


c.辉钼矿裂隙分布的黄铁矿细脉(10×10 单偏光)

d.黄铜矿沿边缘及裂隙充填交代辉钼矿(10×20 单偏光)

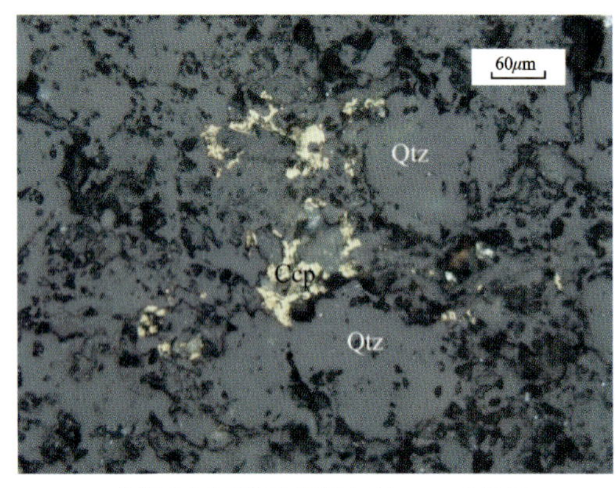


e.黄铜矿交代早期阶段黄铁矿(10×20 单偏光)

f.黄铜矿沿石英晶隙分布(10×20 单偏光)

图 10-21　小西南岔矿床主要金属矿物及其交生关系显微照片

Qtz. 石英;Py. 黄铁矿;Ccp. 黄铜矿;Mlb. 辉钼矿

石英脉型钼矿化矿体特征、矿石矿物组合及交生关系的系统研究表明,小西南岔金铜矿床中的含辉钼矿石英脉是该矿床金铜成矿期的早期阶段产物。

在北山矿段辉钼矿石英脉地质特征研究基础上,对采自该脉不同地段的 6 件样品开展了 Re - Os 同位素测试,获得模式年龄为(110.8±4.0)～(109.2±3.4)Ma(2δ),平均 109.9±3.9Ma,等时线年龄为 111.1±3.1Ma。初始$^{187}$Os 值为－1.5±3.6ng/g(MSWD＝0.36)。所得到的等时线年龄与相应的模式年龄在误差范围内几乎完全吻合,为小西南岔矿床提供了一个较准确的形成时限(图 10-22)。

如前所述,小西南岔矿区及外围花岗岩类的岩石学研究和单颗粒锆石的 SHRIMP 和 LA - ICP - MS 测年结果将花岗岩类分为 4 期:①晚二叠世英云闪长岩-花岗闪长岩(256～252Ma);②中三叠世石英闪长岩(241～240Ma);③早侏罗世二长花岗岩(183Ma);④早白垩世英云闪长岩-花岗闪长岩-二长花岗岩(112～105Ma)。

本次对小西南岔金铜矿床中含辉钼矿石英脉的测年结果与相关侵入体最新的同位素测年结果基本吻合,因此可以认为:小西南岔金铜矿床的成岩成矿作用发生于早白垩世晚期,晚于 111.1±3.1Ma,成岩成矿时差很小。

## 二、农坪金铜矿

农坪金铜矿位于吉林省珲春市哈达门乡三道沟村至马滴达之间,东距马滴达 2km,西距三道沟2.5km。

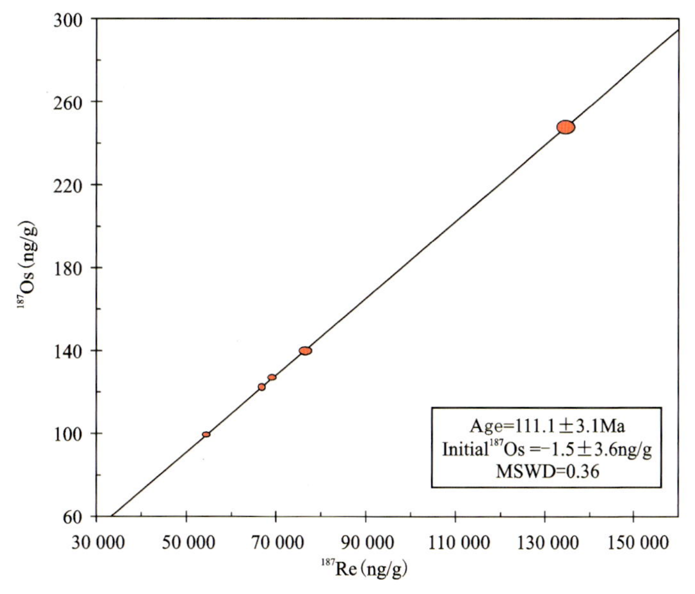


图 10-22 小西南岔金铜矿中辉钼矿 Re-Os 同位素等时线

注:等时线计算采用 Isoplot 软件作,$^{187}$Re 衰变常数 λ 为 $1.666\times10^{-11}yr^{-1}$。

## (一)矿区地质

### 1.矿区地层

矿区主要出露五道沟群,二叠系、中生代火山岩,以及零星出露的古近系+新近系(图 10-23)。

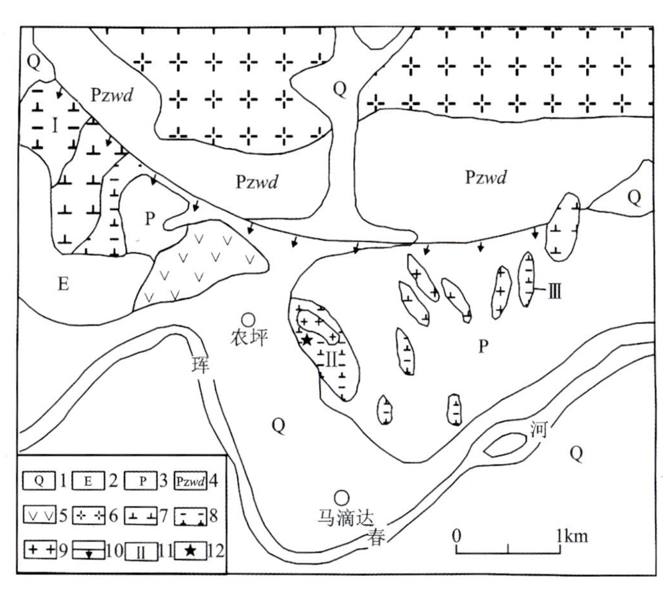


图 10-23 农坪矿区地质略图(据孟庆丽等,2001 修改)

1.第四系砂和黏土;2.古近系、新近系砂砾岩夹煤层;3.二叠系变质砂岩、板岩;4.古生界五道沟群浅变质岩;5.侏罗系中酸性火山岩;6.海西期英云闪长岩;7.海西晚期闪长岩;8.燕山晚期黑云母花岗闪长斑岩;9.燕山晚期斑状花岗闪长岩;10.断层;11.含矿斑岩体编号;12.矿体位置

**2. 矿区岩浆岩**

矿区分布海西期和燕山期侵入岩。海西期的斜长花岗岩或黑云母斜长花岗岩，呈大岩基状，分布在矿区北部。燕山期花岗闪长岩岩株侵入于二叠系变质岩中。在矿区 $15km^2$ 范围内已查明10个大小不等的含矿岩株。其中Ⅱ号岩株最大，是农坪金铜矿床的成矿母岩。Ⅱ号岩株呈北西向展布，平面椭圆形，长约2000m，宽约400m。具有明显的相带：中心相—过渡相—边缘相依次发育基质为细粒花岗结构的似斑状花岗闪长岩、基质具显微不等粒花岗结构的花岗闪长斑岩和基质具霏细结构的花岗闪长斑岩。相带之间为渐变过渡关系。

继岩体形成之后，又有一些脉岩侵入于燕山期小岩体中，其中以闪长玢岩、石英闪长玢岩为主。

**3. 矿区构造**

矿区断裂构造发育。最大的断裂有两条：一是东西向珲春河断裂；二是二部落-塔子沟断裂（农坪至二部落段）。另外还有次一级的北西向断裂，主要发育在岩体内部，是主要的控矿构造。区内北东向断裂规模小，具压扭性特点。Ⅱ号岩体内的北东向断裂中尚未发现矿体或矿化。

金铜矿体均受走向320°，倾向北东，倾角65°～70°的断裂带控制，矿体产状与北西向断裂的产状一致，这与区域上金铜矿控矿构造体系一致。

（二）矿床地质

**1. 含矿斑岩体特征与成岩时代**

如上所述，农坪斑岩型铜金矿床产于Ⅱ号岩株，主要岩性为基质细粒花岗结构的似斑状花岗闪长岩、基质具显微不等粒花岗结构的花岗闪长斑岩和基质具霏细结构的花岗闪长斑岩。

岩相学特征如下：灰白色，斑状结构或似斑状结构，基质为细粒花岗结构、显微花岗结构、霏细结构。斑晶粒径0.5～10mm，含量16%～45%，主要为斜长石（13%～35%，An=31～45）、石英（1.5%～8.5%）和黑云母（0.5%～5.4%）。全岩矿物成分：斜长石（50%～67%）、钾长石（0.3%～6.7%）、石英（21%～34%）、黑云母（10%～17%）。

岩石化学成分（13个样品平均值）：$SiO_2$ 为67.94%；$TiO_2$ 为0.37%；$Al_2O_3$ 为15.39%；$Fe_2O_3$ 为0.64%；FeO为2.29%；MgO为1.49%；CaO为4.07%；$Na_2O$ 为4.34%；$K_2O$ 为2.34%；$Na_2O/K_2O$ 为1.18～4.46，富钠质；里特曼指数为1.54～2.10，属钙碱性系列。

利用LA-ICP-MS锆石U-Pb定年，获得100.04±0.88 Ma的谐和年龄，这是早白垩世晚期的侵入体。

**2. 矿体**

已探明6条隐伏金矿体，均产于花岗闪长斑岩体内，矿体形态呈脉状，沿走向和倾向呈尖灭再现、侧现、分支复合。主矿体走向320°，倾向北东，倾角65°～70°。支矿脉走向北北东（10°～30°），倾向南东，倾角60°。

矿体长40～280m，厚0.64～4.35m，平均厚1.63m。Au品位为（3.65～18.86）$\times10^{-6}$，平均品位为 $9.98\times10^{-6}$。

金矿化主要由贫硫化物石英脉组成，铜矿体主要由浸染状黄铜矿化组成。矿化带由贫硫化物石英脉、矿化蚀变岩、矿化角砾岩及闪长玢岩脉等组成。大多数闪长玢岩脉与矿化带同处一个构造空间，有的闪长玢岩脉本身就是金矿体。

区内已初步圈出3条铜矿体，均为隐伏矿体，矿体总体走向为北西向。铜矿体呈浸染状、细脉浸染状赋存于花岗闪长斑岩体的面状黑云母化蚀变带中。矿体呈北西向带状展布，延长450～650m，厚1.15～47.70m，平均厚24.42m。

### 3. 矿石

矿石中金属硫化物主要有黄铁矿、黄铜矿、辉钼矿、方铅矿、闪锌矿、毒砂、辉碲铋矿、辉铋矿、磁铁矿和自然金等，含量小于5%；脉石矿物有石英、水白云母、电气石、沸石、黑云母、绿泥石等。矿石结构和构造：半自形—他形粒状结构、交代结构和乳滴状结构，浸染状构造、角砾状构造、团块状构造、细脉(或脉状)构造(图10-24)。

磁铁矿(10×20单偏光)　黄铜矿、闪锌矿交代黄铁矿(10×5单偏光)

黄铜矿交代黄铁矿(10×10单偏光)　黄铁矿、黄铜矿交代磁黄铁矿(10×5单偏光)

黄铜矿交代磁黄铁矿(10×5单偏光)　辉钼矿(10×10单偏光)

辉钼矿交代黄铜矿(10×10单偏光)　脉状黄铜矿(10×10单偏光)

图10-24　农坪金铜矿金属矿物及矿石组构显微照片

金矿物以自然金为主,含金87.76%～97.72%,平均91.98%;含银2.28%～12.24%。自然金粒径在0.01～0.074mm之间,占87.75%。呈不规则粒状、枝叉状、针线状、板片状,分布在辉铋矿、辉碲铋矿、黄铁矿、黄铜矿、方铅矿、闪锌矿等载金矿物中。金矿物赋存状态以包裹金为主,次为晶隙金和裂隙金。

#### 4. 成矿期次

根据矿化特征大致可分为3个成矿期(表10-3)。

表10-3 农坪金铜矿矿石矿物生成顺序表

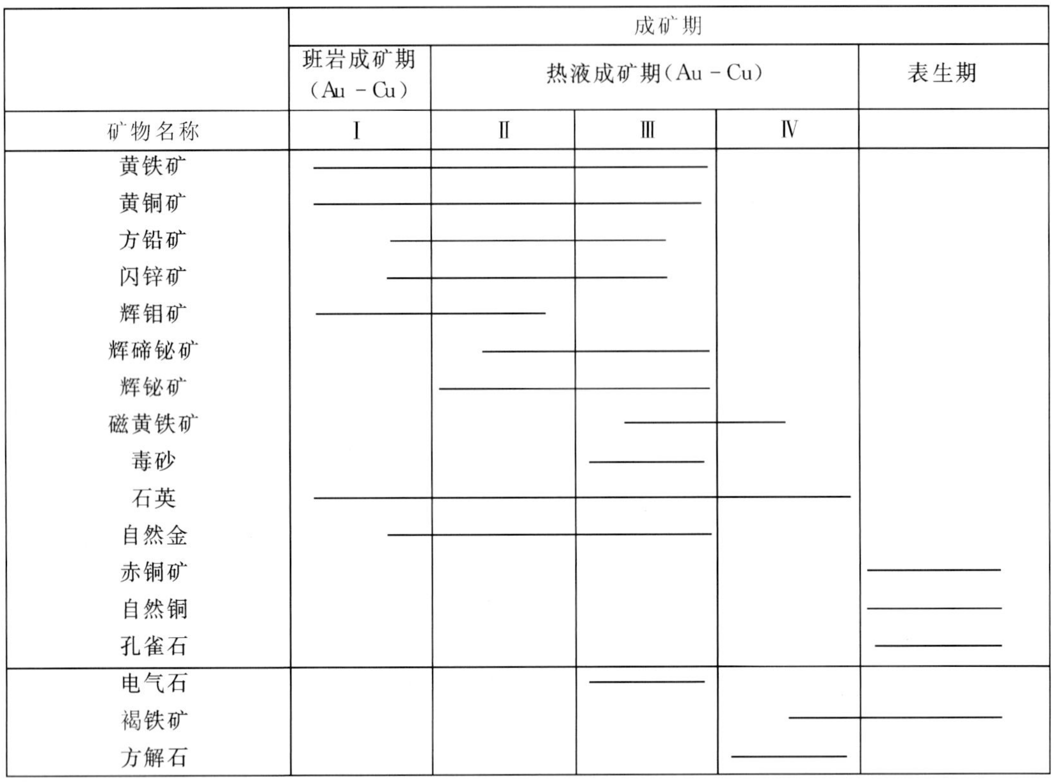

| | 成矿期 | | | | |
|---|---|---|---|---|---|
| | 斑岩成矿期(Au－Cu) | 热液成矿期(Au－Cu) | | | 表生期 |
| 矿物名称 | Ⅰ | Ⅱ | Ⅲ | Ⅳ | |
| 黄铁矿 | —— | —— | —— | | |
| 黄铜矿 | —— | —— | —— | | |
| 方铅矿 | —— | —— | —— | | |
| 闪锌矿 | —— | —— | —— | | |
| 辉钼矿 | —— | —— | | | |
| 辉碲铋矿 | | —— | —— | | |
| 辉铋矿 | | —— | —— | | |
| 磁黄铁矿 | | | —— | —— | |
| 毒砂 | | | —— | | |
| 石英 | —— | —— | —— | —— | |
| 自然金 | —— | —— | —— | | |
| 赤铜矿 | | | | | —— |
| 自然铜 | | | | | —— |
| 孔雀石 | | | | | —— |
| 电气石 | | | —— | | |
| 褐铁矿 | | | | —— | —— |
| 方解石 | | | | —— | |

(1)斑岩成矿期:整个花岗闪长斑岩体形成了浸染状黄铜矿化和低品位金矿化,是铜的主成矿期。矿石矿物以黄铜矿和黄铁矿为主,无金的独立工业矿体。该期成矿主要与岩浆自身的含矿热液有关。

(2)热液成矿期:形成以金为主的脉状金、铜矿化,是该区的主要矿期。矿石矿物以黄铜矿、黄铁矿、银金矿为主,有少量辉钼矿、方铅矿、自然铋、辉铋矿、磁黄铁矿、毒砂。

(3)表生成矿期:主要表现在表生淋滤作用下形成次生铜矿体和大型砂金矿床。

#### 5. 围岩蚀变

矿区围岩蚀变强度较低,且分布不均匀,大体可以分为3期:

(1)早期围岩蚀变带以黑云母化、黄铁矿化为主,呈面状分布。

(2)中期脉状矿体定位期围岩蚀变以硅化、黄铁矿化、电气石化、绢云母化、绿泥石化为主,呈线状分布。

(3)晚期围岩蚀变以黄铁矿化、薄膜状碳酸盐化、沸石化、绿泥石化为主。

早期围岩蚀变与铜矿化关系密切。脉状矿体定位期围岩蚀变与金矿化关系密切。晚期蚀变与金、铜矿化没有空间上的关系。

围岩蚀变与围岩性质及构造裂隙系统有着空间上的关系,特别是北西向构造裂隙系统的两侧,硅化、绢云母化、电气石化强烈。

### (三)成矿物理化学条件

对采自ZK03、ZK04号钻孔金主成矿期形成的多金属硫化物石英脉中的石英进行了流体包裹体研究。原生流体包裹体分为5种类型(图10-25):气液两相包裹体(Ⅰ)、二氧化碳三相包裹体(Ⅱ)、含子矿物多相包裹体(Ⅲ)、纯气相包裹体(Ⅳ)、纯液相包裹体(Ⅴ)。

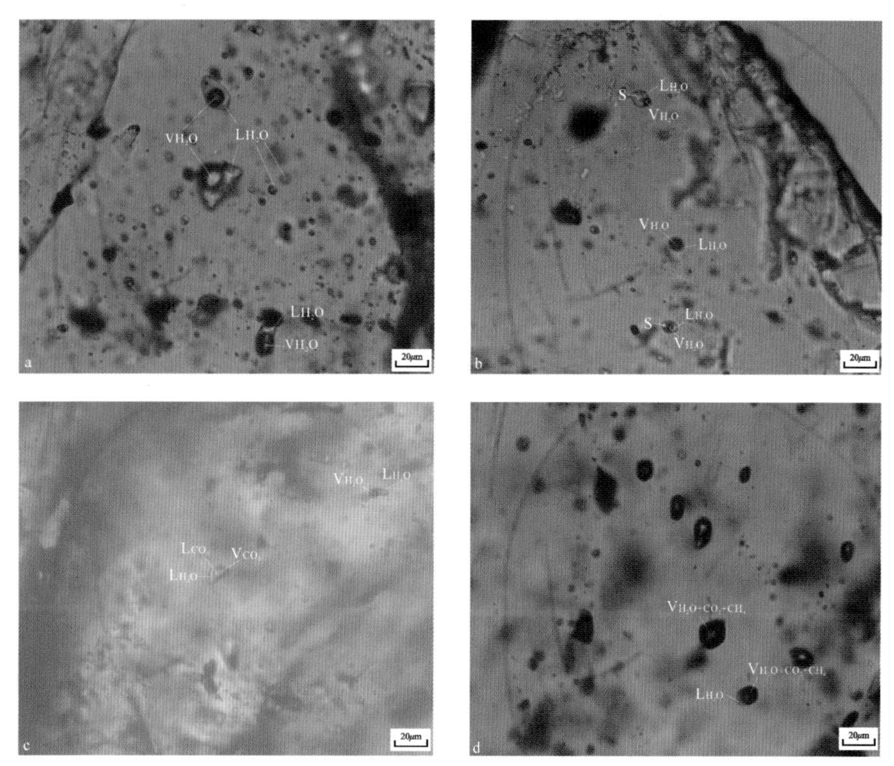

图10-25 农坪金铜矿矿床矿石石英中主要包裹体类型

a. Ⅰa型富液相包裹体、Ⅰb型富气相包裹体与Ⅴ型纯液相包裹体共生;b. Ⅰ型气液两相包裹体与Ⅲ型含子矿物多相包裹体共生;c. Ⅱ型含 $CO_2$ 三相包裹体与Ⅰ型气液两相包裹体共生;d. Ⅳ型纯气相包裹体与Ⅰ型气液两相包裹体共生

在冷冻—升温过程中,测得少量Ⅰa型包裹体初融温度,其值为$-22\sim-21.1$℃,略低于纯NaCl-$H_2O$溶液标准初融值,表明热液中阳离子主要为$Na^+$,可能存在极少量如$K^+$、$Ca^{2+}$、$Mg^{2+}$等离子成分。

Ⅰa型包裹体以均一至液相方式为主,冰点温度为$-10.1\sim-2.5$℃。据相关公式计算热液盐度为4.18%~13.5%(图10-26a),均一温度变化范围为237.8~357.1℃(图10-26b)。

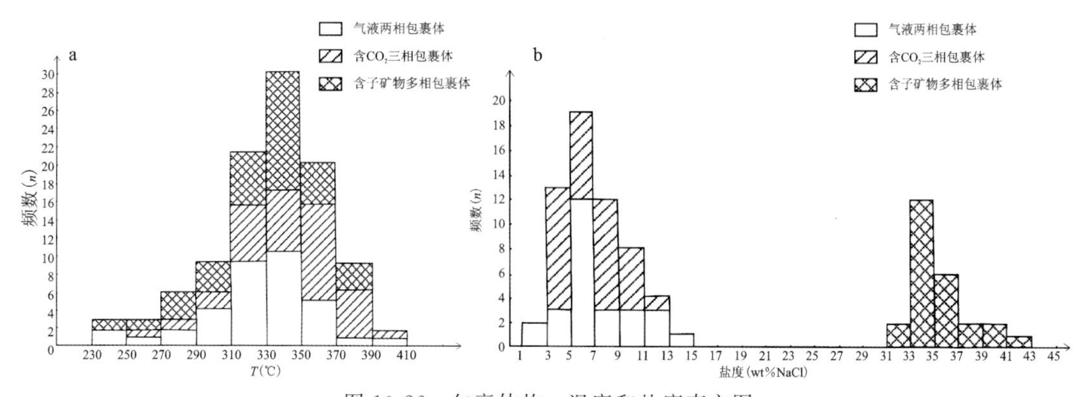


图10-26 包裹体均一温度和盐度直方图

a. 不同类型包裹体均一温度直方图;b. 不同类型包裹体均盐度直方图

Ⅰb 型包裹体以均一至气相为主。冰点温度为－3.6～－0.8℃。据相关公式计算热液盐度为1.39%～5.86%。均一温度变化范围为260.7～382.6℃。在冷冻—升温过程中，Ⅱ型包裹体中 $CO_2$ 全部熔化温度为－58.4～－56.7℃，低于纯 $CO_2$ 的最终熔化温度的－56.6℃，反映出 $CO_2$ 相中 $N_2$ 或者 $CH_4$ 的存在。

Ⅱ型包裹体 $CO_2$ 相主要为均一至液相 $CO_2$，部分均一温度为19.8～28.3℃，$CO_2$ 笼形物消失温度为2.7～8.7℃。

低密度富气相包裹体、较高密度的气液两相和含 $CO_2$ 三相包裹体，以及高密度、高盐度的含子矿物包裹体共生，在同一石英颗粒中发育，表明成矿过程中成矿流体在成分、温度、盐度等方面均是不均匀的流体体系。同时，在升温过程中，Ⅰa 型包裹体多为均一至液相，Ⅰb 型包裹体多为均一至气相，而Ⅰ～Ⅲ型包裹体具有相近的均一温度，表明这些包裹体是同时形成的。

以上特征也充分证明成矿流体曾发生过沸腾。由于流体沸腾时内部饱和蒸气压与外部压力相等，测得的均一温度和压力可以近似看作形成时的温度和压力，而农坪金铜矿床金主成矿期流体包裹体均一温度主要集中于310～370℃，这一温度基本代表了农坪金铜矿床的成矿温度。

利用高盐度 $NaCl-H_2O$ 体系包裹体压力公式，估算含子矿物包裹体的形成压力介于74.6～181.3MPa。由于流体沸腾后进入静水压力系统，成矿深度应按照静水压力计算，由此计算出农坪金铜矿床多金属硫化物石英脉的形成深度为0.75～1.84km。

综上所述，农坪金铜矿床的成矿流体为中高温热液流体，流体在沿断裂裂隙运移至地下浅部时发生沸腾，以致流体中的水、二氧化碳等挥发组分大量逸出，成矿流体矿化度急剧上升，原以各种络合物形式存在的矿质迅速分解，组成新的化合物而沉淀形成农坪金铜矿床。

如图10-26所示估算热液盐度为2.6%～12.3%。Ⅱ型包裹体以完全均一至水溶液相为主，均一温度为251.6～399.4℃；Ⅲ型包裹体升温过程中，多数包裹体是子矿物先消失，然后气泡消失达到均一，子矿物消失温度范围为227～356.9℃，包裹体完全均一温度范围为239.4～381.6℃。依据子矿物消失温度，按相关公式计算出此类包裹体盐度变化范围为33.32%～42.03%。上述岩浆期后，热液流体作用之后，受区域构造运动和新的岩浆侵入活动的作用，岩体内产生了构造裂隙系统，由于热源的存在和新的气液流体的产生，在岩体内形成了封闭的气液流体循环系统。在较高温度(300℃)和较大的气压下淋滤先期形成低品位矿体和蚀变岩体。这些富含各种挥发组分和 $SiO_2$ 的气液流体，使岩体中的金铜成矿物质活化，与新的气液流体中的金铜汇合，沿着构造裂隙系统运移、循环；在温度和压力明显下降的适合构造空间，金铜和 $SiO_2$ 沉淀，叠加在岩浆期后热液成矿作用之上，形成脉状金矿体。与此同时，对断裂、裂隙两侧围岩再次蚀变和交代，产生了以硅化为主的线状蚀变带。

## 第五节 成矿系列

### 1. 早白垩世晚期小兴安岭成矿带金、银成矿系列(XXⅡ)

如前所述，小兴安岭是伴随松嫩盆地扩展形成的北西西向的变换构造，而其中北西西向的断裂构造具有陆内转换断层性质。沿着小兴安岭脊峰、北侧、孙吴-嘉荫盆地南缘的北西西向走滑断层，断续控制了三道湾子、东安、高嵩山以及团结沟等金(银)矿床。

### 2. 早白垩世晚期佳木斯隆起区金、银成矿系列(XXⅢ)

在白垩纪，佳木斯地块处于古太平洋活动大陆边缘弧后盆岭构造的隆起区。与同时期火山盆地中形成与火山岩有关的浅成低温热液金银矿或斑岩金矿不同，这里多形成与岩浆侵入体有关的石英脉型金(银)矿。以平顶山金矿为代表。

### 3. 白垩纪谢尔盖耶夫构造带金、银、稀有金属成矿系列(XXIV)

在中侏罗世至早白垩世末期,谢尔盖耶夫构造带属于西北太平洋活动大陆边缘弧后引张区的兴凯隆起。在晚白垩世和古近纪受到西北太平洋火山-深成岩带影响。

在早白垩世末期或晚白垩世初期,形成石英脉型金(银)矿。

普罗格列斯金矿是一个中型金矿。矿床位于侵入到谢尔盖耶夫构造带的二叠纪花岗岩和辉长岩内的一系列晚白垩世花岗岩脉附近。由少硫化物石英脉组成,含少量黄铁矿、砷黄铁矿和自然金。Au 的平均品位为 $5.89\times10^{-6}$。

阿斯科尔德金-稀有金属矿床是产于中生代花岗岩体内的含金石英脉。花岗岩侵入到古生代的火山岩和沉积岩中,并伴随有云英岩化。与矿脉共生的近矿蚀变岩石的白云母 K - Ar 年龄为 83Ma。矿床规模为中型,Au 的品位为 $(5.9\sim7.6)\times10^{-6}$。

### 4. 早白垩世晚期延边盆地群金、银、铜、铅、锌成矿系列(XXV)

延边构造带是海西期—印支期造山带。中侏罗世以后,成为西北太平洋活动大陆边缘弧后引张区,形成一系列火山断陷盆地。在中侏罗世—白垩纪火山断陷盆地或白垩纪火山断陷盆地中,形成浅成低温热液型、中—高温热液型和斑岩型金矿、金铜矿和铜金矿。在金铜矿或铜金矿中,通常有铅锌成矿作用伴生。

# 第十一章　结论和讨论

## 第一节　研究区构造格局

研究区包括佳木斯-兴凯前寒武纪构造带、张广才岭-西兴凯早古生代增生造山带、松嫩-延边晚古生代—早中生代碰撞造山带和西北太平洋中—晚中生代陆缘增生带。每个构造带又可以进一步划分为若干次一级构造单元(表11-1)。

**表11-1　研究区构造单元划分**

| 构造带名称 | 构造性质 | Ⅱ级构造带名称 | 构造性质 | 地质时代 |
|---|---|---|---|---|
| 佳木斯-兴凯 | 被动大陆边缘 | 佳木斯 | 被动大陆边缘 | 里菲纪 |
| | | 马特维耶夫 | | |
| | | 纳西莫夫 | | |
| | | 卡巴尔金 | 大陆裂谷 | 文德纪—早寒武世 |
| 张广才岭-西兴凯 | 增生造山带 | 斯帕斯克-牡丹江 | 增生杂岩 | 早古生代 |
| | | 二合营-谢尔盖耶夫 | 造山带变质杂岩 | 新元古代 |
| | | 伊春-沃兹涅先 | 裂谷带 | 早寒武世 |
| 松嫩-延边 | 碰撞造山带 | 逊克-铁力-老爷岭-格罗杰科 | 岛弧(大陆边缘弧) | 二叠纪—早三叠世 |
| | | 大河深-寿山沟-汪清-咸北 | 弧前盆地 | 二叠纪 |
| | | 清津-青龙村-红旗岭-小绥河 | 蛇绿混杂岩带 | 二叠纪 |
| | | 磐石-长春-古洞河 | 被动大陆边缘 | 石炭纪—二叠纪 |
| 西北太平洋内带 | 增生造山带 | 那丹哈达-萨马尔金 | 增生楔 | 中、晚侏罗世 |
| | | 茹拉夫列夫-阿穆尔 | 大陆坡沉积楔 | 早白垩世 |
| | | 塔乌欣 | 增生楔 | |
| | | 科玛 | 岛弧 | |
| | | 东滨海构造带 | 弧火山-深成岩带 | 晚白垩世—古近纪 |
| 西北太平洋外带 | 弧后盆岭构造带 | 佳木斯隆起 | 盆岭构造(岭) | 中侏罗世—早白垩世 |
| | | 松嫩盆地 | 盆岭构造(盆) | |
| | | 兴凯隆起 | 弧后隆起 | |
| | | 延边盆地群 | 弧后引张盆地 | |
| | | 小兴安岭构造带 | 伸展盆地变换构造 | |

# 第二节 成矿时期和成矿环境

把研究区成矿作用可分为10期，它们隶属于4个大的构造运动时期：前寒武纪、早古生代、晚古生代—早侏罗世、中侏罗世以后（表11-2）。

## 一、前寒武纪的成矿作用

研究区前寒武纪包括两次重要的铁、金成矿作用：中元古代成矿作用和新元古代成矿作用。

**1. 中元古代成矿作用**

中元古代成矿作用主要发生在佳木斯地块的麻山群、兴东群和兴凯地块的马特维耶夫组、纳西莫夫组和鲁任组，形成沉积变质型铁矿（如羊鼻山铁矿、孟家岗铁矿等）和金矿（如塔姆戈金矿）等。

表11-2 成矿时期和矿床类型一览表

| 时代 | 序号 | 时期 | 成矿元素 | 矿床类型 | 构造环境 |
|---|---|---|---|---|---|
| 中侏罗世后 | 10 | 晚白垩世—古近纪 | Sn、B、Pb、Zn、Au、Ag、W、Mo | 矽卡岩型、斑岩型、热液脉型、浅成低温热液型 | 东滨海火山深成岩带 |
| | 9 | 早白垩世 | W(Sn、Mo)、Au、Ag | 斑岩型、浅成低温热液型、热液脉型 | 增生造山带和弧后引张环境 |
| 晚古生代—早侏罗世 | 8 | 晚三叠世—早侏罗世 | Mo、W、Fe、Pb、Zn、Au | 斑岩型、热液脉型、矽卡岩型 | 碰撞造山带 |
| | 7 | 晚二叠世—早三叠世 | W、Au、 | 热液脉型 | 火山-岩浆弧 |
| | 6-2 | 二叠纪 | Cr、Cu、Ni | 豆荚状铬铁矿型、硫化铜镍矿型 | 洋壳 |
| | 6-1 | 二叠纪 | Cu、Pb、Zn、Ag | VMS型(弧前盆地) | 弧前盆地 |
| | 5 | 早石炭世 | Au、Ag、Pb、Zn | VMS型(陆缘裂谷带) | 陆缘裂谷 |
| 早古生代 | 4 | 奥陶纪—志留纪 | Pb、Zn、Sn、W、Fe、Ta、Nb | 岩浆热液型、矽卡岩型 | 增生造山带 |
| | 3 | 早寒武世 | Fe、Mn、P、Pb、Zn | VMS、SEDEX型 | 裂谷 |
| 前寒武纪 | 2 | 新元古代 | Fe、Au | 沉积变质型 | 裂谷 |
| | 1 | 中元古代 | Fe、Au | 沉积变质型 | 被动大陆边缘 |

**2. 新元古代的成矿作用**

黑龙江省的东风山群是研究区唯一定义的与成矿作用有关的新元古代变质地层。

东风山群是黑龙江省区域地质志(黑龙江地质矿产局,1993)定义的,是指发育在汤原县以北的东风山、通河县以北和伊春市东北部的新青和南部的晨明镇等地的含金、铁的变质碎屑岩建造,分为亮子河组($Pt_3l$)、桦皮沟组($Pt_3h$)和红林组($Pt_3hl$)。

黑龙江省区域地质志(1993)将东风山群作为古元古代地层。本次工作中,对东风山群桦皮沟组和亮子河组分别采用了 LA－ICP－MS 进行了碎屑锆石 U－Pb 定年。结果表明,前者的最小单颗粒锆石表面年龄为 750±12Ma,主要集中在 835±33Ma;后者最小单颗粒锆石表面年龄为 645±8Ma,主要集中在 823±53Ma。因此其沉积年龄不会早于 645±8Ma,故将东风山群暂时归于新元古代。

东风山群包含了两个具有代表意义的矿床:亮子河铁矿和东风山金矿,均属于沉积变质成因的。

## 二、早古生代成矿作用

早古生代有两期重要的成矿作用:早寒武世和奥陶纪—志留纪。

### 3. 早寒武世的成矿作用

早寒武世的成矿作用形成于俄罗斯的卡巴尔金构造带、沃兹涅先斯科构造带,我国吉林省的塔东构造带和黑龙江省伊春-延寿构造带的五星-关松镇隆起带。

卡巴尔金构造带是文德纪至早寒武世的大陆裂谷带,形成乌苏里斯科铁矿床群。矿床由喷气-沉积形成的磁铁矿石英岩和赤铁矿-磁铁矿石英岩组成。个别不太厚的岩层由氧化锰矿石堆积而成。

塔东铁矿分布在吉林省塔东地区与黑龙江省交界处,是与火山岩有关的喷流沉积成因的铁矿床(VMS)。

早寒武世的另一成矿作用是在早寒武世碳酸盐岩地层中的铅锌的喷流沉积成矿作用。在伊春-延寿构造带,在西林群五星镇组的碳酸盐岩中形成了小西林铅锌矿;在沃兹涅先构造带形成了沃兹涅先铅锌矿。它们与塔东铁矿以及乌苏里斯科铁矿形成于相同构造环境,但是构造位置和(或)时期略有差别。

### 4. 奥陶纪—志留纪的成矿作用

奥陶纪,在伊春-延寿构造带和沃兹涅先构造带开始出现花岗岩浆侵入,暗示一次造山作用开始。

在沃兹涅先构造带,出现了中奥陶世含锂氟白岗质花岗岩,花岗岩的侵入延续到志留纪末—泥盆纪初,形成了黑云母花岗岩。与含锂氟白岗质花岗岩有关的岩浆热液矿床是石英-黄玉云英岩型的铌-钽矿;而与黑云母花岗岩有关的岩浆热液金属矿床是云英岩型的脉状锡矿。但是,在沃兹涅先成矿区,最著名的与早古生代花岗岩有关的岩浆热液矿床是沃兹涅先斯科萤石矿和波格拉尼奇萤石矿。这两个矿床无论是品位还是储量都是世界上屈指可数的。

在伊春-延寿地区,加里东期花岗岩呈近南北向分布于逊克-尚志的广大地区,形成矽卡岩型和热液脉状的多金属矿床和铁矿。

## 三、晚古生代—早侏罗世成矿作用

晚古生代到早侏罗世是松嫩-延边构造带的发生、发展和碰撞造山过程,佳木斯-兴凯地块西部活动大陆边缘的活动时期、西侧被动大陆边缘形成时期以及后来的吉黑造山带造山作用时期。在不同时期,发育不同的成矿作用:陆缘裂谷成矿作用、活动大陆边缘成矿作用和造山期成矿作用。

#### 5. 早石炭世陆缘裂谷成矿作用

早石炭世，在磐石至长春一线出现陆缘裂谷带。余富屯组细碧岩-石英角斑岩建造是裂陷期双峰式火山岩，伴随圈岭、小红石砬子等VMS型多金属矿床以及头道川金矿床。

#### 6-1. 二叠纪弧前盆地成矿作用

二叠纪，在吉中构造带的大河深-寿山沟弧前盆地形成以二道林子、新立屯、地局子等矿床为代表的多金属矿；在延边构造带的汪清-咸北弧前盆地，形成以红太平矿床为代表的铜多金属矿。它们均是与弧前盆地火山岩，大河深组火山岩和满河组火山岩有关的VMS型矿床。

#### 6-2. 二叠纪蛇绿混杂岩带铬矿、钴矿和硫化铜镍矿成矿作用

铬矿、钴矿和硫化铜镍矿分布在延边构造带的清津-青龙村蛇绿混杂岩带和松嫩-吉中构造带的红旗岭-小绥河蛇绿混杂岩带。铬矿与超基性岩有关；硫化铜镍矿与基性岩群中的超基性岩有关。无论是基性岩还是超基性岩，它们都是洋壳的组成部分。代表性的矿床是红旗岭硫化铜镍矿、长仁硫化铜镍矿、头道沟铬矿和开山屯铬矿等。

#### 7. 晚二叠世—早三叠世火山-岩浆弧成矿作用

俯冲花岗岩主要形成于早三叠世，少数形成于晚二叠世末期，为钙碱性I型花岗岩。与该期花岗岩有关的岩浆热液矿床以吉林省珲春市五道沟地区的钨矿和金矿为代表，如杨金沟大型钨矿床、五道沟金矿等。

#### 8. 晚三叠世—早侏罗世的钼、钨、铅锌、金成矿作用

晚古生代造山作用始于晚二叠世末期，与造山作用有关的花岗岩可能最早出现于晚三叠世，一直延续到早侏罗世。

与之有关的矿化类型主要是斑岩型、热液脉型和矽卡岩型；金属类型以钼为主，包括钼、钨、铅锌和金矿。

斑岩钼矿是该期矿化的主要类型。霍吉河、鹿鸣、大石河、大黑山、刘生店等著名大中型斑岩钼矿均形成于这个时期。这些大中型斑岩钼矿主要沿着晚古生代岛弧（霍吉河、鹿鸣、大石河）以及造山带缝合线（福安堡、大黑山等）发育。

### 四、中侏罗世以后的成矿作用

从中侏罗世开始，古太平洋板块（库拉板块）向欧亚大陆之下俯冲。自中侏罗世至早白垩世末期，俯冲方向为北北西向，形成以那丹哈达-比金、萨马尔金、塔乌欣为代表的中侏罗世和早白垩世的增生杂岩。晚白垩世开始，板块俯冲方向转为北北西向，形成东滨海火山-深成岩带。与之对应，存在两期成矿作用：早白垩世末期成矿作用和晚白垩世—古近纪成矿作用。

#### 9. 早白垩世末期的成矿作用

早白垩世末期的成矿作用与库拉板块向北西西向俯冲作用的终结时期一致。在佳木斯-兴凯地块以东的陆缘增生带，形成以矽卡岩型钨矿为主的成矿作用，包括矽卡岩型钨矿、脉状钨锡矿、钨锡多金属矿，代表性矿床是东方2号钨矿。

在陆内区，形成盆-岭构造。在小兴安岭，形成浅成低温热液型金矿和斑岩型金矿；在延边盆地群，形成浅成低温热液型、中高温热液脉型、斑岩型金矿或金铜矿。在隆起区，形成石英脉型金矿。这些矿床的形成时期均集中在早白垩世末期(110～100Ma)(表11-3)。

**表11-3　晚燕山期主要矿床形成时代一览表**

| 矿床 | 金属类型 | 岩石 | 矿物 | 测试方法 | 年龄(Ma) |
|---|---|---|---|---|---|
| 小西南岔 | Au、Cu | 矿石 | 辉钼矿 | Re - Os | 111.1±3.1 |
| 农坪 | Au、Cu | 花岗闪长斑岩 | 锆石 | LA - MC - ICP - MS | 100.04±0.88 |
| 老柞山 | Au | 蚀变岩 | 绢云母 | $^{40}Ar/^{39}Ar$ | 108.76±0.7 |
| 高松山 | Au | 碱性流纹岩 | 锆石 | LA - ICP - MS | 100.8±0.7 |
| 金厂 | Au | 闪长岩 | 锆石 | LA - ICP - MS | 111.5±1.2 |
| 乌拉嘎 | Au | 花岗闪长斑岩 | 锆石 | LA - ICP - MS | 108.2±1.2 |

注：乌拉嘎：王永彬(2012)；老柞山：李怡欣(2012)；金厂：鲁颖淮(2009)。

早白垩世末期是古太平洋板块俯冲方向的转换时期。在锡霍特-阿林构造带是以钨为主的成矿作用，在佳木斯隆起成矿区和兴凯隆起成矿区的谢尔盖耶夫成矿区，形成早白垩世含金石英脉，如平顶山金矿和克里尼奇金矿。

#### 10. 晚白垩世—古近纪的成矿作用

晚白垩世开始，古太平洋板块开始向北北西向俯冲，在太平洋中，留下了皇帝海岭。早期(中侏罗世—早白垩世末期)的北北东向俯冲带成为转换断层。这时，在原增生杂岩之上叠加了火山-深成岩带。与之伴生的是广泛的锡、锡多金属、铜、钼、金银或银金以及硼的成矿作用。

## 第三节　成矿区(带)

根据成矿区(带)划分原则，将研究区划分出3个(Ⅰ级)成矿域，3个(Ⅱ级)成矿省，6个(Ⅲ级)成矿带和25个(Ⅳ级)成矿亚带。这里，成矿域的划分原则与前人略有不同：我们将造山带和板块两种不同构造性质的Ⅰ级构造单元视为两种不同性质的Ⅰ级成矿带(域)。

3个成矿域是古亚洲洋成矿域、太平洋成矿域和塔里木-华北成矿域。古亚洲成矿域和太平洋成矿域的界线在敦密-阿尔昌断裂以北，即那丹哈达构造带的西部与佳木斯地块分界的跃进山断裂。在敦密-阿尔昌断裂以南是俄罗斯境内的北北东走向的阿尔谢尼耶夫断裂。这两条断裂带也是吉黑成矿省与西北太平洋成矿省的界线。

3个成矿省是吉黑成矿省、西北太平洋成矿省和华北克拉通成矿省。吉黑成矿省与西北太平洋成矿省的界线同太平洋构造域与古亚洲洋构造域的界线，即跃进山断裂和阿尔谢尼耶夫断裂、吉黑成矿省与华北克拉通成矿省的界线为古洞河断裂。

Ⅲ级成矿带是成矿省之下的次一级成矿构造单元，主要是不同时期的成矿构造单元。如吉黑成矿省的佳木斯-兴凯成矿带是前寒武纪成矿构造单元，伊春-沃兹涅先成矿带是早古生代成矿构造单元，延边-咸北成矿带是晚古生代成矿构造单元等。具体划分如下：

吉黑成矿省(Ⅱ-1)

Ⅲ-1 佳木斯-兴凯成矿带；

佳木斯成矿带(Ⅳ-1);

马特维耶夫成矿带(Ⅳ-2);

纳西莫夫成矿带(Ⅳ-3);

卡巴尔金成矿带(Ⅳ-4)。

Ⅲ-2 张广才岭-西兴凯成矿带;

伊春-延寿成矿带(Ⅳ-5);

沃兹涅先成矿带(Ⅳ-6);

塔东成矿带(Ⅳ-7);

亮子河-格金河成矿带(Ⅳ-8)。

Ⅲ-3 松嫩-延边成矿带;

老爷岭-格罗杰科成矿带(Ⅳ-9);

逊克—一面坡-青沟子成矿带(Ⅳ-10);

汪清-咸北成矿带(Ⅳ-11);

大河深-寿山沟成矿带(Ⅳ-12);

清津-青龙村成矿带(Ⅳ-13);

红旗岭-小绥河成矿带(Ⅳ-14);

古洞河成矿带(Ⅳ-15);

磐石-长春成矿带(Ⅳ-16);

松嫩-延边造山带成矿带(Ⅳ-17)。

西北太平洋成矿省(Ⅱ-2)

Ⅲ-4 西北太平洋成矿带(内带);

那丹哈达-比金成矿带(Ⅳ-18);

萨马尔金-科玛成矿带(Ⅳ-19);

东滨海成矿带(Ⅳ-20)。

Ⅲ-5 西北太平洋成矿带(外带);

小兴安岭成矿带(Ⅳ-21);

佳木斯隆起成矿带(Ⅳ-22);

兴凯隆起成矿带(Ⅳ-23);

延边盆地群成矿带(Ⅳ-24)。

胶辽成矿省(Ⅱ-3)

Ⅲ-6 龙岗-冠帽峰成矿带;

龙岗成矿带(Ⅳ-25);

冠帽峰成矿带(Ⅳ-26)。

## 第四节　成矿系列

以Ⅳ级成矿带为基准,划分25个成矿系列。

表 11-4 25 个成矿系列表

| 成矿系列编号 | 成矿系列名称 |
| --- | --- |
| (1) | 中、新元古代佳木斯-兴凯地块铁、锰、磷成矿系列(Ⅰ) |
| (2) | 早寒武世金、铂族金属类、石墨成矿系列(Ⅱ) |
| (3) | 里菲纪—早寒武世卡巴尔金裂谷带铁、锰、磷成矿系列(Ⅲ) |
| (4) | 新元古代亮子河-格金河构造带铁、锰、磷、钴、金成矿系列(Ⅳ) |
| (5) | 早寒武世塔东裂谷带铁、钴、磷、锰成矿系列(Ⅴ) |
| (6) | 早古生代沃兹涅先斯科构造带铅、锌、钨、锡、钽、铌、萤石成矿系列(Ⅵ) |
| ① | 早寒武世铅、锌成矿亚系列(Ⅵ-1) |
| ② | 奥陶纪—志留纪钨、锡、钽、铌、萤石成矿亚系列(Ⅵ-2) |
| (7) | 早古生代伊春-延寿构造带铅、锌、钨、锡、钼、锰、铁成矿系列(Ⅶ) |
| ① | 早寒武世的铅、锌成矿系列(Ⅶ-1) |
| ② | 奥陶纪—志留纪钨、锡、钼、锰、铁成矿系列(Ⅶ-2) |
| (8) | 晚古生代—早三叠世老爷岭-格罗杰科构造带钨、金、银、铂族金属、黄铁矿成矿系列(Ⅷ) |
| (9) | 晚古生代清津-青龙村构造带铜、镍、铬、钴、铂族金属成矿系列(Ⅸ) |
| (10) | 晚古生代延边-咸北构造带铜、铅、锌多金属成矿系列(Ⅹ) |
| (11) | 晚古生代大河深-寿山沟构造带铜、铅、锌多金属成矿系列(Ⅺ) |
| (12) | 晚古生代红旗岭-小绥河构造带铜、镍、铬、钴、铂族金属类成矿系列(Ⅻ) |
| (13) | 早石炭世磐石-长春构造带金、银、铜、铅、锌成矿系列(XⅢ) |
| (14) | 晚古生代—早中生代松嫩-延边构造带(造山带)钼、钨、铜、铅、锌、金、银、铁成矿系列(XⅣ) |
| (15) | 中侏罗世—早白垩世达乌必河钨、锡、铅、锌成矿系列(XⅤ) |
| (16) | 中侏罗世—早白垩世阿里阿德涅钛-碲-钒-铬-铂族金属类成矿系列(XⅥ) |
| (17) | 早白垩世萨玛尔金成矿带钨、锡、钼、铜、金、银成矿系列(XⅦ) |
| (18) | 晚白垩世杜尔明成矿带金、银成矿系列(XⅧ) |
| (19) | 晚白垩世沃斯托奇诺-锡霍特成矿带锡、钨、金、铜成矿系列(XⅨ) |
| (20) | 晚白垩世塔乌欣成矿带铜、铅、锌、金、银、硼成矿系列(XX) |
| (21) | 晚白垩世—古近纪科玛成矿带金、银、铜、钼、钨、锡、铋成矿系列(XXⅠ) |
| (22) | 早白垩世晚期小兴安岭成矿带金、银、成矿系列(XⅡ) |
| (23) | 早白垩世晚期佳木斯隆起区金、银成矿系列(XXⅢ) |
| (24) | 白垩纪谢尔盖耶夫构造带金、银、稀有金属成矿系列(XXⅣ) |
| (25) | 早白垩世晚期延边盆地群金、银、铜、铅、锌成矿系列(XXⅤ) |

# 第五节 问题讨论

## 一、敦密断裂带左行走滑时期、走滑距离及其地质意义

最早,关于敦密断裂形成时期倾向于三叠纪,近年有人提出最新可以延续到早白垩世。但是敦密断裂在俄罗斯境内的延续部分——阿尔昌断裂穿切了早白垩世构造带(茹拉夫列夫-阿穆尔构造带),并使其大规模左行走滑。因此其主要左行走滑时期应该是早白垩世沉积之后。事实上,从晚白垩世到古近纪末期是西北太平洋左行走滑转换大陆边缘活动时期,敦密断裂的发生和大规模左行走滑与此对应。

关于敦密断裂左行走滑距离,前人比较普遍接受的观点是根据华北克拉通北缘沿着敦密断裂的错开距离确定的,这个距离大概是150km。我们根据被敦密断裂错开的主要地质体、地质界线、主要构造带的复原发现这个距离应该是在270～320km之间。从这个结果来看,敦密断裂以东的"华北克拉通"与敦密断裂以西的华北克拉通可能如一些人所论述的,本来就不是一体。这个观点最主要证据之一就是敦密断裂以东的胶辽地块上存在震旦系而没有长城系和蓟县系,而后者是华北克拉通的标志性盖层。

敦密断裂左行走滑时期和走滑距离的确定对复原吉黑东部构造带展布、认识该地区的构造格局、构造演化和成矿规律具有重要意义。

## 二、松嫩板块存疑

似乎没有人论证过松嫩是一个板块,但是人们似乎普遍接受了松嫩是一个板块的观点。从而将松嫩称之为板块、微板块、陆块或地块。无论是板块、微板块、陆块或地块,如果其成立,前提是存在连续的前寒武纪结晶基底。

提出"松嫩盆地中、新生代盖层之下是海西期—印支期造山带",主要基于以下地质事实:

(1)松嫩盆地中、新生代盖层之下广泛存在晚古生代地层并且厚度巨大,已被钻孔资料和不同方法地球物理资料证实。

(2)吉中弧形构造带(吉林市到磐石市)是海西期—印支期南北向造山带。它向北延伸,进入到松嫩盆地。因此,松嫩盆地中、新生代盖层之下的广泛分布巨厚的晚古生代地层几乎应该是吉中地区分布的海沟杂岩和弧前盆地的地层。

(3)敦密-阿尔昌断裂南东盘从兴凯地块向西依次排列的是兴凯地块、西兴凯早古生代构造带、延边晚古生代造山带;敦密-阿尔昌断裂北西盘从佳木斯地块向西依次排列的是佳木斯地块、张广才岭早古生代构造带、松嫩盆地。这些构造带(地块)的排列顺序暗示松嫩盆地中新生代盖层之下是如延边造山带那样的晚古生代—印支期造山带。

(4)小兴安岭以南是松嫩盆地,北坡是孙吴-嘉荫盆地。孙吴-嘉荫盆地隔黑龙江与俄罗斯境内的阿穆尔-结雅盆地相连。事实上,两者不仅在地理上连续,在盆地盖层的组成上可以对比,并且两者盆地基底的隆起与坳陷也是连续的(王旖旎,2007)。这说明两者就是一个连续盆地。

孙吴-嘉荫盆地基底在小兴安岭断续出露,主体包括:①张广才岭构造带的早古生代地层;②东风山新元古代地层(仅在东部边缘);③二叠系和下三叠统,如土门岭组、五道岭组、额头山组和固安屯组等。也就是说,阿穆尔-结雅盆地基底应该也发育相应地层;④事实上,俄罗斯学者认为,阿穆尔-结雅盆地的中、新生代盖层之下是诺拉苏霍金斯克晚古生代造山带(L. I. Popeko,2006);⑤小兴安岭应该是松嫩基

底出露的位置。目前，那里原定的一些前寒武纪地层，如一面坡群等已被解体为晚古生代地层，不存在前寒武纪地质体。

(5)广泛发育的三叠纪的造山期花岗岩。

因此，将松嫩盆地基底作为晚古生代造山带是合理的。这个晚古生代造山带在南部与吉中弧形构造带相接，并与敦密断裂以南的延边构造带相对应。

## 三、西拉木伦河断裂在吉中地区的存疑

人们一直在长春市—吉林市一线及以南至华北克拉通北缘之间寻找西拉木伦河断裂，其实是在寻找东西向的晚古生代缝合线。因为人们确信，在那里存在一个东西向的晚古生代造山带。尽管人们没有找到，但是一些区域构造图上已经将之描绘出，并且直接过敦密断裂，经延吉延续到珲春一线。

我们认为，这里没有西拉木伦河断裂。道理很简单，无论是吉林中部地区还是延边地区，晚古生代构造线的方向都是南北向的。这里所说的构造线的方向是指褶皱轴向、轴面片理的走向、逆冲推覆构造的走向等，也就是造山带的延伸方向。

这一地质事实在早期的1:20万地质图和地质报告中都可以解读出来。特别是“吉中弧形构造”就是1:20万磐石市幅和吉林市幅地质报告中提出的。只不过人们印象中一直存在一个东西向的大洋，所以将其含糊地解释为构造叠加所致，但又没有说明是如何叠加的。事实上，一个东西向造山带的构造线是无论如何也叠加不到南北向的，但南北向的构造线却可以在左行走滑过程中形成向西突出的弧形弯曲。

无论是延边造山带还是吉林中部造山带，越接近西部的陆缘区，地层条带逐渐变为北北西向乃至北西向，是在一定程度上受到被动大陆边缘古海湾形态制约所致。即便如此，在地质图上也可以解读出在平面上晚古生代构造线方向与胶辽地块及华北克拉通北缘是角度相交的，代表晚古生代大洋方向已发生改变。

## 四、斑岩钼矿形成的构造环境

近年，吉黑东部发现许多斑岩钼矿。与钼矿有关的斑岩多数形成于早侏罗世，而成矿时期则为早侏罗世或中侏罗世早期。由于这种年龄证据的存在，人们自然将其归于燕山运动，并认为与太平洋俯冲作用有关。

通过研究，我们认为，它们是晚古生代—印支期造山带的产物，原因有以下3个方面。

第一，它们分布在海西期—印支期造山带，受造山带范围的限制。如果不是造山带本身制约，在造山带外围的其他地质体也应该有所发现。

第二，本身的分布受造山带内构造带的制约。目前发现，钼矿主要沿着造山带缝合带的红旗岭—小绥河一线(大黑山钼矿和福安堡(钨)钼矿等)和火山岩浆弧的逊克—一面坡—青沟子一线(鹿鸣钼矿、霍吉河钼矿、大石河钼矿等)分布。

第三，与成矿有关的侵入岩是强过铝质或过铝质的中酸性侵入岩，并且广泛分布。他们属于S型花岗岩，是造山带产物，不可能形成于板块的俯冲作用。尽管板块俯冲可以形成如埃达克岩那样的铝含量较高的岩石，但是，它几乎不可能形成强过铝质岩石，也不可能如此广泛分布。

另外，松嫩-延边晚古生代—早中生代造山带中经常发现：①晚三叠世花岗岩与早侏罗世花岗岩伴生；②晚三叠世花岗岩演化出早侏罗世岩株和岩脉；③部分成矿岩体属晚三叠世。

# 主要参考文献


Simon A W,吴福元,张兴洲.中国东北麻山杂岩晚泛非期变质的锆石SHRIMP年龄证据及全球大陆再造意义[J].地球化学,2001,30(1):35-50.

敖桂武,薛明轩,周楫,等.黑龙江东安金矿床成因探讨[J].矿产与地质,2004,18(2):118-121.

曹建锋,孙志勇,薛晓刚.吉林省磐石市小红石砬子铅锌块状硫化物矿床的特征及意义[J].长春工程学院学报(自然科学版),2012,13(1):90-94.

曹希英.红旗岭矿区呼兰群变质作用峰期年龄认识[J].矿产与地质,2015,29(6):834-837.

曹熹,党增欣,张兴洲,等.佳木斯复合地体[M].长春:吉林科学技术出版社,1992.

陈海明,刘志明.东安金矿床控矿地质条件的研究[J].黄金科学技术,2005,13(3):17-20.

陈满,刘洪利,龚全德,等.黑龙江伊春-延寿地槽褶皱系成矿特征分析[J].地质与资源,2010,19(3):208-214.

池永一,苏养正,南润善.吉林辽源地区"呼兰群"的时代及划分对比[J].地球学报,1996,17(增刊):140-147.

池永一,苏养正,南润善.吉中呼兰镇地区呼兰群的划分及时代[J].地球学报,1997,18(2):205-214.

段吉业,安素兰.黑龙江伊春早寒武世西伯利亚型动物群[J].古生物学报,2001,40(3):362-370.

付长亮.珲春小西南岔地区花岗岩类的时代、地球化学特征与成因[D].长春:吉林大学,2009.

付俊彧,孙巍,汪岩,等.吉林永吉县头道沟地区镁铁—超镁铁质岩U-Pb年代学研究及地质意义[J].地质学报,2018,92(9):1859-1872.

葛文春,吴福元,周长雪,等.兴蒙造山带东段斑岩型Cu、Mo矿床时代及其地球动力学意义[J].科学通报,2007,52(20):2407-2417.

葛玉辉,赵华雷,雷恩,等.小西南岔铜金矿床脉型钼矿化特征及其与铜金矿化关系研究[J].黄金,2010,31(10):17-21.

龚庆杰,韩东昱,王玉荣.4.0%NaCl水溶液临界区域内白钨矿溶解度实验测定[J].岩石学报,2006,22(12):3052-3058.

郭继海,汪长生,石耀军.黑龙江东安金矿地质及地球化学特征[J].地质与勘察,2004,40(4):37-41.

郝立波,孙立吉,赵玉岩,等.吉林红旗岭镍矿田茶尖岩体锆石SHRIMP-Pb年代学及其意义[J].中国地质大学学报(地球科学版),2013,38(2):233-240.

郝立波,吴超,孙立吉,等.吉林红旗岭铜镍硫化物矿床Re-Os同位素特征及其意义[J].吉林大学学报(地球科学版),2014,44(2):507-517.

和钟铧,刘昭君,张晓东,等.黑龙江东部晚中生代盆地群构造层划分及构造沉积演化[J].世界地质,2009,28(1):20-26.

黑龙江省地质矿产局.黑龙江省区域地质志[M].北京:地质出版社,1993.

黑龙江省地质矿产局.黑龙江省岩石地层[M].武汉:中国地质大学出版社,1997.

黄映聪.佳木斯地块古生代变质作用与构造演化[D].长春:吉林大学,2009.

吉林省地质矿产局. 吉林省区域地质志[M]. 北京：地质出版社，1989.

吉林省地质矿产局. 吉林省岩石地层[M]. 武汉：中国地质大学出版社，1997.

姜继圣. 麻山群孔兹岩系的地球化学特征[J]. 地球化学，1993(4)：363 - 372.

姜继圣，刘祥. 中国早前寒武纪沉积变质型晶质石墨矿床[J]. 建材地质，1992(5)：18 - 22.

李爱，王建，宋樾，等. 吉林红旗岭镁铁—超镁铁质岩体地球化学特征及其岩石成因意义[J]. 地质学报，2018，92(2)：263 - 277.

李碧乐，王健. 黑龙江团结构金矿区花岗斑岩体与金矿化的关系[J]. 黄金，1998，19(3)：3 - 6.

李峰，姜建军. 吉林省珲春市杨金沟白钨矿床地质特征及成因机制探讨[J]. 吉林地质，2008，27(2)：22 - 25.

李金祥. 富金斑岩型铜矿床的基本特征、成矿物质来源与成矿高氧化岩浆-流体演化[J]. 岩石学报，2006，22(3)：678 - 688.

李立兴，松权衡，王登红，等. 吉林福安堡钼矿中辉钼矿 Re - Os 同位素年龄及成矿作用探讨[J]. 岩矿测试，2009，28(3)：283 - 287.

李怡欣. 延边小西南岔富金铜矿区花岗杂岩、脉岩的地球化学特征与成岩机理[D]. 长春：吉林大学，2009.

刘红霞. 黑龙江伊春-延寿成矿带成矿系统分析与成矿预测[D]. 长春：吉林大学，2007.

刘建峰，迟效国，董春艳，等. 小兴安岭东部早古生代花岗岩的发现及其构造意义[J]. 地质通报，2008，27(4)：534 - 544.

刘建峰. 小兴安岭东部早古生代花岗岩地球化学特征及其构造意义[D]. 长春：吉林大学，2006.

刘建辉. 黑龙江杂岩带的地质成因及其构造意义[D]. 长春：吉林大学，2006.

刘静兰. 佳木斯中间地块绿岩带特征及其大地构造环境浅析[J]. 黑龙江地质，1991，2(1)：33 - 48.

刘效良，陈从云，杨学增，等. 辽吉下二台群、呼兰群中昌图动物群的发现及其意义[J]. 地质学报，1992，66(2)：182 - 192.

刘玉平. 辉春农坪金铜矿床地质特征及成因机制[J]. 吉林地质，1999，18(4)：43 - 48.

刘志宏，王超，宋健，等. 华北板块北缘呼兰群 $^{40}Ar/^{39}Ar$ 定年及其构造意义[J]. 岩石学报，2016，32(9)：2757 - 2765.

鲁若飞，吕刚，施占春，等. 吉中地区呼兰群头道沟组原岩组成及形成环境的探讨[J]. 吉林地质，2010，29(2)：10 - 13.

毛景文，李晓峰，张作衡，等. 中国东部中生代浅成热液金矿的类型、特征及其地球动力学背景[J]. 高校地质学报，2003，9(4)：621 - 632.

孟庆丽，周永昶，柴社立. 中国延边东部斑岩-热液脉型铜金矿床[M]. 长春：吉林科学技术出版社，2001.

莫申国，韩美莲，李锦轶. 蒙古-鄂霍兹克造山带的组成及造山过程[J]. 山东科技大学学报(自然科学版)，2005，24(3)：50 - 65.

彭玉鲸，纪春华，辛玉莲. 中俄朝毗邻地区古吉黑造山带岩石及年代记录[J]. 地质与资源，2002，11(2)：65 - 75.

祁进平，陈衍景，Franco P. 东北地区浅成低温热液矿床的地质特征和构造背景[J]. 矿物岩石，2005，25(2)：47 - 59.

曲晖，史瑞明. 黑龙江东安金矿成矿的构造条件分析[J]. 黄金科学技术，2007，15(1)：23 - 25.

任云生,赵华雷,雷恩,等.延边杨金沟大型钨矿床白钨矿的微量和稀土元素地球化学特征与矿床成因[J].岩石学报,2010,26(12):3720-3726.

邵济安,何国琦,唐克东.华北北部二叠纪陆壳演化[J].岩石学报,2015,31(1):47-55.

邵济安,唐克东.中国东北地体与东北亚大陆边缘演化[M].北京:地震出版社,1995.

邵济安,田伟,唐克东,等.内蒙古晚石炭世高镁玄武岩的成因和构造背景[J].地学前缘,2015,22(5):171-181.

邵济安,田伟,张吉衡.华北克拉通北缘早二叠世堆晶岩及其构造意义[J].中国地质大学学报(地球科学版),2015,40(9):1441-1457.

邵济安,王成源,唐克东,等.那丹哈达岭地层与地体的关系[J].地层学杂志,1990,14(4):286-291.

邵济安.中朝板块北缘中段地壳演化[M].北京:北京大学出版社,1991.

时俊峰.农坪矿床地质特征及成固类型[J].矿产与地质,1998(3):178-182.

时俊峰.小西南岔金铜矿床地质特征及成因机制[J].贵金属地质,1998,7(4):274-280.

水谷伸治郎,邵济安,张庆龙.那丹哈达地体与东亚大陆边缘中生代构造的关系[J].地质学报,1989(3):204-216.

孙超,张继武.农坪斑岩型金(铜)矿床地质特征及找矿标志[J].黄金,2002(7):426-431.

孙德有,吴福元,高山,等.吉林中部晚三叠世和早侏罗世两期铝质A型花岗岩的厘定及对吉黑东部构造格局的制约[J].地学前缘,2005,12(2):263-275.

孙德有,吴福元,高山.小兴安岭东部清水岩体的锆石激光探针U-Pb年龄测定[J].地球学报,2004,25(2):213-218.

孙德有,吴福元,李惠民,等.小兴安岭西北部造山后A型花岗岩的时代及与索伦山-贺根山-扎赉特碰撞拼合带东延的关系[J].科学通报,2000,45(20):2217-2222.

孙革,全成,孙春林,等.黑龙江嘉荫乌云组地层划分及时代的新认识[J].吉林大学学报(地球科学版),2005,35(2):137-142.

孙革,孙春林,董枝明,等.黑龙江嘉荫地区白垩纪—第三纪界线初步观察[J].世界地质,2003,22(1):8-14.

孙景贵,陈雷,赵俊康,等.延边小西南岔富金铜矿田燕山晚期花岗杂岩的锆石SHRIMP U-Pb年龄及其地质意义[J].矿床地质,2008a,27(3):319-328.

孙景贵,门兰静,赵俊康,等.延边小西南岔大型富金铜矿床矿区内暗色脉岩的锆石年代学及其地质意义[J].地质学报,2008b,82(4):517-527.

孙卫东,凌明星,汪方跃,等.太平洋板块俯冲与中国东部中生代地质事件[J].矿物岩石地球化学通报,2008,29(3):218-225.

唐克东,赵爱林.吉林延边开山屯地区地层时代的新证据吉林延边开山屯地区地层时代的新证据[J].地层学杂志,2007,31(2):141-143.

唐忠,叶松青,杨言辰.黑龙江逊克高松山金矿成因模式[J].世界地质,2010,29(3):400-407.

王宝金,刘忠,邢树文,等.吉林省铁矿找矿潜力及找矿方向[J].地质与资源,2009,18(1):18-22.

王成辉,松权衡,王登红,等.吉林大黑山超大型钼Re-Os同位素定年及其地质意义[J].岩矿测试,2009,28(3):269-273.

王景德，陈惠鹏，赵娟，等.安图县刘生店钼矿床地质特征及找矿标志[J].吉林地质，2007，26(2)：6-9.

王岚.黑龙江省东部张广才岭群新兴组：岩石组合、时代及其构造意义[D].长春：吉林大学，2010.

王旖旎.孙吴-嘉荫盆地地层序列及盆地演化[D].长春：吉林大学，2007.

王友勤，苏养正，刘尔义.东北区区域地层[M].武汉：中国地质大学出版社，1997.

王友勤.关于中国东北区地层区划的意见[J].吉林地质，1996，15(3～4)：15-22.

王友勤.中国东北区前寒武纪地层[J].吉林地质，1996，15(3～4)：1-14.

魏俏巧.吉林省中东部地区晚海西期—印支期镁铁—超镁铁质岩与铜镍成矿作用[D].长春：吉林大学，2015.

吴福元，葛文春，孙德有.走滑构造及其对中国东部中生代地质研究的意义[J].世界地质，1994，13(1)：105-112.

吴福元，张兴洲，马志红，等.吉林省中部红帘石硅质岩的特征及意义[J].地质通报，2003，22(6)：391-396.

吴国学，易学义，李凤友，等.黑龙江团结沟金矿成矿地质条件分析及电法勘探评价[J].世界地质，2008，27(2)：183-187.

吴尚全.吉林小西南岔铜金矿床的主要地质特征及其成因[J].矿床地质，1986，5(2)：75-84.

武广，孙丰月，赵财胜，等.额尔古纳地块北缘早古生代后碰撞花岗岩的发现及其地质意义[J].科学通报，2005，50(20)：2278-2288.

武莉娜，王志畅，汪云亮.微量元素 La、Nb、Zr 在判别大地构造环境方面的应用[J].华东地质学院学报，2003，26(4)：343-348.

郗爱华，顾连兴，李绪俊，等.吉林红旗岭铜镍硫化物矿床的成矿时代讨论[J].矿床地质，2005，24(5)：521-526.

郗爱华，任洪茂，张宝福，等.吉林中部呼兰群同位素年代学及其地质意义[J].吉林大学学报(地球科学版)，2003，33(1)：15-18.

杨国良.孙吴-嘉荫中新生代盆地组成、构造与盆地演化[D].北京：中国地质大学(北京)，2008.

殷长建，彭玉鲸，勒克.中国东北部中生代火山活动与泛太平洋板块[J].中国区域地质，2000，19(3)：303-311.

张广良，吴福元.吉林红旗岭地区造山后镁铁-超镁铁岩体的年代测定及其意义[J].地震地质，2005，27(4)：600-608.

张汉成，王京彬，艾霞.杨金沟白钨矿床地质特征及找矿前景分析[J].地质与勘探，2005，41(6)：42-48.

张雷，刘昭君，和钟铧，等.孙吴-嘉荫盆地白垩系淘淇河—太平林场组砂岩主量元素的地球化学特征[J].沉积与特提斯地质，2008，28(2)：100-106.

张雷.孙吴-嘉荫盆地白垩纪沉积特征与充填序列[D].长春：吉林大学，2006.

张庆龙，水谷伸治郎，小嶋智，等.黑龙江省那丹哈达地体构造初探[J].地质论评，1989，35(1)：67-71.

张文博.吉林省小西南岔-农坪金-铜-钨成矿区控矿因素及找矿方向[J].矿产与地质，2007，21(3)：251-256.

张兴洲，杨宝俊，吴福元，等.中国兴蒙-吉黑地区岩石圈结构基本特征[J].中国地质，2006，33(4)：

816－823.

张兴洲．黑龙江群中放射虫硅质岩的首次发现及意义[J]．长春地质学院学报，1991，21(2)：156.

张兴洲．黑龙江岩系-古佳木斯地块加里东缝合带的证据[J]．长春地质学院学报，1992，22(增刊)：94－101.

张兴洲．佳木斯地体的早期碰撞史-黑龙江岩系的构造-岩石学证据[D]．长春：长春地质学院，1992.

赵寒冬．东北地区小兴安岭南段-张广才岭北段古生代火成岩组合与构造演化[D]．北京：中国地质大学(北京)，2009.

赵宏光．延边中生代浅成热液金铜矿床的成因与成矿模式研究[D]．长春：吉林大学，2007.

赵俊康，孙景贵，门兰静，等．小西南岔富金铜矿床流体包裹体中子矿物特征及意义[J]．吉林大学学报(地球科学版)，2008，38(3)：384－388.

赵院冬，迟效国，车继英，等．延边-东宁地区晚三叠世花岗岩地球化学特征及其大地构造背景[J]．吉林大学学报(地球科学版)，2009，39(3)：40－43.

赵俊康．延边小西南岔金铜矿成矿地球化学动力学研究[D]．长春：吉林大学，2007.

赵新运，郝立波，陆继龙，等．红旗岭矿床茶尖矿区铂族元素地球化学特征及其意义[J]．吉林大学学报(地球科学版)，2013，43(3)：748－757.

周建波，张兴洲，Simon A W，等．中国东北～500Ma泛非期孔兹岩带的确定及其意义[J]．岩石学报，2011，27(4)：1235－1245.

祝阳阳，张军前，曹建锋．小红石砬子银铅锌矿床地质特征及找矿标志[J]．吉林地质，2012，31(1)：55－59.